建设工程质量检测人员岗位培训系列教材

建设工程质量检测人员岗位培训系列教材编写委员会　组织编写

建筑材料与构配件检测技术

主编　陈　慧　方　剑　张玉箫

合肥工业大学出版社

建设工程质量检测人员岗位培训系列教材
编写委员会

前 言

为贯彻落实《建设工程质量检测管理办法》（中华人民共和国住房和城乡建设部令第57号）和《住房和城乡建设部关于印发〈建设工程质量检测机构资质标准〉的通知》（建质规〔2023〕1号），根据《建设工程质量检测机构资质标准》（2023年印发）的要求，我们组织有关单位和人员编写了这套建设工程质量检测人员岗位培训系列教材。

《建筑材料与构配件检测技术》为建设工程质量检测人员岗位培训系列教材之一，内容包括《建设工程质量检测机构资质标准》（2023年印发）中建筑材料及构配件专项资质中的检测参数的基本概念、原理、方法、设备和标准等，旨在使建设工程质量检测人员掌握相关的专业理论、标准规范及操作程序。本教材作为建设工程质量检测人员能力提升的岗位培训教材，可供建设工程质量检测人员及建设工程质量管理相关人员的继续教育和工作培训使用，也可作为建设工程相关施工、监理等单位的试验检测人员和质量技术人员参考。

本教材由陈慧、方剑、张玉箫担任主编，章家海、信丹、张元朔、李静担任副主编，参编人员有杨昊、陈瑛、章健、文莹萍、廖琳、丁旭、张玲、顾皓、王晓海、郭舒、陈朝晖、何菲、刘富坤、徐丹、张炜豪、黄业刚、蒋子涵等。

教材在出版过程中得到了省内各大检测机构的鼎力支持，谨表感谢。由于时间仓促，疏漏和不足在所难免，敬请批评指正；相关意见可发至邮箱：51465676@qq.com。

建设工程质量检测人员岗位培训系列教材

编写委员会

二〇二四年七月

目　　录

第1章　水泥

1.1　水泥标准稠度用水量测定(标准法)

1.1.1　概述

水泥标准稠度净浆对标准试杆或试锥的沉入具有一定的阻力，可通过针对不同用水量水泥净浆的穿透性试验，以确定水泥净浆达到标准稠度所需的水量，以此作为水泥凝结时间和安定性两项物理指标测定时所需的水泥净浆材料。

本方法依据《水泥标准稠度用水量、凝结时间、安定性检验方法》(GB/T 1346—2011)编制而成。

1.1.2　仪器设备

1)维卡仪(见图1-1)。

2)标准稠度试杆。

3)水泥净浆搅拌机：水泥专用净浆搅拌设备，具有设定搅拌方式的功能。

4)天平：最大称量不小于1000g，分度值不大于1g。

5)量水器：最小刻度为0.5mL。

6)水：试验用水应是洁净的饮用水，如有争议时应以蒸馏水为准。

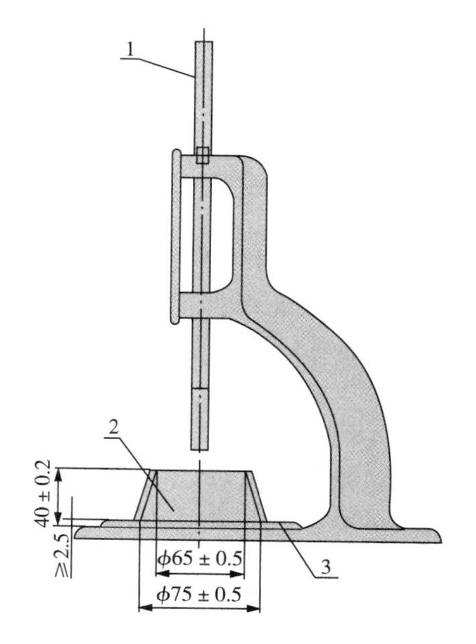

1—滑动杆；2—试模；3—玻璃板。

图1-1　维卡仪(单位：mm)

1.1.3　试验条件

1)试验室温度为20℃±2℃，相对湿度应不低于50%。

2)水泥试样、拌和水、仪器和用具的温度应与试验室一致。

1.1.4　试验前准备

1)维卡仪的滑动杆能自由滑动。

2)试模和玻璃底板用湿布擦拭，将试模放在底板上调整至试杆接触玻璃板时指针对准零点。

3)水泥净浆搅拌机运行正常。

1.1.5　水泥净浆的制备

将搅拌锅和搅拌叶片用湿布湿润，先将根据经验估计的首次拌和用水量加入搅拌锅中，然后在5～10s内小心将称好的500g水泥加入搅拌锅中，防止水和水泥溅出。拌和时，将锅安装在搅拌设备上，启动搅拌机，按照规定设置的搅拌方式搅拌(搅拌方式是低速搅拌120s，停15s，再高速搅拌120s)。

1.1.6　测定步骤

1)拌和结束后，立即取适量水泥净浆一次性将其装入已置于玻璃底板上的试模中，浆体超过试模上端，用宽约25mm的直边刀轻轻拍打超出试模部分的浆体5次以排除浆体中的孔隙，然后在试模上表面约1/3处，略倾斜于试模分别向外轻轻锯掉多余净浆，再从试模边沿轻抹顶部一次，使净浆表面光滑(注意：在锯掉多余净浆和抹平的操作过程中，不要压实净浆)。

2)抹平后迅速将试模和底板移到维卡仪上，并将其中心定在试杆下，降低试杆直至与水泥净浆表面接触，拧紧螺丝1～2s后突然放松，使试杆垂直自由地沉入水泥净浆中。在试杆停止沉入或释放试杆30s时记录试杆距底板之间的距离，升起试杆后，立即擦净。

3)整个操作应在搅拌后1.5min内完成。以试杆沉入净浆并距底板6mm±1mm的水泥净浆为标准稠度净浆。其拌和水量为该水泥的标准稠度用水量(P)，按水泥质量的百分比计。

4)如未能实现上述试验结果，则应调整用水量重新试验，直至达到规定的试验结果。每次测试后升起试杆，要立即擦净试杆上的水泥净浆。

1.2　水泥凝结时间测定

1.2.1　概述

测定水泥从加水时刻起到开始失去塑性和完全失去塑性产生凝固所需要的时间，可以指导水泥拌合物施工时的适宜施工周期。

本方法依据《水泥标准稠度用水量、凝结时间、安定性检验方法》(GB/T 1346—2011)编制而成。

1.2.2　仪器设备

1)维卡仪。

2)初凝用试针、终凝用试针。

3)水泥净浆搅拌机：水泥专用净浆搅拌设备，具有设定搅拌方式的功能。

4)天平：最大称量不小于1000g，分度值不大于1g。

5)量水器：最小刻度为0.5mL。

6)水：试验用水应是洁净的饮用水，如有争议时应以蒸馏水为准。

7)湿气养护箱:可控温度在20℃±1℃,相对湿度大于90%。

1.2.3 试验条件

1)试验室温度为20℃±2℃,相对湿度应不低于50%。

2)水泥试样、拌和水、仪器和用具的温度应与试验室一致。

1.2.4 试验前准备

调整维卡仪的试针接触玻璃板时指针对准零点。

1.2.5 试样的制备

以标准稠度用水量参考本书1.1.5小节制成标准稠度净浆,参考本书1.1.6小节装模和刮平后,立即放入湿气养护箱中。记录水泥全部加入水中的时间作为凝结时间的起始时间。

1.2.6 初凝时间的测定

试件在湿气养护箱中养护至加水后30min时进行第一次测定。测定时,从湿气养护箱中取出试模放到试针下,降低初凝试针与水泥净浆表面接触。拧紧螺丝1～2s后,突然放松,试针垂直自由地沉入水泥净浆。观察试针停止下沉或释放试针30s时指针的读数。临近初凝时间时每隔5min(或更短时间)测定一次,当试针沉至距底板4mm±1mm时,为水泥达到初凝状态;由水泥全部加入水中至初凝状态的时间为水泥的初凝时间,用"min"来表示。

1.2.7 终凝时间的测定

在完成初凝时间测定后,立即将试模连同浆体以平移的方式从玻璃板取下,翻转180°,直径大端向上、小端向下放在玻璃板上,再放入湿气养护箱中继续养护。临近终凝时间时每隔15min(或更短时间)测定一次,当终凝试针沉入试体0.5mm时,即只有试针在水泥表面留下痕迹,而不出现环形附件的圆环痕迹时,表征水泥达到终凝状态。由水泥全部加入水中至终凝状态的时间为水泥的终凝时间,用"min"来表示。

1.2.8 测定注意事项

1)掌握好两种凝结时间可能出现的时刻,在接近初凝或终凝时,要缩短两次测定的间隔,以免错过"真实"时刻。

2)达到凝结时间时,要立即重复测定一次,只有当两次测定结果都表示达到初凝或终凝状态时,才可认定。

3)在最初进行初凝时间测定时,为防止试针撞弯,要轻轻扶持金属杆,使试针缓缓下降,但最后结果要以自由下落为准。

4)每次测定要避免试针落在同一针孔位置,并避开试模内壁至少10mm。每次测试完毕须将试针擦净并将试模放回湿气养护箱内,整个测试过程要防止试模受振。

1.3 水泥安定性测定

1.3.1 概述

通过安定性试验，检测一些有害成分在水泥水化凝固过程中是否造成过量体积上的变化，以此对这些有害成分的不良影响程度进行判断，其中游离氧化钙是一种最常见、影响最严重的因素。

本方法依据《水泥标准稠度用水量、凝结时间、安定性检验方法》(GB/T 1346—2011)编制而成。

1.3.2 仪器设备

1)沸煮箱：由耐锈蚀的金属制成的箱体其有效容积为410mm×240mm×310mm，箱中试件架与加热器之间的距离大于50mm。

2)雷氏夹：由铜质材料制成。当一根指针的根部先悬挂在一根金属丝或尼龙丝上，另一根指针的根部再挂上300g质量的砝码时两根指针针尖的距离增加应在17.5mm±2.5mm范围内，即$2x$=17.5mm±2.5mm，去掉砝码后雷氏夹指针可以恢复原来的状态。

3)雷氏夹膨胀测定仪：用于测定雷氏夹指针尖端距离。

4)玻璃板小抹刀(宽10mm)、直尺、黄油等。

5)其他仪器设备同本书1.1节。

1.3.3 安定性测定方法(标准法)

1. 试验前准备

每个试样需成型两个试件，每个雷氏夹配备两个边长或直径约80mm、厚度为4～5mm的玻璃板，凡与水泥净浆接触的玻璃板和雷氏夹内表面都要稍稍涂上一层油(注：有些油会影响凝结时间，矿物油比较合适)。

2. 雷氏夹试件的成型

将预先准备好的雷氏夹放在已稍擦油的玻璃板上，并立即将已制好的标准稠度净浆一次装满雷氏夹，装浆时一只手轻轻扶持雷氏夹，另一只手用宽约25mm的直边刀在浆体表面轻轻插3次，然后抹平，盖上稍涂油的玻璃板，接着立即将试件移至湿气养护箱内养护24h±2h。

3. 沸煮

1)沸煮试验前，首先调整好箱内水位，要求在整个沸煮过程中箱里的水始终能够没过试件，不可中途补水，同时要保证水在30min±5min内升至沸腾。

2)从养护箱中取出雷氏夹，去掉玻璃板，测量雷氏夹指针尖端的距离(记作A)，精确到0.5mm。随后将试件放入沸煮箱水中的试件架上，指针朝上，然后开始加热，使箱中的水在30min±5min内沸腾，并恒沸180min±5min。

3)沸煮结束后，立即放掉箱中的热水，打开箱盖，待箱体冷却至室温，取出试件。再次测量雷氏夹指针尖端的距离(记作 C),精确到 0.5mm。

4)当两个雷氏夹试件沸煮后指针尖端增加的距离($C-A$)的平均值不大于 5.0mm 时,则认为该水泥安定性合格。当结果超出上述要求时,则应再做一次试验,以复检结果为准。

1.3.4　安定性测定方法(代用法)

1. 试验前准备

每个样品需准备两块边长约 100mm 的玻璃板,凡与水泥净浆接触的玻璃板都要稍稍涂上一层油。

2. 试饼的成型法

1)将制备好的水泥标准稠度净浆取出一部分,分成相同的两份,先团成球形,放在事先涂有一层油的玻璃板上,在桌面上轻轻振动,并用小刀由外向内抹动,使水泥浆形成一个直径为 70～80mm、中心厚约 10mm、边缘渐薄、表面光滑的圆形试饼。接着立即将试件移至湿气养护箱内养护 24h±2h。

2)从玻璃板上取下试饼,先观察试饼外观有无缺陷,当无开裂翘曲等缺陷时,放在沸煮箱的试样架上,按与上述标准法中同样的方法进行沸煮。

3)沸煮结束后,立即放掉箱中的热水,打开箱盖,待箱体冷却至室温后取出试饼进行观察判断。当目测试饼未发现裂缝,且用钢直尺测量没有弯曲透光时,则认为相应水泥安定性合格,反之为不合格。当两个试饼判别结果有矛盾时,该水泥的安定性为不合格。

1.3.5　测定注意事项

1)当标准法和代用法试验结果相矛盾时,以标准法的结果为准。

2)在雷氏夹沸煮过程中要避免雷氏夹指针相互交叉,以免对试验结果造成不必要的影响。

1.4　水泥胶砂强度测定

1.4.1　概述

本方法依据《水泥胶砂强度检验方法(ISO 法)》(GB/T 17671—2021)编制而成,适用于通用硅酸盐水泥、石灰石硅酸盐水泥胶砂抗折和抗压强度检验,其他水泥和材料可参考使用。本方法可能对一些品种水泥胶砂强度检验不适用,如初凝时间很短的水泥。

1.4.2　仪器设备

1)行星式水泥胶砂搅拌机(见图 1-2)。

2)水泥胶砂振实台(见图 1-3)。

3)试模:可同时成型三根尺寸为 40mm×40mm×160mm 的棱柱体试件。

4)压力试验机:包括抗折试验机和抗压试验机。

5)天平:分度值不大于±1g。

6)ISO 标准砂:1350g±5g 塑料袋包装。

7)湿气养护箱:可控温度为 20℃±1℃,相对湿度大于 90%。

8)养护水池或水养护设备:可控温度为 20℃±1℃。

9)其他:布料器、直边尺、试验筛、量筒、试模盖板等。

图 1-2 行星式水泥胶砂搅拌机

图 1-3 水泥胶砂振实台

1.4.3 试验条件

1)试验室温度为 20℃±2℃,相对湿度应不低于 50%。

2)水泥试样、拌和水、仪器和用具的温度应与试验室一致。

1.4.4 胶砂的制备

1. 配合比

胶砂的质量配合比为一份水泥、三份中国 ISO 标准砂和半份水(水灰比为 0.50)。每锅材料需 450g±2g 水泥、1350g±5g 砂子和 225mL±1mL 或 225g±1g 水。一锅胶砂成型三条试体。

2. 搅拌

行星式水泥胶砂搅拌机可以按以下程序采用自动控制或者手动控制:

1)把水加入锅里,再加入水泥,把锅固定在固定架上,上升至工作位置;

2)立即开动机器,先低速搅拌 30s±1s 后,再在第二个 30s±1s 开始的同时均匀地将砂子加入,把搅拌机调至高速再搅拌 30s±1s;

3)停拌 90s,在停拌开始的 15s±1s 内,将搅拌锅放下,用刮刀将叶片、锅壁和锅底上的胶砂刮入锅中;

4)再在高速下继续搅拌 60s±1s。

3. 成型(用振实台)

胶砂制备后立即进行成型。将空试模和模套固定在振实台上,用料勺将锅壁上的胶砂清理到锅内并翻转搅拌胶砂使其更加均匀,成型时将胶砂分两层装入试模。装第一层胶砂时,每个槽里约放 300g 胶砂,先用料勺沿试模长度方向划动胶砂以布满模槽,再用大布料器垂直架在模套顶部沿每个模槽来回一次将料层布平,接着振实 60 次。再装入第二层胶砂,用料勺沿试模长度方向划动胶砂以布满模槽,但不能接触已振实胶砂,再用小布料器布平,振实60次。每次振实时可将一块用水湿过拧干、比模套尺寸稍大的棉纱布盖在模套上以防止振实时胶砂飞溅。

移走模套,从振实台上取下试模,用金属直边尺以近似90°的角度(但向刮平方向稍斜)架在试模模顶的一端,然后沿试模长度方向以横向锯割动作慢慢向另一端移动,将超过试模部分的胶砂刮去。锯割动作的多少和直尺角度的大小取决于胶砂的稀稠程度,较稠的胶砂需要多次锯割,锯割时动作要慢,以防止拉动已振实的胶砂。用拧干的湿毛巾将试模端板顶部的胶砂擦拭干净,再用同一直边尺以近乎水平的角度将试体表面抹平。抹平的次数要尽量少,总次数不应超过三次。最后将试模周边的胶砂擦除干净。

用毛笔或其他工具对试体进行编号。两个龄期以上的试体,在编号时应将同一试模中的三条试体分在两个以上龄期内。

1.4.5 试体的养护

1. 脱模前的处理和养护

在试模上盖一块玻璃板,也可用相似尺寸的钢板或不渗水的、和水泥没有反应的材料制成的板。盖板不应与水泥胶砂接触,盖板与试模之间的距离应控制在2～3mm。为了安全,玻璃板应有磨边。

立即将做好标记的试模放入湿气养护箱的水平架子上养护,湿空气应能与试模各边接触。养护时不应将试模放在其他试模上。一直养护到规定的脱模时间时取出脱模。

2. 脱模

脱模应非常小心。脱模时可以用橡皮锤或脱模器。

对于24h龄期的,应在破型试验前20min内脱模;对于24h以上龄期的,应在成型后20～24h脱模。

如经24h养护,会因脱模对强度造成损害时,可以延迟至24h以后脱模,但在试验报告中应予说明。

已确定作为24h龄期试验(或其他不下水直接做试验的已脱模试体,应用湿布覆盖至做试验时为止。

3. 水中养护

将做好标记的试体立即水平或竖直放在20℃±1℃的水中养护,水平放置时刮平面应朝上。并彼此间保持一定间距,让水与试体的六个面接触。养护期间试体之间间隔或试体上表面的水深不应小于5mm。

每个养护池只养护同类型的水泥试体。最初用自来水装满养护池(或容器),随后随时加水保持适当的水位。养护期间可以更换不超过50%的水。

1.4.6 强度试验

1)养护至规定龄期时,从养护环境中取出待测试件,擦去试体表面沉积物,并用湿布覆盖,进行强度测定。

2)首先进行抗折试验:将试体一个侧面放在试验机支撑圆柱上,试体长轴垂直于支撑圆柱,通过加荷圆柱以50N/s±10N/s的速率均匀地将荷载垂直地加在棱柱体相对侧面上,直至折断,记录破坏时的荷载。保持两个半截棱柱体处于潮湿状态直至抗压试验。

3)随后进行抗压试验:将折断的半截试件放在压力机中的抗压夹具里,注意直接受压面为侧面。压力机以2400N/s±200N/s的速率均匀地加荷直至试件破坏,记录破坏荷载。

1.4.7　结果计算

1. 抗折强度的计算

$$R_f=\frac{1.5F_fL}{b^3} \tag{1-1}$$

式中:R_f——抗折强度(MPa);

F_f——折断时施加于棱柱体中部的荷载(N);

L——支撑圆柱之间的距离(mm);

b——棱柱体正方形截面的边长(mm)。

试验结果处理:以一组三个棱柱体抗折结果的平均值作为试验结果。当三个强度值中有一个超出平均值的±10%时,应剔除后再取平均值作为抗折强度试验结果;当三个强度值中有两个超出平均值的±10%时,则以剩余一个作为抗折强度结果。单个抗折强度结果精确至0.1MPa,算术平均值精确至0.1MPa。

2. 抗压强度的计算

$$R_c=\frac{F_c}{A} \tag{1-2}$$

式中:R_c——抗压强度(MPa);

F_c——破坏时的最大荷载(N);

A——受压面积(mm^2);

试验结果处理:以一组三个棱柱体上得到的六个抗压强度测定值的平均值为试验结果。当六个测定值中有一个超出六个平均值的±10%时,剔除这个结果,再以剩下五个的平均值为结果。当五个测定值中再有超过它们平均值的±10%时,则此组结果作废。当六个测定值中同时有两个或两个以上超出平均值的±10%时,则此组结果作废。单个抗压强度结果精确至0.1MPa,算术平均值精确至0.1MPa。

1.4.8　试验注意事项

1)每个养护池只养护同类型的水泥试体。最初用自来水装满养护池(或容器),随后随时加水保持适当的水位。养护期间可以更换不超过50%的水。

2)试体龄期是从水泥加水搅拌开始试验时算起。不同龄期强度试验在下列时间里进行:

——24h±15min;

——48h±30min;

——72h±45min;

——7d±2h;

——28d±8h。

3)火山灰质硅酸盐水泥、粉煤灰硅酸盐水泥、复合硅酸盐水泥和掺火山灰质混合材料的普通硅酸盐水泥在进行胶砂强度检验时，其用水量按 0.50 水灰比和胶砂流动度不小于 180mm 来确定。当流动度小于 180mm 时应以 0.01 的整倍数递增的方法将水灰比调整至胶砂流动度不小于 180mm（砌筑水泥胶砂用水量按胶砂流动度达到 180～190mm 来确定）。

1.5　水泥胶砂流动度测定

1.5.1　概述

本方法依据《水泥胶砂流动度测定方法》（GB/T 2419—2005）编制而成，通过测量一定配比的水泥胶砂在规定振动状态下的扩展范围来衡量其流动性。

1.5.2　仪器设备

1）水泥胶砂流动度测定仪（简称跳桌）。

2）试模、捣棒。

3）卡尺：量程不小于 300mm，分度值不大于 0.5mm。

4）水泥胶砂强度拌制样品所需的设备。

5）小刀：刀口平直，长度大于 80mm。

1.5.3　试验条件

1）试验室温度为 20℃±2℃，相对湿度应不低于 50%。

2）水泥试样、拌和水、仪器和用具的温度应与试验室一致。

1.5.4　试验方法

1）跳桌如在 24h 内未被使用，先空跳一个周期 25 次。胶砂的制备按本书 1.4 节的规定进行。

2）在制备胶砂的同时，用潮湿棉布擦拭跳桌台面、试模内壁、捣棒以及与胶砂接触的用具，将试模放在跳桌台面中央并用潮湿棉布覆盖。

3）将拌好的胶砂分两层迅速装入试模，第一层装至截锥圆模高度约三分之二处，用小刀在相互垂直两个方向各划 5 次，用捣棒由边缘至中心均匀捣压 15 次（见图 1-4）；随后，装第二层胶砂，装至高出截锥圆模约 20mm，用小刀在相互垂直两个方向各划 5 次，再用捣棒由边缘至中心均匀捣压 10 次（见图 1-5）。捣压后胶砂应略高于试模。关于捣压深度，第一层捣至胶砂高度的二分之一，第二层捣实不超过已捣实底层表面。装胶砂和捣压时，用手扶稳试模，不要使其移动。

4）捣压完毕，取下模套，将小刀倾斜，从中间向边缘分两次以近水平的角度抹去高出截锥圆模的胶砂，并擦去落在桌面上的胶砂。将截锥圆模垂直向上轻轻提起。立刻开动跳桌，以每秒钟一次的频率，在 25s±1s 内完成 25 次跳动。

5）流动度试验，从胶砂加水开始到测量扩散直径结束，应在 6min 内完成。

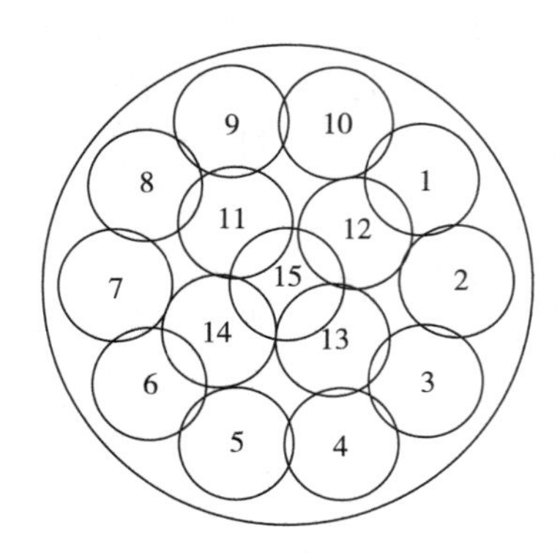

图1-4　第一层捣压位置示意

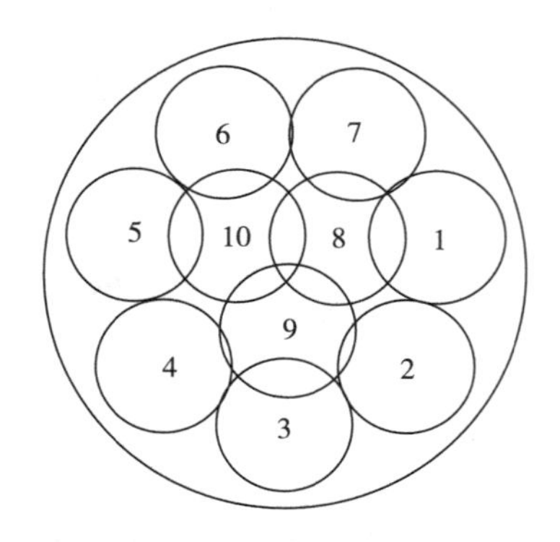

图1-5　第二层捣压位置示意

1.5.5　结果计算

跳动完毕，用卡尺测量胶砂底面互相垂直的两个方向直径，计算平均值，取整数，单位为毫米。该平均值即为该水量的水泥胶砂流动度。

1.6　砌筑水泥保水率测定

1.6.1　概述

按规定方法，用滤纸片吸取流动度在一定范围的新拌水泥砂浆中的水，以吸水处理后砂浆中保留的水量占初始水量的质量百分比衡量砂浆保水率。

本方法依据《砌筑水泥》(GB/T 3183—2017)编制而成。

1.6.2　仪器设备

1)保水率测定仪(见图1-6)：含刚性试模、刚性底板、金属滤网、铁砣等。刚性试模：圆形，内径为100mm±1mm，内部有效深度为25mm±1mm；刚性底板：圆形，无孔，直径为110mm±5mm，厚度为5mm±1mm；金属滤网：圆形，网格尺寸为45μm，直径为110mm±1mm；铁砣：质量为2kg。

2)干燥滤纸：慢速定量滤纸，直径为110mm±1mm。

3)金属刮刀。

4)电子天平：量程不小于2kg，分度值不大于0.1g。

图1-6　保水率测定仪

1.6.3　试验条件

1)试验室温度为20℃±2℃，相对湿度应不低于50%。

2)水泥试样、拌和水、仪器和用具的温度应与试验室一致。

1.6.4 试验步骤

1)称量空的干燥试模质量,精确到0.1g;称量8张未使用的滤纸质量,精确到0.1g。

2)砂浆按水泥胶砂强度试验的规定进行搅拌,搅拌后的砂浆按胶砂流动试验测定流动度。当砂浆的流动度为180～190mm时,记录此时的加水量;当砂浆的流动度小于180mm或大于190mm时,重新调整加水量,直至流动度达到180～190mm为止。

3)当砂浆的流动度在规定范围内时,将搅拌锅中剩余的砂浆在低速下重新搅拌15s,然后用金属刮刀将砂浆装满试模并抹平表面。

4)称量装满砂浆的试模质量,精确到0.1g。用金属滤网盖住砂浆表面,并在金属滤网顶部放上8张已称量的滤纸,滤纸上放刚性底板。将试模翻转180°,置于一水平面上,在试模上放置2kg的铁砣。300s±5s后移去铁砣,将试模再翻转180°,移去刚性底板、滤纸和金属滤网。称量吸水后的滤纸质量,精确到0.1g。

5)重复试验一次。

1.6.5 结果计算

1. 吸水前砂浆中初始水质量的计算

$$m_z=\frac{m_y\times(m_w-m_u)}{1350+450+m_y} \tag{1-3}$$

式中:m_z——吸水前砂浆中初始水的质量(g);

m_y——砂浆的用水量(g);

m_w——装满砂浆的试模质量(g);

m_u——空的干燥试模质量(g)。

2. 砂浆的保水率计算

$$R=\frac{m_z-(m_x-m_v)}{m_z}\times100\% \tag{1-4}$$

式中:R——砂浆的保水率(%);

m_x——吸水后8张滤纸的质量(g);

m_v——吸水前8张滤纸的质量(g)。

计算两次试验结果的平均值,精确到1%。如果两次试验值与平均值的偏差大于2%,需重复试验。

1.7 水泥中氯离子含量测定(硫氰酸铵容量法)

1.7.1 概述

本方法给出总氯加溴的含量,以氯离子(Cl^-)表示结果。试样用硝酸进行分解,同时消除硫化物的干扰。加入已知量的硝酸银标准溶液使氯离子以氯化银的形式沉淀。煮沸、过滤后，将滤液和洗液冷却至25℃以下，以铁盐为指示剂，用硫酸氰铵标准滴定溶液滴定过量的硝酸银。

本方法依据《水泥化学分析方法》（GB/T 176—2017）编制而成，适用于通用硅酸盐水泥，制备上述水泥的熟料、生料，以及指定采用本标准的其他水泥和材料。

1.7.2 仪器设备

1）分析天平：量程为200g，精确至0.0001g。

2）电炉。

3）抽吸装置。

4）自动滴定设备：可控制滴速，消耗量读数精确至0.01mL。

5）其他：快速定量滤纸、烧杯（400mL）、锥形瓶（250mL）、玻璃棒等。

1.7.3 试剂

硫酸铁铵指示剂、0.05mol/L硝酸银标准溶液、0.05mol/L硫酸氰铵标准滴定溶液、硝酸（1＋2）、硝酸（1＋100）、滤纸浆等。

1.7.4 样品制备

样品应具有代表性，采用四份法或者缩分器将试样缩分至约100g，经150μm方孔筛筛析后，除去杂质，将筛余物经过研磨后全部通过150μm方孔筛，充分混匀后放入干净、干燥的试样瓶中密封。

1.7.5 试验步骤

称取约5g试样（m），精确至0.0001g，置于400mL烧杯中，加50mL水，搅拌使试样完全分散，在搅拌下加入50mL硝酸（1＋2），加热煮沸，微沸1～2min。取下，加入5.00mL硝酸银标准溶液，搅匀，煮沸1～2min，加入少许滤纸浆，用预先用硝酸（1＋100）洗涤过的快速滤纸过滤或玻璃砂芯漏斗抽气过滤，滤液收集于250mL锥形瓶中，用硝酸（1＋100）洗涤烧杯、玻璃棒和滤纸，直至滤液和洗液总体积达到200mL左右，溶液在弱光线或暗处冷却至25℃以下。

加入5mL硫酸铁铵指示剂溶液，用硫氰酸铵标准滴定溶液滴定至产生的红棕色在摇动下不消失为止（V_1）。如果V_1小于0.5mL，用减少一半的试样质量重新试验。

不加入试样按上述步骤进行空白试验，记录空白滴定所用硫氰酸铵标准滴定溶液的体积（V_2）。

1.7.6 结果的计算与表示

氯离子的质量分数w_{Cl^-}按式（1－5）计算：

$$w_{Cl^-}=\frac{1.773\times5.00\times(V_2-V_1)}{V_2\times m\times1000}\times100\% \tag{1-5}$$

式中：w_{Cl^-}——氯离子的质量分数（%）；

V_1——滴定时消耗的硫氰酸铵标准滴定溶液的体积(mL);

V_2——空白试验消耗的硫氰酸铵标准滴定溶液的体积(mL);

m——试料的质量(g);

1.773——硝酸银标准溶液对氯离子的滴定度(mg/mL)。

两次试验结果的算术平均值作为本次试验的结果,精确至0.001%,当 $w_{Cl^-} \leqslant 0.10\%$ 时,两次试验结果的差值绝对值不超过0.005%,当 $w_{Cl^-} > 0.10\%$ 时,两次试验结果的差值绝对值不超过0.010%,否则重新试验。

1.8 水泥中碱含量测定(火焰光度法)

1.8.1 概述

试样经氢氟酸-硫酸蒸发处理除去硅,用热水浸取残渣,以氨水和碳酸铵分离铁、铝、钙、镁。滤液中的钾、钠用火焰光度计进行测定。

本方法依据《水泥化学分析方法》(GB/T 176—2017)编制而成,适用于水泥、水泥熟料、生料和其他指定使用本方法的各类材料的氧化钾和氧化钠的测定。

1.8.2 仪器设备

1)分析天平:精确至0.0001g。

2)火焰光度计(可稳定地测定钾在波长768nm处和钠在589nm处的谱线强度)。

3)电炉。

4)其他:铂皿(容量为100~150mL)、快速滤纸、容量瓶(100mL、500mL)、玻璃漏斗、移液管(5mL、10mL)等。

1.8.3 试剂

2g/L甲基红指示剂溶液、100g/L碳酸铵(现配)、氨水(1+1)、盐酸(1+1)、硫酸(1+1)、氢氟酸、氧化钾和氧化钠标准溶液等。

1.8.4 样品制备

样品应具有代表性,采用四份法或者缩分器将试样缩分至约100g,经150μm方孔筛筛析后,除去杂质,将筛余物经过研磨后全部通过150μm方孔筛,充分混匀后放入干净、干燥的试样瓶中密封。

1.8.5 试验步骤

1)称取约0.2g试样(m_1),精确至0.0001g,置于铂皿(或聚四氟乙烯器皿)中,加入少量水润湿,加入5~7mL氢氟酸和15~20滴硫酸(1+1),放入通风橱内的电热板上低温加热,近干时摇动铂皿,以防溅失,待氢氟酸驱尽后逐渐升高温度,继续加热至三氧化硫白烟冒尽,取下冷却。

2)加入 40～50mL 热水,用胶头擦棒压碎残渣使其分散,加入 1 滴甲基红指示剂溶液,用氨水(1+1)中和至黄色,再加入 10mL 碳酸铵溶液搅拌,然后放入通风橱内电热板上加热煮沸并继续微沸 20～30min。

3)用快速滤纸过滤,以热水充分洗涤,用胶头擦棒擦洗铂皿,滤液及洗液收集于 100mL 容量瓶中,冷却至室温。用盐酸(1+1)中和至溶液呈微红色,用水稀释至刻度,摇匀。

4)吸取每毫升含 1mg 氧化钾及 1mg 氧化钠的标准溶液 0mL、2.50mL、5.00mL、10.00mL、15.00mL、20.00mL 分别放入 500mL 容量瓶中,用水释至刻度,摇匀,贮存于塑料瓶中。将火焰光度计调节至最佳工作状态,按仪器使用规程进行测定。用测得的检流计读数作为相对应的氧化钾和氧化钠含量的函数,绘制工作曲线。在工作曲线上分别求出氧化钾和氧化钠的含量(m_2)和(m_3)。

1.8.6　结果的计算与表示

$$\begin{cases} w_{K_2O}=\dfrac{m_2}{m_1\times 1000}\times 100\% \\ w_{Na_2O}=\dfrac{m_3}{m_1\times 1000}\times 100\% \\ X_{碱含量}=0.658\times w_{k_2O}\times w_{Na_2O} \end{cases} \tag{1-6}$$

式中:w_{K_2O}——氧化钾的质量分数(%);

w_{Na_2O}——氧化钠的质量分数(%);

m_1——试料的质量(g);

m_2——扣除空白试验值后 100mL 测定溶液中氧化钾的含量(mg);

m_3——扣除空白试验值后 100mL 测定溶液中氧化钠的含量(mg);

$X_{碱含量}$——碱含量(%)。

如果两次试验的氧化钾平行试验结果的差值绝对值不小于 0.10%或者氧化钠两次平行试验结果的差值绝对值不小于 0.05%,需重新试验。

1.9　水泥中三氧化硫含量测定(硫酸钡重量法)

1.9.1　概述

用盐酸分解试样生成硫酸根离子,在煮沸下用氯化钡溶液沉淀,生成硫酸钡沉淀,经过滤灼烧后称量。测定结果以三氧化硫计。

本方法依据《水泥化学分析方法》(GB/T 176—2017)编制而成,适用于通用硅酸盐水泥,制备上述水泥的熟料、生料以及指定采用本标准的其他水泥和材料。

1.9.2　仪器设备

1)分析天平:量程为 200g,精确至 0.0001g。

2)高温电阻炉:0～1300℃,精度为5℃。

3)干燥器:内装变色硅胶。

4)其他:瓷坩埚(带盖,容量为20～30mL)、烧杯(200mL、400mL)、表面皿、玻璃棒、锥形瓶(300mL)、玻璃漏斗、定量滤纸(中速、慢速)、电炉、移液管(10mL)等。

1.9.3 试剂

硝酸银溶液(5g/L)、盐酸(1+1)、氯化钡溶液(100g/L)等。

1.9.4 样品制备

样品应具有代表性,采用四份法或者缩分器将试样缩分至约100g,经150μm方孔筛筛析后,除去杂质,将筛余物经过研磨后全部通过150μm方孔筛,充分混匀后放入干净、干燥的试样瓶中密封。

1.9.5 试验步骤

称取约0.5g试样(m_1),精确至0.0001g,置于200mL烧杯中,加入40mL水,搅拌使试样完全分散,在搅拌下加入10mL盐酸(1+1),用平头玻璃棒压碎块状物,加热煮沸并保持微沸5～10min。用中速滤纸过滤,用热水洗涤10～12次,滤液及洗液收集于400mL烧杯中。加水稀释至约250mL,玻璃棒底部压一小片定量滤纸,盖上表面皿,加热煮沸,在微沸下从杯口缓慢逐滴加入10mL热的氯化钡溶液,继续微沸数分钟使沉淀良好地形成,然后在常温下静置12～24h或温热处静置至少4h(有争议时,以常温下静置12～24h的结果为准),溶液的体积应保持在约200mL。用慢速定量滤纸过滤,用热水洗涤,用胶头擦棒和定量滤纸片擦洗烧杯及玻璃棒,洗涤至检验无氯离子为止(按规定洗涤沉淀数次后,用水冲洗一下漏斗的下端,继续用水洗涤滤纸和沉淀,将滤液收集于试管中,加几滴硝酸银溶液,观察试管中的溶液是否浑浊。如果浑浊,继续洗涤并检验,直至用硝酸银溶液检验不再浑浊为止)。

将沉淀及滤纸一并移入已灼烧恒量的瓷坩埚中,灰化完全后,放入800～950℃的高温炉内灼烧30min以上,取出坩埚,置于干燥器中冷却至室温,称量,反复灼烧直至恒量或者在800～950℃下灼烧约30min(有争议时以反复灼烧直至恒量的结果为准),置于干燥器中冷却至室温后称量(m_2)。

1.9.6 结果的计算与表示

$$w_{so_3}=\frac{(m_2-m_3)\times 0.343}{m_1}\times 100\% \tag{1-7}$$

式中:w_{so_3}——硫酸盐三氧化硫的质量分数(%);

m_1——试料的质量(g);

m_2——灼烧后沉淀的质量(g);

m_3——空白试验灼烧后沉淀的质量(g);

0.343——硫酸钡对三氧化硫的换算系数。

两次试验的算术平均值作为本次试验的结果。当$w_{so_3}\leqslant 1.00\%$时,两次试验结果的差值绝对值不超过 0.10%；当w_{SO_3}>1.00%时，两次试验结果的差值绝对值不超过 0.15%；否则重新试验。

1.10 水泥中氧化镁含量测定(原子吸收分光光度法)

1.10.1 概述

以氢氟酸-高氯酸分解或氢氧化钠熔融或碳酸钠熔融试样的方法制备溶液，分取一定量的溶液，用锶盐消除硅、铝、铁等的干扰，在空气-乙炔火焰中，于波长 285.2nm 处测定溶液的吸光度。

本方法依据《水泥化学分析方法》(GB/T 176—2017)编制而成，适用于通用硅酸盐水泥，制备上述水泥的熟料、生料以及指定采用本标准的其他水泥和材料。

1.10.2 仪器设备

1)分析天平：量程为 200g，精确至 0.0001g。

2)高温电阻炉：0～1600℃，精度为 5℃。

3)原子吸收分光光度计。

4)干燥器：内装变色硅胶。

5)其他：电炉、铂坩埚(容量为 30～50mL)、容量瓶(100mL、250mL、500mL)、移液管(10mL、20mL)、量筒等。

1.10.3 试剂

氧化镁标准溶液(0.05mg/mL)、盐酸(1+1)、高氯酸(1.60g/cm^3，质量分数为 70%～72%)、氯化锶溶液(锶 50g/L)、氢氟酸(1.15～1.18g/cm^3，质量分数为 40%)等。

1.10.4 样品制备

样品应具有代表性，采用四份法或者缩分器将试样缩分至约 100g，经 150μm 方孔筛筛析后，除去杂质，将筛余物经过研磨后全部通过 150μm 方孔筛，充分混匀后放入干净、干燥的试样瓶中密封。

1.10.5 试验步骤

1. 准备标准曲线的测定溶液

吸取 0.05mg/mL 氧化镁标准溶液 0mL、2.00mL、4.00mL、6.00mL、8.00mL、10.00mL、12.00mL 分别放入 500mL 容量瓶中，分别加入 30mL 盐酸(1+1)及 10mL 氯化锶溶液，用水稀释至 500mL 刻度，摇匀备用。

2. 氢氟酸-高氯酸分解试样

称取约 0.1g 试样(m)，精确至 0.0001g，置于铂坩埚(或铂皿、聚四氟乙烯器皿)中，加入 0.5～1mL 水润湿，加入 5～7mL 氢氟酸和 0.5mL 高氯酸，放入通风橱内低温电热板上加热，近干时摇动铂坩埚以防溅失，待白色浓烟完全驱尽后，取下冷却。加入 20mL 盐酸(1+1)，加热至溶液澄清，冷却后，移入 250mL 容量瓶中，加入 5mL 氯化锶溶液，用水稀释至刻度，摇匀。此溶液供原子吸收分光光度法测定氧化镁用。

3. 氧化镁的测定

从溶液中吸取 5.00mL 放入 100mL 容量瓶中(试样溶液的分取量及容量瓶的容积视氧化镁的含量而定)，加入 12mL 盐酸(1+1)及 2mL 氯化锶溶液(测定溶液中盐酸的体积分数为 6%，锶的浓度为 1mg/mL)。用水稀释至刻度，摇匀。用原子吸收分光光度计，在空气-乙炔火焰中，用镁元素空心阴极灯，于波长 285.2nm 处，依次测试准备的 7 个不同浓度的氧化镁标准溶液、水泥试样溶液和空白溶液的吸光度。

用 7 个不同浓度的氧化镁标准溶液测得的吸光度绘制工作曲线，并求出氧化镁的浓度(c_1)。

1.10.6 结果的计算与表示

$$w_{MgO}=\frac{c_1\times100\times50}{m\times10^6}\times100\% \tag{1-8}$$

式中：w_{MgO}——氧化镁的质量分数(%)；

c_1——扣除空白试验值后测定溶液中氧化镁的浓度(μg/mL)；

m——试料的质量(g)；

100——测定溶液的体积(mL)；

50——全部试样溶液与所分取试样溶液的体积比。

两次试验的算术平均值作为本次试验的结果，如果两次试验结果的差值绝对值不小于 0.15%，需重新试验。

第2章　钢筋(含焊接与机械连接)

2.1　屈服强度试验

2.1.1　概述

屈服强度的定义:当金属材料呈现屈服现象时,在试验期间金属材料产生塑性变形而力不增加时的应力点。

屈服强度区分为上屈服强度和下屈服强度。

屈服强度检测原理:金属材料通过万能试验机拉伸,可从力-延伸曲线图或峰值力显示器测得,应力由该力除以试样的原始横截面积计算得到。

检测标准及试验规范如下:

1)《钢筋混凝土用钢　第2部分:热轧带肋钢筋》(GB/T 1499.2—2018);

2)《钢筋混凝土用钢　第1部分:热轧光圆钢筋》(GB/T 1499.1—2017);

3)《金属材料　拉伸试验　第1部分:室温试验方法》(GB/T 228.1—2021);

4)《钢筋混凝土用钢材试验方法》(GB/T 28900—2022)。

2.1.2　仪器设备

至少达到1级精度要求的万能试验机(见图2-1),根据钢筋规格选择相应量程的试验机。

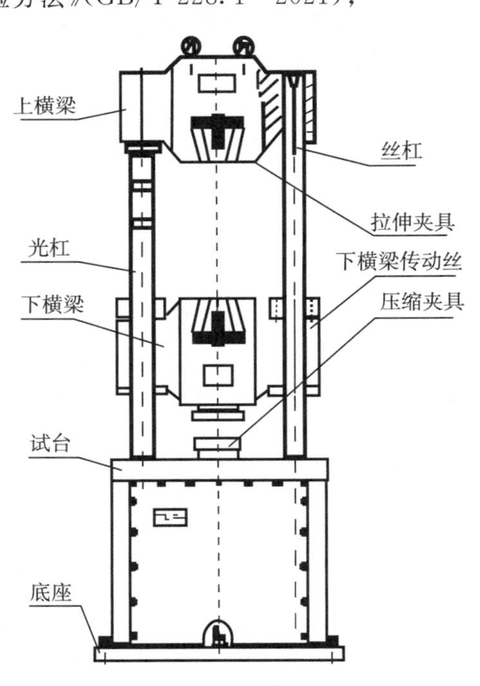

图2-1　万能试验机

2.1.3　检测方法

1. 屈服强度检测方法

混凝土用钢热轧带肋钢筋和热轧光圆钢筋:上屈服强度的测定可从力-延伸曲线图或峰值力显示器测得,定义为力首次下降前的最大力值对应的应力,下屈服强度的测定可从力-延伸曲线图测得,定义为不计初始瞬时效应时屈服阶段中的最小力对应的应力。除非在相关产品标准中另有规定,对于拉伸性能(R_{eL}或$R_{P0.2}$、R_m)的计算,原始横截面积应采用公称横截面面积。

2. 检测步骤

1)开机预热检查设备是否正常并记录使用记录,根据试样直径匹配对应夹头。

2)选择加载速率、试验方案及输入参数。

3)抽取相对应的试样。

4)将试样加紧上夹头,调整横梁移动到合适的位置,负荷清零,加紧下夹头进行拉伸试验直至试样断裂破坏,试验将自动结束。

5)取下试样机器卸压,保存并记录试验数据。

2.1.4　屈服强度计算

1)上屈服强度计算:R_{eH}(MPa)=实测上屈服力/公称截面积。

2)下屈服强度计算:R_{eL}(MPa)=实测下屈服力/公称截面积。

2.2　抗拉强度试验

2.2.1　概述

抗拉强度的定义:金属由均匀塑性形变向局部集中塑性变形过渡的临界值,也是金属在拉伸条件下的最大承载能力,符号为 R_m,单位为 MPa。

抗拉强度检测原理:金属材料通过万能试验机拉伸,可从力-延伸曲线图或峰值力显示器测得,应力由该力除以试样的原始横截面积计算得到。

检测标准及试验规范如下:

1)《钢筋混凝土用钢　第 2 部分:热轧带肋钢筋》(GB/T 1499.2—2018);

2)《钢筋混凝土用钢　第 1 部分:热轧光圆钢筋》(GB/T 1499.1—2017);

3)《金属材料　拉伸试验　第 1 部分:室温试验方法》(GB/T 228.1—2021);

4)《钢筋混凝土用钢材试验方法》(GB/T 28900—2022);

5)《钢筋机械连接技术规程》(JGJ 107—2016);

6)《钢筋焊接及验收规程》(JGJ 18—2012);

7)《钢筋焊接接头试验方法标准》(JGJ/T 27—2014)。

2.2.2　仪器设备

至少达到 1 级精度要求的万能试验机,根据钢筋规格选择相应量程的试验机。

2.2.3　检测方法及步骤

1. 抗拉强度检测方法

1)混凝土用钢热轧带肋钢筋和热轧光圆钢筋:抗拉强度的测定可从力-延伸曲线图或峰值力显示器测得,定义为相应最大力对应的应力,除非在相关产品标准中另有规定,对于拉伸性能(R_{eL}或 $R_{P0.2}$、R_m)的计算,原始横截面积应采用公称横截面面积。

2)钢筋焊接:对试样进行轴向拉伸试验时,加载应连续平稳,试验速率应符合国家标准GB/T 228.1中的有关规定,将试样拉至断裂(或出现颈缩),自动采集最大力或从测力盘上读取最大力,也可从拉伸曲线图上确定试验过程中的最大力。

3)机械连接:测量接头试件的极限抗拉强度时,试验机夹头的分离速率宜采用每分钟$0.05L_C$,L_C为试验机夹头间的距离。现场抽检接头试件的极限抗拉强度试验应采用零到破坏的一次加载制度。

2. 检测步骤

1)开机预热检查设备是否正常并记录使用记录,根据试样直径匹配对应夹头。

2)选择加载速率、试验方案及输入参数。

3)抽取相对应的试样。

4)将试样加紧上夹头,调整横梁移动到合适的位置,负荷清零,加紧下夹头进行拉伸试验直至试样断裂破坏,试验将自动结束。

5)取下试样机器卸压,保存并记录试验数据。

2.2.4　抗拉强度计算

$$R_m = \frac{F_m}{S_o} \tag{2-1}$$

式中:R_m——抗拉强度(MPa);

F_m——最大力(N);

S_o——原始试样的钢筋公称横截面积(mm^2)。

2.3　断后伸长率试验

2.3.1　概述

钢材拉伸试验中,伸长率是用以表示钢材变形的重要参数。断后伸长率为试样拉伸断裂后的残余伸长量与原始标距之比(以百分率表示),它是表示钢材变形性能、塑性变形能力的重要指标,符号为A,单位为%。

检测标准及试验规范如下:

1)《钢筋混凝土用钢　第2部分:热轧带肋钢筋》(GB/T 1499.2—2018);

2)《钢筋混凝土用钢　第1部分:热轧光圆钢筋》(GB/T 1499.1—2017);

3)《金属材料　拉伸试验　第1部分:室温试验方法》(GB/T 228.1—2021);

4)《钢筋混凝土用钢材试验方法》(GB/T 28900—2022)。

2.3.2　仪器设备

至少达到1级精度要求的万能试验机,根据钢筋规格选择相应量程的试验机;钢筋标距仪,等分格标记的距离应为10mm,如图2-2所示;游标卡尺,精度值为0.01mm,如图2-3所示。

图 2-2　钢筋标距仪

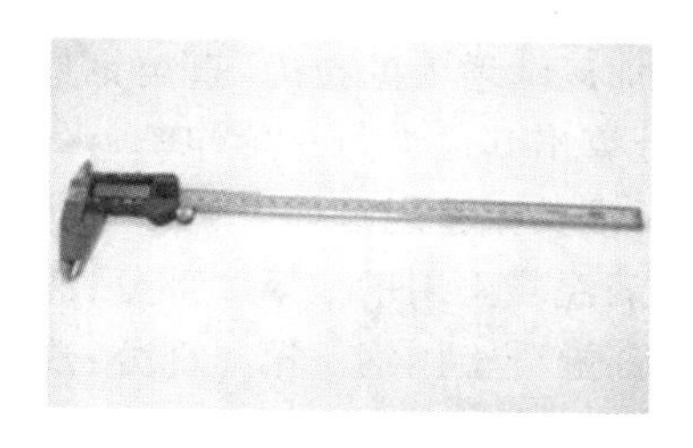

图 2-3　游标卡尺

2.3.3　检测方法

1)除非在相关产品标准中另有规定,测定断后伸长率(A)时,原始标距应为产品公称直径(d)的 5 倍。

2)为了测定断后伸长率,应将试样断裂的部分仔细地配接在一起使其轴线处于同一直线上,并采取特别措施确保试样断裂部分适当接触后测量试样断后标距。这对小横截面试样和低伸长率试样尤为重要。测量出的断后标距的残余伸长(L_u-L_0)与原始标距 L_0 之比,以百分数表示。

3)应使用分辨力足够的量具或测量装置测定断后伸长量(L_u-L_0),并准确到 ±0.25mm。

4)如规定的最小断后伸长率小于 5%,建议采取特殊方法进行测定,原则上只有断裂处与最接近的标距标记的距离不小于原始标距的三分之一情况方为有效。但断后伸长率大于或等于规定值,不管断裂位置处于何处测量均为有效。如断裂处与最接近的标距标记的距离小于原始标距的三分之一时,可采用 GB/T 228.1—2021 中附录 N 规定的移位法测定断后伸长率。

2.3.4　断后伸长率计算

$$A=\frac{L_u-L_0}{L_0}\times 100\% \tag{2-2}$$

式中:L_0——原始标距;

　　L_u——断后标距。

2.4　最大力下总延伸率试验

2.4.1　概述

钢材拉伸试验中,应力或拉伸力达到最大值时的原始标距伸长量与原始标距之比,称为最大力总伸长率(以百分率表示),符号为 A_{gt},单位为%。

钢筋的最大力总延伸率技术要求是保证钢筋在使用过程中不会出现断裂或变形的重要

指标。钢筋的最大力总延伸率可以通过拉伸试验来进行检测。具体方法是将钢筋固定在试验机上，施加逐渐增大的拉力，直至钢筋断裂为止。在试验过程中，可以通过测量钢筋的长度变化来计算出其最大力总延伸率。

检测标准及试验规范如下：

1)《钢筋混凝土用钢　第2部分：热轧带肋钢筋》(GB/T 1499.2—2018)；

2)《钢筋混凝土用钢　第1部分：热轧光圆钢筋》(GB/T 1499.1—2017)；

3)《金属材料　拉伸试验　第1部分：室温试验方法》(GB/T 228.1—2021)；

4)《钢筋混凝土用钢材试验方法》(GB/T 28900—2022)。

2.4.2　仪器设备

至少达到1级精度要求的万能试验机，根据钢筋规格选择相应量程的试验机；钢筋标距仪，等分格标记的距离应为10mm；游标卡尺，精度值为0.01mm。

2.4.3　检测方法

1)对于最大力总延伸率(A_{gt})的测定，应采用引伸计法或GB/T 28900中规定的手工法测定。当有争议时，应采用手工法计算。

2)如果通过引伸计来测量A_{gt}，采用GB/T 228.1测定时应修正使用，即A_{gt}应在力值从最大值落下超过0.2%之前被记录。

注：本规定旨在避免因采用不同方法测定(手工法与引伸计法)带来的差异，普遍认为，使用引伸计得出的A_{gt}平均值比手动法测量的值低。

3)当采用手工法测定A_{gt}时(见图2-4)，A_{gt}应按照相关公式进行测定。除非另有规定，原始标距(L_0')应为100mm。当试样断裂后，选择较长的一段试样测量断后标距(L_u')，并按照公式(2-3)计算A_r，其中断口和标距之间的距离(r_2)至少为50mm或$2d$(选择较大者)。若夹持部位和标距之间的距离(r_1)小于20mm或d(选择较大者)时，该试验可视为无效。

$$A_r=\frac{L_u'-L_0'}{L_0'}\times 100\% \tag{2-3}$$

式中：L_u'——手工法测定A_{gt}时的断后标距(mm)；

L_0'——手工法测定A_{gt}时的原始标距(mm)。

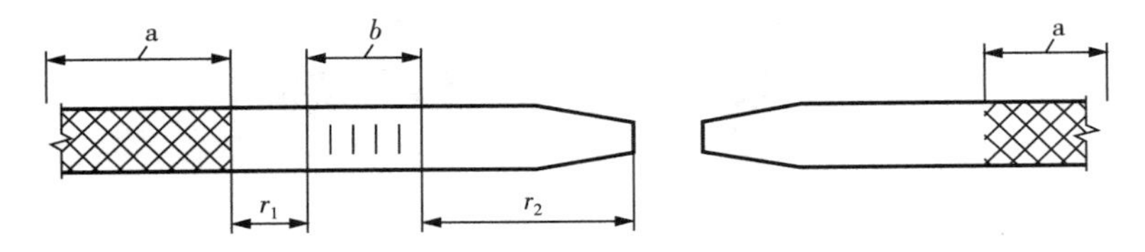

a—夹持部位；b—手工法测定A_{gt}时的断后标距(L_u')；r_1—手工测定A_{gt}时夹持部位和断后标距(L_u')之间的距离；r_2—手工测定A_{gt}时断口和断后标距(L_u')之间的距离。

图2-4　用手工法测定A_{gt}示意

2.4.4　最大力下总延伸率计算

$$A_{gt}=A_r+\frac{R_m}{2000} \tag{2-4}$$

式中：A_{gt}——最大力总延伸率(%)；

A_r——断后均匀伸长率(%)；

R_m——抗拉强度(MPa)；

2000——根据碳钢弹性模量得出的系数(不锈钢的系数应由产品标准给出的数值代替，或者相关方约定的适当值代替)(MPa)。

2.5　反向弯曲试验

2.5.1　概述

钢筋反向弯曲试验是一种钢筋在偏心力作用下发生变形的一种试验。在建筑结构中，钢筋反向弯曲试验是非常重要的，主要用于检测钢筋混凝土构件的抗弯性能。钢筋反向弯曲试验的目的是确定钢筋在偏心力作用下的变形程度以及钢筋混凝土构件的裂缝分布。

弯曲试验应在 10～35℃的温度下进行，试样应在弯曲压头上弯曲。

检测标准及试验规范：

1)《钢筋混凝土用钢　第 2 部分：热轧带肋钢筋》(GB/T 1499.2—2018)；

2)《钢筋混凝土用钢材试验方法》(GB/T 28900—2022)。

2.5.2　仪器设备

1)反向弯曲可在图 2-5 所示的弯曲装置上进行，也可采用图 2-6 所示的弯曲装置。

2)数显恒温鼓风干燥箱。

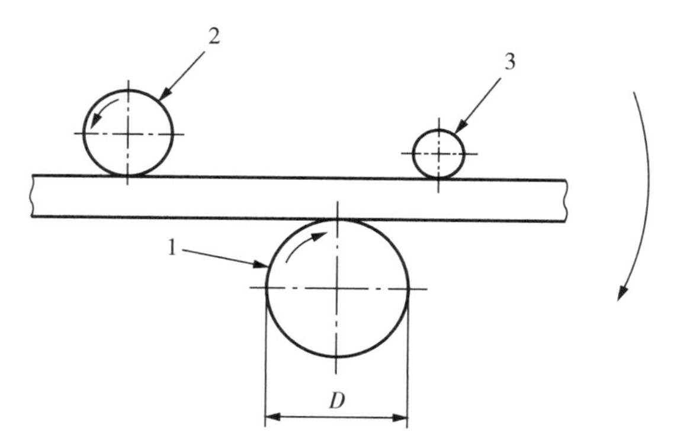

1—弯曲压头；2—支辊；3—传送辊；D—弯曲压头直径。

图 2-5　弯曲装置(1)(单位：mm)

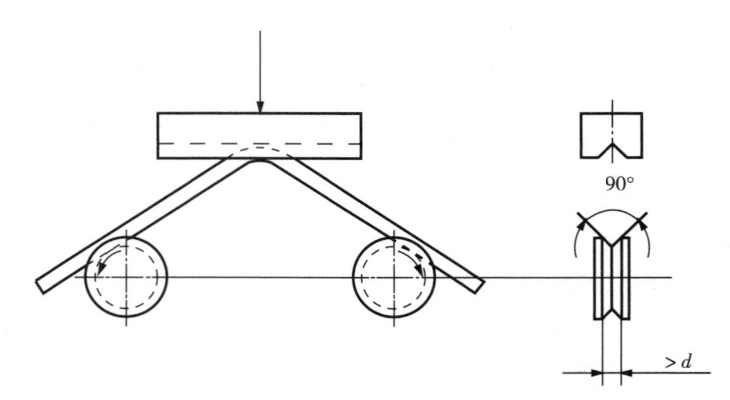

90°—带槽传动辊的内切角度，单位为度(°)；d—钢筋、盘条或钢丝的公称直径，单位为毫米(mm)。

图 2-6　弯曲装置(2)

2.5.3　检测方法

1. 人工时效

1)人工时效的温度和时间应满足相关产品标准的要求。

2)测定室温拉伸试验、弯曲试验、反向弯曲试验、轴向应力疲劳试验和循环非弹性载荷试验中的性能指标时，可根据产品标准的要求对矫直后的试样进行人工时效。

3)当产品标准没有规定人工时效工艺时，可采用下列工艺条件：加热试样到 100℃，在 100℃±10℃下保温 60～75min，然后在静止的空气中自然冷却到室温。

注：不同的试验条件(包括试样数量、试样尺寸和加热设备类型)加热时间亦不相同，一般认为，加热时间不少于 40min 时效果最佳。

4)如果对试样进行人工时效，人工时效的工艺条件应记录在试验报告中。

2. 选择弯曲压头直径

反向弯曲试验的弯曲压头直径比弯曲试验(见表 2-1)相应增加一个钢筋公称直径。

表 2-1　弯曲压头直径

牌号	公称直径 d/mm	弯曲压头直径/mm
HRB400 HRBF400 HRB400E HRBF400E	6～25	4d
	28～40	5d
	40～50	6d
HRB500 HRBF500 HRB500E HRBF500E	6～25	6d
	28～40	7d
	40～50	8d
HRB600	6～25	6d
	28～40	7d
	40～50	8d

3. 检测步骤

1)先将试样正向弯曲 90°,把经正向弯曲后的试样在 100℃±10℃ 温度下保温不少于 30min。

2)保温后的试样经自然冷却后再反向弯曲 20°。

3)两个弯曲角度均应在保持载荷时测量。

4)当供方能保证钢筋经人工时效后的反向弯曲性能时,正向弯曲后的试样亦可在室温下直接进行反向弯曲。

2.5.4　反向弯曲试验结果评定

1)当产品标准没有规定时,若反向弯曲试样无目视可见的裂纹,则判定该试样为合格。

2)反向弯曲试验结果应根据相关产品标准的规定来判定。

2.6　重量偏差试验

2.6.1　概述

钢筋重量偏差是指钢筋的实际重量与理论重量之间的差异,主要是用来衡量钢筋交货质量。

本试验适用于钢筋混凝土用热轧直条、盘卷光圆钢筋、钢筋混凝土普通热轧带肋钢筋和细晶粒热轧带肋钢筋,不适用于由成品钢材再次轧制成的再生钢筋及余热处理钢筋。

重量偏差应在有垂直端面的试样上进行测量,试样的数量和长度应符合相关产品的规定。

检测标准及试验规范如下:

1)《钢筋混凝土用钢　第 2 部分:热轧带肋钢筋》(GB/T 1499.2—2018);

2)《钢筋混凝土用钢　第 1 部分:热轧光圆钢筋》(GB/T 1499.1—2017);

3)《钢筋混凝土用钢材试验方法》(GB/T 28900—2022)。

2.6.2　仪器设备

电子秤,分度值为 1g,如图 2-7 所示;钢直尺,分度值为 1mm,如图 2-8 所示;游标卡尺,精度值为 0.01mm。

图 2-7　电子秤

图 2-8　钢直尺

2.6.3　检测方法

测量钢筋重量偏差时，试样应从不同根钢筋上截取，数量不少于 5 支，每支试样长度不小于 500mm。长度应逐支测量，应精确到 1mm。测量试样总重量时，应精确到不大于总重量的 1%。

2.6.4　重量偏差试验计算

$$\text{重量偏差}=\frac{\text{试样实际总重量}-(\text{试样总长度}\times\text{理论重量})}{\text{试样总长度}\times\text{理论重量}}\times 100\% \tag{2-5}$$

2.7　残余变形试验

2.7.1　概述

残余变形，又称为不可恢复变形，是指已经进入塑性阶段的材料在卸载至初始状态后，其变形不能回到初始状态，而存在的一部分无法恢复的变形。

接头残余变形是指按规定的加载制度加载并卸载后，在规定标距内所测得的变形。

本试验适用于建筑工程混凝土结构中钢筋机械连接的设计、施工和验收。

检测标准及试验规范：《钢筋机械连接技术规程》(JGJ 107—2016)。

2.7.2　仪器设备

万能试验机；残余变形引伸计；游标卡尺，精度值为 0.02mm。

2.7.3　检测方法

1)测量接头试件残余变形时的加载应力速率宜采用 $2N/(mm^2\cdot s)$，不应超过$10N/(mm^2\cdot s)$。

2)试件检验的仪表布置和变形测量标距应符合下列规定。

(1)单向拉伸试验时的变形测量仪表应在钢筋两侧对称布置(见图 2-9)，两侧测点的相对偏差不宜大于 5mm，且两侧仪表应能独立读取各自变形值。

(2)单项拉伸残余变形测量应按式(2-6)计算：

$$L_1=L+\beta d \tag{2-6}$$

式中：L_1——变形测量标距(mm)；

L——机械连接接头长度(mm)；

β——系数，取 1～6。

3)试件应按下列单项拉伸加载制度加载并拉断：0→$0.6f_{yk}$→0(测量残余变形)→最大拉力(记录极限抗拉强度)→破坏(测定最大力下总伸长率)。

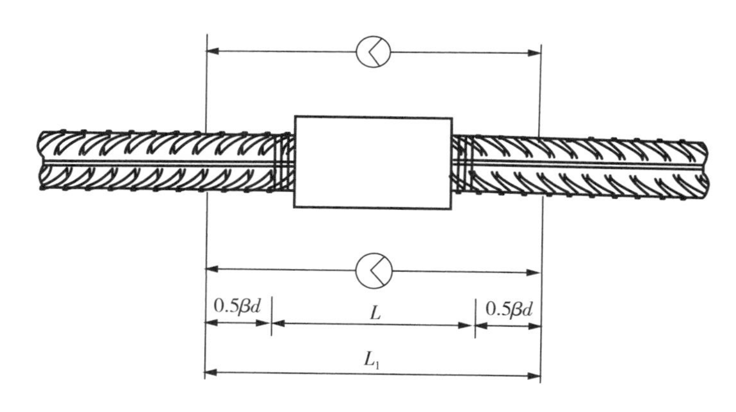

图 2-9 接头试件变形测量标距和仪表布置

2.7.4 残余变形计算

应取钢筋两侧变形测量仪表读数的平均值计算残余变形值。

2.8 弯曲性能试验

2.8.1 概述

钢筋的弯曲试验是一项非常重要测试,其意义在于检测钢筋的弯曲性能,以保证建筑物的安全性和稳定性。

检测标准及试验规范如下:

1)《钢筋混凝土用钢 第 2 部分:热轧带肋钢筋》(GB/T 1499.2—2018);

2)《钢筋混凝土用钢 第 1 部分:热轧光圆钢筋》(GB/T 1499.1—2017);

3)《钢筋焊接及验收规程》(JGJ 18—2012);

4)《钢筋焊接接头试验方法标准》(JGJ/T 27—2014)。

2.8.2 仪器设备

1)混凝土用钢热轧带肋钢筋和热轧光圆钢筋弯曲装置应采用图 2-5 所示的试验装置。

2)钢筋焊接接头弯曲试验可在压力机或万能试验机上进行,不得使用钢筋弯曲机对钢筋焊接接头进行弯曲试验。

2.8.3 检测方法

1)混凝土用钢热轧带肋钢筋:钢筋应进行弯曲试验,按表 2-1 规定的弯曲压头直径弯曲 180°。

2)热轧光圆钢筋:按表 2-2 规定的弯芯直径弯曲 180°。

表 2-2　弯芯直径

牌号	公称直径 d/mm	弯曲压头直径/mm
HPB300	6～22	d

3)钢筋焊接。

(1)钢筋焊接接头弯曲试样的长度宜为两支辊内侧加 150mm;两支辊内侧距离 l 应按式(2-7)确定,两支辊内侧距离 l 在试验期间应保持不变(见图 2-10)。

$$l=(D+3a)\pm a/2 \tag{2-7}$$

式中:l——两支辊内侧距离(mm);

D——弯曲压头直径(mm);

a——弯曲试样直径(mm)。

(2)试样受压面的金属毛刺和镦粗变形部分宜去除至与母材外表面齐平。

(3)钢筋焊接接头进行弯曲试验时,试样应放在两支点上,并应使焊缝中心与弯曲压头中心线一致,应缓慢地对试样施加荷载,以使材料能够自由地进行塑性变形;当出现争议时,试验速率应为 1mm/s±0.2mm/s,直至达到规定的弯曲角度或出现裂纹、破断为止。

(4)弯曲压头直径和弯曲角度应按表 2-3 的规定确定。

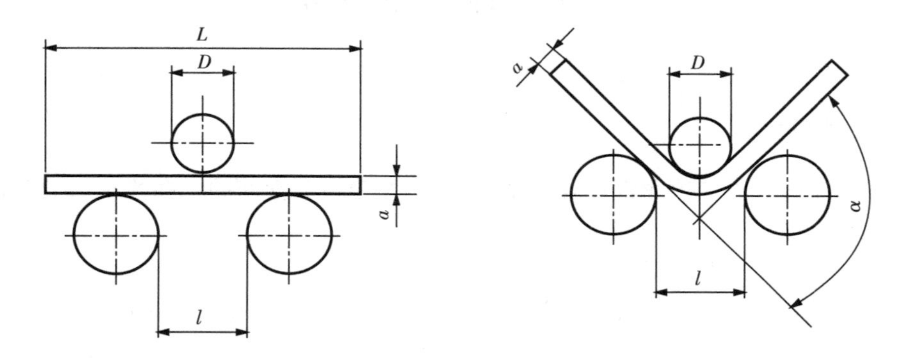

图 2-10　支辊弯曲试验

表 2-3　弯曲压头直径和弯曲角度

序号	钢筋牌号	弯曲压头直径 D/mm		弯曲角度 α/°
		$a\leqslant 25$mm	$a>5$mm	
1	HPB300	$2a$	$3a$	90
2	HRB335 HRBF335	$4a$	$5a$	90
3	HRB400 HRBF400	$5a$	$6a$	90
4	HRB500 HRBF500	$7a$	$8a$	90

注:a 为弯曲试样直径。

2.8.4　弯曲性能试验结果评定

1)混凝土用钢热轧带肋钢筋和热轧光圆钢筋:当产品标准没有规定时,若弯曲试样无目视可见的裂纹,则评定弯曲试验结果合格。

2)钢筋焊接:当试验结果弯曲至 90°,有 2 个或 3 个试件外侧(含焊缝和热影响区)未发生宽度达到 0.5mm 的裂纹,应评定该检验批接头弯曲试验合格;当有 2 个试件发生宽度达到 0.5mm 的裂纹,应进行复验;当有 3 个试件发生宽度达到 0.5mm 的裂纹,应评定该检验批接头弯曲试验不合格。复验时,应切取 6 个试件进行试验。复验结果,当不超过 2 个试件发生宽度达到 0.5mm 的裂纹时,应评定该检验批接头弯曲试验复验合格。

第3章 骨料、集料

3.1 细骨料的颗粒级配试验(筛分析法)

3.1.1 概述

级配是描述集料中各粒径颗粒逐级分布状况的一项指标,可通过筛分试验确定集料的级配状况。筛分过程最具代表性的试验操作是针对砂的筛分试验。该试验是称取一定数量的砂样,在规定的标准筛上经过筛分后,分别称出砂在各个筛上的筛余质量,然后根据定义和公式计算出与级配有关的细度模数。

本试验依据《普通混凝土用砂、石质量及检验方法标准》(JGJ 52—2006)编制而成。

3.1.2 仪器设备

1)烘箱:温度控制范围为105℃±5℃。

2)天平:称量为1000g,感量为1g。

3)试验筛:公称直径分别为10.0mm、5.00mm、2.50mm、1.25mm、630μm、315μm及160μm的方孔筛各一只,并附有筛底和筛盖;筛框直径为300mm或200mm。其产品质量要求应符合GB/T 6003.1和GB/T 6003.2的规定。

4)摇筛机(见图3-1)。

5)浅盘、硬、软毛刷等。

3.1.3 试验条件

试验室的温度应保持在20℃±5℃。

3.1.4 试样制备

1)单项试验的最少取样质量应符合表3-1的规定。

2)试样处理。

(1)用分料器法。将样品在潮湿状态下拌和均匀,然后将其通过分料器,留下两个接料斗中的一份,并将另一份再次通过分料器。重复上述过程,直至把样品缩分到试验所需量为止。

图3-1 摇筛机

(2)人工四分法。将所取样品置于平板上,在潮湿状态下拌和均匀,并堆成厚度约为20mm的"圆饼"状,然后沿互相垂直的两条直径把“圆饼”分成大致相等的四份，取其对角的两份重新拌匀，再堆成“圆饼”状。重复上述过程，直至把样品缩分后的材料量略多于进行试验所需量为止。

表3-1 单项试验最少取样质量

序号	试验项目	最少取样质量
1	颗粒级配(筛分析)	4400g
2	表观密度	2600g
3	吸水率	4000g
4	紧密密度和堆积密度	5000g
5	含水率	1000g
6	含泥量	4400g
7	泥块含量	20000g
8	石粉含量	1600g
9	压碎值	分成公称粒级:5.00～2.50mm,2.50～1.25mm,1.25mm～630μm,630～315μm,315～160μm,每个粒径各需1000g
10	有机物含量	2000g
11	云母含量	600g
12	轻物质含量	3200g
13	坚固性	分成公称粒级:5.00～2.50mm,2.50～1.25mm,1.25mm～630μm,630～315μm,315～160μm,每个粒径各需100g
14	硫化物及硫酸盐含量	50g
15	氯离子含量	2000g
16	贝壳含量	10000g
17	碱活性	20000g

3.1.5 试验步骤

1)按表3-1的规定取样，筛除大于10.0mm的颗粒，并计算其筛余，称取经缩分后样品不少于550g两份，分别装入两个浅盘，放在烘箱中于105℃±5℃下烘干至恒重，冷却至室温备用。恒重系指在相邻两次称量间隔时间不小于3h的情况下，前后两次称量之差小于该项试验所要求的称量精度(下同)。

2)准确称取试样500g(特细砂可称250g)，精确至1g。将试样倒入按筛孔大小顺序排列(大孔在上、小孔在下)的套筛(附筛底)的最上一只筛(公称直径为5.00mm的方孔筛)上。

3)将套筛置于摇筛机上固定，筛分10min;取下套筛，再按筛孔由大到小的顺序，在清洁的浅盘上逐一进行手筛，筛至每分钟通过量不超过试样总量的0.1%时为止;通过的颗粒并入下一号筛中，并和下一号筛中的试样一起进行手筛。按这样顺序依次进行，直至各号筛全部筛完为止。

注：当试样含泥量超过5%时，应先将试样水洗，然后烘干至恒重，再进行筛分。

4)试样在各只筛上的筛余量(m_r)均不应超过按式(3-1)计算得出的剩留量，否则应将该筛的筛余试样分成两份或数份，再次进行筛分，并以其筛余量之和作为该筛的筛余量。

$$m_r=\frac{A\sqrt{d}}{300} \tag{3-1}$$

式中：m_r——某一筛上的剩留量(g)；

d——筛孔边长(mm)；

A——筛的面积(mm^2)。

5)称取各筛筛余试样的质量(精确至1g)，所有各筛的分计筛余量和底盘中的剩余量之和与筛分前的试样总量相比，相差不得超过1%。

3.1.6 结果计算

1)计算分计筛余(各筛上的筛余量除以试样总量的百分率)，精确至0.1%。

2)计算累计筛余(该筛的分计筛余与筛孔大于该筛的各筛的分计筛余之和)，精确至0.1%。

3)根据各筛两次试验累计筛余的平均值，评定该试样的颗粒级配分布情况，精确至1%。

4)砂的细度模数应按式(3-2)计算，并精确至0.01。

$$\mu_f=\frac{(\beta_2+\beta_3+\beta_4+\beta_5+\beta_6)-5\beta_1}{100-\beta_1} \tag{3-2}$$

式中：μ_f——砂的细度模数；

β_1、β_2、β_3、β_4、β_5、β_6——分别为5.00mm、2.50mm、1.25mm、630μm、315μm、160μm方孔筛的累计筛余。

5)以两次试验结果的算术平均值作为测定值，精确至0.1。当两次试验的细度模数之差大于0.20时，应重新取试样进行试验。

注：砂的粗细度按细度模数分为粗砂、中砂、细砂和特细砂，其细度模数分别为3.7～3.1、3.0～2.3、2.2～1.6、1.5～0.7。

3.2 细骨料的含泥量试验(标准法)

3.2.1 概述

含泥量是指骨料中公称粒径小于80μm的颗粒含量。

本试验依据《普通混凝土用砂、石质量及检验方法标准》(JGJ 52—2006)编制而成，适用于测定粗砂、中砂和细沙的含泥量，特细砂的含泥量测定用虹吸管法测定。

3.2.2 仪器设备

1)烘箱：温度控制在105℃±5℃。

2)天平:称量为1000g,感量为1g。

3)试验筛:筛孔公称直径为80μm及1.25mm的方孔筛各一只。

4)洗砂用的容器及烘干用的浅盘等。

3.2.3 试验步骤

1)按表3-1规定取样,并将试样缩分至约1100g,放在烘箱中于105℃±5℃下烘干至恒重,待冷却至室温后,称取各为400g的试样两份备用。

2)取烘干的试样一份置于容器中,并注入饮用水,使水面高出砂面约150mm,充分搅拌后,浸泡2h,然后用手在水中淘洗试样,使尘屑、淤泥和黏土与砂粒分离,并使之悬浮或溶于水中。缓缓地将浑浊液倒入公称直径为1.25mm、80μm的方孔套筛(1.25mm的筛放置于上面)上,滤去小于80μm的颗粒。试验前筛子的两面应先用水湿润,在整个试验过程中应避免砂粒丢失。

3)再次加水于容器中,重复上述过程,直到筒内洗出的水清澈为止。

4)用水淋洗剩留在筛上的细粒,并将80μm的筛放在水中(使水面略高出筛中砂粒的上表面)来回摇动,以充分洗掉小于80μm的颗粒。然后将两只筛上的剩留颗粒和容器中已经洗净的试样一并倒入浅盘,放在烘箱中于105℃±5℃下烘干至恒重,待冷却至室温后,称出其质量。

3.2.4 结果计算

$$w_c=\frac{m_0-m_1}{m_0}\times 100\% \tag{3-3}$$

式中:w_c——砂中含泥量(%);

m_0——试验前的烘干试样质量(g);

m_1——试验后的烘干试样质量(g)。

以两个试样试验结果的算术平均值作为测定值。当两次结果之差大于0.5%时,应重新取样进行试验。

3.3 细骨料泥块含量试验

3.3.1 概述

本试验依据《普通混凝土用砂、石质量及检验方法标准》(JGJ 52—2006)编制而成,适用于测定细骨料中公称粒径大于1.25mm,经水洗、手捏后变成小于630μm的颗粒含量。

3.3.2 仪器设备

1)烘箱:温度控制在105℃±5℃。

2)天平:称量为1000g,感量为1g;称量为5000g,感量为5g。

3)试验筛：筛孔公称直径为 630μm 及 1.25mm 的方孔筛各一只。

4)洗砂用的容器及烘干用的浅盘等。

3.3.3　试验步骤

1)按表 3－1 的规定取样，并将试样缩分至约 5000g，放在烘箱中于 105℃±5℃下烘干至恒重，待冷却至室温后，用 1.25mm 的方孔筛筛分，称取不少于 400g 的试样两份备用。特细砂按实际筛分量制备试样。

2)取烘干的试样 200g 置于容器中，并注入饮用水，使水面高出砂面约 150mm，充分搅拌后，浸泡 24h，然后用手在水中碾碎泥块，再把试样放在公称直径为 630μm 的方孔筛上，用水淘洗，直至水清澈为止。

3)保留下来的试样应小心地从筛里取出，装入水平浅盘后，置于温度为 105℃±5℃的烘箱中烘干至恒重，冷却后称重。

3.3.4　结果计算

$$w_{c,L}=\frac{m_1-m_2}{m_1}\times 100\% \tag{3-4}$$

式中：$w_{c,L}$——泥块含量(%)；

m_1——试验前的干燥试样质量(g)；

m_2——试验后的干燥试样质量(g)。

以两次试样试验结果的算术平均值作为测定值。

3.4　细骨料人工砂及混合砂中石粉含量试验(亚甲蓝法)

3.4.1　概述

本试验依据《普通混凝土用砂、石质量及检验方法标准》(JGJ 52—2006)编制而成，适用于测定人工砂中公称粒径小于 80μm，且其矿物组成和化学成分与被加工母岩相同的颗粒含量。

3.4.2　仪器设备

1)烘箱：温度控制在 105℃±5℃。

2)天平：称量为 1000g，感量为 1g；称量为 100g，感量为 0.01g。

3)试验筛：筛孔公称直径为 80μm 及 1.25mm 的方孔筛各一只。

4)容器：要求淘洗试样时，保持试样不溅出(深度大于 250mm)。

5)移液管：5mL、2mL 移液管各一个。

6)三片或四片式叶轮搅拌器(见图 3－2)：转速可调，最高为 600r/min±60r/min，直径为 75mm±10mm。

7)定时装置:精度为1s。

8)玻璃容量瓶:容量为1L。

9)温度计:精度为1℃。

10)玻璃棒:2支,直径为8mm,长为300mm。

11)滤纸:快速。

12)搪瓷盘、毛刷、容量为1000mL的烧杯等。

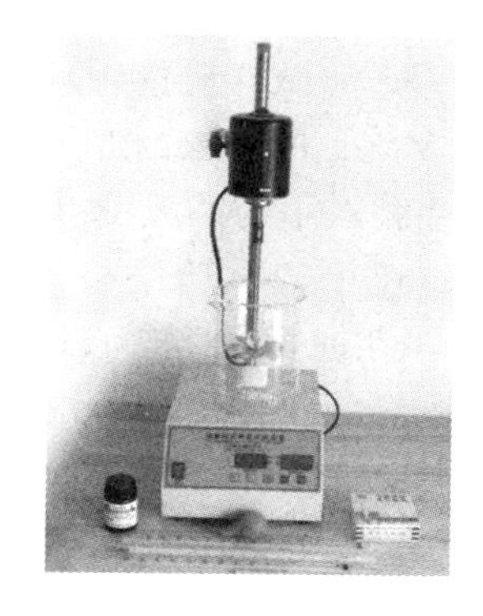

图3-2 叶轮搅拌机

3.4.3 溶液的配置及试验的制备

1)亚甲蓝溶液的配置:将亚甲蓝($C_{16}H_{18}ClN_3S \cdot 3H_2O$)粉末在105℃±5℃下烘干至恒重,称取烘干亚甲蓝粉末10g,精确至0.01g,倒入盛有约600mL蒸馏水(水温加热至35~40℃)的烧杯中,用玻璃棒持续搅拌40min,直至亚甲蓝粉末完全溶解,冷却至20℃。将溶液倒入1L容量瓶中,用蒸馏水淋洗烧杯等,使所有亚甲蓝溶液全部移入容量瓶,容量瓶和溶液的温度应保持在20℃±1℃,加蒸馏水至容量瓶1L刻度。振荡容量瓶以保证亚甲蓝粉末完全溶解。将容量瓶中溶液移入深色储藏瓶中,标明制备日期、失效日期(亚甲蓝溶液保质期应不超过28d),并置于阴暗处保存。

2)将样品缩分至400g,放在烘箱中于105℃±5℃下烘干至恒重,待冷却至室温后,筛除大于公称直径5.0mm的颗粒备用。

3.4.4 试验步骤

1)称取试样200g,精确至1g。将试样倒入盛有500mL±5mL蒸馏水的烧杯中,用叶轮搅拌机以600r/min±60r/min转速搅拌5min,形成悬浮液,然后以400r/min±40r/min转速持续搅拌,直至试验结束。

2)悬浮液中加入5mL亚甲蓝溶液,以400r/min±40r/min转速搅拌至少1min后,用玻璃棒蘸取一滴悬浮液(所取悬浮液滴应使沉淀物直径为8~12mm),滴于滤纸(置于空烧杯或其他合适的支撑物上,以使滤纸表面不与任何固体或液体接触)上。若沉淀物周围未出现色晕,再加入5mL亚甲蓝溶液,继续搅拌1min,再用玻璃棒蘸取一滴悬浮液,滴于滤纸上,若沉淀物周围仍未出现色晕,重复上述步骤,直至沉淀物周围出现约1mm宽的稳定浅蓝色色晕。此时,应继续搅拌,不加亚甲蓝溶液,每1min进行一次蘸染试验。若色晕在4min内消失,再加入5mL亚甲蓝溶液;若色晕在第5min消失,再加入2mL亚甲蓝溶液。两种情况下,均应继续进行搅拌和蘸染试验,直至色晕可持续5min。

3)记录色晕持续5min时所加入的亚甲蓝溶液总体积,精确至1mL。

3.4.5 结果计算

1)亚甲蓝MB值按下式计算:

$$MB=\frac{V}{G}\times 10 \tag{3-5}$$

式中:MB——亚甲蓝值(g/kg),表示每千克0~2.36mm粒级试样所消耗的亚甲蓝克数,精确至 0.01；

G——试样质量(g)；

V——所加入的亚甲蓝溶液的总量(mL)。

注公式中的系数 10 用于将每千克试样消耗的亚甲蓝溶液体积换算成亚甲蓝质量。

2)亚甲蓝试验结果评定应符合下列规定：当 $MB<1.4$ 时，则判定是以石粉为主；当 $MB \geqslant 1.4$ 时，则评定为以泥粉为主的石粉。

3.5　细骨料压碎指标试验(人工砂)

3.5.1　概述

本试验依据《普通混凝土用砂、石质量及检验方法标准》(JGJ 52—2006)编制而成，适用于测定粒级为 315μm～5.00mm 的人工砂的压碎指标。

3.5.2　仪器设备

1)压力试验机：荷载为 300kN。

2)受压钢模(见图 3-3)。

3)天平：称量为 1000g，感量为 1g。

4)试验筛：筛孔公称直径分别为 5.00mm、2.50mm、1.25mm、630μm、315μm、160μm、80μm 的方孔筛各一只。

5)烘箱：温度控制范围为 105℃±5℃。

6)其他：瓷盘 10 个，小勺 2 把。

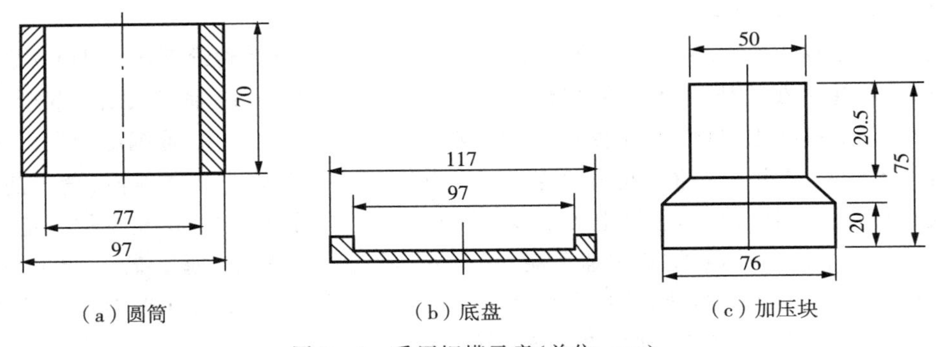

图 3-3　受压钢模示意(单位：mm)

3.5.3　试验步骤

1)将缩分后的样品置于 105℃±5℃的烘箱内烘干至恒重，待冷却至室温后，筛分成 5.00～2.50mm、2.50～1.25mm、1.25mm～630μm、630～315μm 四个粒级，每级试样质量不得少于 1000g。

2)置圆筒于底盘上，组成受压模，将一单级砂样约 300g 装入模内，使试样距底盘约为 50mm。

3)平整试模内试样的表面,将加压块放入圆筒内,并转动一周使之与试样均匀接触。

4)将装好砂样的受压钢模置于压力机的支承板上,对准压板中心后,开动机器,以500N/s的速度加荷,加荷至25kN时持荷5s,而后以同样速度卸荷。

5)取下受压模,移去加压块,倒出压过的试样并称其质量m_0,然后用该粒级的下限筛(如砂样为公称粒级5.00～2.50mm时,其下限筛为筛孔公称直径为2.50mm的方孔筛)进行筛分,称出该粒级试样的筛余量m_1。

3.5.4　结果计算

1)第i单级砂样的压碎指标按式(3-6)计算,精确至0.1%:

$$\delta_i=\frac{m_0-m_1}{m_0}\times 100\% \tag{3-6}$$

式中:δ_i——第i单级砂样的压碎指标(%);

m_0——第i单级砂样的质量(g);

m_1——第i单级砂样的压碎试验后筛余的试样质量(g)。

以三份试样试验结果的算术平均值作为各单粒级试样的测定值。

2)四级砂样总的压碎指标按式(3-7)计算:

$$\delta_{sa}=\frac{\alpha_1\delta_1+\alpha_2\delta_2+\alpha_3\delta_3+\alpha_4\delta_4}{\alpha_1+\alpha_2+\alpha_3+\alpha_4}\times 100\% \tag{3-7}$$

式中:δ_{sa}——总的压碎指标(%),精确至0.1%;

α_1、α_2、α_3、α_4——公称直径分别为2.50mm、1.25mm、630μm、315μm各方孔筛的分计筛余(%);

δ_1、δ_2、δ_3、δ_4——公称粒级分别为5.00～2.50mm、2.50～1.25mm、1.25mm～630μm、630～315μm单级试样压碎指标(%)。

3.6　细骨料的氯离子含量试验

3.6.1　概述

本试验依据《普通混凝土用砂、石质量及检验方法标准》(JGJ 52—2006)编制而成,适用于测定砂中氯离子含量(按SO_3百分含量计算)。

3.6.2　仪器设备

1)天平:称量为1000g,感量为1g。

2)带塞磨口瓶:容量为1L。

3)三角瓶:容量为300mL。

4)滴定管:容量为10mL或25mL。

5)容量瓶：容量为 500mL。

6)移液管：容量为 50mL,2mL。

7)5%(*W*/*V*)铬酸钾指示剂溶液。

8)0.01mol/L 的氯化钠标准溶液。

9)0.01mol/L 的硝酸银标准溶液。

3.6.3 试样的制备

取经缩分后样品 2kg,在温度 105℃±5℃的烘箱中烘干至恒重,冷却至室温后备用。

3.6.4 试验步骤

1)称取试样 500g,装入带塞磨口瓶中,用容量瓶取 500mL 蒸馏水,注入磨口瓶内,加上塞子,摇动一次,放置 2h,然后每隔 5min 摇动一次,共摇动 3 次,使氯盐充分溶解。将磨口瓶上部已澄清的溶液过滤,然后用移液管吸取 50mL 滤液,注入三角瓶中,再加入浓度为 5% 的(*W*/*V*)铬酸钾指示剂 1mL,用 0.01mol/L 硝酸银标准溶液滴定至呈现砖红色为终点,记录消耗的硝酸银标准溶液的毫升数。

2)空白试验:用移液管准确吸取 50mL 蒸馏水到三角瓶内,加入 5%铬酸钾指示剂 1mL,并用 0.01mol/L 的硝酸银标准溶液滴定至溶液呈砖红色为止,记录此点消耗的硝酸银标准溶液的毫升数。

3.6.5 结果计算

砂中氯离子含量应按式(3-8)计算:

$$w_{Cl^-}=\frac{c_{AgNO_3}(V_1-V_2)\times 0.0355\times 10}{m}\times 100\% \tag{3-8}$$

式中:w_{Cl^-}——砂中氯离子含量(%),精确至 0.001%;

c_{AgNO_3}——硝酸银标准溶液的浓度(mol/L);

V_1——样品滴定时消耗的硝酸银标准溶液的体积(mL);

V_2——空白试验时消耗的硝酸银标准溶液的体积(mL);

m——试样质量(g)。

3.7 细骨料的表观密度试验(标准法)

3.7.1 概述

本试验依据《普通混凝土用砂、石质量及检验方法标准》(JGJ 52—2006)编制而成,适用于测定骨料颗粒单位体积(包括内封闭孔隙)的质量。

3.7.2 仪器设备

1)天平:称量为 1000g,感量为 1g。

2)容量瓶:容量为 500mL。

3)烘箱:温度控制范围为105℃±5℃。

4)干燥器、浅盘、铝制料勺、温度计等。

3.7.3 试样的制备

经缩分后不少于650g的样品装入浅盘,在温度105℃±5℃的烘箱中烘干至恒重,并在干燥器内冷却至室温。

3.7.4 试验步骤

1)称取烘干的试样300g,装入盛有半瓶冷开水的容量瓶中。

2)摇转容量瓶,使试样在水中充分搅动以排除气泡,塞紧瓶塞,静置24h;然后用滴管加水至瓶颈刻度线平齐,再塞紧瓶塞,擦干容量瓶外壁的水分,称其质量。

3)倒出容量瓶中的水和试样,将瓶的内外壁洗净,再向瓶内加入与步骤2)中水温相差不超过2℃的冷开水至瓶颈刻度线。塞紧瓶塞,擦干容量瓶外壁水分,称质量。

注:在砂的表观密度试验过程中应测量并控制水的温度,试验的各项称量可在15～25℃的温度范围内进行。从试样加水静置的最后2h起直至试验结束,其温度相差不应超过2℃。

3.7.5 结果计算

表观密度应按式(3-9)计算:

$$\rho=\left(\frac{m_0}{m_0+m_2-m_1}-\alpha_t\right)\times 1000 \tag{3-9}$$

式中:ρ——表观密度(kg/m³),精确至10kg/m³;

m_0——试样的烘干质量(g);

m_1——试样、水及容量瓶总质量(g);

m_2——水及容量瓶总质量(g);

α_t——水温对砂的表观密度影响的修正系数(见JGJ 52—2006中表6.2.5)。

以两次试验结果的算术平均值作为测定值。当两次结果之差大于20kg/m³时,应重新取样进行试验。

3.8 细骨料的吸水率试验

3.8.1 概述

本试验依据《普通混凝土用砂、石质量及检验方法标准》(JGJ 52—2006)编制而成,适用于测定砂的吸水率,即测定以烘干质量为基准的饱和面干吸水率。

3.8.2 仪器设备

1)天平:称量为1000g,感量为1g。

2)饱和面干试模及质量为340g±15g的钢制捣棒(见图3-4)。

3）干燥器、吹风机（手提式）、浅盘、铝制料勺、玻璃棒、温度计等。

4）烧杯：容量为500mL。

5）烘箱：温度控制范围为105℃±5℃。

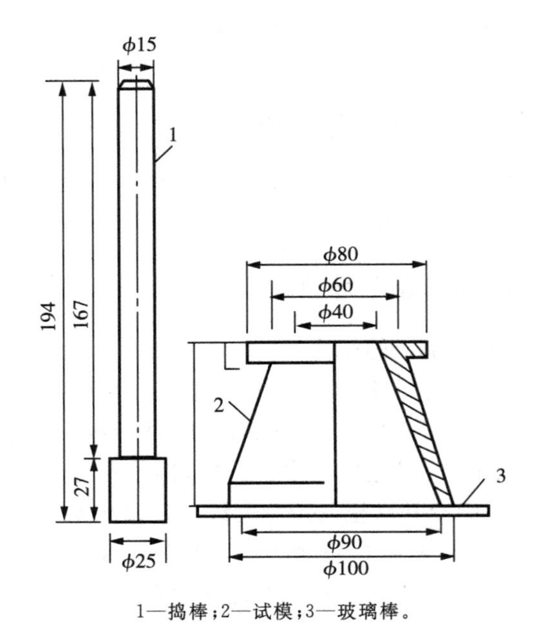

1—捣棒；2—试模；3—玻璃棒。

图3-4 饱和面干试模及其捣棒（单位：mm）

3.8.3 试样制备

饱和面干试样的制备，是将样品在潮湿状态下用四分法缩分至1000g，拌匀后分成两份，分别装入浅盘或其他合适的容器中，注入清水，使水面高出试样表面20mm左右（水温控制在20℃ ± 5℃）。用玻璃棒连续搅拌5min，以排除气泡。静置24h以后，细心地倒去试样上的水，并用吸管吸去余水。再将试样在盘中摊开，用手提吹风机缓缓吹入暖风，并不断翻拌试样，使砂表面的水分在各部位均匀蒸发。然后将试样松散地一次装满饱和面干试模中，捣25次（捣棒端面距试样表面不超过10mm，任其自由落下），捣完后，留下的空隙不用再装满，从垂直方向徐徐提起试模。试样呈图3-5(a)所示的形状时，则说明砂中尚含有表面水，应继续按上述方法用暖风干燥，并按上述方法进行试验，直至试模提起后试样呈图3-5(b)所示的形状为止。试模提起后，试样呈图3-5(c)所示的形状时，则说明试样已干燥过分，此时应将试样洒水5mL，充分拌匀，并静置于加盖容器中30min后，再按上述方法进行试验，直至试样达到图3-5(b)所示的形状为止。

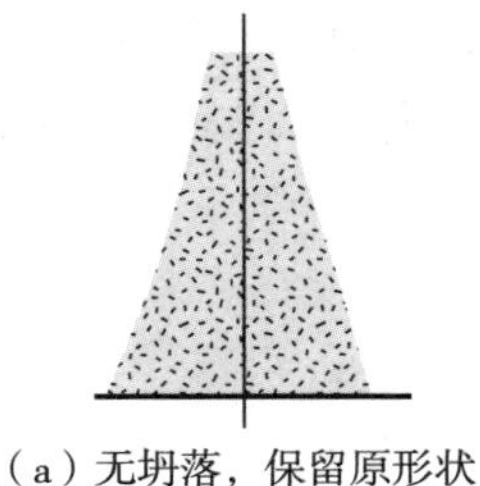

（a）无坍落，保留原形状

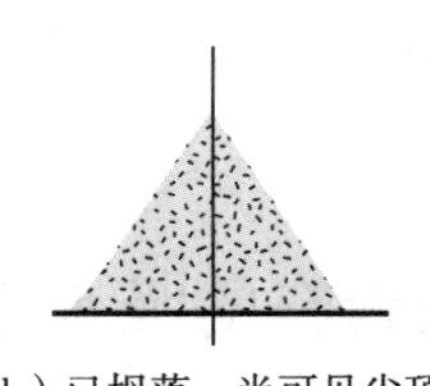

（b）已坍落，尚可见尖顶

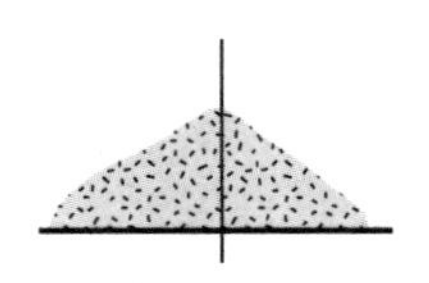

（c）完全坍落，表面呈曲面

图3-5 试样的塌陷情况

3.8.4 试验步骤

立即称取饱和面干试样500g，放入已知质量的烧杯中，于温度为105℃±5℃的烘箱中烘干至恒重，并在干燥器内冷却至室温后，称取干样与烧杯的总质量。

3.8.5 结果计算

吸水率应按式(3-10)计算：

$$w_{wa}=\frac{500-(m_2-m_1)}{m_2-m_1}\times 100\% \tag{3-10}$$

式中：w_{wa}——吸水率(%)，精确至 0.1%；

m_1——烧杯质量(g)；

m_2——烘干的试样与烧杯的总质量(g)。

以两次试验结果的算术平均值作为测定值，当两次结果之差大于 0.2%时，应重新取样进行试验。

3.9　细骨料的坚固性试验

3.9.1　概述

本试验依据《普通混凝土用砂、石质量及检验方法标准》(JGJ52—2006)编制而成，适用于通过测定硫酸钠饱和溶液渗入砂中形成结晶时的裂胀力对砂的破坏程度，间接地判断其坚固性。

3.9.2　仪器设备

1)天平：称量为 1000g，感量为 1g。

2)容器：搪瓷盆或瓷缸，容量不小于 10L。

3)烘箱：温度控制范围为 105℃±5℃。

4)试验筛：筛孔公称直径为 160μm、315μm、630μm、1.25mm、2.50mm、5.00mm 的方孔筛各一只。

5)三脚网篮：内径及高均为 70mm，由铜丝或镀锌铁丝制成，网孔的孔径不应大于所盛试验粒级下限尺寸的一半。

6)试剂：无水硫酸钠。

7)比重计。

8)氯化钡：浓度为 10%。

3.9.3　试样的制备

1)硫酸钠溶液的配制应按下述方法进行：取一定数量的蒸馏水(取决于试样及容器大小，加温至 30～50℃)，每 1000mL 蒸馏水加入无水硫酸钠(Na_2SO_4)300～350g，用玻璃棒搅拌，使其溶解并饱和，然后冷却至 20～25℃，在此温度下静置两昼夜，其密度应为 1151～1174kg/m^3。

2)将缩分后的样品用水冲洗干净，在 105℃±5℃的温度下烘干冷却至室温备用。

3.9.4　试验步骤

1)称取公称粒级分别为 315～630μm、630μm～1.25mm、1.25～2.50mm 和 2.50～5.00mm 的试样各 100g，分别装入网篮并浸入盛有硫酸钠溶液的容器中，溶液体积应不小于试样总体积的 5 倍，其温度应保持在 20～25℃。三脚网篮浸入溶液时，应先上下升降 25 次以排除试样中的气泡，然后静置于该容器中。此时，网篮底面应距容器底面约 30mm(由网篮脚高控制)，网篮之间的间距应不小于 30mm，试样表面至少应在液面以下 30mm。

2)浸泡 20h 后，从溶液中提出网篮，放在温度为 105℃±5℃的烘箱中烘烤 4h，至此，完成了第一次循环。待试样冷却至 20～25℃后，即开始第二次循环，从第二次循环开始，浸泡及烘烤时间均为 4h。

3)第五次循环完成后，将试样置于 20～25℃的清水中洗净硫酸钠，再在 105℃±5℃的烘箱中烘干至恒重，取出并冷却至室温后，用孔径为试样粒级下限的筛，过筛并称量各粒级试样试验后的筛余量。

注：试样中硫酸钠是否洗净，可按下述方法检验：取冲洗过试样的水若干毫升，滴入少量10%的氯化钡溶液，如无白色沉淀，则说明硫酸钠已被洗净。

3.9.5 结果计算

试样中各粒级颗粒的分计质量损失百分率应按式(3-11)计算：

$$\delta_{ji}=\frac{m_i-m_i'}{m_i}\times 100\% \tag{3-11}$$

式中：δ_{ji}——各粒级颗粒的分级质量损失百分率(%)；

m_i——每一粒级试样试验前的质量(g)；

m_i'——经硫酸钠溶液试验后，每一粒级筛余颗粒的烘干质量(g)。

3.10 细骨料的碱活性试验(快速法)

3.10.1 概述

碱活性骨料是指能在一定条件下与混凝土中的碱发生化学反应导致混凝土产生膨胀、开裂甚至破坏的骨料。

本试验依据《普通混凝土用砂、石质量及检验方法标准》(JGJ 52—2006)编制而成，适用于在 1mol/L 氢氧化钠溶液中浸泡试样 14d 以检验硅质骨料与混凝土中碱产生潜在反应的危害性，不适用于碱碳酸盐反应活性骨料检验。

3.10.2 仪器设备

1)烘箱：温度控制范围为 105℃±5℃。

2)天平：称量为 1000g，感量为 1g。

3)试验筛：筛孔公称直径为 160μm、315μm、630μm、1.25mm、2.50mm、5.00mm 的方孔筛各一只。

4)测长仪：测量范围为 280～300mm，精度为 0.01mm。

5)水泥胶砂搅拌机：符合 JC/T 681 的规定。

6)恒温养护箱或水浴：温度控制范围为 80℃±2℃。

7)养护筒:由耐碱耐高温的材料制成,不漏水,密封,防止容器内湿度下降,筒的容积可以保证试件全部浸没在水中。筒内设有试件架,试件垂直于试件架放置。

8)试模:金属试模,尺寸为25mm×25mm×280mm,试模两端正中有小孔,装有不锈钢测头。

9)镘刀、捣棒、量筒、干燥器等。

3.10.3 试样的制备

1)将砂试样缩分成约5kg,按表3-2中所列级配及比例组合成试验用料,并将试样洗净烘干或晾干备用。

2)水泥应采用符合国家标准GB 175要求的普通硅酸盐水泥。水泥与砂的质量比为1∶2.25,水灰比为0.47。试件规格为25mm×25mm×280mm,每组3条,称取水泥440g、砂990g。

3)成型前24h,将试验所用材料(水泥、砂、拌合用水等)放入20℃±2℃的恒温室中。

4)将称好的水泥与砂倒入搅拌锅,按国家标准GB/T 17671的规定进行搅拌。

5)搅拌完成后,将砂浆分两层装入试模内,每层捣40次,测头周围应填实,浇捣完毕后用镘刀刮除多余砂浆,抹平表面,并标明测定方向及编号。

表3-2 含泥量试验所需的试样最少质量

公称粒级	5.00～2.50mm	2.50～1.25mm	1.25mm～630μm	630～315μm	315～160μm
分级质量/%	10	25	25	25	15

注:对特细砂分级质量不作规定。

3.10.4 试验步骤

1)将试件成型完毕后,带模放入标准养护室,养护24h±4h后脱模。

2)脱模后,将试件浸泡在装有自来水的养护筒中,并将养护筒放入温度80℃±2℃的烘箱或水浴箱中养护24h。同种骨料制成的试件放在同一个养护筒中。

3)将养护筒逐个取出。每次从养护筒中取出一个试件,用抹布擦干表面,立即用测长仪测试件的基长。每个试件至少重复测试两次,取差值在仪器精度范围内的两个读数的平均值作为长度测定值(精确至0.02mm),每次每个试件的测量方向应一致,待测的试件须用湿布覆盖,防止水分蒸发;从取出试件擦干到读数完成应在15s±5s内结束,读完数后的试件应用湿布覆盖。全部试件测完基准长度后,把试件放入装有浓度为1mol/L氢氧化钠溶液的养护筒中,并确保试件被完全浸泡。溶液温度应保持在80℃±2℃,将养护筒放回烘箱或水浴箱中。用测长仪测定任一组试件的长度时,均应先调整测长仪的零点。

4)自测定基准长度之日起,第3d、7d、10d、14d再分别测其长度。测长方法与测基长方法相同。每次测量完毕后,应将试件调头放入原养护筒,盖好筒盖,放回80℃±2℃的烘箱或水浴箱中,继续养护到下一个测试龄期。操作时防止氢氧化钠溶液溢溅,避免烧伤皮肤。

5)在测量时应观察试件的变形、裂缝、渗出物等,特别应观察有无胶体物质,并作详细记录。

3.10.5 结果计算及判定

试件中的膨胀率应按式(3-12)计算:

$$\varepsilon_t=\frac{L_t-L_0}{L_0-2\Delta}\times 100\% \tag{3-12}$$

式中：ε_t——试件在 t 天龄期的膨胀率(%)，精确至 0.01%；

L_t——试件在 t 天龄期的长度(mm)；

L_0——试件的基长(mm)；

Δ——测头长度(mm)。

以三个试件膨胀率的平均值作为某一龄期膨胀率的测定值。任一试件膨胀率与平均值均应符合下列规定：

1)当平均值小于或等于 0.05%时，其差值均应小于 0.01%；

2)当平均值大于 0.05%时，单个测值与平均值的差值均应小于平均值的 20%；

3)三个试件的膨胀率均大于 0.10%时，无精度要求；

4)当不符合上述要求时，去掉膨胀率最小的，用其余两个的平均值作为该龄期的膨胀率。

结果评定应符合下列规定：

1)当 14d 膨胀率小于 0.10%时，可判定为无潜在危害；

2)当 14d 膨胀率大于 0.20%时，可判定为有潜在危害；

3)当 14d 膨胀率为 0.10%～0.20%时，应按 JGJ 52—2006 中第 6.21 节的方法再进行试验判定。

3.11 细骨料的硫化物和硫酸盐含量试验

3.11.1 概述

本试验依据《普通混凝土用砂、石质量及检验方法标准》(JGJ 52—2006)编制而成，适用于测定砂中的硫酸盐及硫化物含量(按 SO_3 百分含量计算)。

3.11.2 仪器设备和试剂

1)天平和分析天平：天平，称量为 1000g，感量为 1g；分析天平，称量为 100g，感量为 0.0001g。

2)高温炉：最高温度为 1000℃。

3)试验筛：筛孔公称直径为 80μm 的方孔筛一只。

4)瓷坩埚。

5)其他仪器：烧瓶、烧杯等。

6)10%(W/V)氯化钡溶液：10g 氯化钡溶于 100mL 蒸馏水中。

7)盐酸(1+1)：浓盐酸溶于同体积的蒸馏水中。

8)1%(W/V)硝酸银溶液：1g 硝酸银溶于 100mL 蒸馏水中，并加入 5～10mL 硝酸，存于棕色瓶中。

3.11.3 试样的制备

样品经缩分至不少于 10g，置于温度为 105℃±5℃的烘箱中烘干至恒重，冷却至室温后，研磨至全部通过筛孔公称直径为 80μm 的方孔筛，备用。

3.11.4　试验步骤

1)用分析天平精确称取砂粉试样 1g,放入 300mL 的烧杯中,加入 30～40mL 蒸馏水及 10mL 的盐酸(1+1),加热至微沸,并保持微沸 5min,试样充分分解后取下,以中速滤纸过滤,用温水洗涤 10～12 次。

2)调整滤液体积至 200mL,煮沸,搅拌同时滴加 10mL 10%氯化钡溶液,并将溶液煮沸数分钟,然后移至温热处静置至少 4h(此时溶液体积应保持在 200mL),用慢速滤纸过滤,用温水洗到无氯根反应(用硝酸银溶液检验)。

3)将沉淀及滤纸一并移入已灼烧至恒重的瓷坩埚中,灰化后在 800℃的高温炉内灼烧 30min。取出坩埚,置于干燥器中冷却至室温,称量,如此反复灼烧,直至恒重。

3.11.5　结果计算

硫化物及硫酸盐含量(以 SO_3 计)应按式(3-13)计算:

$$w_{SO_3}=\frac{(m_2-m_1)\times 0.343}{m}\times 100\% \tag{3-13}$$

式中:w_{SO_3}——硫酸盐含量(%),精确至 0.01%;

m——试样质量(g);

m_1——瓷坩埚的质量(g);

m_2——瓷坩埚质量和试样总质量(g);

0.343——$BaSO_4$ 换算成 SO_3 的系数。

以两次试验的算术平均值作为测定值,当两次试验结果之差大于 0.15%时,须重做试验。

3.12　细骨料的轻物质含量试验

3.12.1　概述

轻物质:砂中表观密度小于 2000kg/m^3 的物质。

本试验依据《普通混凝土用砂、石质量及检验方法标准》(JGJ 52—2006)编制而成,适用于测定砂中轻物质的近似含量。

3.12.2　仪器设备和试剂

1)烘箱:范围为 105℃±5℃。

2)天平:称量为 1000g,感量为 1g。

3)量具:量杯(容量为 1000mL)、量筒(容量为 250mL)、烧杯(容量为 150mL)各一只。

4)比重计:测定范围为 1.0～2.0。

5)网篮:内径和高度均为 70mm,网孔孔径不大于 150μm(可用坚固性检验用的网篮,也可用孔径 150μm 的筛)。

6)试验筛:筛孔公称直径为 5.00mm 和 315μm 的方孔筛各一只。

7)氯化锌:化学纯。

3.12.3 试样的制备

1)称取经缩分的试样约800g,在温度为105℃±5℃的烘箱中烘干至恒重,冷却后将粒径大于公称粒径5.00mm和小于公称粒径315μm的颗粒筛去,然后称取每份为200g的试样两份备用。

2)配制密度为1950～2000kg/m^{3}的重液:向1000mL的量杯中加水至600mL刻度处,再加入1500g氯化锌,用玻璃棒搅拌使氯化锌全部溶解,待冷却至室温后,将部分溶液倒入250mL量筒中测其密度。

3)如溶液密度小于要求值,则将它倒回量杯,再加入氯化锌,溶解并冷却后测其密度,直至溶液密度满足要求为止。

3.12.4 试验步骤

1)将上述试样一份倒入盛有重液(约500mL)的量杯中,用玻璃棒充分搅拌,使试样中的轻物质与砂分离,静置5min后,将浮起的轻物质连同部分重液倒入网篮中,轻物质留在网篮中,而重液通过网篮流入另一容器,倾倒重液时应避免带出砂粒,一般当重液表面与砂表面相距约20～30mm时即停止倾倒,流出的重液倒回盛试样的量杯中,重复上述过程,直至无轻物质浮起为止。

2)用清水洗净留存于网篮中的物质,然后将它倒入烧杯,在105℃±5℃的烘箱中烘干至恒重,称取轻物质与烧杯的总质量。

3.12.5 结果计算

砂中轻物质的含量应按式(3-14)计算:

$$w_1=\frac{m_1-m_2}{m_0}\times 100\% \tag{3-14}$$

式中:w_1——砂中轻物质含量(%),精确到0.1%;

m_1——烘干的轻物质与烧杯的总质量(g);

m_2——烧杯的质量(g);

m_0——试验前烘干的试样质量(g)。

以两次试验结果的算术平均值作为测定值。

3.13 细骨料的有机物含量试验

3.13.1 概述

本试验依据《普通混凝土用砂、石质量及检验方法标准》(JGJ 52—2006)编制而成,适用于近似地判断天然砂中有机物含量是否会影响混凝土质量。

3.13.2　仪器设备

1)天平:称量为1000g,感量为1g;称量为100g,感量为0.1g。

2)量筒:容量为250mL、100mL、10mL。

3)烧杯、玻璃棒和筛孔公称直径为5.00mm的方孔筛。

4)氢氧化钠溶液:氢氧化钠与蒸馏水的质量比为3∶97。

5)鞣酸、酒精等。

3.13.3　试样的制备

1)筛除样品中公称粒径5.00mm以上颗粒,用四分法缩分至500g,风干备用。

2)称取鞣酸粉2g,溶解于98mL 10%酒精溶液中,即配得所需的鞣酸溶液;然后取该溶液2.5mL,注入97.5mL 3%氢氧化钠溶液中,加塞后剧烈摇动,静置24h,即配得标准溶液。

3.13.4　试验步骤

1)向250mL量筒中倒入试样至130mL刻度处,再注入3%氢氧化钠溶液至200mL刻度处,剧烈摇动后静置24h。

2)比较试验上部溶液和新配制标准溶液的颜色,盛装标准溶液于盛装试样的量筒容积应一致。

3.13.5　结果评定

1)当试样上部溶液的颜色浅于标准溶液的颜色时,则试样的有机物含量判定合格。

2)当两种溶液的颜色接近时,则应将该试样(包括上部溶液)倒入烧杯中放在温度为60～70℃的水浴锅中加热2～3h,然后再与标准溶液比色。

3)当溶液的颜色深于标准溶液的颜色时,则应按下法进一步试验。

取试样一份,用3%氢氧化钠溶液洗除有机杂质,再用清水淘洗干净,直至试样上部溶液颜色浅于标准溶液的颜色,然后用洗除有机质和未洗除的试样分别按国家标准GB/T 17671配制两种水泥砂浆,测定28d的抗压强度,当未经洗除有机杂质的砂的砂浆强度与经洗除有机物后砂的砂浆强度的比不低于0.95时,则此砂可以采用,否则不可采用。

3.14　细骨料的贝壳含量试验

3.14.1　概述

本试验依据《普通混凝土用砂、石质量及检验方法标准》(JGJ 52—2006)编制而成,适用于检验海砂中的贝壳含量。

3.14.2　仪器设备

1)天平:称量为1000g,感量为1g;称量为5000g,感量为5g。

2)烘箱:温度控制范围为105℃±5℃。

3)试验筛:筛孔公称直径为5.00mm的方孔筛一只。

4)量筒:容量为1000mL。

5)搪瓷盆:直径约200mm。

6)玻璃棒。

7)盐酸溶液:由浓盐酸(相对密度为1.18,浓度为26%～38%)和蒸馏水按1∶5的比例配制而成。

8)烧杯:容量为2000mL。

3.14.3　试样制备

将样品缩分至不少于2400g,置于温度为105℃±5℃的烘箱中烘干至恒重,冷却至室温后,过筛孔公称直径为5.00mm的方孔筛后,称取500g试样两份,先测出砂的含泥量,再将试样放入烧杯中备用。

3.14.4　试验步骤

在盛有试样的烧杯中加入盐酸溶液900mL,不断用玻璃棒搅拌,使其反应完全。待溶液中不再有气体产生后,再加少量盐酸溶液,若再无气体生成则表面反应已完全。否则,应重复上一步骤,直至无气体产生为止。然后进行第五次清洗,清洗过程中要避免砂粒丢失。洗净后,置于温度为105℃±5℃的烘箱中,取出冷却至室温,称重。

3.14.5　结果计算

砂中贝壳含量应按式(3-15)计算:

$$w_b = \frac{m_1 - m_2}{m_1} \times 100\% - w_c \qquad (3-15)$$

式中:w_b——砂中贝壳含量(%),精确至0.1%;

m_1——试样总量(g);

m_2——试样除去贝壳后的质量(g);

w_c——含泥量(%)。

以两次试验结果的算术平均值作为测定值,当两次结果之差超过0.5%时,应重新取样进行试验。

3.15　粗骨料的颗粒级配试验(筛分析法)

3.15.1　概述

级配是描述集料中各粒径颗粒逐级分布状况的一项指标,可通过筛分试验确定集料的级配状况。

本试验依据《普通混凝土用砂、石质量及检验方法标准》(JGJ 52—2006)编制而成。

3.15.2　仪器设备

1)试验筛:筛孔公称直径为100.0mm、80.0mm、63.0mm、50.0mm、40.0mm、31.5mm、

25.0mm、20.0mm、16.0mm、10.0mm、5.00mm 和 2.50mm 的方孔筛以及筛的底盘和盖各一只，其规格和质量要求应符合国家标准 GB/T 6003.2 的要求，筛框直径为 300mm。

2)天平和秤：天平的称量为 5kg，感量为 5g；秤的称量为 20kg，感量为 20g。

3)烘箱：温度控制范围为 105℃±5℃。

4)浅盘。

3.15.3 试验条件

试验室的温度应保持在 20℃±5℃。

3.15.4 试样的制备

试验前，应将样品缩分至表 3-3 所规定的试样最少质量，并烘干或风干后备用。

表 3-3 筛分析所需试样的最少质量

公称粒径/mm	10.0	16.0	20.0	25.0	31.5	40.0	63.0	80.0
试样最少质量/kg	2.0	3.2	4.0	5.0	6.3	8.0	12.6	16.0

3.15.5 颗粒级配的试验步骤

1)按表 3-3 的规定称取试样。

2)将试样按筛孔大小顺序过筛，当每只筛上的筛余层厚度大于试样的最大粒径值时，应将该筛上的筛余试样分成两份，再次进行筛分，直至各筛每分钟的通过量不超过试样总量的 0.1%为止。

注：当筛余试样的颗粒粒径比公称粒径大 20mm 以上时，在筛分过程中，允许用手指拨动颗粒。

3)称出各筛的筛余质量，精确至试样总质量的 0.1%。各筛的分计筛余量和筛底剩余量的总和与筛分前测定的试样总量相比，其相差不得超过 1%。

3.15.6 结果计算

1)计算分计筛余(各筛上筛余量除以试样总质量的百分率)，精确至 0.1%。

2)计算累计筛余(该筛的分计筛余与筛孔大于该筛的各筛的分计筛余百分率之和)，精确至 1%。

3)根据各筛的累计筛余，评定该试样的颗粒级配。

3.16 粗骨料的含泥量试验

3.16.1 概述

本试验依据《普通混凝土用砂、石质量及检验方法标准》(JGJ 52—2006)编制而成，适用于测定骨料中公称粒径小于 80μm 颗粒的含量。

3.16.2　仪器设备

1)秤:称量为20kg,感量为20g。

2)烘箱:温度控制范围为105℃±5℃。

3)试验筛:筛孔公称直径为1.25mm及80μm的方孔筛各一只。

4)容器:容积约10L的瓷盘或金属盒。

5)浅盘。

3.16.3　试样的制备

将样品缩分至表3-4所规定的量(注意防止细粉丢失),并置于温度为105℃±5℃的烘箱内烘干至恒重,冷却至室温后分成两份备用。

表3-4　含泥量试验所需的试样最少质量

最大公称粒径/mm	10.0	16.0	20.0	25.0	31.5	40.0	63.0	80.0
试样最小质量/kg	2	2	6	6	10	10	20	20

3.16.4　试验步骤

1)称取试样一份(m_0)装入容器中摊平,并注入饮用水,使水面高出石子表面150mm;浸泡2h后,用手在水中淘洗颗粒,使尘屑、淤泥和黏土与较粗颗粒分离,并使之悬浮或溶解于水。缓缓地将浑浊液倒入公称直径为1.25mm及80μm的方孔套筛(1.25mm筛放置于上面)上,滤去小于80μm的颗粒。试验前筛子的两面应先用水湿润。在整个试验过程中应注意避免大于80μm的颗粒丢失。

2)再次加水于容器中,重复上述过程,直至洗出的水清澈为止。

3)用水冲洗剩留在筛上的细粒,并将公称直径为80μm的方孔筛放在水中(使水面略高出筛内颗粒)来回摇动,以充分洗除小于80μm的颗粒。然后将两只筛上剩留的颗粒和筒中已洗净的试样一并装入浅盘,置于温度为105℃±5℃的烘箱中烘干至恒重。取出冷却至室温后,称取试样的质量(m_1)。

3.16.5　结果计算

$$w_c=\frac{m_0-m_1}{m_0}\times 100\% \tag{3-16}$$

式中:w_c——含泥量(%);

m_0——试验前烘干试样的质量(g);

m_1——试验后烘干试样的质量(g)。

以两个试样试验结果的算术平均值作为测定值。两次结果之差大于0.2%时,应重新取样进行试验。

3.17 粗骨料的泥块含量试验

3.17.1 概述

本试验依据《普通混凝土用砂、石质量及检验方法标准》(JGJ 52—2006)编制而成，适用于测定碎石或卵石中泥块的含量。

3.17.2 仪器设备

1)秤：称量为20kg，感量为20g。

2)试验筛：筛孔公称直径为2.50mm及5.00mm的方孔筛各一只。

3)水筒及浅盘等。

4)烘箱：温度控制范围为105℃±5℃。

3.17.3 试样的制备

将样品缩分至略大于表3-4所列的量，缩分时应防止所含黏土块被压碎；缩分后的试样在105℃±5℃烘箱内烘至恒重，冷却至室温后分成两份备用。

3.17.4 试验步骤

1)筛去公称粒径5.00mm以下颗粒，称取质量(m_1)。

2)将试样在容器中摊平，加入饮用水使水面高出试样表面，24h后把水放出，用手碾压泥块，然后把试样放在公称直径为2.50mm的方孔筛上摇动淘洗，直至洗出的水清澈为止。

3)将筛上的试样小心地从筛里取出，置于温度为105℃±5℃的烘箱中烘干至恒重。取出冷却至室温后称取质量(m_2)。

3.17.5 结果计算

$$w_{c,L}=\frac{m_1-m_2}{m_1}\times 100\% \tag{3-17}$$

式中：$w_{c,L}$——泥块含量(%)；

m_1——公称直径为5mm的筛上的筛余量(g)；

m_2——试验后烘干试样的质量(g)。

以两个试样试验结果的算术平均值作为测定值。

3.18 粗骨料的压碎值指标试验

3.18.1 概述

本试验依据《普通混凝土用砂、石质量及检验方法标准》(JGJ 52—2006)编制而成，适用于测定碎石或卵石抵抗压碎的能力，间接地推测其相应的强度。

3.18.2　仪器设备

1)压力试验机:荷载为 300kN。

2)压碎值指标测定仪(见图 3-6)。

3)秤:称量为 5kg,感量为 5g。

4)试验筛:筛孔公称直径为 10.0mm 和 20.0mm 的方孔筛各一只。

3.18.3　试样的制备

1)标准试样一律采用公称粒级为 10.0～20.0mm 的颗粒,并在风干状态下进行试验。

2)对多种岩石组成的卵石,当其公称粒径大于 20.0mm 颗粒的岩石矿物成分与 10.0～20.0mm 粒级有显著差异时,应将大于 20.0mm 的颗粒应经人工破碎后,筛取 10.0～20.0mm 标准粒级另外进行压碎值指标试验。

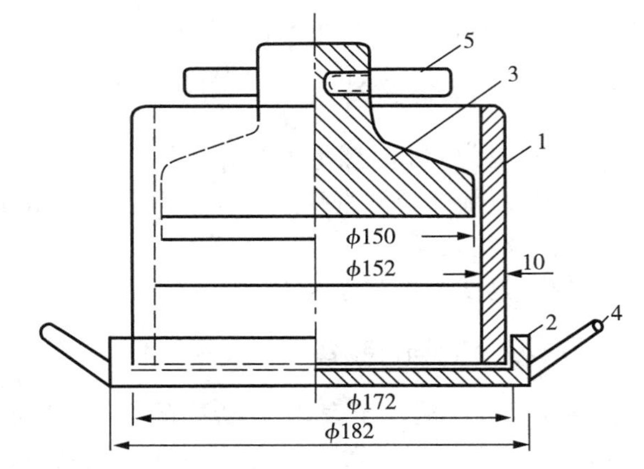

1—圆筒;2—底盘;3—加压头;4—手把;5—把手。

图 3-6　压碎值指标测定仪(单位:mm)

3)将缩分后的样品先筛除试样中公称粒径 10.0mm 以下及 20.0mm 以上的颗粒,再用针状和片状规准仪剔除针状和片状颗粒,然后称取每份 3kg 的试样 3 份备用。

3.18.4　试验步骤

1)置圆筒于底盘上,取试样一份,分两层装入圆筒。每装完一层试样后,在底盘下面垫放一直径为 10mm 的圆钢筋,将筒按住,左右交替颠击地面各 25 下。第二层颠实后,试样表面距盘底的高度应控制为 100mm 左右。

2)整平筒内试样表面,把加压头装好(注意应使加压头保持平正),放到试验机上在 160～300s 内均匀地加荷到 200kN,稳定 5s,然后卸荷,取出测定筒。倒出筒中的试样并称其质量(m_0),用公称直径为 2.50mm 的方孔筛筛除被压碎的细粒,称量剩留在筛上的试样质量(m_1)。

3.18.5　结果计算

1)碎石或卵石的压碎值指标δ_α,按式(3-18)计算:

$$\delta_\alpha = \frac{\alpha_1 \delta_{\alpha_1} + \alpha_2 \delta_{\alpha_2}}{\alpha_1 + \alpha_2} \times 100\% \qquad (3-18)$$

式中:δ_α——压碎值指标(%),精确至 0.1%;

m_0——试样的质量(g);

m_1——压碎试验后筛余的试样质量(g)。

2)多种岩石组成的卵石，应对公称粒径在 20.0mm 以下和 20.0mm 以上的标准粒级(10.0～20.0mm)分别进行检验，则其总的压碎值指标δ_a应按式(3-19)计算：

$$\delta_a=\frac{m_0-m_1}{m_0}\times 100\% \tag{3-19}$$

式中：δ_a——总的压碎值指标(%)；

m_0——公称粒径在 20.0mm 以下和 20.0mm 以上两粒级的颗粒含量百分率；

m_1——压碎试验后筛余的试样质量(g)。

以三次试验结果的算术平均值作为压碎指标测定值。

3.19　粗骨料的针片状颗粒含量试验

3.19.1　概述

凡岩石颗粒的长度大于该颗粒所属粒级的平均粒径 2.4 倍者为针状颗粒，厚度小于平均粒径 0.4 倍者为片状颗粒。平均粒径指粒级上、下限粒径的平均值。

本试验依据《普通混凝土用砂、石质量及检验方法标准》(JGJ 52—2006)编制而成。

3.19.2　仪器设备

1)针状规准仪(见图 3-7)、片状规准仪(见图 3-8)、游标卡尺。

2)天平和秤：天平的称量为 2kg，感量为 2g；秤的称量为 20kg，感量为 20g。

3)试验筛：筛孔公称直径分别为 5.00mm、10.0mm、20.0mm、25.0mm、31.5mm、40.0mm、63.0mm 和 80.0mm 的方孔筛各一只，根据需要选用。

4)卡尺。

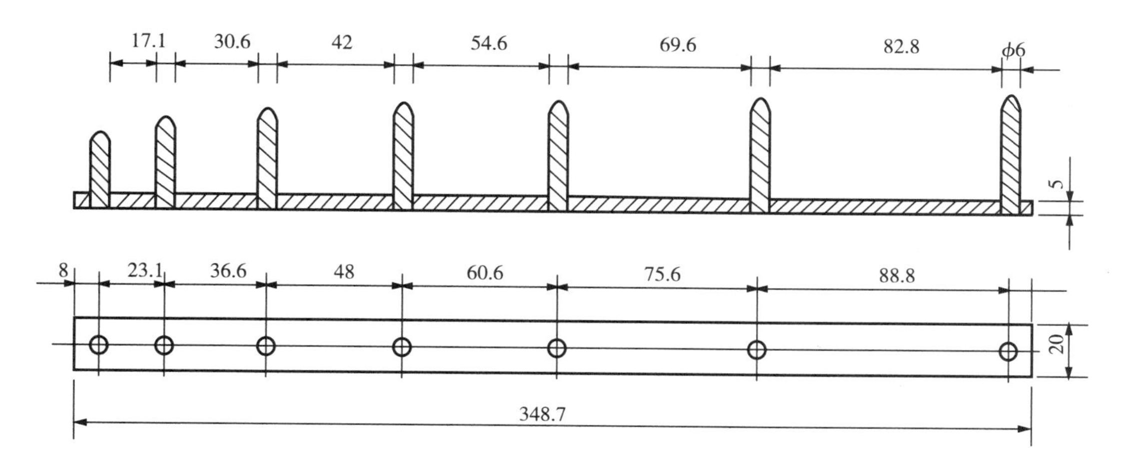

图 3-7　针状规准仪(单位：mm)

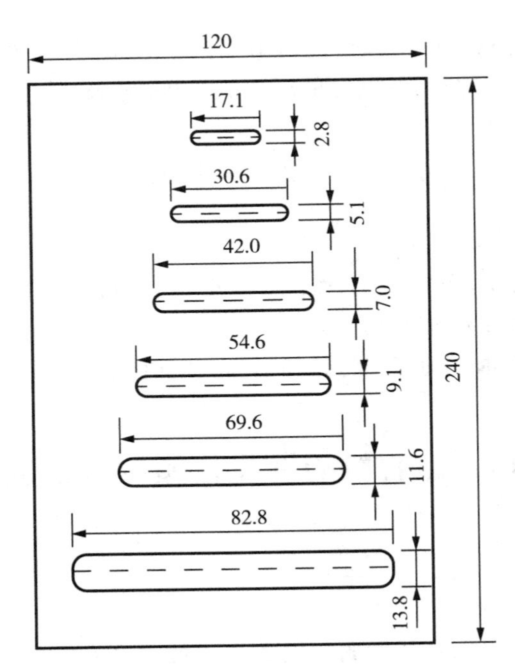

图 3－8 片状规准仪(单位:mm)

3.19.3 试样的制备

将样品在室内风干至表面干燥,并缩分至表 3－5 规定的量,称量(m_0),然后筛分成表 3－6所规定的粒级备用。

表 3－5 针状和片状颗粒的总含量试验所需的试样最少质量

最大公称粒径/mm	10.0	16.0	20.0	25.0	31.5	≥40.0
试样最少质量/kg	0.3	1	2	3	5	10

表 3－6 针状和片状颗粒的总含量试验的粒级划分及其相应的规准仪孔宽或间距

公称粒级/mm	5.00～10.0	10.0～16.0	16.0～20.0	20.0～25.0	25.0～31.5	31.5～40.0
片状规准仪上相对应的孔宽/mm	2.8	5.1	7.0	9.1	11.6	13.8
针状规准仪上相对应的间距/mm	17.1	30.6	42.0	54.6	69.6	82.8

3.19.4 试验步骤

1)按表 3－6 所规定的粒级用规准仪逐粒对试样进行鉴定,凡颗粒长度大于针状规准仪上相对应的间距的,为针状颗粒。厚度小于片状规准仪上相应孔宽的,为片状颗粒。

2)公称粒径大于 40mm 的可用卡尺鉴定其针片状颗粒,卡尺卡口的设定宽度应符合表 3－7 的规定。

3)称取由各粒级挑出的针状和片状颗粒的总质量(m_1)。

表3-7 公称粒径大于40mm用卡尺卡口的设定宽度

公称粒级/mm	40.0～63.0	63.0～80.0
片状颗粒的卡口宽度/mm	18.1	27.6
针状颗粒的卡口宽度/mm	108.6	165.6

3.19.5 结果计算

碎石或卵石中针状和片状颗粒的总含量ω_p应按式(3-20)计算：

$$w_p=\frac{m_1}{m_0}\times 100\% \tag{3-20}$$

式中：w_p——针状和片状颗粒总含量(%)，精确至1%；

m_1——试样中所含针状和片状颗粒的总质量(g)；

m_0——试样总质量(g)。

3.20 粗骨料的坚固性试验

3.20.1 概述

本试验依据《普通混凝土用砂、石质量及检验方法标准》(JGJ 52—2006)编制而成，适用于以硫酸钠饱和溶液法间接地判断碎石或卵石的坚固性。

3.20.2 仪器设备及试剂

1)烘箱：温度控制范围为105℃±5℃。

2)台秤：称量为5kg，感量为5g。

3)试验筛：根据试样粒级，按表3-8选用。

4)容器：搪瓷盆或瓷盆，容积不小于50L。

5)三脚网篮：网篮的外径为100mm，高为150mm，采用网孔公称直径不大于2.50mm的网，由铜丝制成；检验公称粒径为40.0～80.0mm的颗粒时，应采用外径和高度均为150mm的网篮。

6)试剂：无水硫酸钠。

表3-8 坚固性试验所需的各粒级试样量

公称粒级/mm	5.00～10.0	10.0～20.0	20.0～40.0	40.0～63.0	63.0～80.0
试样重/g	500	1000	1500	3000	3000

注：(1)公称粒级为10.0～20.0mm的试样中，应含有40%的10.0～16.0mm粒级颗粒、60%的16.0～20.0mm粒级颗粒；

(2)公称粒级为20.0～40.0mm的试样中，应含有40%的20.0～31.5mm粒级颗粒、60%的31.5～40.0mm粒级颗粒。

3.20.3　硫酸钠溶液的配制及试样的制备

1)硫酸钠溶液的配制:取一定数量的蒸馏水(取决于试样及容器的大小)。加温至30～50℃,每1000mL蒸馏水加入无水硫酸钠(Na_2SO_4)300～350g,用玻璃棒搅拌,使其溶解至饱和,然后冷却至20～25℃。在此温度下静置两昼夜。其密度保持在1151～1174kg/m^3。

2)试样的制备:将样品按表3-8的规定分级,并分别擦洗干净,放入105～110℃的烘箱内烘24h,取出并冷却至室温,然后按表3-8对各粒级规定的量称取试样(m_1)。

3.20.4　试验步骤

1)将所称取的不同粒级的试样分别装入三脚网篮并浸入盛有硫酸钠溶液的容器中。溶液体积应不小于试样总体积的5倍,其温度保持在20～25℃。三脚网篮浸入溶液时应先上下升降25次以排除试样中的气泡,然后静置于该容器中。此时,网篮底面应距容器底面约30mm(由网篮脚控制),网篮之间的间距应不小于30mm,试样表面至少应在液面以下30mm。

2)浸泡20h后,从溶液中提出网篮,放在105℃±5℃的烘箱中烘4h,至此,完成了第一个试验循环。待试样冷却至20～25℃后,即开始第二次循环。从第二次循环开始,浸泡及烘烤时间均可为4h。

3)第五次循环完后,将试样置于25～30℃的清水中洗净硫酸钠,再在105℃±5℃的烘箱中烘至恒重。取出冷却至室温后,用筛孔孔径为试样粒级下限的筛过筛,并称取各粒级试样试验后的筛余量(m_i')。

注:试样中硫酸钠是否洗净可按以下方法检验:取洗试样的水数毫升,滴入少量氯化钡($BaCl_2$)溶液,如无白色沉淀,即说明硫酸钠已被洗净。

4)对公称粒径大于20.0mm的试样部分,应在试验前后记录其颗粒数量,并作外观检查,描述颗粒的裂缝、开裂、剥落、掉边和掉角等情况所占颗粒数量,以作为分析其坚固性时的补充依据。

3.20.5　结果计算

1)试样中各粒级颗粒的分计质量损失百分率δ_{ji}应按式(3-21)计算:

$$\delta_{ji}=\frac{m_i-m_i'}{m_i}\times 100\% \tag{3-21}$$

式中:δ_{ji}——各粒级颗粒的分计质量损失百分率(%);

m_i——各粒级试样试验前的烘干质量(g);

m_i'——经硫酸钠溶液法试验后,各粒级筛余颗粒的烘干质量(g)。

2)试样的总质量损失百分率δ_j将应按式(3-22)计算:

$$\delta_j=\frac{\alpha_1\delta_{j_1}+\alpha_2\delta_{j_2}+\alpha_3\delta_{j_3}+\alpha_4\delta_{j_4}+\alpha_5\delta_{j_5}}{\alpha_1+\alpha_2+\alpha_3+\alpha_4+\alpha_5}\times 100\% \tag{3-22}$$

式中:δ_j——总的压碎值指标(%),精确至1%;

α_1、α_2、α_3、α_4、α_5——试样中公称粒级分别为5.00～10.0mm、10.0～20.0mm、20.0～

40.0mm、40.0～63.0mm、63.0～80.0mm的分计百分含量(%)；

δ_{j_1}、δ_{j_2}、δ_{j_3}、δ_{j_4}、δ_{j_5}——各粒级的分计质量损失百分率(%)。

3.21　粗骨料的碱活性试验(快速法)

3.21.1　概述

本试验依据《普通混凝土用砂、石质量及检验方法标准》(JGJ 52—2006)编制而成，适用于检验硅质骨料与混凝土中的碱产生潜在反应的危害性，不适用于碳酸盐骨料检验。

3.21.2　仪器设备

1)烘箱：温度控制范围为105℃±5℃。

2)台秤：称量为5000g，感量为5g。

3)试验筛：筛孔公称直径为5.00mm、2.50mm、1.25mm、630μm、315μm、160μm的方孔筛各一只。

4)测长仪：测量范围为280～300mm，精度为0.01mm。

5)水泥胶砂搅拌机：应符合国家标准JC/T 681的要求。

6)恒温养护箱或水浴：温度控制范围为80℃±2℃。

7)养护筒：由耐碱耐高温的材料制成，不漏水，密封，防止容器内温度下降，筒的容积可以保证试件全部浸没在水中；筒内设有试件架，试件垂直于试架放置。

8)试模：金属试模尺寸为25mm×25mm×280mm，试模两端正中有小孔，可装入不锈钢测头。

9)镘刀、捣棒、量筒、干燥器等。

10)破碎机。

3.21.3　试样的制备

1)将试样缩分成约5kg，把试样破碎后筛分成按表3-2中所示级配及比例组合成试验用料，并将试样洗净烘干或晾干备用。

2)水泥采用符合国家标准GB 175要求的普通硅酸盐水泥，水泥与砂的质量比为1∶2.25，水灰比为0.47；每组试件称取水泥440g，石料990g。

3)将称好的水泥与砂倒入搅拌锅，应按国家标准GB/T 17671规定的方法进行。

4)搅拌完成后，将砂浆分两层装入试模内，每层捣40次，测头周围应填实，浇捣完毕后用镘刀刮除多余砂浆，抹平表面，并标明测定方向。

3.21.4　试验步骤

1)将试件成型完毕后，带模放入标准养护室，养护24h±4h后脱模。

2)脱模后，将试件浸泡在装有自来水的养护筒中，并将养护筒放入温度为80℃±2℃的恒温养护箱或水浴箱中，养护24h，同种骨料制成的试件放在同一个养护筒中。

3)然后将养护筒逐个取出，每次从养护筒中取出一个试件，用抹布擦干表面，立即用测长仪测试件的基长(L_0)，测长应在20℃±2℃恒温室中进行，每个试件至少重复测试两次，取差值在仪器精度范围内的两个读数的平均值作为长度测定值(精确至 0.02mm),每次每个试件的测量方向应一致,待测的试件须用湿布覆盖,以防止水分蒸发;从取出试件擦干到读数完成应在 15s±5s 内结束,读完数后的试件用湿布覆盖。全部试件测完基长后,将试件放入装有浓度为 1mol/L 氢氧化钠溶液的养护筒中,确保试件被完全浸泡,且溶液温度应保持在 80℃±2℃,将养护筒放回恒温养护箱或水浴箱中。

注:用测长仪测定任一组试件的长度时,均应先调整测长仪的零点。

4)自测定基长之日起,第 3d、7d、14d 再分别测长(L_t),测长方法与测基长方法一致。测量完毕后,应将试件调头放入原养护筒中,盖好筒盖放回 80℃±2℃的恒温养护箱或水浴箱中,继续养护至下一测试龄期。操作时应防止氢氧化钠溶液溢溅烧伤皮肤。

5)在测量时应观察试件的变形、裂缝和渗出物等,特别应观察有无胶体物质,并作详细记录。

3.21.5 结果计算及判定

试件的膨胀率按式(3-23)计算:

$$\varepsilon_t=\frac{L_t-L_0}{L_0-2\Delta}\times 100\% \qquad (3-23)$$

式中:ε_t——试件在 t 天龄期的膨胀率(%),精确至 0.01%;

L_t——试件在 t 天龄期的长度(mm);

L_0——试件的基长(mm);

Δ——测头长度(mm)。

以三个试件膨胀率的平均值作为某一龄期膨胀率的测定值。任一试件膨胀率与平均值应符合下列规定:

1)当平均值小于或等于 0.05%时,单个测值与平均值的差值均应小于 0.01%;

2)当平均值大于 0.05%时,单个测值与平均值的差值均应小于平均值的 20%;

3)当三个试件的膨胀率均大于 0.10%时,无精度要求;

4)当不符合上述要求时,去掉膨胀率最小的,用其余两个试件膨胀率的平均值作为该龄期的膨胀率。

结果评定应符合下列规定:

1)当 14d 膨胀率小于 0.10%时,可判定为无潜在危害;

2)当 14d 膨胀率大于 0.20%时,可判定为有潜在危害;

3)当 14d 膨胀率为 0.10%~0.20%时,需按 JGJ 52—2006 中第 7.17 节的方法再进行试验判定。

3.22 粗骨料的表观密度试验(标准法)

3.22.1 概述

本试验依据《普通混凝土用砂、石质量及检验方法标准》(JGJ 52—2006)编制而成,适用于测定碎石或卵石的表观密度。

3.22.2　仪器设备

1)液体天平:称量为 5kg,感量为 5g,其型号及尺寸应能允许在臂上悬挂盛试样的吊篮,并在水中称重(见图 3-9)。

2)吊篮:直径和高度均为 150mm,由孔径为 1～2mm 的筛网或钻有孔径为 2～3mm 孔洞的耐锈蚀金属板制成。

3)盛水容器:有溢流孔。

4)烘箱:温度控制范围为 105℃±5℃。

5)试验筛:筛孔公称直径为 5.00mm 的方孔筛一只。

6)温度计:0～100℃。

7)带盖容器、浅盘、刷子和毛巾等。

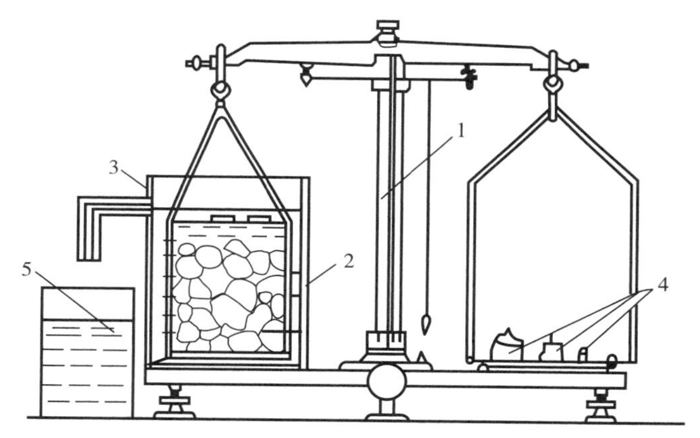

1—5kg 天平;2—吊篮;3—带有溢流孔的金属容器;4—砝码;5—容器。

图 3-9　液体天平

3.22.3　试样的制备

试验前,将样品筛除公称粒径 5.00mm 以下的颗粒,并缩分至略大于表 3-9 所规定的最少质量的两倍,冲洗干净后分成两份备用。

表 3-9　表观密度试验所需的试样最少质量

最大公称粒径/mm	10.0	16.0	20.0	25.0	31.5	40.0	63.0	80.0
试样最少质量/kg	2.0	2.0	2.0	2.0	3.0	4.0	6.0	6.0

3.22.4　试验步骤

1)按表 3-9 的规定称取试样。

2)取试样一份装入吊篮,并浸入盛水的容器中,水面至少高出试样 50mm。

3)浸水 24h 后,移放到称量用的盛水容器中,并用上下升降吊篮的方法排除气泡(试样不得露出水面)。吊篮每升降一次约为 1s,升降高度为 30～50mm。

4)测定水温(此时吊篮应全浸在水中),用天平称取吊篮及试样在水中的质量(m_2)。称量时盛水容器中水面的高度由容器的溢流孔控制。

5)提起吊篮,将试样置于浅盘中,放入 105℃±5℃的烘箱中烘干至恒重;取出来放在带盖的容器中冷却至室温后,称重(m_0)。

注:恒重是指相邻两次称量间隔时间不小于 3h 的情况下,其前后两次称量之差小于该项试验所要求的称量精度(下同)。

6)称取吊篮在同样温度的水中质量(m_1),称量时盛水容器的水面高度仍应由溢流口控制。

注:试验的各项称重可以在 15～25℃的温度范围内进行,但从试样加水静置的最后 2h 起直至试验结束,其温度相差不应超过 2℃。

3.22.5 结果计算

表观密度 ρ 应按式(3-24)计算:

$$\rho=\left(\frac{m_0}{m_0+m_1-m_2}-\alpha_t\right)\times 1000 \tag{3-24}$$

式中:ρ——表观密度(kg/m^3),精确至 10kg/m^3;

m_0——试样的烘干质量(g);

m_1——吊篮在水中的质量(g);

m_2——吊篮及试样在水中的质量(g);

α_t——水温对表观密度影响的修正系数(见 JGJ 52—2006 中表 7.2.5)。

以两次试验结果的算术平均值作为测定值。当两次结果之差大于 20kg/m^{3}时,应重新取样进行试验。对颗粒材质不均匀的试样,两次试验结果之差大于 20kg/m^{3}时,可取四次测定结果的算术平均值作为测定值。

3.23 粗骨料的堆积密度和紧密密度试验

3.23.1 概述

堆积密度:骨料在自然堆积状态下单位体积的质量。紧密密度:骨料按规定方法颠实后单位体积的质量。

本试验依据《普通混凝土用砂、石质量及检验方法标准》(JGJ 52—2006)编制而成,适用于测定碎石或卵石的堆积密度、紧密密度及空隙率。

3.23.2 仪器设备

1)秤:称量为 100kg,感量为 100g。

2)容量筒:金属制,其规格见表 3-10 所列。

3)平头铁锹。

4)烘箱:温度控制范围为 105℃±5℃。

表 3-10　容量筒的规格要求

碎石或卵石的最大公称粒径/mm	容量筒容积/L	容量筒规格/mm		筒壁厚度/mm
		内径	净高	
10.0,16.0,20.0,25	10	208	294	2
31.5,40.0	20	294	294	3
63.0,80.0	30	360	294	4

注:测定紧密密度时,对最大公称粒径为 31.5mm、40.0mm 的骨料,可采用 10L 的容量筒,对最大公称粒径为 63.0mm、80.0mm 的骨料,可采用 20L 容量筒。

3.23.3　试样的制备

按表 3-11 的规定称取试样,放入浅盘,在 105℃±5℃的烘箱中烘干,也可摊在清洁的地面上风干,拌匀后分成两份备用。

表 3-11　单项检验项目所需碎石或卵石的最小取样质量

试验项目	最大公称粒径/mm							
	10.0	16.0	20.0	25.0	31.5	40.0	63.0	80.0
堆积密度、紧密密度	40	40	40	40	80	80	120	120

3.23.4　试验步骤

1)堆积密度:取试样一份,置于平整干净的地板(或铁板)上,用平头铁锹铲起试样,使石子自由落入容量筒内。此时,从铁锹的齐口至容量筒上口的距离应保持为 50mm 左右。装满容量筒除去凸出筒口表面的颗粒,并以合适的颗粒填入凹陷部分,使表面稍凸起部分和凹陷部分的体积大致相等,称取试样和容量筒总质量(m_2)。

2)紧密密度:取试样一份,分三层装入容量筒。装完一层后,在筒底垫放一根直径为 25mm 的钢筋,将筒按住并左右交替颠击地面各 25 下,然后装入第二层。第二层装满后,用同样方法颠实(但筒底所垫钢筋的方向应与第一层放置方向垂直),然后再装入第三层,如法颠实。待三层试样装填完毕后,加料直到试样超出容量筒筒口,用钢筋沿筒口边缘滚转,刮下高出筒口的颗粒,用合适的颗粒填平凹处,使表面稍凸起部分和凹陷部分的体积大致相等。称取试样和容量筒总质量(m_2)。

3.23.5　结果计算

堆积密度(ρ_L)或紧密密度(ρ_c)按式(3-25)计算:

$$\rho_L(\rho_c)=\frac{m_2-m_1}{V}\times 1000 \tag{3-25}$$

式中:ρ_L——堆积密度(kg/m^3),精确至 10kg/m^3;

ρ_c——紧密密度(kg/m^3),精确至 10kg/m^3;

m_1——容量筒的质量(kg);

m_2——容量筒和试样的总质量(kg)；

V——容量筒的体积(L)。

以两次试验结果的算术平均值作为测定值。

3.24　粗骨料的空隙率试验

3.24.1　概述

空隙率是指骨料的空隙体积(含开口孔隙)与堆积体积之比。

本试验依据《普通混凝土用砂、石质量及检验方法标准》(JGJ 52—2006)编制而成。

3.24.2　仪器设备

同本书3.23节中的仪器设备。

3.24.3　试验步骤

同本书3.23节中的试验步骤。

3.24.4　结果计算

空隙率ν_L、ν_c按以式(3-26)、式(3-27)计算：

$$\nu_L=\left(1-\frac{\rho_L}{\rho}\right)\times 100\% \tag{3-26}$$

$$\nu_c=\left(1-\frac{\rho_c}{\rho}\right)\times 100\% \tag{3-27}$$

式中：ν_L、ν_c——空隙率(%)，精确至1%；

ρ_L——碎石或卵石的堆积密度(kg/m^3)；

ρ_c——碎石或卵石的紧密密度(kg/m^3)；

ρ——碎石或卵石的表观密度(kg/m^3)。

第 4 章 砖、砌块、瓦、墙板

4.1 砖抗压强度试验

4.1.1 概述

本试验规定了砌墙砖抗压强度的测定方法，是将试样再次制作成型抗压试件，从而检测试件最大承载力。

本试验依据《砌墙砖试验方法》(GB/T 2542—2012)编制而成。

4.1.2 仪器设备

1)材料试验机：试验机的示值相对误差不超过±1%，其上、下加压板至少应有一个球铰支座，预期最大破坏荷载应为量程的 20%～80%。

2)钢直尺：分度值不应大于 1mm。

3)振动台、制样模具、搅拌机：应符合 GB/T 25044 的要求。

4)切割设备。

5)抗压强度试验用净浆材料：应符合 GB/T 25183 的要求。

4.1.3 试样制备及养护

1)试样数量：10 块。

2)试样制备方法如下。

(1)一次成型制样。一次成型制样适用于采用样品中间部位切割，交错叠加灌浆制成强度试验试样的方式。将试样锯成两个半截砖，两个半截砖用于叠合部分的长度不得小于 100mm。如果不足 100mm，应另取备用试样补足。将已切割开的半截砖放入室温的净水中浸 20～30min 后取出，在铁丝网架上滴水 20～30min，以断口相反方向装入制样模具中。用插板控制两个半砖间距不应大于 5mm，砖大面与模具间距不应大于 3mm，砖断面、顶面与模具间垫以橡胶垫或其他密封材料，模具内表面涂油或脱膜剂。制样模具及插板如图 4-1 所示。将净浆材料按照配制要求，置于搅拌机中搅拌均匀。将装好试样的模具置于振动台上，加入适量搅拌均匀的净浆材料，振动时间为 0.5～1min，停止振动，静置至净浆材料达到初凝时间(15～19min)后拆模。

(2)二次成型制样。二次成型制样适用于采用整块样品上下表面灌浆制成强度试验试样的方式。将整块试样放入室温的净水中浸 20～30min 后取出，在铁丝网架上滴水 20～30min。按照净浆材料配制要求，置于搅拌机中搅拌均匀。模具内表面涂油或脱膜剂，加入适量搅拌均匀的净浆材料，将整块试样一个承压面与净浆接触，装入制样模具中，承压面找平层厚度不应大于3mm。接通振动台电源，振动0.5～1min，停止振动，静置至净浆材料初凝(15～19min)后拆模。按同样方法完成整块试样另一承压面的找平。二次成型制样模具如图4-2所示。

(3)非成型制样。非成型制样适用于试样无须进行表面找平处理制样的方式。将试样锯成两个半截砖，两个半截砖用于叠合部分的长度不得小于100mm。如果不足100mm，应另取备用试样补足。两半截砖切断口相反叠放，叠合部分不得小于100mm，即为抗压强度试样。

3)试样养护：一次成型制样、二次成型制样在不低于10℃的不通风室内养护4h；非成型制样不需养护，试样气干状态直接进行试验。

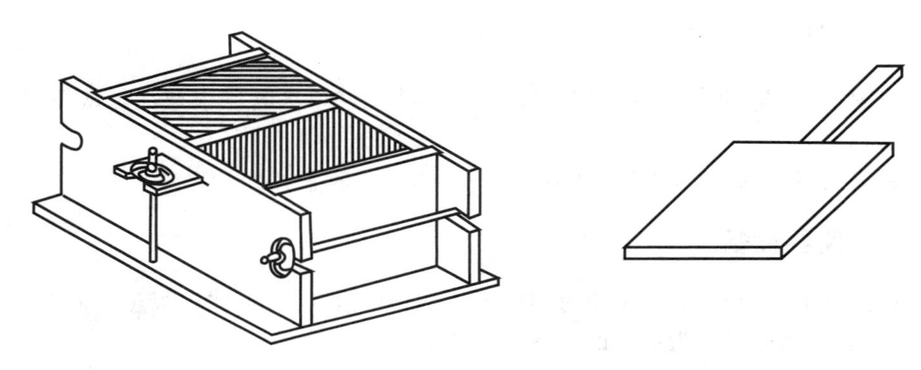

图4-1　一次成型制样模具及插板

4.1.4　试验步骤

1)测量每个试样连接面或受压面的长、宽尺寸各两个，分别取其平均值，精确至1mm。

2)将试样平放在加压板的中央，垂直于受压面加荷，应均匀平稳，不得发生冲击或振动。加荷速度以2～6kN/s为宜，直至试样破坏为止，记录最大破坏荷载P。

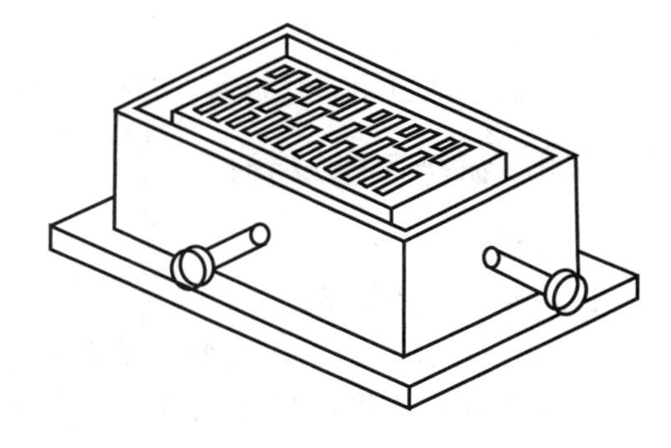

图4-2　二次成型制样模具

4.1.5　结果计算与评定

每块试样的抗压强度(R_p)按式(4-1)计算：

$$R_p=\frac{P}{L\times B} \tag{4-1}$$

式中：R_p——抗压强度(MPa)；

P——最大破坏荷载(N)；

L——受压面(连接面)的长度(mm)；

B——受压面(连接面)的宽度(mm)。

试验结果以试样抗压强度的算术平均值和标准值或单块最小值表示。

4.2　砖抗折强度试验

4.2.1　概述

本试验规定了砌墙砖抗折强度测定方法，是将试样浸泡处理后，以三点加荷的形式检测试件最大破坏荷载。

本试验依据《砌墙砖试验方法》(GB/T 2542—2012)编制而成。

4.2.2　仪器设备

1)材料试验机：试验机的示值相对误差不大于±1%，其下加压板应为球铰支座，预期最大破坏荷载应为量程的 20%～80%。

2)抗折夹具：抗折试验的加荷形式为三点加荷，其上压辊和下支辊的曲率半径为 15mm，下支辊应有一个为铰接固定。

3)钢直尺：分度值不应大于 1mm。

4.2.3　试样制备

1)试样数量：10 块。

2)试样处理：试样应放在温度为 20℃±5℃的水中浸泡 24h 后取出，用湿布拭去其表面水分进行抗折强度试验。

4.2.4　试验步骤

1)按 GB/T 2542—2012 的规定测量试样的宽度和高度尺寸各两个(注：宽度应在砖的两个大面的中间处分别测量两个尺寸，高度应在两个条面的中间处分别测量两个尺寸)，分别取算术平均值，精确至 1mm。

2)调整抗折夹具下支辊的跨距为砖规格长度减去 40mm。但规格长度为 190mm 的砖，其跨距为 160mm。

3)将试样大面平放在下支辊上，试样两端面与下支辊的距离应相同，当试样有裂缝或凹陷时，应使有裂缝或凹陷的大面朝下，以 50～150N/s 的速度均匀加荷，直至试样断裂，记录最大破坏荷载 P。

4.2.5　结果计算与评定

每块试样的抗折强度(R_c)按式(4-2)计算：

$$R_c=\frac{3PL}{2BH^2} \tag{4-2}$$

式中：R_c——抗折强度(MPa)；

P——最大破坏荷载(N)；

L——跨距(mm)；

B——试样宽度(mm)；

H——试样高度(mm)。

试验结果以试样抗折强度的算术平均值和单块最小值表示。

4.3 砖吸水率试验

4.3.1 概述

本试验依据《砌墙砖试验方法》(GB/T 2542—2012)编制而成，适用于砌墙砖。

4.3.2 仪器设备

1)鼓风干燥箱：最高温度为200℃。

2)台秤：分度值不应大于5g。

3)蒸煮箱。

4.3.3 试样制备

试样数量为5块。所取试样尽可能用整块试样，如需制取应为整块试样的1/2或1/4。

4.3.4 试验步骤

1)清理试样表面，然后置于105℃±5℃鼓风干燥箱中干燥至恒重(在干燥过程中，前后两次称量相差不超过0.2%，前后两次称量时间间隔为2h)，除去粉尘后，称其干质量m_0。

2)将干燥试样浸入水中24h，水温为10～30℃。

3)取出试样，用湿毛巾拭去表面水分，立即称量。称量时试样表面毛细孔渗出于秤盘中水的质量也应计入吸水质量中，所得质量为浸泡24h的湿质量m_{24}。

4)将浸泡24h后的湿试样侧立放入蒸煮箱的篦子板上，试样间距不得小于10mm，注入清水，箱内水面应高于试样表面50mm，加热至沸腾，沸煮3h，停止加热冷却至常温。

5)按上述3)的规定称量沸煮3h的湿质量m_3。

4.3.5 结果计算与评定

常温水浸泡24h试样吸水率(W_{24})按式(4-3)计算：

$$W_{24}=\frac{m_{24}-m_0}{m_0}\times 100\% \tag{4-3}$$

式中：W_{24}——常温水浸泡24h试样吸水率(%)；

m_0——试样干质量(kg)；

m_{24}——试样浸水24h的湿质量(kg)。

试样沸煮3h试样吸水率(W_3)按式(4-4)计算：

$$W_3=\frac{m_3-m_0}{m_0}\times 100\% \tag{4-4}$$

式中：W_3——试样沸煮3h吸水率(%)；

m_0——试样干质量(kg)；

m_3——试样煮沸3h的湿质量(kg)。

吸水率以试样的算术平均值表示。

4.4　砖抗渗性能试验

4.4.1　概述

本试验规定了混凝土实心砖、多孔砖的抗渗性能测定方法，将试样再次制作成抗渗试件，以规定时间内水位变化量来评定抗渗性能。

本试验依据《混凝土砌块和砖试验方法》(GB/T 4111—2013)编制而成。

4.4.2　仪器设备

1)抗渗装置(见图4-3)，试件套应有足够的刚度和密封性，在安装试件时不宜破损或变形，材质宜为金属；上盖板宜用透明玻璃或有机玻璃制作，壁厚不小于6mm。

2)混凝土钻芯机，内径100mm。应具有足够的刚度、操作灵活，并应有水冷却系统。钻芯机主轴的径向跳动不应超过0.1mm，工作时噪声不应大于90dB。钻取芯样时宜采用金刚石或人造金刚石薄壁钻头。钻头胎体不应有肉眼可见的裂缝、缺边、少角、倾斜及喇叭口变形。钻头胎体对钢体的同心度偏差不应大于0.3mm，钻头的径向跳动不应大于1.5mm。

3)支架材质宜为金属，应有足够的刚度。

4.4.3　试样制备

1)试件数量：三个直径为100mm的圆柱体试件。

2)试件制备：在三个不同试样的条面上，采用直径为100mm的金刚石钻头直接取样；对于空心砌块应避开肋取样。将试件浸入20℃±5℃的水中，水面应高出试件20mm以上，2h后将试件从水中取出，放在钢丝网架上滴水1min，再用拧干的湿布拭去内、外表面的水。

4.4.4　试验步骤

1)将试件表面清理干净后晾干，然后在其侧面涂一层密封材料(如黄油)，随即旋入或在其他加压装置上将试件压入试件套中，再与抗渗装置连接起来，使周边不漏水。

2)如图4-3所示，竖起已套入试件的试验装置，并用水平仪调平；在30s内往玻璃筒内加水，使水面高出试件上表面200mm。

3)记录自加水时算起 2h 后测量玻璃筒内水面下降的高度,精确至 0.1mm。

注:试验在 20℃±5℃空气温度下进行。

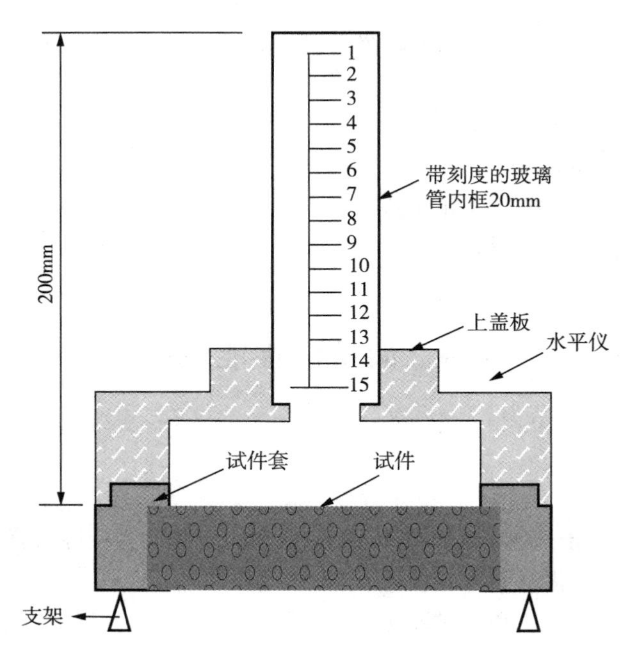

图 4-3　抗渗装置

4.4.5　结果计算与评定

按三个试件测试过程中,玻璃筒内水面下降的最大高度来评定,精确至 0.1mm。

4.5　砌块抗压强度试验

4.5.1　概述

本试验规定了蒸压加气混凝土抗压强度的测定方法,将试样再次制取成抗压试件,测定试件单位面积上所能承受的最大荷载。

本试验依据《蒸压加气混凝土性能试验方法》(GB/T 11969—2020)编制而成。

4.5.2　仪器设备

1)材料试验机:精度(示值的相对误差)不应低于±2%,量程的选择应能使试件的预期最大破坏荷载处在全量程的 20%～80%。

2)托盘天平或磅秤:称量为 2000g,感量为 1g。

3)电热鼓风干燥箱:最高温度为 200℃。

4)钢板直尺:规格为 300mm,分度值为 1mm。

5)游标卡尺或数显卡尺:规格为300mm,分度值为0.1mm。

试验室:室温为20℃±5℃。

4.5.3　试样制备

1)试件的制备采用机锯。锯切时不应将试件弄湿。

2)试件应沿制品发气方向中心部分上、中、下顺序锯取一组,“上”块的上表面距离制品顶面30mm,“中”块在制品正中处,“下”块的下表面离制品底面30mm。

3)试件表面应平整,不得有裂缝或明显缺陷,尺寸允许偏差应为±1mm,平整度应不大于0.5mm,垂直度应不大于0.5mm。试件应逐块编号,从同一块试样中锯切出的试件为同一组试件,以“Ⅰ、Ⅱ、Ⅲ…”表示组号;当同一组试件有上、中、下位置要求时,以下标“上、中、下”注明试件锯取的位置;当同一组试件没有位置要求时,则以下标“1、2、3…”注明,以区别不同试件;平行试件以“Ⅰ、Ⅱ、Ⅲ…”加注上标“+”以示区别。试件以“↑”标明发气方向。以长度为600mm、宽度为250mm的制品为例,试件锯取部位如图4-4所示。

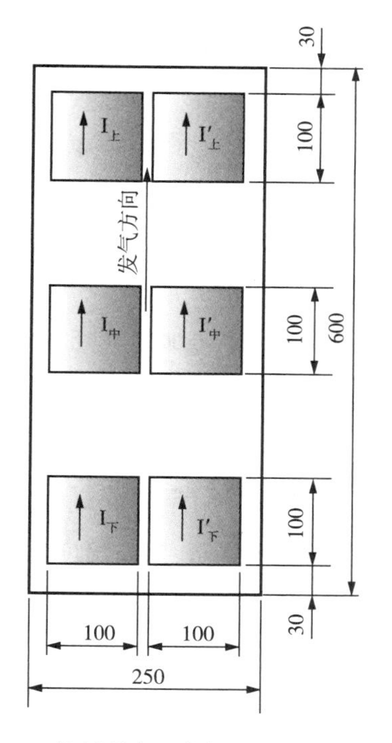

图4-4　抗压强度试件锯取示意(单位:mm)

4)试件受压面的平整度应小于0.1mm,相邻面的垂直度应小于1mm。

5)抗压强度:100mm×100mm×100mm立方体试件1组,平行试件1组。

6)试件应在含水率10%±2%下进行试验。如果含水率超出以上范围时,宜在60℃±5℃条件下烘至所要求的含水率,并应在室内放置6h以后进行抗压强度试验。

4.5.4　试验步骤

1)检查试件外观。

2)测量试件的尺寸,精确至0.1mm,并计算试件的受压面积(A_1)。

3)将试件放在材料试验机的下压板的中心位置,试件的受压方向应垂直于制品的发气方向。

4)开动试验机,当上压板与试件接近时,调整球座,使接触均衡。

5)以2.0kN/s±0.5kN/s的速度连续而均匀地加荷,直至试件破坏,记录破坏荷载(P_1)。

6)试验后应立即称取破坏后的全部或部分试件质量,然后在105℃±5℃下烘至恒重,计算其含水率。

4.5.5 结果计算与评定

抗压强度按式(4－5)计算：

$$f_{cc}=\frac{P_1}{A_1} \tag{4-5}$$

式中：f_{cc}——试件的抗压强度(MPa)；

P_1——破坏荷载(N)；

A_1——试件受压面积(mm^2)。

4.6 砌块干密度试验

4.6.1 概述

本试验规定了蒸压加气混凝土干密度的测定方法，将试样再次制取成干密度试件，测定试件在干燥状态下单位体积内的质量。

本试验依据《蒸压加气混凝土性能试验方法》(GB/T 11969—2020)编制而成。

4.6.2 仪器设备

1)电热鼓风干燥箱：最高温度为200℃。

2)托盘天平或磅秤：称量为2000g，感量为0.1g。

3)钢板直尺：规格为300mm，分度值为1mm。

4)游标卡尺或数显卡尺：规格为300mm，分度值为0.1mm。

5)恒温水槽：水温为20℃±2℃。

6)试验室：室温为20℃±5℃。

4.6.3 试样制备

1)试件的制备采用机锯。锯切时不应将试件弄湿。

2)试件应沿制品发气方向中心部分上、中、下顺序锯取一组，“上”块的上表面距离制品顶面30mm，“中”块在制品正中处，“下”块的下表面离制品底面30mm。

3)试件表面应平整，不得有裂缝或明显缺陷，尺寸允许偏差应为±1mm，平整度应不大于0.5mm，垂直度应不大于0.5mm。试件应逐块编号，从同一块试样中锯切出的试件为同一组试件，以“Ⅰ、Ⅱ、Ⅲ…”表示组号；当同一组试件有上、中、下位置要求时，以下标“上、中、下”注明试件锯取的位置；当同一组试件没有位置要求，则以下标“1、2、3…”注明，以区别不同试件；平行试件以“Ⅰ、Ⅱ、Ⅲ…”加注上标“＋”以示区别。试件以“↑”标明发气方向。以长度为600mm、宽度为250mm的制品为例，试件锯取部位如图4－5所示。

4)试件为2组100mm×100mm×100mm的立方体。试件也可采用抗压强度平行试件。

4.6.4 试验步骤

1)取试件 1 组,逐一量取长、宽、高三个方向的轴线尺寸,精确至 0.1mm,计算试件的体积(V),并称取试件的质量(M),精确至 1g。

2)将试件放入电热鼓风干燥箱内,在 60℃±5℃下保持 24h,然后在 80℃±5℃下保持 24h,再在 105℃±5℃下烘至恒质(M_0)。恒质指在烘干过程中间隔 4h,前后两次质量差不应超过 2g。

4.6.5 结果计算与评定

干密度按式(4-6)计算:

$$r_0 = \frac{M_0}{V} \times 10^6 \qquad (4-6)$$

式中:r_0——干密度(kg/m³);

M_0——试件烘干后质量(g);

V——试件体积(mm³)。

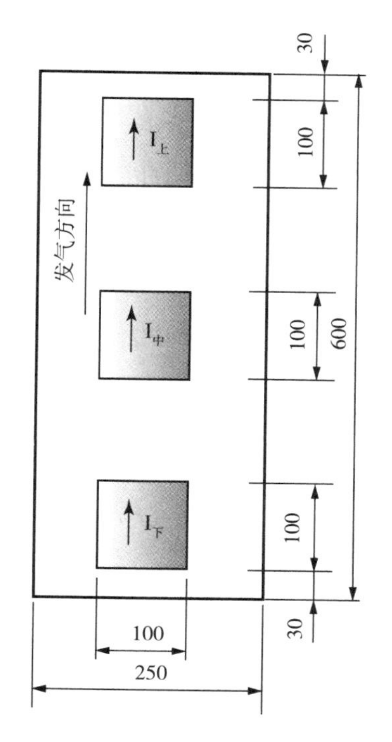

图 4-5 干密度试件锯取示意(单位:mm)

4.7 砌块抗冻性能试验

4.7.1 概述

本试验规定了蒸压加气混凝土抗冻性能的测定方法,将试样再次制取成干密度、抗压强度试件,试件浸水饱和后,在 15℃和-15℃之间循环规定次数后,检测试样的性能。

本试验依据《蒸压加气混凝土性能试验方法》(GB/T 11969—2020)编制而成。

4.7.2 仪器设备

1)低温箱或冷冻室:最低工作温度在-30℃以下。

2)恒温恒湿室或恒温恒湿箱:温度为 20℃±5℃,相对湿度为 95%。

3)恒温水槽:水温为 20℃±2℃。

4)托盘天平或磅秤:称量为 2000g,感量为 1g。

5)电热鼓风干燥箱:最高温度为 200℃。

6)游标卡尺或数显卡尺:规格为 300mm,分度值为 0.1mm。

7)试验室:室温为 20℃±5℃。

4.7.3 试样制备

1)试件的制备采用机锯。锯切时不应将试件弄湿。

2)试件应沿制品发气方向中心部分上、中、下顺序锯取一组,“上”块的上表面距离制品顶面30mm,“中”块在制品正中处,“下”块的下表面离制品底面30mm。

3)试件表面应平整,不得有裂缝或明显缺陷,尺寸允许偏差应为±1mm,平整度应不大于0.5mm,垂直度应不大于0.5mm。试件应逐块编号,从同一块试样中锯切出的试件为同一组试件,以“Ⅰ、Ⅱ、Ⅲ…”表示组号;当同一组试件有上、中、下位置要求时,以下标“上、中、下”注明试件锯取的位置;当同一组试件没有位置要求,则以下标“1、2、3…”注明,以区别不同试件;平行试件以“Ⅰ、Ⅱ、Ⅲ…”加注上标“+”以示区别。试件以“↑”标明发气方向。

4)试件为两组100mm×100mm×100mm的立方体。试件也可采用抗压强度平行试件。

5)试件尺寸和数量如下:100mm×100mm×100mm的立方体冻融试件一组;100mm×100mm×100mm的立方体平行试件一组。一组冻融试件用于冻融循环试验,一组平行试件用于测定试验前含水率、干密度及抗压强度。

4.7.4 试验步骤

1)用游标卡尺或数显卡尺测量冻融试件和平行试件长、宽、高的轴线尺寸,精确至0.1mm,并计算体积和受压面积(A_1)。

2)将冻融试件和平行试件浸入水温为20℃±2℃的恒温水槽保持48h,前24h水面位于冻融试件和平行试件的一半高度,后24h水面应高出冻融试件和平行试件30mm。然后取出放入密封的塑料袋中静置24h。

3)从塑料密封袋中取出冻融试件并立即称取质量(m_0),精确至1g,然后放入预先降温至-15℃±2℃的低温箱或冷冻室中木制托架上,试件与试件之间及其试件与箱壁间距不应小于50mm,当温度再次降至-15℃时记录时间并保持不少于8h后取出。

4)取出的冻融试件放入温度为20℃±2℃、相对湿度为95%的恒温恒湿室或恒温恒湿箱中的木制托架上,试件与试件之间及其试件与箱壁间距不应小于50mm,并保持不少于6h。

5)以冻8h和融6h作为一次冻融循环,以此冻融循环15次。

6)在冻融试件开始冷冻时,平行试件也从塑料密封袋中取出并立即称取质量(M_{20}),精确至1g,然后放入温度为20℃±2℃、相对湿度为95%的恒温恒湿室或恒温恒湿箱中的木制托架上,试件与试件之间及其试件与箱壁间距不应小于50mm,直至冻融试件完成15次冻融循环。

7)每隔5次循环后检查并记录试件在冻融过程中的破坏情况。

8)冻融试验过程中,如发现冻融试件呈破碎、剥落等明显破坏现象,应取出冻融试件,停止冻融试验,并记录冻融次数,称取冻融试件的湿质量(M_{1W})。

9)循环过程中如遇试验中断,应将冻融试件置于温度为20℃±2℃、相对湿度为95%的恒温恒湿室或恒温恒湿箱中,等待恢复试验。

10)冻融循环试验结束,应立即称取冻融试件的湿质量(M_{1W}),同时称取平行试件的湿质量(M_{2w})，精确至 1g。

11)将完成冻融后的冻融试件和平行试件放在电热鼓风干燥箱内，在 60℃±5℃下保持 24h，然后在 80℃±5℃下保持 24h，再在 105℃±5℃下烘至恒质，密封冷却至室温后，立即称取质量(M_{1d}、M_{2d})，精确至 1g。

12)将冻融循环试验后并经烘干的冻融试件和平行试件按有关规定测定抗压强度(f_{1d} 和 f_{2d})。

4.7.5　结果计算与评定

1)冻融试验前的含水率按式(4-7)计算：

$$W_0=\frac{M_{20}-M_{2d}}{M_{2d}}\times 100\% \tag{4-7}$$

式中：W_0——冻融试验前的含水率(%)；

M_{20}——冻融试件试验前(从密封袋中取出时)平行试件的湿质量(g)；

M_{2d}——冻融试验后平行试件的干质量(g)。

2)冻融试验后的含水率按式(4-8)计算：

$$W_d=\frac{M_{1w}-M_{1d}}{M_{1d}}\times 100\% \tag{4-8}$$

式中：W_d——冻融试验后的含水率(%)；

M_{1w}——冻融试验后冻融试件的湿质量(g)；

M_{1d}——冻融试验后冻融试件的干质量(g)。

3)冻融试验前冻融试件的等效干质量按式(4-9)计算：

$$M_{1d}=\frac{M_{2d}}{M_{20}}\times M_{10} \tag{4-9}$$

式中：M_{1d}——冻融试验前冻融试件的等效干质量(g)；

M_{10}——冻融试件试验前的湿质量(g)。

4)质量损失按式(4-10)计算：

$$M_m=\frac{m_{1d}-M_{1d}}{m_{1d}}\times 100\% \tag{4-10}$$

式中：M_m——质量损失(%)。

5)抗压强度损失按式(4-11)计算：

$$F_m=\frac{f_{2d}-f_{1d}}{f_{2d}}\times 100\% \tag{4-11}$$

式中：F_m——抗压强度损失(%)；

f_{1d}——冻融试验后冻融试件的抗压强度(MPa)；

f_{2d}——冻融试验后平行试件的抗压强度(MPa)。

6)抗冻性按冻融质量损失平均值和抗压强度损失平均值进行评定精确至 0.1%。

4.8　瓦抗弯曲性能试验

4.8.1　概述

本试验规定了屋面瓦抗弯曲性能的测定方法,将试样自然干燥,测定其断裂时的最大载荷。本方法依据《屋面瓦试验方法》(GB/T 36584—2018)编制而成。

4.8.2　仪器设备

1)弯曲强度试验机:试验机能够均匀加荷,其相对误差不大于±1%。支座由直径为25mm互相平行的金属棒及下面的支承架构成,其中一根可以绕中心轻微上下摆动,另一根可以绕它的轴心稍作旋转。支承架高度约50mm,保证金属棒间距可调。压头是一直径为25mm的金属棒,也可以绕中心上下轻微摆动。支座金属棒和压头与试样接触部分均垫上厚度为5mm,硬度为HA(45～60)度的普通橡胶板。

2)钢直尺:精度为1mm。

3)秒表:精度为0.1s。

4.8.3　试样制备

以自然干燥状态下的整件瓦作为试样,试样数量为5件。

4.8.4　试验步骤

1)将试样放在支座上,调整支座金属棒间距,并使压头位于支座金属棒的正中,对于跨距要求搭接不足的瓦(J形瓦、S形瓦先保证一个支座金属棒位于瓦峰宽的中央),调整间距使支座金属棒中心以外瓦的长度为15mm±2mm。其中,对于波形瓦类,要在压头和瓦之间放置与瓦上表面波浪形状相吻合的平衡物,平衡物由硬质木块或金属制成,宽度约为20mm,如图4-6～图4-12所示。

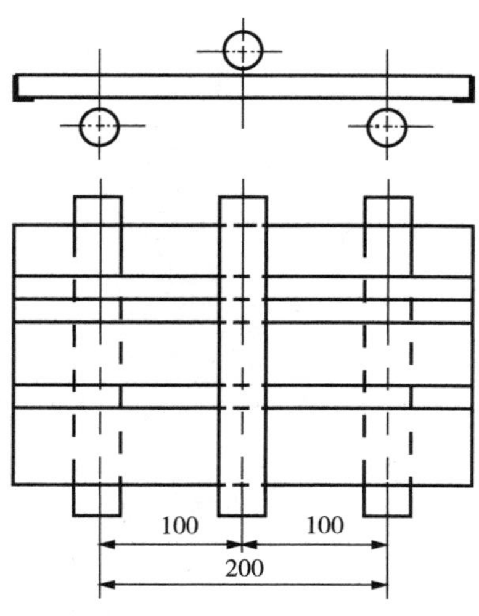

图4-6　平瓦、波形瓦类弯曲试验示意(单位:mm)

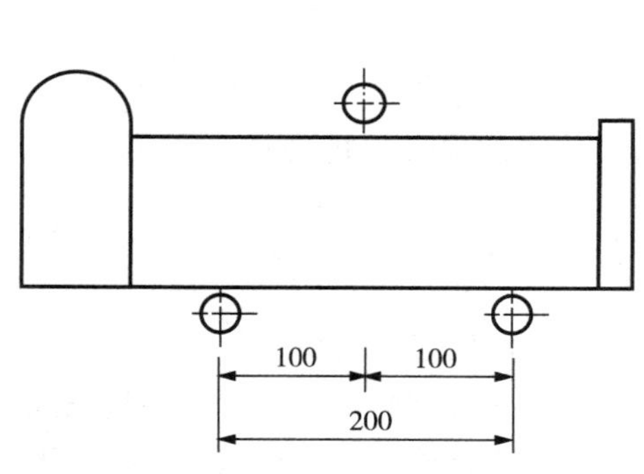

图4-7　脊瓦、筒瓦、沟头瓦类弯曲试验示意(单位:mm)

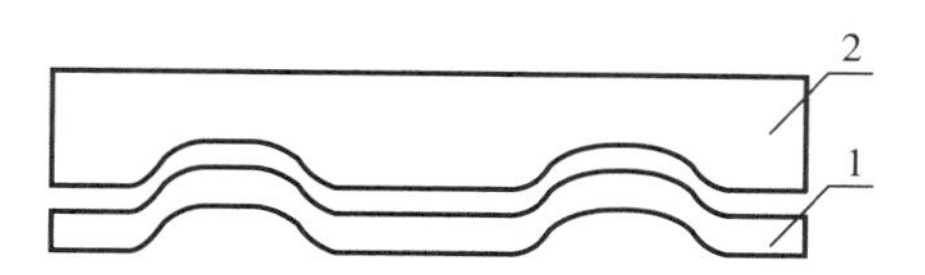

1—波形瓦顶面；2—波形瓦加荷平衡物。

图 4-8　波形瓦加荷平衡物示意

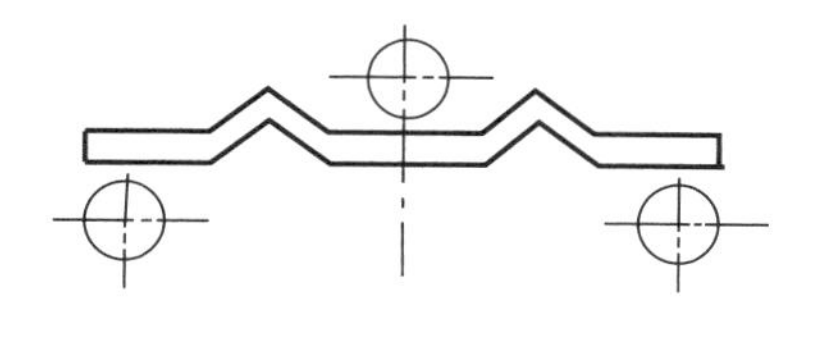

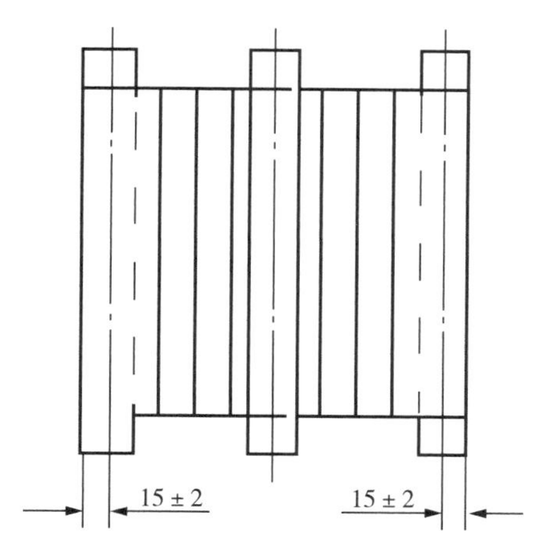

图 4-9　三曲瓦、双筒瓦类弯曲试验示意（单位：mm）

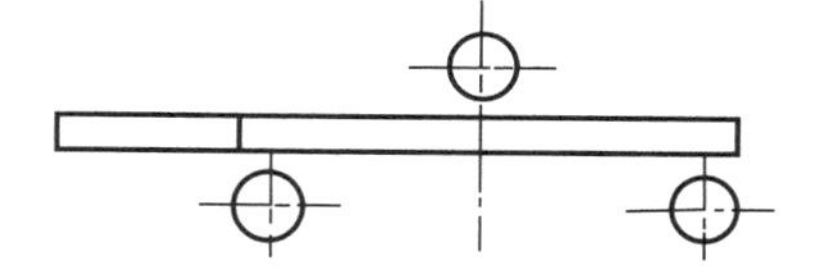

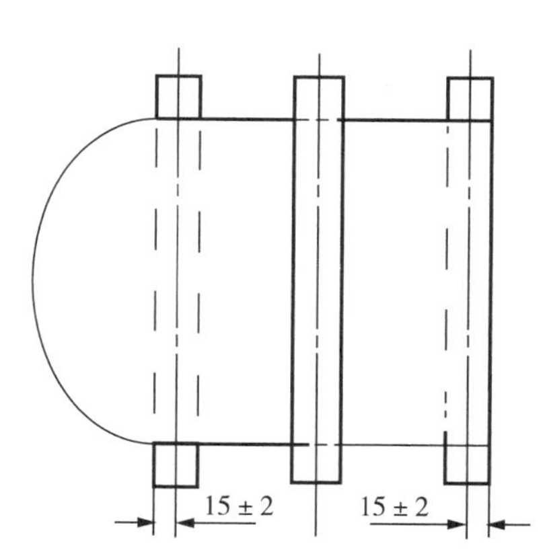

图 4-10　鱼鳞瓦、牛舌瓦类弯曲试验示意（单位：mm）

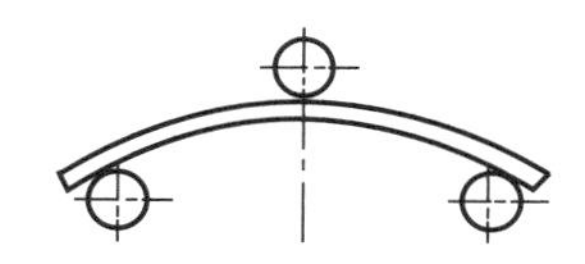

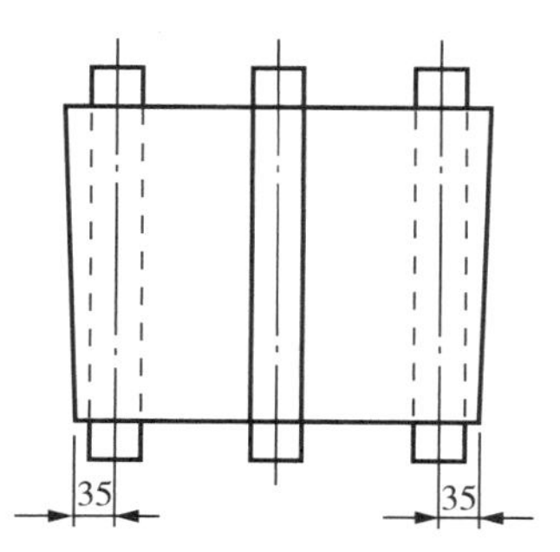

图 4-11　板瓦、滴水瓦类弯曲试验示意（单位：mm）

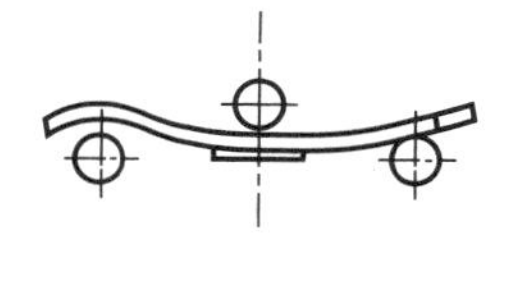

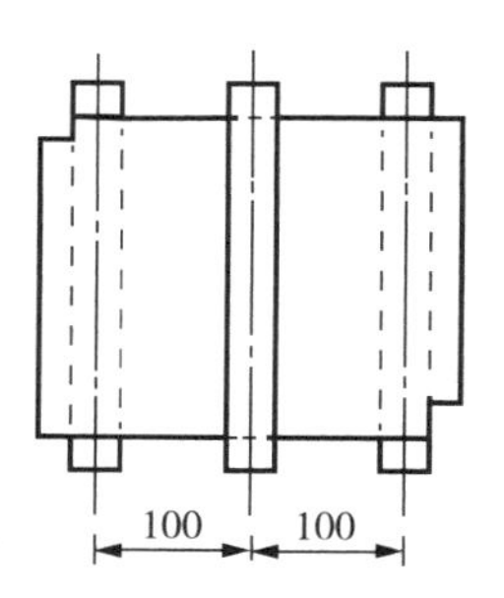

图 4-12　J 形瓦、S 形瓦类弯曲试验示意（单位：mm）

2)试验前先校正试验机零点,启动试验机,压头接触试样时不应冲击,以 50～100N/s 的速度均匀加荷,直至断裂,记录断裂时的最大载荷 P。

4.8.5 结果计算与评定

1)平瓦、板瓦、脊瓦,滴水瓦、沟头瓦,S 形瓦、J 形瓦,波形瓦的试验结果以每件试样断裂时的最大载荷表示,精确至 10N。

2)三曲瓦、双筒瓦、鱼鳞瓦、牛舌瓦的弯曲强度按式(4-12)计算:

$$R=\frac{3PL}{2bh^2} \tag{4-12}$$

式中:R——试样的弯曲强度(MPa);

P——试样断裂时的最大载荷(N);

L——跨距(mm);

b——试样的宽度(mm);

h——试样断裂面上的最小厚度(mm)。

3)三曲瓦、双筒瓦、鱼鳞瓦、牛舌瓦的试验结果以每件试样的弯曲强度表示,精确至 0.1MPa。

4.9 瓦抗渗性能试验

4.9.1 概述

本试验规定了屋面瓦抗渗性能的测定方法,将试样自然干燥,测定其在规定环境下渗水能力。

本试验依据《屋面瓦试验方法》(GB/T 36584—2018)编制而成,适用于屋面瓦。

4.9.2 设备和材料

1)试样架。

2)水泥砂浆或沥青与砂子的混合料。

3)70%石蜡与 30%松香的熔化剂。

4)油灰刀。

4.9.3 试样制备

以自然干燥状态下的整件瓦作为试样,试样数量为 3 件。

4.9.4 试验步骤

1)将试样擦拭干净,用水泥砂浆或沥青与砂子的混合料在瓦的正面四周筑起一圈高度为 25mm 的密封挡,作为围水框;或在瓦头、瓦尾处筑密封挡,与两瓦边形成围水槽。再用 70%石蜡和 30%松香的熔化剂密封接缝处,应保证密封挡不漏水。形成的围水面积应接近于瓦的实用面积。

2)将制作好的试样放置在便于观察的试样架上,并使其保持水平。待平稳后,缓慢地向围水框注入清洁的水,水位高度距瓦面最浅处不小于15mm,试验过程一直保持这一高度,将此试验装置在温度为15~30℃、空气相对湿度不小于40%的条件下存放3h。

4.9.5 试验结果

以每件试样的渗水程度表示。

4.10 瓦耐急冷急热性试验

4.10.1 概述

本试验规定了屋面瓦耐急冷急热性的测定方法,将试样自然干燥,在15℃和165℃的水中循环规定次数后,观察试样表面质量。

本试验依据《屋面瓦试验方法》(GB/T 36584—2018)编制而成。

4.10.2 仪器设备

1)烘箱:能升温至200℃。

2)试样架。

3)能通过流动冷水的水槽。

4)温度计。

4.10.3 试样制备

以自然干燥状态下的整件瓦作为试样,试样数量为5件。

4.10.4 试验步骤

1)测量冷水温度,保持15℃±5℃为宜。

2)检查外观,将裂纹(含釉裂)、磕碰、釉粘和缺釉处作标记,并记录其缺陷情况。

3)将试样放入预先加热到温度比冷水高150℃±2℃的烘箱中的试样架上。试样之间、试样与箱壁之间应有不小于20mm的间距。关上烘箱门。

4)在5min内使烘箱重新达到预先加热的温度,开始计时。在此温度下保持45min。打开烘箱门,取出试样立即浸没于装有流动冷水的水槽中,急冷5min。如此为一次急冷急热循环。

4.10.5 试验结果

试验结果以每件试样的外观破坏程度表示。

4.11　瓦抗冻性能试验

4.11.1　概述

本试验规定了屋面瓦抗冻性能的测定方法，将试样自然干燥，浸水后，在规定温度之间循环规定次数后，观察试样的性能。

本试验依据《屋面瓦试验方法》(GB/T 36584—2018)编制而成。

4.11.2　方法一

1. 仪器设备

1)低温箱或冷冻室：放入试样后箱(室)内温度可调至－20℃或－20℃以下。

2)水槽。

3)试样架。

2. 试样制备

以自然干燥状态下的整件瓦作为试样，试样数量为5件。

3. 试验步骤

1)检查外观，将磕碰、釉粘、缺釉和裂纹(含釉裂)处作标记，并记录其情况。

2)将试样浸入15～25℃的水中，24h后取出，放入预先降温至－20℃±3℃的冷冻箱中的试样架上。试样之间、试样与箱壁之间应有不小于20mm的间距。关上冷冻箱门。

3)当箱内温度再次降至－20℃±3℃时，开始计时，在此温度下保持3h。打开冷冻箱门，取出试样放入15～25℃的水中融化3h。如此为一次冻融循环。

4. 试验结果

以每件试样的外观破坏程度表示。

4.11.3　方法二

1. 仪器设备

1)干燥箱：工作温度为110℃±5℃，也可使用能获得相同检测结果的其他干燥系统。

2)水槽(水)：温度保持在20℃±5℃。

3)冷冻机：能冷冻至少5件试样，并使试样互相不接触。

2. 试样制备

以自然干燥状态下的整件瓦作为试样，试样数量为5件。

3. 试验步骤

1)检查外观，将磕碰、釉粘、缺釉和裂纹(含釉裂)处作标记，并记录其情况。

2)以不超过20℃/h的速率使试样降温到－5℃，试样在此温度下保持15min。然后将试样浸没于水中或喷水直到温度达到5℃，试样在此温度下保持15min。如此为一次冻融循环。如果要中断循环试验，试样应该浸没在5℃以上的水中。

4. 试验结果

以每件试样的外观破坏程度表示。如果发现试样在试验过程中间已经损坏，应及时检查并作记录。

4.12　墙板抗压强度试验

4.12.1　概述

本试验规定了建筑墙板抗压强度的测定方法，将试样再次制取成抗压试件，测定试件单位面积上所能承受的最大荷载。

本试验依据《建筑墙板试验方法》(GB/T 30100—2013)编制而成。

4.12.2　仪器设备

1)万能试验机：精度Ⅰ级。

2)钢直尺：精度为0.5mm。

4.12.3　试样制备

取三块墙板，在距墙板板端不小于25mm的中间位置，沿墙板板宽方向依次截取厚度为试件厚度尺寸、长度为100mm、宽度为100mm的单元体试件各三块(对于空心墙板，长度包括一个完整孔及两条完整孔间肋的单元体试件)。

4.12.4　试验步骤

1)取三块试件进行抗压强度试验，采用GB/T 25183规定的净浆材料处理试件的上表面和下表面，使之成为相互平行且与试件孔洞圆柱轴线垂直的平面，并用水平尺调至水平。

2)制成的抹面试样应置于不低于10℃的不通风室内养护不少于4h再进行试验。

3)用钢直尺分别测量每个试件受压面的长、宽方向中间位置尺寸各两个，分别取其平均值，修约至1mm。

4)将试件置于试验机承压板上，使试件的轴线与试验机压板的压力中心重合，以0.05～0.10MPa/s的速度加荷，直至试件破坏。记录最大破坏荷载P。

4.12.5　结果计算

每个试件的抗压强度按式(4－13)计算，修约至0.1MPa：

$$R=\frac{P}{L\times B} \tag{4-13}$$

式中：R——试件的抗压强度(MPa)；

P——破坏荷载(N)；

L——试件受压面的长度(mm)；

B——试件受压面的宽度(mm)。

墙板抗压强度的试验结果为其自然状态下的抗压强度，以三块试件抗压强度的算术平均值计算和评定，结果修约至0.1MPa。如果其中一个试件的抗压强度与三个试件抗压强度平均值之差超过平均值的20%，则抗压强度值按另两个试件的抗压强度的算术平均值计算；如果有两个试件与抗压强度平均值之差超过规定，则实验结果无效，应重新取样进行试验。

4.13 墙板抗折强度试验

4.13.1 概述

本试验规定了建筑墙板抗折强度的测定方法，将试样再次制取成抗折试件，以三点加荷的形式检测试件最大破坏荷载。

本试验依据《建筑墙板试验方法》(GB/T 30100—2013)编制而成。

4.13.2 仪器设备

1)抗折试验机：精度Ⅰ级。

2)钢直尺：精度为0.5mm。

3)游标卡尺：精度为0.02mm。

4.13.3 试样制备

用厚度小于等于25mm的薄板进行此项试验。取两块整板，在每块板距板边不小于25mm的中间部分对称位置截取两块250mm×250mm×板厚的试件，共四个试件。

4.13.4 试验步骤

1)试验前均将试件置于常温常湿环境条件下3d之后再进行试验。

2)试件正面朝上置于支座上，支座及压杆为直径20～30mm的金属杆，使平板中心线与加荷杆中心线重合，下支座跨距为215mm，如图4－13所示。

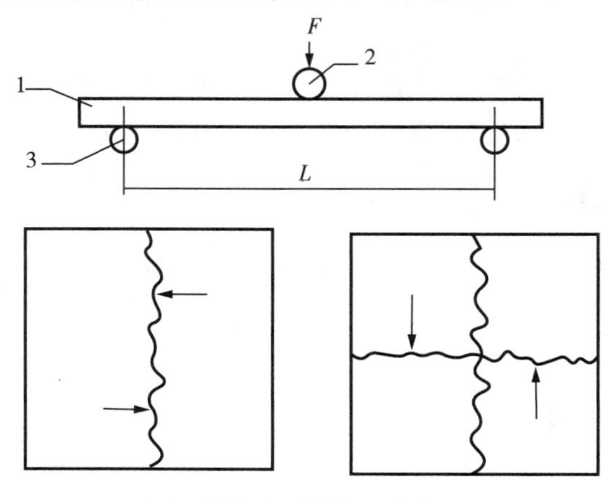

1—试件；2—压杆；3—支座。

图4－13 抗折试验示意

3)控制加荷速度为20N/s±5N/s，读取破坏荷载，测量断裂处试件宽度及两端点的厚度。然后将试件重新拼合，在垂直方向上再做第二次抗折，再测量断裂处试件宽度及两端点的厚度。试件宽度和试件厚度分别用钢直尺和游标卡尺测量，试件宽度修约至1mm，试件厚度修约至0.1mm。

4.13.5　结果计算

每个试件单向的抗折强度按式(4-14)计算，结果修约至0.01MPa：

$$S=\frac{3pL}{2be^2} \tag{4-14}$$

式中：S——试件的抗折强度(MPa)；

p——试件的破坏荷载(N)；

L——试件的支距(mm)；

b——试件断面宽度(mm)；

e——试件断面厚度(mm)，二次测量结果的算术平均值。

试件的抗折强度为两个方向试验结果的算术平均值，结果修约至0.01MPa。

墙板的抗折强度以四个试件的平均值表示，结果修约至0.1MPa。

4.14　墙板吸水率试验

4.14.1　概述

本试验规定了建筑墙板吸水率的测定方法。

本试验依据《建筑墙板试验方法》(GB/T 30100—2013)编制而成。

4.14.2　仪器设备

1)电子秤：精度为0.001kg。

2)电热鼓风干燥箱：控温灵敏度为±1℃。

3)水箱或水池。

4.14.3　试样制备

取三块墙板，在距墙板板端不小于25mm的中间位置，分别沿墙板板长方向截取试件一件，共三件为一组样本，试件宽度为100mm，长度与墙板宽度尺寸相同(如果板宽不大于800mm，则试件切取长度为板宽；如果板宽大于800mm，则试件切取长度为600mm)、厚度与墙板厚度尺寸相同。将墙板在常温常湿环境条件下放置3d之后再进行试验。

4.14.4 试验步骤

1)试件取样后立即称取其取样质量 m_1,精确至0.01kg。

2)将试件送入电热鼓风干燥箱内干燥24h,不同材料墙板干燥温度见表4-1所列。此后每隔2h称量一次,直至前后两次称量值之差不超过后一次称量值的0.2%为止。

3)试件冷却至室温,立即称量其绝干质量 m_0,精确至0.01kg。

4)将试件放在10℃以上的水中。试件用支架悬置,不与水池底部和侧壁紧贴,试件上表面距水面不小于30mm,24h后取出试件,用湿毛巾吸去试件表面附着水分,称量试件饱水质量 m_2,精确至0.01kg。

表4-1 不同材料墙板干燥温度

墙板种类	水泥、混凝土类墙板	石膏墙板	复合墙板
干燥温度/℃	105±5	40±2	60±2

4.14.5 结果计算

每个试件的吸水率按式(4-15)计算,修约至0.1%:

$$W_2=\frac{m_2-m_0}{m_0}\times 100\% \tag{4-15}$$

式中:W_2——试件的吸水率(%);

m_2——试件的饱水质量(kg);

m_0——试件的绝干质量(kg)。

墙板的吸水率 W_2 以三个试件吸水率的算术平均值表示,精确至0.1%。

4.15 墙板抗渗性能试验

4.15.1 概述

本试验规定了建筑墙板抗渗性能的测定方法,将试样制作成抗渗试件,以规定时间内水位变化量来评定抗渗性能。

本试验依据《建筑墙板试验方法》(GB/T 30100—2013)编制而成。

4.15.2 仪器设备

1)透明玻璃管:内径为35mm,长度为300mm。

2)钢直尺:精度为1mm。

3)抗渗透性试验装置(见图4-14)。

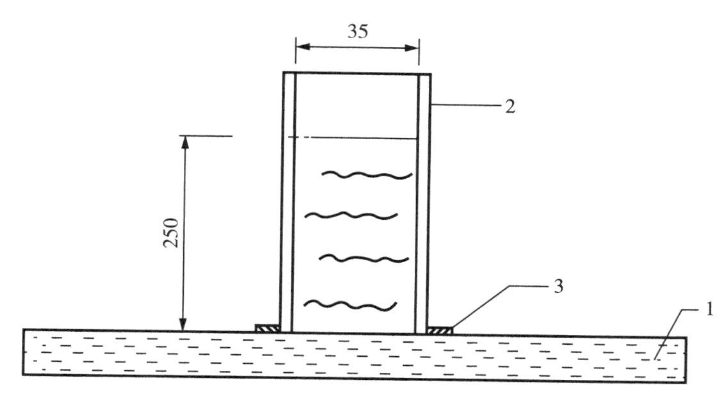

1—试件;2—玻璃管;3—周边处密封材料(可以是蜡,或是其他密封材料)。

图 4-14 抗渗透性试验装置(单位:mm)

4.15.3 试样制备

取三块墙板,在每块板距板边不小于 25mm 的中间处截取 250mm×250mm×样品原厚的试件,三个试件为一组。

4.15.4 试验步骤

1)将试件在温度为 10~30℃、相对湿度不小于 50%通风良好的环境下,存放不少于 24h 后进行试验。

2)选用不渗水的材料将试件与透明玻璃管的间隙密封好。对于空心墙板,透明玻璃管应位于墙板试件孔洞上方。

3)将水注入玻璃管,注水高度为 250mm,静置。

4.15.5 试验结果

抗渗透性试验结果以静置 2h 后玻璃管内水位下降高度表示,精确至 1mm。

4.16 墙板抗冲击性能试验

4.16.1 概述

本试验规定了建筑墙板抗冲击性能的测定方法,包括落球法抗冲击和砂袋法抗冲击。

本试验依据《建筑墙板试验方法》(GB/T 30100—2013)编制而成。

4.16.2 仪器设备

1)冲击球:钢球质量为 500g±5g。

2)试验用砂:符合 GB/T 17671 中规定的中国 ISO 标准砂。

3)钢直尺:精度为 1mm。

4)落球法抗冲击试验架。

5)砂袋法抗冲击试验架。

6)标准砂袋:重 30kg。

7)吊绳:直径 10mm 左右。

4.16.3　落球法抗冲击试验

1. 试样制取

用厚度小于或等于 25mm 的薄板进行此项试验。取两块整板,在每块板距板边不小于 25mm 的中间部分对称位置截取两块 500mm × 400mm × 板厚的试件,共四个试件。

2. 试验步骤

1)在抗冲击性试验仪的底盘内均匀铺满砂,用刮尺刮平,抗冲击试验仪底盘的长宽尺寸大于试件尺寸 100mm 以上,砂层高度为 100mm,如图 4-15 所示。

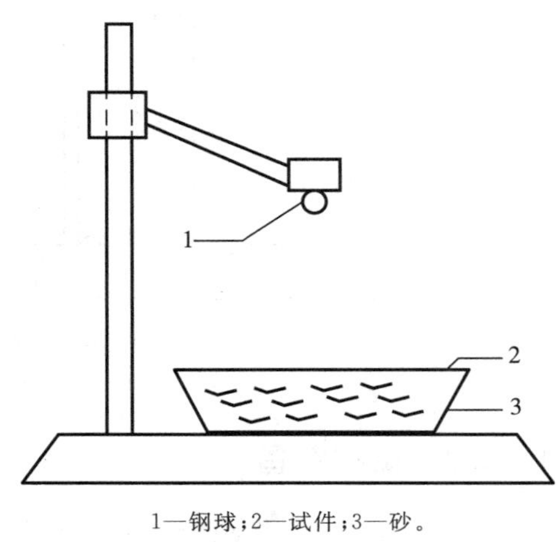

1—钢球;2—试件;3—砂。

图 4-15　落球法冲击试验

2)将试件正面朝上放置在砂表面,轻轻按压试样,确保试样背面与砂紧密接触。

3)使钢球从指定高度自由落在试件的中心点上,不同厚度试件的落球冲击高度见表 4-2所列。记录试件背面裂纹情况。

表 4-2　落球冲击高度

试样厚度/mm	5	6	8	9	10	12	14	>14
落球高度 h/mm	250	300	450	650	800	1000	1200	1400

3. 试验结果

以四个试件最严重情况作为试验结果。

4.16.4　砂袋法抗冲击试验

1. 试验步骤

1)用厚度大于 25mm 的墙板进行此项试验,试验墙板的长度尺寸不应小于 2m。

2)取三块墙板为一组样板,按图 4-16 所示组装并固定,上下钢管中心间距为板长减去 100mm,即(L—100)mm。板缝用与板材材质相符的专用砂浆粘结,板与板之间挤紧,接缝处用玻璃纤维布搭接,并用砂浆压实、刮平。

3)24h 后将装有 30kg 重、粒径 2mm 以下细砂的标准砂袋(见图 4-17)用直径 10mm 左右的绳子固定在其中心距板面 100mm 的钢环上,使砂袋垂悬状态时的重心位于 $L/2$ 高度处。

4)以绳长为半径沿圆弧将砂袋在与板面垂直的平面内拉开,使重心提高 500mm(标尺测量),然后自由摆动下落,冲击设定位置,反复 5 次。

5)目测板面有无贯通裂缝,记录试验结果。

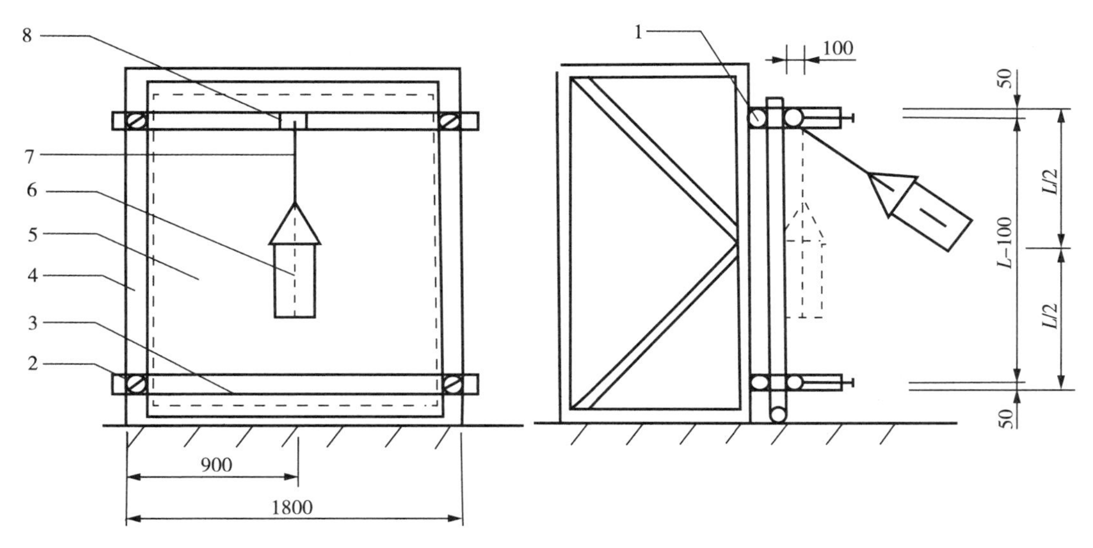

1—钢管(φ50mm);2—横梁紧固装置;3—固定横梁(10# 热轧等边角钢);4—固定架;
5—墙板拼装的隔墙试件;6—标准砂袋;7—吊绳(直径10mm左右);8—吊环。

图4-16　砂袋法抗冲击试验(单位:mm)

2. 试验结果

目测板面有无贯通裂缝,记录试验结果。试验结果仅适用于所测试件长度尺寸以内的墙板。

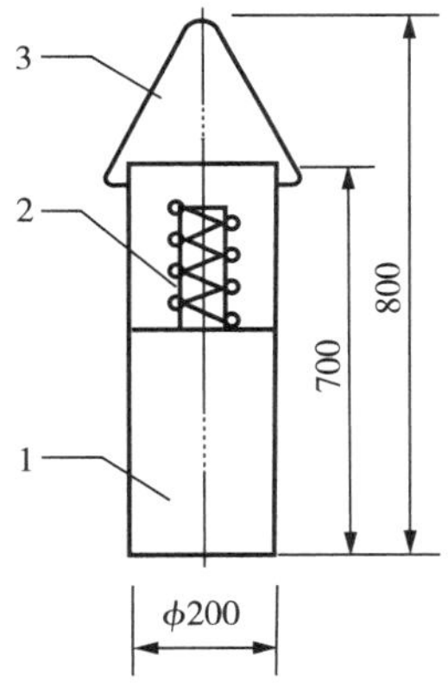

1—帆布;2—注砂口;3—砂袋吊带(厚6mm、宽40mm、长70mm)。

图4-17　标准砂袋(单位:mm)

4.17　墙板抗弯破坏荷载试验

4.17.1　概述

本试验规定了建筑墙板抗弯破坏荷载的测定方法,将试样放在试验装置上,以均布加荷和集中加荷的方式测定试样的形变和荷载。

本试验依据《建筑墙板试验方法》(GB/T 30100—2013)编制而成。

4.17.2　仪器设备

1)加压装置:量程不小于10kN,精度为0.1kN。

2)钢卷尺:精度为1mm。

3)百分表:精度为0.01mm。

4)试验架。

4.17.3　均布荷载试验

1. 试验步骤

1)试验取整块墙板,墙板长 L_0,将墙板试件放在支座长度大于板宽的两个平行支座上,

支座的间距调整至 $L(L_0-100)$mm，两端伸出长度相同。（注：试验墙板的长度尺寸应不小于 2m）

2）荷载通过分配梁以及压轴均匀施加于试验墙板上，当需要测试挠度时，可在墙板上安装四个百分表，试验装置示意如图 4－18 所示。

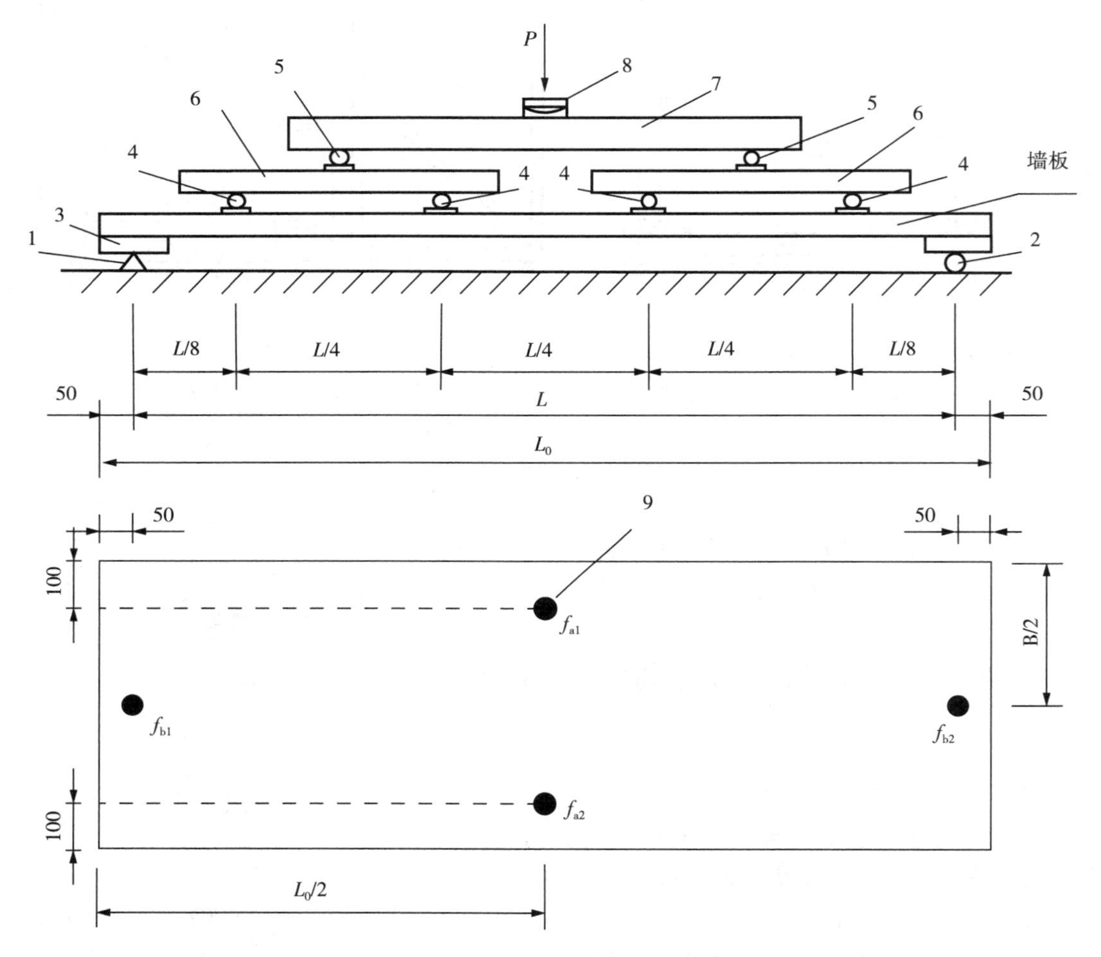

1—固定铰支座；2—滚动铰支座（ϕ60 钢柱）；3—承压板（100×板宽）；4—压轴（ϕ34×3×600 无缝钢管，配 60×600 三角肋板）；5—压轴（ϕ34×3×600 无缝钢管，配 60×600 三角肋板）；6—分配梁（120×80×3 矩形钢管）；7—分配梁（50×80×4 矩形钢管）；8—球铰座（ϕ80×20）；9—百分表 f_{a1}、f_{a2}、f_{b1}、f_{b2}。

图 4－18　均布荷载抗弯承载试验试验装置示意（单位：mm）

3）空载静置 2min，记录百分表初始读数，精确至 0.01mm。采用分级施加荷载法，均匀施加荷载 P 于试件，每级荷载为试件重量 W 的 30%。分配梁、压轴等装置的总重量为 W_P，第一级荷载为 $P_1=0.3W-W_P$，第二级荷载为 $P_2=0.3W$……

4）每级加荷完成后，静置 2min，直至加荷至墙板产品标准规定的抗弯荷载，静置 5min。若此时试件仍未破坏，可继续施加荷载，按同样的分级加荷方式直至试件破坏，记录此时的最大破坏荷载 P_{max}，墙板的最大均布破坏荷载即为 $P_{max}+W_P$。每级加荷完成静置后记录百分表的读数，精确至 0.01mm。

2. 结果计算

1)挠度按式(4－16)计算,结果修约至0.01mm:

$$a=f_a-f_b \tag{4-16}$$

式中:a——墙板的挠度(mm);

f_a——墙板跨中的平均位移量(mm),$f_a=\frac{f_{a1}+f_{a2}}{2}$;

f_{a1}、f_{a2}——墙板中间两点的位移量(mm);

f_b——支座平均下沉位移量(mm),$f_b=\frac{f_{b1}+f_{b2}}{2}$;

f_{b1}、f_{b2}——两支座的下沉位移量(mm)。

2)试验结果仅适用于所测试件长度尺寸以内的墙板。

4.17.4　集中荷载试验

1. 试验步骤

1)试验墙板的长度尺寸应不小于2m。

2)试验取整块墙板,墙板长L_0,将墙板试件放在支座长度大于板宽的两个平行支座上,支座的间距调整至$L(L_0-100)$mm,两端伸出长度相同。

3)试件正面朝上置于支座上,压杆直径为$\phi34$的圆钢,使平板中心线于加荷杆中心线重合,试验装置示意图如图4－19所示。

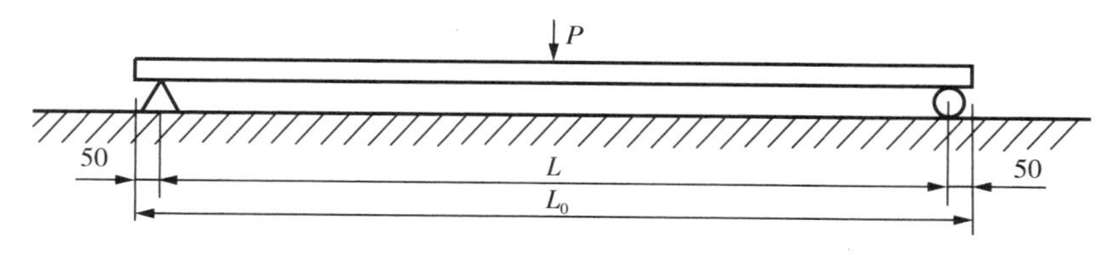

图4－19　集中荷载抗弯承载试验装置示意(单位:mm)

4)集中荷载试验的加载程序、分级荷载量、每级荷载的加载时间与均布荷载试验相同,按同样的分级加荷方式直至试件破坏,记录最大破坏荷载。

5)试验结果仅适用于所测试件长度尺寸以内的墙板。

2. 试验结果

最大破坏荷载即为墙板的最大集中破坏荷载。试验结果仅适用于所测试件长度尺寸以内的墙板。

4.18　墙板吊挂力试验

4.18.1　概述

本试验规定了建筑墙板吊挂力的测定方法,将试样放在试验装置上,以规定时间内逐渐加载至规定荷载,测定试样产生的位移。

本试验依据《建筑墙板试验方法》(GB/T 30100—2013)编制而成。

4.18.2　仪器设备

1)锚固件:一般指锚固螺栓或锚钉,由墙板生产厂家推荐或产品标准规定。如无要求,可使用 M6 膨胀螺栓或其他锚固件。

2)不锈钢垫板 A、B:厚度为 1mm±0.2mm,如图 4－20、图 4－21 所示。

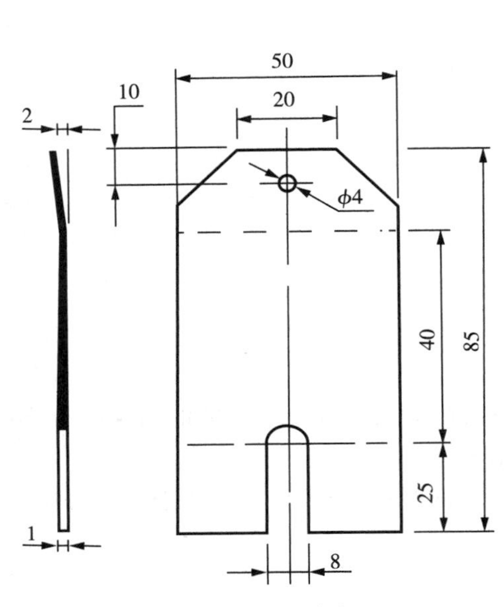

图 4－20　垫板 A(单位:mm)

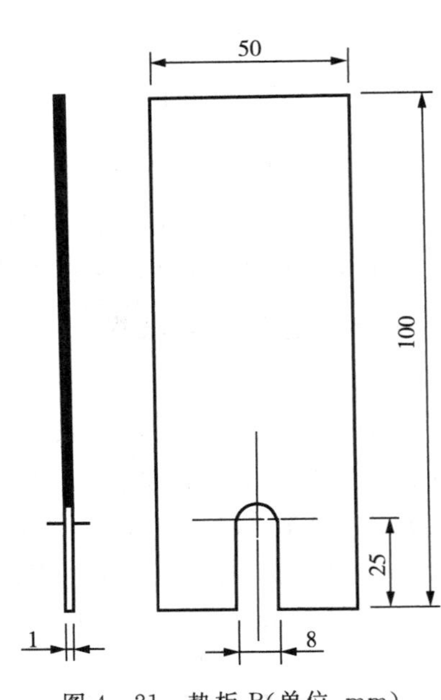

图 4－21　垫板 B(单位:mm)

3)钢质吊挂件:厚度不小于 3mm,表面光滑平整,如图 4－22 所示。

4)位移测量装置:精度不小于 0.1mm,可安装于吊挂件上或通过划线方式,测量吊挂件相对于墙板表面的位移。

5)加荷装置:可采用重物加载或其他加载方式,但在加载时不应对锚固点产生冲击和振动。

4.18.3　试验步骤

1)取整块墙板(试验墙板的长度尺寸不应小于 2m)垂直固定,采用合适的锚固件将垫板 A、B 及吊挂件安装于墙板中高 1500mm 处,垫板 A、B 放置于吊挂件与墙板中间,吊挂试验示意如图 4－23 所示(对于空心墙板,所使用锚固件应安装于墙板最薄处)。

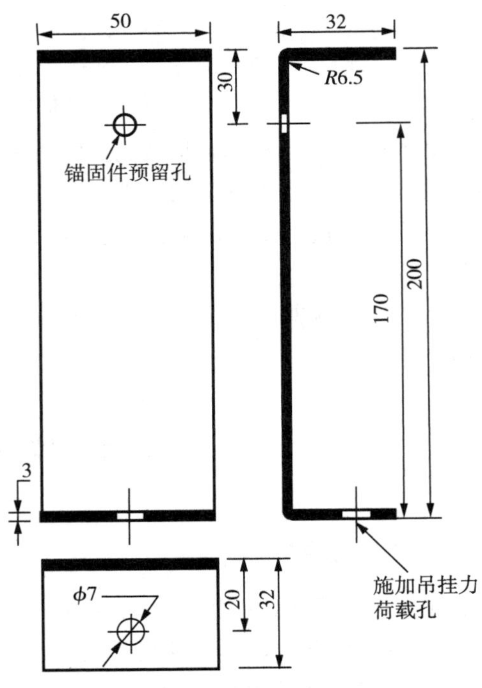

图 4－22　吊挂件(单位:mm)

2)对垫板 A 施加向上拉力荷载 20N±1N。

3)记录位移测量装置初始读数或在墙板上标明吊挂件的初始位置。

4)对吊挂件施加平行于墙板的吊挂力荷载，在不少于 10s 的时间里由 0 逐渐加至 250N±7.5N。

5)吊挂力荷载在 250N 持荷 1min，记录期间墙板的任何变化。

6)卸去吊挂荷载，观察垫板 A、B 是否松动脱落，测量吊挂件的位移是否超过 2mm，并记录试验结果。

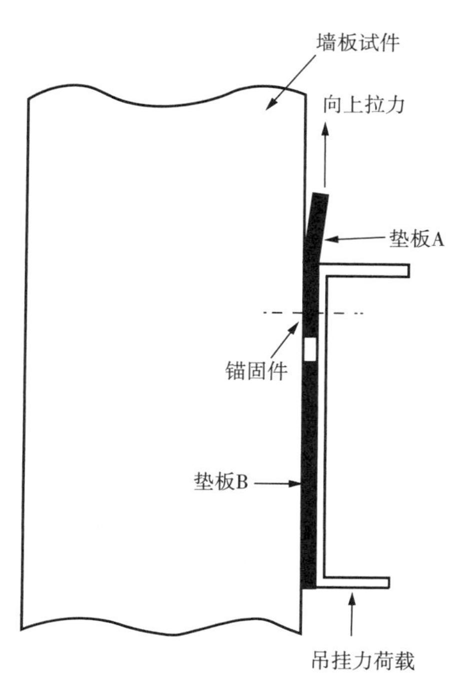

图 4-23　吊挂试验示意

4.19　墙板抗冻性能试验

4.19.1　概述

本试验规定了建筑墙板抗冻性能的测定方法，将测定试件浸水后，在规定温度之间循环规定次数后，检测试样的性能。

本试验依据《建筑墙板试验方法》(GB/T 30100—2013)编制而成。

4.19.2　仪器设备

1)万能试验机：精度Ⅰ级。

2)钢直尺：精度为 0.5mm。

3)低温试验箱或冷库：温度可降至－20℃以下。

4)电子秤：精度为 0.001kg。

5)水箱或水池。

4.19.3　试样制备

取三块墙板，在距墙板板端不小于 25mm 的中间位置，沿墙板板宽方向依次截取厚度为试件厚度尺寸、长度为 100mm、宽度为 100mm 的单元体试件各三块(对于空心墙板，长度包括一个完整孔及两条完整孔间肋的单元体试件)。

4.19.4　试验步骤

1)将三个冻融试件放入 10～25℃水池或水箱中，水面高于试件 30mm 以上，试件间隔不小于 30mm。浸泡 48h 后取出试件，在支架上滴水 1min，表面用拧干的湿毛巾抹干，立即称量试件饱和面干状态的质量 m_1，精确至 1g。

2)将冻融试件放入预先降至－15℃的低温试验箱内，试样之间、试样与低温试验箱侧壁之间的距离不应小于 30mm。待低温试验箱温度重新降到－15℃开始计时，并在－15～－

20℃范围内保持4h，然后取出试样，再放入10～25℃的水池或水箱中融化2h，水面高于试件30mm以上，试件间隔不小于30mm，如此为一个冻融循环。

3)冻融循环结束后，取出试件，检查试件的破坏情况，如开裂、剥落等，做好记录。

4)按步骤1)中的方法称量试件冻融后饱和面干状态的质量 m_2。

5)冻融试件静置24h后，按照规定的方法进抗压强度试验。

4.19.5 试验结果

1)记录三个冻融试件的外观检查结果。

2)每个试件质量损失率按式(4-17)计算，修约至0.1%：

$$K_m=\frac{m_1-m_2}{m_1}\times 100\% \tag{4-17}$$

式中：K_m——试件的质量损失率(%)；

m_1——试件冻融前的质量(kg)；

m_2——试件冻融后的质量(kg)。

墙板的质量损失率以三个试件的质量损失率平均值表示，结果修约至0.1%。

3)抗压强度损失率按式(4-18)计算，修约至0.1%：

$$K_R=\frac{\overline{R_1}-\overline{R_2}}{\overline{R_1}}\times 100\% \tag{4-18}$$

式中：K_R——墙板的抗压强度损失率(%)；

$\overline{R_2}$——冻融试件的抗压强度平均值(MPa)；

$\overline{R_1}$——自然状态下试件的抗压强度平均值(MPa)。

4)抗冻性试验结果以试件冻融后的外观质量、质量损失率以及强度损失率表示。

第5章 混凝土及拌合用水

5.1 混凝土抗压强度试验

5.1.1 概述

混凝土抗压强度是混凝土的基本性能之一，也是混凝土最重要的物理性能。通过混凝土抗压强度试验，可以确定混凝土强度等级，因此抗压强度试验是评定混凝土品质的重要方法。

本试验依据《混凝土物理力学性能试验方法标准》(GB/T 50081—2019)编制而成。

5.1.2 仪器设备

1)压力试验机，应符合下列规定。

(1)试件破坏荷载宜大于压力机全量程的20%且宜小于压力机全量程的80%。

(2)示值相对误差应为±1%。

(3)试验机应具有加荷速度指示装置或加荷速度控制装置，并应能均匀、连续地加荷。

(4)试验机上、下承压板的平面度公差不应大于0.04mm；平行度公差不应大于0.05mm；表面硬度不应小于55HRC；板面应光滑、平整，表面粗糙度R_a不应大于80μm；当压力试验机上、下承压板不满足上述要求时，上、下承压板与试件之间应各垫以钢垫板，钢垫板的平面尺寸不应小于试件的承压面积，厚度不应小于25mm，钢垫板应机械加工，承压面的平面度、平行度、表面硬度和粗糙度应符合上述试验机上、下承压板要求。

(5)球座应转动灵活，球座宜置于试件顶面，并凸面朝上。

2)混凝土强度不小于60MPa时，试件周围应设防护网。

3)游标卡尺：量程不应小于200mm，分度值宜为0.02mm。

4)塞尺：最小叶片厚度不应大于0.02mm。

5)游标量角器：分度值应为0.1°。

5.1.3 试验步骤

1)试件到达试验龄期时，从养护地点取出后，应检查其尺寸及形状，尺寸公差应满足GB/T 50081—2019中第3.3节的规定，试件取出后应尽快进行试验。

2)试件放置试验机前，应将试件表面与上、下承压板面擦拭干净。

3)以试件成型时的侧面为承压面，应将试件安放在试验机的下压板或垫板上，试件的中心应与试验机下压板中心对准。

4)启动试验机，试件表面与上、下承压板或钢垫板应均匀接触。

5)试验过程中应均匀加荷,加荷速度应取 0.3～1.0MPa/s。当立方体抗压强度小于30MPa 时,加荷速度宜取 0.3～0.5MPa/s;立方体抗压强度为 30～60MPa 时,加荷速度宜取 0.5～0.8MPa,立方体抗压强度不小于 60MPa 时,加荷速度宜取 0.8～1.0MPa/s。

6)手动控制压力机加荷速度时,当试件接近破坏开始急剧变形时,应停止调整试验机油门,直至破坏,并记录破坏荷载。

5.1.4 试验结果

1)混凝土立方体试件抗压强度按式(5-1)计算:

$$f_{cc}=\frac{F}{A} \tag{5-1}$$

式中:f_{cc}——混凝土立方体试件抗压强度(MPa),计算结果应精确至 0.1MPa;

F——试件破坏荷载(N);

A——试件承压面积(mm^2)。

2)立方体试件抗压强度值的确定应符合下列规定:

(1)取 3 个试件测值的算术平均值作为该组试件的强度值,应精确至 0.1MPa;

(2)当 3 个测值中的最大值或最小值中有一个与中间值的差值超过中间值的 15%时,则应把最大及最小值剔除,取中间值作为该组试件的抗压强度值;

(3)当最大值和最小值与中间值的差值均超过中间值的 15%时,该组试件的试验结果无效。

3)混凝土强度等级小于 C60 时,用非标准试件测得的强度值均应乘以尺寸换算系数,对 200mm×200mm×200mm 的试件可取为 1.05,对 100mm×100mm×100mm 的试件可取为 0.95。

4)当混凝土强度等级不小于 C60 时,宜采用标准试件;当使用非标准试件时,混凝土强度等级不大于 C100 时,尺寸换算系数宜由试验确定,在未进行试验确定的情况下对 100mm×100mm×100mm 的试件可取为 0.95;混凝土强度等级大于 C100 时,尺寸换算系数应经试验确定。

5.2 混凝土抗水渗透试验

5.2.1 概述

混凝土的抗水渗性能是混凝土耐久性指标中的重要一项,是实际工程中普遍受关注的重点,是混凝土在水压力作用下抵抗渗透的能力。

本试验依据《普通混凝土长期性能和耐久性能试验方法标准》(GB/T 50082—2009)编制而成。

5.2.2 渗水高度法

1. 仪器设备

1)混凝土抗渗仪:符合标准 JG/T 249 的规定,并应能使水压按规定的制度稳定地作用在试件上。抗渗仪施加水压力范围应为0.1～2.0MPa。

2)试模：采用上口内部直径为175mm、下口内部直径为185mm和高度为150mm的圆台体。

3)密封材料：宜用石蜡加松香或水泥加黄油等材料，也可采用橡胶套等其他有效密封材料。

4)梯形板：采用尺寸为200mm×200mm的透明材料制成，并应画有十条等间距、垂直于梯形底线的直线。

5)钢尺：分度值应为1mm。

6)钟表：分度值应为1min。

7)辅助设备：包括螺旋加压器、烘箱、电炉、浅盘、铁锅和钢丝刷等。

8)安装试件的加压设备可为螺旋加压或其他加压形式，其压力应能保证将试件压入试件套内。

2. 试验步骤

1)按GB/T 50082—2009规定进行试件的制作和养护。抗水渗透试验应以六个试件为一组。

2)试件拆模后，应用钢丝刷刷去两端面的水泥浆膜，并应立即将试件送入标准养护室进行养护。

3)抗水渗透试验的龄期宜为28d。应在到达试验龄期的前一天，从养护室取出试件，并擦拭干净。待试件表面晾干后，应按下列方法进行试件密封。

(1)当用石蜡密封时，应在试件侧面裹涂一层熔化的内加少量松香的石蜡。然后应用螺旋加压器将试件压入经过烘箱或电炉预热过的试模中，使试件与试模底平齐，并应在试模变冷后解除压力。试模的预热温度，应以石蜡接触试模，即缓慢熔化，但不流淌为准。

(2)用水泥加黄油密封时，其质量比应为2.5∶1～3∶1。应用三角刀将密封材料均匀地刮涂在试件侧面上，厚度应为1～2mm。应套上试模并将试件压入，应使试件与试模底齐平。

(3)试件密封也可以采用其他更可靠的密封方式。

4)试件准备好之后，启动抗渗仪，并开通6个试位下的阀门，使水从6个孔中渗出，水应充满试位坑，在关闭6个试位下的阀门后应将密封好的试件安装在抗渗仪上。

5)试件安装好以后，应立即开通6个试位下的阀门，使水压在24h内恒定控制在1.2MPa±0.05MPa，且加压过程不应大于5min，应以达到稳定压力的时间作为试验记录起始时间(精确至1min)。在稳压过程中随时观察试件端面的渗水情况，当有某一个试件端面出现渗水时，应停止该试件的试验并应记录时间，并以试件的高度作为该试件的渗水高度。对于试件端面未出现渗水的情况，应在试验24h后停止试验，并及时取出试件。在试验过程中，当发现水从试件周边渗出时，应重新进行密封。

6)将从抗渗仪上取出来的试件放在压力机上，并应在试件上下两端面中心处沿直径方向各放一根直径为6mm的钢垫条，并应确保它们在同一竖直平面内。然后开动压力机，将试件沿纵断面劈裂为两半。试件劈开后，应用防水笔描出水痕。

7)应将梯形板放在试件劈裂面上，并用钢尺沿水痕等间距量测10个测点的渗水高度值，读数应精确至1mm。当读数时若遇到某测点被骨料阻挡，可以靠近骨料两端的渗水高度算术平均值来作为该测点的渗水高度。

3. 试验结果

1)试件渗水高度按式(5－2)进行计算：

$$\overline{h_i}=\frac{1}{10}\sum_{j=1}^{10}h_j \tag{5-2}$$

式中：h_j—— 第 i 个试件第 j 个测点处的渗水高度(mm)；

$\overline{h_i}$—— 第 i 个试件的平均渗水高度(mm)，应以 10 个测点渗水高度的平均值作为该试件渗水高度的测定值。

2) 一组试件的平均渗水高度按式(5－3) 进行计算：

$$\bar{h}=\frac{1}{6}\sum_{i=1}^{6}\overline{h_i} \tag{5-3}$$

式中：$\bar{h}$—— 一组 6 个试件的平均渗水高度(mm)，应以一组 6 个试件渗水高度的算术平均值作为该组试件渗水高度的测定值。

5.2.3 逐级加压法

1. 仪器设备

符合本书 5.2.2 小节的规定。

2. 试验步骤

1)首先应按 GB/T 50082 的规定进行试件的密封和安装。

2)试验时，水压应从 0.1MPa 开始，以后应每隔 8h 增加 0.1MPa 水压，并应随时观察试件端面渗水情况。当 6 个试件中有 3 个试件表面出现渗水时，或加至规定压力(设计抗渗等级)在 8h 内 6 个试件中表面渗水试件少于 3 个时，可停止试验，并记下此时的水压力。在试验过程中，当发现水从试件周边渗出时，应重新进行密封。

3. 试验结果

混凝土的抗渗等级应以每组 6 个试件中有 4 个试件未出现渗水时的最大水压力乘以 10 来确定。混凝土的抗渗等级按式(5－4)计算：

$$P=10H-1 \tag{5-4}$$

式中：P——混凝土抗渗等级；

H——6 个试件中有 3 个试件渗水时的水压力(MPa)。

5.3 混凝土拌合物坍落度试验

5.3.1 概述

坍落度是指混凝土拌合物在自重作用下坍落的高度，它是评定混凝土拌合物和易性的重要指标之一。

本试验依据《普通混凝土拌合物性能试验方法标准》(GB/T 50080—2016)编制而成，适用于骨料最大公称粒径不大于 40mm、坍落度不小于 10mm 的混凝。

5.3.2　试验设备

1)坍落度仪:应符合 JG/T 248 的规定。

2)钢尺:2 把,量程不应小于 300mm,分度值不应大于 1mm。

3)底板:应采用平面尺寸不小于 1500mm×1500mm、厚度不小于 3mm 的钢板,最大挠度不应大于 3mm。

5.3.3　试验步骤

1)坍落度筒内壁和底板应润湿无明水;底板应放置在坚实水平面上,并把坍落度筒放在底板中心,然后用脚踩住两边的脚踏板,坍落度筒在装料时应保持在固定的位置。

2)混凝土拌合物试样应分三层均匀地装入坍落度筒内,每装一层混凝土拌合物,应用捣棒由边缘到中心按螺旋形均匀插捣 25 次,捣实后每层混凝土拌合物试样高度约为筒高的三分之一。

3)插捣底层时,捣棒应贯穿整个深度,插捣第二层和顶层时,捣棒应插透本层至下一层的表面。

4)顶层混凝土拌合物装料应高出筒口,插捣过程中,混凝土拌合物低于筒口时,应随时添加。

5)顶层插捣完后,取下装料漏斗,应将多余混凝土拌合物刮去,并沿筒口抹平。

6)清除筒边底板上的混凝土后,应垂直平稳地提起坍落度筒,并轻放于试样旁边;当试样不再继续坍落或坍落时间达 30s 时,用钢尺测量出筒高与坍落后混凝土试体最高点之间的高度差,作为该混凝土拌合物的坍落度值。

5.3.4　试验结果

1)坍落度筒的提离过程宜控制在 3~7s;从开始装料到提坍落度筒的整个过程应连续进行,并应在 150s 内完成。

2)将坍落度筒提起后混凝土发生一边崩坍或剪坏现象时,应重新取样另行测定,第二次试验仍出现一边崩坍或剪坏现象,应予记录说明。

3)混凝土拌合物坍落度值测量应精确至 1mm,结果应修约至 5mm。

5.4　混凝土中氯离子含量测定

5.4.1　概述

当混凝土中氯离子含量超过一定浓度后,会破坏钢筋表面的钝化膜,从而造成钢筋锈蚀,影响混凝土结构的耐久性。因此,必须严格控制混凝土中的氯离子含量。混凝土中氯离子含量可分为硬化混凝土中氯离子含量以及新拌混凝土中氯离子含量。

本方法依据《建筑结构检测技术标准》(GB/T 50344—2019)和《混凝土中氯离子含量检测技术规程》(JGJ/T 322—2013)编制而成。

5.4.2 硬化混凝土中氯离子含量测定

1. 试验设备

1)酸度计或电位计:精确度为0.1pH单位或10mV。

2)电极:指示电极为银电极或氯电极,参比电极为饱和甘汞电极。

3)电磁搅拌器。

4)电振荡器。

5)滴定管:量程为50mL。

6)移液管:量程分别为10mL、25mL及50mL。

7)烧杯。

8)磨口三角瓶:容量为300mL。

9)电子天平:感量分别为0.0001g和0.1g。

10)箱式电阻炉:最高温度不小于1000℃。

11)方孔筛:筛孔尺寸为0.075mm。

12)电热鼓风恒温干燥箱:温度控制范围为0～250℃。

13)磁铁。

14)快速定量滤纸。

15)干燥器。

2. 化学试剂

1)三级以上试验用水。

2)硝酸(1+3):1个体积的硝酸(1.39～1.41g/cm^3,质量分数为65%～68%)加3个体积的试验用水。

3)10g/L酚酞指示剂:将10g酚酞粉末溶于水中,加水稀释至1L。

4)10g/L淀粉溶液:将10g淀粉粉末溶于水中,加水稀释至1L。

5)0.01mol/L硝酸银标准溶液:准确称取1.7g硝酸银($AgNO_3$,精确至0.0001g),用水溶解,放入1L棕色容量瓶中稀释至刻度,摇匀,用0.01mol/L氯化钠标准溶液对硝酸银溶液进行标定。

6)0.01mol/L氯化钠标准溶液:准确称取0.6000g经500～600℃灼烧两小时后的氯化钠(NaCl,基准试剂精确至0.0001g),置于烧杯中,加水溶解后,移入1L容量瓶中,用水稀释至刻度,摇匀,储存于试剂瓶中。

硝酸银标准溶液标定:吸取25.00mL氯化钠标准溶液和25.00mL试验用水置于100mL的烧杯中,在烧杯中加10.0mL浓度为10g/L的淀粉溶液。将烧杯放置于电磁搅拌器上,以银电极或氯电极作指示电极,以饱和甘汞电极作参比电极,用配制好的硝酸银标准溶液滴定,以电位滴定法测定终点,以二级微商法确定所用硝酸银溶液的体积。同时使用试验用水代替氯化钠标准溶液进行上述步骤的空白试验,确定空白试验所用硝酸银标准溶液的体积。硝酸银标准溶液的浓度按式(5-5)计算:

$$c_{AgNO_3}=\frac{m_{NaCl}\times 25.00/1000.00}{(V_1-V_2)\times 0.05844} \tag{5-5}$$

式中：c_{AgNO_3}——硝酸银标准溶液的浓度(mol/L)；

m_{NaCl}——氯化钠的质量(g)；

V_1——滴定氯化钠标准溶液所用硝酸银标准溶液的体积(mL)；

V_2——空白试验所用硝酸银标准溶液的体积(mL)；

0.05844——氯化钠的毫摩尔质量(g/mmol)。

3. 试验步骤

1)制样：称取5.0000g试样(精确至0.0001g)，放入磨口三角瓶中；在磨口三角瓶中加入250.0mL试验用水，盖紧塞剧烈摇动3～4min；再将盖紧塞的磨口三角瓶放在电振荡器上振荡6h或静止放置24h；以快速定量滤纸过滤磨口三角瓶中的溶液于烧杯中，即成为混凝土试样滤液。

2)滴定：用移液管吸取50.00mL滤液于烧杯中，滴加浓度为10g/L的酚酞指示剂2滴；用配制的硝酸溶液滴至红色刚好褪去，再加10.0mL浓度为10g/L的淀粉溶液；将烧杯放置于电磁搅拌器上，以银电极或氯电极作指示电极，饱和甘汞电极作参比电极，用配制好的硝酸银标准溶液滴定，以电位滴定法测定终点，以二级微商法确定所用硝酸银溶液的体积。

3)应使用试验用水代替混凝土试样滤液进行上述步骤2)的空白试验，确定空白试验所用硝酸银标准溶液的体积。

4. 试验结果

1)混凝土中氯离子含量按式(5-6)计算：

$$w_{Cl^-}=\frac{c_{AgNO_3}\times(V_1-V_2)\times0.03545}{m_s\times50.00/250.0}\times100\% \tag{5-6}$$

式中：w_{Cl^-}——混凝土中氯离子含量(%)；

c_{AgNO_3}——硝酸银标准溶液的浓度(mol/L)；

V_1——滴定混凝土试样滤液所用硝酸银标准溶液的体积(mL)；

V_2——空白试验所用硝酸银标准溶液的体积(mL)；

0.03545——氯离子的毫摩尔质量(g/mmol)；

m_s——混凝土试样质量(g)。

2)混凝土中氯离子含量占胶凝材料总量的百分比按式(5-7)计算：

$$P_{Cl^-}=w_{Cl^-}/\lambda_C \tag{5-7}$$

式中：P_{Cl^-}——混凝土中氯离子占胶凝材料总量的百分比(%)；

w_{Cl^-}——混凝土中氯离子含量(%)；

λ_C——根据混凝土配合比确定的混凝土中胶凝材料与砂浆的质量比。

5.4.3 新拌混凝土中氯离子含量测定

1. 试验设备

1)容量瓶：100mL、1000mL容量瓶应各一个。

2)棕色滴定管：量程为50mL。

3)移液管：量程为20mL。

4)烧杯：容量为250mL。

5)三角烧瓶:容量为250mL。

6)电子天平:感量分别为0.0001g和0.01g。

7)试验筛:筛孔公称直径为5.00mm的金属方孔筛,应符合GB/T 6005的有关规定。

8)其他设备:带石棉网的试验电炉、快速定量滤纸、量筒、表面皿等。

2. 化学试剂

1)硝酸溶液:量取63mL硝酸(分析纯)缓慢加入约800mL蒸馏水中,移入1000mL容量瓶中,稀释至刻度。

2)乙醇:体积分数为95%。

3)0.0141mol/L硝酸银标准溶液:称取2.40g硝酸银(化学纯,精确至0.01g),用蒸馏水溶解后移入1000mL容量瓶中,稀释至刻度,混合均匀后,储存于棕色玻璃瓶中。

4)0.0141mol/L氯化钠标准溶液:称取在550℃±50℃下灼烧至恒重的氯化钠0.8240g(分析纯,精确至0.0001g),用蒸馏水溶解后移入1000mL容量瓶中,稀释至刻度。

5)铬酸钾指示剂:称取5.00g铬酸钾(化学纯,精确至0.01g)溶于少量蒸馏水中,加入硝酸银溶液直至出现红色沉淀,静置12h,过滤并移入100mL容量瓶中,稀释至刻度。

6)酚酞指示剂:称取0.50g酚酞,溶于50mL乙醇,再加入50mL蒸馏水。

3. 试验步骤

1)制样:混凝土拌合物随机从同一搅拌车中取样,取样不宜在首车混凝土中取样,应自加水搅拌2h内完成。取样方法满足标准GB/T 50080的有关规定,取样数量不应少于3L。检测应采用筛孔公称直径为5.00mm的金属筛对混凝土拌合物进行筛分,获得不少于1000g的砂浆,称取500g砂浆试样两份,并向每份砂浆试样加入500g蒸馏水,充分摇匀后获得两份悬浊液密封备用。

2)过滤:将获得的两份悬浊液分别摇匀后,分别移取不少于100mL的悬浊液于烧杯中,盖好表面皿后放到带石棉网的试验电炉或其他加热装置上沸煮5min,停止加热,静置冷却至室温,以快速定量滤纸过滤,获取滤液。同时分取不少于100mL的滤液密封以备仲裁,保存时间应为一周。

3)滴定:应分别移取两份滤液各20mL(V_1),置于两个三角烧瓶中,各加两滴酚酞指示剂,再用硝酸溶液中和至刚好无色;滴定前应分别向两份滤液中各加入10滴铬酸钾指示剂,然后用硝酸银标准溶液滴至略带桃红色的黄色不消失,终点的颜色判定必须保持一致。应分别记录两份滤液各自消耗的硝酸银标准溶液体积V_{21}和V_{22},取两者的平均值V_2作为测定结果。

硝酸银标准溶液浓度的标定步骤:用移液管移取氯化钠标准溶液20mL(V_3)于三角瓶中,加入10滴铬酸钾指示剂,立即用硝酸银标准溶液滴至略带桃红色的黄色不消失,记录所消耗的硝酸银体积(V_4)。

4. 试验结果

1)硝酸银标准溶液的浓度按式(5-8)计算:

$$c_{AgNO_3}=c_{NaCl}\times\frac{V_3}{V_4} \tag{5-8}$$

式中:c_{AgNO_3}——硝酸银标准溶液的浓度(mol/L),精确至0.0001mol/L;

c_{NaCl}——氯化钠标准溶液的浓度(mol/L);

V_3——氯化钠标准溶液的用量(mL)；
V_4——硝酸银标准溶液的用量(mL)。

2)每立方米混凝土拌合物中水溶性氯离子的质量按式(5-9)计算：

$$m_{Cl^-}=\frac{c_{AgNO_3}\times V_2\times 0.03545}{V_1}\times(m_B+m_S+2m_W) \quad (5-9)$$

式中：m_{Cl^-}——每立方米混凝土拌合物中水溶性氯离子质量(kg)；
V_2——硝酸银标准溶液的用量的平均值(mL)；
V_1——滴定时量取的滤液量(mL)；
m_B——混凝土配合比中每立方米混凝土的胶凝材料用量(kg)；
m_S——混凝土配合比中每立方米混凝土的砂用量(kg)；
m_W——混凝土配合比中每立方米混凝土的用水量(kg)。

5.5　混凝土拌合用水中氯离子含量测定

5.5.1　概述

水是混凝土制作中一种必不可少的原材料，如果混凝土拌合用水中氯离子含量过大，易造成混凝土中氯离子含量超标，因此必须对混凝土拌合用水中氯离子含量进行测定，以确定这种水是否符合混凝土拌合用水的标准要求。

本方法依据《水质　氯化物的测定　硝酸银滴定法》(GB/T 11896—1989)编制而成。

5.5.2　试验设备

1)锥形瓶：250mL。
2)棕色滴定管：25mL。
3)吸管：50mL、25mL。

5.5.3　化学试剂

1)分析中仅使用分析纯试剂及蒸馏水或去离子水。
2)过氧化氢(H_2O_2)：质量浓度为30%。
3)乙醇(C_6H_5OH)：质量浓度为95%。
4)硫酸溶液，$c(1/2H_2SO_4)=0.05$mol/L。
5)氢氧化钠溶液，$c(NaOH)=0.05$mol/L。
6)高锰酸钾溶液，$c(1/5KMnO_4)=0.01$mol/L。

7)氢氧化铝悬浮液：溶解125g硫酸铝钾[$KAl(SO_4)_2\cdot 12H_2O$]于1L蒸馏水中，加热至60℃，然后边搅拌边缓缓加入55mL浓氨水放置约1h后，移至大瓶中，用倾泻法反复洗涤沉淀物，直到洗出液不含氯离子为止。用水稀释至约为300mL。

8)铬酸钾溶液，50g/L：称取5g铬酸钾(K_2CrO_4)溶于少量蒸馏水中，滴加硝酸银溶液至有红色沉淀生成。摇匀，静置12h，然后过滤并用蒸馏水将滤液稀释至100mL。

9)酚酞指示剂溶液：称取0.5g酚酞溶于50mL95%乙醇中。加入50mL蒸馏水，再滴加0.05mol/L氢氧化钠溶液使呈微红色。

10)氯化钠标准溶液，$c(NaCl)=0.0141mol/L$，相当于500mg/L氯化物含量：将氯化钠(NaCl)置于瓷坩埚内，在500～600℃下灼烧40～50min。在干燥器中冷却后称取8.2400g，溶于蒸馏水中，在容量瓶中稀释至1000mL。用吸管吸取10.0mL，在容量瓶中准确稀释至100mL。1.00mL此标准溶液含0.50mg氯化物(Cl^-)。

11)硝酸银标准溶液，$c(AgNO_3)=0.0141mol/L$：称取2.3950g于105℃烘半小时的硝酸银($AgNO_3$)，溶于蒸馏水中，在容量瓶中稀释至1000mL，贮于棕色瓶中。

用氯化钠标准溶液标定其浓度，步骤如下：用吸管准确吸取25.00mL氯化钠标准溶液于250mL锥形瓶中，加蒸馏水25mL，另取一锥形瓶，量取蒸馏水50mL作空白；各加入1mL铬酸钾溶液，在不断的摇动下用硝酸银标准溶液滴定至砖红色沉淀刚刚出现为终点；计算每毫升硝酸银溶液所相当的氯化物量，然后校正其浓度，再作最后标定。

1.00mL此标准溶液相当于0.50mg氯化物(Cl^-)。

5.5.4 试验步骤

1. 制样

如水样浑浊及带有颜色，则取150mL或取适量水样稀释至150mL，置于250mL锥形瓶中，加入2mL氢氧化铝悬浮液，振荡过滤，弃去最初滤下的20mL，用干的清洁锥形瓶接取滤液备用。

如果有机物含量高或色度高，可用茂福炉灰化法预先处理水样。取适量废水样于瓷蒸发皿中，调节pH值至8～9，置水浴上蒸干，然后放入茂福炉中在600℃下灼烧1h，取出冷却后，加10mL蒸馏水，移入250mL锥形瓶中，并用蒸馏水清洗三次，一并转入锥形瓶中，调节pH值到7左右，稀释至50mL。

由有机质而产生的较轻色度，可以加入0.01mol/L高锰酸钾2mL，煮沸。再滴加95%乙醇以除去多余的高锰酸钾至水样褪色，过滤，滤液贮于锥形瓶中备用。

如果水样中含有硫化物、亚硫酸盐或硫代硫酸盐，则加氢氧化钠溶液将水样调至中性或弱碱性，加入1mL 30%过氧化氢，摇匀。一分钟后加热至70～80℃，以除去过量的过氧化氢。

2. 测定

1)用吸管吸取50mL水样或经过预处理的水样(若氯化物含量高，可取适量水样用蒸馏水稀释至50mL)，置于锥形瓶中。另取一锥形瓶加入50mL蒸馏水作空白试验。

2)如水样pH值为6.5～10.5，可直接滴定，超出此范围的水样应以酚酞作指示剂，用稀硫酸或氢氧化钠的溶液调节至红色刚刚退去。

3)加入1mL铬酸钾溶液，用硝酸银标准溶液滴定至砖红色沉淀刚刚出现即为滴定终点。

同法作空白滴定。

5.5.5 试验结果

氯化物含量c(mg/L)按式(5-10)计算：

$$c=\frac{(V_2-V_1)\times M\times 35.45\times 1000}{V} \tag{5-10}$$

式中：V_1——蒸馏水消耗硝酸银标准溶液量(mL)；

V_2——试样消耗硝酸银标准溶液量(mL)；

M——硝酸银标准溶液浓度(mol/L)；

V——试样体积(mL)。

5.6　混凝土限制膨胀率试验

5.6.1　概述

限制膨胀率直接反映了补偿收缩混凝土的膨胀量大小，是衡量膨胀剂补偿收缩作用、抗裂防渗作用的关键指标。限制膨胀率的大小直接决定了混凝土的自应力能否达到补偿收缩和防止开裂的作用。

本试验依据《混凝土外加剂应用技术规范》(GB 50119—2013)中附录B编制而成。

5.6.2　试验设备

1)测量仪(见图5-1)：由电子千分表、支架和标准杆组成，千分表分辨率应为0.001mm。

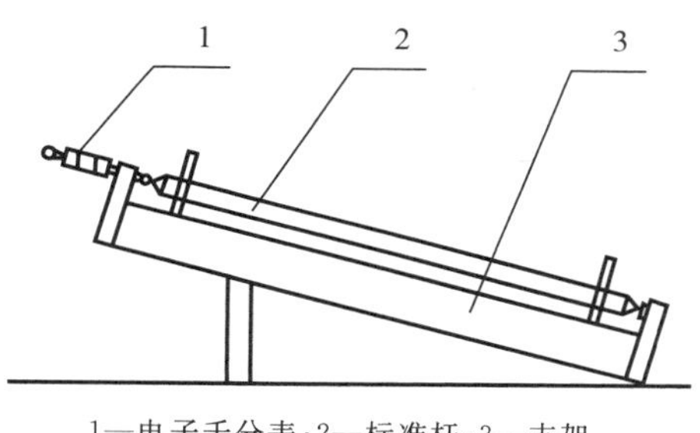

1—电子千分表；2—标准杆；3—支架。

图5-1　测量仪

2)纵向限制器(见图5-2)：由纵向限制钢筋与钢板焊接制成。纵向限制钢筋应采用直径为10mm、横截面面积为78.54mm²，且符合GB/T 1499.2规定的钢筋。钢筋两侧应焊接12mm厚的钢板，材质应符合GB/T 700的有关规定，钢筋两端点各7.5mm范围内为黄铜或不锈钢，测头呈球面状，半径为3mm。钢板与钢筋焊接处的焊接强度不应低于260MPa。纵向限制器不应变形，一般检验可重复使用3次，仲裁检验只允许使用1次。纵向限制器的配筋率为0.79%。

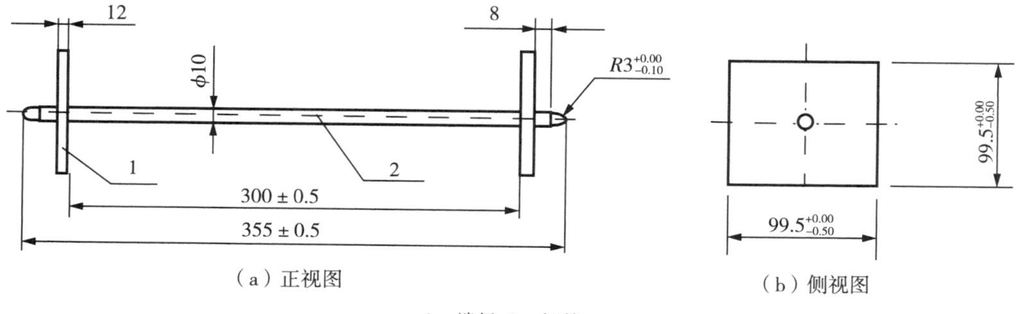

(a)正视图　(b)侧视图

1—端板；2—钢筋。

图5-2　纵向限制器(单位：mm)

5.6.3 试验室温度

1)用于混凝土试件成型和测量的试验室温度应为20℃±2℃。

2)用于养护混凝土试件的恒温水槽的温度应为20℃±2℃。恒温恒湿室温度应为20℃±2℃,相对湿度应为60%±5%。

3)每日应检查、记录温度变化情况。

5.6.4 试验步骤

1)制样:用于成型试件的模型宽度和高度均应为100mm,长度应大于360mm。同一条件应有3条试件供测长用,试件全长应为355mm,其中混凝土部分尺寸应为100mm×100mm×300mm。首先应把纵向限制器具放入试模中,然后将混凝土一次装入试模,把试模放在振动台上振动至表面呈现水泥浆,不泛气泡为止,刮去多余的混凝土并抹平。

2)养护:把试件置于温度为20℃±2℃的标准养护室内养护,试件表面用塑料布或湿布覆盖。应在成型12～16h且抗压强度达到3～5MPa后再拆模。养护时,应注意不损伤试件测头。试件之间应保持25mm以上间隔,试件支点距限制钢板两端宜为70mm。

3)测长:测长前3h,应将测量仪、标准杆放在标准试验室内,用标准杆校正测量仪并调整千分表零点。测量前,应将试件及测量仪测头擦净。每次测量时,试件记有标志的一面与测量仪的相对位置应一致,纵向限制器的测头与测量仪的测头应正确接触,读数应精确至0.001mm。不同龄期的试件应在规定时间±1h内测量。试件脱模后应在1h内测量试件的初始长度。测量完初始长度的试件应立即放入恒温水槽中养护,应在规定龄期时进行测长。测长的龄期应从成型日算起,宜测量3d、7d和14d的长度变化。14d后,应将试件移入恒温恒湿室中养护,应分别测量空气中28d、42d的长度变化。也可根据需要安排测量龄期。

5.6.5 试验结果

1)各龄期的限制膨胀率按式(5-11)计算,应取相近的两个试件测定值的平均值作为限制膨胀率的测量结果,计算值应精确至0.001%:

$$\varepsilon=\frac{L_t-L}{L_0}\times 100\% \tag{5-11}$$

式中:ε——所测龄期的限制膨胀率(%);

L_t——所测龄期的试件长度测量值(mm);

L——初始长度测量值(mm);

L_0——试件的基准长度,为300mm。

2)导入混凝土中的膨胀或收缩应力按式(5-12)计算,计算值应精确至0.01MPa:

$$\sigma=\mu E\varepsilon \tag{5-12}$$

式中:σ——膨胀或收缩应力(MPa);

μ——配筋率(%);

E——限制钢筋的弹性模量,取2.0×10^5MPa;

ε——所测龄期的限制膨胀率(%)。

5.7　混凝土抗冻试验

5.7.1　概述

依据混凝土抗冻试验周期的长短可将混凝土抗冻试验分为快冻法与慢冻法。本试验依据《普通混凝土长期性能和耐久性能试验方法标准》(GB/T 50082—2009)编制而成。

5.7.2　快冻法

本方法适用于测定混凝土试件在水冻水融条件下,以经受的快速冻融循环次数来表示的混凝土抗冻性能。

1. 试验设备

1)试件盒(见图5-3):宜采用具有弹性的橡胶材料制作,其内表面底部应有半径为3mm橡胶突起部分。盒内加水后水面应至少高出试件顶面5mm。试件盒横截面尺寸宜为115mm×115mm,试件盒长度宜为500mm。

2)快速冻融装置:应符合JG/T 243的规定。除应在测温试件中埋设温度传感器外,尚应在冻融箱内防冻液中心、中心与任何一个对角线的两端分别设有温度传感器。运转时冻融箱内防冻液各点温度的极差不得超过2℃。

称量设备:最大量程应为20kg,感量不应超过5g。

3)混凝土动弹性模量测定仪:输出频率可调范围应为100～20000Hz,输出功率应能使试件产生受迫振动。

4)温度传感器(包括热电偶、电位差计等):应在-20～20℃范围内测定试件中心温度,且测量精度应为±0.5℃。

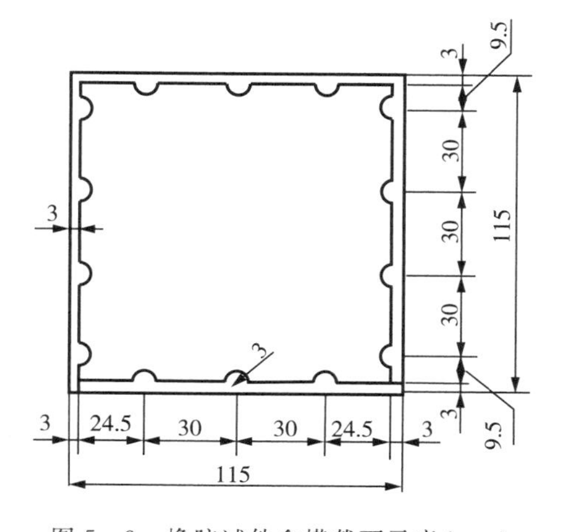

图5-3　橡胶试件盒横截面示意(mm)

2. 试验步骤

1)制样:试验应采用尺寸为100mm×100mm×400mm的棱柱体试件,每组试件应为3块。成型试件时,不得采用憎水性脱模剂。除制作冻融试验的试件外,尚应制作同样形状、尺寸,且中心埋有温度传感器的测温试件,测温试件应采用防冻液作为冻融介质。测温试件所用混凝土的抗冻性能应高于冻融试件。测温试件的温度传感器应埋设在试件中心。温度传感器不应采用钻孔后插入的方式埋设。

2)养护:在标准养护室内或同条件养护的试件应在养护龄期为24d时提前将冻融试验的试件从养护地点取出,随后应将冻融试件放在20℃±2℃水中浸泡,浸泡时水面应高出试件顶面20～30mm。在水中浸泡时间应为4d,试件应在28d龄期时开始进行冻融试验。始终在水中养护的试件，当试件养护龄期达到28d时，可直接进行后续试验。对此种情况，应在试验报告中予以说明。

3)测量：当试件养护龄期达到28d时应及时取出试件，用湿布擦除表面水分后应对外观尺寸进行测量，并应编号、称量试件初始质量m_{0i}，然后测定其横向基频的初始值f_{0i}。将试件放入试件盒内，试件应位于试件盒中心，然后将试件盒放入冻融箱内的试件架中，并向试件盒中注入清水。在整个试验过程中，盒内水位高度应始终保持至少高出试件顶面5mm，测温试件盒应放在冻融箱的中心位置。

冻融循环过程应符合下列规定：每次冻融循环应在2～4h完成，且用于融化的时间不得少于整个冻融循环时间的1/4；在冷冻和融化过程中，试件中心最低和最高温度应分别控制在－18℃±2℃和5℃±2℃，在任意时刻，试件中心温度不得高于7℃，且不得低于－20℃；每块试件从3℃降至－16℃所用的时间不得少于冷冻时间的1/2，每块试件从－16℃升至3℃所用时间不得少于整个融化时间的1/2，试件内外的温差不宜超过28℃，冷冻和融化之间的转换时间不宜超过10min。

每隔25次冻融循环宜测量试件的横向基频f_{ni}，测量前应先将试件表面浮渣清洗干净并擦干表面水分，然后应检查其外部损伤并称量试件的质量m_{ni}，随后测量横向基频。测完后，应迅速将试件调头重新装入试件盒内并加入清水，继续试验。试件的测量、称量及外观检查应迅速，待测试件应用湿布覆盖。

当有试件停止试验被取出时，应另用其他试件填充空位；当试件在冷冻状态下因故中断时，试件应保持在冷冻状态，直至恢复冻融试验为止，并应将故障原因及暂停时间在试验结果中注明。试件在非冷冻状态下发生故障的时间不宜超过两个冻融循环的时间，在整个试验过程中，超过两个冻融循环时间的中断故障次数不得超过两次。

4)当冻融循环出现下列情况之一时，可停止试验：

(1)达到规定的冻融循环次数；

(2)试件的相对动弹性模量下降到60%；

(3)试件的质量损失率达5%。

3. 试验结果

1)相对动弹性模量按式(5－13)计算：

$$P_i=\frac{f_{ni}^2}{f_{0i}^2}\times 100\% \tag{5-13}$$

式中：P_i——经N次冻融循环后第i个混凝土试件的相对动弹性模量(%)；

f_{ni}——经N次冻融循环后第i个混凝土试件的横向基频(Hz)；

f_{0i}——冻融循环试验前第i个混凝土试件横向基频初始值(Hz)。

$$P=\frac{1}{3}\sum_{i=1}^{3}P_i \tag{5-14}$$

式中：P——经N次冻融循环后一组混凝土试件的相对动弹性模量(%)，精确至0.1。相对动弹性模量P应以3个试件试验结果的算术平均值作为测定值。当最大值或最小值与中间值之差超过中间值的15%时，应剔除此值，并应取其余两值的算术平均值作为测定值；当最大值和最小值与中间值之差均超过中间值的15%时，应取中间值作为测定值。

2)单个试件的质量损失率按式(5-15)计算：

$$\Delta m_{ni}=\frac{m_{0i}-m_{ni}}{m_{0i}}\times 100\% \tag{5-15}$$

式中：Δm_{ni}——N次冻融循环后第i个混凝土试件的质量损失率(%)，精确至0.01；

m_{0i}——冻融循环试验前第i个混凝土试件的质量(g)；

m_{ni}——N次冻融循环后第i个混凝土试件的质量(g)。

3)一组试件的平均质量损失率按式(5-16)计算：

$$\Delta m_{n}=\frac{\sum_{i=1}^{3}\Delta m_{ni}}{3} \tag{5-16}$$

式中：Δm_{n}——N次冻融循环后一组混凝土试件的平均质量损失率(%)。

4)每组试件的平均质量损失率应以3个试件的质量损失率试验结果的算术平均值作为测定值。当某个试验结果出现负值，应取0，再取3个试件的平均值。当最大值或最小值与中间值之差超过1%时，应剔除此值，并应取其余两值的算术平均值作为测定值；当最大值和最小值与中间值之差均超过1%时，应取中间值作为测定值。

5)混凝土抗冻等级应以相对动弹性模量下降至不低于60%或者质量损失率不超过5%时的最大冻融循环次数来确定，并用符号F表示。

5.7.3　慢冻法

本方法适用于测定混凝土试件在气冻水融条件下，以经受的冻融循环次数来表示的混凝土抗冻性能。

1. 试验设备

1)冻融试验箱：应能使试件静止不动，并应通过气冻水融进行冻融循环。在满载运转的条件下，冷冻期间冻融试验箱内空气的温度应能保持在-20～-18℃；融化期间冻融试验箱内浸泡混凝土试件的水温应能保持在18～20℃；满载时冻融试验箱内各点温度极差不应超过2℃。

2)自动冻融设备：控制系统应具有自动控制、数据曲线实时动态显示、断电记忆和试验数据自动存储等功能。

3)试件架：采用不锈钢或者其他耐腐蚀的材料制作，其尺寸应与冻融试验箱和所装的试件相适应。

4)称量设备：最大量程应为20kg，感量不应超过5g。

5)压力试验机：应符合GB/T 50081的相关要求。

6)温度传感器：温度检测范围不应小于-20～20℃，测量精度应为±0.5℃。

2. 试验步骤

1)制样：试验应采用尺寸为100mm×100mm×100mm的立方体试件；慢冻法试验所需要的试件组数应符合表5-1的规定，每组试件应为3块。

表 5-1 慢冻法试验所需要的试件组数

设计抗冻标号	D25	D50	D100	D150	D200	D250	D300	D300 以上
检查强度所需冻融次数	25	50	50 及 100	100 及 150	150 及 200	200 及 250	250 及 300	300 及设计次数
鉴定 28d 强度所需试件组数	1	1	1	1	1	1	1	1
冻融试件组数	1	1	2	2	2	2	2	2
对比试件组数	1	1	2	2	2	2	2	2
总计试件组数	3	3	5	5	5	5	5	5

2)养护:在标准养护室内或同条件养护的冻融试验的试件应在养护龄期为 24d 时提前将试件从养护地点取出,随后应将试件放在 20℃±2℃水中浸泡,浸泡时水面应高出试件顶面 20~30mm,在水中浸泡的时间应为 4d,试件应在 28d 龄期时开始进行冻融试验。始终在水中养护的冻融试验的试件,当试件养护龄期达到 28d 时,可直接进行后续试验,对此种情况,应在试验报告中予以说明。

当试件养护龄期达到 28d 时应及时取出冻融试验的试件,用湿布擦除表面水分后应对外观尺寸进行测量,并应分别编号、称重,然后按编号置入试件架内,且试件架与试件的接触面积不宜超过试件底面的 1/5。试件与箱体内壁之间应至少留有 20mm 的空隙。试件架中各试件之间应至少保持 30mm 的空隙。

3)测量:冷冻时间应在冻融箱内温度降至-18℃时开始计算。每次从装完试件到温度降至-18℃所需的时间应为 1.5~2.0h。冻融箱内温度在冷冻时应保持在-20~-18℃。每次冻融循环中试件的冷冻时间不应小于 4h。

冷冻结束后,应立即加入温度为 18~20℃的水,使试件转入融化状态,加水时间不应超过 10min。控制系统应确保在 30min 内,水温不低于 10℃,且在 30min 后水温能保持在 18~20℃。冻融箱内的水面应至少高出试件表面 20mm。融化时间不应小于 4h。融化完毕视为该次冻融循环结束,可进入下一次冻融循环。

每 25 次循环宜对冻融试件进行一次外观检查。当出现严重破坏时,应立即进行称重。当一组试件的平均质量损失率超过 5%,可停止其冻融循环试验。

试件在达到规定的冻融循环次数后,试件应称重并进行外观检查,应详细记录试件表面破损、裂缝及边角缺损情况。当试件表面破损严重时,应先用高强石膏找平,然后应进行抗压强度试验。

当冻融循环因故中断且试件处于冷冻状态时,试件应继续保持冷冻状态,直至恢复冻融试验为止,并应将故障原因及暂停时间在试验结果中注明。当试件处在融化状态下因故中断时,中断时间不应超过两个冻融循环的时间。在整个试验过程中,超过两个冻融循环时间的中断故障次数不得超过两次。

当部分试件由于失效破坏或者停止试验被取出时,应用空白试件填充空位。

对比试件应继续保持原有的养护条件,直到完成冻融循环后,与冻融试验的试件同时进行抗压强度试验。

4)当冻融循环出现下列三种情况之一时,可停止试验:

(1)已达到规定的循环次数;

(2)抗压强度损失率已达到 25%;

(3)质量损失率已达到 5%。

3. 试验结果

1)强度损失率按式(5-17)进行计算:

$$\Delta f_c = \frac{f_{c0} - f_{cn}}{f_{c0}} \times 100\% \tag{5-17}$$

式中:Δf_c——N 次冻融循环后的混凝土抗压强度损失率(%);

f_{c0}——对比用的一组混凝土试件的抗压强度测定值(MPa),精确至 0.1MPa;

f_{cn}——经 N 次冻融循环后的一组混凝土试件抗压强度测定值(MPa),精确至 0.1MPa。

2)f_{c0}和f_{cn}应以 3 个试件抗压强度试验结果的算术平均值作为测定值。当 3 个试件抗压强度最大值或最小值与中间值之差超过中间值的 15%时,应剔除此值,再取其余两值的算术平均值作为测定值;当最大值和最小值均超过中间值的 15%时,应取中间值作为测定值。

3)单个试件的质量损失率按式(5-18)计算:

$$\Delta m_{ni} = \frac{m_{0i} - m_{ni}}{m_{0i}} \times 100\% \tag{5-18}$$

式中:Δm_{ni}——N 次冻融循环后第 i 个混凝土试件的质量损失率(%);

m_{0i}——冻融循环试验前第 i 个混凝土试件的质量(g);

m_{ni}——N 次冻融循环后第 i 个混凝土试件的质量(g)。

4)一组试件的平均质量损失率应按式(5-19)计算:

$$\Delta m_n = \frac{\sum_{i=1}^{3} \Delta m_{ni}}{3} \tag{5-19}$$

式中:Δm_n——N 次冻融循环后一组混凝土试件的平均质量损失率(%)。

5)每组试件的平均质量损失率应以 3 个试件的质量损失率试验结果的算术平均值作为测定值。当某个试验结果出现负值,应取 0,再取 3 个试件的算术平均值。当 3 个值中的最大值或最小值与中间值之差超过 1%时,应剔除此值,再取其余两值的算术平均值作为测定值;当最大值和最小值与中间值之差均超过 1%时,应取中间值作为测定值。

6)抗冻标号应以抗压强度损失率不超过 25%或者质量损失率不超过 3%时的最大冻融循环次数按 GB/T 50082—2009 确定。

5.8　混凝土表观密度试验

5.8.1　概述

本试验依据《普通混凝土拌合物性能试验方法标准》(GB/T 50080—2016)编制而成,适用于混凝土拌合物捣实后的单位体积质量的测定。

5.8.2　试验设备

1)容量筒:应为金属制成的圆筒,筒外壁应有提手。骨料最大公称粒径不大于40mm的混凝土拌合物宜采用容积不小于5L的容量筒,筒壁厚不应小于3mm;骨料最大公称粒径大于40mm的混凝土拌合物应采用内径与内高均大于骨料最大公称粒的4倍的容量筒。容量筒上沿及内壁应光滑平整,顶面与底面应平行并应与圆柱体的轴垂直。

2)电子天平:最大量程应为50kg,感量不应大于10g。

3)振动台:应符合JG/T 245的规定。

4)捣棒:应符合JG/T 248的规定。

5.8.3　试验步骤

1)应按下列步骤测定容量筒的容积:

(1)应将干净容量筒与玻璃板一起称重;

(2)将容量筒装满水,缓慢将玻璃板从筒口一侧推到另一侧,容量筒内应满水并且不应存在气泡,擦干容量筒外壁,再次称重;

(3)两次称重结果之差除以该温度下水的密度应为容量筒容积V,常温下水的密度可取1kg/L。

2)容量筒内外壁应擦干净,称出容量筒质量m_1,精确至10g。

3)混凝土拌合物试样应按下列要求进行装料,并插捣密实。

(1)坍落度不大于90mm时,混凝土拌合物宜用振动台振实;振动台振实时,应一次性将混凝土拌合物装填至高出容量筒筒口;装料时可用捣棒稍加插捣,振动过程中混凝土低于筒口,应随时添加混凝土,振动直至表面出浆为止。

(2)坍落度大于90mm时,混凝土拌合物宜用捣棒插捣密实。插捣时,应根据容量筒的大小决定分层与插捣次数:用5L容量筒时,混凝土拌合物应分两层装入,每层的插捣次数应为25次;用大于5L的容量筒时,每层混凝土的高度不应大于100mm,每层插捣次数应按每10000mm^{2}截面不小于12次计算。各次插捣应由边缘向中心均匀地插捣,插捣底层时捣棒应贯穿整个深度,插捣第二层时,捣棒应插透本层至下一层的表面;每一层捣完后用橡皮锤沿容量筒外壁敲击5～10次,进行振实,直至混凝土拌合物表面插捣孔消失并不见大气泡为止。

(3)自密实混凝土应一次性填满,且不应进行振动和插捣。

4)将筒口多余的混凝土拌合物刮去,表面有凹陷应填平;应将容量筒外壁擦净,称出混凝土拌合物试样与容量筒总质量m_2,精确至10g。

5.8.4　试验结果

混凝土拌合物的表观密度按式(5-20)计算:

$$\rho=\frac{m_2-m_1}{V}\times 1000 \tag{5-20}$$

式中：ρ——混凝土拌合物表观密度(kg/m^3)，精确至 $10kg/m^3$；
m_1——容量筒质量(kg)；
m_2——容量筒质量(kg)；
V——容量筒容积(L)。

5.9　混凝土含气量测定

5.9.1　概述

本试验依据《普通混凝土拌合物性能试验方法标准》(GB/T 50080—2016)编制而成，适用于骨料最大公称粒径不大于 40mm 的混凝土拌合物含气量的测定。

5.9.2　试验设备

1)含气量测定仪：应符合 JG/T 246 的规定；
2)捣棒：应符合 JG/T 248 的规定；
3)振动台：应符合 JG/T 245 的规定；
4)电子天平：最大量程应为 50kg，感量不应大于 10g。

5.9.3　试验步骤

1. 混凝土所用骨料含气量测定

在进行混凝土拌合物含气量测定之前，应先按下列步骤测定所用骨料的含气量。

1)按公式(5-21)和公式(5-22)计算试样中粗、细骨料的质量：

$$m_g = \frac{V}{1000} \times m_g' \tag{5-21}$$

$$m_s = \frac{V}{1000} \times m_s' \tag{5-22}$$

式中：m_g——拌合物试样中粗骨料质量(kg)；
m_s——拌合物试样中细骨料质量(kg)；
m_g'——混凝土配合比中每立方米混凝土的粗骨料质量(kg)；
m_s'——混凝土配合比中每立方米混凝土的细骨料质量(kg)；
V——含气量测定仪容器容积(L)。

2)应先向含气量测定仪的容器中注入 1/3 高度的水，然后把质量为 m_g、m_s 的粗、细骨料称好，搅拌均匀，倒入容器，加料同时应进行搅拌；水面每升高 25mm 左右，应轻捣 10 次，加料过程中应始终保持水面高出骨料的顶面；骨料全部加入后，应浸泡约 5min，再用橡皮锤轻敲容器外壁，排净气泡，除去水面泡沫，加水至满，擦净容器口及边缘，加盖拧紧螺栓，保持密封不透气。

3)关闭操作阀和排气阀，打开排水阀和加水阀，应通过加水阀向容器内注入水；当排水阀流出的水流中不出现气泡时，应在注水的状态下，关闭加水阀和排水阀。

4)关闭排气阀，向气室内打气，应加压至大于 0.1MPa，且压力表显示值稳定；应打开排气阀调压至 0.1MPa，同时关闭排气阀。

5)开启操作阀，使气室里的压缩空气进入容器，待压力表显示值稳定后记录压力值，然后开启排气阀，压力表显示值应回零；应根据含气量与压力值之间的关系曲线确定压力值对应的骨料的含气量，精确至 0.1%。

6)混凝土所用骨料的含气量 A_g 应以两次测量结果的平均值作为试验结果；两次测量结果的含气量相差大于 0.5%时，应重新试验。

2. 混凝土拌合物含气量测定

1)应用湿布擦净混凝土含气量测定仪容器内壁和盖的内表面，装入混凝土拌合物试样。

2)混凝土拌合物的装料及密实方法根据拌合物的坍落度而定，并应符合下列规定。

(1)坍落度不大于 90mm 时，混凝土拌合物宜用振动台振实；振动台振实时，应一次性将混凝土拌合物装填至高出含气量测定仪容器口；振实过程中混凝土拌合物低于容器口时，应随时添加；振动直至表面出浆为止，并应避免过振。

(2)坍落度大于 90mm 时，混凝土拌合物宜用捣棒插捣密实。插捣时，混凝土拌合物应分 3 层装入，每层捣实后高度约为 1/3 容器高度；每层装料后由边缘向中心均匀地插捣 25 次，捣棒应插透本层至下一层的表面；每一层捣完后用橡皮锤沿容器外壁敲击 5～10 次，进行振实，直至拌合物表面插捣孔消失。

(3)自密实混凝土应一次性填满，且不应进行振动和插捣。

3)刮去表面多余的混凝土拌合物，用抹刀刮平，表面有凹陷应填平抹光。

4)擦净容器口及边缘，加盖并拧紧螺栓，应保持密封不透气。

5)应按 GB/T 50080—2016 测得混凝土拌合物的未校正含气量 A_0，精确至 0.1%。

6)混凝土拌合物未校正的含气量 A_0 应以两次测量结果的平均值作为试验结果；两次测量结果的含气量相差大于 0.5%时，应重新试验。

3. 含气量测定仪的标定和率定

1)擦净容器，并将含气量测定仪全部安装好，测定含气量。测定仪的总质量为 m_{A1}，精确至 10g。

2)向容器内注水至上沿，然后加盖并拧紧螺栓，保持密封不透气；关闭操作阀和排气阀，打开排水阀和加水阀，应通过加水阀向容器内注入水；当排水阀流出的水流中不出现气泡时，应在注水的状态下，关闭加水阀和排水阀；应将含气量测定仪外表面擦净，再次测定总质量 m_{A2}，精确至 10g。

3)含气量测定仪的容积按式(5－23)计算：

$$V=\frac{m_{A2}-m_{A1}}{\rho_w} \tag{5-23}$$

式中：V——含气量测定仪的容积(L)，精确至 0.01L；

m_{A1}——含气量测定仪的总质量(kg)；

m_{A2}——水、含气量测定仪的总质量(kg)；

ρ_w——容器内水的密度(kg/m³)，可取 1kg/L。

4)关闭排气阀,向气室内打气,应加压至大于0.1MPa,且压力表显示值稳定;应打开排气阀调压至0.1MPa,同时关闭排气阀。

5)开启操作阀,使气室里的压缩空气进入容器,压力表显示值稳定后测得压力值应为含气量为0时对应的压力值。

6)开启排气阀,压力表显示值应回零;关闭操作阀、排水阀和排气阀,开启加水阀,宜借助标定管在注水阀口用量筒接水;用气泵缓缓地向气室内打气,当排出的水是含气量测定仪容积的1%时,应按要求测得含气量为1%时的压力值。

7)应继续测取含气量分别为2%、3%、4%、5%、6%、7%、8%、9%、10%时的压力值。

8)含气量分别为0、1%、2%、3%、4%、5%、6%、7%、8%、9%、10%的试验均应进行两次,以两次压力值的平均值作为测量结果。根据含气量0、1%、2%、3%、4%、5%、6%、7%、8%、9%、10%的测量结果,绘制含气量与压力值之间的关系曲线。

9)混凝土含气量测定仪的标定和率定应保证测试结果准确。

5.10 混凝土凝结时间试验

5.10.1 概述

本试验依据《普通混凝土拌合物性能试验方法标准》(GB/T 50080—2016)编制而成,适用于从混凝土拌合物中筛出砂浆用贯入阻力法测定坍落度值不为零的混凝土拌合物的初凝时间与终凝时间。

5.10.2 试验设备

1)贯入阻力仪:最大测量值不应小于1000N,精度应为±10N;测针长100mm,在距贯入端25mm处应有明显标记,测针的承压面积应为$100mm^2$、$50mm^2$和$20mm^2$三种。

2)砂浆试样筒:上口内径为160mm、下口内径为150mm、净高为150mm的刚性不透水的金属圆筒,并配有盖子。

3)试验筛:应为筛孔公称直径为5.00mm的方孔筛,并应符合GB/T 6003.2的规定。

4)振动台:应符合JG/T 245的规定;

5)捣棒:应符合JG/T 248的规定。

5.10.3 试验步骤

1)应用试验筛从混凝土拌合物中筛出砂浆,然后将筛出的砂浆搅拌均匀;将砂浆一次分别装入三个试样筒中。取样混凝土坍落度不大于90mm时,宜用振动台振实砂浆;取样混凝土坍落度大于90mm时,宜用捣棒人工捣实。用振动台振实砂浆时,振动应持续到表面出浆为止,不得过振;用捣棒人工捣实时,应沿螺旋方向由外向中心均匀插捣25次,然后用橡皮锤敲击筒壁,直至表面插捣孔消失为止。振实或插捣后,砂浆表面宜低于砂浆试样筒口10mm,并应立即加盖。

2)砂浆试样制备完毕,应置于温度为20℃±2℃的环境中待测,并在整个测试过程中,环境温度应始终保持20℃±2℃。在整个测试过程中，除在吸取泌水或进行贯入试验外，试样筒应始终加盖。现场同条件测试时，试验环境应与现场一致。

3)凝结时间测定从混凝土搅拌加水开始计时。根据混凝土拌合物的性能，确定测针试验时间，以后每隔0.5h测试一次，在临近初凝和终凝时，应缩短测试间隔时间。

4)在每次测试前2min，将一片20mm±5mm厚的垫块垫入筒底一侧使其倾斜，用吸液管吸去表面的泌水，吸水后应复原。

5)测试时，将砂浆试样筒置于贯入阻力仪上，测针端部与砂浆表面接触，应在10s±2s内均匀地使测针贯入砂浆25mm±2mm深度，记录最大贯入阻力值，精确至10N；记录测试时间，精确至1min。

6)每个砂浆筒每次测1～2个点，各测点的间距不应小于15mm，测点与试样筒壁的距离不应小于25mm。

7)每个试样的贯入阻力测试不应少于6次，直至单位面积贯入阻力大于28MPa为止。

8)根据砂浆凝结状况，在测试过程中应以测针承压面积从大到小顺序更换测针，更换测针应按表5-2的规定选用。

表5-2 测针选用规定

单位面积贯入阻力/MPa	0.2～3.5	3.5～20	20～28
测针面积/mm^2	100	50	20

5.10.4 试验结果

1)单位面积贯入阻力的结果计算以及初凝时间和终凝时间的确定应按下列方法进行。

(1)单位面积贯入阻力应按式(5-25)计算：

$$f_{PR}=\frac{P}{A} \quad (5-24)$$

式中：f_{PR}——单位面积贯入阻力(MPa)，精确至0.1MPa；

f_{PR}——贯入阻力(N)；

A——测针面积(mm^2)。

(2)凝结时间按式(5-25)通过线性回归方法确定；根据式(5-25)可求得当单位面积贯入阻力为3.5MPa时对应的时间应为初凝时间，单位面积贯入阻力为28MPa时对应的时间应为终凝时间。

$$\ln t=a+b\ln f_{PR} \quad (5-25)$$

式中：t——单位面积贯入阻力对应的测试时间(min)；

a、b——线性回归系数。

(3)凝结时间也可用绘图拟合方法确定，应以单位面积贯入阻力为纵坐标，测试时间为横坐标，绘制出单位面积贯入阻力与测试时间之间的关系曲线；分别以3.5MPa和28MPa绘制两条平行于横坐标的直线，与曲线交点的横坐标应分别为初凝时间和终凝时间，凝结时间结果精确至5min。

2)应以三个试样的初凝时间和终凝时间的算术平均值作为此次试验初凝时间和终凝时间的试验结果。三个测值的最大值或最小值中有一个与中间值之差超过中间值的10%时，应以中间值作为试验结果;最大值和最小值与中间值之差均超过中间值的10%时，应重新试验。

5.11　混凝土抗折强度试验

5.11.1　概述

本试验依据《混凝土物理力学性能试验方法标准》(GB/T 50081—2019)编制而成，适用于测定混凝土的抗折强度(也称抗弯拉强度)。

5.11.2　试验设备

1)压力试验机:试验机应能施加均匀、连续、速度可控的荷载。

2)抗折试验装置(见图5-4)应符合下列规定:

(1)双点加荷的钢制加荷头应使两个相等的荷载同时垂直作用在试件跨度的两个三分点处;

(2)与试件接触的两个支座头和两个加荷头应采用直径为20～40mm、长度不小于b+10mm的硬钢圆柱，支座立脚点应为固定铰支，其他三个应为滚动支点。

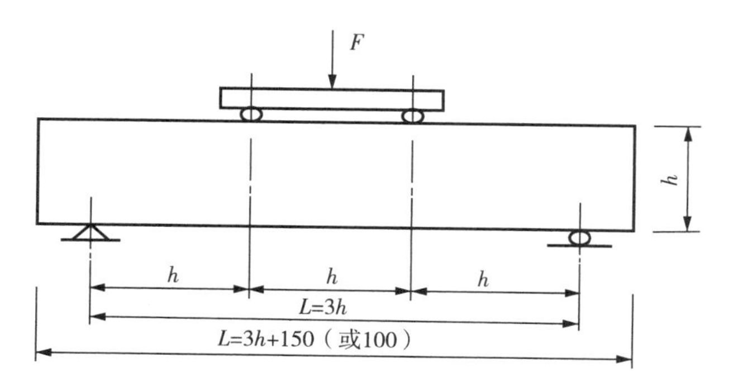

图5-4　抗折试验装置

5.11.3　试验步骤

1. 制样

标准试件应是边长为150mm×150mm×600mm或150mm×150mm×550mm的棱柱体试件;边长为100mm×100mm×400mm的棱柱体试件是非标准试件;在试件长向中部1/3区段内表面不得有直径超过5mm、深度超过2mm的孔洞;每组试件应为3块。

2. 测试

1)试件到达试验龄期时，从养护地点取出后，应检查其尺寸及形状，试件取出后应尽快进行试验。

2)试件放置在试验装置前，应将试件表面擦拭干净，并在试件侧面画出加荷线位置。

3)试件安装时，可调整支座和加荷头位置，安装尺寸偏差不得大于1mm如图5-4所示。试件的承压面应为试件成型时的侧面。支座及承压面与圆柱的接触面应平稳、均匀，否则应垫平。

4)在试验过程中应连续均匀地加荷，当对应的立方体抗压强度小于30MPa时，加载速度宜取0.02～0.05MPa/s；对应的立方体抗压强度为30～60MPa时，加载速度宜取0.05～0.08MPa/s；对应的立方体抗压强度不小于60MPa时，加载速度宜取0.08～0.10MPa/s。

5)手动控制压力机加荷速度时，当试件接近破坏时，应停止调整试验机油门，直至破坏，并应记录破坏荷载及试件下边缘断裂位置。

5.11.4 试验结果

1)若试件下边缘断裂位置处于两个集中荷载作用线之间，则试件的抗折强度f_f(MPa)按式(5-26)计算：

$$f_f = \frac{Fl}{bh^2} \tag{5-26}$$

式中：f_f——混凝土抗折强度(MPa)，计算结果应精确至0.1MPa；

F——试件破坏荷载(N)；

l——支座间跨度(mm)；

b——试件截面宽度(mm)；

h——试件截面高度(mm)。

2)抗折强度值的确定应符合下列规定：

(1)应以3个试件测值的算术平均值作为该组试件的抗折强度值，应精确至0.1MPa；

(2)当3个测值中的最大值或最小值中有一个与中间值的差值超过中间值的15%时，应把最大值和最小值一并舍去，取中间值作为该组试件的抗折强度值；

(3)当最大值和最小值与中间值的差值均超过中间值的15%时，该组试件的试验结果无效。

3)3个试件中当有一个折断面位于两个集中荷载之外时，混凝土抗折强度值应按另两个试件的试验结果计算。当这两个测值的差值不大于这两个测值的较小值的15%时，该组试件的抗折强度值应按这两个测值的平均值计算，否则该组试件的试验结果无效。当有两个试件的下边缘断裂位置位于两个集中荷载作用线之外时，该组试件试验无效。

4)当试件尺寸为100mm×100mm×400mm非标准试件时，应乘以尺寸换算系数0.85；当混凝土强度等级不小于C60时，宜采用标准试件；当使用非标准试件时，尺寸换算系数应由试验确定。

5.12 混凝土劈裂抗拉强度试验

5.12.1 概述

按照混凝土试件尺寸的不同可分为立方体试件的劈裂抗拉强度与圆柱体试件的劈裂抗

拉强度。本试验依据《混凝土物理力学性能试验方法标准》(GB/T 50081—2019)编制而成。

5.12.2　立方体试件的劈裂抗拉强度试验

1. 试验设备

1)压力试验机:应能施加均匀、连续、速度可控的荷载。

2)垫块:应采用横截面为半径75mm的钢制弧形垫块(见图5-5),垫块的长度应与试件相同。

3)垫条:应由普通胶合板或硬质纤维板制成,宽度应为20mm,厚度应为3～4mm,长度不应小于试件长度,垫条不得重复使用。普通胶合板应满足GB/T 9846中一等品及以上有关要求,硬质纤维板密度不应小于900kg/m^3,表面应砂光,其他性能应满足GB/T 12626的有关要求。

4)定位支架(见图5-6):应为钢支架。

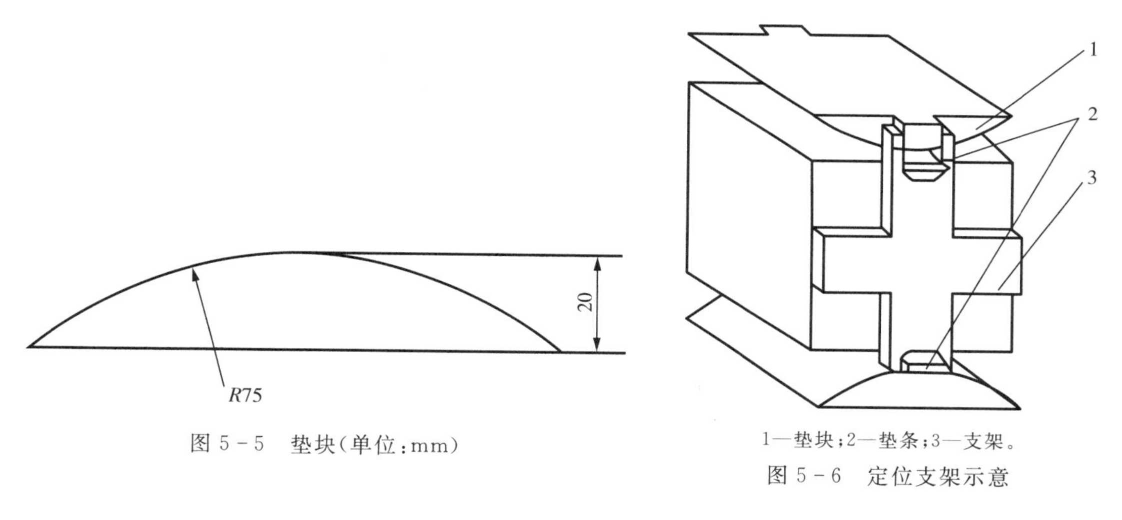

图5-5　垫块(单位:mm)

1—垫块;2—垫条;3—支架。

图5-6　定位支架示意

2. 试验步骤

1)制样:标准试件应是边长为150mm的立方体试件;边长为100mm和200mm的立方体试件是非标准试件,每组试件应为3块。

2)测试。

(1)试件到达试验龄期时,从养护地点取出后,应检查其尺寸及形状,尺寸公差应满足规定,试件取出后应尽快进行试验。

(2)试件放置试验机前,应将试件表面与上、下承压板面擦拭干净。在试件成型时的顶面和底面中部画出相互平行的直线,确定出劈裂面的位置。

(3)将试件放在试验机下承压板的中心位置,劈裂承压面和劈裂面应与试件成型时的顶面垂直;在上、下压板与试件之间垫以圆弧形垫块及垫条各一条,垫块与垫条应与试件上、下面的中心线对准并与成型时的顶面垂直。宜把垫条及试件安装在定位架上使用(见图5-6)。

(4)开启试验机,试件表面与上、下承压板或钢垫板应均匀接触。

(5)在试验过程中应连续均匀地加荷,当对应的立方体抗压强度小于30MPa时,加载速度宜取 0.02～0.05MPa/s；对应的立方体抗压强度为 30～60MPa 时，加载速度宜取 0.05～0.08MPa/s；对应的立方体抗压强度不小于 60MPa 时，加载速度宜取 0.08～0.10MPa/s。

3. 试验结果

1)混凝土劈裂抗拉强度按式(5-27)计算：

$$f_{ts}=\frac{2F}{\pi A}=0.637\frac{F}{A} \tag{5-27}$$

式中：f_{ts}——混凝土劈裂抗拉强度(MPa)，计算结果应精确至 0.01MPa；

F——试件破坏荷载(N)；

A——试件劈裂面面积(mm^2)。

2)混凝土劈裂抗拉强度值的确定应符合下列规定：

(1)应以 3 个试件测值的算术平均值作为该组试件的劈裂抗拉强度值，应精确至 0.01MPa；

(2)当 3 个测值中的最大值或最小值中有一个与中间值的差值超过中间值的 15%时，则应把最大值及最小值一并舍去，取中间值作为该组试件的劈裂抗拉强度值；

(3)当最大值和最小值与中间值的差值均超过中间值的 15%时，该组试件的试验结果无效。

3)采用 100mm×100mm×100mm 非标准试件测得的劈裂抗拉强度值，应乘以尺寸换算系数 0.85；当混凝土强度等级不小于 C60 时，应采用标准试件。

5.12.3　圆柱体试件的劈裂抗拉强度试验

1. 试验设备

1)压力试验机：应能施加均匀、连续、速度可控的荷载。

2)垫条。

2. 试验步骤

1)制样：标准试件是 ϕ150mm × 300mm 的圆柱体试件；ϕ100mm × 200mm 和 ϕ200mm×400mm 的圆柱体试件是非标准试件；每组试件应为 3 块。

2)测试。

(1)试件到达试验龄期时，从养护地点取出后，应检查其尺寸及形状，尺寸公差应满足规定，试件取出后应尽快进行试验。

(2)试件放置在试验机前，应将试件表面与上、下承压板面擦拭干净。试件公差应符合规范要求，圆柱体的母线公差应为 0.15mm。

(3)标出两条承压线。这两条线应位于同一轴向平面，并彼此相对，两线的末端在试件的端面上相连，以便能明确地表示出承压面。

(4)将圆柱体试件置于试验机中心，在上、下压板与试件承压线之间各垫一条垫条，圆柱体轴线应在上、下垫条之间保持水平，垫条的位置应上下对准(见图 5-7)。宜把垫层安放在定位架上使用(见图 5-8)。

(5)连续均匀地加荷，加荷速度按规定进行。

(6)采用手动控制压力机加荷速度时，当试件接近破坏时，应停止调整试验机油门，直至破坏，然后记录破坏荷载。

(7)试件断裂面应垂直于承压面，当断裂面不垂直于承压面时，应做好记录。

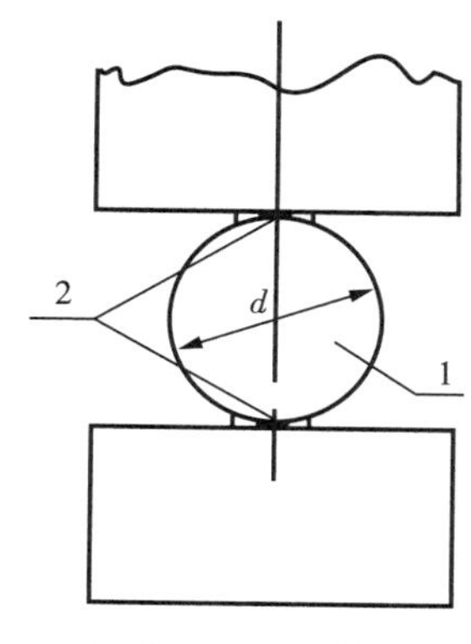

1—定位架；2—垫条。

图 5-7　劈裂抗拉试验

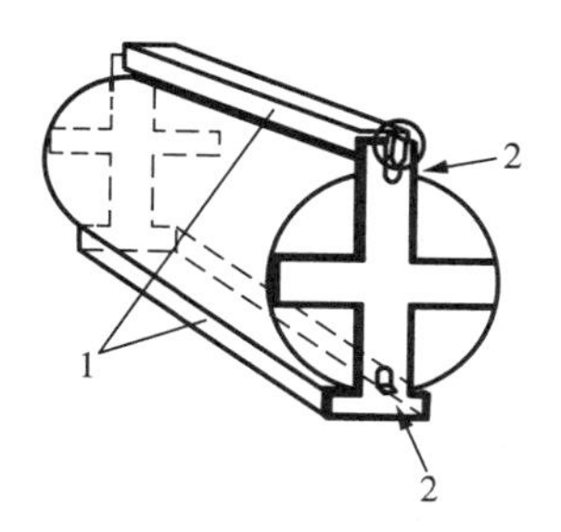

1—定位架；2—垫条。

图 5-8　定位架

3. 试验结果

1)圆柱体劈裂抗拉强度按式(5-28)计算：

$$f_{ct}=\frac{2F}{\pi dl}=0.637\,\frac{F}{A} \tag{5-28}$$

式中：f_{ct}——圆柱体劈裂抗拉强度(MPa)；

F——试件破坏荷载(N)；

d——劈裂面的试件直径(mm)；

l——试件的高度(mm)；

A——试件劈裂面面积(mm^2)。

圆柱体劈裂抗拉强度应精确至 0.01MPa。

2)混凝土劈裂抗拉强度值的确定应符合下列规定：

(1)应以 3 个试件测值的算术平均值作为该组试件的劈裂抗拉强度值，应精确至 0.01MPa；

(2)当 3 个测值中的最大值或最小值中有一个与中间值的差值超过中间值的 15%时，则应把最大值及最小值一并舍去，取中间值作为该组试件的劈裂抗拉强度值；

(3)当最大值和最小值与中间值的差值均超过中间值的 15%时，该组试件的试验结果无效。

3)采用 100mm×100mm×100mm 非标准试件测得的劈裂抗拉强度值，应乘以尺寸换算系数 0.85；当混凝土强度等级不小于 C60 时，应采用标准试件。

5.13　混凝土静力受压弹性模量试验

5.13.1　概述

静力受压弹性模量是反应混凝土应力应变关系的一个重要力学参数。本试验依据《混凝土物理力学性能试验方法标准》(GB/T 50081—2019)编制而成。

5.13.2 试验设备

1)压力试验机:应能施加均匀、连续、速度可控的荷载。

2)用于微变形测量的仪器应符合下列规定。

(1)微变形测量仪器可采用千分表、电阻应变片、激光测长仪、引伸仪或位移传感器等。采用千分表或位移传感器时应备有微变形测量固定架,试件的变形通过微变形测量固定架传递到千分表或位移传感器。采用电阻应变片或位移传感器测量试件变形时,应备有数据自动采集系统,条件许可时,可采用荷载和位移数据同步采集系统。

(2)当采用千分表和位移传感器时,其测量精度应为±0.001mm;当采用电阻应变片、激光测长仪或引伸仪时,其测量精度应为±0.001%。

(3)标距应为150mm。

5.13.3 试验步骤

1. 制样

每次试验应制备6个试件,其中3个用于测定轴心抗压强度,另外3个用于测定静力受压弹性模量;试件尺寸可为150mm×150mm×300mm的棱柱体标准试件和ϕ150mm×300mm的圆柱体标准试件;边长为100mm×100mm×300mm、200mm×200mm×400mm的棱柱体试件和ϕ100mm×200mm、ϕ200mm×400mm的圆柱体试件是非标准试件。

2. 测样

1)试件从养护地点取出后先将试件表面与上下承压板面擦干净,取3个试件测定混凝土的轴心抗压强度,另外3个用于测定静力受压弹性模量。

2)在测定混凝土弹性模量时,微变形测量仪应安装在试件两侧的中线上并对称于试件的两端。当采用千分表或位移传感器时,应将千分表或位移传感器固定在变形测量架上,试件的测量标距应为150mm,由标距定位杆定位,将变形测量架通过紧固螺钉固定。当采用电阻应变仪测量变形时,应变片的标距应为150mm,试件从养护室取出后,应对贴应变片区域的试件表面缺陷进行处理,可采用电吹风吹干试件表面后,并在试件的两侧中部用502胶水粘贴应变片。

3)将试件直立放置在试验机的下压板或钢垫板上,并应使试件轴心与下压板中心对准。

4)开启试验机,试件表面与上下承压板或钢垫板应均匀接触。

5)应加荷至基准应力为0.5MPa的初始荷载值F_0,保持恒载60s并在以后的30s内记录每测点的变形读数ε_0。应立即连续均匀地加荷至应力为轴心抗压强度f_{cp}的1/3时的荷载值F_a,保持恒载60s并在以后的30s内记录每一测点的变形读数ε_0。所用的加荷速度应符合规定。

6)左右两侧的变形值之差与它们平均值之比大于20%时,应重新对中试件后重复本条第5)款的规定。当无法使其减少到小于20%时,此次试验无效。

7)在确认试件对中符合本条第6)款规定后,以与加荷速度相同的速度卸荷至基准应力0.5MPa(F_0),恒载60s;应用同样的加荷和卸荷速度以及60s的保持恒载(F_0及F_a)至少进行两次反复预压。在最后一次预压完成后,应在基准应力0.5MPa(F_0)持荷60s并在以后的

30s 内记录每一测点的变形读数 ε_0；再用同样的加荷速度加荷至 F_a，持荷 60s 并在以后的 30s 内记录每一测点的变形读数 ε_a（见图 5－9）。

8）卸除变形测量仪，应以同样的速度加荷至破坏，记录破坏荷载；当测定弹性模量之后的试件抗压强度与 f_{cp} 之差超过 f_{cp} 的 20％时，应在报告中注明。

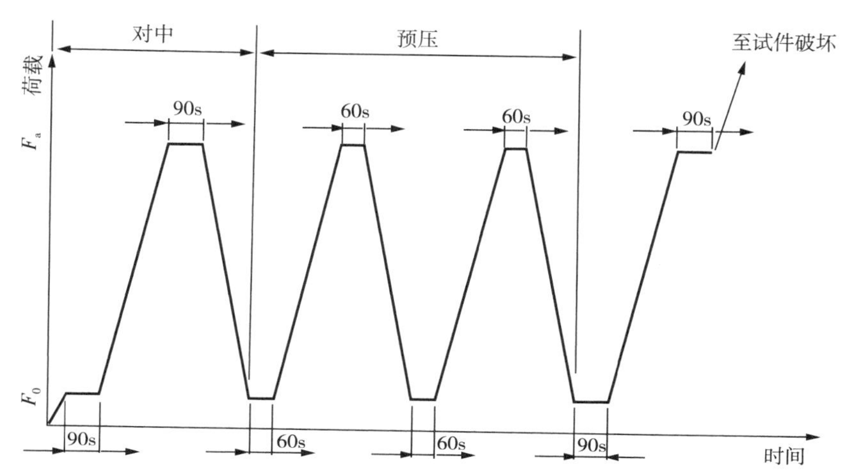

注：90s 包括 60s 持荷时间和 30s 读数时间；60s 为持荷时间。

图 5－9　弹性模量试验加荷方法示意

5.13.4　试验结果

1）混凝土静压受力弹性模量值应按下列公式计算：

$$E_c = \frac{F_a - F_0}{A} \times \frac{L}{\Delta n} \tag{5-29}$$

$$\Delta n = \varepsilon_a - \varepsilon_0 \tag{5-30}$$

式中：E_c——混凝土静压受力弹性模量（MPa），计算结果应精确至 100MPa；

F_a——应力为 1/3 轴心抗压强度时的荷载（N）；

F_0——应力为 0.5MPa 时的初始荷载（N）；

A——试件承压面积（mm^2）；

L——测量标距（mm）；

Δn——最后一次从 F_0 加荷至 F_a 时试件两侧变形的平均值（mm）；

ε_a——F_a 时试件两侧变形的平均值（mm）；

ε_0——F_0 时试件两侧变形的平均值（mm）。

2）应按 3 个试件测值的算术平均值作为该组试件的弹性模量值，应精确至 100MPa。当其中有一个试件在测定弹性模量后的轴心抗压强度值与用以确定检验控制荷载的轴心抗压强度值相差超过后者的 20％时，弹性模量值应按另两个试件测值的算术平均值计算；当有两个试件在测定弹性模量后的轴心抗压强度值与用以确定检验控制荷载的轴心抗压强度值相差超过后者的 20％时，此次试验无效。

5.14　混凝土碱-骨料反应试验

5.14.1　概述

本试验依据《普通混凝土长期性能和耐久性能试验方法标准》(GB/T 50082—2019)编制而成,适用于用于检验混凝土试件在温度为38℃及潮湿条件养护下,混凝土中的碱与骨料反应所引起的膨胀是否具有潜在危害。

5.14.2　试验设备

1)方孔筛:应采用与公称直径分别为20mm、16mm、10mm,5mm的圆孔筛对应的方孔筛。

2)称量设备:最大量程应分别为50kg和10kg,感量应分别不超过50g和5g,各一台。

3)试模:内测尺寸应为75mm×75mm×275mm,试模两个端板应预留安装测头的圆孔,孔的直径应与测头直径相匹配。

4)测头(埋钉):直径应为5~7mm,长度应为25mm。应采用不锈金属制成,测头均应位于试模两端的中心部位。

5)测长仪:测量范围应为275~300mm,精度应为±0.001mm。

6)养护盒:应由耐腐蚀材料制成,不应漏水,且应能密封。盒底部应装有20mm±5mm深的水,盒内应有试件架,且应能使试件垂直立在盒中。试件底部不应与水接触。一个养护盒宜同时容纳3个试件。

5.14.3　试验步骤

1. 原材料和设计配合比

1)应使用硅酸盐水泥,水泥含碱量宜为0.9%±0.1%(以Na_2O当量计,即$Na_2O+0.658K_2O$)。可通过外加浓度为10%的NaOH溶液,使试验用水泥含碱量达到1.25%。

2)当试验用来评价细骨料的活性,应采用非活性的粗骨料,粗骨料的非活性也应通过试验确定,试验用细骨料细度模数宜为2.7±0.2。当试验用来评价粗骨料的活性,应用非活性的细骨料,细骨料的非活性也应通过试验确定。当工程用的骨料为同一品种的材料,应用该粗、细骨料来评价活性。试验用粗骨料应由三种级配:20~16mm、16~10mm和10~5mm,各取1/3等量混合。

3)每立方米混凝土水泥用量应为420kg±10kg。水灰比应为0.42~0.45。粗骨料与细骨料的质量比应为6∶4。试验中除可外加NaOH外,不得再使用其他的外加剂。

2. 制样

1)成型前24h,应将试验所用所有原材料放入20℃±5℃的成型室。

2)混凝土搅拌宜采用机械拌和。

3)混凝土应一次装入试模,应用捣棒和抹刀捣实,然后应在振动台上振动30s或直至表面泛浆为止。

4)试件成型后应带模一起送入20℃±2℃、相对湿度在95%以上的标准养护室中,应在混凝土初凝前1~2h,对试件沿模口抹平并应编号。

3. 养护

1)试件应在标准养护室中养护 24h±4h 后脱模,脱模时应特别小心,不要损伤测头,并应尽快测量试件的基准长度。待测试件应用湿布盖好。

2)试件的基准长度测量应在 20℃±2℃的恒温室中进行。每个试件应至少重复测试两次,应取两次测值的算术平均值作为该试件的基准长度值。

3)测量基准长度后应将试件放入养护盒中,并盖严盒盖。然后应将养护盒放入 38℃±2℃的养护室或养护箱里养护。

4. 测量

1)试件的测量龄期应从测定基准长度后算起,测量龄期应为 1 周、2 周、4 周、8 周、13 周、18 周、26 周、39 周和 52 周,以后可每半年测一次。每次测量的前一天,应将养护盒从 38℃±2℃的养护室中取出,并放入 20℃±2℃的恒温室中,恒温时间应为 24h±4h。试件各龄期的测量应与测量基准长度的方法相同、测量完毕后,应将试件调头放入养护盒中,并盖严盒盖。然后应将养护盒重新放回 38℃±2℃的养护室或者养护箱中继续养护至下一测试龄期。

2)每次测量时,应观察试件有无裂缝、变形、渗出物及反应产物等,并应作详细记录。必要时可在长度测试周期全部结束后,辅以岩相分析等手段,综合判断试件内部结构和可能的反应产物。

3)当碱-骨料反应试验出现以下两种情况之一时,可结束试验:

(1)在 52 周的测试龄期内的膨胀率超过 0.04%;

(2)膨胀率虽小于 0.04%,但试验周期已经达 52 周(或一年)。

5.14.4 试验结果

1)试件的膨胀率按式(5-31)计算:

$$\varepsilon_t=\frac{L_t-L_0}{L_0-2\Delta}\times 100 \tag{5-31}$$

式中:ε_t——试件在 t(d)龄期的膨胀率(%),精确至 0.001;

L_t——试件在 t(d)龄期的长度(mm);

L_0——试件的基准长度(mm);

Δ——测头的长度(mm)。

2)每组应以 3 个试件测值的算术平均值作为某一龄期膨胀率的测定值。

3)当每组平均膨胀率小于 0.020%时,同一组试件中单个试件之间的膨胀率的差值(最高值与最低值之差)不应超过 0.008%;当每组平均膨胀率大于 0.020%时,同一组试件中单个试件的膨胀率的差值(最高值与最低值之差)不应超过平均值的 40%。

5.15 混凝土中碱含量测定

5.15.1 概述

混凝土中碱含量超过一定限值时,混凝土发生碱骨料反应从而影响混凝土耐久性的概率会不断增大，因此，测试混凝土中碱含量对于控制混凝土发生碱骨料反应有重要作用。混凝土中碱含量依据样品制备方式的不同可分为混凝土中总碱含量与混凝土中可溶性碱含量，混凝土中碱含量也可为混凝土各种原材料碱含量的总和。

5.15.2 混凝土中总碱含量测定(GB/T 50784—2013)

1)混凝土中碱含量应以单位体积混凝土中碱含量表示。

2)混凝土碱含量测定所用试样的制备应符合下列规定：

(1)将混凝土试件破碎，剔除石子；

(2)将试样缩分至100g，研磨至全部通过0.08mm的筛；

(3)用磁铁吸出试样中的金属铁屑；

(4)将试样置于105～110℃的烘箱中烘干2h，取出后放入干燥器中冷却至室温备用。

3)混凝土总碱含量的检测应符合下列规定：

(1)混凝土总碱含量的检测操作应符合GB/T 176的有关规定。

(2)样品中氧化钾质量分数、氧化钠质量分数和氧化钠当量质量分数分别按式(5-32)、式(5-33)、式(5-34)计算：

$$w_{K_2O}=\frac{m_{K_2O}}{m_s\times 1000}\times 100 \tag{5-32}$$

$$w_{Na_2O}=\frac{m_{Na_2O}}{m_s\times 1000}\times 100 \tag{5-33}$$

$$w_{Na_2O,eq}=w_{Na_2O}+0.658\,w_{K_2O} \tag{5-34}$$

式中：w_{K_2O}——样品中氧化钾的质量分数(%)；

w_{Na_2O}——样品中氧化钠的质量分数(%)；

$w_{Na_2O,eq}$——样品中氧化钠当量的质量分数，即样品的碱含量(%)；

m_{K_2O}——100mL被测溶液中氧化钾的含量(mg)；

m_{Na_2O}——100mL被测溶液中氧化钠的含量(mg)；

m_s——样品的质量(g)。

(3)样品中氧化钠当量质量分数的检测值应以3次测试结果的平均值表示；

(4)单位体积混凝土中总碱含量按式(5-35)计算：

$$m_{a,t}=\frac{\rho(m_{cor}-m_c)}{m_{cor}}\times\overline{w}_{Na_2O,eq} \tag{5-35}$$

式中：$m_{a,t}$——单位体积混凝土中总碱含量(kg)；

ρ——芯样的密度(kg/m^3)，按实测值；无实测值时取$2500kg/m^3$；

m_{cor}——芯样的质量(g)；

m_c——芯样中骨料的质量(g)；

$\overline{w}_{Na_2O,eq}$——样品中氧化钠当量的质量分数的检测值(%)。

5.15.3 混凝土可溶性碱含量测定(GB/T 50784—2013)

1)准确称取25.0g(精确至0.01g)样品放入500mL锥形瓶中，加入300mL蒸馏水，用振荡器振荡3h或在80℃水浴锅中用磁力搅拌器搅拌2h，然后在弱真空条件下用布氏漏斗过滤。将滤液转移到一个500mL的容量瓶中，加水至刻度。

2)混凝土可溶性碱含量的检测操作应符合GB/T 176的有关规定。

3)样品中氧化钾质量分数、氧化钠质量分数和氧化钠当量质量分数分别按式(5－36)、式(5－37)、式(5－38)计算：

$$w_{K_2O}^{S}=\frac{m_{K_2O}}{m_s\times 1000}\times 100\% \tag{5-36}$$

$$w_{Na_2O}^{S}=\frac{m_{Na_2O}}{m_s\times 1000}\times 100\% \tag{5-37}$$

$$w_{Na_2O_{eq}}^{S}=w_{Na_2O}^{S}+0.658\,w_{K_2O}^{S} \tag{5-38}$$

式中：$w_{K_2O}^{S}$——样品中可溶性氧化钾的质量分数(%)；

$w_{Na_2O}^{S}$——样品中可溶性氧化钠的质量分数(%)；

$w_{Na_2O_{eq}}^{S}$——样品中可溶性氧化钠当量的质量分数，即样品的可溶性碱含量(%)。

4)样品中氧化钠当量质量分数的检测值应以3次测试结果的平均值表示。

5)单位体积中混凝土中可溶性碱含量按式(5－39)计算：

$$m_{a,s}=\frac{\rho(m_{cor}-m_c)}{m_{cor}}\times \overline{w}_{Na_2Oeq}^{S} \tag{5-39}$$

式中：$m_{a,s}$——单位体积混凝土中的可溶性碱含量(kg)。

5.15.4　混凝土中碱含量测定(GB/T 50476—2019)

《混凝土结构耐久性设计标准》(GB/T 50476—2019)中定义了混凝土的含碱量为等效Na_2O当量的含量。该标准中混凝土的含碱量为混凝土各种原材料含碱量的总和，各种原材料的含碱量测定方法可参考GB/T 50733中的试验方法。矿物掺和料带入混凝土中的碱可按水溶性碱的含量计入，当无检测条件时，对粉煤灰，可取其碱含量实测值的1/6，磨细矿渣碱含量取实测值的1/2。

5.16　混凝土配合比设计

5.16.1　概述

混凝土配合比是指混凝土中各组成原材料的数量相互配合的比例。混凝土配合比的设计和选择，主要是根据原材料的技术性能和结构对混凝土强度的要求及施工条件，通过计算、试配和调整等过程，确定各种原材料的使用数量。混凝土配合比设计应满足混凝土配制强度及其他力学性能、拌合物性能、长期性能和耐久性能的设计要求。本方法依据《普通混凝土配合比设计规程》(JGJ 55—2011)编制而成。

5.16.2 普通配合比设计基本要求

1)混凝土配合比设计应采用工程实际使用的原材料,配合比设计所采用的细骨料含水率应小于0.5%,粗骨料含水率应小于0.2%。

2)混凝土的最大水胶比应符合GB 50010的规定。

3)除配制C15及其以下强度等级的混凝土外,混凝土的最小胶凝材料用量应符合表5-3的规定。

表5-3 混凝土的最小胶凝材料用量

<table>
<tr><th rowspan="2">最大水胶比</th><th colspan="3">最小胶凝材料用量/(kg/m³)</th></tr>
<tr><th>素混凝土</th><th>钢筋混凝土</th><th>预应力混凝土</th></tr>
<tr><td>0.60</td><td>250</td><td>280</td><td>300</td></tr>
<tr><td>0.55</td><td>280</td><td>300</td><td>300</td></tr>
<tr><td>0.50</td><td colspan="3">320</td></tr>
<tr><td>≤0.45</td><td colspan="3">330</td></tr>
</table>

4)矿物掺合料在混凝土中的掺量应通过试验确定。采用硅酸盐水泥或普通硅酸盐水泥时,钢筋混凝土中矿物掺合料最大掺量宜符合表5-4的规定,预应力混凝土中矿物掺合料最大掺量宜符合表5-5的规定。对基础大体积混凝土,粉煤灰、粒化高炉矿渣粉和复合掺合料的最大掺量可增加5%。采用掺量大于30%的C类粉煤灰的混凝土应以实际使用的水泥和粉煤灰掺量进行安定性检验。

表5-4 钢筋混凝土中矿物掺合料最大掺量

矿物掺合料种类	水胶比	最大掺量/%	
		采用硅酸盐水泥时	采用普通硅酸盐水泥时
粉煤灰	≤0.40	45	35
	>0.40	40	30
粒化高炉矿渣粉	≤0.40	65	55
	>0.40	55	45
钢渣粉	—	30	20
磷渣粉	—	30	20
硅灰	—	10	10
复合掺合料	≤0.40	65	55
	>0.40	55	45

注:(1)采用其他通用硅酸盐水泥时,宜将水泥混合材掺量20%以上的混合材量计入矿物掺合料;

(2)复合掺合料各组分的掺量不宜超过单掺时的最大掺量;

(3)在混合使用两种或两种以上矿物掺合料时,矿物掺合料总掺量应符合表中复合掺合料的规定。

表5-5　预应力混凝土中矿物掺合料最大掺量

矿物掺合料种类	水胶比	最大掺量/%	
		采用硅酸盐水泥时	采用普通硅酸盐水泥时
粉煤灰	≤0.40	35	30
	>0.40	25	20
粒化高炉矿渣粉	≤0.40	55	45
	>0.40	45	35
钢渣粉	—	20	10
磷渣粉	—	20	10
硅灰	—	10	10
复合掺合料	≤0.40	55	45
	>0.40	45	35

注：(1)采用其他通用硅酸盐水泥时，宜将水泥混合材掺量20%以上的混合材量计入矿物掺合料；
(2)复合掺合料各组分的掺量不宜超过单掺时的最大掺量；
(3)在混合使用两种或两种以上矿物掺合料时，矿物掺合料总掺量应符合表中复合掺合料的规定。

5)长期处于潮湿或水位变动的寒冷和严寒环境以及盐冻环境的混凝土应掺用引气剂。引气剂掺量应根据混凝土含气量要求经试验确定，混凝土最小含气量应符合表5-6的规定，最大不宜超过7.0%。

表5-6　掺用引气剂的混凝土最小含气量

粗骨料最大公称粒径/mm	混凝土最小含气量/%	
	潮湿或水位变动的寒冷和严寒环境	盐冻环境
40.0	4.5	5.0
25.0	5.0	5.5
20.0	5.5	6.0

5.16.3　混凝土配制强度的确定

1)当混凝土的设计强度等级小于C60时，配制强度按式(5-40)确定：

$$f_{cu,0} \geqslant f_{cu,k} + 1.645\sigma \tag{5-40}$$

式中：$f_{cu,0}$——混凝土配制强度(MPa)；

$f_{cu,k}$——混凝土立方体抗压强度标准值，这里取混凝土的设计强度等级值(MPa)；

σ——混凝土强度标准差(MPa)。

2)当设计强度等级不小于C60时，配制强度按式(5-41)确定：

$$f_{cu,0} \geqslant 1.15 f_{cu,k} \tag{5-41}$$

3)混凝土强度标准差应按下列规定确定。

(1)当具有近1～3个月的同一品种、同一强度等级混凝土的强度资料，且试件组数不小于 30 时，其混凝土强度标准差按式(5－42)计算：

$$\sigma=\sqrt{\frac{\sum_{i=1}^{n} f_{cu,i}^{2}-nm_{fcu}^{2}}{n-1}} \tag{5-42}$$

式中：σ——混凝土强度标准差；

$f_{cu,i}$——第 i 组的试件强度(MPa)；

m_{fcu}——n 组试件的强度平均值(MPa)；

n——试件组数。

对于强度等级不大于 C30 的混凝土，当混凝土强度标准差计算值不小于 3.0MPa 时，按式(5－42)计算结果取值；当混凝土强度标准差计算值小于 3.0MPa 时，应取 3.0MPa。

对于强度等级大于 C30 且小于 C60 的混凝土，当混凝土强度标准差计算值不小于 4.0MPa 时，按式(5－42)计算结果取值；当混凝土强度标准差计算值小于 4.0MPa 时，应取 4.0MPa。

(2)当没有近期的同一品种、同一强度等级混凝土强度资料时，其强度标准差 σ 可按表 5－7取值。

表 5－7　标准差 σ 值

混凝土强度标准值	≤C20	C25～C45	C50～C55
σ/MPa	4.0	5.0	6.0

5.16.4　混凝土配合比计算

1. 水胶比

1)当混凝土强度等级不大于 C60 时，混凝土水胶比宜按式(5－43)计算：

$$W/B=\frac{\alpha_a f_b}{f_{cu,0}+\alpha_a \alpha_b f_b} \tag{5-43}$$

式中：W/B——混凝土水胶比；

α_a、α_b——回归系数；

f_b——胶凝材料 28d 胶砂抗压强度(MPa)，可实测，且试验方法应按 GB/T 17671 执行。

2)回归系数α_a、α_b宜按下列规定确定。

(1)根据工程所使用的原材料，通过试验建立的水胶比与混凝土强度关系式来确定。

(2)当不具备上述试验统计资料时，可按表 5－8 选用。

表 5－8　回归系数 α_a、α_b 取值

系数	粗骨料品种	
	碎石	卵石
α_a	0.53	0.49
α_b	0.20	0.13

3)当胶凝材料28d胶砂抗压强度值(f_b)无实测值时,按式(5-44)计算:

$$f_b = \gamma_f \gamma_s f_{ce} \tag{5-44}$$

式中:γ_f、γ_s——粉煤灰影响系数和粒化高炉矿渣粉影响系数,可按表5-9选用;

f_{ce}——水泥28d胶砂抗压强度(MPa),可实测,也可按JGJ 55确定。

表5-9 粉煤灰影响系数(γ_f)和粒化高炉矿渣粉影响系数(γ_s)

掺量/%	种类	
	粉煤灰影响系数 γ_f	粒化高炉矿渣粉影响系数 γ_s
0	1.00	1.00
10	0.85~0.95	1.00
20	0.75~0.85	0.95~1.00
30	0.56~0.75	0.90~1.00
40	0.55~0.65	0.80~0.90
50	—	0.70~0.85

注:(1)采用Ⅰ级、Ⅱ级粉煤灰宜取上限值;

(2)采用S75级粒化高炉矿渣粉宜取下限值,采用S95级粒化高炉矿渣粉宜取上限值,采用S105级粒化高炉矿渣粉可取上限值加0.05;

(3)当超出表中的掺量时,粉煤灰和粒化高炉矿渣粉影响系数应经试验确定。

4)当水泥28d胶砂抗压强度(f_{ce})无实测值时,按式(5-45)计算:

$$f_{ce} = \gamma_c f_{ce,g} \tag{5-45}$$

式中:γ_c——水泥强度等级值的富余系数,可按实际统计资料确定;当缺乏实际统计资料时,也可按表5-10选用;

$f_{ce,g}$——水泥强度等级值(MPa)。

表5-10 水泥强度等级值的富余系数(γ_c)

水泥强度等级值	32.5	42.5	52.5
富余系数	1.12	1.16	1.10

2. 用水量和外加剂用量

1)每立方米干硬性或塑性混凝土的用水量(m_{w0})应符合下列规定:

(1)混凝土水胶比为0.40~0.80时,可按表5-11和表5-12选取;

(2)混凝土水胶比小于0.40时,可通过试验确定。

表 5-11　干硬性混凝土的用水量(kg/m³)

拌合物稠度		卵石最大公称粒径/mm			碎石最大公称粒径/mm		
项目	指标	10.0	20.0	40.0	16.0	20.0	40.0
维勃稠度/s	16～20	175	160	145	180	170	155
	11～15	180	165	150	185	175	160
	5～10	185	170	155	190	180	165

表 5-12　塑性混凝土的用水量(kg/m³)

拌合物稠度		卵石最大公称粒径/mm				碎石最大公称粒径/mm			
项目	指标	10.0	20.0	31.5	40.0	16.0	20.0	31.5	40.0
维勃稠度/s	10～30	190	170	160	150	200	185	175	165
	35～50	200	180	170	160	210	195	185	175
	55～70	210	190	180	170	220	205	195	185
	75～90	215	195	185	175	230	215	205	195

注:(1)本表用水量系采用中砂时的取值。采用细砂时,每立方米混凝土用水量可增加 5～10kg;采用粗砂时,可减少 5～10kg;

(2)掺用矿物掺合料和外加剂时,用水量应相应调整。

2)掺外加剂时,每立方米流动性或大流动性混凝土的用水量按式(5-46)计算:

$$m_{w0}=m'_{w0}(1-\beta) \tag{5-46}$$

式中:m_{w0}——满足实际坍落度要求的每立方米混凝土的用水量(kg/m³);

m'_{w0}——未掺外加剂时推定的满足实际坍落度要求的每立方米混凝土用水量(kg/m³),以表 5-12 中 90mm 坍落度的用水量为基础,按每增大 20mm 坍落度相应增加5kg/m³ 用水量来计算,当坍落度增大到 180mm 以上时,随坍落度相应增加的用水量可减少。

β——外加剂的减水率(%),应经混凝土试验确定。

3)每立方米混凝土中外加剂用量(m_{a0})按式(5-47)计算:

$$m_{a0}=m_{b0}\beta_a \tag{5-47}$$

式中:m_{a0}——每立方米混凝土中外加剂用量(kg/m³);

m_{b0}——计算配合比每立方米混凝土中胶凝材料用量(kg/m³),计算应符合 JGJ 55 的规定;

β_a——外加剂掺量(%),应经混凝土试验确定。

3. 胶凝材料、矿物掺合料和水泥用量

1)每立方米混凝土的胶凝材料用量(m_{b0})按式(5-48)计算,并应进行试拌调整,在拌合物性能满足的情况下,取经济合理的胶凝材料用量。

$$m_{b0}=\frac{m_{w0}}{W/B} \tag{5-48}$$

式中:m_{b0}——计算配合比每立方米混凝土中胶凝材料用量(kg/m³);

m_{w0}——计算配合比每立方米混凝土的用水量(kg/m^3);

W/B——混凝土水胶比。

2)每立方米混凝土的矿物掺合料用量(m_{f0})按式(5-49)计算:

$$m_{f0}=m_{b0}\beta_f \tag{5-49}$$

式中:m_{f0}——计算配合比每立方米混凝土中矿物掺合料用量(kg/m^3);

β_f——矿物掺合料掺量(%)。

3)每立方米混凝土的水泥用量m_{c0}按式(5-50)计算:

$$m_{c0}=m_{b0}-m_{f0} \tag{5-50}$$

式中:m_{c0}——计算配合比每立方米混凝土中水泥用量(kg/m^3)。

4. 砂率

1)砂率(β_s)应根据骨料的技术指标、混凝土拌合物性能和施工要求,参考既有历史资料确定。

2)当缺乏砂率的历史资料时,混凝土砂率的确定应符合下列规定:

(1)坍落度小于10mm的混凝土,其砂率应经试验确定;

(2)坍落度为10~60mm的混凝土,其砂率可根据粗骨料品种、最大公称粒径及水胶比按表5-13选取;

(3)坍落度大于60mm的混凝土,其砂率可经试验确定,也可在表5-13的基础上,按坍落度每增大20mm、砂率增大1%的幅度予以调整。

表5-13 混凝土的砂率(%)

水胶比	卵石最大公称粒径/mm			碎石最大公称粒径/mm		
	10.0	20.0	40.0	16.0	20.0	40.0
0.40	26~32	25~31	24~30	30~35	29~34	27~32
0.50	30~35	29~34	28~33	33~38	32~37	30~35
0.60	33~38	32~37	31~36	36~41	35~40	33~38
0.70	36~41	35~40	34~39	39~41	38~43	36~41

注:(1)本表数值系中砂的选用砂率,对细砂或粗砂,可相应地减少或增大砂率;

(2)采用人工砂配制混凝土时,砂率可适当增大;

(3)只用一个单粒级粗骨料配制混凝土时,砂率应适当增大。

5. 粗、细骨料用量

1)当采用质量法计算混凝土配合比时,粗、细骨料用量按式(5-51)计算、砂率按式(5-52)计算。

$$m_{f0}+m_{c0}+m_{g0}+m_{s0}+m_{w0}=m_{cp} \tag{5-51}$$

$$\beta_s=\frac{m_{s0}}{m_{g0}+m_{s0}}\times 100\% \tag{5-52}$$

式中：m_{g0}——计算配合比每立方米混凝土的粗骨料用量(kg/m^3)；

m_{s0}——计算配合比每立方米混凝土的细骨料用量(kg/m^3)；

β_s——砂率(%)；

m_{cp}——每立方米混凝土拌合物的假定质量(kg)，可取2350～2450kg/m^3。

2)当采用体积法计算混凝土配合比时，砂率按式(5-52)计算，粗、细骨料用量按式(5-53)计算。

$$\frac{m_{c0}}{\rho_c}+\frac{m_{f0}}{\rho_f}+\frac{m_{g0}}{\rho_g}+\frac{m_{s0}}{\rho_s}+\frac{m_{w0}}{\rho_w}+0.01\alpha=1 \tag{5-53}$$

式中：ρ_c——水泥密度(kg/m^3)，可按GB/T 208测定，也可取2900～3100kg/m^3；

ρ_f——矿物掺合料密度(kg/m^3)，可按GB/T 208测定；

ρ_g——粗骨料的表观密度(kg/m^3)，应按JGJ 52测定；

ρ_s——细骨料的表观密度(kg/m^3)，应按JGJ 52测定；

ρ_w——水的密度(kg/m^3)，可取1000kg/m^3；

α——混凝土的含气量百分数，在不使用引气剂或引气型外加剂时，α可取1。

5.16.5　混凝土配合比的试配、调整与确定

1. 试配

1)混凝土试配应采用强制式搅拌机进行搅拌，并应符合JG 244的规定，搅拌方法宜与施工采用的方法相同。

2)试验室成型条件应符合GB/T 50080的规定。

3)每盘混凝土试配的最小搅拌量应符合表5-14的规定，并不应小于搅拌机公称容量的1/4且不应大于搅拌机公称容量。

表5-14　混凝土试配的最小搅拌量

粗骨料最大公称粒径/mm	最小搅拌的拌合物量/L
≤31.5	20
40.0	25

4)在计算配合比的基础上应进行试拌。计算水胶比宜保持不变，并应通过调整配合比其他参数使混凝土拌合物性能符合设计和施工要求，然后修正计算配合比，提出试拌配合比。

5)在试拌配合比的基础上应进行混凝土强度试验，并应符合下列规定：

(1)应采用三个不同的配合比，其中一个应为修正计算配合比后提出的试拌配合比，另外两个配合比的水胶比宜较试拌配合比分别增加和减少0.05，用水量应与试拌配合比相同，砂率可分别增加和减少1%；

(2)进行混凝土强度试验时，拌合物性能应符合设计和施工要求；

(3)进行混凝土强度试验时，每个配合比应至少制作一组试件，并应标准养护到28d或设计规定龄期时试压。

2. 配合比的调整与确定

1)配合比调整应符合下列规定：

(1)根据混凝土强度试验结果，宜绘制强度和胶水比的线性关系图或插值法确定略大于配制强度对应的胶水比；

(2)在试拌配合比的基础上，用水量(m_w)和外加剂用量(m_a)应根据确定的水胶比作调整；

(3)胶凝材料用量(m_b)应以用水量乘以确定的胶水比计算得出；

(4)粗骨料和细骨料用量(m_g和m_s)应根据用水量和胶凝材料用量进行调整。

2)混凝土拌合物表观密度和配合比校正系数的计算应符合下列规定。

(1)配合比调整后的混凝土拌合物的表观密度按式(5-54)计算：

$$\rho_{c,c}=m_c+m_f+m_g+m_s+m_w \tag{5-54}$$

式中：$\rho_{c,c}$——混凝土拌合物的表观密度计算值(kg/m³)；

m_c——每立方米混凝土的水泥用量(kg/m³)；

m_f——每立方米混凝土的矿物掺合料用量(kg/m³)；

m_g——每立方米混凝土的粗骨料用量(kg/m³)；

m_s——每立方米混凝土的细骨料用量(kg/m³)；

m_w——每立方米混凝土的用水量(kg/m³)。

(2)混凝土配合比校正系数按式(5-55)计算：

$$\delta=\frac{\rho_{c,t}}{\rho_{c,c}} \tag{5-55}$$

式中：δ——混凝土配合比校正系数；

$\rho_{c,t}$——混凝土拌合物的表观密度实测值(kg/m³)。

3)当混凝土拌合物表观密度实测值与计算值之差的绝对值不超过计算值的2%时，调整的配合比可维持不变；当二者之差超过2%时，应将配合比中每项材料用量均乘以校正系数(δ)。

4)配合比调整后，应测定拌合物水溶性氯离子含量，试验结果应符合规定。

5)对耐久性有设计要求的混凝土应进行相关耐久性试验验证。

6)生产单位可根据常用材料设计出常用的混凝土配合比备用，并应在启用过程中予以验证或调整。遇有下列情况之一时，应重新进行配合比设计：

(1)对混凝土性能有特殊要求时；

(2)水泥、外加剂或矿物掺合料等原材料品种、质量有显著变化时。

5.16.6 特殊要求混凝土的配合比设计

1. 抗渗混凝土

抗渗混凝土是以调整混凝土配合比、掺入外加剂或使用特种水泥等方法提高混凝土自身的密实性、憎水性并使其满足抗渗等级等于或大于P6级的混凝土。

1)原材料的要求：

(1)水泥宜采用普通硅酸盐水泥；

(2)粗骨料宜采用连续级配，其最大公称粒径不宜大于40.0mm，含泥量不得大于

1.0%，泥块含量不得大于0.5%；

(3)细骨料宜采用中砂，含泥量不得大于3.0%，泥块含量不得大于1.0%；

(4)抗渗混凝土宜掺用外加剂和矿物掺合料，粉煤灰等级应为Ⅰ级或Ⅱ级。

2)抗渗混凝土配合比应符合下列规定：

(1)最大水胶比应符合表5-15的规定；

(2)每立方米混凝土中的胶凝材料用量不宜小于320kg；

(3)砂率宜为35%～45%。

表5-15　最大水胶比

设计抗渗等级	最大水胶比	
	C20～C30	C30以上
P6	0.60	0.55
P8～P12	0.55	0.50
>P12	0.50	0.45

3)配合比设计中混凝土抗渗技术要求应符合下列规定：

(1)配制抗渗混凝土要求的抗渗水压值应比设计值提高0.2MPa；

(2)抗渗试验结果应满足式(5-56)的要求：

$$P_t \geqslant \frac{P}{10} + 0.2 \qquad (5-56)$$

式中：P_t——6个试件中不少于4个未出现渗水时的最大水压值(MPa)；

P——设计要求的抗渗等级值。

4)掺用引气剂或引气型外加剂的抗渗混凝土，应进行含气量试验，含气量宜控制在3.0%～5.0%。

2. 抗冻混凝土

抗冻混凝土是指抗冻等级等于或大于F50的混凝土。

1)原材料的要求：

(1)水泥应采用硅酸盐水泥或普通硅酸盐水泥；

(2)粗骨料宜选用连续级配，其含泥量不得大于1.0%，泥块含量不得大于0.5%；

(3)细骨料含泥量不得大于3.0%，泥块含量不得大于1.0%；

(4)粗、细骨料均应进行坚固性试验，并应符合JGJ 52的规定；

(5)抗冻等级不小于F100的抗冻混凝土宜掺用引气剂；

(6)在钢筋混凝土和预应力混凝土中不得掺用含有氯盐的防冻剂；在预应力混凝土中不得掺用含有亚硝酸盐或碳酸盐的防冻剂。

2)配合比计算：

(1)最大水胶比和最小胶凝材料用量应符合表5-16的规定；

(2)复合矿物掺合料掺量宜符合表5-17的规定；其他矿物掺合料掺量宜符合表5-4的规定；

(3)掺用引气剂的混凝土最小含气量应符合表5-6的规定。

表5-16　最大水胶比和最小胶凝材料用量

设计抗冻等级	最大水胶比		最小胶凝材料用量/(kg/m³)
	无引气剂时	掺引气剂时	
F50	0.55	0.60	300
F100	0.50	0.55	320
不低于F150	—	0.50	350

表5-17　复合矿物掺合料最大掺量

水胶比	最大掺量/%	
	采用硅酸盐水泥时	采用普通硅酸盐水泥时
≤0.40	60	50
>0.40	50	40

注：(1)采用其他通用硅酸盐水泥时，可将水泥混合材掺量20%以上的混合材量计入矿物掺合料；
(2)复合矿物掺合料中各矿物掺合料组分的掺量不宜超过表5-4中单掺时的限量。

3. 高强混凝土

高强混凝土是指混凝土强度等级为C60及其以上的混凝土。

1)原材料的要求：

(1)水泥应选用硅酸盐水泥或普通硅酸盐水泥；

(2)粗骨料宜采用连续级配，其最大公称粒径不宜大于25.0mm，针片状颗粒含量不宜大于5.0%，含泥量不应大于0.5%，泥块含量不应大于0.2%；

(3)细骨料的细度模数宜为2.6～3.0，含泥量不应大于2.0%，泥块含量不应大于0.5%；

(4)宜采用减水率不小于25%的高性能减水剂；

(5)宜复合掺用粒化高炉矿渣粉、粉煤灰和硅灰等矿物掺合料；粉煤灰等级不应低于Ⅱ级；对强度等级不低于C80的高强混凝土宜掺用硅灰。

2)配合比计算。高强混凝土配合比应经试验确定，在缺乏试验依据的情况下，配合比设计宜符合下列规定：

(1)水胶比、胶凝材料用量和砂率可按表5-18选取，并应经试配确定；

(2)外加剂和矿物掺合料的品种、掺量，应通过试配确定；矿物掺合料掺量宜为25%～40%；硅灰掺量不宜大于10%；

(3)水泥用量不宜大于500kg/m³。

3)在试配过程中，应采用三个不同的配合比进行混凝土强度试验，其中一个可为依据表5-18计算后调整拌合物的试拌配合比，另外两个配合比的水胶比，宜较试拌配合比分别增加和减少0.02。

4)高强混凝土设计配合比确定后，尚应采用该配合比进行不少于三盘混凝土的重复试验，每盘混凝土应至少成型一组试件，每组混凝土的抗压强度不应低于配制强度。

5)高强混凝土抗压强度测定宜采用标准尺寸试件，使用非标准尺寸试件时，尺寸折算系数应经试验确定。

表5-18　水胶比、胶凝材料用量和砂率

强度等级	水胶比	胶凝材料用量/(kg/m^3)	砂率/%
≥C60,<C80	0.28～0.34	480～560	35～42
≥C80,<C100	0.26～0.28	520～580	
C100	0.24～0.26	550～600	

4. 泵送混凝土

泵送混凝土指混凝土拌合物的坍落度不低于100mm并用泵送施工的混凝土。

1)原材料的要求：

(1)水泥宜选用硅酸盐水泥、普通硅酸盐水泥、矿渣硅酸盐水泥和粉煤灰硅酸盐水泥；

(2)粗骨料宜采用连续级配，其针片状颗粒含量不宜大于10%；粗骨料的最大公称粒径与输送管径之比宜符合表5-19的规定；

(3)细骨料宜采用中砂，其通过公称直径为315μm筛孔的颗粒含量不宜少于15%；

(4)泵送混凝土应掺用泵送剂或减水剂，并宜掺用矿物掺合料。

表5-19　粗骨料的最大公称粒径与输送管径之比

粗骨料品种	泵送高度/m	粗骨料最大公称粒径与输送管径之比
碎石	<50	≤1∶3.0
	50～100	≤1∶4.0
	>100	≤1∶5.0
卵石	<50	≤1∶2.5
	50～100	≤1∶3.0
	>100	≤1∶4.0

2)配合比计算

(1)胶凝材料用量不宜小于300kg/m^3；

(2)砂率宜为35%～45%。

(3)泵送混凝土试配时应考虑坍落度经时损失。

5.17　混凝土拌合用水pH值试验

5.17.1　概述

pH值由测量电池的电动势而得。本试验依据《水质　pH值的测定　玻璃电极法》(GB/T 6920—1986)编制而成。

5.17.2 试验设备

1)酸度计或离子浓度计:精度为0.1pH单位,测量范围为0～14;

2)电极:玻璃电极、饱和甘汞电极。

5.17.3 化学试剂

1)标准缓冲溶液的配置方法。

(1)试剂和蒸馏水的要求:在分析中,除非另作说明,均要求使用分析纯或优级纯试剂。购买经检定合格的袋装pH标准物质时,可参照说明书使用。

配制标准溶液所用的蒸馏水应符合下列要求:煮沸并冷却、电导率小于2×10^{-6}S/cm的蒸馏水,其pH以6.7～7.3之间为宜。

(2)测量pH时,按水样呈酸性、中性和碱性三种可能。常配制以下三种标准溶液。

① pH标准溶液甲(pH为4.008,25℃):称取先在110～130℃下干燥2～3h的邻苯二甲酸氢钾($KHC_8H_4O_4$)10.12g,溶于水并在容量瓶中稀释至1L。

② pH标准溶液乙(pH为6.865,25℃):分别称取先在110～130℃下干燥2～3h的磷酸二氢钾(KH_2PO_4)3.388g和磷酸氢二钠(Na_2HPO_4)3.533g,溶于水并在容量瓶中稀释至1L。

③ pH标准溶液丙(pH为9.180,25℃):为了使晶体具有一定的组成,应称取与饱和溴化钠(或氯化钠加蔗糖)溶液(室温)共同放置在干燥器中平衡两昼夜的硼砂($Na_2B_4O_7\cdot10H_2O$)3.80g,溶于水并在容量瓶中稀释至1L。

2)当被测样品pH值过高或过低时,应使用与其pH值相近的标准溶液校正仪器。

3)标准溶液的保存:

(1)标准溶液应在聚乙烯瓶或硬质玻璃瓶中密闭保存;

(2)室温条件下,标准溶液一般保存1～2个月为宜,当发现浑浊、发霉或沉淀等现象时,不能继续使用;

(3)在4℃冰箱内存放,且用过的标准溶液不允许倒回原试剂瓶中。

5.17.4 试验步骤

1. 仪器校准

操作程序按仪器使用说明书进行。先将水样与标准溶液调到同一温度,记录测定温度,并将仪器温度补偿旋钮调至该温度上。

用标准溶液校正仪器,该标准溶液与水样pH相差不超过2个pH单位。从标准溶液中取出电极,彻底冲洗并用滤纸吸干。再将电极浸入第二个标准溶液中,其pH大约与第一个标准溶液相差3个pH单位,如果仪器响应的示值与第二个标准溶液的pH(S)值之差大于0.1pH单位,就要检查仪器、电极或标准溶液是否存在问题。当三者均正常时,方可用于测定样品。

2. 样品测定

测定样品时,先用蒸馏水认真冲洗电极,再用水样冲洗,然后将电极浸入样品中,小心摇动或进行搅拌使其均匀,静置,待读数稳定时记下pH值。

5.18 混凝土拌合用水中硫酸盐含量测定

5.18.1 概述

本方法依据《水质　硫酸盐的测定　重量法》(GB/T 11899—1989)编制而成,可以准确地测定硫酸盐含量10mg/L(以SO_4^{2-}计)以上的水样,测定上限为5000mg/L(以SO_4^{2-}计)。

5.18.2 试验设备

1)蒸汽浴。

2)烘箱:带恒温控制器。

3)马弗炉:最高温度为1300℃。

4)干燥器。

5)分析天平:感量0.1mg。

6)滤纸,酸洗过,无灰分,经硬化处理过能阻留微细沉淀的致密滤纸,即慢速定量滤纸及中速定量滤纸。

7)滤膜:孔径为0.45μm。

8)熔结玻璃坩埚:G4,容量为30mL。

9)瓷坩埚:容量为30mL。

10)铂蒸发皿:容量为250mL。

注:可用30～50mL代替250mL铂蒸发皿,水样体积大时,可分次加入。

5.18.3 化学试剂

本标准所用试剂除另有说明外,均为认可的分析纯试剂,所用水为去离子水或相当纯度的水。

1)盐酸(1+1)。

2)二水合氯化钡溶液,100g/L:将100g二水合氯化钡($BaCl_2 \cdot 2H_2O$)溶于约800mL水中,加热有助于溶解,冷却溶液并稀释至1L。贮存在玻璃或聚乙烯瓶中。此溶液能长期保持稳定。此溶液1mL可沉淀约40mg SO_4^{2-}。

注意:氯化钡有毒,谨防入口。

3)氨水(1+1);

注意:氨水能导致烧伤、刺激眼睛、呼吸系统和皮肤。

4)甲基红指示剂溶液,1g/L:将0.1g甲基红钠盐溶解在水中,并稀释到100mL。

5)硝酸银溶液,约0.1mol/L:将1.7g硝酸银溶解于80mL水中,加0.1mL浓硝酸,稀释至100mL,贮存于棕色玻璃瓶中,避光保存长期稳定。(此溶液用于检验氯化物)

6)碳酸钠,无水。

5.18.4 试验步骤

1. 预处理

1)将量取的适量可滤态试料(如含50mg SO_4^{2-})置于500mL烧杯中,加两滴甲基红指示剂,用适量的盐酸(1+1)或者氨水(1+1)调至显橙黄色,再加 2mL 盐酸(1+1),加水使烧杯中溶液的总体积至 200mL,加热煮沸至少 5min。

2)如果试料中二氧化硅的浓度超过 25mg/L,则应将所取试料置于铂蒸发皿中,在蒸气浴上蒸发到近干,加 1mL 盐酸(1+1),将皿倾斜并转动使酸和残渣完全接触,继续蒸发到干,放在 180℃的烘箱内完全烘干。如果试料中含有机物质,就在燃烧器的火焰上炭化,然后用 2mL 水和 1mL 盐酸(1+1)把残渣浸湿,再在蒸气浴上蒸干。加入 2mL 盐酸(1+1),用热水溶解可溶性残渣后过滤。用少量热水多次反复洗涤不溶解的二氧化硅,将滤液和洗液合并,调节酸度。

3)如果需要测总量而试料中又含有不溶解的硫酸盐,则将试料用中速定量滤纸过滤,并用少量热水洗涤滤纸,将洗涤液和滤液合并,将滤纸转移到铂蒸发皿中,在低温燃烧器上加热灰化滤纸,将 4g 无水碳酸钠同皿中残渣混合,并在 900℃加热使混合物熔融,放冷,用 50mL 水将熔融混合物转移到 500mL 烧杯中,使其溶解,并与滤液和洗液合并,调节酸度。

2. 沉淀

将上述预处理所得的溶液加热至沸,在不断搅拌下缓慢加入 10mL±5mL 热的 100g/L 氯化钡溶液,直到不再出现沉淀,然后多加 2mL,在 80~90℃下保持不少于 2h,或在室温至少放置 6h,最好过夜以陈化沉淀。

注:缓慢加入氯化钡溶液、煮沸均为促使沉淀凝聚减少其沉淀的可能性。

3. 过滤、沉淀灼烧或烘干

1)灼烧沉淀法。用少量无灰过滤纸纸浆与硫酸钡沉淀混合,用定量致密滤纸过滤,用热水转移并洗涤沉淀,用几份少量温水反复洗涤沉淀物,直至洗涤液不含氯化物为止。滤纸和沉淀一起,置于事先在 800℃灼烧恒重后的瓷坩埚里烘干,小心灰化滤纸后(不要让滤纸烧出火焰),将坩埚移入高温炉里,在 800℃灼烧 1h,放在干燥器内冷却,称重,直至灼烧至恒重。

2)烘干沉淀法。用在 105℃干燥并已恒重后的熔结玻璃坩埚(G4)过滤沉淀,用带橡皮头的玻璃棒及温水将沉淀定量转移到坩埚中去,用几份少量的温水反复洗涤沉淀,直至洗涤液不含氯化物。取下坩埚,并在烘箱内于 105℃±2℃干燥 1~2h,放在干燥器内冷却,称重,直至干燥至恒重。

洗涤过程中氯化物的检验:在含约 5mL 硝酸银溶液的小烧杯中收集约 5mL 的洗涤水,如果没有沉淀生成或者不显浑浊,即表明沉淀中已不含氯离子。

5.18.5 试验结果

硫酸根(SO_4^{2-})的含量 m(mg/L)按式(5-57)进行计算:

$$m=\frac{m_1\times 411.6\times 1000}{V} \tag{5-57}$$

式中:m_1——从试料中沉淀出来的硫酸钡重量(g);

V——试料的体积(mL);

411.6——$BaSO_4$ 质量换算为 SO_4 的因子。

5.19　混凝土拌合用水中不溶物含量测定

5.19.1　概述

混凝土拌合用水中不溶物是指水样通过孔径为0.45μm的滤膜，截留在滤膜上并于103～105℃下烘干至恒重的固体物质。本方法依据《水质　悬浮物的测定　重量法》(GB/T 11901—1989)编制而成。

5.19.2　试验设备

1)全玻璃微孔滤膜过滤器。

2)CN-CA滤膜：孔径为0.45μm、直径为60mm。

3)吸滤瓶、真空泵、无齿扁嘴镊子等。

5.19.3　试验步骤

1. 滤膜准备

用无齿扁嘴镊子夹取微孔滤膜放于事先恒重的称量瓶里，移入烘箱中于103～105℃下烘干半小时后取出置于干燥器内冷却至室温，称其重量。反复烘干、冷却、称量，直至两次称量的重量差不大于0.2mg。将恒重的微孔滤膜正确地放在滤膜过滤器的滤膜托盘上，加盖配套的漏斗，并用夹子固定好。以蒸馏水湿润滤膜，并不断吸滤。

2. 测定

量取充分混合均匀的试样100mL抽吸过滤。使水分全部通过滤膜。再以每次10mL蒸馏水连续洗涤三次，继续吸滤以除去痕量水分。停止吸滤后，仔细取出载有悬浮物的滤膜放在原恒重的称量瓶里，移入烘箱中于103～105℃下烘干一小时后移入干燥器中，使冷却到室温，称其重量。反复烘干、冷却、称量，直至两次称量的重量差不大于0.4mg为止。

注：滤膜上截留过多的悬浮物可能夹带过多的水分，除延长干燥时间外，还可能造成过滤困难，遇此情况，可酌情少取试样。滤膜上悬浮物过少，则会增大称量误差，影响测定精度，必要时，可增大试样体积。一般以5～100mg悬浮物量作为量取试样体积的适用范围。

5.19.4　试验结果

$$c=\frac{(A-B)\times 10^6}{V} \tag{5-58}$$

式中：c——水中悬浮物(不溶物)浓度(mg/L)；

A——悬浮物、滤膜和称重瓶的质量(g)；

B——滤膜和称重瓶的质量(g)；

V——试样体积(mL)。

5.20　混凝土拌合用水中可溶物含量测定

5.20.1　概述

混凝土拌合用水中可溶物含量，又称为溶解性总固体，是指水样经过滤后，在一定温度下烘干所得的固体残渣，包括不易挥发的可溶性盐类、有机物及能通过滤器的不溶性微粒等。本方法依据《生活饮用水标准检验方法　第 4 部分：感官性状和物理指标》(GB/T 5750.4—2023)编制而成。

5.20.2　仪器设备

1)分析天平：分辨力不低于 0.0001g。

2)水浴锅。

3)电恒温干燥箱。

4)蒸发皿：100mL。

5)干燥器：用硅胶作干燥剂。

6)中速定量滤纸或滤膜(孔径为 0.45μm)及相应滤器。

5.20.3　化学试剂

碳酸钠溶液(10g/L)：称取 10g 无水碳酸钠(Na_2CO_3)，溶于纯水中，稀释至 1000mL。

5.20.4　试验步骤

1. 溶解性总固体(在 105℃ ± 3℃ 下烘干)

1)将蒸发皿洗净，放在 105℃ ±3℃ 的烘箱内 30min。取出，于干燥器内冷却 30min。

2)在分析天平上称量，再次烘烤、称量，直至恒定质量(两次称量相差不超过 0.0004g)。

3)将水样上清液用滤器过滤。用无分度吸管吸取过滤水样 100mL 于蒸发皿中，如水样的溶解性总固体过少时可增加水样体积。

4)将蒸发皿置于水浴上蒸干(水浴液面不要接触皿底)。将蒸发皿移入 105℃ ±3℃ 的烘箱内，1h 后取出。干燥器内冷却 30min，称量。

5)将称过质量的蒸发皿再放入 105℃ ±3℃ 的烘箱内 30min，干燥器内冷却 30min，称量，直至恒定质量。

2. 溶解性总固体(在 180℃ ± 3℃ 下烘干)

1)按“溶解性总固体(在 105℃ ±3℃ 下烘干)”步骤将蒸发皿在 180℃ ±3℃ 下烘干并称量至恒定质量。

2)吸取 100mL 水样于蒸发皿中，精确加入 25.0mL 碳酸钠溶液于蒸发皿内，混匀。同时做一个只加 25.0mL 碳酸钠溶液的空白试验。计算水样结果时应减去碳酸钠空白试验的质量。

5.20.5 试验结果

$$\rho(\mathrm{TDS})=\frac{(m_1-m_0)\times 1000}{V} \tag{5-59}$$

式中：$\rho(\mathrm{TDS})$——水样中溶解性总固体的质量浓度(mg/L)；

m_0——蒸发皿的质量(mg)；

m_1——蒸发皿和溶解性总固体的质量(mg)；

V——水样体积(mL)。

第6章　混凝土外加剂

本章的试验方法适用于高性能减水剂(早强型、标准型、缓凝型)、高效减水剂(标准型、缓凝型)、普通减水剂(早强型、标准型、缓凝型)、引气减水剂、泵送剂、早强剂、缓凝剂及引气剂共八类混凝土外加剂。其中6.1～6.8节为掺外加剂混凝土的性能指标,6.9～6.16节为混凝土外加剂匀质性指标。掺外加剂的混凝土性能指标试验(6.1～6.8节)的原材料、配合比、混凝土搅拌、试件制作及试验所需试件数量应符合以下要求。

1. 原材料

1)水泥:采用GB 8076标准中附录A规定的水泥。

2)砂:符合GB/T 14684中Ⅱ区要求的中砂,但细度模数为2.6～2.9,含泥量小于1%。

3)石子:符合GB/T 14685要求的公称粒径为5～20mm的碎石或卵石,采用二级配,其中5～10mm占40%,10～20mm占60%,满足连续级配要求,针片状物质含量小于10%,空隙率小于47%,含泥量小于0.5%。如有争议,以碎石结果为准。

4)水:符合JGJ 63混凝土拌合用水的技术要求。

5)外加剂:需要检测的外加剂。

2. 配合比

基准混凝土配合比按JGJ 55进行设计。掺非引气型外加剂的受检混凝土和其对应的基准混凝土的水泥、砂、石的比例相同。配合比设计应符合以下规定。

1)水泥用量:掺高性能减水剂或泵送剂的基准混凝土和受检混凝土的单位水泥用量为360kg/m^3;掺其他外加剂的基准混凝土和受检混凝土单位水泥用量为330kg/m^3。

2)砂率:掺高性能减水剂或泵送剂的基准混凝土和受检混凝土的砂率均为43%～47%;掺其他外加剂的基准混凝土和受检混凝土的砂率为36%～40%;但掺引气减水剂或引气剂的受检混凝土的砂率应比基准混凝土的砂率低1%～3%。

3)外加剂掺量:按生产厂家指定掺量。

4)用水量:掺高性能减水剂或泵送剂的基准混凝土和受检混凝土的坍落度控制在210mm±10mm,用水量为坍落度在210mm±10mm时的最小用水量;掺其他外加剂的基准混凝土和受检混凝土的坍落度控制在80mm±10mm。

用水量包括液体外加剂、砂、石材料中所含的水量。

3. 混凝土搅拌

采用符合JG 3036要求的公称容量为60L的单卧轴式强制搅拌机,搅拌机的拌合量应不少于20L,不宜大于45L。

外加剂为粉状时,将水泥、砂、石、外加剂一次投入搅拌机,干拌均匀,再加入拌合水,一起搅拌2min。外加剂为液体时,将水泥、砂、石一次投入搅拌机,干拌均匀,再加入掺有外加剂的拌合水一起搅拌2min。

出料后,在铁板上用人工翻拌至均匀,再行试验。各种混凝土试验材料及环境温度均应保持在 20℃±3℃。

4. 试件制作及试验所需试件数量

1)试件制作：混凝土试件制作及养护按 GB/T 50080 进行，但混凝土预养温度为 20℃±3℃。

2)试验项目及数量见表 6-1 所列。

表 6-1 试验项目及所需数量

<table>
<tr><th colspan="2" rowspan="2">试验项目</th><th rowspan="2">外加剂类别</th><th rowspan="2">试验类别</th><th colspan="4">试验所需数量</th></tr>
<tr><th>混凝土拌合批数</th><th>每批取样数目</th><th>基准混凝土总取样数目</th><th>受检混凝土总取样</th></tr>
<tr><td colspan="2">减水率</td><td>除早强剂、缓凝剂的各种外加剂</td><td rowspan="6">混凝土拌合物</td><td>3</td><td>1 次</td><td>3 次</td><td>3 次</td></tr>
<tr><td colspan="2">泌水率比</td><td rowspan="3">各种外加剂</td><td>3</td><td>1 个</td><td>3 个</td><td>3 个</td></tr>
<tr><td colspan="2">含气量</td><td>3</td><td>1 个</td><td>3 个</td><td>3 个</td></tr>
<tr><td colspan="2">凝结时间差</td><td>3</td><td>1 个</td><td>3 个</td><td>3 个</td></tr>
<tr><td rowspan="2">1h 经时变化量</td><td>坍落度</td><td>高性能减水剂、泵送剂</td><td>3</td><td>1 个</td><td>3 个</td><td>3 个</td></tr>
<tr><td>含气量</td><td>引气剂、引气减水剂</td><td>3</td><td>1 个</td><td>3 个</td><td>3 个</td></tr>
<tr><td colspan="2">抗压强度比</td><td rowspan="2">各种外加剂</td><td rowspan="2">硬化混凝土</td><td>3</td><td>6、9 或 12 块</td><td>18、27 或 36 块</td><td>18、27 或 36 块</td></tr>
<tr><td colspan="2">收缩率比</td><td>3</td><td>1 条</td><td>3 条</td><td>3 条</td></tr>
<tr><td colspan="2">相对耐久性</td><td>引气减水剂、引气剂</td><td>硬化混凝土</td><td>3</td><td>1 条</td><td>3 条</td><td>3 条</td></tr>
<tr><td colspan="8">注：(1)试验时，检验同一种外加剂的三批混凝土的制作宜在开始试验一周内的不同日期完成。对比的基准混凝土和受检混凝土应同时成型。
(2)试验龄期参考 GB 8076—2008 中表 1。
(3)试验前后应仔细观察试样，对有明显缺陷的试样和试验结果都应舍除。</td></tr>
</table>

6.1 坍落度和坍落度 1h 经时变化量测定

6.1.1 概述

本节规定了混凝土外加剂坍落度和坍落度 1h 经时变化量的测定方法。本方法依据《混凝土外加剂》(GB 8076—2008)、《普通混凝土拌合物性能试验方法标准》(GB/T 50080—2016)编制而成。

6.1.2 坍落度测定

1. 仪器设备

1)坍落度仪(见图6-1):应符合JG/T 248的规定。

2)应配备两把钢尺,钢尺的量程不应小于300mm,分度值不应大于1mm。

3)底板应采用平面尺寸不小于1500mm×1500mm、厚度不小于3mm的钢板,其最大挠度不应大于3mm。

2. 试验步骤

1)坍落度内壁和底板应润湿无明水;底板应防放置在坚实水平面上,并把坍落度筒放在底板中心,然后用脚踩住两边的脚踏板,坍落度筒在装料时应保持在固定的位置。

图6-1 坍落度仪

2)坍落度为80mm±10mm的混凝土拌合物试样按照GB/T 50080应分三层均匀地装入坍落度筒内;坍落度为210mm±10mm的混凝土拌合物分两层装料,每层用插捣棒由边缘到中心按螺旋形均匀插捣15次,捣实后每层混凝土拌合物试样高度约为筒高的一半。

3)插捣底层时,捣棒应贯穿整个深度,插捣顶层时,捣棒应插透本层至下一层的表面。

4)顶层混凝土拌合物装料应高出筒口,插捣过程中,混凝土拌合物低于筒口时,应随时添加。

5)顶层插捣完后,取下装料漏斗,应将多余混凝土拌合物刮去,并沿筒口抹平。

6)清除筒边底板上的混凝土后,应垂直平稳地提起坍落度筒,并轻放于试样旁边,当试样不再继续坍落或坍落时间达30s时,用钢尺测量出筒高与坍落后混凝土试体最高点之间的高度差,作为该混凝土拌合物的坍落度值。

注:坍落度筒的提离过程宜控制在3～7s;从开始装料到提坍落度筒的整个过程应连续进行,并应在150s内完成。将坍落度筒提起后混凝土发生一边崩坍或剪坏现象时,应重新取样另行测定;第二次试验仍出现一边崩坍或剪坏现行,应予记录说明。

6.1.3 坍落度1h经时变化量测定

当要求测定此项时,应将按照上述6.1.2小节中搅拌的混凝土留下足够一次混凝土坍落度的试验数量,并装入用湿布擦过的试样筒内,容器加盖,静置至1h(从加水搅拌时开始计算),然后倒出,在铁板上用铁锹翻拌至均匀后,再按照坍落度测定方法测定坍落度。计算出机时和1h后的坍落度的差值,即得到坍落度的经时变化量。

坍落度1h经时变化量按式(6-1)计算:

$$\Delta Sl = Sl_0 - Sl_{1h} \tag{6-1}$$

式中:ΔSl——坍落度经时变化量(mm);

Sl_0——出机时测得的坍落度(mm);

Sl_{1h}——1h后测得的坍落度(mm)。

6.1.4 试验结果

每批混凝土取一个试样。坍落度和坍落度1h经时变化量均以三次试验结果的平均值表示。三次试验的最大值和最小值与中间值之差有一个超过10mm时，将最大值和最小值一并舍去，取中间值作为该批的试验结果；最大值和最小值与中间值之差均超过10mm时，则应重做。

坍落度及坍落度1h经时变化量测定值以“mm”表示，结果修约到5mm。

混凝土拌合物坍落度值测量应精确至1mm，结果应修约至5mm。

6.2 减水率测定

6.2.1 概述

本节规定了混凝土外加剂减水率的测定方法。本方法依据《混凝土外加剂》(GB 8076—2008)编制而成。

6.2.2 试验结果

减水率为坍落度基本相同时，基准混凝土和受检混凝土单位用水量之差与基准混凝土单位用水量之比。

减水率按式(6-2)计算：

$$W_R=\frac{W_0-W_1}{W_0}\times 100\% \tag{6-2}$$

式中：W_R——减水率(%)，应精确到0.1%；

W_0——基准混凝土单位用水量(kg/m³)；

W_1——受检混凝土单位用水量(kg/m³)。

W_R以三批试验的算术平均值计，精确到1%。若三批试验的最大值或最小值中有一个与中间值之差超过中间值的15%时，则把最大值与最小值一并舍去，取中间值作为该组试验的减水率。若有两个测值与中间值之差均超过15%时，则该批试验结果无效，应该重做。

6.3 泌水率比测定

6.3.1 概述

本节规定了混凝土外加剂泌水率比的测定方法。本方法依据《混凝土外加剂》(GB 8076—2008)编制而成。

6.3.2　试验步骤

先用湿布润湿容积为5L的带盖筒(内径为185mm,高为200mm),将混凝土拌合物一次装入,在振动台上振动20s,然后用抹刀轻轻抹平,加盖以防水分蒸发。试样表面应比筒口边低约20mm。自抹面开始计算时间,在前60min,每隔10min用吸液管吸出泌水一次,以后每隔20min吸水一次,直至连续三次无泌水为止。每次吸水前5min,应将筒底一侧垫高约20mm,使筒倾斜,以便于吸水。吸水后,将筒轻轻放平盖好。将每次吸出的水都注入带塞量筒,最后计算出总的泌水量,精确至1g。

6.3.3　试验结果

泌水率的计算方法如下:

$$B=\frac{V_w}{(W/G)G_w}\times 100\% \quad (6-3)$$

$$G_w=G_1-G_0 \quad (6-4)$$

式中:B——泌水率(%);

V_w——泌水总质量(g);

W——混凝土拌合物的用水量(g);

G——混凝土拌合物的总质量(g);

G_w——试样质量(g);

G_1——筒及试样质量(g);

G_0——筒质量(g)。

泌水率比按式(6-5)计算:

$$R_B=\frac{B_t}{B_c}\times 100\% \quad (6-5)$$

式中:R_B——泌水率比(%),应精确到1%;

B_t——受检混凝土泌水率(%);

B_c——基准混凝土泌水率(%)。

试验时,从每批混凝土拌合物中取一个试样,泌水率取三个试样的算术平均值,精确到0.1%。若三个试样的最大值或最小值中有一个与中间值之差大于中间值的15%,则把最大值与最小值一并舍去,取中间值作为该组试验的泌水率,若最大值和最小值与中间值之差均大于中间值的15%时,则应重做。

6.4　含气量和含气量1h经时变化量的测定

6.4.1　概述

本节规定了混凝土外加剂含气量和含气量1h经时变化量的测定方法,在进行混凝土拌合物含气量测定之前，应测定所用骨料的含气量，用以校正混凝土拌合物的含气量。本方法依据《混凝土外加剂》(GB 8076—2008)、《普通混凝土拌合物性能试验方法标准》(GB/T 50080—2016)编制而成。

6.4.2　含气量测定

1. 基本要求

本试验方法宜用于骨料最大公称粒径不大于 40mm 的混凝土拌合物含气量的测定。

2. 仪器设备

1)含气量测定仪(见图 6-2)：应符合行业标准 JG/T 246 的规定。

2)捣棒应符合行业标准 JG/T 248 的规定。

3)振动台应符合行业标准 JG/T 245 的规定。

4)电子天平的最大量程应为 50kg，感量不应大于 10g。

图 6-2　含气量测定仪

3. 试验步骤——骨料含气量测定

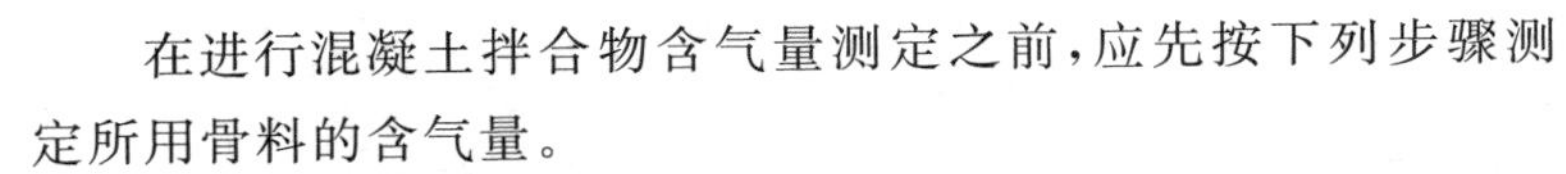

在进行混凝土拌合物含气量测定之前，应先按下列步骤测定所用骨料的含气量。

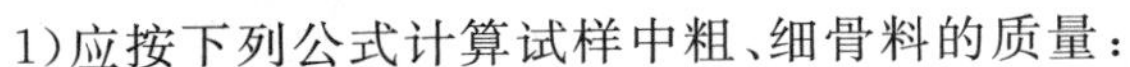

1)应按下列公式计算试样中粗、细骨料的质量：

$$m_g = \frac{V}{1000} \times m_g' \tag{6-6}$$

$$m_s = \frac{V}{1000} \times m_s' \tag{6-7}$$

式中：m_g——拌合物试样中粗骨料质量(kg)；

m_s——拌合物试样中细骨料质量(kg)；

m_g'——混凝土配合比中每立方米混凝土的粗骨料质量(kg)；

m_s'——混凝土配合比中每立方米混凝土的细骨料质量(kg)；

V——含气量测定仪容器容积(L)。

2)应先向含气量测定仪的容器中注入 1/3 高度的水，然后把质量为m_g、m_s的粗、细骨料称好，搅拌均匀，倒入容器，加料同时应进行搅拌；水面每升高 25mm 左右，应轻捣 10 次，加料过程中应始终保持水面高出骨料的顶面；骨料全部加入后，应浸泡约 5min，再用橡皮锤轻敲容器外壁，排净气泡，除去水面泡沫，加水至满，擦净容器口及边缘，加盖拧紧螺栓，保持密封不透气。

3)关闭操作阀和排气阀，打开排水阀和加水阀，应通过加水阀向容器内注入水；当排水阀流出的水流中不出现气泡时，应在注水的状态下，关闭加水阀和排水阀。

4)关闭排气阀，向气室内打气，应加压至大于 0.1MPa，且压力表显示值稳定；应打开排气阀调压至 0.1MPa，同时关闭排气阀。

5)开启操作阀，使气室里的压缩空气进入容器，待压力表显示值稳定后记录压力值，然后开启排气阀，压力表显示值应回零；应根据含气量与压力值之间的关系曲线确定压力值对应的骨料的含气量，精确至0.1%。

4. 试验步骤——混凝土拌合物含气量测定

1）试验前，应用湿布擦净混凝土含气量测定仪容器内壁和盖的内表面，装入混凝土拌合物试样。

2）混凝土拌合物一次装满并稍高于容器，用振动台振实15～20s，刮去表面多余的混凝土拌合物，用抹刀刮平，表面有凹陷应填平抹光。

3）擦净容器口及边缘，加盖并拧紧螺栓，应保持密封不透气。

4）按照骨料含气量测定的操作步骤测得混凝土拌合物的未校正含气量A_0，精确至0.1%。

注意：混凝土所用骨料的含气量A_g、混凝土拌合物的未校正含气量A_0均应以两次测量结果的平均值作为试验结果；两次测量结果的含气量相差大于0.5%时，应重新试验。

5. 试验结果

混凝土拌合物含气量应按式(6－8)计算：

$$A=A_0-A_g \quad (6-8)$$

式中：A——混凝土拌合物含气量(%)，精确至0.1%；

A_0——混凝土拌合物未校正含气量(%)；

A_g——骨料的含气量(%)。

6. 含气量测定仪的标定和率定

1）将擦拭干净的容器安装好后称重，称得的含气量测定仪的总质量为m_{A1}，精确至10g。

2）向容器内注水至上沿，然后加盖并拧紧螺栓，保持密封不透气；关闭操作阀和排气阀，打开排水阀和加水阀，应通过加水阀向容器内注入水；当排水阀流出的水流中不出现气泡时，应在注水的状态下，关闭加水阀和排水阀；应将含气量测定仪外表而擦净，再次测定总质量m_{A2}，精确至10g。

3）含气量测定仪的容积应按式(6－9)计算：

$$V=\frac{m_{A2}-m_{A1}}{\rho_w} \quad (6-9)$$

式中：V——气量仪的容积(L)，精确至0.01L；

m_{A1}——含气量测定仪的总质量(kg)；

m_{A2}——水、含气量测定仪的总质量(kg)；

ρ_w——容器内水的密度(kg/m^3)，可取1kg/L。

4）关闭排气阀，向气室内打气，加压至大于0.1MPa，且压力表显示值稳定；打开排气阀调压至0.1MPa，同时关闭排气阀。

5）开启操作阀，使气室里的压缩空气进入容器，压力表显示值稳定后测得压力值为含气量为0时对应的压力值。

6）开启排气阀，压力表显示值应回零；关闭操作阀、排水阀和排气阀，开启加水阀，宜借助标定管在注水阀口用量筒接水；用气泵缓缓地向气室内打气，当排出的水是含气量测定仪容积的1%时，应按照要求测得含气应为1%时的压力值。

7）应继续测取含气量分别为2%、3%、4%、5%、6%、7%、8%、9%、10%时的压力值。

8)含气量分别为0%、1%、2%、3%、4%、5%、6%、7%、8%、9%、10%的试验均应进行两次,以两次压力值的平均值作为测量结果。

9)根据含气量0%、1%、2%、3%、4%、5%、6%、7%、8%、9%、10%的测量结果,绘制含气量与压力值之间的关系曲线。

6.4.3 含气量1h经时变化量试验

将按照本书6.1.2小节搅拌的混凝土留下足够一次含气量试验的数量,并装入用湿布擦过的试样筒内,容器加盖,静置至1h(从加水搅拌时开始计算),然后倒出,在铁板上用铁锹翻拌均匀后,再按照含气量测定方法测定含气量。计算出机时和1h之后的含气量的差值,即得到含气量的经时变化量。

含气量1h经时变化量按式(6-10)计算:

$$\Delta A = A_0 - A_{1h} \tag{6-10}$$

式中:ΔA——含气量经时变化量(%);

A_0——出机后测得的含气量(%);

A_{1h}——1h后测得的含气量(%)。

6.4.4 试验结果

试验时,从每批混凝土拌合物取一个试样,含气量以三个试样测值的算术平均值来表示。若三个试样中的最大值或最小值中有一个与中间值之差超过0.5%时,将最大值与最小值一并舍去,取中间值作为该批的试验结果;如果最大值与最小值与中间值之差均超过0.5%,则应重做。含气量和1h经时变化量测定值精确到0.1%。

6.5 凝结时间(差)的测定

6.5.1 概述

本节规定了混凝土外加剂凝结时间(差)的测定方法。本方法依据《混凝土外加剂》(GB 8076—2008)编制而成。

6.5.2 试验步骤

凝结时间采用贯入阻力仪测定,仪器精度为10N,凝结时间测定方法如下。

将混凝土拌合物用5mm(圆孔筛)振动筛筛出砂浆,拌匀后装入上口内径为160mm,下口内径为150mm,净高为150mm的刚性不渗水的金属圆筒,试样表面应略低于筒口约10mm,用振动台振实,约3~5s,置于20℃±2℃的环境中,容器加盖。一般基准混凝土在成型后3~4h,掺早强剂的在成型后1~2h,掺缓凝剂的在成型后4~6h开始测定,以后每0.5h或1h测定一次,但在临近初、终凝时,可以缩短测定间隔时间。每次测点应避开前一次测孔,其净距为试针直径的2倍,但至少不小于15mm,试针与容器边缘之距离不小于25mm。

测定初凝时间用截面积为100mm²的试针，测定终凝时间用20mm²的试针。

测试时，将砂浆试样筒置于贯入阻力仪上，测针端部与砂浆表面接触，然后在10s±2s内均匀地使测针贯入砂浆25mm±2mm深度。记录贯入阻力，精确至10N，记录测量时间，精确至1min。贯入阻力按式(6-11)计算：

$$R=\frac{P}{A} \tag{6-11}$$

式中：R——贯入阻力值(MPa)，精确到0.1MPa；

P——贯入深度达25mm时所需的净压力(N)；

A——贯入阻力仪试针的截面积(mm^2)。

根据计算结果，以贯入阻力值为纵坐标，测试时间为横坐标，绘制贯入阻力值与时间关系曲线，求出贯入阻力值达3.5MPa时，对应的时间作为初凝时间；贯入阻力值达28MPa时，对应的时间作为终凝时间。从水泥与水接触时开始计算凝结时间。

6.5.3 试验结果

凝结时间差按式(6-12)计算：

$$\Delta T=T_t-T_c \tag{6-12}$$

式中：ΔT——凝结时间之差(min)；

T_t——受检混凝土的初凝或终凝时间(min)；

T_c——基准混凝土的初凝或终凝时间(min)。

试验时，每批混凝土拌合物取一个试样，凝结时间取三个试样的平均值。若三批试验的最大值或最小值之中有一个与中间值之差超过30min，把最大值与最小值一并舍去，取中间值作为该组试验的凝结时间。若两测值与中间值之差均超过30min组试验结果无效，则应重做。凝结时间以"min"表示，并修约到5min。

6.6 抗压强度比测定

6.6.1 概述

本节规定了混凝土外加剂抗压强度比的测定方法。本方法依据《混凝土外加剂》(GB 8076—2008)、《混凝土物理力学性能试验方法标准》(GB/T 50081—2019)编制而成。

6.6.2 试验步骤

抗压强度比以掺外加剂混凝土与基准混凝土同龄期抗压强度之比表示，受检混凝土与基准混凝土的抗压强度按GB/T 50081进行试验和计算。试件制作时，用振动台振动15～20s。试件预养温度为20℃±3℃。

6.6.3 试验结果

抗压强度比按式(6-13)计算：

$$R_f=\frac{f_t}{f_c}\times 100\% \tag{6-13}$$

式中：R_f——抗压强度比(%)，精确到1%；

f_t——受检混凝土的抗压强度(MPa)；

f_c——基准混凝土的抗压强度(MPa)。

试验结果以三批试验测值的平均值表示，若三批试验中有一批的最大值或最小值与中间值的差值超过中间值的15%，则把最大值与最小值一并舍去，取中间值作为该批的试验结果，如有两批测值与中间值的差均超过中间值的15%，则试验结果无效，应该重做。

6.7 收缩率比测定

6.7.1 概述

本节规定了混凝土外加剂收缩率比的测定方法。本方法依据《混凝土外加剂》(GB 8076—2008)、《普通混凝土长期性能和耐久性能试验方法标准》(GB/T 50082—2009)编制而成。

6.7.2 试验步骤

收缩率比以28d龄期时受检混凝土与基准混凝土的收缩率的比值表示，受检混凝土及基准混凝土的收缩率按GB/T 50082测定和计算。试件用振动台成型，振动15～20s。

6.7.3 试验结果

收缩率比按式(6-14)计算：

$$R_\varepsilon=\frac{\varepsilon_t}{\varepsilon_c}\times 100\% \tag{6-14}$$

式中：R_ε——收缩率比(%)；

ε_t——受检混凝土的收缩率(%)；

ε_c——基准混凝土的收缩率(%)。

每批混凝土拌合物取一个试样，以三个试样收缩率比的算术平均值表示，计算精确1%。

6.8 相对耐久性测定

6.8.1 概述

本节规定了混凝土外加剂相对耐久性的测定方法，依据《混凝土外加剂》(GB 8076—2008)、《普通混凝土长期性能和耐久性能试验方法标准》(GB/T 50082—2009)编制而成。

相对耐久性指标是以掺外加剂混凝土冻融 200 次后的动弹性模量是否不小于 80%来评定外加剂的质量。

6.8.2　试验结果

按 GB/T 50082 进行，试件采用振动台成型，振动 15～20s，标准养护 28d 后进行冻融循环试验(快冻法)。

每批混凝土拌合物取一个试样，相对动弹性模量以三个试件测值的算术平均值表示。

6.9　pH 值测定

6.9.1　概述

本节规定了混凝土外加剂 pH 值的测定方法。本方法依据《混凝土外加剂匀质性试验方法》(GB/T 8077—2023)编制而成。

根据奈斯特(Nernst)方程 $E=E_0+0.05915\lg[H^+]$，$E=E_0-0.05915\text{pH}$，利用一对电极在不同 pH 值溶液中能产生不同电位差，这一对电极由测试电极(玻璃电极)和参比电极(饱和甘汞电极)组成，在 25℃时每相差一个单位 pH 值时产生 59.15mV 的电位差，pH 值可在仪器的刻度表上直接读出。

6.9.2　仪器要求

1)酸度计：pH 值测定范围为 0～14.00，精度为±0.01。

2)甘汞电极。

3)玻璃电极。

4)复合电极。

5)天平：分度值为 0.0001g。

6)超级恒温器或同等条件的恒温设备：分度值为±0.1℃。

6.9.3　测试条件

测试条件如下：

1)液体试样直接测试；

2)固体试样溶液的浓度为 10g/L；

3)被测溶液的温度为 20℃±3℃。

6.9.4　试验步骤

1)校正：按仪器的出厂说明书校正仪器。

2)测量：当仪器校正好后，先用水、再用测试溶液冲洗电极，然后再将电极浸入被测溶液中轻轻摇动试杯，使溶液均匀。待到酸度计的读数稳定 1min，记录读数。测量结束后，用水冲洗电极，以待下次测量。

6.9.5 试验结果

1)酸度计测出的结果即为溶液的 pH 值。

2)重复性限为 0.2,再现性限为 0.5。

6.10 密度测定

6.10.1 概述

本节规定了混凝土外加剂密度的测定方法。本方法依据《混凝土外加剂匀质性试验方法》(GB/T 8077—2023)编制而成。

6.10.2 比重瓶法

将已校正容积(V 值)的比重瓶,灌满被测溶液,根据密度公式,用样品质量除以体积从而得出密度。

1. 测试条件

1)被测溶液的温度为 20℃±1℃。

2)如有沉淀应滤去。

2. 仪器设备

1)比重瓶:容积为 25mL 或 50mL。

2)天平:分度值为 0.0001g。

3)干燥器:内盛变色硅胶。

4)超级恒温器或同等条件的恒温设备:控温精度为±0.1℃。

3. 试验步骤

1)比重瓶容积的校正:比重瓶依次用水、乙醇、丙酮和乙醚洗涤并吹干,塞子连瓶一起放入干燥器内,取出,称量比重瓶的质量为m_0,直至恒量。然后将预先煮沸并经冷却的水装入瓶内,塞上塞子,使多余的水分从塞子毛细管流出,用吸水纸吸干瓶外的水。注意不能让吸水纸吸出塞子毛细管里的水,水要保持与毛细管上口相平,立即在天平称出比重瓶装满水后的质量m_1。

比重瓶在 20℃±1℃时容积 V 按式(6-15)计算:

$$V=\frac{m_1-m_0}{\rho_{水}} \tag{6-15}$$

式中:V——比重瓶在 20℃±1℃时容积(mL);

m_0——干燥的比重瓶质量(g);

m_1——比重瓶盛满,20℃±1℃水的质量(g);

$\rho_{水}$——20℃±1℃时相对应纯水的密度(g/mL)。

2)外加剂溶液密度 ρ 的测定:将已校正 V 值的比重瓶洗净、干燥、灌满被测溶液,塞上塞子后浸入 20℃±1℃超级恒温器内,恒温 20min 后取出,用吸水纸吸干瓶外的水及由毛细管溢出的溶液后,在天平上称出比重瓶装满外加剂溶液后的质量为m_2。

4. 试验结果

外加剂溶液的密度 ρ 按式(6-16)计算:

$$\rho=\frac{m_2-m_0}{V}=\frac{m_2-m_0}{m_1-m_0}\times\rho_{水} \tag{6-16}$$

式中:ρ——20℃±1℃时外加剂溶液密度(g/mL);

m_2——比重瓶装满 20℃±1℃外加剂溶液后的质量(g)。

5. 重复性限和再现性限

重复性限为 0.001g/mL,再现性限为 0.002g/mL。

6.10.3 精密密度计法

先以波美比重计测出溶液的密度,再参考波美比重计所测的数据,以精密密度计准确测出试样的密度 ρ 值。

1. 测试条件

测试条件同上述 6.10.2 小节。

2. 仪器设备

1)波美比重计:分度值为 0.001g/mL。

2)精密密度计:分度值为 0.001g/mL。

3)超级恒温器或同等条件的恒温设备:控温精度为±0.1℃。

3. 试验步骤

1)将已恒温的外加剂倒入 250mL 玻璃量筒内,以波美比重计插入溶液中测出该溶液的密度。

2)参考波美比重计所测溶液的数据,选择这一刻度范围的精密密度计插入溶液中,精确读出溶液凹液面与精密密度计相齐的刻度即为该溶液的密度 ρ。

4. 试验结果

1)测得的数据即为 20℃±1℃时外加剂溶液的密度。

2)重复性限为 0.001g/mL,再现性限为 0.002g/mL。

6.11 细度测定

6.11.1 概述

采用孔径为 0.315mm 或者 1.18mm 的试验筛,称取烘干试样倒入筛内,用人工筛样或负压筛计算筛余占称样量的比值即为细度,其中 1.18mm 的试验筛适用于膨胀剂。本方法依据《混凝土外加剂匀质性试验方法》(GB/T 8077—2023)编制而成。

6.11.2　仪器设备

1)天平:分度值0.001g。

2)试验筛:采用孔径为0.315mm、1.18mm的试验筛。筛框有效直径为150mm、高为50mm。筛布应紧绷在筛框上,接缝应严密,并附有筛盖。

6.11.3　试验步骤

称取已于100～105℃下烘干的试样10g(m_0),称准至0.001g,倒入相应孔径的筛内,用人工筛样,将近筛完时,应一手执筛往复摇动,一手拍打,摇动速度每分钟约120次。其间,筛子应向一定方向旋转数次,使试样分散在筛布上,直至每分钟通过质量不超过0.005g时为止。称量筛余物m_1,称准至0.001g。

6.11.4　试验结果

细度用w_f(%)表示,按式(6-17)计算:

$$w_f=\frac{m_1}{m_0}\times 100\% \tag{6-17}$$

式中:w_f——细度;

m_1——筛余物质量(g);

m_0——试样质量(g)。

重复性限为0.40%,再现性限为0.60%。

6.12　含固量(或含水率)测定

6.12.1　概述

本节规定了混凝土外加剂含固量、含水率的测定方法。本方法依据《混凝土外加剂匀质性试验方法》(GB/T 8077—2023)编制而成。

6.12.2　外加剂含固量的测定

在100～105℃的温度下,使水汽化,从而达到烘干的目的。

1. 仪器设备

1)天平:分度值为0.0001g。

2)鼓风电热恒温干燥箱:温度范围为室温～200℃。

3)带盖称量瓶。

4)干燥器,内盛变色硅胶。

2. 试验步骤

1)将洁净带盖称量瓶放入烘箱内,于100～105℃下烘30min,取出置于干燥器内,冷却至少 30min 后称量，重复上述步骤直至恒量，其质量为m_0。

2)在已恒量的称量瓶内中称取 5g 试样，精确至 0.0001g，称出液体试样及称量瓶的总质量为m_1。

3)将盛有液体试样的称量瓶放入烘箱内，开启瓶盖，升温至 100～105℃(特殊品种除外)烘干至少 2h，盖上盖置于干燥器内冷却至少 30min 后称量，放入烘箱内烘 30min，盖上盖置于干燥器内冷却至少 30min 后称量，重复上述步骤直至恒量，其质量为m_2。

3. 试验结果

含固量 w_s按式(6-18)计算：

$$w_s=\frac{m_2-m_0}{m_1-m_0}\times 100\% \tag{6-18}$$

式中：w_s——含固量(%)；

m_0——称量瓶质量(g)；

m_1——称量瓶加试样的质量(g)；

m_2——称量瓶加烘干后试样的质量(g)。

重复性限为 0.30%，再现性限为 0.50%。

6.12.3　外加剂含水率的测定

粉剂外加剂含有一定的水分，在 100～105℃的温度下，使水汽化，从而达到烘干的目的。

1. 仪器设备

1)天平：分度值为 0.0001g。

2)鼓风电热恒温干燥箱：温度范围为室温～200℃。

3)带盖称量瓶。

4)干燥器：内盛变色硅胶。

2. 试验步骤

1)将洁净带盖称量瓶放入烘箱内，于 100～105℃下烘 30min，取出置于干燥器内，冷却至少 30min 后称量，重复上述步骤直至恒量，其质量为m_0。

2)在已恒量的称量瓶内中称取 10g 试样，精确至 0.0001g，称出粉剂试样及称量瓶的总质量为m_1。

3)将盛有粉状试样的称量瓶放入烘箱内，开启瓶盖，升温至 100～105℃烘至少 2h，盖上盖置于干燥器内冷却至少 30min 后称量，放入烘箱内烘 30min，盖上盖置于干燥器内冷却至少 30min 后称量，重复上述步骤直至恒量，其质量为m_2。

3. 试验结果

含水率w_w按式(6-19)计算：

$$w_w=\frac{m_1-m_2}{m_1-m_0}\times 100\% \tag{6-19}$$

式中：w_w——含水率；

m_0——称量瓶质量(g)；

m_1——称量瓶加试样的质量(g)；

m_2——称量瓶加烘干后试样的质量(g)。

重复性限为0.30%,再现性限为0.50%。

6.13 氯离子含量测定

6.13.1 概述

本节规定了混凝土外加剂中氯离子含量的测定方法。本方法依据《混凝土外加剂匀质性试验方法》(GB/T 8077—2023)编制而成。

6.13.2 电位滴定法

用电位滴定法,以银电极或氯电极为指示电极,其电势随 Ag^+ 浓度而变化。以甘汞电极为参比电极,用电位计或酸度计测定两电极在溶液中组成原电池的电势,银离子与氯离子反应生成溶解度很小的氯化银白色沉淀。在等当点前滴入硝酸银生成氯化银沉淀,两电极间电势变化缓慢,等当点时氯离子全部生成氯化银沉淀,这时滴入少量硝酸银即引起电势急剧变化,指示出滴定终点。

1. 试剂和材料

1)硝酸(1+1)。

2)硝酸银溶液(1.7g/L):准确称取约1.7g硝酸银($AgNO_3$),用水溶解,放入1L棕色容量瓶中稀释至刻度,摇匀,用0.0100mol/L氯化钠标准溶液对硝酸银溶液进行标定。

3)硝酸银溶液(17g/L):准确称取约17g硝酸银($AgNO_3$),用水溶解,放入1L棕色容量瓶中稀释至刻度,摇匀,用0.1000mol/L氯化钠标准溶液对硝酸银溶液进行标定。

4)氯化钠标准溶液(0.0100mol/L):称取约5g氯化钠(基准试剂),盛在称量瓶中,于130~150℃下烘干2h,在干燥器内冷却后精确称取0.5844g,用水溶解并稀释至1L,摇匀。

5)氯化钠标准溶液(0.1000mol/L):称取约10g氯化钠(基准试剂),盛在称量瓶中,于130~150℃下烘干2h,在干燥器内冷却后精确称取5.8443g,用水溶解并稀释至1L,摇匀。

硝酸银溶液(1.7g/L或者17g/L)的标定:用移液管吸取0.0100mol/L或0.1000mol/L的氯化钠标准溶液10mL于烧杯中,加水稀释至200mL,加4mL硝酸(1+1),在电磁搅拌下,用硝酸银溶液以电位滴定法测定终点,过等当点后,在同一溶液中再加入0.0100mol/L或0.1000mol/L氯化钠标准溶液10mL,继续用硝酸银溶液滴定至第二个终点,用二次微商法计算出硝酸银溶液消耗的体积 V_{01} 和 V_{02}。

体积 V_0 按式(6-20)计算:

$$V_0 = V_{02} - V_{01} \tag{6-20}$$

式中:V_0——10mL 0.0100mol/L或0.1000mol/L氯化钠标准溶液消耗硝酸银溶液的体积(mL);

V_{01}——空白试验中200mL水,加4mL硝酸(1+1)和加10mL 0.0100mol/L或0.1000mol/L氯化钠标准溶液所消耗硝酸银溶液的体积(mL);

V_{02}——空白试验中200mL水，加4mL硝酸(1+1)和加20mL 0.0100mol/L或0.1000mol/L氯化钠标准溶液所消耗硝酸银溶液的体积(mL)。

硝酸银溶液的浓度c按式(6-21)计算：

$$c=\frac{c'V'}{V_0} \tag{6-21}$$

式中：c——硝酸银溶液的浓度(mol/L)；

c'——氯化钠标准溶液的浓度(mol/L)；

V'——氯化钠标准溶液的体积(mL)。

2. 仪器设备

1)电位测定仪或酸度仪。

2)银电极或氯电极。

3)甘汞电极。

4)电磁搅拌器。

5)滴定管(25mL)。

6)移液管(10mL)。

7)天平：分度值为0.0001g。

3. 试验步骤

1)对于可溶性试样，准确称取外加剂试样0.5000～5.0000g(m_1)，放入烧杯中，加200mL水和4mL硝酸(1+1)，使溶液呈酸性，搅拌至完全溶解，对于不可溶性试样，准确称取外加剂试样0.5000～5.0000g(m_1)，放入烧杯中，加入20mL水，搅拌使试样分散，然后在搅拌下加入20mL硝酸(1+1)，加水稀释至200mL，加入2mL过氧化氢，盖上表面皿，加热煮沸1～2min，冷却至室温。

2)用移液管加入0.0100mol/L或0.1000mol/L的氯化钠标准溶液10mL，烧杯内加入电磁搅拌子，将烧杯放在电磁搅拌器上，开动搅拌器并插入银电极(或氯电极)及甘汞电极，两电极与电位计或酸度计相连接，用硝酸银溶液缓慢滴定，记录电势和对应的滴定管读数。

当接近等当点时，电势增加很快，此时要缓慢滴加硝酸银溶液，每次定量加入0.10mL，当电势发生突变时，表示等当点已过，此时继续滴入硝酸银溶液，直至电势趋向变化平缓。得到第一个终点时硝酸银溶液消耗的体积V_1。

3)在同一溶液中，用移液管再加入0.0100mol/L或0.1000mol/L的氯化钠标准溶液10mL(此时溶液电势降低)，继续用硝酸银溶液滴定，直至第二个等当点出现，记录电势和对应的0.01mol/L硝酸银溶液消耗的体积V_2。

4)空白试验：在干净的烧杯中加入200mL水和4mL硝酸(1+1)。用移液管加入0.0100mol/L或0.1000mol/L的氯化钠标准溶液10mL，在不加入试样的情况下，在电磁搅拌下，缓慢滴加硝酸银溶液，记录电势和对应的滴定管读数，直至第一个终点出现。过等当点后，在同一溶液中，再用移液管加入0.0100mol/L或0.1000mol/L的氯化钠标准溶液10mL，继续用硝酸银溶液滴定至第二个终点，用二次微商法计算出硝酸银溶液消耗的体积V_{01}及V_{02}。

4. 结果与计算

用二次微商法计算结果。通过电压对体积二次导数($\Delta E^2/\Delta V^2$)变成零的办法来求出滴定终点。假如在邻近等当点时，每次加入的硝酸银溶液是相等的，此函数($\Delta E^2/\Delta V^2$)必定会在正负两个符号发生变化的体积之间的某一点变成零，对应这一点的体积即为终点体积，可用内插法求得。

外加剂中氯离子所消耗的硝酸银体积 V 按式(6-22)计算：

$$V=\frac{(V_1-V_{01})+(V_2-V_{02})}{2} \tag{6-22}$$

式中：V_{01}——试样溶液加 10mL 0.0100mol/L 或 0.1000mol/L 氯化钠标准溶液所消耗的硝酸银溶液体积(mL)；

V_{02}——试样溶液加 20mL 0.0100mol/L 或 0.1000mol/L 氯化钠标准溶液所消耗的硝酸银溶液体积(mL)。

外加剂中氯离子含量 w_{Cl^-} 按式(6-23)计算：

$$w_{Cl^-}=\frac{c\times V\times 35.45}{m\times 1000}\times 100\% \tag{6-23}$$

式中：w_{Cl^-}——外加剂中氯离子含量；

c——硝酸银溶液的浓度(mol/L)；

V——外加剂中氯离子所消耗硝酸银溶液体积(mL)；

m——外加剂样品质量(g)。

重复性限为 0.05%，再现性限为 0.08%。

6.13.3　离子色谱法

离子色谱法是液相色谱分析方法的一种，样品溶液经阴离子色谱柱分离，溶液中的阴离子 F^-、Cl^-、SO_4^{2-}、NO_3^- 被分离，同时被电导池检测。测定溶液中氯离子峰面积或峰高。

1. 试剂和材料

1)氮气：纯度不小于 99.8%。

2)硝酸：优级纯。

3)实验室用水：一级水(电导率小于 18MΩ·cm，0.2μm 超滤膜过滤)。

4)氯离子标准溶液(1mg/mL)，准确称取预先在 550～600℃加热 40～50min 后，并在干燥器中冷却至室温的氯化钠(标准试剂)1.648g，用水溶解，移入 1000mL 容量瓶中，用水稀释至刻度。

5)氯离子标准溶液(100μg/mL)：准确移取上述标准溶液 100mL 至 1000mL 容量瓶中，用水稀释至刻度。

6)氯离子标准溶液系列：准确移取 1mL、5mL、10mL、15mL、20mL、25mL 的氯离子的标准溶液(100μg/mL)至 100mL 容量瓶中，稀释至刻度。此标准溶液系列浓度分别为 1μg/mL、5μg/mL、10μg/mL、15μg/mL、20μg/mL、25μg/mL。

2. 仪器设备

1)离子色谱仪：包括电导检测器、抑制器、阴离子分离柱、进样定量杯(25μL、50μL、100μL)。

2)抑制器:连续自动再生膜阴离子抑制器或微填充床抑制器。

3)On Guard RP柱:功能基为聚二乙烯基苯。

4)淋洗液体系选择。

碳酸盐淋洗液体系:阴离子柱填料为聚苯乙烯、有机硅、聚乙烯醇或聚丙烯酸酯阴离子交换树脂。

氢氧化钾淋洗液体系:阴离子色谱柱IonPacAs18型分离柱(250mm×4mm)和IonPacAG18型保护柱(50mm×4mm),或性能相当的离子色谱柱。

5)0.22μm水性针头微孔滤器。

6)注射器:1.0mL、2.5mL。

离子色谱仪检出限:0.01μg/mL。

3. 试验步骤

1)准确称取1g外加剂试样,精确至0.1mg,放入100mL烧杯中,加50mL水和5滴硝酸溶解试样,试样能被水溶解时,直接移入100mL容量瓶,稀释至刻度;当试样不能被水溶解时,加入5滴硝酸,加热煮沸,微沸1~2min,再用快速滤纸过滤,滤液用100mL容量瓶承接,用水稀释至刻度。

2)混凝土外加剂中的可溶性有机物可以用On Guard RP柱去除。

3)将上述处理好的溶液注入离子色谱中分离,得到色谱图,测定所得色谱峰的峰面积或峰高。

4)在重复性条件下进行空白试验。将氯离子标准溶液系列分别在离子色谱中分离,得到色谱图,测定所得色谱峰的峰面积或峰高。以氯离子浓度为横坐标,峰面积或峰高为纵坐标绘制标准曲线。

4. 试验结果

将样品的氯离子峰面积或峰高对照标准曲线,求出样品溶液的氯离子浓度c_1,并按照式(6-24)计算出试样中氯离子含量:

$$w_{Cl^-}=\frac{c_1\times V_1\times 10^{-4}}{m}\times 100\% \tag{6-24}$$

式中:w_{Cl^-}——样品中氯离子含量;

c_1——由标准曲线求得的试样溶液中氯离子的浓度(μg/mL);

V_1——样品溶液的体积,单位数值为100mL;

m——外加剂样品质量(g)。

重复性限见表6-2所列。

表6-2　重复性限

Cl^-含量范围	$w_{Cl^-}\leqslant 0.01\%$	$0.01\%<w_{Cl^-}\leqslant 0.1\%$	$0.1\%<w_{Cl^-}\leqslant 1\%$	$1\%<w_{Cl^-}\leqslant 10\%$	$w_{Cl^-}>10\%$
重复性限	0.001%	0.02%	0.10%	0.20%	0.25%
再现性限	0.002%	0.03%	0.15%	0.25%	0.30%

6.14　硫酸钠含量测定

6.14.1　重量法

氯化钡溶液与外加剂试样中的硫酸盐生成溶解度极小的硫酸钡沉淀，称量经高温灼烧后的沉淀来计算硫酸钠的含量。本方法依据《混凝土外加剂匀质性试验方法》(GB/T 8077—2023)编制而成。

1. 试剂和材料

1)盐酸(1+1)。

2)氯化铵溶液(50g/L)。

3)氯化钡溶液(100g/L)。

4)硝酸银溶液(5g/L)。

2. 仪器设备

1)电阻高温炉：最高使用温度不低于950℃。

2)天平：分度值为0.0001g。

3)电磁电热式搅拌器。

4)瓷坩埚：18～30mL。

5)慢速定量滤纸、快速定性滤纸。

3. 试验步骤

1)准确称取试样约0.5g(m)，于400mL烧杯中，加入200mL水搅拌溶解，再加入氯化铵溶液50mL，加热煮沸后，用快速定性滤纸过滤，用水洗涤数次后，将滤液浓缩至200mL左右，滴加盐酸(1+1)至浓缩滤液显示酸性，再多加5～10滴盐酸(1+1)，煮沸后在不断搅拌下趁热滴加氯化钡溶液10mL，继续煮沸15min，取下烧杯，置于加热板上，保持50～60℃静置2～4h或常温静置8h。

2)用两张慢速定量滤纸过滤，烧杯中的沉淀用70℃水洗净，使沉淀全部转移到滤纸上，用温热水洗涤沉淀至无氯根为止(用硝酸银溶液检验)。将沉淀与滤纸移入预先灼烧恒重的坩埚中(质量为m_1)，小火烘干，灰化。在800～950℃电阻高温炉中灼烧30min，然后在干燥器里冷却至室温，取出称量，再将坩埚放回高温炉中，灼烧30min，取出冷却至室温称量，如此反复直至恒量(m_2)。

4. 试验结果

外加剂中硫酸钠含量$w_{Na_2SO_4}$按式(6-25)计算：

$$w_{Na_2SO_4}=\frac{(m_2-m_1)\times 0.6086}{m}\times 100\% \tag{6-25}$$

式中：$w_{Na_2SO_4}$——外加剂中硫酸钠含量(%)；

m——试样质量(g)；

m_1——空坩埚质量(g)；

m_2——灼烧后滤渣加坩埚质量(g)；

0.6086——灼烧后滤渣加坩埚质量(g)。

重复性限为 0.50%，再现性限为 0.80%。

6.14.2　离子交换重量法

氯化钡溶液与外加剂试样中的硫酸盐生成溶解度极小的硫酸钡沉淀，称量经高温灼烧后的沉淀来计算硫酸钠的含量。

1. 试剂和材料

1)盐酸(1+1)。

2)氯化铵溶液(50g/L)。

3)氯化钡溶液(100g/L)。

4)硝酸银溶液(5g/L)。

5)预先经活化处理过的 717－OH 型阴离子交换树脂。

2. 仪器设备

1)电阻高温炉：最高使用温度不低于 950℃。

2)天平：分度值为 0.0001g。

3)电磁电热式搅拌器。

4)瓷坩埚：18～30mL。

5)慢速定量滤纸、快速定性滤纸。

3. 试验步骤

1)准确称取外加剂样品 0.2000～0.5000g，置于盛有 6g 717－OH 型阴离子交换树脂的 100mL 烧杯中，加入 60mL 水和电磁搅拌棒，在电磁电热式搅拌器上加热至 60～65℃，搅拌 10min，进行离子交换。

2)将烧杯取下，用快速定性滤纸于三角漏斗上过滤，弃去滤液。

3)然后用 50～60℃氯化铵溶液洗涤树脂 5 次，再用温水洗涤 5 次，将洗液收集于另一干净的 300mL 烧杯中，滴加盐酸(1+1)至溶液显示酸性，再多加 5～10 滴盐酸，煮沸后在不断搅拌下趁热滴加氯化钡溶液 10mL，继续煮沸 15min，取下烧杯，置于加热板上保持 50～60℃，静置 2～4h 或常温静置 8h。

4)重复上述 6.14.1 小节中试验步骤 2)。

4. 试验结果

试验结果同上述 6.14.1 小节中的试验结果。

6.15　碱含量测定

6.15.1　概述

本节规定了混凝土外加剂碱含量的测定方法。本方法依据《混凝土外加剂匀质性试验方法》(GB/T 8077—2023)编制而成。

6.15.2 火焰光度法

对于易溶于水的试样用约80℃的热水溶解，对于不溶于水的试样使用氢氟酸溶液，以氨水分离铁、铝；以碳酸铵分离钙、镁。滤液中的碱（钾和钠），采用相应的滤光片，用火焰光度计进行测定。

1. 试剂与仪器

1）盐酸（1＋1）。

2）氨水（1＋1）。

3）碳酸铵溶液（100g/L），在烧杯中称取10g碳酸铵，加水溶解，转移至100mL容量瓶，定容，摇匀。

4）氧化钾、氧化钠标准溶液：精确称取已在130～150℃下烘过2h的氯化钾（KCl光谱纯）0.7920g及氯化钠（NaCl光谱纯）0.9430g，置于烧杯中，加水溶解后，移入1000mL容量瓶中，用水稀释至标线，摇匀，转移至干燥带盖的塑料瓶中。此氧化钾及氧化钠标准溶液的浓度为0.5mg/mL。

5）甲基红指示剂（2g/L乙醇溶液）。

6）氢氟酸。

7）火焰光度计。

8）天平：分度值为0.0001g。

2. 试验步骤

1）分别向100mL容量瓶中注入0.00mL、1.00mL、2.00mL、4.00mL、8.00mL、12.00mL的氧化钾、氧化钠标准溶液（分别相当于氧化钾、氧化钠各0.00mg、0.50mg、1.00mg、2.00mg、4.00mg、6.00mg），用水稀释至标线，摇匀，然后分别于火焰光度计上按仪器使用规程进行测定，根据测得的检流计读数与溶液的浓度关系，分别绘制氧化钾及氧化钠的标准曲线。

2）根据表6－3的称样方法，准确称取一定量的试样置于150mL的瓷蒸发皿中，用80℃左右的热水润湿并稀释至30mL，置于电热板上加热蒸发，保持微沸5min后取下，冷却，加1滴甲基红指示剂，滴加氨水（1＋1），使溶液呈黄色；加入10mL碳酸铵溶液，搅拌，置于电热板上加热并保持微沸10min，用中速滤纸过滤，以热水洗涤，滤液及洗液盛于容量瓶中，冷却至室温，以盐酸（1＋1）中和至溶液呈红色，然后用水稀释至标线，摇匀，以火焰光度计按仪器使用规程进行测定。

3）同时进行空白试验。

表6－3 称样量及稀释倍数

碱含量	称样量/g	稀释体积/mL	稀释倍数/n
$w_a<1.00\%$	0.20	100	1
$1.00\%<w_a\leqslant 5.00\%$	0.10	250	2.5
$5.00\%<w_a\leqslant 10.00\%$	0.05	250或500	2.5或5
$w_a>10.00\%$	0.05	500或1000	5或10

3. 结果表示

1)氧化钾与氧化钠含量计量方法如下。

氧化钾百分含量w_{K_2O}按式(6-26)计算:

$$w_{K_2O}=\frac{c_1\times n}{m\times 1000}\times 100\% \tag{6-26}$$

式中:w_{K_2O}——外加剂中氧化钾含量(%);

c_1——在标准曲线上查得每 100mL 被测定液中氧化钾的含量(mg);

n——被测溶液的稀释倍数;

m——试样质量(g)。

氧化钠百分含量w_{Na_2O}按式(6-27)计算:

$$w_{Na_2O}=\frac{c_2\times n}{m\times 1000}\times 100\% \tag{6-27}$$

式中:w_{Na_2O}——外加剂中氧化钠含量(%);

c_2——在标准曲线上查得每 100mL 被测定液中氧化钠的含量(mg)。

2)外加剂中碱含量按式(6-28)计算:

$$w_a=0.658\times \omega_{K_2O}+\omega_{Na_2O} \tag{6-28}$$

式中:w_a——碱含量(%)。

3)重复性限和再现性限见表 6-4 所列。

表 6-4　重复性限和再现性限

碱含量	重复性限	再现性限
≤1.00%	0.10%	0.15%
>1.00%~5.00%	0.20%	0.30%
>5.00%~10.00%	0.30%	0.50%
>10.00%	0.50%	0.80%

6.15.3　原子吸收分光光度法

以氢氟酸-高氯酸分解试样,制成溶液,用锶盐消除硅、铝、钛的干扰,在空气-乙炔火焰中,于相应波长处测定溶液的吸光度。

1. 试剂与仪器

1)氢氟酸。

2)高氯酸。

3)盐酸(1+1)。

4)氯化锶溶液(锶 50g/L):称取 152g 优级纯六水($SrCl_2\cdot 6H_2O$)氯化锶溶于水中,加水稀释至 1L。贮存于塑料瓶中备用。

5)氧化钾、氧化钠混合标准溶液:分别移取 200mL 0.5mg/mL 氧化钾氧化钠标准溶液于1L容量瓶中，用水稀释至标线，摇匀。此标准溶液每毫升含0.1mg氧化钾、0.1mg氧化钠。分别移取上述混合标准溶液0mL、1mL、2mL、4mL、6mL、8ml、10mL、15mL于250mL容量瓶中，各加入30mL盐酸(1+1)及20mL氯化锶溶液，稀释至标线，摇匀，备用。

6)原子吸收分光光度计。

7)天平：分度值为0.0001g。

2. 试验步骤

称取试样约0.1g(m_1)，精确到0.0001g，置于铂皿中，用少量水润湿，加1mL高氯酸和10mL氢氟酸，置于低温电热板蒸发至冒白烟，取下放冷。加3～5mL氢氟酸，继续蒸发至高氯酸白烟耗尽，取下放冷。加入15mL盐酸(1+1)加热溶解，放冷。转移至250mL容量瓶中，加入10mL氯化锶溶液，用水稀释至标线，摇匀，此溶液用于测定氧化钾、氧化钠。

将原子吸收分光光度计调节至最佳工作状态，在空气-乙炔火焰中，用各元素空心阴极灯，于下述波长处(见表6-5)，以水校零测定溶液的吸光度。测量标准溶液和被测溶液，测得标准溶液的吸光度作为相对应的浓度的函数，绘制标准曲线。读取被测溶液的吸光度，在标准曲线上查得相应浓度C_{K_2O}、C_{Na_2O}。

表6-5　各元素测定波长

元素	K	Na
测定波长/nm	766.5	589.0

3. 结果表示

1)氧化钾含量w_{K_2O}按式(6-29)计算：

$$w_{K_2O}=\frac{c_{K_2O}\times 250}{m_1\times 10^6}\times 100\%=\frac{c_{K_2O}\times 0.025}{m_1} \tag{6-29}$$

式中：w_{K_2O}——氧化钾含量；

c_{K_2O}——扣除空白试验值后测定的氧化钾的浓度(μg/mL)；

250——测定溶液的体积(mL)；

m_1——称取试样的质量(g)。

2)氧化钠含量w_{Na_2O}按式(6-30)计算：

$$w_{Na_2O}=\frac{c_{Na_2O}\times 250}{m_1\times 10^6}\times 100\%=\frac{c_{Na_2O}\times 0.025}{m_1} \tag{6-30}$$

式中：w_{Na_2O}——氧化钾含量；

c_{Na_2O}——扣除空白试验值后测定的氧化钾的浓度(μg/mL)；

250——测定溶液的体积(mL)；

m_1——称取试样的质量(g)。

3)重复性限和再现性限见表6-6所列。

表 6-6　重复性限和再现性限

成分	重复性限	再现性限
K_2O	0.10%	0.15%
Na_2O	0.05%	0.10%

6.16　限制膨胀率测定

本节规定了混凝土外加剂限制膨胀率的测定方法。本方法依据《混凝土膨胀剂》(GB/T 23439—2017)编制而成。

本方法主要针对混凝土膨胀剂,即与水泥、水拌和后经水化反应生成钙矾石、氢氧化钙或钙矾石和氢氧化钙,使混凝土产生体积膨胀的外加剂。按水化产物分为硫铝酸钙类混凝土膨胀剂、氧化钙类混凝土膨胀剂和硫铝酸钙-氧化钙类混凝土膨胀剂。

限制膨胀率按下述 6.16.1 小节中的方法进行,当方法 A 与方法 B 的测试结果有分歧时,以方法 B 为准。

注意:掺混凝土膨胀剂的混凝土单向限制膨胀性能试验方法按下述 6.16.2 小节进行。掺混凝土膨胀剂的水泥浆体或混凝土膨胀性能快速试验方法按下述 6.16.3 小节进行。

6.16.1　限制膨胀率试验方法

本方法规定了混凝土膨胀剂限制膨胀率的试验方法,分为试验方法 A 和试验方法 B。

1. 试验方法 A

1)仪器设备具体要求如下。

(1)搅拌机、振动台、试模及下料漏斗:按 GB/T 17671 规定。

(2)测量仪:由千分表、支架和标准杆组成(见图 6-3),千分表的分辨率为 0.001 mm。

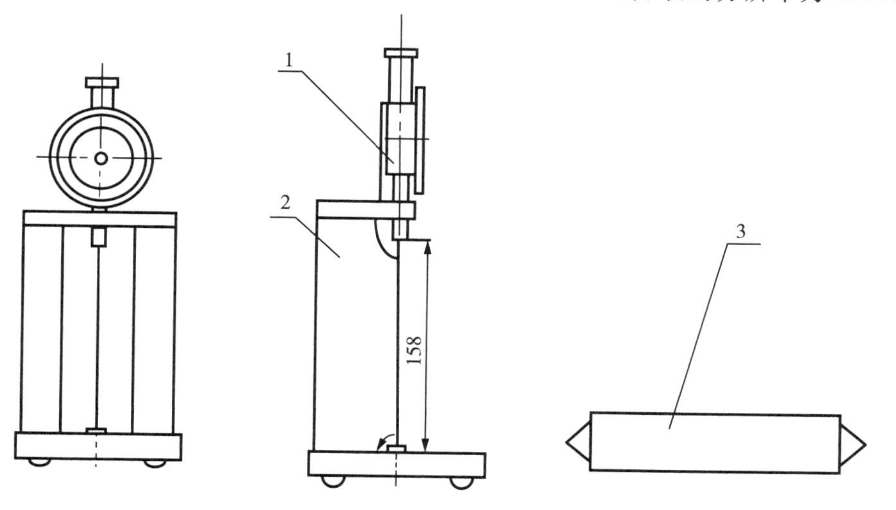

1—千分表;2—支架;3—标准杆。

图 6-3　方法 A 中的测量仪(单位:mm)

(3)纵向限制器：由纵向钢丝与钢板焊接制成(见图 6－4)。钢丝采用 GB 4357 规定的 D 级弹簧钢丝，铜焊处拉脱强度不低于 785MPa；纵向限制器不应变形，出厂检验使用次数不应超过 5 次，第三方检测机构检验时不得超过 1 次。

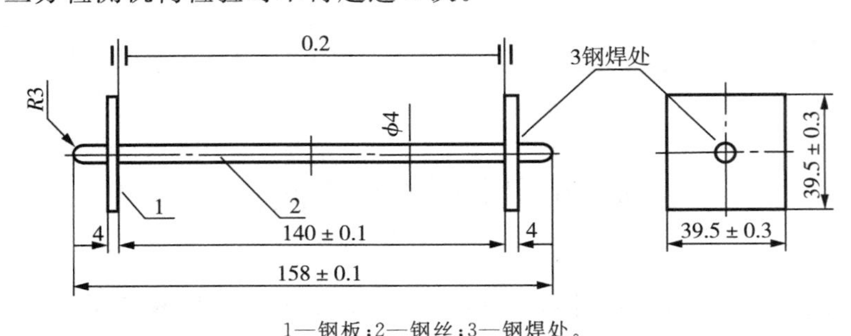

1—钢板；2—钢丝；3—钢焊处。

图 6－4　纵向限制器(单位：mm)

2)实验室环境条件：试验室、养护箱、养护水的温度、湿度应符合 GB/T 17671 的规定；恒温恒湿(箱)室温度为 20℃±2℃，湿度为 60%±5%；每日应检查、记录温度、湿度变化情况。

3)试体制备方法。

(1)试验材料包括水泥、标准砂和水，具体要求如下。水泥：采用 GB 8076 规定的基准水泥。因故得不到基准水泥时，允许采用由熟料与二水石膏共同粉磨而成的强度等级为 42.5 的硅酸盐水泥，且数量中 C_3A 含量为 6%～8%，C_3S 含量为 55%～60%，游离氧化钙不超过 1.2%，碱(Na_2O+0.658K_2O)含量不超过 0.7%，水泥的比表面积为 $350m^2/kg \pm 10m^2/kg$。标准砂：符合 GB/T 17671 要求。水：符合 JGJ 63 要求。

(2)水泥胶砂配合比要求如下：每成型 3 条试体需称量的材料及用量见表 6－7 所列。

表 6－7　限制膨胀率试验材料及用量

材料	代号	材料质量/g
水泥	C	607.5±2.0
膨胀剂	E	67.5±0.2
标准砂	S	1350.0±5.0
拌和水	W	270.0±1.0
注：$\frac{E}{C+E}=0.10$；$\frac{S}{C+E}=2.00$；$\frac{W}{C+E}=0.40$。		

(3)水泥胶砂搅拌、试体成型：按 GB/T 17671 规定进行，同一条件有 3 条试体供测长用，试体全长为 158mm，其中胶砂部分尺寸为 40mm×40mm×140mm。

(4)试体脱模：脱模时间以相关规定配比试体的抗压强度达到 10MPa±2MPa 时的时间确定。

4)试验具体步骤如下。

(1)测量前 3h，将测量仪、标准杆放在标准试验室内，用标准杆校正测量仪并调整千分表零点。测量前，将试体及测量仪侧头擦净。每次测量时，试体记有标志的一面与测量仪的相对位置应一致，纵向限制器测头与测量仪测头应正确接触，读数应精确至 0.001mm。不同龄期的试体应在规定时间±1h 内测量。

(2)试体脱模后在 1h 内测量试体的初始长度。

(3)测量完初始长度的试体立即放入水中养护,测量放入水中第 7d 的长度。然后放入恒温恒湿(箱)室养护,测量放入空气中第 21d 的长度。也可以根据需要测量不同龄期的长度,观察膨胀收缩变化趋势。

(4)养护时,应注意不损伤试体测头。试体之间应保持 15mm 以上间隔,试体支点距限制钢板两端约 30mm。

5)各龄期限制膨胀率按式(6-31)计算:

$$\varepsilon=\frac{L_1-L}{L_0}\times 100\% \tag{6-31}$$

式中:ε——所测龄期的限制膨胀率(%);

L_1——所测龄期的试体长度测量值(mm);

L——试体的初始长度测量值(mm);

L_0——试体的基准长度,140mm。

取相近的两个试体测定值的平均值作为限制膨胀率的测量结果,计算值精确至 0.001%。

2. 试验方法 B

1)仪器设备具体要求如下:

(1)搅拌机、振动台、试模及下料漏斗:按 GB/T 17671 规定;

(2)测量仪:由千分表、支架养护水槽组成(见图 6-5),千分表的分辨率为 0.001mm;

(3)纵向限制器同上述 6.16.1 小节中试验方法 A。

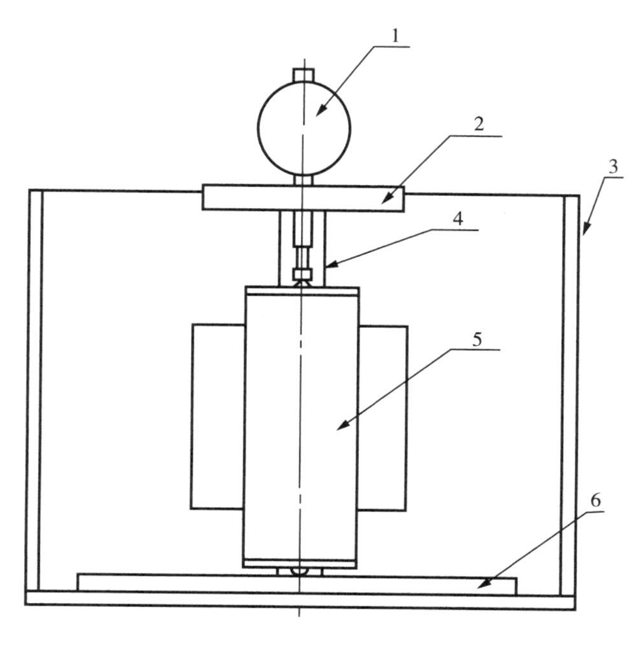

1—千分表;2—支架;3—养护水槽;4—上测头;5—试体;6—下端板。

图 6-5 方法 B 中的测量仪

2)试验室温度、湿度同上述6.16.1小节中试验方法A。

3)试体制备方法同上述6.16.1小节中试验方法A。

4)试验具体步骤如下。

(1)测量前3h将测量仪、恒温水槽、自来水放在标准试验室内恒温,并将试体及测量仪测头擦净。

(2)试体脱模后在1h内应固定在测量支架上,将测量支架和试体一起放入未加水的恒温水槽,测量试体的初始长度。之后向恒温水槽中注入温度为20℃±2℃的自来水,水面应高于试体的水泥砂浆部分,在水中养护期间不准移动试体和恒温水槽。测量试体放入水中第7d的长度,然后在1h内放掉恒温水槽中的水,将测量支架和试体一起取出放入恒温恒湿(箱)室养护,调整千分表读数至出水前的长度值,再测量试体放入空气中第21d的长度。也可以记录试体放入恒温恒湿(箱)室时千分表的读数,再测量试体放入空气中第21d的长度,计算时进行校正。

(3)根据需要也可以测量不同龄期的长度,观察膨胀收缩变化趋势。

(4)测量读数应精确至0.001mm。不同龄期的试体应在规定时间±1h内测量。

5)试验结果同上述6.16.1小节中试验方法A。

6.16.2 掺膨胀剂的混凝土限制膨胀和收缩试验方法

本方法适用于测定掺膨胀剂混凝土的限制膨胀率及限制干缩率,分为试验方法A和试验方法B,当两种试验方法的测试结果有分歧时,以试验方法B为准。

1. 试验方法A

1)仪器设备具体要求如下。

(1)测量仪:由千分表、支架和标准杆组成(见图6-6),千分表的分辨率为0.001mm。

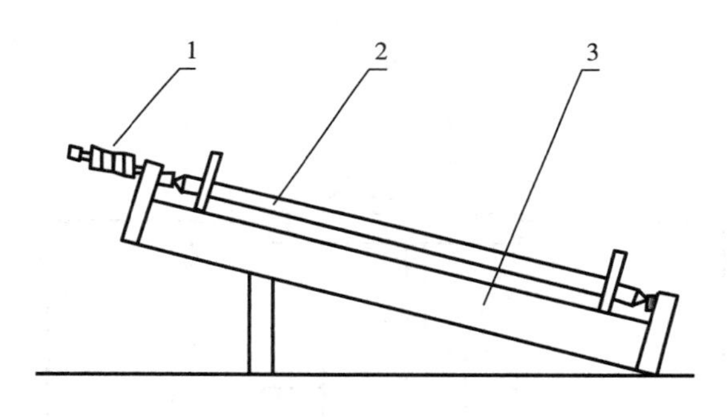

1—千分表;2—标准杆;3—支架。

图6-6 方法A中的测量仪

(2)纵向限制器应符合以下规定:纵向限制器由纵向限制钢筋与钢板焊接制成(见图6-7);纵向限制钢筋采用GB/T 1499.2中规定的钢筋,直径为10mm,横截面面积为78.54mm^2;钢筋两侧焊12mm厚的钢板,材质符合GB/T 700技术要求,钢筋两端点各7.5mm范围内为黄铜或不锈钢,测头呈球面状,半径为3mm;钢板与钢筋焊接处的焊接强度不应低于260MPa;纵向限制器不应变形,一般检验可重复使用3次;该纵向限制器的配筋率为0.79%。

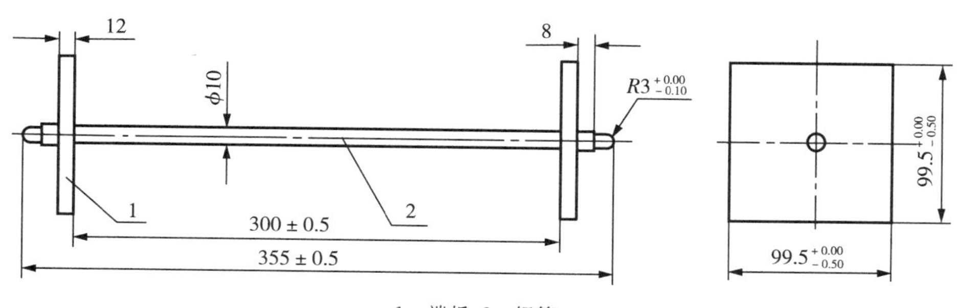

1—端板；2—钢筋。

图 6－7　纵向限制器(单位：mm)

2)试验室环境条件如下。

(1)用于混凝土试体成型和测量的试验室温度为 20℃±2℃。

(2)用于养护混凝土试体的恒温水槽的温度为 20℃±2℃。恒温恒湿室温度为 20℃±2℃，湿度为 60%±5%。

(3)每日应检查、记录温度变化情况。

3)试体制备方法如下。

(1)用于成型试体的模型宽度和高度均为 100mm，长度大于 360mm。

(2)同一条件有 3 条试体供测长用，试体全长 355mm，其中混凝土部分尺寸为 100mm×100mm×300mm。

(3)首先把纵向限制器具放入试模中，然后将混凝土一次装入试模，把试模放在振动台上震动至表面呈现水泥浆，不泛气泡为止，刮去多余的混凝土并抹平；然后把试体置于温度为 20℃±2℃的养护室内养护，试体表面用塑料布或湿布覆盖，防止水分蒸发。

(4)当混凝土抗压强度达到 3～5MPa 时拆模(成型后 12～16h)。

4)试验具体步骤如下。

(1)试体测长。测长前的准备和操作方法按照上述 6.16.1 小节中试验方法 A 进行，测量完初始长度的试体立即放入恒温水槽中养护，在规定龄期进行测长。测长的龄期从加水搅拌开始计算，一般测量 3d、7d 和 14d 的长度变化。14d 后，将试体移入恒温恒湿室中养护，分别测量空气中 28d、42d 的长度变化，也可根据需要安排测量龄期。

(2)试体养护。养护时，应注意不损伤试体测头。试体之间应保持 25mm 以上间隔，试体支点距限制钢板两端约 70mm。

5)长度变化率按式(6－32)计算：

$$\varepsilon = \frac{L_1 - L}{L_0} \times 100\% \qquad (6-32)$$

式中：ε——所测龄期的限制膨胀率(%)；

L_1——所测龄期的试体长度测量值(mm)；

L——试体的初始长度测量值(mm)；

L_0——试体的基准长度，300mm。

取相近的两个试体测定值的平均值作为长度变化率的测量结果，计算值精确至 0.001%。

导入混凝土中的膨胀或收缩应力按式(6－33)计算：

$$\sigma=\mu E\varepsilon \tag{6-33}$$

式中：σ——膨胀或收缩应力(MPa)，精确至0.01MPa；

μ——配筋率(%)；

E——限制钢筋的弹性模量，取2.0×10^5MPa；

ε——所测龄期的长度变化率(%)。

2. 试验方法B

1)仪器设备具体要求如下。

(1)纵向限制器应符合以下规定：纵向限制器由纵向限制钢筋与钢板焊接制成(见图6－8)；纵向限制钢筋采用GB/T 1499.2中规定的钢筋，直径为10mm，横截面面积为78.54mm². 钢筋两侧焊12mm厚的钢板，材质符合GB/T 700技术要求，钢板与钢筋焊接处的焊接强度不应低于260MPa；纵向限制器不应变形，一般检验科重复使用3次；该纵向限制器的配筋率为0.79%。

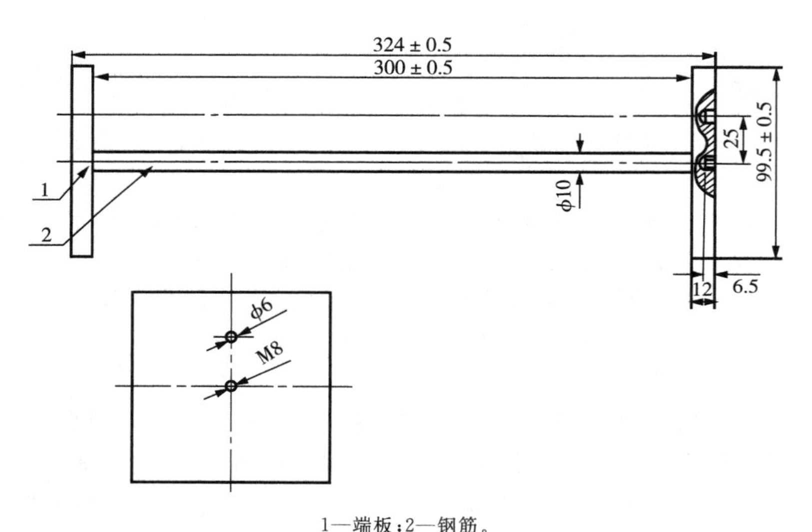

1—端板；2—钢筋。

图6－8 纵向限制器(单位：mm)

(2)试验装置示意见GB/T 23439—2017中图B.4。测量连杆应采用直径为8mm的低膨胀铁镍、铁镍钴合金，材质符合YB/T 5241技术要求，左、右支架和紧固螺钉为不锈钢材质，测量连杆、支架与纵向限制器应安装牢固。

2)试验室环境条件同上述6.16.2小节中试验方法B。

3)试体制备方法如下。

(1)用于成型试体的模型宽度和高度均为100mm，长度为400mm。

(2)同一条件有3条试体供测长用，试体混凝土部分尺寸为100mm×100mm×300mm.

(3)首先把装好左右测量支架的纵向限制器具放入试模中，然后将混凝土一次装入试模，把试模放在振动台上震动至表面呈现水泥浆，不泛气泡为止，刮去多余的混凝土并抹平；试体表面用湿布覆盖，防治水分蒸发；然后把试体置于温度为20℃±2℃的标准养护室，并牢固安装测量连杆和千分表。

4)试验具体步骤如下。

装好测量连杆和千分表的试体在标准养护室内静置120min,读取初始长度;当混凝土抗压强度达到3～5MPa(成型后12～16h),在试体两端注满温度为20℃±2℃的自来水,水养护期间,试体表面应一直用湿布覆盖。在规定龄期进行测长。测长的龄期从加水搅拌开始计算,一般测量3d、7d和14d的长度变化。14d后,将试体从模型中取出,并在1h之内,移入恒温恒湿室中养护,调整千分表读数至出水前的长度值,也可以记录试体放入恒温恒湿(箱)室时千分表的读数,计算时进行校正。分别测量试体放入空气中28d、42d的长度变化。也可根据需要安排测量龄期,在恒温恒湿(箱)室养护时,试体之间应保持25mm以上间隔,试体支点距限制钢板两端约70mm。

5)长度变化率按式(6-34)计算:

$$\varepsilon=\frac{L_1-L}{2L_0}\times100\% \qquad (6-34)$$

式中:ε——所测龄期的长度变化率(%);

L_1——所测龄期的千分表读值(mm);

L——初始千分表读值(mm);

L_0——试体的基准长度,300mm。

取相近的两个试体测定值的平均值作为长度变化率的测量结果,计算值精确至0.001%。

导入混凝土中的膨胀或收缩应力按式(6-33)计算。

6.16.3 混凝土膨胀剂和掺膨胀剂的混凝土膨胀性能快速试验方法

本小节规定了在测定限制膨胀率之前,判断膨胀剂或混凝土是否具有一定膨胀性能的快速简易试验方法,结果供用参考。本方法适用于定性判别混凝土膨胀剂或掺混凝土膨胀剂的混凝土膨胀性能。

混凝土膨胀剂的膨胀性能快速试验方法如下:称取强度等级为42.5的硅酸盐水泥或普通硅酸盐水泥1350g±5g,受检混凝土膨胀剂150g±1g,水675g±1g,手工搅拌均匀。将搅拌好的水泥浆体用漏斗注满容积为600mL的玻璃啤酒瓶,并盖好瓶口,观察玻璃瓶出现裂缝的时间。

掺混凝土膨胀剂的混凝土膨胀性能快速试验方法如下:在现场取搅拌好的掺混凝土膨胀剂的混凝土,将约400mL的混凝土装入容积为500mL的玻璃烧杯中,用竹筷轻轻插捣密实,并用塑料薄膜封好烧杯口。待混凝土终凝后,揭开塑料薄膜,向烧杯中注满清水,再用塑料薄膜密封烧杯,观察玻璃烧杯出现裂缝的时间。

第7章 混凝土掺合料

7.1 细度测定

7.1.1 细度测定方法

1. 概述

本方法采用45μm方孔标准筛对粉煤灰试样采用负压筛析法进行试验，用筛上筛余物的质量百分数来表示样品的细度。为保持筛孔的标准度，再用试验筛应用已知筛余的标准样品来标定。

本方法依据《水泥细度检验方法 筛析法》(GB/T 1345—2005)、《用于水泥和混凝土中的粉煤灰》(GB/T 1596—2017)编制而成，适用于粉煤灰和水泥细度检测。

2. 仪器设备

1)试验筛。

(1)试验筛由圆形筛框和筛网组成，筛网符合GB/T 6005 R20/3 45μm的要求。负压筛应附有透明筛盖，筛盖与筛上口应有良好的密封性。

(2)筛孔尺寸的检验方法按GB/T 6003.1进行。由于物料会对筛网产生磨损，试验筛每使用100次后需重新标定，标定方法参照本书7.1.2小节进行。

2)负压筛析仪。

(1)负压筛析仪由筛座、负压筛、负压源及收尘器组成，其中筛座由转速为30r/min±2r/min的喷气嘴、负压表、控制板、微电机及壳体构成。

(2)筛析仪负压可调范围为4000～6000Pa。

(3)喷气嘴上口平面与筛网之间距离为2～8mm。

(4)喷气嘴的上开口尺寸如图7-1所示。

(5)负压源和收尘器，由功率不小于600W的工业吸尘器和小型旋风收尘筒组成或用其他具有相当功能的设备。

3)水筛架和喷头：水筛架和喷头的结构尺寸应符合JC/T 728的规定，但其中水筛架上筛座内径为140^{+0}_{-3}mm。

4)天平：最小分度值不大于0.01g。

3. 样品要求

样品应有代表性，样品处理方法按GB 12573进行操作。

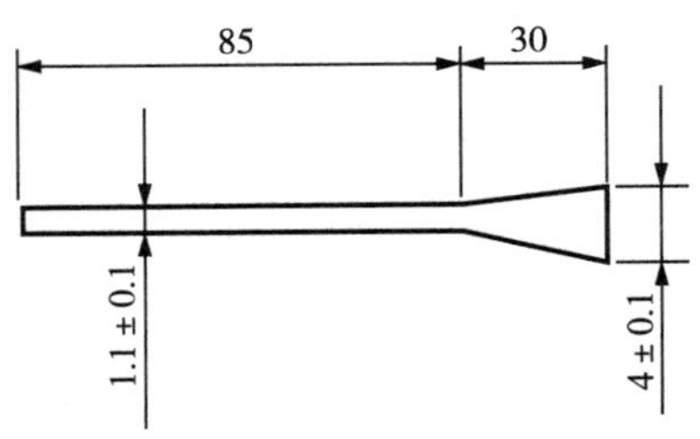

图7-1 喷气嘴上开口(单位:mm)

4. 试验步骤

1)试验准备:试验前所用试验筛应保持清洁,负压筛应保持干燥。试验时,45μm 筛析试验称取试样 10g。

2)负压筛析法的具体步骤如下。

(1)筛析试验前应把负压筛放在筛座上,盖上筛盖,接通电源,检查控制系统,调节负压至 4000～6000Pa。

(2)称取试样精确至 0.01g,置于洁净的负压筛中,放在筛座上,盖上筛盖,接通电源,开动筛析仪连续筛析 3min,在此期间如有试样附着在筛盖上,可轻轻地敲击筛盖使试样落下。筛毕,用天平称量全部筛余物。

5. 试验结果

1)试样筛余百分数按式(7-1)计算:

$$F=\frac{R_t}{W}\times 100\% \quad (7-1)$$

式中:F——水泥试样的筛余百分数(%),精确至 0.1%;

R_t——水泥筛余物(g);

W——水泥试样的质量(g)。

2)筛余结果的修正:试验筛的筛网会在试验中磨损,因此筛析结果应进行修正。修正的方法是式(7-1)中的结果乘以该试验筛按本书 7.1.2 小节标定后得到的有效修正系数,即为最终结果。

3)实例:用 A 号试验筛对某水泥样的筛余值为 5.0%,而 A 号试验筛的修正系数为 1.10,则该水泥样的最终结果为 5.0%×1.10=5.5%。

合格评定时。每个样品应称取两个试样分别筛析,取筛余平均值为筛析结果。若两次筛余结果绝对误差大于 0.5%时(筛余值大于 5.0%时可放至 1.0%)应再做一次试验,取两次相近结果的算术平均值,作为最终结果。

7.1.2 试验筛的标定方法

1. 概述

用标准样品在试验筛上的测定值与标准样品的标准值的比值来反映试验筛筛孔的准确度。

2. 试验条件

1)水泥细度标准样品。符合 GSB 14-1511 要求,或相同等级的标准样品。有争议时以 GSB 14-1511 标准样品为准。

2)仪器设备。符合本书 7.1.1 小节中要求的相应设备。

3. 被标定试验筛

被标定试验筛应事先经过济洗,去污,干燥并和标定试验室温度一致。

4. 标定操作

将标准样装入干燥洁净的密闭广口瓶中,盖上盖子摇动 2min,消除结块。静置 2min 后,用一根干燥洁净的搅拌棒搅匀样品。称量标准样品精确至 0.01g,将标准样品倒进被标定试验筛,中途不得有任何损失。接着进行筛析试验操作,每个试验筛的标定应称取两个标准样品连续进行，中间不得插做其他样品试验。

5. 标定结果

两个样品结果的算术平均值为最终值，但当两个样品筛余结果相差大于0.3%时应称第三个样品进行试验，并取接近的两个结果进行平均作为最终结果。

6. 修正系数计算

修正系数按式(7-2)计算：

$$C=\frac{F_s}{F_t} \tag{7-2}$$

式中：C——试验筛修正系数，精确至0.01；

F_s——标准样品的筛余标准值(%)；

F_t——标准样品在试验筛上的筛余值(%)。

7. 试验筛合格判定

1)当C为0.80～1.20时，试验筛可继续使用，C可作为结果修正系数。

2)当C超出0.80～1.20时，试验筛应予淘汰。

7.2　比表面积测定

7.2.1　概述

本方法主要是根据一定量的空气通过具有一定空隙率和固定厚度的试料层时，所受阻力不同而引起流速的变化来测定试料的比表面积。在一定空隙率的试料层中，空隙的大小和数量是颗粒尺寸的函数，同时也决定了通过料层的气流速度。

本方法依据《水泥比表面积测定方法　勃氏法》(GB/T 8074—2008)、《用于水泥和混凝土中的粒化高炉矿渣粉》(GB/T 18046—2017)和《用于水泥和混凝土中的钢渣粉》(GB/T 20491—2017)编制而成，适用于矿粉和钢渣粉比表面积的检测。

7.2.2　仪器设备

1. 设备

1)透气仪：本方法采用的勃氏比表面积透气仪分手动和自动两种，均应符合JC/T 956的要求。

2)烘干箱：控制温度灵敏度为±1℃。

3)分析天平：分度值为0.001g。

4)秒表：精确至0.5s。

5)样品：样品按GB 12573进行取样，先通过0.9mm方孔筛，再在110℃±5℃下烘干1h，并在干燥器中冷却至室温。

6)基准材料：GSB 14-1511或相同等级的标准物质，有争议时以GSB 14-1511为准。

7)压力计液体：采用带有颜色的蒸馏水或直接采用无色蒸馏水。

8)滤纸:采用符合 GB/T 1914 的中速定量滤纸。

9)汞:分析纯汞。

2. 仪器校准

1)仪器的校准采用 GSB 14－1511 或相同等级的其他标准物质,有争议时以前者为准。

2)仪器校准按 JC/T 956 进行。

3)校准周期:至少每年进行一次。仪器设备使用频繁则应半年进行一次;仪器设备维修后也要重新标定。

7.2.3 试验室条件

相对湿度不大于 50%。

7.2.4 试验步骤

1)测定试样密度:按 GB/T 208 测定试样密度。

2)漏气检查:将透气圆筒上口用橡皮塞塞紧,接到压力计上。用抽气装置从压力计一臂中抽出部分气体,然后关闭阀门,观察是否漏气。如发现漏气,可用活塞油脂加以密封。

3)空隙率(ε)的确定:空隙率选用 0.530±0.005。当按上述空隙率不能将试样压至下述步骤 5)规定的位置时,则允许改变空隙率。空隙率的调整以 2000g 砝码(5 等砝码)将试样压实至步骤 5)规定的位置为准。

4)确定试样量。试样量按式(7－3)计算:

$$m=\rho V(1-\varepsilon) \tag{7-3}$$

式中:m——需要的试样量(g);

ρ——试样密度(g/cm^3);

V——试料层体积(cm^3),按 JC/T 956 测定;

ε——试料层空隙率。

5)试料层制备。

(1)将穿孔板放入透气圆筒的突缘上,用捣棒把一片滤纸放到穿孔板上,边缘放平并压紧。称取上述步骤 4)确定的试样量,精确到 0.001g,倒入圆筒。轻敲圆筒的边,使试料层表面平坦。再放入一片滤纸,用捣器均匀捣实试料直至捣器的支持环与圆筒顶边接触,并旋转 1～2 圈,慢慢取出捣器。

(2)穿孔板上的滤纸为 ϕ12.7mm 边缘光滑的圆形滤纸片,每次测定需用新的滤纸片。

6)透气试验。

(1)把装有试料层的透气圆筒下锥面涂一薄层活塞油脂,然后把它插入压力计顶端锥型磨口处,旋转 1～2 圈。要保证紧密连接不致漏气,并不振动所制备的试料层。

(2)打开微型电磁泵慢慢从压力计一臂中抽出空气,直到压力计内液面上升到扩大部下端时关闭阀门。当压力计内液体的凹月面下降到第一条刻线时开始计时(见图 7－2),当液体的凹月面下降到第二条刻线时停止计时,记录液面从第一条刻度线到第二条刻度线所需的时间。以秒记录,并记录下试验时的温度(℃)。每次透气试验,应重新制备试料层。

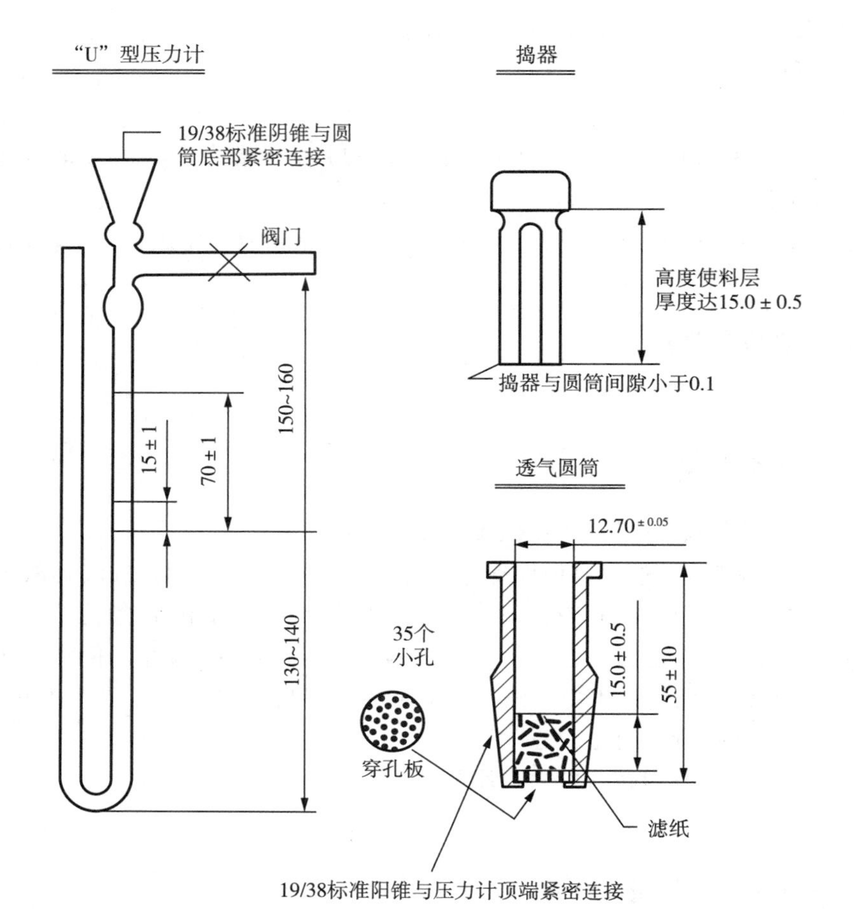

图 7－2　比表面积 U 型压力计示意(单位:mm)

7.2.5　试验结果

1)当被测试样的密度、试料层中空隙率与标准样品相同,试验时的温度与校准温度之差不大于 3℃时,可按式(7－4)计算:

$$S=\frac{S_s\sqrt{T}}{\sqrt{T_s}} \tag{7-4}$$

如试验时的温度与校准温度之差大于 3℃时,则按式(7－5)计算:

$$S=\frac{S_s\sqrt{\eta_s}\sqrt{T}}{\sqrt{\eta}\sqrt{T_s}} \tag{7-5}$$

式中:S——被测试样的比表面积(cm^2/g);

S_S——标准样品的比表面积(cm^2/g);

T——被测试样试验时,压力计中液面降落测得的时间(s);

T_S——标准样品试验时,压力计中液面降落测得的时间(s);

η——被测试样试验温度下的空气粘度(μPa・s)；

η_S——标准样品试验温度下的空气粘度(μPa・s)。

2)当被测试样的试料层中空隙率与标准样品试料层中空隙率不同，试验时的温度与校准温度之差不大于 3℃时，可按式(7-6)计算：

$$S=\frac{S_s\sqrt{T}(1-\varepsilon_s)\sqrt{\varepsilon^3}}{\sqrt{T_s}(1-\varepsilon)\sqrt{\varepsilon_S^3}} \tag{7-6}$$

如试验时的温度与校准温度之差大于 3℃时，则按式(7-7)计算：

$$S=\frac{S_s\sqrt{\eta_s}\sqrt{T}(1-\varepsilon_s)\sqrt{\varepsilon^3}}{\sqrt{\eta}\sqrt{T_s}(1-\varepsilon)\sqrt{\varepsilon_S^3}} \tag{7-7}$$

式中：ε——被测试样试料层中的空隙率；

ε_S——标准样品试料层中的空隙率。

3)当被测试样的密度和空隙率均与标准样品不同，试验时的温度与校准温度之差不大于 3℃时，可按式(7-8)计算：

$$S=\frac{S_s\rho_s\sqrt{T}(1-\varepsilon_s)\sqrt{\varepsilon^3}}{\rho\sqrt{T_s}(1-\varepsilon)\sqrt{\varepsilon_S^3}} \tag{7-8}$$

如试验时的温度与校准温度之差大于 3℃时，则按式(7-9)计算：

$$S=\frac{S_s\rho_s\sqrt{\eta_s}\sqrt{T}(1-\varepsilon_s)\sqrt{\varepsilon^3}}{\rho\sqrt{\eta}\sqrt{T_s}(1-\varepsilon)\sqrt{\varepsilon_S^3}} \tag{7-9}$$

式中：ρ——被测试样的密度(g/cm^3)；

ρ_S——标准样品的密度(g/cm^3)。

4)结果处理。

(1)试样比表面积应由二次透气试验结果的平均值确定。如二次试验结果相差 2%以上时，应重新试验，计算结果保留至 $10cm^2/g$。

(2)当同一试样用手动勃氏透气仪测定的结果与自动勃氏透气仪测定的结果有争议时，以手动勃氏透气仪测定结果为准。

7.3　烧失量测定(基准法)

7.3.1　概述

试样在 950℃±25℃的高温炉中灼烧，灼烧所失去的能量即为烧失量。本方法依据《水泥化学分析方法》(GB/T 176—2017)、《用于水泥和混凝土中的粒化高炉矿渣粉》(GB/T 18046—2017)、《用于水泥和混凝土中的粉煤灰》(GB/T 1596—2017)编制而成。

7.3.2　仪器设备

1)分析天平:量程为200g,精确至0.0001g。

2)高温炉:可控制温度为700℃±25℃、800℃±25℃、950℃±25℃、1175℃±25℃。

3)干燥器:内装变色硅胶。

4)瓷坩埚:带盖,容量为20～30mL。

7.3.3　试验步骤

1)粉煤灰烧失量按GB/T 176进行。

2)矿渣粉烧失量按GB/T 18046及GB/T 176进行。

3)试验次数、恒量、空白试验、灼烧等要求按GB/T 176进行。

7.4　含水率测定

7.4.1　概述

本方法依据《用于水泥和混凝土中的粉煤灰》(GB/T 1596—2017)、《用于水泥和混凝土中的粒化高炉矿渣粉》(GB/T 18046—2017)和《矿物掺合料应用技术规范》(GB/T 51003—2014)编制而成,适用于粉煤灰、矿渣粉含水量的测定。

将试样放入规定温度的烘干箱内烘至恒重,以烘干前后的质量差与烘干前的质量比确定试样的含水量。

7.4.2　仪器设备

1. 烘干箱

可控制温度为105～110℃,最小分度值不大于2℃。

2. 天平

量程不小于50g,最小分度值不大于0.01g。

7.4.3　试验步骤

1)称取试样约50g,精确至0.01g,倒入已烘干至恒量的蒸发皿中称量(m_1),精确至0.01g。

2)将粉煤灰试样放入105～110℃烘干箱内烘至恒重,取出放在干燥器中冷却至室温后称量(m_0),精确至0.01g。

7.4.4　结果计算

含水量按式(7-10)计算,结果精确至0.1%:

$$w=\frac{m_1-m_0}{m_1}\times 100\% \tag{7-10}$$

式中:w——含水量(%);

m_1——烘干前试样的质量(g)；

m_0——烘干后试样的质量(g)。

每个样品应称取两个试样进行试验，取两个试样含水量的算术平均值作为试验结果。

7.5　需水量比测定

7.5.1　概述

按 GB/T 2419 测定试验胶砂和对比胶砂的流动度，二者达到规定流动度范围时的加水量之比为粉煤灰的需水量比。

本方法依据《用于水泥和混凝土中的粉煤灰》(GB/T 1596—2017)编制而成，适用于粉煤灰及指定采用本方法的其他混凝土掺合料。

7.5.2　试验材料

1)对比水泥：符合 GSB 14－1510 规定，或符合 GB 175 规定的强度等级为 42.5 的硅酸盐水泥或普通硅酸盐水泥，且按表 7－1 配制的对比胶砂流动度(L_0)为 145～155mm。

2)试验样品：对比水泥和被检验粉煤灰按质量比 7∶3 混合。

3)标准砂：符合 GB/T 17671 规定的 0.5～1.0mm 的中级砂。

4)水：洁净的淡水。

7.5.3　仪器设备

1)天平：量程不小于 1000g，最小分度值不大于 1g。

2)搅拌机：符合 GB/T 17671 规定的行星式水泥胶砂搅拌机。

3)流动度跳桌：符合 GB/T 2419 的规定。

7.5.4　试验步骤

1)胶砂配比按表 7－1 进行。

2)对比胶砂和试验胶砂分别按 GB/T 17671 规定进行搅拌。

3)搅拌后的对比胶砂和试验胶砂分别按 GB/T 2419 测定流动度。当试验胶砂流动度达到对比胶砂流动度(L_0)的±2mm 时，记录此时的加水量(m)；当试验胶砂流动度超出对比胶砂流动度(L_0)的±2mm 时，重新调整加水量，直至试验胶砂流动度达到对比胶砂流动度(L_0)的±2mm 为止。

表 7－1　粉煤灰需水量比试验胶砂配比

胶砂种类	对比水泥/g	试验样品/g		标准砂/g
		对比水泥	粉煤灰	
对比胶砂	250	—	—	750
试验胶砂	—	175	75	750

7.5.5 试验结果

1)需水量比按式(7-11)计算,结果保留至1%。

$$X=\frac{m}{125}\times 100\% \tag{7-11}$$

式中:X——需水量比(%);

m——试验胶砂流动度达到对比胶砂流动度(L_0)的±2mm时的加水量(g);

125——对比胶砂的加水量(g)。

2)试验结果有矛盾或需要仲裁检验时,对比水泥宜采用GSB 14-1510强度检验用水泥标准样品。

7.6 流动度比、活性指数测定

7.6.1 概述

根据GB/T 17671测定试验胶砂和对比胶砂的7d、28d抗压强度,以二者之比确定矿渣粉7d、28d的强度活性指数。以试验胶砂和对比胶砂流动度之比确定矿渣粉的流动度比。

本方法依据《用于水泥和混凝土中的粉煤灰》(GB/T 1596—2017)、《用于水泥和混凝土中的粒化高炉矿渣粉》(GB/T 18046—2017)编制而成,适用于粉煤灰强度活性指数的测定和矿渣粉流动度比、活性指数的测定。

7.6.2 试验材料

1)对比水泥:(1)矿渣粉:符合GB 175规定的强度等级为42.5的硅酸盐水泥或普通硅酸盐水泥,且3d抗压强度为25~35MPa,7d抗压强度为35~45MPa,28d抗压强度为50~60MPa,比表面积为350~400m^2/kg,SO_3含量(质量分数)为2.3%~2.8%,碱含量($Na_2O+0.658K_2O$)(质量分数)为0.5%~0.9%;(2)粉煤灰:符合GSB 14-1510规定,或符合GB 175规定的强度等级42.5的硅酸盐水泥或普通硅酸盐水泥。

2)试验样品:对比水泥和被检验矿渣粉按质量比1∶1混合;对比水泥和被检验粉煤灰按质量比7∶3混合。

3)标准砂:符合GSB 08-1337的规定。

4)拌合用水:洁净的淡水。

7.6.3 仪器设备

天平、搅拌机、振实台或振动台、抗压强度试验机等均应符合GB/T 17671的规定。

7.6.4　试验步骤

1. 试验胶砂配比

1)粉煤灰强度活性指数试验胶砂配比按表 7-2 进行。

表 7-2　粉煤灰强度活性指数试验胶砂配比

胶砂种类	对比水泥/g	试验样品/g		标准砂/g	水水/mL
		对比水泥	粉煤灰		
对比胶砂	450	—	—	1350	225
试验胶砂	—	315	135	1350	225

2)矿渣粉流动度比和强度活性指数试验胶砂配比按表 7-3 进行。

表 7-3　矿渣粉流动度比和强度活性指数试验胶砂配比

胶砂种类	试验样品/g		标准砂/g	水/mL
	对比水泥	矿渣粉		
对比胶砂	450	—	1350	225
试验胶砂	225	225	1350	225

2. 对比胶砂和试验胶砂搅拌程序

按 GB/T 17671 进行。

3. 水泥胶砂流动度试验

按 GB/T 2419 进行对比胶砂和试验胶砂的流动度试验。

4. 水泥胶砂强度试验

将对比胶砂和试验胶砂分别按 GB/T 17671 规定进行试体成型和养护。试体养护至 7d、28d，按 GB/T 17671 规定分别测定对比胶砂和试验胶砂的抗压强度。

7.6.5　结果计算

1. 7d 强度活性指数

7d 活性指数按式(7-12)计算，计算结果保留至整数：

$$A_7=\frac{R_7}{R_{07}}\times 100\% \tag{7-12}$$

式中：A_7——7d 活性指数(%)；

R_7——试验胶砂 7d 抗压强度(MPa)；

R_{07}——对比胶砂 7d 抗压强度(MPa)。

2. 28d 强度活性指数

28d 活性指数按式(7-13)计算，计算结果保留至整数：

$$A_{28}=\frac{R_{28}}{R_{028}}\times 100\% \tag{7-13}$$

式中：A_{28}——28d 活性指数(%)；

R_{28}——试验胶砂 28d 抗压强度(MPa)；

R_{028}——对比胶砂 28d 抗压强度(MPa)。

3. 流动度比

矿渣粉流动度比按式(7－14)计算，计算结果保留至整数：

$$F=\frac{L}{L_{mm}}\times 100\% \tag{7－14}$$

式中：F——矿渣流动度比(%)；

L_{m}——对比胶砂流动度(mm)；

L——试验胶砂流动度(mm)。

7.7 氯离子含量测定

本节规定了混凝土掺合料矿渣粉中氯离子含量的测定方法，具体参考本书第 1.7 节。

7.8 三氧化硫含量测定

本节规定了粉煤灰、矿渣粉中三氧化硫含量的测定方法，具体参考本书第 1.9 节。

7.9 放射性测定

7.9.1 概述

本方法规定了建筑材料放射性核素限量和天然放射性核素镭－226、钍－232、钾－40 放射性比活度的测定方法。其中，内照射指数指建筑材料中天然放射性核素镭－226 的放射性比活度与本方法中规定的限量值的比值。外照射指数指建筑材料中天然放射性核素镭－226、钍－232、钾－40 的放射性比活度分别与其单独存在时本标准规定的限量值的比值的和。

放射性比活度指物质中的某种核素放射性活度与该物质的质量的比值，见式(7－15)：

$$C=\frac{A}{m} \tag{7－15}$$

放射性试验样品为矿渣粉或粉煤灰和硅酸盐水泥按质量比 1∶1 混合制成。本方法适用于粉煤灰、矿渣粉及指定采用本方法的其他无机非金属类建筑材料放射性的测定。

本方法依据《建筑材料放射性核素限量》(GB 6566—2010)编制而成。

7.9.2 仪器设备

1)低本底多道 γ 能谱仪。

2)天平(感量为 0.1g)。

7.9.3 试样制备

1. 取样

随机抽取样品两份，每份不少于2kg。一份封存，另一份作为检验样品。

2. 制样

将掺合料与符合GB 175要求的硅酸盐水泥按质量1∶1混合均匀，磨细至粒径不大于0.16mm，将其放入与标准样品几何形态一致的样品盒中，称重(精确至0.1g)、密封、待测。

7.9.4 试验步骤

当检验样品中天然放射性衰变链基本达到平衡后，在与标准样品测量条件相同情况下，采用低本底多道γ能谱仪对其进行镭-226、钍-232、钾-40比活度测量。

7.9.5 计算

1. 内照射指数

内照射指数按照式(7-16)进行计算：

$$I_{Ra}=\frac{C_{Ra}}{200} \tag{7-16}$$

式中：I_{Ra}——内照射指数；

C_{Ra}——建筑材料中天然放射性核素镭-226的放射性比活度($Bq \cdot kg^{-1}$)；

200——仅考虑内照射情况下，GB 6566—2010规定的建筑材料中放射性核素镭-226的放射性比活度限量($Bq \cdot kg^{-1}$)。

2. 外照射指数

外照射指数按照式(7-17)进行计算：

$$I_{\gamma}=\frac{C_{Ra}}{370}+\frac{C_{Th}}{260}+\frac{C_{K}}{4200} \tag{7-17}$$

式中：I_{γ}——外照射指数；

C_{Ra}、C_{Th}、C_{K}——分别为建筑材料中天然放射性核素镭-226、钍-232、钾-40的放射性比活度($Bq \cdot kg^{-1}$)；

370、260、4200——分别为仅考虑外照射情况下，GB 6566—2010规定的建筑材料中天然放射性核素镭-226、钍-232、钾-40在其各自单独存在时GB 6566—2010规定的限量($Bq \cdot kg^{-1}$)。

7.9.6 测量不确定度

当样品中镭-226、钍-232、钾-40放射性比活度之和大于$37Bq \cdot kg^{-1}$时，GB 6566—2010规定的试验方法要求测量不确定度(扩展因子$k=1$)不大于20%。

计算结果数字修约后保留一位小数。

第 8 章　砂浆

8.1　立方体抗压强度试验

8.1.1　概述

砂浆立方体抗压强度是砂浆性能检测中的基本性能之一，是确定砂浆强度等级的重要依据。

本试验依据《建筑砂浆基本性能试验方法标准》(JGJ/T 70—2009)编制而成。

8.1.2　仪器设备

1)压力试验机：精度应为 1%，试件破坏荷载应不小于压力机量程的 20%，且不应大于全量程的 80%。

2)垫板：试验机上、下压板及试件之间可垫以钢垫板，垫板的尺寸应大于试件的承压面，其不平度应为每 100mm 不超过 0.02mm。

3)钢直尺。

8.1.3　试验条件

试验室温度为 20℃±5℃。

8.1.4　立方体抗压强度试件的制作及养护

1)应采用立方体试件，每组试件应为 3 个。试模为 70.7mm×70.7mm×70.7mm 的带底试模，符合行业标准 JG/T 237 的规定，应具有足够的刚度并拆装方便。试模的内表面应机械加工，其不平度应为每 100mm 不超过 0.05mm，组装后各相邻面的不垂直度不应超过±0.5°。

2)应采用黄油等密封材料涂抹试模的外接缝，试模内应涂刷薄层机油或隔离剂。应将拌制好的砂浆一次性装满砂浆试模，成型方法应根据稠度而确定。当稠度大于 50mm 时采用人工插捣成型，当稠度不大于 50mm 时采用振动台振实成型。

(1)人工插捣：应采用捣棒均匀地由边缘向中心按螺旋方式插捣 25 次，插捣过程中当砂浆沉落低于试模口时，应随时添加砂浆，可用油灰刀插捣数次，并用手将试模一边抬高 5～10mm 各振动 5 次使砂浆高出试模顶面 6～8mm。

(2)机械振动:设备振动台应满足空载中台面的垂直振幅应为0.5mm±0.05mm,空载频率应为50Hz±3Hz,空载台面振幅均匀度不应大于10%,一次试验应至少能固定3个试模。将拌制好的砂浆一次装满试模,放置到振动台上,振动时试模不得跳动,振动5~10s或持续到表面泛浆为止,不得过振。

3)待表面水分稍干后,再将高出试模部分的砂浆沿试模顶面刮去并抹平。

4)试件制作后应在温度为20℃±5℃的环境下静置24h±2h,对试件进行编号、拆模。当气温较低时,或者凝结时间大于24h的砂浆,可适当延长时间,但不应超过2d。试件拆模后应立即放入温度为20℃±2℃、相对湿度为90%以上的标准养护室中养护。养护期间,试件彼此间隔不得小于10mm,混合砂浆、湿拌砂浆试件上面应覆盖,防止有水滴在试件上。

5)从搅拌加水开始计时,标准养护龄期应为28d,也可根据相关标准要求增加7d或14d。

8.1.5　试验步骤

1)试件从养护地点取出后应及时进行试验。试验前应将试件表面擦拭干净,并检查其外观。然后测量试件尺寸,计算试件的承压面积。当实测尺寸与公称尺寸之差不超过1mm时,承压面积可按照公称尺寸进行计算。

2)将试件安放在试验机的下压板或下垫板上,试件的承压面应与成型时的顶面垂直,试件中心应与试验机下压板或下垫板中心对准。开动试验机,当上压板与试件或上垫板接近时,调整球座,使接触面均衡受压。承压试验应连续而均匀地加荷,加荷速度应为0.25~1.5kN/s;砂浆强度不大于2.5MPa时,宜取下限。当试件接近破坏而开始迅速变形时,停止调整试验机油门,直至试件破坏,然后记录破坏荷载,依次做完一组三个试件。

8.1.6　试验结果

1)砂浆立方体抗压强度应按式(8-1)计算:

$$f_{m,cu}=K\frac{N_u}{A} \tag{8-1}$$

式中:$f_{m,cu}$——砂浆立方体试件抗压强度(MPa),应精确至0.1MPa;

N_u——试件破坏荷载(N);

A——试件承压面积(mm^2);

K——换算系数,取1.35。

2)应以三个试件测值的算术平均值作为该组试件的砂浆立方体抗压强度平均值(f_2),精确至0.1MPa。

3)当三个测值的最大值或最小值中有一个与中间值的差值超过中间值的15%时,应把最大值及最小值一并舍去,取中间值作为该组试件的抗压强度值。

4)当两个测值与中间值的差值均超过中间值的15%时,该组试验结果应为无效。

8.2 稠度试验

8.2.1 概述

本试验依据《建筑砂浆基本性能试验方法标准》(JGJ/T 70—2009)编制而成,适用于确定砂浆的配合比或施工过程中控制砂浆的稠度。

8.2.2 仪器设备

1)砂浆稠度仪(见图 8-1):由试锥、容器和支座三部分组成。试锥应由钢材或铜材制成,试锥高度应为145mm,锥底直径应为75mm,试锥连同滑杆的质量应为 300g ± 2g;盛浆容器应由钢板制成,筒高应为180mm,锥底内径应为150mm;支座应包括底座、支架及刻度显示三个部分,应由铸铁、钢或其他金属制成。

2)钢制捣棒:直径为 10mm,长度为 350mm,端部磨圆;

3)秒表。

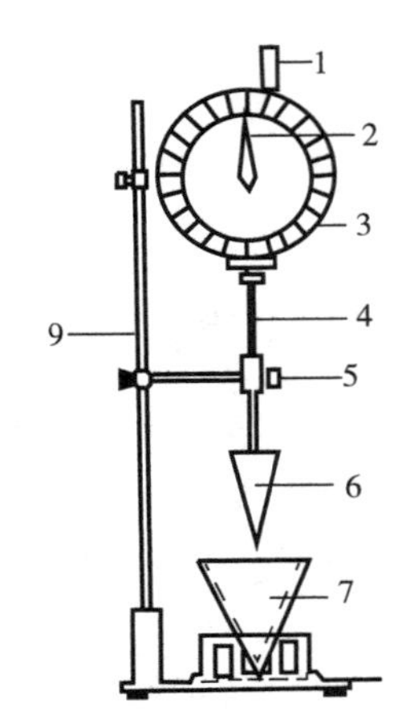

1—齿条测杆;2—指针;3—刻度盘;4—滑杆;5—制动螺丝;6—试锥;7—盛浆容器;8—底座;9—支架。

图 8-1 砂浆稠度测定仪

8.2.3 试验条件

试验室温度为 20℃±5℃。当需要模拟施工条件下所用的砂浆时,所用原材料的温度宜与施工现场保持一致。

8.2.4 试验步骤

1)应先采用少量润滑油轻擦滑杆,再将滑杆上多余的油用吸油纸擦净,使滑杆能自由滑动。

2)应先采用湿布擦净盛浆容器和试锥表面,再将拌制好的砂浆拌合物一次装入容器;砂浆表面宜低于容器口 10mm,用捣棒自容器中心向边缘均匀地插捣 25 次,然后轻轻地将容器摇动或敲击 5～6 下,使砂浆表面平整,随后将容器置于稠度测定仪的底座上。

3)拧开制动螺丝,向下移动滑杆,当试锥尖端与砂浆表面刚接触时,应拧紧制动螺丝,使齿条测杆下端刚接触滑杆上端,并将指针对准零点上。

4)拧开制动螺丝,同时计时间,10s 时立即拧紧螺丝,将齿条测杆下端接触滑杆上端,从刻度盘上读出下沉深度((精确至 1mm),即为砂浆的稠度值。

5)盛装容器内的砂浆,只允许测定一次稠度,重复测定时,应重新取样测定。

8.2.5 试验结果

1)同盘砂浆应取两次试验结果的算术平均值作为测定值,并应精确至 1mm。

2)当两次试验值之差大于 10mm 时,应重新取样测定。

8.3 保水性试验

8.3.1 概述

本试验依据《建筑砂浆基本性能试验方法标准》(JGJ/T 70—2009)编制而成,适用于测定砂浆拌合物的保水性。

8.3.2 仪器设备

1)金属或硬塑料圆环试模:内径应为100mm,内部高度应为25mm。

2)可密封的取样容器:应清洁、干燥。

3)2kg的重物。

4)金属滤网:网格尺寸为45μm,圆形,直径为110mm±1mm。

5)超白滤纸:应采用符合GB/T 1914规定的中速定性滤纸,直径应为110mm,单位面积质量应为200g/m²。

6)两片金属或玻璃的方形或圆形不透水片,边长或直径应大于110mm。

7)天平:量程为200g,感量为0.1g;量程为2000g,感量为1g。

8)烘箱。

8.3.3 试验条件

试验室温度为20℃±5℃。当需要模拟施工条件下所用的砂浆时,所用原材料的温度宜与施工现场保持一致。

8.3.4 试验步骤

1)称量底部不透水片与干燥试模质量m_1和15片中速定性滤纸质量m_2。

2)将拌制好的砂浆拌合物一次性装入试模,并用抹刀插捣数次,当装入的砂浆略高于试模边缘时,用抹刀以45°角一次性将试模表面多余的砂浆刮去,然后再用抹刀以较平的角度在试模表面反方向将砂浆刮平。

3)抹掉试模边的砂浆,称量试模、底部不透水片与砂浆总质量m_3。

4)用金属滤网覆盖在砂浆表面,再在滤网表面放上15片滤纸,用上部不透水片盖在滤纸表面,以2kg的重物把上部不透水片压住。

5)静置2min后移走重物及上部不透水片,取出滤纸(不包括滤网),迅速称量纸质量m_4。

6)按照砂浆的配比及加水量计算砂浆的含水率,若无法计算,可按以下8.3.5小节的规定测定砂浆的含水率。

8.3.5 砂浆含水率的测定

1)按照砂浆的配合比及加水量计算砂浆的含水率。

2)当无法计算时,可按照以下步骤测定砂浆含水率。

测定砂浆含水率时,应称取 100g±10g 砂浆拌合物试样,置于一干燥并已称重的盘中,在 105℃±5℃的烘箱中烘干至恒重。

砂浆含水率应按式(8-2)计算:

$$\alpha=\frac{m_6-m_5}{m_6}\times100\% \tag{8-2}$$

式中:α——砂浆含水率(%);

m_5——烘干后砂浆样本的质量(g),精确至 1g;

m_6——砂浆样本的总质量(g),精确至 1g。

取两次试验结果的算术平均值作为砂浆的含水率,精确至 0.1%。当两个测定值之差超过 2%时,此组试验结果应为无效。

8.3.6 试验结果

砂浆保水率按式(8-3)计算:

$$W=\left[1-\frac{m_4-m_2}{\alpha\times((m_3-m_1)}\right]\times100\% \tag{8-3}$$

式中:W——砂浆保水率(%);

m_1——底部不透水片与干试模质量(g),精确至 1g;

m_2——15 片滤纸吸水前的质量(g),精确至 0.1g;

m_3——试模、底部不透水片与砂浆总质量(g),精确至 1g;

m_4——15 片滤纸吸水后的质量(g),精确至 0.1g;

α——砂浆含水率(%)。

取两次试验结果的算术平均值作为砂浆的保水率,精确至 0.1%,且第二次试验应重新取样测定。当两个测定值之差超过 2%时,此组试验结果应为无效。

8.4 拉伸粘结强度试验

8.4.1 概述

本试验依据《建筑砂浆基本性能试验方法标准》(JGJ/T 70—2009)编制而成。

8.4.2 仪器设备

1)拉力试验机:破坏荷载应为其量程的 20%~80%,精度应为 1%,最小示值应为 1N。

2)拉伸专用夹具(见图 8-2、图 8-3):应符合 JG/T 3049 的规定。

3)成型框:外框尺寸应为 70mm×70mm,内框尺寸应为 40mm×40mm,厚度应为 6mm,材料应为硬聚氯乙烯或金属。

4)钢制垫板:外框尺寸应为 70mm×70mm,内框尺寸应为 43mm×43mm,厚度应为 3mm。

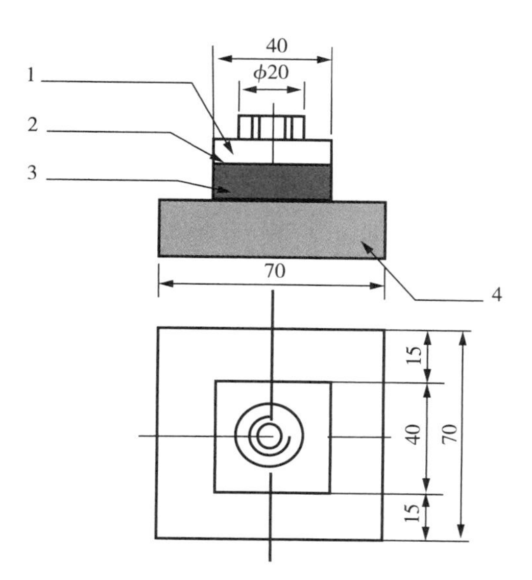

1—拉伸用钢制上夹具;2—胶粘剂;
3—检验砂浆;4—水泥砂浆块。

图 8-2　拉伸粘结强度用钢制上夹具(单位:mm)

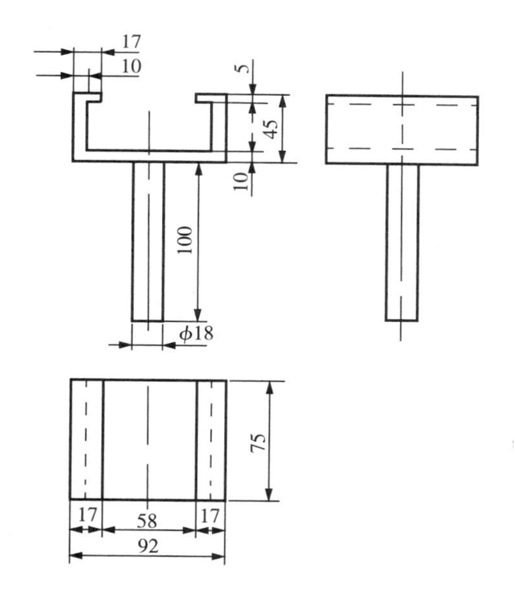

图 8-3　拉伸粘结强度用钢制下夹具(单位:mm)

8.4.3　试验条件

1)温度应为 20℃±5℃。当需要模拟施工条件下所用的砂浆时,所用的原材料的温度宜与施工现场保持一致。

2)相对湿度应为 45%～75%。

8.4.4　基底水泥砂浆块的制备

1)原材料:水泥应采用符合 GB 175 规定的 42.5 级水泥,砂应采用符合 JGJ 52 规定的中砂;水应采用符合 JGJ 63 规定的用水。

2)配合比:水泥∶砂∶水=1∶3∶0.5(质量比)。

3)成型:将制成的水泥砂浆倒入 70mm×70mm×20mm 的硬聚氯乙烯或金属模具中,振动成型或用抹灰刀均匀插捣 15 次,人工颠实 5 次,转 90°,再颠实 5 次,然后用刮刀以 45°方向抹平砂浆表面;试模内壁事先宜涂刷水性隔离剂,待干、备用。

4)应在成型 24h 后脱模,并放入 20℃±2℃水中养护 6d,再在试验条件下放置 21d 以上。试验前,应用 200 号砂纸或磨石将水泥砂浆试件的成型面磨平,备用。

8.4.5　砂料的制备

1)干混砂浆料浆的制备。

(1)待检样品应在试验条件下放置 24h 以上。

(2)应称取不少于 10kg 的待检样品,并按产品制造商提供比例进行水的称量;当产品制造商提供比例是一个值域范围时,应采用平均值。

(3)应先将待检样品放入砂浆搅拌机中,再启动机器,然后徐徐加入规定量的水,搅拌 3～5min。搅拌好的料应在 2h 内用完。

2)现拌砂浆料浆的制备:

(1)待检样品应在试验条件下放置 24h 以上;

(2)应按设计要求的配合比进行物料的称量,且干物料总量不得少于 10kg;

(3)应先将称好的物料放入砂浆搅拌机中,再启动机器,然后徐徐加入规定量的水,搅拌 3～5min,搅拌好的料应在 2h 内用完。

8.4.6　拉伸粘结强度试件的制备

1)将制备好的基底水泥砂浆块在水中浸泡 24h,并提前 5～10min 取出,用湿布擦拭其表面。

2)将成型框放在基底水泥砂浆块的成型面上,再将按照 JGJ/T 70 的规定制备好的砂浆料浆或直接从现场取来的砂浆试样倒入成型框中,用抹灰刀均匀插捣 15 次,人工颠实 5 次,转 90°,再颠实 5 次,然后用刮刀以 45°方向抹平砂浆表面,24h 内脱模,在温度为 20℃±2℃、相对湿度为 60%～80%的环境中养护至规定龄期。

3)每组砂浆试样应制备 10 个试件。

8.4.7　试验步骤

1)应先将试件在标准试验条件下养护 13d,再在试件表面以及上夹具表面涂上环氧树脂等高强度胶粘剂,然后将上夹具对正位置放在胶粘剂上,并确保上夹具不歪斜,除去周围溢出的胶粘剂,继续养护 24h。

2)测定拉伸粘结强度时,应先将钢制垫板套入基底砂浆块上,再将拉伸粘结强度夹具安装到试验机上,然后将试件置于拉伸夹具中,夹具与试验机的连接宜采用球铰活动连接,以

5mm/min±1mm/min 速度加荷至试件破坏。

3)当破坏形式为拉伸夹具与胶粘剂破坏时，试验结果应无效。

8.4.8 试验结果

拉伸粘结强度应按式(8-4)计算：

$$f_{at}=\frac{F}{A_z} \tag{8-4}$$

式中：f_{at}——砂浆拉伸粘结强度(MPa)；

F——试件破坏时的荷载(N)；

A_z——粘结面积(mm^2)。

1)应以10个试件测值的算术平均值作为拉伸粘结强度的试验结果。

2)当单个试件的强度值与平均值之差大于20%时，应逐次舍弃偏差最大的试验值，直至各试验值与平均值之差不超过20%，当10个试件中有效数据不少于6个时，取有效数据的平均值为试验结果，结果精确至0.01MPa。

3)当10个试件中有效数据不足6个时，此组试验结果应为无效，并应重新制备试件进行试验。

4)对于有特殊条件要求的拉伸粘结强度，应先按照特殊要求条件处理后，再进行试验。

8.5 分层度试验

8.5.1 概述

本试验依据《建筑砂浆基本性能试验方法标准》(JGJ/T 70—2009)编制而成，适用于测定砂浆拌合物在运输及停放时内部组分的稳定性。

8.5.2 仪器设备

1)砂浆分层度筒(见图8-4)：应由钢板制成，内径应为150mm，上节高度应为200mm，下节带底净高应为100mm，两节的连接处应加宽3～5mm，并应设有橡胶垫圈。

2)振动台：振幅应为0.5mm±0.05mm，频率应为50Hz±3Hz。

3)砂浆稠度仪。

4)木锤等辅助工具。

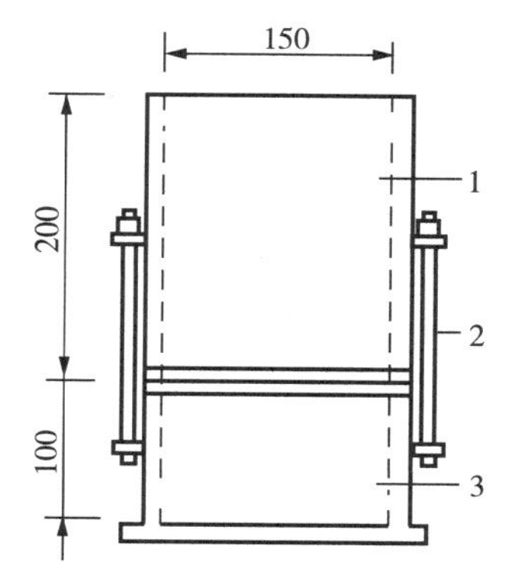

1—无底圆筒；2—连接螺栓；3—有底圆筒。

图8-4 砂浆分层度测定仪(单位：mm)

8.5.3 试验条件

试验室温度为20℃±5℃。当需要模拟施工条件下所用的砂浆时，所用原材料的温度宜与施工现场保持一致。

8.5.4 试验步骤

分层度的测定可采用标准法和快速法。当发生争议时，应以标准法的测定结果为准。

1)标准法测定分层度应按下列步骤进行。

(1)先按照 JGJ/T 70 的规定测定砂浆拌合物的稠度，为初始稠度。

(2)将拌制好的砂浆拌合物一次装入分层度筒内，待装满后，用木锤在分层度筒周围距离大致相等的四个不同部位轻轻敲击 1～2 下；当砂浆沉落到低于筒口时，应随时添加，然后刮去多余的砂浆并用抹刀抹平。

(3)静置 30min 后，去掉上节 200mm 砂浆，然后将剩余的 100mm 砂浆倒在拌合锅内搅拌 2min 再按照 JGJ/T 70 的规定测其稠度，前后测得的稠度之差即为该砂浆的分层度值。

(4)按照上述步骤重复测定砂浆拌合物的分层度。

2)快速法测定分层度应按下列步骤进行：

(1)应按照 JGJ/T 70 的规定测定砂浆拌合物的稠度；

(2)应将分层度筒预先固定在振动台上，砂浆拌合物一次装入分层度筒内，振动 20s；

(3)去掉上节 200mm 砂浆，剩余 100mm 砂浆倒出放在拌合锅内拌 2min，再按 JGJ/T 70 的规定测其稠度，前后测得的稠度之差即为该砂浆的分层度值；

(4)按照上述步骤重复测定砂浆拌合物的分层度。

8.5.5 试验结果

1)应取两次试验结果的算术平均值作为该砂浆的分层度值，精确至 1mm。

2)当两次分层度试验值之差大于 10mm 时，应重新取样测定。

8.6 砌筑砂浆配合比设计试验

8.6.1 概述

砌筑砂浆由水泥、细骨料和水，以及根据需要加入的石灰、活性掺合料或外加剂配制而成。砌筑砂浆分为水泥砂浆和水泥混合砂浆。砌筑砂浆一般分为现场配制砂浆和预拌砌筑砂浆，预拌砌筑砂浆(商品砂浆)是由专业生产厂生产的湿拌砌筑砂浆和干混砌筑砂浆。

本试验依据《砌筑砂浆配合比设计规程》(JGJ/T 98—2010)编制而成。

8.6.2 砌筑砂浆配合比设计基本要求

1)水泥宜采用通用硅酸盐水泥或砌筑水泥，且应符合 GB 175 和 GB/T 3183 的规定。

2)砂宜选用中砂，并应符合 JGJ 52 的规定，且应全部通过 4.75mm 的筛孔。

3)砌筑砂浆用石灰膏、电石灰膏应符合相关要求。

4)粉煤灰、矿粉、硅灰、天然沸石粉应符合国家标准要求。

5)采用保水增稠材料时,应在使用前进行试验验证,并应有完整的型式检验报告。

6)外加剂应符合国家有关标准的规定,引气型外加剂还应有完整的型式检验报告。

7)拌制砂浆用水应符合 JGJ 63 的规定。

8.6.3 砌筑砂浆配合比设计技术要求

1)水泥砂浆及预拌砌筑砂浆的强度等级可分为 M5、M7.5、M10、M15、M20、M25、M30;水泥混合砂浆的强度等级可分为 M5、M7.5、M10、M15。

2)砌筑砂浆拌合物的表观密度宜符合表 8-1 的规定。

表 8-1 砌筑砂浆拌合物的表观密度

砂浆种类	表观密度/(kg/m^3)
水泥砂浆	≥1900
水泥混合砂浆	≥1800
预拌砌筑砂浆	≥1800

3)砌筑砂浆的稠度、保水率、试配抗压强度应同时满足要求。

4)砌筑砂浆施工时的稠度宜按表 8-2 选用。

表 8-2 砌筑砂浆的施工稠度

砌体种类	施工稠度/mm
烧结普通砖砌体、粉煤灰砖砌体	70～90
混凝土砖砌体、普通混凝土小型空心砌块砌体、灰砂砖砌体	50～70
烧结多孔砖砌体、烧结空心砖砌体、轻集料混凝土小型空心砌块砌体、蒸压加气混凝土砌块砌体	60～80
石砌体	30～50

5)砌筑砂浆的保水率应符合表 8-3 的规定。

表 8-3 砌筑砂浆的保水率

砂浆种类	保水率/%
水泥砂浆	≥80
水泥混合砂浆	≥84
预拌砌筑砂浆	≥88

6)有抗冻性要求的砌体工程,砌筑砂浆应进行冻融试验。砌筑砂浆的抗冻性应符合表 8-4的规定,且当设计对抗冻性有明确要求时,尚应符合设计规定。

表 8-4　砌筑砂浆的抗冻性

使用条件	抗冻指标	质量损失率/%	强度损失率/%
夏热冬暖地区	F15	≤5	≤25
夏热冬冷地区	F25		
寒冷地区	F35		
严寒地区	F50		

7)砌筑砂浆中的水泥和石灰膏、电石膏等材料的用量可按表 8-5 选用。

表 8-5　砌筑砂浆的材料用量

砂浆种类	材料用量/(kg/m³)
水泥砂浆	≥200
水泥混合砂浆	≥350
预拌砌筑砂浆	≥200

注:(1)水泥砂浆中的材料用量是指水泥用量。
(2)水泥混合砂浆中的材料用量是指水泥和石灰膏、电石膏的材料总量。
(3)预拌砌筑砂浆中的材料用量是指胶凝材料用量,包括水泥和替代水泥的粉煤灰等活性矿物掺合料。

8)砌筑砂浆中可掺入保水增稠材料、外加剂等,掺量应经试配后确定。

9)砌筑砂浆试配时应采用机械搅拌。搅拌时间应自开始加水算起,并应符合下列规定:

(1)对水泥砂浆和水泥混合砂浆,搅拌时间不得少于 120s;

(2)对预拌砌筑砂浆和掺有粉煤灰、外加剂、保水增稠材料等的砂浆,搅拌时间不得少于 180s。

8.6.4　现场配制水泥混合砂浆的试配

1)配合比应按下列步骤进行计算:

(1)计算砂浆试配强度($f_{m,o}$);

(2)计算每立方米砂浆中的水泥用量(Q_c);

(3)计算每立方米砂浆中石灰膏用量(Q_D);

(4)确定每立方米砂浆中的砂用量(Q_S);

(5)按砂浆稠度选每立方米砂浆用水量(Q_W)。

2)砂浆的试配强度应按式(8-5)计算:

$$f_{m,o}=kf_2 \tag{8-5}$$

式中:$f_{m,o}$——砂浆的试配强度(MPa),应精确至 0.1MPa;

f_2——砂浆强度等级值(MPa),应精确至 0.1MPa;

k——系数,按表 8-6 取值。

表 8-6　砂浆强度标准差 σ 及 k 值

强度等级 / 施工水平	强度标准差 σ/MPa							k
	M5	M7.5	M10	M15	M20	M25	M30	
优良	1.00	1.50	2.00	3.00	4.00	5.00	6.00	1.15
一般	1.25	1.88	2.50	3.75	5.00	6.25	7.50	1.20
较差	1.50	2.25	3.00	4.50	6.00	7.50	9.00	1.25

3)砂浆强度标准差的确定应符合下列规定。

(1)当有统计资料时,砂浆强度标准差应按式(8-6)计算:

$$\sigma=\sqrt{\frac{\sum_{i=1}^{n}f_{m,i}^{2}-n\mu_{f_m}^{2}}{n-1}} \tag{8-6}$$

式中:$f_{m,i}$—— 统计周期内同一品种砂浆第 i 组试件的强度(MPa);

μ_{f_m}—— 统计周期内同一品种砂浆 n 组试件强度的平均值(MPa);

n—— 统计周期内同一品种砂浆试件的总组数,$n \geqslant 25$。

(2)当无统计资料时,砂浆强度标准差可按表 8-6 取值。

4)水泥用量的计算应符合下列规定。

(1)每立方米砂浆中的水泥用量应按式(8-7)计算:

$$Q_c=1000(f_{m,o}-\beta)/\alpha \cdot f_{ce} \tag{8-7}$$

式中:Q_c——每立方米砂浆的水泥用量(kg),应精确至 1kg;

f_{ce}——水泥的实测强度(MPa),应精确至 0.1MPa;

$f_{m,o}$——砂浆的试配强度(MPa),应精确至 0.1MPa;

α、β——砂浆的特征系数,其中 α 取 3.03,β 取 −15.09。

注:各地区也可用本地区试验资料确定 α、β 值,统计用的试验组数不得少于 30 组。

(2)在无法取得水泥的实测强度值时,可按式(8-8)计算:

$$f_{ce}=\gamma_c f_{ce,k} \tag{8-8}$$

式中:$f_{ce,k}$——水泥强度等级值(MPa);

γ_c——水泥强度等级值的富余系数,宜按实际统计资料确定;无统计资料时可取 1.0。

5)石灰膏用量应按式(8-9)计算:

$$Q_D=Q_A-Q_C \tag{8-9}$$

式中:Q_D——每立方米砂浆的石灰膏用量(kg),应精确至 1kg,石灰膏使用时的稠度宜为 120mm±5mm;

Q_C——每立方米砂浆的水泥用量(kg),应精确至 1kg;

Q_A——每立方米砂浆中水泥和石灰膏总量,应精确至 1kg,可为 350kg。

6)每立方米砂浆中的砂用量,应按干燥状态(含水率小于 0.5%)的堆积密度值作为计算值(kg)。

7)每立方米砂浆中的用水量可根据砂浆稠度等要求选用 210～310kg。

注:(1)混合砂浆中的用水量,不包括石灰膏中的水;

(2)当采用细砂或粗砂时,用水量分别取上限或下限;

(3)稠度小于 70mm 时,用水量可小于下限;

(4)施工现场气候炎热或干燥季节,可酌量增加用水量。

8.6.5 现场配制水泥砂浆的试配

1)水泥砂浆的材料用量可按表 8-7 选用。

表 8-7 水泥砂浆材料用量

<table>
<tr><th>强度等级</th><th>水泥/(kg/m³)</th><th>砂</th><th>用水量/(kg/m³)</th></tr>
<tr><td>M5</td><td>200～230</td><td rowspan="7">砂的堆积密度值</td><td rowspan="7">270～330</td></tr>
<tr><td>M7.5</td><td>230～260</td></tr>
<tr><td>M10</td><td>260～290</td></tr>
<tr><td>M15</td><td>290～330</td></tr>
<tr><td>M20</td><td>340～400</td></tr>
<tr><td>M25</td><td>360～410</td></tr>
<tr><td>M30</td><td>430～480</td></tr>
</table>

注:(1)M15 及 M15 以下强度等级水泥砂浆,水泥强度等级为 32.5 级;M15 以上强度等级水泥砂浆,水泥强度等级为 42.5 级;

(2)当采用细砂或粗砂时,用水量分别取上限或下限;

(3)稠度小于 70mm 时,用水量可小于下限;

(4)施工现场气候炎热或干燥季节,可酌量增加用水量;

(5)试配强度应按式(8-5)计算。

2)水泥粉煤灰砂浆材料用量可按表 8-8 选用。

表 8-8 每立方米水泥粉煤灰砂浆材料用量

<table>
<tr><th>强度等级</th><th>水泥和粉煤灰总量/(kg/m³)</th><th>粉煤灰</th><th>砂</th><th>用水量/(kg/m³)</th></tr>
<tr><td>M5</td><td>210～240</td><td rowspan="4">粉煤灰掺量可占胶凝材料总量的15%～25%</td><td rowspan="4">砂的堆积密度值</td><td rowspan="4">270～330</td></tr>
<tr><td>M7.5</td><td>240～270</td></tr>
<tr><td>M10</td><td>270～300</td></tr>
<tr><td>M15</td><td>300～330</td></tr>
</table>

注:(1)表中水泥强度等级为 32.5 级;

(2)当采用细砂或粗砂时,用水量分别取上限或下限;

(3)稠度小于 70mm 时,用水量可小于下限;

(4)施工现场气候炎热或干燥季节,可酌量增加用水量;

(5)试配强度应按式(8-5)计算。

8.6.6 预拌砌筑砂浆的试配要求

1)预拌砌筑砂浆应符合下列规定：

(1)在确定湿拌砌筑砂浆稠度时应考虑砂浆在运输和储存过程中的稠度损失；

(2)湿拌砌筑砂浆应根据凝结时间要求确定外加剂掺量；

(3)干混砌筑砂浆应明确拌制时的加水量范围；

(4)预拌砌筑砂浆的搅拌、运输、储存等应符合 JG/T 230 的规定；

(5)预拌砌筑砂浆性能应符合 JG/T 2301 的规定。

2)预拌砌筑砂浆的试配应符合下列规定：

(1)预拌砌筑砂浆生产前应进行试配，试配强度应按式(8－5)计算确定，试配时稠度取 70～80mm；

(2)预拌砌筑砂浆中可掺入保水增稠材料、外加剂等，掺量应经试配后确定。

8.6.7 砌筑砂浆配合比试配、调整与确定

1)砌筑砂浆试配时应考虑工程实际要求，搅拌应符合规定。

2)按计算或查表所得配合比进行试拌时，应按 JGJ/T 70 测定砌筑砂浆拌合物的稠度和保水率。当稠度和保水率不能满足要求时，应调整材料用量，直到符合要求为止，然后确定为试配时的砂浆基准配合比。

3)试配时至少应采用三个不同的配合比，其中一个配合比应为按本规程得出的基准配合比，其余两个配合比的水泥用量应按基准配合比分别增加及减少10%。在保证稠度、保水率合格的条件下，可将用水量、石灰膏、保水增稠材料或粉煤灰等活性掺合料用量作相应调整。

4)砌筑砂浆试配时稠度应满足施工要求，并应按 JGJ/T 70 标准分别测定不同配合比砂浆的表观密度及强度；并应选定符合试配强度及和易性要求、水泥用量最低的配合比作为砂浆的试配配合比。

5)砌筑砂浆试配配合比应按下列步骤进行校正：

(1)根据上述 8.6.6 小节来确定的砂浆配合比材料用量，按式(8－10)计算砂浆的理论表观密度值：

$$\rho_t = Q_c + Q_D + Q_S + Q_W \qquad (8-10)$$

式中：Q_D——每立方米砂浆的石灰膏用量(kg)，应精确至1kg；石灰膏使用时的稠度宜为120mm±5mm；

Q_c——每立方米砂浆的水泥用量(kg)，应精确至1kg；

Q_S——每立方米砂浆中的砂用量(kg)，应精确至1kg；

Q_W——每立方米砂浆中的用水量(kg)，应精确至1kg；

ρ_t——砂浆的理论表观密度值(kg/m^3)，应精确至$10kg/m^3$。

(2)应按式(8－11)计算砂浆配合比校正系数 δ：

$$\delta = \rho_c / \rho_t \qquad (8-11)$$

式中：ρ_c——砂浆的实测表观密度值(kg/m^3)，应精确至$10kg/m^3$；

ρ_t——砂浆的理论表观密度值(kg/m³),应精确至 10kg/m³。

(3)当砂浆的实测表观密度值与理论表观密度值之差的绝对值不超过理论值的 2%时,可按得出的试配配合比确定为砂浆设计配合比;当超过 2%时,应将试配配合比中每项材料用量均乘以校正系数(δ)后,确定为砂浆设计配合比。

6)预拌砌筑砂浆生产前应进行试配、调整与确定,并应符合 GB/T 230 的规定。

8.7 凝结时间试验

8.7.1 概述

本试验依据《建筑砂浆基本性能试验方法标准》(JGJ/T 70—2009)编制而成,适用于采用贯入阻力法确定砂浆拌合物的凝结时间。

8.7.2 仪器设备

1)定时钟表。

2)砂浆凝结时间测定仪(见图 8-5):应由试针、容器、压力表和支座四部分组成,并应符合下列规定。

(1)试针:应由不锈钢制成,截面积应为 30mm²。

(2)盛浆容器:应由钢制成,内径应为 140mm,高度应为 75mm。

(3)压力表:测量精度应为 0.5N。

(4)支座:分为底座、支架及操作杆三部分,应由铸铁或钢制成。

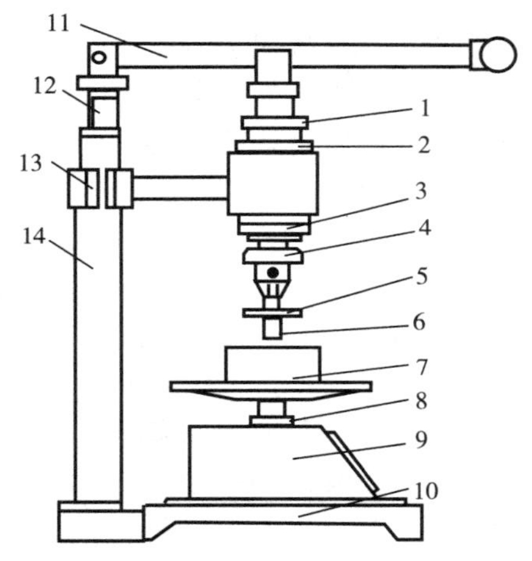

1、2、3、8—调节螺母;4—夹头;5—垫片;6—试针;7—盛浆容器;9—压力表座;10—底座;11—操作杆;12—调节杆;13—立架;14—立柱。

图 8-5 砂浆凝结时间测定仪

8.7.3 试验步骤

1)将制备好的砂浆拌合物装入盛浆容器内,砂浆应低于容器上口 10mm,轻轻敲击容器,并予以抹平,盖上盖子,放在 20℃±2℃的试验条件下保存。

2)砂浆表面的泌水不得清除,将容器放到压力表座上,然后通过下列步骤来调节测定仪:

(1)调节螺母 3,使贯入试计与砂浆表面接触;

(2)拧开调节螺母 2,再调节螺母 1,以确定压入砂浆内部的深度为 25mm 后再拧紧螺母 2;

(3)旋动调节螺母 8,使压力表指针调到零位。

3)测定贯入阻力值,用截面为 30mm² 的贯入试针与砂浆表面接触,在 10s 内缓慢而均匀地垂直压入砂浆内部 25mm 深,每次贯入时记录仪表读数 N_p,贯入杆离开容器边缘或已贯入部位应至少12mm。

4)在20℃±2℃的试验条件下,实际贯入阻力值应在成型后2h开始测定,并应每隔30min测定一次,当贯入阻力值达到0.3MPa时,应改为每15min测定一次,直至贯入阻力值达到0.7MPa为止。

8.7.4 施工现场要求

1)当在施工现场测定砂浆的凝结时间时,砂浆的稠度、养护和测定的温度应与现场相同。

2)在测定湿拌砂浆的凝结时间时,时间间隔可根据实际情况定为受检砂浆预测凝结时间的1/4、1/2、3/4等来测定,当接近凝结时间时可每15min测定一次。

8.7.5 试验结果

砂浆贯入阻力值应按式(8-12)计算:

$$f_p = \frac{N_p}{A_p} \tag{8-12}$$

式中:f_p——贯入阻力值(MPa),精确至0.01MPa;

N_p——贯入深度至25mm时的静压力(N);

A_p——贯入试针的截面积,即30mm^2。

8.7.6 砂浆的凝结时间的确定

1)凝结时间的确定可采用图示法或内插法,有争议时应以图示法为准。

从加水搅拌开始计时,分别记录时间和相应的贯入阻力值,根据试验所得各阶段的贯入阻力与时间的关系绘图,由图求出贯入阻力值达到0.5MPa的所需时间t_s(min),此时的t_s值即为砂浆的凝结时间测定值。

2)测定砂浆凝结时间时,应在同盘内取两个试样,以两个试验结果的算术平均值作为该砂浆的凝结时间值,两次试验结果的误差不应大于30min,否则应重新测定。

8.8 抗渗性能试验

8.8.1 概述

本试验依据《建筑砂浆基本性能试验方法标准》(JGJ/T 70—2009)编制而成。

8.8.2 仪器设备

1)金属试模:应采用截头圆锥形带底金属试模,上口直径应为70mm,下口直径应为80mm,高度应为30mm。

2)砂浆渗透仪。

8.8.3 试验步骤

1)应将拌和好的砂浆一次装入试模中,并用抹灰刀均匀插捣15次,再颠实5次,当填充砂浆略高于试模边缘时,应用抹刀以45°角一次性将试模表面多余的砂浆刮去,然后再用抹刀以较平的角度在试模表面反方向将砂浆刮平。应成型6个试件。

2)试件成型后,应在室温20℃±5℃的环境下静置24h±2h后再脱模。试件脱模后,应放入温度为20℃±2℃、相对湿度为90%以上的养护室养护至规定龄期。试件取出待表面干燥后,应采用密封材料密封装入砂浆渗透仪中进行抗渗试验。

3)抗渗试验时,应从0.2MPa开始加压,恒压2h后增至0.3MPa,以后每隔1h增加0.1MPa。当6个试件中有3个试件表面出现渗水现象时,应停止试验,记下当时水压。在试验过程中,当发现水从试件周边渗出时,应停止试验,重新密封后再继续试验。

8.8.4 试验结果

砂浆抗渗压力值应以每组6个试件中4个试件未出现渗水时的最大压力计,并应按式(8-13)计算:

$$P=H-0.1 \tag{8-13}$$

式中:P——砂浆抗渗压力值(MPa),精确至0.1MPa;

H——6个试件中3个试件出现渗水时的水压力(MPa)。

第9章 土

9.1 土的最大干密度、最优含水率试验

9.1.1 概述

在工程建设中，经常遇到填土压实、软弱地基的强夯和换土碾压等问题，需要采用既经济又合理的压实方法，使土变得密实，从而在短期内提高土的强度，以达到改善土的工程性质的目的。击实是指采用人工或机械对土施加夯压能量（如打夯、碾压、振动碾压等方式），使土颗粒重新排列紧密，其中粗粒土因颗粒的紧密排列，增强了颗粒表面摩擦力和颗粒之间嵌挤形成的咬合力，细粒土则因为颗粒间的靠紧而增强了颗粒间的分子引力，从而使土在短时间内得到新的结构强度。

本试验依据《土工试验方法标准》(GB/T 50123—2019)编制而成。要求土样粒径应小于20mm。本试验分轻型击实和重型击实，轻型击实试验的单位体积击实功约为592.2kJ/m³，重型击实试验的单位体积功约为2684.9kJ/m³。

9.1.2 仪器设备

1)击实仪：应符合国家标准GB/T 22541的规定。由击实筒、击锤和护筒组成，其尺寸应符合表9-1的规定。

表9-1 击实仪主要技术指标

<table>
<tr><th rowspan="2">试验方法</th><th rowspan="2">锤底直径/cm</th><th rowspan="2">锤质量/kg</th><th rowspan="2">落高/cm</th><th rowspan="2">层数</th><th rowspan="2">每层击数</th><th colspan="3">击实筒</th><th rowspan="2">护筒高度/mm</th></tr>
<tr><th>内径/mm</th><th>筒高/mm</th><th>容积/cm³</th></tr>
<tr><td rowspan="2">轻型</td><td rowspan="5">51</td><td rowspan="2">2.5</td><td rowspan="2">305</td><td>3</td><td>25</td><td>102</td><td>116</td><td>947.4</td><td>≥50</td></tr>
<tr><td>3</td><td>56</td><td>152</td><td>116</td><td>2103.9</td><td>≥50</td></tr>
<tr><td rowspan="3">重型</td><td rowspan="3">4.5</td><td rowspan="3">457</td><td>3</td><td>42</td><td>102</td><td>116</td><td>947.4</td><td>≥50</td></tr>
<tr><td>3</td><td>94</td><td rowspan="2">152</td><td rowspan="2">116</td><td rowspan="2">2103.9</td><td rowspan="2">≥50</td></tr>
<tr><td>5</td><td>56</td></tr>
</table>

击实仪的击锤应配导筒，击锤与导筒间应有足够的间隙使锤能自由下落。电动操作的击锤必须有控制落距的跟踪装置和锤击点按一定角度均匀分布的装置。

2)天平：称量为200g，分度值为0.01g。

3)台秤：称量为10kg，分度值为1g。

4)标准筛:孔径为 20mm、5mm。

5)试样推出器:宜用螺旋式千斤顶或液压式千斤顶,如无此类装置,也可用刮刀和修土刀从击实筒中取出试样。

6)其他:烘箱、喷水设备、碾土设备、盛土器、修土刀和保湿设备。

9.1.3 样品制备

试样制备可分为干法制备和湿法制备两种方法。

1)干法制备应按下列步骤进行:用四点分法取一定量的代表性风干试样,其中小筒所需土样约为 20kg,大筒所需土样约为 50kg,放在橡皮板上用木碾碾散,也可用碾土器碾散;轻型按要求过 5mm 或 20mm 筛,重型过 20mm 筛,将筛下土样拌匀,并测定土样的风干含水率;根据土的塑限预估的最优含水率,并制备不少于 5 个不同含水率的一组试样,相邻 2 个试样含水率的差值宜为 2%;将一定量土样平铺于不吸水的盛土盘内,其中小型击实筒所需击实土样约为 2.5kg,大型击实筒所取土样约为 5.0kg,按预定含水率用喷水设备往土样上均匀喷洒所需加水量,拌匀并装入塑料袋内或密封于盛土器内静置备用。静置时间分别为高液限黏土不得少于 24h,低液限黏土可酌情缩短,但不应少于 12h。

2)湿法制备应取天然含水率的代表性土样,其中小型击实筒所需土样约为 20kg,大型击实筒所需土样约为 50kg。碾散,按要求过筛,将筛下土样拌匀,并测定试样的含水率。分别风干或加水到所要求的含水率,应使制备好的试样水分均匀分布。

9.1.4 试验步骤

试样击实应按下列步骤进行。

1)将击实仪平稳置于刚性基础上,击实筒内壁和底板涂一薄层润滑油,连接好击实筒与底板,安装好护筒。检查仪器各部件及配套设备的性能是否正常,并做好记录。

2)从制备好的一份试样中称取一定量土料,分 3 层或 5 层倒入击实筒内并将土面整平,分层击实。手工击实时,应保证使击锤自由铅直下落,锤击点必须均匀分布于土面上;机械击实时,可将定数器拨到所需的击数处,击数可按表 9-1 确定,按动电钮进行击实。击实后的每层试样高度应大致相等,两层交接面的土面应刨毛。击实完成后,超出击实筒顶的试样高度应小于 6mm。

3)用修土刀沿护筒内壁削挖后,扭动并取下护筒,测出超高,应取多个测值平均,准确至 0.1mm。沿击实筒顶细心修平试样,拆除底板。试样底面超出筒外时,应修平。擦净筒外壁,称量,准确至 1g。

4)用推土器从击实筒内推出试样,从试样中心处取 2 个一定量的土料,细粒土为 15～30g,含粗粒土为 50～100g。平行测定土的含水率,称量准确至 0.01g,两个含水率的最大允许差值应为±1%。

5)应按步骤 1)～4)的规定对其他含水率的试样进行击实。一般不重复使用土样。

9.1.5 试验结果

1)击实后各试样的含水率应按式(9-1)计算:

$$w=\left(\frac{m_0}{m_d}-1\right)\times 100\% \tag{9-1}$$

2)击实后各试样的干密度应按式(9－2)计算,计算至 0.01g/cm³:

$$\rho_d=\frac{\rho}{1+0.01w} \tag{9-2}$$

3)土的饱和含水率应按式(9－3)计算:

$$w_{sat}=\left(\frac{\rho_w}{\rho_d}-\frac{1}{G_s}\right)\times 100\% \tag{9-3}$$

式中:w_{sat}——饱和含水率(%);

ρ_w——水的密度(g/cm³)。

4)以干密度为纵坐标,含水率为横坐标,绘制干密度与含水率的关系曲线。曲线上峰值点的纵、横坐标分别代表土的最大干密度和最优含水率。曲线不能给出峰值点时,应进行补点试验。

5)数个干密度下土的饱和含水率应按式(9－3)计算。以干密度为纵坐标,含水率为横坐标,在图上绘制饱和曲线。

9.2　土的压实系数测定

9.2.1　概述

压实系数反映了土的压缩比例,以土的控制干密度与最大干密度的比值表示,测定控制干密度常用的试验方法有环刀法、灌砂法和灌水法等。

9.2.2　环刀法

本方法依据《土工试验方法标准》(GB/T 50123—2019)编制而成,适用于细粒土。

1. 主要仪器设备

1)环刀:尺寸参数应符合国家标准 GB/T 15406 及 SL370 的规定。

2)天平:称量为 500g,分度值为 0.1g;称量为 200g,分度值为 0.01g。

2. 试验步骤

1)按工程需要取原状土试样或制备所需状态的扰动土试样,整平其两端,将环刀内壁涂一薄层凡士林,刃口向下放在试样上。

2)用切土刀(或钢丝锯)将土样削成略大于环刀直径的土柱,然后将环刀垂直下压,边压边削,至土样伸出环刀为止。将两端余土削去修平,取剩余的代表性土样测定含水率。

3)擦净环刀外壁称量,准确至 0.1g。

3. 试验结果

湿密度和干密度分别按式(9－4)和式(9－5)计算,计算至 0.01g/cm³。

$$\rho=\frac{m_0}{V} \tag{9-4}$$

$$\rho_d = \frac{\rho}{1+0.01\omega} \tag{9-5}$$

式中：m_0——风干土质量（或天然湿土质量）(g)；

ρ——试样的湿密度（g/cm^3）；

ρ_d——试样的干密度（g/cm^3）；

V——环刀容积（cm^3）。

本试验应进行两次平行测定，其最大允许平行差值应为±0.03g/cm^3，取其算术平均值。

9.2.3　灌水法

本方法依据《公路土工试验规程》（JTG 3430—2020）编制而成，适用于现场测定粗粒土和巨粒土的密度。

1. 主要仪器设备

1）座板：座板为中部开有圆孔，外沿呈方形或圆形的铁板，圆孔处设有环套，套孔的直径为土中所含最大石块粒径的3倍。

2）薄膜：聚乙烯塑料薄膜。

3）储水筒：直径应均匀，并附有刻度。

4）电子秤：称量为50kg，感量为5g。

5）其他：铁镐、铁铲、水平仪等。

2. 试验步骤

1）根据试样最大粒径宜按表9-2确定试坑尺寸。

表9-2　试坑尺寸

试样最大粒径/mm	试坑尺寸/mm	
	直径	深度
5～20	150	200
40	200	250
60	250	300
20	800	层厚

2）按确定的试坑直径划出坑口轮廓线。将测点处的地表整平，地表的浮土、石块、杂物等应予清除，坑洼不平处用砂铺整。用水平仪检查地表是否水平。

3）将座板固定于整平后的地表。将聚乙烯塑料膜沿环套内壁及地表紧贴铺好。记录储水筒初始水位高度，拧开储水筒的注水开关，从环套上方将水缓缓注入，至刚满不外溢为止。记录储水筒水位高度，计算座板部分的体积。在保持座板原固定状态下，将薄膜盛装的水排至对该试验不产生影响的场所，然后将薄膜揭离底板。

4）在轮廓线内下挖至要求深度，将落于坑内的试样装入盛土容器内，并测定含水率。

5）用挖掘工具沿座板上的孔挖试坑，为了使坑壁与塑料薄膜易于紧贴，对坑壁需加以整修。

将塑料薄膜沿坑底、坑壁紧密相贴地铺好。在往薄膜形成的袋内注水时，牵住薄膜的某一部位，一边拉松，一边注水，以使薄膜与坑壁间的空气得以排出，从而提高薄膜与坑壁的密贴程度。

6)记录储水筒内初始水位高度,拧开储水筒的注水开关,将水缓缓注入塑料薄膜中。当水面接近环套的上边缘时,将水流调小,直至水面与环套上边缘齐平时关闭注水管,持续3～5min,记录储水筒内水位高度。

3. 试验结果

1)细粒料与石料应分开测定含水率,按式(9-6)求出整体含水率:

$$w=w_f P_f+w_c(1+P_f) \tag{9-6}$$

式中:w——整体含水率,计算至0.1%;

w_f——细粒料部分的含水率(%);

w_c——石料部分的含水率(%);

P_f——细粒料的干质量与全部材料干质量之比。

注:细粒料与石块的划分以粒径60mm为界。

2)座板部分的容积按式(9-7)计算:

$$V_1=(h_1+h_2)A_w \tag{9-7}$$

式中:V_1——座板部分的容积,计算至$0.01cm^3$;

A_w——储水筒断面积(cm^2);

h_1——座板部分注水前储水筒水位高度(cm);

h_2——座板部分注水后储水筒水位高度(cm)。

3)试坑容积按式(9-8)计算:

$$V_p=(H_1+H_2)A_w-V_1 \tag{9-8}$$

式中:V_p——试坑容积,计算至$0.01cm^3$;

H_1——试坑注水前储水筒水位高度(cm);

H_2——试坑注水后储水筒水位高度(cm);

A_w——储水筒断面积(cm^2);

V_1——座板部分的容积(cm^3)。

4)湿密度和干密度分别按式(9-9)和式(9-10)计算;

$$\rho=\frac{m_p}{V_p} \tag{9-9}$$

$$\rho_d=\frac{\rho}{1+0.01\omega} \tag{9-10}$$

式中:ρ——试样的湿密度(g/cm^3);

ρ_d——试样的干密度(g/cm^3);

V_p——试坑容积(cm^3);

ω——含水率(%)。

4. 精度和允许差

灌水法密度试验应进行两次平行测定,两次测定的差值不得大于$0.03g/cm^3$,否则应重做试验。取两次测值的平均值。

9.2.4 灌砂法

本方法依据《公路土工试验规程》(JTG 3430—2020)编制而成,适用于现场测定路基土的密度。试样最大粒径不得超过 60mm,测定密度层的厚度为 150～200mm。

在测定细粒土的密度时,可以采用直径为 100mm 的小型灌砂筒。

如最大粒径超过 15mm,则灌砂筒和现场试洞的直径应为 150～200mm,灌砂筒的直径宜大于最大粒径的 3 倍。

1. 主要仪器设备

1)灌砂筒:灌砂筒如图 9-1 所示。灌砂筒主要分两部分:上部为储砂筒,筒底中心有一个圆孔;下部装一倒置的圆锥形漏斗,漏斗上端开口,直径与储砂筒的圆孔相同。漏斗焊接在一块铁板上,铁板中心有一圆孔与漏斗上开口相接。在储砂筒筒底与漏斗顶端铁板之间设有开关。开关为一薄铁板,一端与筒底及漏斗铁板铰接在一起,另一端伸出筒身外,开关铁板上也有圆孔。将开关向左移动时,开关铁板上的圆孔恰好与筒底圆孔及漏斗上开口相对,即三个圆孔在平面上重叠在一起,砂就可通过圆孔自由落下。将开关向右移动时,开关将筒底圆孔堵塞,砂即停止下落。

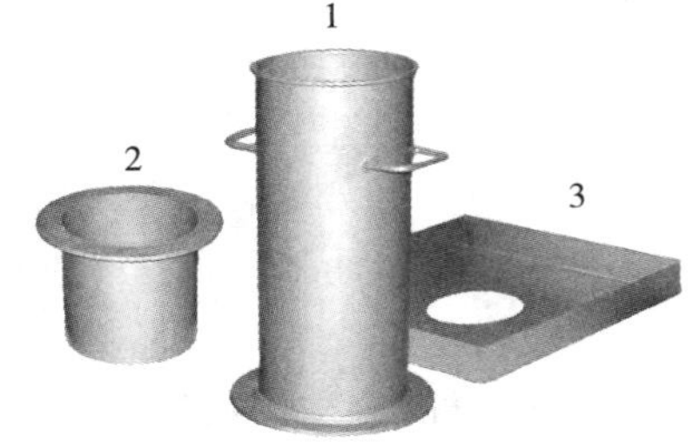

1—灌砂筒;2—标定罐;3—基板。

图 9-1 灌砂筒和标定罐

2)金属标定罐,上端周围有一罐缘。

3)基板:一个边长 350mm、深 40mm 的金属方盘,盘中心有一圆孔,直径与灌砂筒一致。

4)玻璃板:边长约 500mm 的方形板。

5)充电式天平:称量为 15kg,感量为 1g;天平:称量为 1000g,感量为 0.01g。

6)量砂:粒径为 0.25～0.5mm、清洁干燥的均匀砂,20～40kg。应先烘干,并放置足够时间,使其与空气的温度达到平衡。

7)其他:打洞工具,如凿子、铁锤、长把勺、长把小簸箕、毛刷等;烘干设备。

2. 仪器标定

1)确定灌砂筒下部圆锥体内砂的质量步骤如下:

(1)在储砂筒内装满砂,筒内砂的高度与筒顶的距离不超过 15mm,称取灌砂筒和筒内砂的总质量 m_1,准确至 1g,每次标定及而后的试验都维持该质量不变;

(2)将开关打开,让砂流出,并使流出砂的体积与工地所挖试洞的体积相当(或等于标定罐的容积),然后关上开关,称取灌砂筒和筒内砂的质量 m_5,准确至 1g;

(3)将灌砂筒放在玻璃板上,打开开关,让砂流出,直到筒内砂不再下流时,关上开关,并小心地取走灌砂筒;

(4)收集并称量留在玻璃板上的砂或称量筒内的砂,准确至 1g,玻璃板上的砂就是填满灌砂筒下部圆锥体的砂;

(5)重复上述测量,至少三次,最后取其平均值 m_2,准确至 1g。

2)确定量砂的密度步骤。

(1)用水确定标定罐的容积 V。

① 将空罐放在电子秤上,使罐的上口处于水平位置,读记罐质量 m_7,准确至 1g。

② 向标定罐中灌水，注意不要将水弄到电子秤上或罐的外壁；将一直尺放在罐顶，当罐中水面快要接近直尺时，用滴管往罐中加水，直到水面接触直尺；移去直尺，读记罐和水的总质量 m_8。

③ 重复测量时，仅需用吸管从罐中取出少量水，并用滴管重新将水加满到接触直尺。

④ 标定罐的体积 V 按式(9－11)计算：

$$V=(m_8-m_7)/\rho_w \tag{9-11}$$

式中：V——标定罐的容积，计算至 $0.01cm^3$；

m_7——标定罐质量(g)；

m_8——标定罐和水的总质量(g)；

ρ_w——水的密度(g/cm^3)。

(2)在储砂筒中装入质量为 m_1 的砂，并将灌砂筒放在标定罐上，打开开关，让砂流出，直到储砂筒内的砂不再下流时，关闭开关；取下灌砂筒，称取灌砂筒和筒内剩余砂的总质量 m_3，准确至 1g。

(3)重复上述测量，至少三次，最后取其平均值 m_3，准确至 1g。

(4)按式(9－12)计算填满标定罐所需砂的质量 m_a：

$$m_a=m_1-m_2-m_3 \tag{9-12}$$

式中：m_a——灌砂的质量，计算至 1g；

m_1——灌砂入标定罐前，灌砂筒和筒内砂的总质量(g)；

m_2——灌砂筒下部圆锥体内砂的平均质量(g)；

m_3——灌砂入标定罐后，灌砂筒和筒内剩余砂的总质量(g)。

(5)按式(9－13)计算量砂的密度 ρ_s：

$$\rho_s=\frac{m_a}{V} \tag{9-13}$$

式中：ρ_s——砂的密度，计算至 $0.01g/cm^3$；

V——标定罐的容积(cm^3)；

m_a——砂的质量(g)。

3. 试验步骤

1)在试验地点，选一块约 40cm×40cm 的平坦表面，并将其清扫干净；称取灌砂筒和砂的总质量 m_5。如表面的粗糙度较大，则将基板放在此平坦表面上；将盛有量砂的灌砂筒放在基板中间的圆孔上；打开灌砂筒开关，让砂流入基板的中孔内，直到储砂筒内的砂不再下流时关闭开关；取下灌砂筒，并称取筒内砂的质量 m_6，准确至 1g。

2)取走基板，将留在试验地点的量砂收回，重新将表面清扫干净；将基板放在清扫干净的表面上，沿基板中孔凿洞，洞的直径为 100mm。在凿洞过程中，应注意不使凿出的试样丢失，并随时将凿松的材料取出，放在已知质量的塑料袋内，密封。试洞的深度应与标定罐高度接近或一致。凿洞毕，称此塑料袋中全部试样质量，准确至 1g。减去已知塑料袋质量后，即为试样的总质量 m_t。

3)从挖出的全部试样中取有代表性的样品，测定其含水率 w。

4)将基板安放在试洞上，将灌砂筒安放在基板中间(储砂筒内放满砂至恒量 m_1)，使灌砂筒的下口对准基板的中孔及试洞。打开灌砂筒开关，让砂流入试洞内。关闭开关。小心取走灌砂筒，称取筒内剩余砂的质量 m_4，准确至 1g。

5）如清扫干净的平坦表面上粗糙度不大，则无须放基板，将灌砂筒直接放在已挖好的试洞上。打开筒的开关，让砂流入试洞内。在此期间，应注意勿碰动灌砂筒。直到储砂筒内的砂不再下流时，关闭开关。仔细取走灌砂筒，称量筒内剩余砂的质量 m_4，准确至 1g。

6）取出试洞内的量砂，以备下次试验时再用。若量砂的湿度已发生变化或量砂中混有杂质，则应重新烘干，过筛，并放置一段时间，使其与空气的湿度达到平衡后再用。

7）当试洞中有较大孔隙，量砂可能进入孔隙时，应按试洞外形，松弛地放入一层柔软的纱布。然后再进行灌砂工作。

4. 结果整理

1）按式(9－14)、式(9－15)计算填满试洞所需砂的质量。

灌砂时试洞上放有基板的情况：

$$m_b = m_1 - m_4 - (m_5 - m_6) \tag{9-14}$$

灌砂时试洞上不放基板的情况：

$$m_b = m_1 - m_4' - m_2 \tag{9-15}$$

式中：m_b——砂的质量(g)；

m_1——灌砂入试洞前筒和砂的总质量(g)；

m_2——灌砂筒下部圆锥体内砂的平均质量(g)；

m_4'——灌砂入试洞后，筒和筒内剩余砂的总质量(g)；

$m_5 - m_6$——灌砂筒下部圆锥体内及基板和粗糙表面间砂的总质量(g)。

2）按式(9－16)计算试验地点土的湿密度：

$$\rho = \frac{m_t}{m_b} \times \rho_s \tag{9-16}$$

式中：ρ——土的湿密度(g/cm)，计算至 0.01g/cm^3；

m_t——试洞中取出的全部土样的质量(g)；

m_b——填满试洞所需砂的质量(g)；

ρ_s——量砂的密度(g/cm^3)。

3）按式(9－17)计算土的干密度：

$$\rho_d = \frac{\rho}{1 + 0.01w} \tag{9-17}$$

式中：ρ_d——土的干密度(g/cm^3)，计算至 0.01g/cm^3；

ρ——土的湿密度(g/cm^3)；

w——土的含水率(%)。

5. 精度和允许差

本试验应进行两次平行测定，两次测定的差值不得大于 0.03g/cm^3，否则应重做试验。取两次测值的平均值。

第 10 章　防水材料及防水密封材料

10.1　防水卷材

《建设工程质量检测机构资质标准》(2023 年印发)中规定,防水卷材必备检测参数为可溶物含量、拉力、延伸率(或最大力时延伸率)、低温柔度、热老化后低温柔度、不透水性、耐热度、断裂拉伸强度、断裂伸长率、撕裂强度;可选检测参数为接缝剥离强度、搭接缝不透水性。

10.1.1　可溶物含量测定

1. 概述

本小节规定了沥青屋面防水卷材可溶物含量或浸涂材料总量的测定方法。本方法依据《建筑防水卷材试验方法　第 26 部分:沥青防水卷材可溶物含量(浸涂材料含量)》(GB/T 328.26—2007)编制而成。

2. 仪器设备

1)分析天平:称量范围大于 100g,精度为 0.001g。

2)萃取器:500mL 索氏萃取器。

3)鼓风烘箱:温度波动度为±2℃。

4)试样筛:筛孔为 315μm 或其他规定孔径的筛网。

5)溶剂:三氯乙烯(化学纯)或其他合适溶剂。

3. 样品制备

对于整个试验应准备 3 个试件。试件在试样上距边缘 100mm 以上任意裁取,用模板帮助,或用裁刀,正方形试件尺寸为(100±1)mm×(100±1)mm。试件在试验前至少在 23℃±2℃和相对湿度 30%~70%的条件下放置 20h。

4. 试验步骤

1)每个试件先进行称量(m_0),对于表面隔离材料为粉状的沥青防水卷材,试件先用软毛刷刷除表面的隔离材料,然后称量试件(m_1)。将试件用干燥好的滤纸包好,用线扎好,称量其质量(m_2)。将包扎好的试件放入萃取器中,溶剂量应为烧瓶容量的 1/2~2/3,进行加热萃取,萃取至回流的溶剂第一次变成浅色为止,小心取出滤纸包,不要破裂,在空气中放置 30min 以上使溶剂挥发。再放入 105℃±2℃的鼓风烘箱中干燥 2h,取出后放入干燥器中冷却至室温。

2)将滤纸包从干燥器中取出称量(m_3)后,在试样筛上打开滤纸包,下接一容器,将滤纸包中胎基表面的粉末刷除,称量胎基(m_4)。敲打震动试样筛直至其中没有材料落下,扔掉滤纸和扎线,称量留在筛网上的材料质量(m_5),称量筛下的材料质量(m_6)。对于表面疏松的胎基(聚酯毡、玻纤毡等),将称量后的胎基放入超声清洗池中清洗,取出后在105℃±2℃烘干1h,再放入干燥器中冷却至室温,称重(m_7)。

5. 实验结果

可溶物含量按式(10-1)计算:

$$A=(m_2-m_3)\times 100 \tag{10-1}$$

式中:A——可溶物含量(g/m^2)。

10.1.2　拉伸性能试验

1. 概述

本小节规定了沥青防水卷材拉伸性能的试验方法。试件以恒定的速度拉伸至断裂,连续记录试验中的拉力和对应的长度变化。本试验依据《建筑防水卷材试验方法　第8部分:沥青防水卷材　拉伸性能》(GB/T 328.8—2007)编制而成。

2. 仪器设备

拉伸试验机有连续记录力和对应距离的装置,能按规定的速度均匀地移动夹具。拉伸试验机应有足够的量程(≥2000N),夹具移动速度为100mm/min±10mm/min,夹具宽度不小于50mm。

拉伸试验机的夹具能随着试件拉力的增加而保持或增加夹具的夹持力,对于厚度不超过3mm的产品能夹住试件使其在夹具中的滑移不超过1mm,更厚的产品不超过2mm。这种夹持方法不应在夹具内外产生过早的破坏。

为防止从夹具中的滑移超过极限值,允许用冷却的夹具,同时实际的试件伸长用引伸计测量。力值测量至少应符合JJG 139—1999的2级(±2%)要求。

3. 样品制备

整个拉伸试验应制备两组试件,一组纵向5个试件,一组横向5个试件。

试件在试样上距边缘100mm以上任意裁取,用模板,或用裁刀,矩形试件宽为50mm±0.5mm,长为(200mm+2×夹持长度),长度方向为试验方向。表面的非持久层应去除。试件于试验前在23℃±2℃和相对湿度30%~70%的条件下至少放置20h。

4. 试验步骤

1)将试件在拉伸试验机的夹具中夹紧,注意试件长度方向的中线与试验机夹具中心在一条线上。夹具间距离为200mm±2mm,为防止试件从夹具中滑移应作标记。当用引伸计时,试验前应设置标距间距离为180mm±2mm。为防止试件产生任何松弛,推荐加载不超过5N的力。

2)试验在23℃±2℃下进行,夹具移动的恒定速度为100mm/min±10mm/min。连续记录拉力和对应的夹具(或引伸计)间距离。

5. 试验结果

1)记录得到的拉力和距离,或记录最大的拉力和对应的由夹具(或引伸计)间距离与起始距离的百分率计算的延伸率。去除任何在夹具10mm以内断裂或在试验机夹具中滑移超过极限值的试件的试验结果,用备用件重测。

2)最大拉力单位为N/50mm,对应的延伸率用百分率表示,作为试件同一方向结果。分别记录每个方向 5 个试件的拉力值和延伸率，计算平均值。拉力的平均值修约到 5N，延伸率的平均值修约到 1%。

3）同时对于复合增强的卷材在应力-应变图上有两个或更多的峰值，拉力和延伸率应记录两个最大值。

10.1.3　低温柔度试验

1. 概述

本小节规定了沥青防水卷材低温柔性的试验方法，没有增强的沥青防水卷材也可按本方法进行。本试验依据《建筑防水卷材　试验方法　第 14 部分：沥青防水卷材　低温柔性》（GB/T 328.14—2007）编制而成。

2. 仪器设备

低温柔度试验装置如图 10－1 所示。该装置由两个直径为 20mm±0.1mm 不旋转的圆筒，一个直径为 30mm±0.1mm 的圆筒或半圆筒弯曲轴组成（可以根据产品规定采用其他直径的弯曲轴，如 20mm、50mm），该轴在两个圆筒中间，能向上移动。两个圆筒间的距离可以调节，即圆筒和弯曲轴间的距离能调节为卷材的厚度。

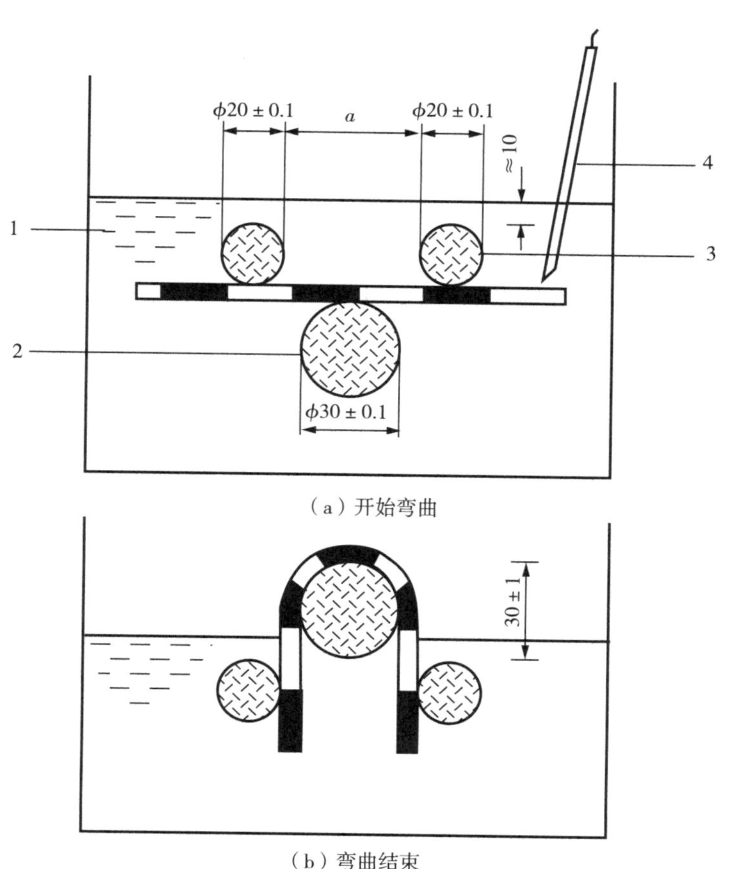

（a）开始弯曲

（b）弯曲结束

1—冷冻液；2—弯曲轴；3—固定圆筒；4—半导体温度计（热敏探头）。

图 10－1　低温柔度试验装置（单位：mm）

整个装置浸入能控制温度在+20℃～-40℃、精度为0.5℃的冷冻液中。冷冻液用以下任一混合物:丙烯乙二醇/水溶液(体积比为1∶1)低至-25℃,或低于-20℃的乙醇/水混合物(体积比为2∶1)。

用一支测量精度为0.5℃的半导体温度计检查试验温度,放入试验液体中与试验试件在同一水平面。

试件在试验液体中的位置应平放且完全浸入,用可移动的装置支撑,该支撑装置应至少能放一组五个试件。

试验时,弯曲轴从下面顶着试件以360mm/min的速度升起,使试件弯曲180°,电动控制系统能保证在试验温度下每个试验过程的移动速度保持在360mm/min±40mm/min。裂缝通过目测检查,在试验过程中不应有任何人为的影响。为了准确评价,试件移动路径应在试验结束时,确保试件露出冷冻液,移动部分通过设置适当的极限开关控制限定位置。

3. 制备

矩形试件尺寸为(150±1)mm×(25±1)mm,试件从试样宽度方向上均匀地裁取,长边在卷材的纵向,试件裁取时应距卷材边缘不少于150mm,试件应从卷材的一边开始做连续的记号,同时标记卷材的上表面和下表面。

去除表面的任何保护膜,适宜的方法是常温下用胶带粘在上面,冷却到接近假设的冷弯温度,然后从试件上撕去胶带。另一种方法是用压缩空气吹[压力约为0.5MPa(5bar),喷嘴直径约0.5mm]。若上面的方法不能除去保护膜,则用火焰烤,用最少的时间破坏膜而不损伤试件。

试件试验前应在23℃±2℃的平板上放置至少4h,并且相互之间不能接触,也不能粘在板上。可以用硅纸垫,表面的松散颗粒用手轻轻敲打除去。

4. 试验步骤

1)仪器准备。在开始所有试验前,两个圆筒间的距离应按试件厚度调节,即弯曲轴直径+2mm+两倍试件的厚度。将装置放入已冷却的液体中,并且圆筒的上端在冷冻液面下约10mm,弯曲轴在下方。弯曲轴直径根据产品不同可以为20mm、30mm、50mm。

2)试件条件。冷冻液达到规定的试验温度,误差不超过0.5℃,试件放于支撑装置上,且在圆筒的上端,保证冷冻液完全浸没试件。试件放入冷冻液达到规定温度后,开始保持在该温度1h±5min。半导体温度计的位置靠近试件,检查冷冻液温度,然后试件以下步骤进行试验。

3)低温柔性。两组各5个试件,全部试件按规定处理后,一组是上表面试验,另一组下表面试验。

试件放置在圆筒和弯曲轴之间,试验面朝上,然后设置弯曲轴以360mm/min±40mm/min速度顶着试件向上移动,试件同时绕轴弯曲。轴移动的终点在圆筒上面30mm±1mm处(见图10-1)。试件的表面明显露出冷冻液,同时液面也因此下降。

在完成弯曲过程10s内,在适宜的光源下用肉眼检查试件有无裂纹,必要时,用辅助光学装置帮助。假若有一条或更多的裂纹从涂盖层深入胎体层,或完全贯穿无增强卷材,即存在裂缝。一组5个试件应分别试验检查。假若装置的尺寸满足,可以同时试验几组试件。

5. 试验结果

一个试验面5个试件在规定温度至少4个无裂缝为通过,上表面和下表面的试验结果要分别记录。

10.1.4　不透水性试验

1. 概述

本小节适用于沥青和高分子屋面防水卷材按规定步骤测定不透水性，即产品耐积水，或有限表面承受水压。本方法也可用于其他防水材料。本试验依据《建筑防水卷材试验方法　第10部分：沥青和高分子防水卷材　不透水性》(GB/T 328.10—2007)编制而成。

对于沥青、塑料、橡胶有关范畴的卷材，本节给出两种试验方法的试验步骤。

1)方法A：试验适用于卷材低压力的使用场合，如屋面、基层、隔汽层。试件满足加压到60kPa并保持压力24h。

2)方法B：试验适用于卷材高压力的使用场合，如特殊屋面、隧道、水池。试件采用有4个规定形状尺寸狭缝的圆盘保持规定水压24h或采用7孔圆盘保持规定水压30min，观测试件是否保持不渗水。

2. 仪器设备

1)方法A：一个带法兰盘的金属圆柱体箱体(见图10-2)，孔径为150mm，并连接到开放管子末端或容器，其间高差不低于1m。

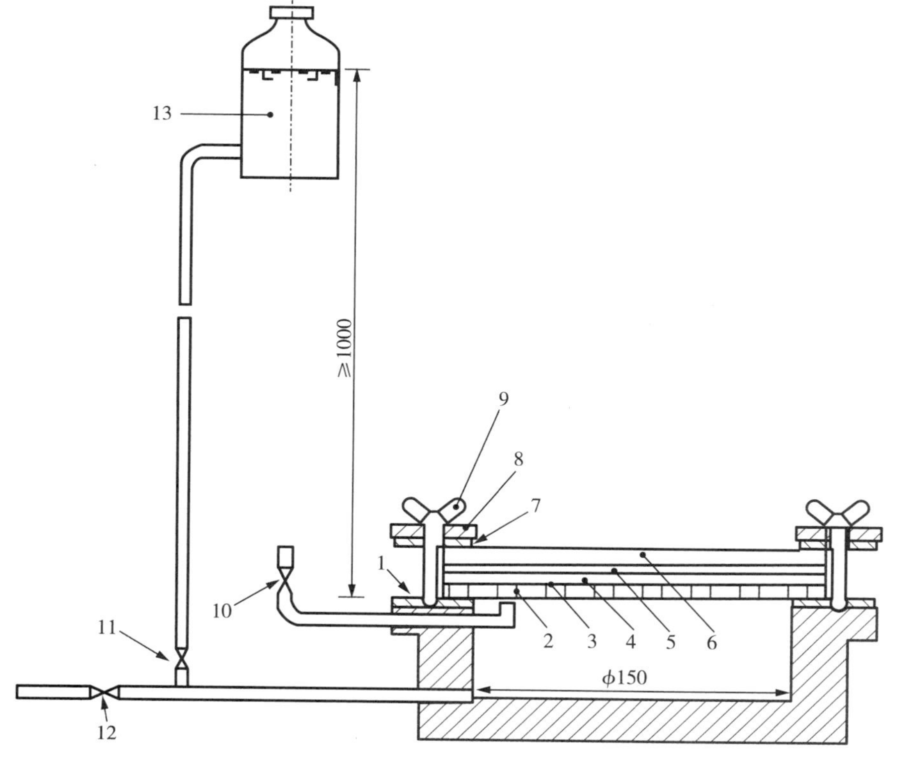

1—下橡胶密封垫圈；2—试件的迎水面是通常暴露于大气/水的面；3—实验室用滤纸；4—湿气指示混合物，均匀地铺在滤纸上面，湿气透过试件能容易的探测到，指示剂由细白糖(冰糖)(99.5%)和亚甲蓝染料(0.5%)组成的混合物，用0.074mm筛过滤并在干燥器中用氧化钙干燥；5—实验室用滤纸；6—圆的普通玻璃板，其中：5mm厚，水压≤10kPa；8mm厚，水压≤60kPa；7—上橡胶密封垫圈；8—金属夹环；9—带翼螺母；10—排气阀；11—进水阀；12—补水和排水阀；13—提供和控制水压到60kPa的装置。

图10-2　金属圆柱体箱体

2)方法 B:组成设备的装置如图 10－3 和图 10－4 所示,产生的压力作用于试件的一面。试件用有 4 个狭缝的盘(或 7 孔圆盘)盖上。缝的形状尺寸符合图 10－5 的规定,孔的尺寸形状符合图 10－6 的规定。

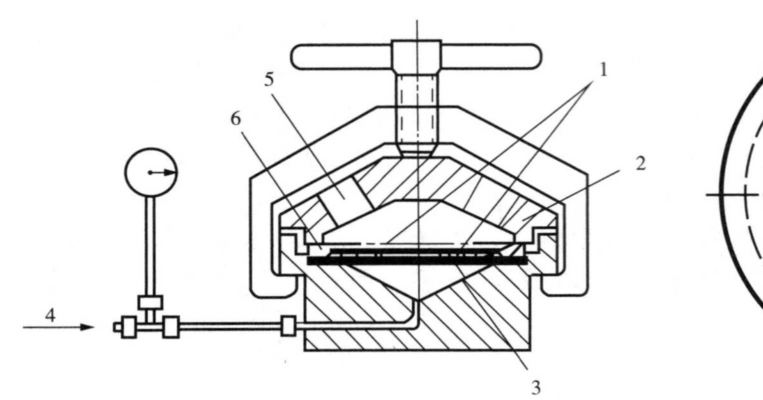

1—狭缝;2—封盖;3—试件;4—静压力;5—观测孔;6—开缝盘。

图 10－3　高压力不透水性用压力试验装置

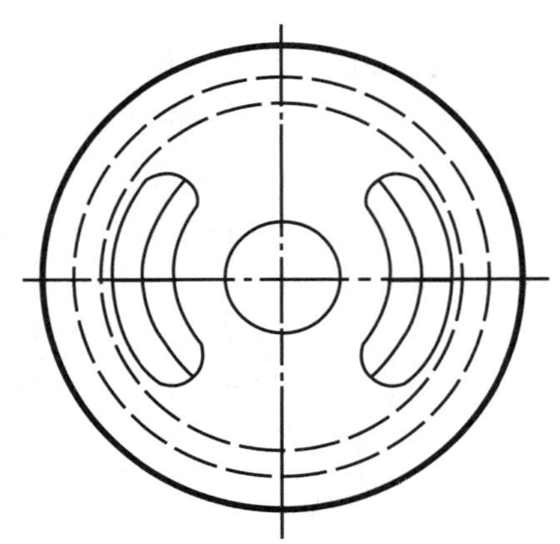

图 10－4　狭缝压力试验装置、封盖

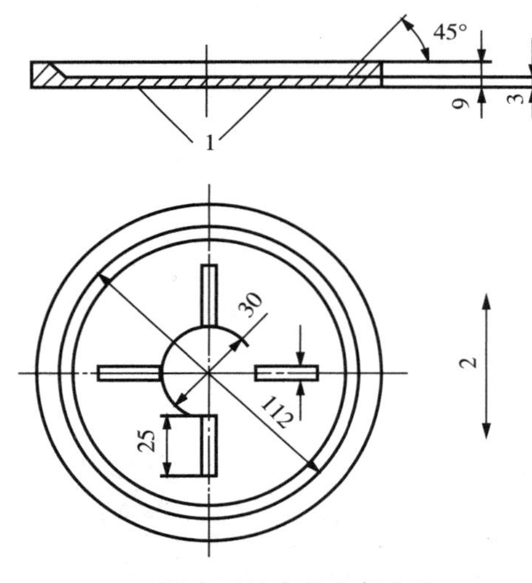

1—所有开缝盘的边都有约 0.5mm 半径弧度;2—试件纵向方向。

图 10－5　开缝盘(单位:mm)

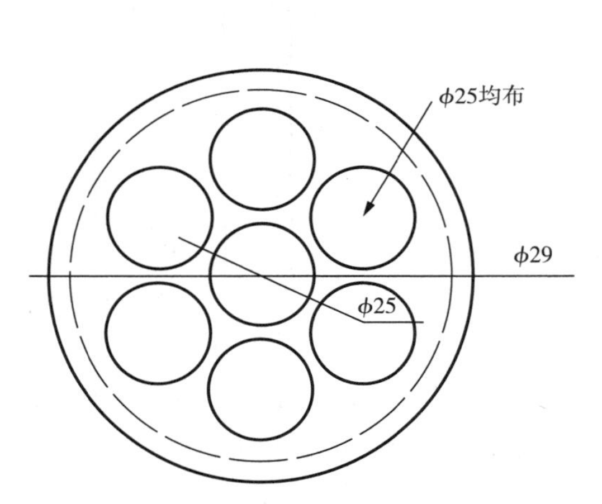

图 10－6　7 孔圆盘

3. 试件制备

1)制备。试件在卷材宽度方向均匀裁取,最外一个距卷材边缘 100mm。试件的纵向与产品的纵向平行并标记。在相关的产品标准中应规定试件数量,最少 3 块。

2)试件尺寸:方法 A 要求试件为圆形,直径为 200mm±2mm。方法 B 要求试件直径不小于盘外径(约 130mm)。

3)试验条件:试验前试件在 23℃±5℃放置至少 6h。

4. 试验步骤

1)试验条件:试验在 23℃±5℃下进行,产生争议时,在温度为 23℃±2℃、相对湿度为 50%±5%条件下进行。

2)方法 A 步骤。放试件在设备上,旋紧翼形螺母固定夹环,打开阀 11 让水进入,同时打开阀 10 排出空气,直至水出来关闭阀 10,说明设备已水满。调整试件上表面所要求的压力,保持压力 24h±1h 后检查试件,观察上面滤纸有无变色。

3)方法 B 步骤。图 10-3 中充水直到满出,彻底排出水管中空气。试件的上表面朝下放置在透水盘上,盖上规定的开缝盘(或 7 孔圆盘),其中一个缝的方向与卷材纵向平行(见图 10-5)。放上封盖,慢慢夹紧直到试件夹紧在盘上,用布或压缩空气干燥试件的非迎水面,慢慢加压到规定的压力。达到规定压力后,保持压力 24h±1h 中(7 孔盘保持规定压力 30min±2min)。试验时观察试件的不透水性(水压突然下降或试件的非迎水面有水)。

5. 试验结果

1)方法 A:试件有明显的水渗到上面的滤纸产生变色,认为试验不符合。所有试件通过认为卷材不透水。

2)方法 B:所有试件在规定的时间不透水认为不透水性试验通过。

10.1.5　耐热性试验

1. 概述

本小节规定了沥青屋面防水卷材在温度升高时的抗流动性测定。本试验依据《建筑防水卷材试验方法　第 11 部分:沥青防水卷材　耐热性》(GB/T 328.11—2007)编制而成,不适用于无增强层的沥青卷材。

方法 A:从试样裁取的试件,在规定温度分别垂直悬挂在烘箱中。在规定的时间后测量试件两面涂盖层相对于胎体的位移。平均位移超过 2.0mm 为不合格。

方法 B:从试样裁取的试件,在规定温度分别垂直悬挂在烘箱中。在规定的时间后测量试件两面涂盖层相对于胎体的位移及流淌、滴落。

2. 仪器设备

1)鼓风烘箱(不提供新鲜空气):在试验范围内最大温度波动为±2℃。当门打开 30s 后,恢复温度到工作温度的时间不超过 5min。

2)热电偶:连接到外面的电子温度计,在规定范围内能测量到±1℃。

3)悬挂装置(如夹子):至少 100mm 宽,能夹住试件的整个宽度在一条线,并被悬挂在试验区域(见图 10-7)。

4)光学测量装置(如读数放大镜):刻度至少精确到 0.1mm。

5)金属圆插销的插入装置:内径约 4mm。

6)画线装置:画直的标记线(见图 10-7)。

7)墨水记号线的宽度不超过 0.5mm,白色耐水墨水。

8)硅纸。

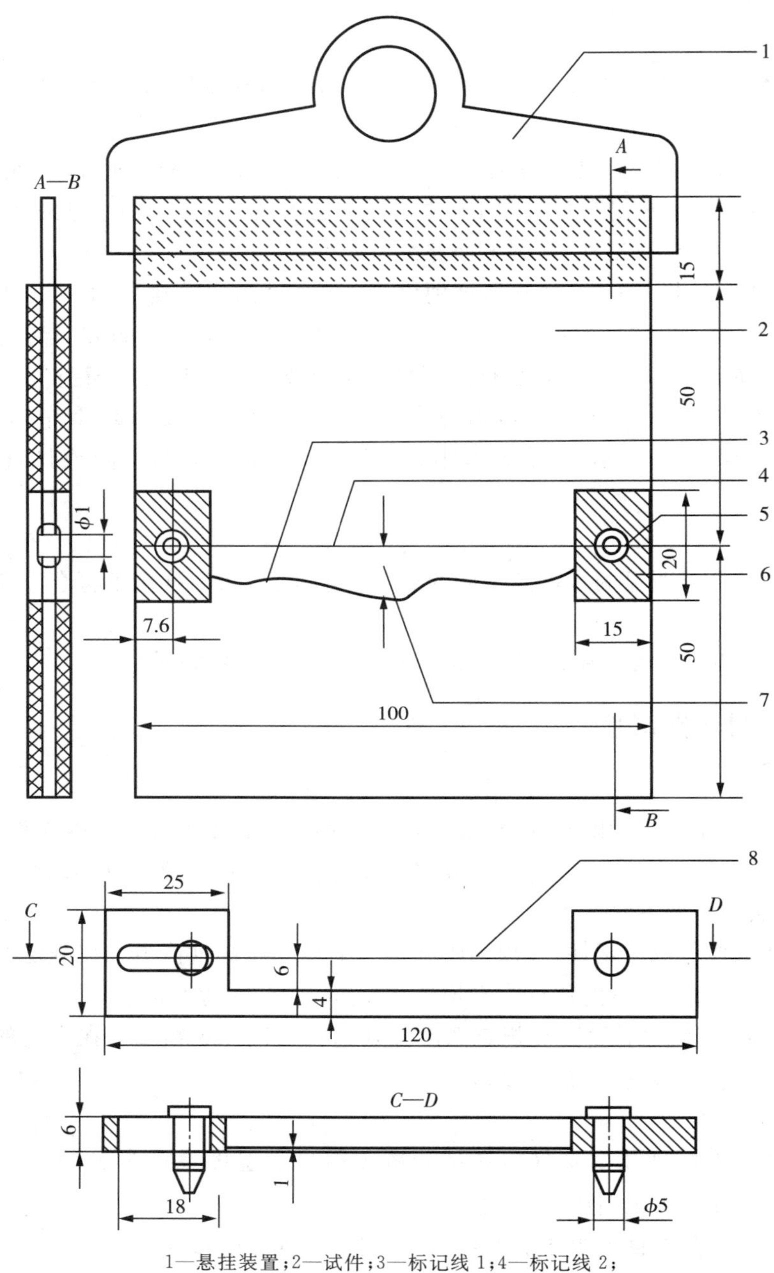

1—悬挂装置；2—试件；3—标记线 1；4—标记线 2；

5—插销；6—去除涂层盖；7—滑动 ΔL(最大距离)；8—直边。

图 10－7　试件悬挂装置和标记装置(示例)(单位：mm)

3. 样品制备

1)方法 A。

矩形试件尺寸为(115±1)mm×(150±1)mm。试件均匀地在试样宽度方向裁取，长边是卷材的纵向。试件应距卷材边缘 150mm 以上，试件从卷材的一边开始连续编号，卷材上表面和下表面应标记。

去除任何非持久保护层，适宜的方法是常温下用胶带粘在上面，冷却到接近假设的冷弯温度，然后从试件上撕去胶带。另一种方法是用压缩空气吹[压力约0.5MPa(5bar)，喷嘴直径约0.5mm]。假若上面的方法不能除去保护膜，则用火焰烤，用最少的时间破坏膜而不损伤试件。

在试件纵向的横断面一边，上表面和下表面的大约15mm一条的涂盖层去除直至胎体，若卷材有超过一层的胎体，去除涂盖料直到另外一层胎体。在试件的中间区域的涂盖层也从上表面和下表面的两个接近处去除，直至胎体(见图10-7)。为此，可采用热刮刀或类似装置，小心地去除涂盖层不损坏胎体。两个内径约4mm的插销在裸露区域穿过胎体(见图10-7)。任何表面浮着的矿物料或表面材料通过轻轻敲打试件去除。然后标记装置放在试件两边插入插销定位于中心位置，在试件表面整个宽度方向沿着直边用记号笔垂直画一条线(宽度约0.5mm)，操作时试件平放。

试件试验前至少放置在23℃±2℃的平面上2h，相互之间不要接触或粘住，有必要时，将试件分别放在硅纸上防止粘结。

2)方法B。

矩形试件尺寸为(100±1)mm×(50±1)mm。试件均匀地在试样宽度方向裁取，长边是卷材的纵向。试件应距卷材边缘150mm以上，试件从卷材的一边开始连续编号，卷材上表面和下表面应标记。

去除任何非持久保护层，适宜的方法是常温下用胶带粘在上面，冷却到接近假设的冷弯温度，然后从试件上撕去胶带。另一种方法是用压缩空气吹[压力约0.5MPa(5bar)，喷嘴直径约0.5mm]，假若上面的方法不能除去保护膜，则用火焰烤，用最少的时间破坏膜而不损伤试件。

试件试验前至少在23℃±2℃的平面上平放2h，相互之间不要接触或粘住，有必要时，将试件分别放在硅纸上防止粘结。

4. 试验步骤

试验准备。烘箱预热到规定试验温度，温度通过与试件中心同一位置的热电偶控制。整个试验期间，试验区域的温度波动不超过±2℃。

1)方法A步骤如下。

将上述方法A制备的一组3个试件露出的胎体处用悬挂装置夹住，涂盖层不要夹到。必要时，用如硅纸的不粘层包住两面，便于在试验结束时除去夹子。

制备好的试件垂直悬挂在烘箱的相同高度，间隔至少30mm。此时烘箱的湿度不能下降太多，开关烘箱门放入试件的时间不超过30s。放入试件后加热时间为120min±2min。

加热周期一结束，试件和悬挂装置一起从烘箱中取出，相互间不要接触，在23℃±2℃自由悬挂冷却至少2h。然后除去悬挂装置，在试件两面做第二个标记，用光学测量装置在每个试件的两面测量两个标记底部间最大距离ΔL，精确到0.1mm(见图10-7)。

2)方法B步骤如下。

将上述方法B制备的一组3个试件，分别在距试件短边一端10mm处的中心打一小孔，用细铁丝或回形针穿过，垂直悬挂试件在规定温度烘箱的相同高度，间隔至少30mm。此时烘箱的温度不能下降太多，开关烘箱门放入试件的时间不超过30s，放入试件后加热时间为120min±2min。加热周期一结束，试件从烘箱中取出，相互间不要接触，目测观察并记录试件表面的涂盖层有无滑动、流淌、滴落、集中性气泡。

集中性气泡指破坏涂盖层原形的密集气泡。

5. 试验结果

1)方法 A 试验结果：计算卷材每个面 3 个试件的滑动值的平均值，精确到 0.1mm；耐热性采用方法 A 试验时，在此温度卷材上表面和下表面的滑动平均值不超过 2.0mm 时认为合格。

2)方法 B 试验结果：耐热性采用方法 B 试验时，试件任一端涂盖层不应与胎基发生位移，试件下端的涂盖层不应超过胎基，无流淌、滴落、集中性气泡，则认为规定温度下耐热性符合要求；一组三个试件都应符合要求。

10.1.6　断裂拉伸强度、断裂伸长率试验

1. 概述

本试验规定了高分子防水卷材拉伸性能的试验方法。试件以恒定的速度拉伸至断裂。连续记录试验中拉力和对应的长度变化，特别记录最大拉力。本试验依据《建筑防水卷材试验方法　第 9 部分：高分子防水卷材　拉伸性能》(GB/T 328.9—2007)编制而成。方法 A (ISO 1421)适用于所有材料的方法，对于方法 A 不适用的材料，如材料没有断裂，方法 B (GB/T 528)可用来测定拉伸性能。

2. 仪器设备

拉伸试验机应有连续记录力和对应距离的装置，能按规定的速度均匀地移动夹具。拉伸试验机有足够的量程，至少 2000N，夹具移动速度为 100mm/min±10mm/min 和 500mm/min±50mm/min，夹具宽度不小于 50mm。

拉伸试验机的夹具能随着试件拉力的增加而保持或增加夹具的夹持力，对于厚度不超过 3mm 的产品能夹住试件使其在夹具中的滑移不超过 1mm，更厚的产品不超过 2mm。试件放入夹具时作记号或用胶带以帮助确定滑移。这种夹持方法不应导致在夹具附近产生过早的破坏。

假若试件从夹具中的滑移超过规定的极限值，实际延伸率应用引伸计测量。力值测量应符合 JJG 139—1999 中的至少 2 级(±2%)要求。

3. 试件制备

除非有其他规定，整个拉伸试验应准备两组试件，一组纵向 5 个试件，一组横向 5 个试件。试件在距试样边缘 100mm±10mm 以上裁取，用模板，或用裁刀，尺寸如下。

方法 A：矩形试件为(50±0.5)mm×200mm(见图 10-8、表 10-1)。

方法 B：哑铃型试件为(6±0.4)mm×115mm(见图 10-9 和表 10-1)。

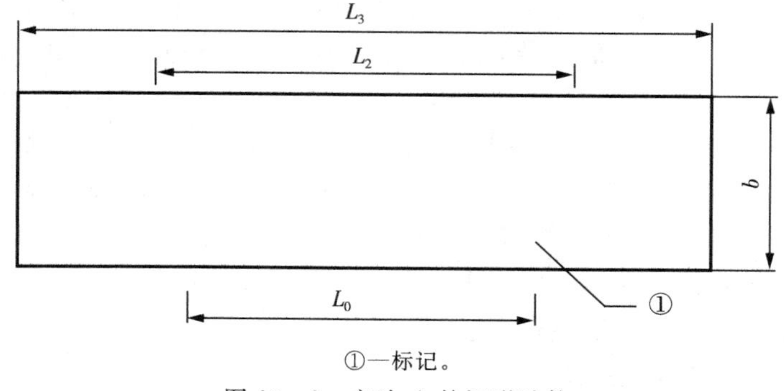

①—标记。

图 10-8　方法 A 的矩形试件

表 10-1　试件尺寸

方法	方法 A/mm	方法 B/mm
全长(L_3)	>200	>115
端头宽度(b_1)	—	25±1
狭窄平行部分长度(L_1)	—	33±2
宽度(b)	50±0.5	6±0.4
小半径(r)	—	14±1
大半径(R)	—	25±2
标记间距离(L_0)	100±5	25±0.25
夹具间起始间距(L_2)	120	80±5

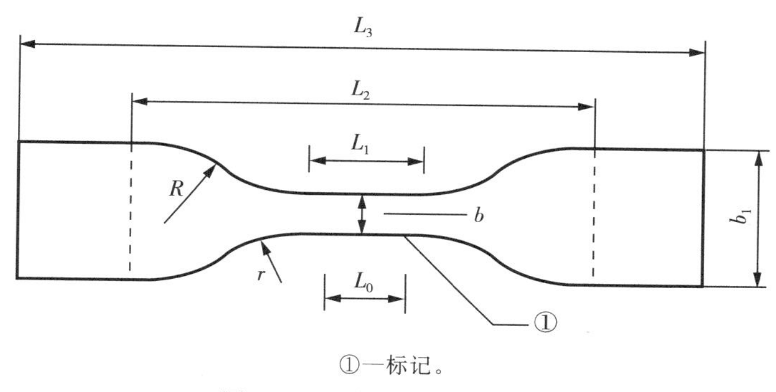

①—标记。

图 10-9　方法 B 的矩形试件

表面的非持久层应去除。

试件中的网格布、织物层、衬垫或层合增强层在长度或宽度方向应裁一样的经纬数，避免切断筋。试件在试验前在温度为 23℃±2℃和相对湿度为 50%±5%的条件下至少放置 20h。

4. 试验步骤

对于方法 B，厚度是用 GB/T 328.5 中方法测量的试件有效厚度。

将试件在拉伸试验机的夹具中夹紧，注意试件长度方向的中线与试验机夹具中心在一条线上。为防止试件产生任何松弛推荐加载不超过 5N 的力。

试验在 23℃±2℃进行，方法 A 夹具移动的恒定速度为 100mm/min±10mm/min，方法 B 夹具移动的恒定速度为 500mm/min±50mm/min。

连续记录拉力和对应的夹具(或引伸计)间分开的距离，直至试件断裂。

注意：在 1%和 2%应变时的正切模量，可以从应力-应变曲线上推算，试验速度为 5mm/min±1mm/min。

试件的破坏形式应记录。

对于有增强层的卷材，在应力应变图上有两个或更多的峰值，应记录两个最大峰值的拉力、延伸率及断裂延伸率。

5. 试验结果

记录得到的拉力和距离，或数据记录，最大的拉力和对应的由夹具（或标记）间距离与起始距离的百分率计算的延伸率。

去除任何在距夹具 10mm 以内断裂或在试验机夹具中滑移超过极限值的试件的试验结果，用备用件重测。

记录试件同一方向最大拉力对应的延伸率和断裂延伸率的结果。

分别记录每个方向 5 个试件的值，计算算术平均值和标准偏差，方法 A 拉力的单位为 N/50mm，方法 B 拉伸强度的单位为 MPa（N/mm^2）。

拉伸强度根据有效厚度计算（见 GB/T 328.5）。

方法 A 的结果精确至 N/50mm，方法 B 的结果精确至 0.1MPa（N/mm^2），延伸率精确至两位有效数字。

10.1.7　撕裂强度试验

1. 概述

本小节主要介绍用拉力试验机对有割口或无割口的试样在规定的速度下进行连续拉伸，直至试样撕断的试验方法。本试验依据《硫化橡胶或热塑性橡胶撕裂强度的测定（裤形、直角形和新月形试样）》（GB/T 529—2008）编制而成。

本试验规定了测定硫化橡胶或热塑性橡胶撕裂强度的 3 种试验方法。

方法 A：使用裤形试样；

方法 B：使用直角形试样，割口或不割口；

方法 C：使用有割口的新月形试样。

撕裂强度值与试样形状、拉伸速度、试验温度和硫化橡胶的压延效应有关。

2. 仪器设备

1）裁刀：裤形试样所用裁刀，其所裁切的试样尺寸（长度和宽度）如图 10－10 所示。直角形试样裁刀，其所裁切的试样尺寸如图 10－11 所示。

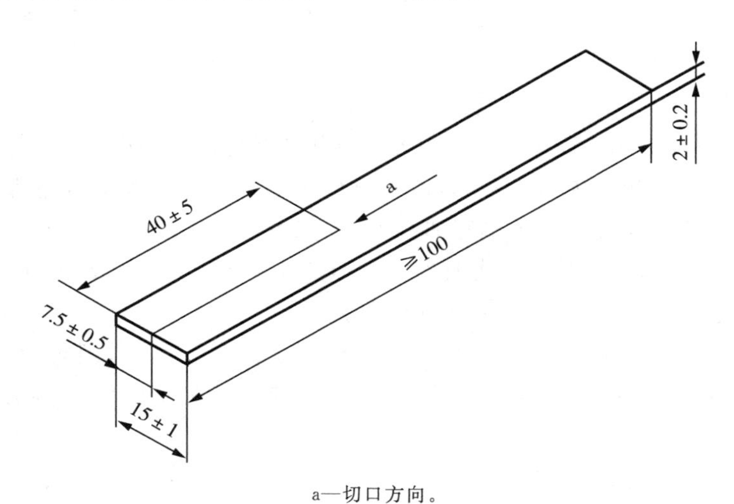

a—切口方向。

图 10－10　裤形裁刀所裁试样（单位：mm）

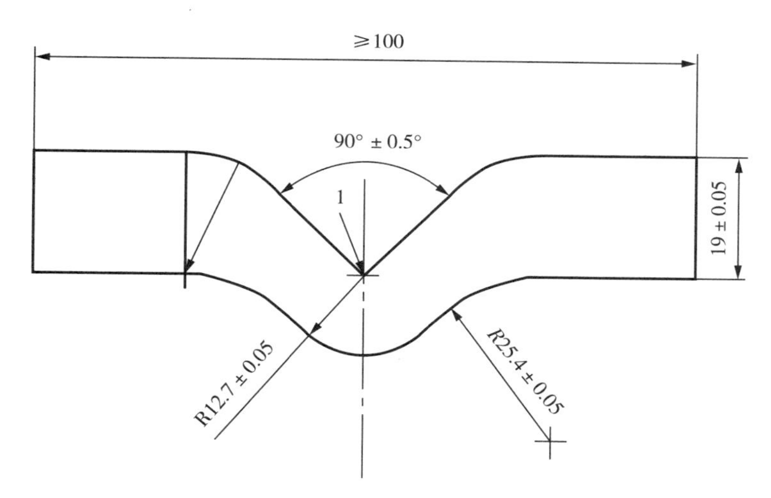

1—方法B的割口位置。

图10-11 直角形试样裁刀所裁试样(单位:mm)

新月形试样裁刀,其所裁切的试样尺寸如图10-12所示。

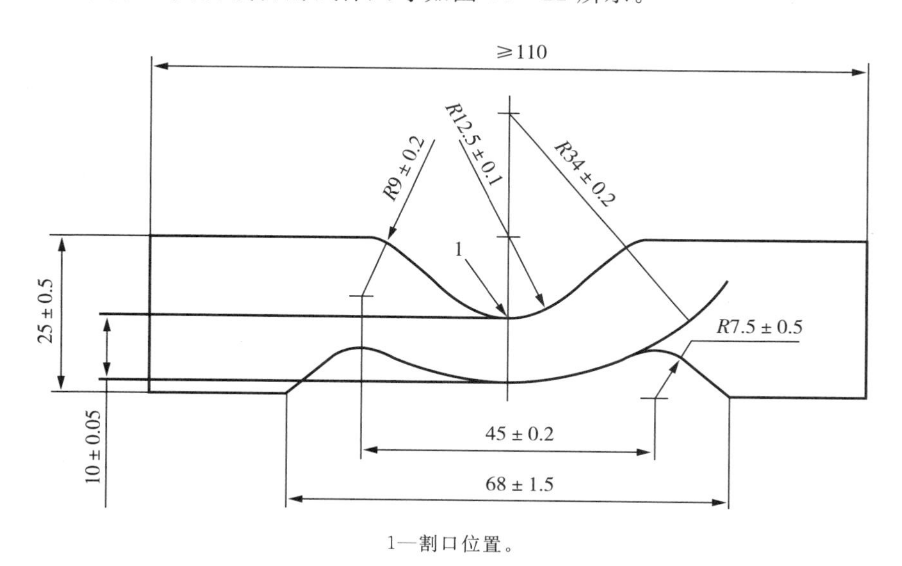

1—割口位置。

图10-12 新月形试样裁刀所裁试样(单位:mm)

裁刀的刃口必须保持锋利,不得有卷刃和缺口,裁切时应使刃口垂直于试样的表面,其整个刃口应在同一个平面上。

2)割口器:用于对试样进行割口的锋利刀片或锋利的刀应无卷刃和缺口。

用于对直角形或新月形试样进行割口的割口器应满足下列要求。

应提供固定试样的装置,以使割口限制在一定的位置上。裁切工具由刀片或类似的刀组成,刀片应固定在垂直于试样主轴平面的适当位置上。刀片固定装置不允许发生横向位移,并具有导向装置,以确保刀片沿垂直试片平面方向切割试片。反之,也可以固定刀片,使试样以类似的方式移动。应提供可精确调整割口深度的装置,以使试样割口深度符合要求。刀片固定装置和(或)试样固定装置位置的调节,是通过用刀片预先将试样切割1个或2个割口，然后借助显微镜测量割口的方式进行。割口前，刀片应用水或皂液润湿。

在规定的公差范围内检查割口的深度，可以使用任何适当的方法，如光学投影仪。简便的配置为安装有移动载物平台和适当照明的不小于10倍的显微镜。用目镜上的标线或十字线来记录载物平台和试样的移动距离，该距离等于割口的深度。用载物平台测微计来测量载物平台的移动。反之，也可移动显微镜。检查设备应有0.05mm的测量精度。

3)拉力试验机：拉力试验机应符合ISO 5893的规定，其测力精度达到B级。作用力误差应控制在2%以内，试验过程中夹持器移动速度要保持规定的恒速：裤形试样的拉伸速度为100mm/min ± 10mm/min，直角形或新月形试样的拉伸速度为500mm/min ± 50mm/min。使用裤形试样时，应采用有自动记录力值装置的低惯性拉力试验机。

由于摩擦力和惯性的影响，惯性（摆锤式）拉力试验机得到的试验结果往往各不相同。低惯性（如电子或光学传感）拉力试验机所得到的结果则没有这些影响，因此，应优先选用低惯性的拉力试验机。

4)夹持器：试验机应备有随张力的增加能自动夹紧试样并对试样施加均匀压力的夹持器。每个夹持器都应通过一种定位方式将试样沿轴向拉伸方向对称地夹入。当对直角形或新月形试样进行试验时，夹持器应在两端平行边部位内将试样充分夹紧。裤形试样应按图10-13所示夹入夹持器。

3. 样品制备

1)试样应从厚度均匀的试片上裁取。试片的厚度为2.0mm±0.2mm。试片可以模压或通过制品进行切割、打磨制得。

试片硫化或制备与试样裁取之间的时间间隔，应按GB/T 2941中的规定执行。在此期间，试片应完全避光。

2)裁切试样前，试片应按GB/T 2941中的规定，在标准温度下调节至少3h。

试样是通过冲压机利用裁刀从试片上一次裁切而成，其形状如图10-10、图10-11和图10-12所示。试片在裁切前可用水或皂液润湿，并置于一个起缓冲作用的薄板（如皮革、橡胶带或硬纸板）上，裁切应在刚性平面上进行。

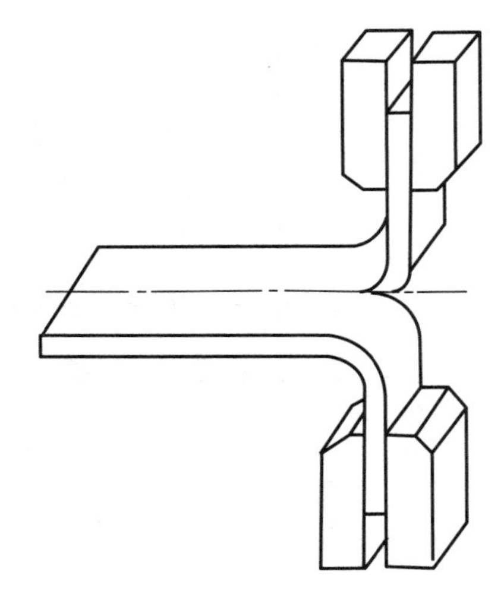

图10-13　在拉力试验机上裤形试样的状态

3)裁切试样时，撕裂割口的方向应与压延方向一致。如有要求，可在相互垂直的两个方向上裁切试样。关于撕裂扩展的方向，裤形试样应平行于试样的长度，而直角形和新月形试样应垂直于试样的长度方向。

4)每个试样应按规定的装置切割出下列深度：

(1)方法A（裤形试样）——割口位于试样宽度的中心，深度为40mm±5mm，方向如图10-10所示，其切口最后约1mm处的切割过程是很关键的；

(2)方法B（直角形试样）——割口深度为1.0mm±0.2mm，位于试样内角顶点（见图10-11）；

(3)方法C（新月形试样）——割口深度为1.0mm±0.2mm，位于试样凹形内边中心处

(见图10-12)。

试样割口、测量和试验应连续进行,如果不能连续进行试验时,应根据具体情况,将试样在23℃±2℃或27℃±2℃温度下保存至试验。割口和试验之间的间隔不应超过24h。进行老化试验时,切口和割口应在老化后进行。

5)试样数量:每个样品不少于5个试样;如有要求,按照样品制备规定,每个方向各取5个试样。

6)试验温度:按GB/T 2941的规定,试验应在23℃±2℃或27℃±2℃标准温度下进行;当需要采用其他温度时,应从GB/T 2941规定的温度中选择。

如果试验需要在其他温度下进行时,试验前,应将试样置于该温度下进行充分调节,以使试样与环境温度达到平衡。为避免橡胶发生老化(见GB/T 2941),应尽量缩短试样调节时间。

为使试验结果具有可比性,任何一个试验的整个过程或一系列试验应在相同温度下进行。

4. 试验步骤

按GB/T 2941中的规定,试样厚度的测量应在其撕裂区域内进行,厚度测量不少于三点,取中位数。任何一个试样的厚度值不应偏离该试样厚度中位数的2%。如果多组试样进行比较,则每组试样厚度中位数应在所有组中试样厚度总的中位数的7.5%范围内。

试样按规定进行调节后,按要求立即将试样安装在拉力试验机上,在下列夹持器移动速度下:直角形和新月形试样为500mm/min±50mm/min、裤形试样为100mm/min±10mm/min,对试样进行拉伸,直至试样断裂。记录直角形和新月形试样的最大力值。当使用裤形试样时,应自动记录整个撕裂过程的力值。

5. 试验结果

撕裂强度T_s按式(10-2)计算:

$$T_s = F/d \tag{10-2}$$

式中:T_s——撕裂强度(kN/m);

F——试样撕裂时所需的力(当采用裤形试样时,应按GB/T 12833中的规定计算力值F,取中位数;当采用直角形和新月形试样时,取力值F的最大值)(N);

d——试样厚度的中位数(mm)。

试验结果以每个方向试样的中位数、最大值和最小值共同表示,数值准确到整数位。

10.1.8 接缝剥离强度试验

1. 概述

试件的接缝处以恒定速度拉伸至试件分离,连续记录整个试验中的拉力。

本小节规定了相同的防水卷材间接缝的剥离性能测定方法,主要是检验机械固定的防水卷材接缝性能。

沥青基卷材搭接宽度间的剥离特性随材料、搭接方法(火焰或热焊接、热粘结或沥青、冷粘剂等)、搭接的尺寸、操作工艺的不同而变化。塑料和橡胶搭接宽度间的剥离性能根据材料、搭接方法、重叠尺寸和操作工艺不同而变化。

本试验依据《建筑防水卷材试验方法　第 20 部分：沥青防水卷材　接缝剥离性能》(GB/T 328.20—2007)和《建筑防水卷材试验方法　第 21 部分：高分子防水卷材　接缝剥离性能》(GB/T 328.21—2007)编制而成。

2. 仪器设备

拉伸试验机应有连续记录力和对应距离的装置，能够按规定的速度分离夹具。

拉伸试验机具有足够的荷载能力(至少 2000N)和足够的拉伸距离，夹具拉伸速度为 100mm/min±10mm/min，夹持宽度不少于 50mm。

拉伸试验机的夹具能随着试件拉力的增加而保持或增加夹具的夹持力，夹具能夹住试件使其在夹具中的滑移不超过 2mm，为防止从夹具中的滑移超过 2mm，允许用冷却的夹具。

这种夹持方法不应在夹具内外产生过早的破坏。

力测量系统满足 JJG 139—1999 至少 2 级(即±2%)要求。

3. 制备

裁取试件的搭接试片应预先在温度为 23℃±2℃和相对湿度为 30%～70%的条件下放置至少 20h。根据规定的方法搭接卷材试片，并留下接缝的一边不粘接(见图 10-14)。应按要求的相同粘结方法制备搭接试片。从每个试样上裁取 5 个矩形试件，宽度为 50mm±1mm，并与接头垂直，长度应能保证试件两端装入夹具，其完全叠合部分可以进行试验(见图 10-14 和图 10-15)。

试件试验前应在温度为 23℃±2℃和相对湿度为 30%～70%的条件下放置至少 20h。接缝采用冷粘剂时需要根据制造商的要求增加足够的养护时间。

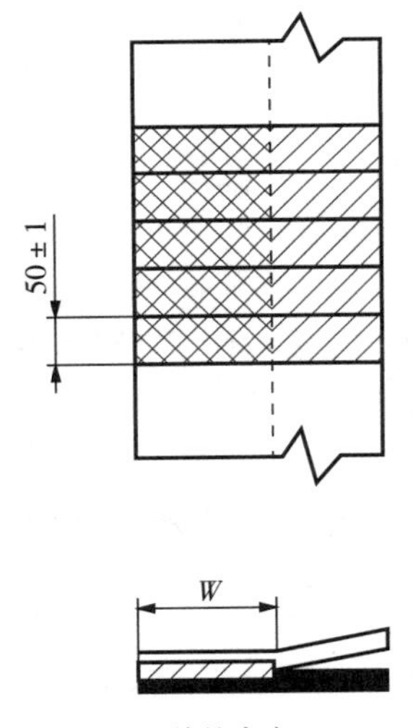

W—接缝宽度。

图 10-14　搭接试片试件制备

(单位：mm)

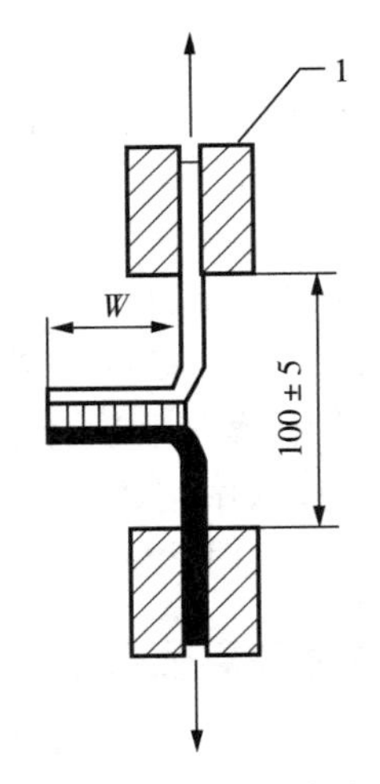

W—接缝宽度；1—夹具。

图 10-15　剥离强度试验

(单位：mm)

4. 试验步骤

将试件稳固地放入拉伸试验机的夹具中，使试件的纵向轴线与拉伸试验机及夹具的轴线重合。夹具间整个距离为 100mm±5mm，不承受预荷载。

试验在 23℃±2℃下进行，拉伸速度为 100mm/min±10mm/min。产生的拉力应连续记录直至试件分离。试件的破坏形式应记录。

5. 试验结果

1）画出每个试件的应力应变图。

2）记录最大的力作为试件的最大剥离强度，单位为 N/50mm。

3）去除第一和最后一个 1/4 的区域，然后计算平均剥离强度，用 N/50mm 表示。平均剥离强度是计算保留部分 10 个等份点处的值（见图 10－16）。

注：这里规定估值方法的目的是计算平均剥离强度值，即在试验过程中某些规定时间段作用于试件的力的平均值。这个方法允许在图形中即使没有明显峰值时进行估值，在试验某些粘结材料时或许会发生。必须注意根据试件裁取方向不同试验结果会变化。

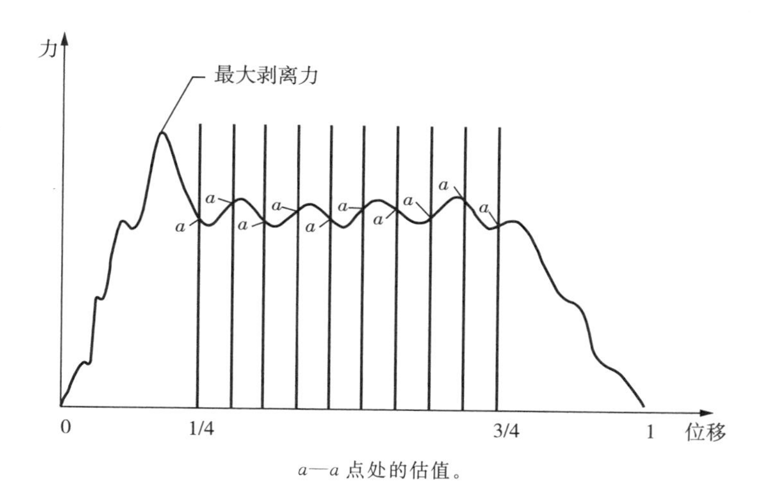

a—*a* 点处的估值。

图 10－16　剥离性能计算

4）计算每组 5 个试件的最大剥离强度平均值和平均剥离强度，修约到 5N/50mm。

10.1.9　搭接缝不透水性试验

1. 概述

本试验依据《建筑防水材料工程要求试验方法》（T/CWA 302—2023）编制而成，适用于沥青和高分子防水卷材搭接缝处承受水压试验。

2. 仪器设备

1）搭接缝不透水仪：压力范围为 0.1～0.4MPa，精度不小于 2.5 级，透水盘内径（或长宽尺寸）不小于 250mm。

2）开缝盘：开缝数量不少于平行的 6 个，缝长不小于 25mm，缝宽为 5mm。

3）自动计时装置：精确到 1min。

3. 样品制备

在卷材长边两侧搭接边部位取样，按供应商的要求，采用胶粘、胶带、自粘、热熔或焊接等方式进行搭接，一个试件的下表面与另一个试件的上表面粘结，防水卷材搭接宽度及养护条件按供应商的要求进行。供应商没有规定时，搭接宽度见表 10－2 所列。自粘和胶带搭接的试件需使用 GB/T 35467 中规定的压辊，在每个试验位置依次来回辊压 3 次。胶带、自粘、热熔或焊接搭接的试件在标准试验条件下养护 1d±1h；胶粘搭接的试件在标准试验条件下养护 7d±2h。制样采用大试片，搭接施工完后裁切成小试件。

当采用水泥基类胶粘剂搭接试件时，应采用丁基胶带或双组分聚氨酯防水涂料等材料填充试件密封圈部位的搭接缝，以避免试验时密封区域的试件因受力压坏胶粘剂导致透水。搭接后试件的尺寸约为 300mm×300mm。在不影响试验结果的前提下，沿橡胶密封圈一圈，采用胶带、密封胶或粘贴尺寸厚度适合的卷材等形式将试件与透水盘之间密封，同时消除卷材搭接后迎水面产生的高度差。需要时，非迎水面可直接放置尺寸合适的卷材填充高度差。搭接示意如图 10－17 所示。

表 10－2　防水卷材搭接宽度

防水卷材类型	搭接方式	搭接宽度/mm
聚合物改性沥青类防水卷材	热熔法、热沥青	100
	自粘搭接（含湿铺）	80
合成高分子类防水卷材	胶粘剂、粘结料	100
	胶泥带、自粘胶	80
	单缝焊	60，有效焊接宽度 25
	双缝焊	80，有效焊接宽度 10×2＋空腔宽
	塑料防水双缝焊	100，有效焊接宽度 10×2＋空腔宽

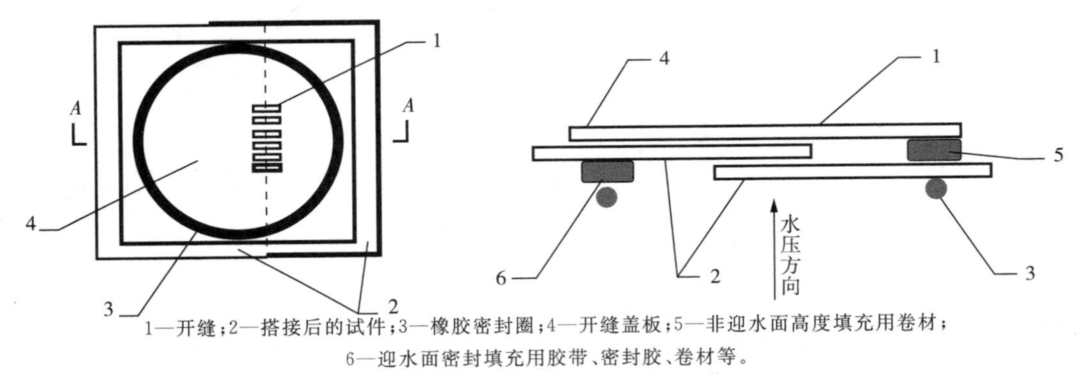

1—开缝；2—搭接后的试件；3—橡胶密封圈；4—开缝盖板；5—非迎水面高度填充用卷材；6—迎水面密封填充用胶带、密封胶、卷材等。

图 10－17　搭接示意

4. 试验步骤

在 23℃±5℃下进行试验，争议时在温度为 23℃±2℃、相对湿度为 50%±5%的条件下进行试验。搭接缝不透水仪充水直到满出，彻底排出水管中空气。将制备好的试件迎水面朝下放置在透水盘上，盖上开缝盘，开缝需与试件的接缝相垂直并对中，慢慢夹紧直到试件紧密安装在透水盘上，用布或压缩空气干燥试件的非迎水面，慢慢加压到规定的压力。达到规定压力后，启动计时装置，保持压力 30min±2min，试验时从开缝处观察试件的透水情况。加压过程中或保持压力过程中，水压突然下降或试件的接缝非迎水面有水为渗水，立即停止试验。

5. 试验结果

3 个试件在规定的时间均不透水为通过。

10.2　防水涂料

《建设工程质量检测机构资质标准》(2023 年印发)中规定,防水涂料必备检测参数为固体含量、拉伸强度、耐热性、低温柔性、不透水性、断裂伸长率,可选检测参数为涂膜抗渗性、浸水 168h 后拉伸强度、浸水 168h 后断裂伸长率、耐水性、抗压强度、抗折强度、粘结强度、抗渗性。

10.2.1　固体含量测定

1. 概述

本小节规定了建筑防水涂料固体含量的试验方法。本试验依据《建筑防水涂料试验方法》(GB/T 16777—2008)编制而成。

2. 仪器设备

1)天平:感量为 0.001g。

2)电热鼓风烘箱:控温精度为±2℃。

3)干燥器:内放变色硅胶或无水氯化钙。

4)培养皿:直径为 60～75mm。

3. 试验步骤

将样品(对于固体含量试验不能添加稀释剂)搅匀后,取 6g±1g 的样品倒入已干燥称量的培养皿中并铺平底部,立即称量,再放入加热到表 10－3 规定温度的烘箱中,恒温 3h,取出放入干燥器中,在标准试验条件下冷却 2h,然后称量。对于反应型涂料,应在称量后在标准试验条件下放置 24h,再放入烘箱。

表 10－3　涂料加热温度

涂料种类	水性	溶剂型、反应型
加热温度/℃	105±2	120±2

4. 试验结果

固体含量按式(10－3)计算:

$$X=\frac{m_2-m_0}{m_1-m_0}\times 100\% \qquad (10-3)$$

式中:X——固体含量(%);

m_0——培养皿质量(g);

m_1——干燥前试样和培养皿质量(g);

m_2——干燥后试样和培养皿质量(g)。

试验结果取两次平行试验的平均值,结果计算精度到 1%。

10.2.2　拉伸强度(性能)、断裂伸长率试验

1. 概述

本小节规定了建筑防水涂料拉伸性能的试验方法。本试验依据《建筑防水涂料试验方法》(GB/T 16777—2008)编制而成。

2. 仪器设备

1)拉伸试验机:测量值为量程的15%～85%,示值精度不低于1%,伸长范围大于500mm。

2)电热鼓风干燥箱:控温精度为±2℃。

3)冲片机及符合GB/T 528要求的哑铃Ⅰ型裁刀。

4)紫外线箱:500W直管汞灯,灯管与箱底平行,与试件表面的距离为47～50cm。

5)厚度计:接触面直径为6mm,单位面积压力为0.02MPa,分度值为0.01mm。

6)氙弧灯老化试验箱:符合GB/T 18244要求。

7)涂膜模框:厚度为1.5mm,材质可为塑料、金属或玻璃。

3. 样品制备

1)试验前模框、工具涂料应在标准试验条件下放置24h以上。

2)称取所需的试验样品量,保证最终涂膜厚度为1.5mm±0.2mm。

单组分防水涂料应将其混合均匀作为试料,多组分防水涂料应生产厂规定的配比精确称量后,将其混合均匀作为试料。在必要时可以按生产厂家指定的量添加稀释剂,当稀释剂的添加量有范围时,取其中间值。将产品混合后充分搅拌5min,在不混入气泡的情况下倒入模框中。模框不得翘曲且表面平滑,为便于脱模,涂覆前可用脱模剂处理。样品按生产厂的要求一次或多次涂覆(最多3次,每次间隔不超过24h),最后一次将表面刮平,然后按表10-4进行养护。

表10-4　涂膜制备的养护条件

分类		脱模前的养护条件	脱模后的养护条件
水性	沥青类	在标准条件120h	40℃±2℃下48h后,标准条件4h
	高分子类	在标准条件96h	40℃±2℃下48h后,标准条件4h
溶剂型、反应型		标准条件96h	标准条件72h

检查涂膜外观,从表面平整、无明显气泡的涂膜上按表10-5规定裁取试件。

表10-5　试件形状(尺寸)及数量

项目		试件形状(尺寸/mm)	数量/个
拉伸性能		符合GB/T 528规定的哑铃Ⅰ型	5
低温弯折性、低温柔性		100×25	3
不透水性		150×150	3
热处理	拉伸性能	120×25,处理后再截取符合GB/T 528规定的哑铃Ⅰ型	6
	低温弯折性、低温柔性	100×25	3

（续表）

项目		试件形状(尺寸/mm)	数量/个
碱处理	拉伸性能	120×25，处理后再裁取符合 GB/T 528 规定的哑铃Ⅰ型	6
	低温弯折性、低温柔性	100×25	3
酸处理	拉伸性能	120×25，处理后再裁取符合 GB/T 528 规定的哑铃Ⅰ型	6
	低温弯折性、低温柔性	100×25	3
紫外线处理	拉伸性能	120×25，处理后再裁取符合 GB/T 528 规定的哑铃Ⅰ型	6
	低温弯折性、低温柔性	100×25	3
人工气候老化	拉伸性能	120×25，处理后再裁取符合 GB/T 528 规定的哑铃Ⅰ型	6
	低温弯折性、低温柔性	100×25	3

4. 试验步骤

1）无处理拉伸性能。

将涂膜按表 10－5 的要求，裁取符合 GB/T 528 要求的哑铃Ⅰ型试件，并划好间距 25mm 的平行标线，用厚度计测量试件标线中间和两端三点的厚度，取其算术平均值作为试件厚度。调整拉伸试验机夹具间距约 70mm，将试件夹在试验机上，保持试件长度方向的中线与试验机夹具中心在一条线上，按表 10－6 的拉伸速度进行拉伸至断裂，记录试件断裂时的最大荷载（P），断裂时标线间距离（L_1），精确到 0.1mm。测试 5 个试件，若有试件断裂在标线外，应舍弃用备用件补测。

表 10－6　拉伸速度

产品类型	拉伸速度/(mm/min)
高延伸率涂料	500
低延伸率涂料	200

2）热处理拉伸性能。将涂膜按表 10－5 要求裁取 6 个 120mm×25mm 的矩形试件平放在隔离材料上，水平放入已达到规定温度的电热鼓风烘箱中，沥青类涂料加热温度为 70℃±2℃，其他涂料加热温度为 80℃±2℃。试件与箱壁间距不得少于 50mm，试件宜与温度计的探头在同一水平位置，在规定温度的电热鼓风烘箱中恒温 168h±1h 取出，然后在标准试验条件下放置 4h，裁取符合 GB/T 528 要求的哑铃Ⅰ型试件，按要求进行拉伸试验。

3）碱处理拉伸性能。在 23℃±2℃时，在 0.1%化学纯氢氧化钠（NaOH）溶液中，加入 $Ca(OH)_2$ 试剂，并达到过饱和状态。

在 600mL 该溶液中放入按表 10－5 裁取的 6 个 120mm×25mm 的矩形试件，液面应高出试件表面 10mm 以上，连续浸泡 168h±1h 取出，充分用水冲洗，擦干，在标准试验条件下放置 4h，裁取符合 GB/T 528 要求的哑铃Ⅰ型试件，按要求进行拉伸试验。

对于水性涂料，浸泡取出擦干后，再在 60℃±2℃的电热鼓风烘箱中放置 6h±15min，取出在标准试验条件下放置 18h±2h，裁取符合 GB/T 528 要求的哑铃Ⅰ型试件，按要求进行拉伸试验。

4）酸处理拉伸性能。在 23℃±2℃时，在 600mL 的 2%化学纯硫酸（H_2SO_4）溶液中，放入按表10－5裁取的6个120mm×25mm的矩形试件，液面应高出试件表面15mm以上，连续浸泡168h±1h取出，充分用水冲洗，擦干，在标准试验条件下放置4h，裁取符合GB/T 528要求的哑铃Ⅰ型试件进行拉伸试验。

对于水性涂料，浸泡取出擦干后，再在60℃±2℃的电热鼓风烘箱中放置6h±15min，取出在标准试验条件下放置18h±2h，裁取符合GB/T 528要求的哑铃Ⅰ型试件进行拉伸试验。

5)紫外线处理拉伸性能。按表10－5裁取的6个120mm×25mm的矩形试件，将试件平放在釉面砖上，为了防粘，可在釉面砖表面撒滑石粉。将试件放入紫外线箱中，距试件表面50mm左右的空间温度为45℃±2℃，恒温照射240h。取出在标准试验条件下放置4h，裁取符合GB/T 528要求的哑铃Ⅰ型试件进行拉伸试验。

6)人工气候老化材料拉伸性能。按表10－5裁取的6个120mm×25mm的矩形试件放入符合GB/T 18244要求的氙弧灯老化试验箱中，试验累计辐照能量为1500mJ^2/m^2(约720h)后取出，擦干，在标准试验条件下放置4h，裁取符合GB/T 528要求的哑铃Ⅰ型试件，按要求进行拉伸试验。

对于水性涂料，取出擦干后，再在60℃±2℃的电热鼓风烘箱中放置6h±15min，取出在标准试验条件下放置18h±2h，裁取符合GB/T 528要求的哑铃Ⅰ型试件，按要求进行拉伸试验。

5. 试验结果

1)试件的拉伸强度按式(10－4)计算：

$$T_L = P/(B \times D) \tag{10-4}$$

式中：T_L——拉伸强度(MPa)；

P——最大拉力(N)；

B——试件中间部位宽度(mm)；

D——试件厚度(mm)。

取5个试件的算术平均值作为试验结果，结果精确到0.01MPa。

2)试件的断裂伸长率按式(10－5)计算：

$$E = (L_1 - L_0)/L_0 \times 100\% \tag{10-5}$$

式中：E——断裂伸长率(%)；

L_0——试件起始标线间距离(mm)；

L_1——试件断裂时标线间距离(mm)。

取5个试件的算术平均值作为试验结果，结果精确到1%。

3)拉伸性能保持率按式(10－6)计算：

$$R_t = (T_1/T) \times 100\% \tag{10-6}$$

式中：R_t——样品处理后拉伸性能保持率(%)，结果精确到1%；

T——样品处理前平均拉伸强度；

T_1——样品处理后平均拉伸强度。

10.2.3　低温柔性试验

1. 概述

本小节规定了建筑防水涂料低温柔性的试验方法。本试验依据《建筑防水涂料试验方法》(GB/T 16777—2008)编制而成。

2. 仪器设备

1)低温冰柜:控温精度为±2℃。

2)圆棒或弯板:直径为10mm、20mm、30mm。

3. 样品制备

按上述10.2.2小节进行样品制备。

4. 试验步骤

1)无处理。将涂膜按表10-5的要求裁取3块100mm×25mm的试件进行试验,将试件和弯板或圆棒放入已调节到规定温度的低温冰柜的冷冻液中,温度计探头应与试件在同一水平位置,在规定温度下保持1h,然后在冷冻液中将试件绕圆棒或弯板在3s内弯曲180°,弯曲3个试件(无上、下表面区分),立即取出试件用肉眼观察试件表面有无裂纹、断裂。

2)热处理。将涂膜按表10-5要求裁取3个100mm×25mm的矩形试件平放在隔离材料上,水平放入已达到规定温度的电热鼓风烘箱中,沥青类涂料加热温度为70℃±2℃,其他涂料加热温度为80℃±2℃。试件与箱壁间距不得少于50mm,试件宜与温度计的探头在同一水平位置,在规定温度的电热鼓风烘箱中恒温168h±1h取出,然后在标准试验条件下放置4h,按要求进行试验。

3)碱处理。在23℃±2℃时,在0.1%化学纯NaOH溶液中加入$Ca(OH)_2$试剂,并达到过饱和状态。

在400mL该溶液中放入按表10-5裁取的3个100mm×25mm的试件,液面应高出试件表面10mm以上,连续浸泡168h±1h取出,充分用水冲洗,擦干,在标准试验条件下放置4h,按要求进行试验。

对于水性涂料,浸泡取出擦干后,再在60℃±2℃的电热鼓风烘箱中放置6h±15min,取出在标准试验条件下放置18h±2h,按要求进行试验。

4)酸处理。在23℃±2℃时,在400mL的2%H_2SO_4溶液中,放入按表10-5裁取的3个100mm×25mm的试件,液面应高出试件表面10mm以上,连续浸泡168h±1h取出,充分用水冲洗,擦干,在标准试验条件下放置4h,按要求进行试验。

对于水性涂料,浸泡取出擦干后,再在60℃±2℃的电热鼓风烘箱中放置6h±15min,取出在标准试验条件下放置18h±2h,按要求进行试验。

5)紫外线处理。按表10-5取的3个100mm×25mm的试件,将试件平放在釉面砖上,为了防粘,可在釉面砖表面撒滑石粉。将试件放入紫外线箱中,距试件表面50mm左右的空间温度为45℃±2℃,恒温照射240h。取出在标准试验条件下放置4h,按要求进行试验。

6)人工气候老化处理。按表10-5裁取的3个150mm×25mm试件放入符合GB/T 18244要求的氙弧灯老化试验箱中,试验累计辐照能量为1500mJ^2/m^2(约720h)后取出,擦干，在标准试验条件下放置4h，按要求进行试验。

对于水性涂料，取出擦干后，再在60℃±2℃的电热鼓风烘箱中放置6h±15min，取出在标准试验条件下放置18h±2h，按要求进行试验。

5. 试验结果试验

所有试件应无裂纹、断裂。

10.2.4 不透水性

1. 概述

本小节规定了建筑防水涂料不透水性的试验方法。本试验依据《建筑防水涂料试验方法》(GB/T 16777—2008)编制而成。

2. 仪器设备

1)不透水仪：符合GB/T 328.10的要求；

2)金属网：孔径为0.2mm。

3. 样品制备

按表10-5裁取的3个约150mm×150mm的试件，在标准试验条件下放置2h。

4. 试验步骤

试验在23℃±5℃进行，将装置中充水直到满出，彻底排出装置中空气。

将试件放置在透水盘上，再在试件上加一相同尺寸的金属网，盖上7孔圆盘，慢慢夹紧直到试件夹紧在盘上，用布或压缩空气干燥试件的非迎水面，慢慢加压到规定的压力。达到规定压力后，保持压力30min±2min。试验时观察试件的透水情况(水压突然下降或试件的非迎水面有水)。

5. 试验结果

所有试件在规定时间内无透水现象为通过。

10.2.5 耐热性试验

1. 概述

本小节规定了建筑防水涂料耐热性的试验方法。本试验依据《建筑防水涂料试验方法》(GB/T 16777—2008)编制而成。

2. 仪器设备

1)电热鼓风烘箱：控温精度为±2℃。

2)铝板：厚度不小于2mm，面积大于100mm×50mm，中间上部有一小孔，便于悬挂。

3. 样品制备

将样品搅匀后，按生产厂的要求分2～3次涂覆(每次间隔不超过24h)在已清洁干净的铝板上，涂覆面积为100mm×50mm，总厚度1.5mm，最后一次将表面刮平，按表10-4条件进行养护，不需要脱模。

4. 试验步骤

将铝板垂直悬挂在已调节到规定温度的电热鼓风干燥箱内，试件与干燥箱壁间的距离不小于50mm，试件的中心宜与温度计的探头在同一位置，在规定温度下放置5h后取出，观察表面现象。共试验3个试件。

5. 试验结果

试验后所有试件都不应产生流淌、滑动、滴落，试件表面无密集气泡。

10.2.6　涂膜抗渗性试验

1. 概述

本小节规定了聚合物水泥防水涂料涂膜抗渗性的试验方法。本试验依据《聚合物水泥防水涂料》(GB/T 23445—2009)编制而成。

2. 仪器设备

1)砂浆渗透试验仪：SS15 型。

2)水泥标准养护箱(室)。

3)金属试模：截锥带底圆模，上口直径为 70mm，下口直径为 80mm，高为 30mm。

4)捣棒：直径为 10mm，长为 350mm，端部磨圆。

5)抹刀。

3. 样品制备

1)砂浆试件。按照 GB/T 2419 的规定确定砂浆的配比和用量，并以砂浆试件在 0.3～0.4MPa 压力下透水为准，确定水灰比。脱模后放入 20℃±2℃的水中养护 7d。取出待表面干燥后，用密封材料密封装入渗透仪中进行砂浆试件的抗渗试验。水压从 0.2MPa 开始，恒压 2h 后增至 0.3MPa，以后每隔 1h 增加 0.1MPa，直至试件透水。每组选取 3 个在 0.3～0.4MPa 压力下透水的试件。

2)涂膜抗渗试件。从渗透仪上取下已透水的砂浆试件，擦干试件上口表面水渍，并清除试件上口和下口表面密封材料的污染。将待测涂料样品按生产厂指定的比例分别称取适量液体和固体组分混合后机械搅拌 5min。在 3 个试件的上口表面(背水面)均匀涂抹混合好的试样，第一道 0.5～0.6mm。待涂膜表面干燥后再涂第二道，使涂膜总厚度为 1.0～1.2mm。待第二道涂膜表干后，将制备好的抗渗试件放入水泥标准养护箱(室)中放置 168h，养护条件：温度 20℃±1℃，相对湿度不小于 90%。

4. 试验步骤

将抗渗试件从养护箱中取出，在标准条件下放置 2h，待表面干燥后装入渗透仪，按加压程序进行涂膜抗渗试件的抗渗试验。当 3 个抗渗试件中有 2 个试件上表面出现透水现象时，即可停止该组试验，记录当时水压。当抗渗试件加压至 1.5MPa、恒压 1h 还未透水，应停止试验。

5. 试验结果

涂膜抗渗性试验结果应报告 3 个试件中 2 个未出现透水时的最大水压力。

10.2.7　浸水 168h 后拉伸性能试验

1. 概述

本小节规定了聚合物水泥防水涂料、聚合物乳液防水涂料等材料浸水后拉伸性能的试验方法。本试验依据《建筑防水涂料试验方法》(GB/T 16777—2008)、《聚合物水泥防水涂料》(GB/T 23445—2009)等编制而成。

2. 仪器设备

1)拉伸试验机:测量值为量程的15%~85%,示值精度不低于1%,伸长范围大于500mm。

2)电热鼓风干燥箱:控温精度为±2℃。

3)冲片机及符合GB/T 528要求的哑铃Ⅰ型裁刀。

4)厚度计:接触面直径为6mm,单位面积压力为0.02MPa,分度值为0.01mm。

5)涂膜模框:厚度为1.5mm,材质可为塑料、金属或玻璃。

3. 样品制备

将在标准试验条件下放置后的样品按生产厂指定的比例分别称取适量液体和固体组分,混合后机械搅拌5min,静置1~3min,以减少气泡,然后倒入规定的模具中涂覆。为方便脱模,模具表面可用脱模剂进行处理。试样制备时分2次或3次涂覆,后道涂覆应在前道涂层实干后进行,两道间隔时间为12~24h,使试样厚度达到1.5mm±0.2mm。将最后一道涂覆试样的表面刮平后,于标准条件下静置96h,然后脱模。将脱模后的试样反面向上在40℃±2℃干燥箱中处理48h,取出后置于干燥器中冷却至室温。用切片机将试样冲切成试件,拉伸试验所需试件数量和形状见表10-7所列。

表10-7 拉伸实验试件数量

项目		试件形状	数量/个
拉伸强度、断裂伸长率	无处理	GB/T 528—1998规定的哑铃Ⅰ型试件	6
	浸水处理	120mm×25mm	6

4. 试验步骤

1)无处理拉伸性能。将涂膜按表10-7要求,裁取符合GB/T 528—1998规定的哑铃Ⅰ型试件,并划好间距25mm的平行标线,用厚度计测量试件标线中间和两端三点的厚度,取其算术平均值作为试件厚度。调整拉伸试验机夹具间距约70mm,将试件夹在试验机上,保持试件长度方向的中线与试验机夹具中心在一条线上,按200mm/min的拉伸速度进行拉伸至断裂,记录试件断裂时的最大荷载(P),断裂时标线间距离(L),精确到0.1mm,测试5个试件,若有试件断裂在标线外,应舍弃用备用件补测。

2)浸水处理后拉伸性能。将按要求制备的试件浸入23℃±2℃的水中,浸水时间为168h±1h。然后放入60℃±2℃的干燥箱中18h,取出后置于干燥器中冷却至室温,用切片机冲切成哑铃形试件,按规定测定拉伸性能。

5. 试验结果

拉伸强度、断裂伸长率和拉伸强度保持率的试验结果计算按本节10.2.2小节的规定。拉伸强度试验结果精确至0.1MPa。

10.2.8 抗压强度、抗折强度试验

1. 概述

抗压强度、抗折强度按GB/T 17671规定进行。试模采用40mm×40mm×160mm的三联模,成型一组。试件成型后移入标准养护室养护,1d后脱模,继续在标准条件下养护,

但不能浸水。试验龄期为 28d。

2. 实验室和设备

1)实验室:实验室的温度应保持在 20℃±2℃,相对湿度不应低于 50%。实验室温度和相对湿度在工作期间每天至少记录 1 次。

2)养护箱:带模养护试体养护箱的温度应保持在 20℃±1℃,相对湿度不低于 90%。养护箱的使用性能和结构应符合 JC/T 959 的要求。养护箱的温度和湿度在工作期间至少每 4h 记录 1 次。在自动控制的情况下记录次数可以酌减至每天 2 次。

3)搅拌机:行星式搅拌机应符合 JC/T 681 的要求。

4)试模:应符合 JC/T 726 的要求。

成型操作时,应在试模上面加有一个壁高为 20mm 的金属模套,当从上往下看时,模套壁与试模内壁应该重叠,超出内壁不应大于 1mm。为了控制料层厚度和刮平,应备有两个布料器和刮平金属直边尺。

5)成型设备(振实台):振实台为基准成型设备,应符合 JC/T 682 的要求。振实台应安装在高度约 400mm 的混凝土基座上。混凝土基座体积应大于 0.25m^3,质量应大于 600kg。将振实台用地脚螺丝固定在基座上,安装后台盘成水平状态,振实台底座与基座之间要铺一层胶砂以保证它们的完全接触。

6)代用成型设备(振动台):全波振幅为 0.75mm±0.02mm,频率为 2800 次/min～3000 次/min的振动台。振动台应符合 JC/T 723 的要求。

7)抗折强度试验机:应符合 JC/T 724 的要求。试体在夹具中受力状态如图 10-18 所示。抗折强度也可用液压式试验机来测定。此时,示值精度、加荷速度和抗折夹具应符合 JC/T 724 的规定。

8)抗压强度试验机:应符合 JC/T 960 的要求。

9)抗压夹具:当需要使用抗压夹具时,应把它放在压力机的上下压板之间并与压力机处于同一轴线,以便将压力机的荷载传递至胶砂试体表面。抗压夹具应符合 JC/T 683 的要求,典型的抗压夹具如图 10-19 所示。

10)天平:分度值不大于±1g。

11)计时器:分度值不大于±1s。

12)加水器:分度值不大于±1mL。

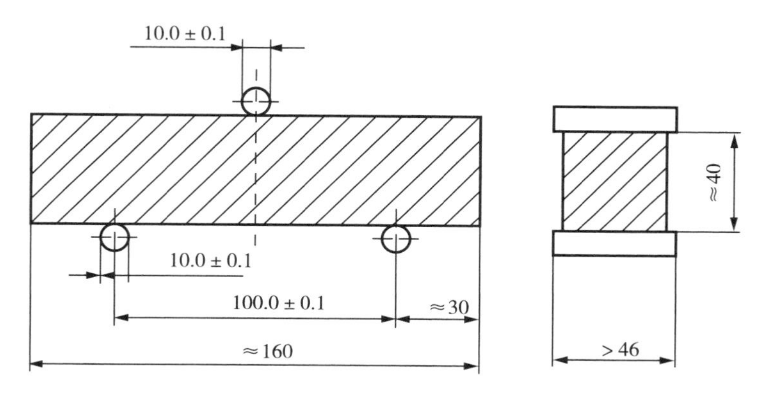

图 10-18　抗折强度测定加荷示意(单位:mm)

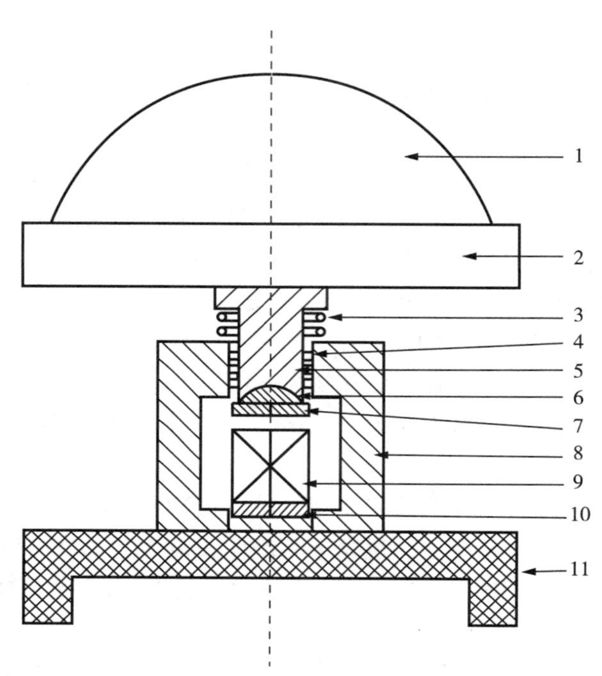

1—压力机球座；2—压力机上压板；3—复位弹簧；4—滚珠轴承；5—滑块；
6—夹具球座；7—夹具上压板；8—夹具框架；9—试体；10—夹具下压板；11—压力机上压板。

图 10-19 典型抗压夹具

3. 样品制备(试体制备)

1)浆料制备。按厂家推荐水灰比用搅拌机按以下程序进行搅拌，可以采用自动控制，也可以采用手动控制把水加入锅里，再加入粉料，把锅固定在固定架上，上升至工作位置。

(1)立即开动机器，先低速搅拌 30s±1s 后，再把搅拌机调至高速再搅拌 30s±1s。

(2)停拌 90s，在停拌开始的 15s±1s 内，将搅拌锅放下，用刮刀将叶片、锅壁和锅底上的浆料刮入锅中。

(3)在高速下继续搅拌 60s±1s。

2)用振实台成型。试体为 40mm×40mm×160mm 的棱柱体。浆料制备后立即进行成型。将空试模和模套固定在振实台上，用料勺将锅壁上的浆料清理到锅内并翻转搅拌胶砂使其更加均匀，成型时将胶砂分两层装入试模。装第一层时，每个槽里约放 300g 浆料，先用料勺沿试模长度方向划动浆料以布满模槽，再用大布料器垂直架在模套顶部沿每个模槽来回一次将料层布平，接着振实 60 次。再装入第二层浆料，用料勺沿试模长度方向划动胶砂以布满模槽，但不能接触已振实浆料，再用小布料器布平，振实 60 次。每次振实时可将一块用水湿过拧干、比模套尺寸稍大的棉纱布盖在模套上以防止振实时浆料飞溅。

移走模套，从振实台上取下试模，用一金属直边尺以近似 90°的角度(但向刮平方向稍斜)架在试模模顶的一端，然后沿试模长度方向以横向锯割动作慢慢向另一端移动，将超过试模部分的胶砂刮去。锯割动作的多少和直尺角度的大小取决于胶砂的稀稠程度，较稠的浆料需要多次锯割，锯割动作要慢以防止拉动已振实的胶砂。用拧干的湿毛巾将试模端板顶部的胶砂擦拭干净，再用同一直边尺以近乎水平的角度将试体表面抹平。抹平的次数要尽量少,总次数不应超过 3 次。最后将试模周边的浆料擦除干净。用毛笔或其他方法对试体进行编号。

3)振动台成型(代用成型方式)。试体为 40mm×40mm×160mm 的棱柱体。在搅拌浆料的同时将试模和下料漏斗卡紧在振动台的中心。将搅拌好的全部浆料均匀地装入下料漏斗中,开动振动台,浆料通过漏斗流入试模。振动 120s±5s 停止振动。振动完毕,取下试模,用刮平尺以规定的刮平手法刮去其高出试模的浆料并抹平、编号。

4)脱模前的处理和养护。在试模上盖一块玻璃板,也可用相似尺寸的钢板或不渗水的、和水泥没有反应的材料制成的板。盖板不应与水泥胶砂接触,盖板与试模之间的距离应控制在 2～3mm。为了安全,玻璃板应有磨边。立即将做好标记的试模放入养护室或湿箱的水平架子上养护,湿空气应能与试模各边接触。养护时不应将试模放在其他试模上。一直养护到规定的脱模时间时取出脱模。

5)脱模。脱模应非常小心,脱模时可以用橡皮锤或脱模器。对于 24h 龄期的,应在破型试验前 20min 内脱模;对于 24h 以上龄期的,应在成型后 20～24h 脱模。如经 24h 养护,会因脱模对强度造成损害时,可以延迟至 24h 以后脱模,但在试验报告中应予说明。已确定作为 24h 龄期试验(或其他不下水直接做试验)的已脱模试体,应用湿布覆盖至做试验时为止。对于胶砂搅拌或振实台的对比,建议称量每个模型中试体的总量。

6)强度试验试体的龄期。龄期的试体应在试验(破型)前揩去试体表面沉积物,并用湿布覆盖至试验为止。试体龄期是从水泥加水搅拌开始试验时算起,在 28d±8h 内进行。

4. 试验步骤

1)抗折强度的测定。用抗折强度试验机测定抗折强度。将试体一个侧面放在试验机支撑圆柱上,试体长轴垂直于支撑圆柱,通过加荷圆柱以 50N/s±15N/s 的速率均匀地将荷载垂直地加在棱柱体相对侧面上,直至折断。保持两个半截棱柱体处于潮湿状态直至抗压试验。

2)抗压强度的测定。抗折强度试验完成后,取出两个半截试体,进行抗压强度试验。抗压强度试验通过规定的仪器,在半截棱柱体的侧面上进行。半截棱柱体中心与压力机压板受压中心差应在±0.5mm 内,棱柱体露在压板外的部分约有 10mm。在整个加荷过程中以 2400N/s±200N/s 的速率均匀地加荷直至破坏。

5. 试验结果

1)抗折强度按公式(10-7)进行计算:

$$R_f = 1.5F_fL/b^3 \tag{10-7}$$

式中:R_f——抗折强度(MPa);

F_f——折断时施加于棱柱体中部的荷载(N);

L——支撑圆柱之间的距离(mm);

b——棱柱体正方形截面的边长(mm)。

以一组三个棱柱体抗折结果的平均值作为试验结果。当三个强度值中有一个超出平均值的±15%时,应剔除后再取平均值作为抗折强度试验结果;当三个强度值中有两个超出平均值±15%时,则以剩余一个作为抗折强度结果。单个抗折强度结果精确至 0.1MPa,算术平均值精确至 0.1MPa。

2)抗压强度按公式(10－8)进行计算,受压面积计为1600mm²:

$$R_c = F_c / A \tag{10-8}$$

式中:R_c——抗压强度(MPa);

F_c——破坏时的最大荷载(N);

A——受压面积(mm²)。

以一组三个棱柱体上得到的六个抗压强度测定值的平均值为试验结果。当六个测定值中有一个超出六个平均值的±10%时,剔除这个结果,再以剩下五个的平均值为结果。当五个测定值中再有超过它们平均值的±10%时,则此组结果作废。当六个测定值中同时有两个或两个以上超出平均值的±10%时,则此组结果作废。单个抗压强度结果精确至0.1MPa,算术平均值精确至0.1MPa。

10.2.9 粘结强度试验

1. 概述

本小节规定了建筑防水涂料粘结强度的试验方法,其内容主要依据《建筑防水涂料试验方法》(GB/T 16777—2008)编制而成。

2. 仪器设备

1)拉伸试验机:测量值为量程的15%～85%,示值精度不低于1%,拉伸速度为5mm/min±1mm/min。

2)拉伸专用金属夹具:上夹具、下夹具、垫板,分别如图10－20、图10－21、图10－22所示。

3)水泥砂浆块:尺寸为70mm×70mm×20mm。采用强度等级为42.5的普通硅酸盐水泥,将水泥、中砂按照质量比1∶1加入砂浆搅拌机中搅拌,加水量以砂浆稠度70～90mm为准,倒入模框中振实抹平,然后移入养护室,1d后脱模,水中养护10d后再在50℃±2℃的烘箱中干燥24h±0.5h,取出在标准条件下放置备用,去除砂浆试块成型面的浮浆、浮砂、灰尘等,同样制备五块砂浆试块。

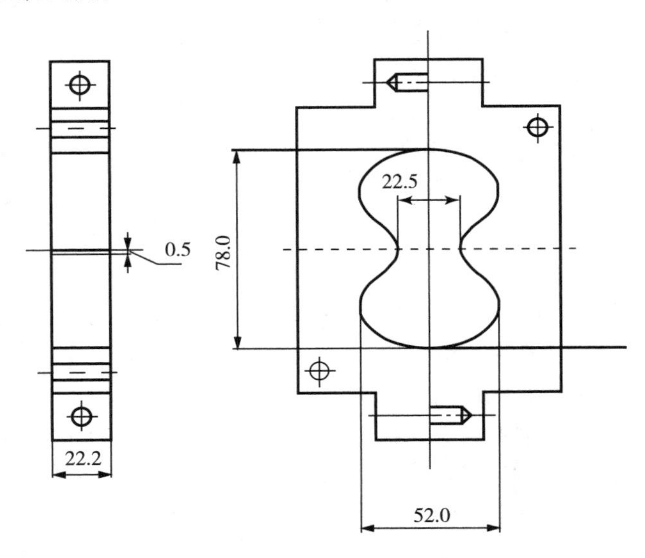

图10－20 上夹具(单位:mm)

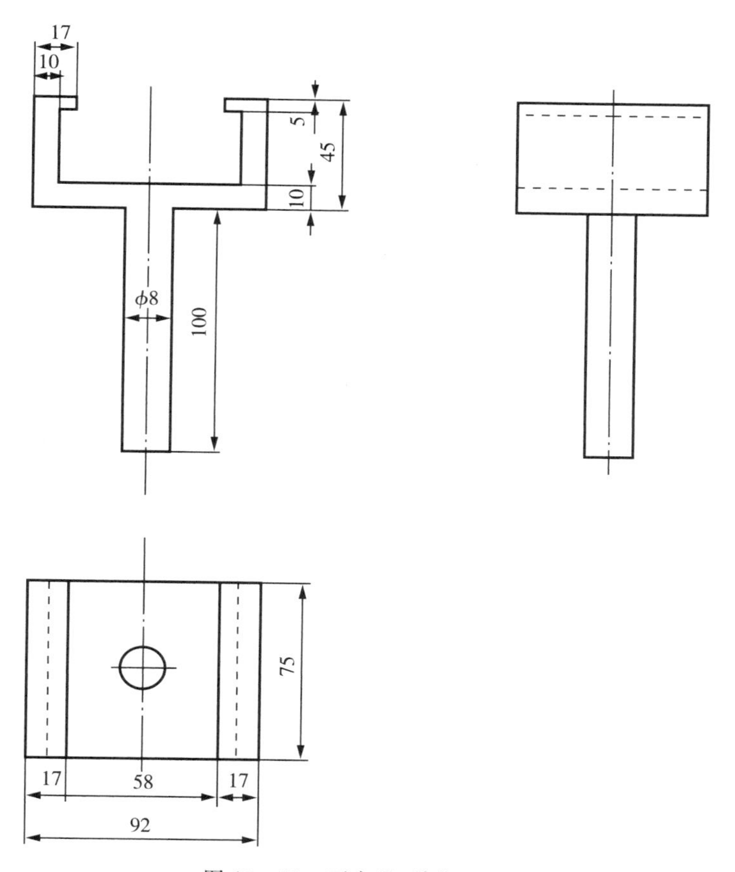

图 10－21　下夹具(单位:mm)

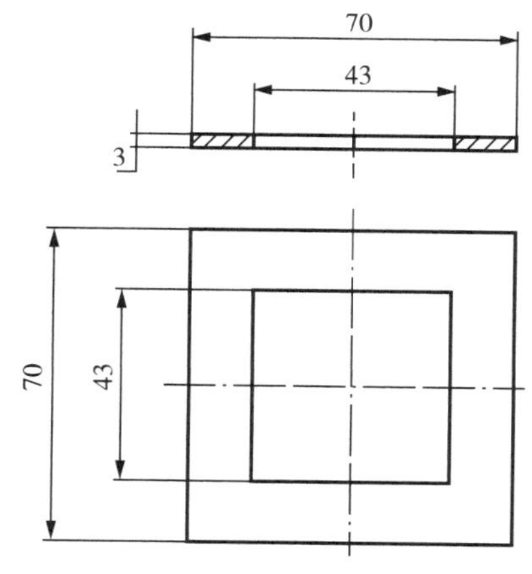

图 10－22　垫板(单位:mm)

4)高强度胶粘剂:难以渗透涂膜的高强度胶粘剂,推荐无溶剂环氧树脂。

5)“8”字形金属模具(见图 10－23):中间用插片分成两半。

6)粘结基材:“8”字形水泥砂浆块(见图 10－24)。采用强度等级为 42.5 的普通硅酸盐水泥,将水泥、中砂按照质量比 1∶1 加入砂浆搅拌机中搅拌,加水量以砂浆稠度 70～90mm 为准,倒入模框中振实抹平,然后移入养护室,1d 后脱模,水中养护 10d 后再在 50℃±2℃的烘箱中干燥 24h±0.5h，取出在标准条件下放置备用，同样制备五对砂浆试块。

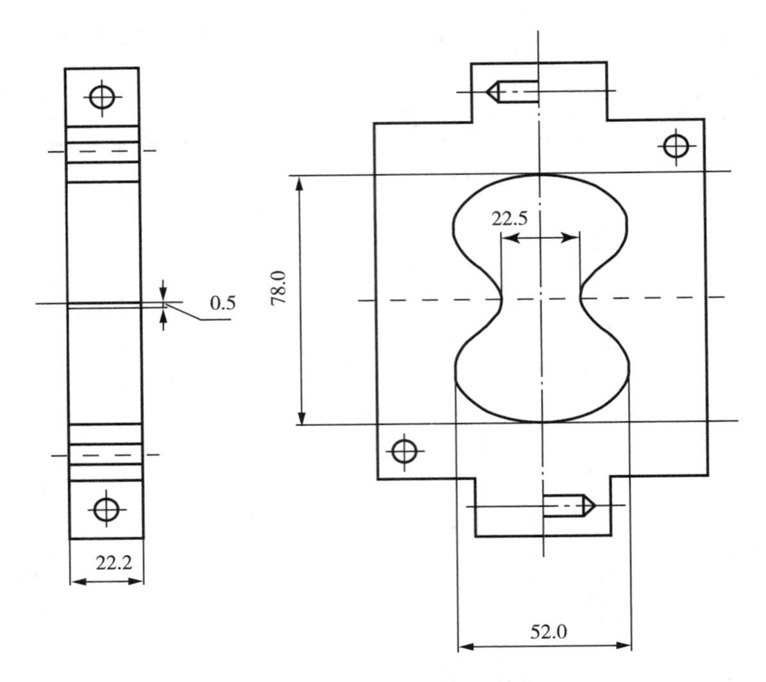

图 10－23　“8”字形金属模具(单位：mm)

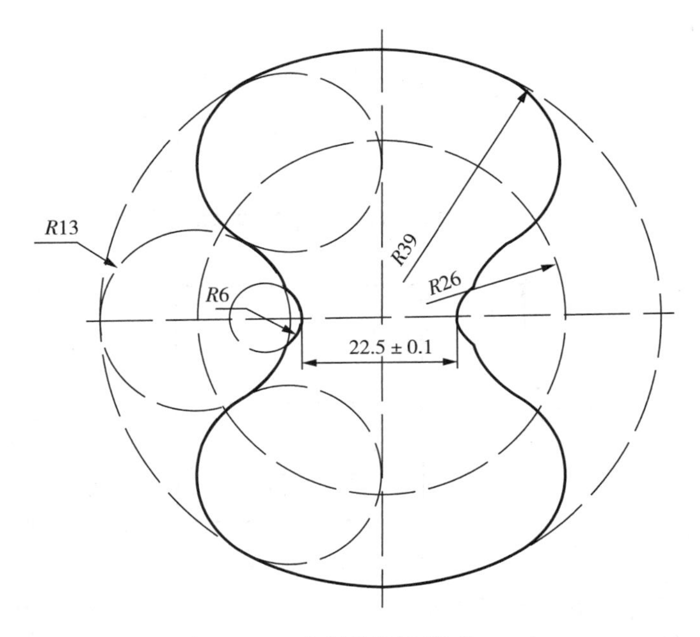

图 10－24　水泥砂浆块(单位：mm)

3. 试件制备

1)方法 A。

试验前制备好的砂浆块、工具、涂料应在标准试验条件下放置 24h 以上。

取五块砂浆块用2号砂纸清除表面浮浆，必要时按生产厂要求在砂浆块的成型面(70mm×70mm)上涂刷底涂料，干燥后按生产厂要求的比例将样品混合后搅拌5min(单组分防水涂料样品直接使用)涂抹在成型面上，涂膜的厚度为0.5～1.0mm(可分两次涂覆，间隔不超过24h)。然后将制得的试件按表10-4要求养护，不需要脱模，制备五个试件。

将养护后的试件用高强度胶粘剂将拉伸用上夹具与涂料面粘贴在一起，小心地除去周围溢出的胶粘剂，在标准试验条件下水平放置养护24h。然后沿上夹具边缘一圈用刀切割涂膜至基层，使试验截面尺寸为40mm×40mm。

2)方法B。

试验前制备好的砂浆块、工具，涂料应在标准试验条件下放置24h以上。

取五对砂浆块用2号砂纸清除表面浮浆，必要时先将涂料稀释后在砂浆块的断面上打底，干燥后按生产厂要求的比例将样品混合后搅拌5min(单组分防水涂料样品直接使用)涂抹在成型面上，将两个砂浆块断面对接，压紧，砂浆块间涂料的厚度不超过0.5mm。然后将制得的试件按表10-4要求养护，不需要脱模，制备五对试件。

4. 试验步骤

将试件安装在试验机上，保持试件表面垂直方向的中线与试验机夹具中心在一条线上，以5mm/min±1mm/min的速度拉伸至试件破坏，记录试件的最大拉力。试验温度为23℃±2℃。

5. 试验结果

粘结强度按式(10-9)计算：

$$\sigma=F/(a\times b) \tag{10-9}$$

式中：σ——粘结强度(MPa)；

F——试件的最大拉力(N)；

a——试件粘结面的长度(mm)；

b——试件粘结面的宽度(mm)。

去除表面未被粘住面积超过20%的试件，粘结强度以剩下的不少于3个试件的算术平均值表示，不足三个试件应重新试验，结果精确到0.01MPa。

10.2.10 砂浆抗渗性能试验

1. 概述

砂浆抗渗性，是指水泥基渗透结晶型防水涂料涂刷在基准砂浆上，在水压力作用下抵抗渗透的性质。本试验依据《水泥基渗透结晶型防水材料》(GB 18445—2012)编制而成。

2. 仪器设备

1)金属试模：应采用截头圆锥形带底金属试模，上口内部直径应为70mm，下口内部直径应为80mm，高度应为30mm。

2)砂浆渗透仪：SS15型。

3. 试件制备

1)基准砂浆抗渗试件制备。根据GB 18445—2012选择规定的砂浆配合比，按JC/T 474—2008制备基准砂浆抗渗试件。每次试验同时成型三组试件，每组六个试件。成型时分两层装料，采用人工插捣方式。表面用铁板刮平，放在标准养护室，静置1d脱模，用钢丝刷将试件两端面刷毛，清除油污，清洗干净并除去明水。

2)带涂层的砂浆抗渗试件制备。从基准砂浆的三组试件中随机选取一组试件。防水涂料用量为1.5kg/m²，用水量为工程实际使用推荐的用水量。采用人工搅拌，搅拌均匀后，分两层涂刷，用刷子涂刷于已处理试件的背水面。

当第一次涂刷后，待涂层手触干时进行第二次涂刷。第二次涂刷后，移入标准养护室养护。

3)去除涂层的砂浆抗渗试件制备。从基准砂浆的三组试件中随机选取另外一组试件，用2mm×2mm的孔、标称单位面积质量为151～160g/m²的网格布裁剪成比试件背水面尺寸略大的覆面材料，将其覆盖在试件背水面，涂刷两遍于所测试件，注意涂刷过程中不要移动网格布。当第一次涂刷后，待涂层手触干时进行第二次涂刷。第二次涂刷后，移入标准养护室养护。

4. 试验步骤

1)养护到龄期27d三组试件一起取出。将基准砂浆和带涂层砂浆两组抗渗试件擦拭干净后晾干待测。将去除涂层一组砂浆抗渗试件，采用角向磨光机或其他的打磨设备，将网格布表面的涂层去除，并去除网格布。注意在打磨过程中不要破坏网格布覆盖下的抗渗试件，将试件清洗干净后晾干待测。

2)28d基准砂浆、带涂层砂浆和去除涂层砂浆试件的抗渗压力按JC/T 474进行。

5. 试验结果

1)砂浆抗渗试验时，六个试件出现第三个渗水时停止试验，将该试件出现渗水时的压力减去0.1MPa记为砂浆抗渗压力。

2)基准砂浆抗渗压力应为0.39～0.40MPa。若不符合要求，则本批三组砂浆抗渗试验无效，应重新成型试件进行试验。

3)抗渗压力比为同龄期的带涂层和去除涂层砂浆试件的抗渗压力与基准砂浆试件的抗渗压力之比。

10.2.11 混凝土抗渗性能试验

1. 概述

混凝土抗渗性，是指水泥基渗透结晶型防水涂料涂刷在基准混凝土上，在水压力作用下抵抗渗透的性质。本试验依据《水泥基渗透结晶型防水材料》(GB 18445—2012)编制而成。

2. 仪器设备

1)金属试模：应采用上口内部直径为175mm、下口内部直径为185mm、高度为150mm的圆台体。

2)混凝土抗渗仪：应符合行业标准JG/T 249的规定，并应能使水压按规定的制度稳定地作用在试件上。抗渗仪施加水压力范围应为0.1～2.0MPa。

3. 试件制备

1)基准混凝土抗渗试件制备。根据GB 18445—2012选择合适的混凝土配合比，按GB/T 50082制备基准混凝土抗渗试件。每次试验同时成型三组混凝土抗渗试件，每组六个试件。成型时分两层装料，采用人工插捣方式。表面用铁板刮平，放在标准养护室，静置1d

脱模,用钢丝刷将试件两端面刷毛,清除油污,清洗干净并除去明水。

2)带涂层的混凝土抗渗试件制备。从基准混凝土的三组试件中随机选取一组试件。防水涂料用量为1.5kg/m²,用水量为工程实际使用推荐的用水量。采用人工搅拌,搅拌均匀后,分两层涂刷,用刷子涂刷于已处理试件的背水面。

当第一次涂刷后,待涂层手触干时进行第二次涂刷。第二次涂刷后,移入标准养护室养护。

3)去除涂层的混凝土抗渗试件制备。从基准混凝土的三组试件中随机选取另外一组试件,用2mm×2m的孔、标称单位面积质量为151～160g/m²的网格布裁剪成比试件背水面尺寸略大的覆面材料,将其覆盖在试件背水面,涂刷两遍于所测试样,注意涂刷过程中不要移动网格布。当第一次涂刷后,待涂层手触干时进行第二次涂刷。第二次涂刷后,移入标准养护室养护。

4)试件养护。基准混凝土、带涂层混凝土和去除涂层混凝土的抗渗试件在标准养护室养护1d,然后按GB 18445—2012进行浸水养护27d。

4. 试验步骤

1)养护到龄期27d三组试件一起取出。将基准混凝土和带涂层混凝土两组抗渗试件擦拭干净后晾干待测。将去除涂层一组混凝土抗渗试件,采用角向磨光机或其他的打磨设备,将网格布表面的涂层去除,并去除网格布,注意在打磨过程中不要破坏网格布覆盖下的抗渗试件,将试件清洗干净后晾干待测。

2)28d基准混凝土、带涂层混凝土和去除涂层混凝土试件的抗渗压力测定按GB/T 50082进行。

3)将第一次抗渗试验后的带涂层混凝土试件(该组试件第一次抗渗试验必须将六个试件全部进行到渗水)在标准养护条件下,水中带模养护至56d,测定其第二次抗渗压力。

5. 试验结果

1)混凝土抗渗试验时,六个试件出现第三个渗水时停止试验,将该试件出现渗水时的压力减去0.1MPa记为混凝土抗渗压力。带涂层混凝土抗渗试验六个试件全部出现渗水时方可停止试验。抗渗压力同样为出现第三个渗水时的试件的压力减去0.1MPa。

2)基准混凝土抗渗压力应为0.39～0.40MPa。若不符合要求,则本批三组混凝土抗渗试验无效,应重新成型试件进行试验。

3)抗渗压力比为同龄期的带涂层和去除涂层混凝土试件的抗渗压力与基准混凝土试件的抗渗压力之比。

10.2.12 耐水性试验

1. 概述

本小节规定了建筑防水涂料耐水性的试验方法。防水涂料的耐水性主要通过防水涂料与基层浸水后粘结性能表征。本试验依据《建筑防水材料类工程要求试验方法》(T/CWA 302—2023)编制而成。

2. 仪器设备

1)拉伸试验机:测量值为量程的15%～85%,示值精度不低于1%,拉伸速度为5mm/min±1mm/min;

2)电热鼓风烘箱:控温精度为±2℃;

3)拉伸专用金属夹具。

3. 样品制备

1)所使用的水泥砂浆块尺寸应为70mm×70mm×20mm,采用强度等级为42.5的普通硅酸盐水泥,质量配比为水泥:中砂:水=1:2:0.4,水泥砂浆块的成型和养护按GB/T 16777—2008进行。养护结束的水泥砂浆块,应测试吸水率。将养护好的砂浆块放在100℃±2℃条件下干燥至恒重,取出在23℃±2℃的干燥器皿中冷却2h,称量初始重量,放入符合GB/T 6682—2008规定的三级水中浸泡1h±2min,取出擦干或吸干砂浆块表面明水,称量浸水后质量并计算吸水率。应选择吸水率小于4%的水泥砂浆块进行试验。

2)按GB/T 16777—2008制备的粘结性能试件10个,每5个为一组。基层处理剂的使用按生产商要求。取一组制备好的试件在标准试验条件下养护6d,用双组分无溶剂环氧胶粘剂(如环氧植筋胶)将拉伸用上夹具与涂膜面粘贴在一起,继续养护至7d±2h,养护结束后按GB/T 16777—2008测试粘结强度,修约至3位有效数字。对于部分与胶粘剂粘结不良产品,可在粘贴前用砂纸适当打磨涂膜表面,改善接触面粘结性。

3)取另一组已在标准试验条件养护7d的试件。将砂浆基层4个侧面和涂布面的边缘约5mm部分用石蜡和松香热熔后质量比为1:1的混合物进行封边处理,进行浸水试验,连续浸泡6d±2h,取出擦干或吸干涂膜表面明水,用双组分无溶剂环氧胶粘剂(如环氧植筋胶)将拉伸用上夹具与涂膜面粘贴在一起,在标准试验条件下放置3h±10min后继续放入水中浸泡24h±1h。对于部分与胶粘剂粘结不良产品,可在粘贴前用砂纸适当打磨涂膜表面,改善接触面粘结性。处理完毕后取出试件并擦干或吸干表面明水后,沿上夹具边缘四边用刀切割涂膜至基层,使试验面积为40mm×40mm。然后立即按GB/T 16777—2008测试浸水后粘结强度,修约至3位有效数字。

对于非固化橡胶沥青防水涂料,按GB/T 16777—2008制备样品后,根据T/CWA 302—2023进行浸水试验,连续浸泡7d±2h,取出擦干或吸干表面明水后立即按JC/T 2428—2017进行试验。

4. 试验步骤

将粘有拉伸用上夹具的试件安装在试验机上,保持试件表面垂直方向的中线与试验机夹具中心在一条线上。以5mm/min±1mm/min的速度拉伸至试件破坏,记录试件的最大拉力。试验温度为23℃±2℃。

5. 试验结果

粘结强度按式(10-10)计算:

$$\sigma = F/(a \times b) \tag{10-10}$$

式中:σ——粘结强度(MPa);

F——试件的最大拉力(N);

a——试件粘结面的长度(mm);

b——试件粘结面的宽度(mm)。

去除表面未被粘住面积超过20%的试件,粘结强度以剩下的不少于3个试件的算术平均值表示,不足3个试件应重新试验,结果精确到0.01MPa。

粘结强度保持率按公式(10－11)计算：

$$\sigma=\sigma_1\times 100\%/\sigma_0 \tag{10-11}$$

式中：σ——粘结强度保持率(%)；

σ_0——标准条件下 5 个试件粘结强度平均值(MPa)；

σ_1——浸水后 5 个试件粘结强度平均值(MPa)。

10.3　刚性防水材料

《建设工程质量检测机构资质标准》(2023 年印发)中规定，刚性防水材料可选检测参数为限制膨胀率、7d 粘结强度、7d 抗渗性等。

10.3.1　限制膨胀率试验

1. 概述

混凝土膨胀剂：与水泥、水拌和后经水化反应生成钙矾石、氢氧化钙或钙矾石和氢氧化钙，使混凝土产生体积膨胀的外加剂。

混凝土膨胀剂按水化产物分为硫铝酸钙类混凝土膨胀剂(代号 A)、氧化钙类混凝土膨胀剂(代号 C)和硫铝酸钙-氧化钙类混凝土膨胀剂(代号 AC)三类。混凝土膨胀剂按限制膨胀率分为Ⅰ型和Ⅱ型。

混凝土膨胀剂的限制膨胀率分为水中 7d 和空气中 21d 两种指标要求。分为 A、B 两种试验方法，本小节对方法 B 进行阐述。

本试验依据《混凝土膨胀剂》(GB/T 23439—2017)编制而成。

2. 仪器设备

1)搅拌机、振动台、试模及下料漏斗符合 GB/T 17671 的规定。

2)测量仪：测量仪由千分表、支架、养护水槽组成，千分表的分辨率为 0.001mm。

3)纵向限制器。纵向限制器应符合以下规定：纵向限制器由纵向钢丝与钢板焊接制成；钢丝采用 GB 4357 规定的 D 级弹簧钢丝，铜焊处拉脱强度不低于 785MPa；纵向限制器不应变形，出厂检验使用次数不应超过 5 次，第三方检测机构检验时不得超过 1 次。

3. 样品制备

1)试验环境：试验室、养护箱、养护水的温度、湿度应符合 GB/T 17671 的规定，恒温恒湿(箱)室温度为 20℃±2℃，相对湿度为 60%±5%。每日应检查、记录温度、湿度变化情况。

2)试验材料。

(1)水泥：采用 GB 8076 规定的基准水泥。因故得不到基准水泥时，允许采用由熟料与二水石膏共同粉磨而成的强度等级为 42.5 的硅酸盐水泥，且熟料中 C_3A 含量为 6%～8%，C_3S 含量为 55%～60%，游离氧化钙不超过 1.2%，碱($Na_2O+0.658K_2O$)含量不超过 0.7%，水泥的比表面积为 350m²/kg±15m²/kg。

(2)标准砂：符合 GB/T 17671 要求。

(3)水：符合 JGJ 63 要求。

3)根据 GB/T 23439 要求进行样品配比，按 GB/T 17671 规定进行制样。同一条件有 3 条试体供测长用，试体全长 158mm，其中胶砂部分尺寸为 40mm×40mm×140mm。

4)试体脱模：脱模时间以规定配比试体的抗压强度达到 15MPa±2MPa 时的时间确定。

4. 试验步骤

1)测量前 3h，将测量仪、恒温水槽、自来水放在标准试验室内恒温，并将试体及测量仪测头擦净。

2)试体脱模后在 1h 内应固定在测量支架上，将测量支架和试体一起放入未加水的恒温水槽，测量试体的初始长度。之后向恒温水槽中注入温度为 20℃±2℃的自来水，水面应高于试体的水泥砂浆部分。在水中养护期间不准移动试体和恒温水槽。测量试体放入水中第 7d 的长度，然后在 1h 内放掉恒温水槽中的水，将测量支架和试体一起取出放入恒温恒湿(箱)室养护，调整千分表读数至出水前的长度值，再测量试体放入空气中第 21d 的长度。也可以记录试体放入恒温恒湿(箱)室时千分表的读数，再测量试体放入空气中第 21d 的长度，计算时进行校正。

3)根据需要也可以测量不同龄期的长度，观察膨胀收缩变化趋势。

4)测量读数应精确至 0.001mm。不同龄期的试体应在规定时间±1h 内测量。

5. 试验结果

各龄期限制膨胀利率按式(10－12)计算：

$$\varepsilon=100\%\times(L_1-L)/L_0 \tag{10-12}$$

式中：ε——所测龄期的限制膨胀率(%)；

L_1——所测龄期的试体长度测量值(mm)；

L——试体的初始长度测量值(mm)；

L_0——试体的基准长度(mm)，此处取 140mm。

取相近的 2 个试体测定值的平均值作为限制膨胀率的测量结果，计算值精确至 0.001%。

10.3.2 7d 粘结强度试验

1. 概述

聚合物水泥防水砂浆是以水泥、细骨料为主要组分，以聚合物乳液或可再分散乳胶粉为改性剂，添加适量助剂混合制成的防水砂浆。

产品按组分分为单组分(S 类)和双组分(D 类)两类。单组分(S 类)由水泥、细骨料和可再分散乳胶粉、添加剂等组成；双组分(D 类)由粉料(水泥、细骨料等)和液料(聚合物乳液、添加剂等)组成。

产品按物理力学性能分为Ⅰ型和Ⅱ型两种。

本试验依据《聚合物水泥防水砂浆》(JC/T 984—2011)、《混凝土界面处理剂》(JC/T 907—2018)等编制而成。

2. 仪器设备

1)试验机：示值误差应不超过±1%，试样的破坏负荷应处于满标负荷的 20%～80%之间。

2)拉拔接头及夹具。

3. 样品制备

1)标准试验条件如下。

试验室试验及干养护条件:温度为 23℃±2℃,相对湿度为 50%±15%;

养护室(箱)养护条件:温度为 20℃±3℃,相对湿度不小于 90%;

养护水池:温度为 20℃±2℃;

试验前样品及所有器具应在标准条件下放置至少 24h。

2)按生产厂推荐的配合比进行试验。

采用符合 JC/T 681 的行星式水泥胶砂搅拌机,按 DL/T 5126 要求低速搅拌或采用人工搅拌。

S 类(单组分)试样:先将水倒入搅拌机内,然后将粉料徐徐加入水中进行搅拌。

D 类(双组分)试样:先将粉料混合均匀,再加入已倒入液料的搅拌机中搅拌均匀。如需要加水的,应先将乳液与水搅拌均匀。搅拌时间和熟化时间按生产厂规定进行。若生产厂未提供上述规定,则搅拌 3min、静止 1～3min。

3)按 JC/T 907 进行成型。成型两组试件,每组五个试件。

采用橡胶或硅酮密封材料制成的模框(见图 10－25),将模框放在采用符合 GB 175 的普通硅酸盐水泥成型的 70mm×70mm×20mm 砂浆基块上,将试样倒入模框中,抹平,湿气养护 24h±2h 后脱模。如经 24h 养护,因脱模会对强度造成损害的,可以延迟至 48h±2h 脱模。延迟脱模的,应在试验报告中注明。脱模后按要求养护至 7d 或 28d。

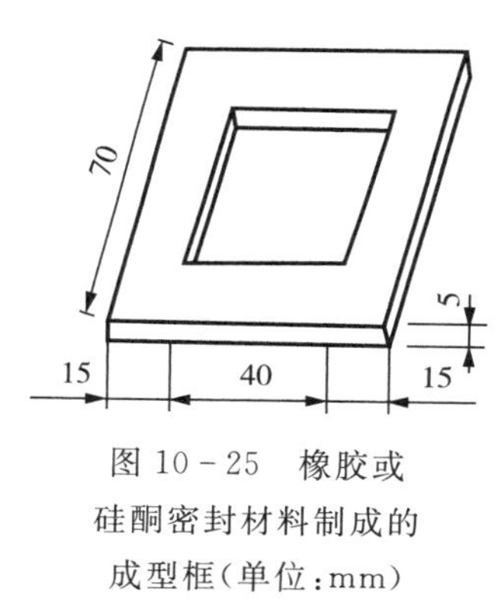

图 10－25　橡胶或硅酮密封材料制成的成型框(单位:mm)

4. 试验步骤

1)将试件在标准试验条件下养护 7d。在到规定的养护龄期 24h 前,用适宜的高强度粘结剂(如环氧类粘结剂)将拉拔接头粘贴在 40mm×40mm×15mm 的砂浆试件上。24h 后测定拉伸粘结强度。

2)将试件放入试验机的夹具中,以 5mm/min 的速度施加拉力,测定拉伸粘结强度。试验时如砂浆试件发生破坏,且数据在该组试件平均值的±20%以内,则认为该数据有效。

5. 试验结果

拉伸粘结强度按式(10－13)进行计算。

$$\sigma = F_t / A_t \tag{10-13}$$

式中:σ——拉伸粘结强度(MPa);

F_t——最大荷载(N);

A_t——粘结面积(mm^2)。

单个试件的拉伸粘结强度值精确至 0.01MPa。如单个试件的强度值与平均值之差大于 20%,则逐次剔除偏差最大的试验值,直至各试验值与平均值之差不超过 20%,如剩余数据不少于 5 个,则结果以剩余数据的平均值表示,精确至 0.1MPa;如剩余数据少于 5 个,则本次试验结果无效，应重新制备试件进行试验。

10.3.3 7d抗渗性试验

1. 概述

抗渗性也称抗渗压力，是指材料在水油等压力作用下抵抗渗透的性质。本小节对聚合物水泥防水砂浆7d抗渗性试验进行阐述。本试验依据《聚合物水泥防水砂浆》(JC/T 984—2011)、《无机防水堵漏材料》(GB 23440—2009)等编制而成。

2. 仪器设备

1)砂浆抗渗仪器。

2)振动台。

3)抗渗试模：上直径为70mm、下直径为80mm、高为30mm。

3. 样品制备

1)涂层试件。

(1)基准砂浆试块的制备：用标准砂和符合GB 175—2007中42.5级普通硅酸盐水泥配料，称取水泥350g、标准砂1350g搅匀后加入水350mL，将上述物料在水泥砂浆搅拌机中搅拌3min后装入上口直径为70mm、下口径为80mm、高为30mm的截头圆锥带底金属抗渗试模成型，振动台上振动20s，5min后用刮刀刮去多余的料浆、抹平。成型试件数量为12个(其中6个成型时采用加垫层或刮平的方法在相应的迎水面或背水面使试块厚度减少2mm左右)。先养24h±2h后脱模，再按标准进行养护，如产品用于迎水面或背水面不明确时，按迎水面和背水面各成3个试件；否则按背水面或迎水面成型6个试件。

(2)涂层试件的制备：取制备的另6个已养护至7d基准砂浆试块。然后称取样品1000g，按生产厂推荐的加水量加水，用净浆搅拌机搅拌3min，用刮板分别在3个试件的迎水面和3个试件的背水面上，分两层刮压料浆，刮压每层料的操作时间不应超过5min。刮料时要稍用力并来回几次使其密实，不产生气泡，同时注意搭接，第二层须待第一层硬化后再涂刮，第二层涂刮前要保持湿润，涂层总厚度约2mm。保湿养护24h±2h，再养护至规定龄期。

2)砂浆试件。按标准配料，拌匀后一次装入试模，在振动台上振动成型，震动2min。

4. 试验步骤

1)基准砂浆试件抗渗压力：取制备的6个已养护至14d基准砂浆试件，取出待表面干燥后，用密封材料密封装入渗透仪中进行透水试验。水压从0.2MPa开始，恒压2h，增至0.3MPa，以后每隔1h增加水压0.1MPa。当6个试件中有3个试件端面呈现渗水现象时，即可停止试验，记下当时的水压值。当6个试件中4个未出现渗水的最大压力值，为基准砂浆试件抗渗压力(P_0)。若加压至0.5MPa，恒压1h还未透水，应停止试验，须调整水泥或调整水灰比，使透水压力在0.5MPa内。

2)涂层加基准砂浆试件抗渗压力：制备的试件养护7d龄期取出，将涂层冲洗干净，风干后进行抗渗试验。若加压至1.5MPa恒压1h还未透水，应停止升压。涂层加基准砂浆试件抗渗压力为每组6个试件中4个未出现渗水时的最大水压力。

5. 试验结果

抗渗压力按式(10-14)进行计算：

$$P=P_1-P_0 \tag{10-14}$$

式中：P——涂层抗渗压力（MPa），精确至0.1MPa；

P_0——基准砂浆试件的抗渗压力（MPa）；

P_1——涂层加基准砂浆试件的抗渗压力（MPa）。

10.4　密封材料

10.4.1　挤出性试验

1. 概述

将待测密封材料填满标准器具，利用压缩空气在规定条件下挤出密封材料，称量挤出密封材料的质量。

对单组分密封材料，在单位时间内密封材料的挤出质量为质量挤出率，挤出体积为体积挤出率。

对多组分密封材料，绘制质量挤出率 E 的算术平均值与混合后经历时间 f 的曲线图，读取相应产品标准规定或各方商定的挤出率所对应的时间，即为适用期。

本小节给出了基准试验条件，如温度、压力、挤出时间和挤出筒的外形尺寸。试验时可能会偏离这些试验条件，改变最终试验结果。因此，任何偏离均应在试验报告中描述。只有在所有试验条件都相同时，结果才具有可比性。

本试验依据《建筑密封材料试验方法　第1部分：试验基材的规定》（GB/T 13477.1—2002）、《建筑密封材料试验方法　第3部分：使用标准器具测定密封材料挤出性的方法》（GB/T 13477.3—2017）等编制而成。

2. 仪器设备

1）恒温箱：温度可调至5℃±2℃、23℃±2℃、35℃±2℃或各方商定的温度。

2）气动标准器具：标准器具的试验体积为250mL或400mL，挤出孔直径为2mm、4mm、6mm或10mm，可按各方商定选用。

3）稳压气源：气压可达700kPa。

4）秒表：分度值为0.1s。

5）天平：分度值为0.1g。

3. 样品制备

1）一般规定。试验温度可以是5℃±2℃、23℃±2℃、35℃±2℃或各方商定的温度。试验前，将单组分或多组分密封材料样品和挤出筒置于恒温箱中，按试验温度处理至少12h。若未事先说明，按试验温度23℃±2℃进行处理。

2）单组分密封材料。将待测密封材料从恒温箱中取出，填满标准器具的挤出筒，避免形成气泡。由于密封材料的流变性，必要时可按照各方商定，在试样经过适当的恢复时间后再进行挤出试验。恢复期间挤出筒应在恒温箱内进行状态处理。

3）多组分密封材料。按照生产厂的使用说明混合密封材料。按照生产厂关于适用期的说明，计算挤出试验的3个不同时间间隔，相当于：

同一试验温度下适用期的四分之一；

同一试验温度下适用期的二分之一；

同一试验温度下适用期的四分之三。

将混合后的待测密封材料填满标准器具的挤出筒，避免形成气泡。

4. 试验步骤

1)一般规定。挤出试验在室温下进行，以下所有操作应在5min内完成：

(1)将挤出筒装入标准器具；

(2)将稳压气源的气压调至300kPa±10kPa，或各方商定的任一压力；

(3)从挤出孔挤出适量试样，以便排出空气。

2)单组分密封材料。立即从挤出筒中挤出试样，挤出时间为30s，用秒表测量该时间。气动挤出后，用天平称量挤出试样的质量。计时结束后从挤出孔内出来的试样数量不计。试验后挤出筒不应是空的。

注：对于低黏度密封材料，挤出时间可以短些。对于高黏度密封材料，挤出时间可以长些。

3)多组分密封材料。从挤出筒中挤出试样，共做3组平行试验，自混合结束至各组试验的时间分别对应于适用期内3个时间间隔之一。每次气动挤出后，用天平称量挤出试样的质量。计时结束后从挤出孔内出来的试样数量不计。3组挤出试验后，每个挤出筒不应是空的。3组测试的挤出试验之间，挤出筒应放回恒温箱内。

5. 试验结果

1)质量挤出率的测试结果按式(10-15)计算，以每分钟挤出的密封材料质量表示，质量修约至整数：

$$E_m=\frac{m\times 60}{t} \tag{10-15}$$

式中：E_m——密封材料的质量挤出率(g/min)；

m——挤出的试样质量(g)；

t——挤出时间(s)。

计算3次测试结果的算术平均值，修约至整数。

2)体积挤出率的每次测试结果可按式(10-16)计算，以每分钟挤出的密封材料体积(毫升)表示试验结果，体积修约至整数：

$$E_v=\frac{E_m}{D} \tag{10-16}$$

式中：E_v——密封材料的体积挤出率(mL/min)；

E_m——密封材料的质量挤出率(g/min)；

D——密封材料在试验温度下的密度(g/cm^3)。

计算3个E_v数值的算术平均值，修约至整数。

10.4.2　表干时间试验

1. 概述

在规定条件下将密封材料试样填充到规定形状的模框中，用在试样表面放置薄膜或指触的方法测量其干燥程度。报告薄膜或手指上无粘附试样所需的时间。

本试验依据《建筑密封材料试验方法　第1部分：试验基材的规定》(GB/T 13477.1—2002)、《建筑密封材料试验方法　第5部分：表干时间的测定》(GB/T 13477.5—2002)等编制而成。

2. 仪器设备

1)黄铜板：尺寸为19mm×38mm，厚度约6.4mm。

2)模框：矩形，用钢或铜制成，内部尺寸为25mm×95mm，外形尺寸为50mm×120mm，厚度为3mm。

3)玻璃板：尺寸为80mm×130mm，厚度5mm。

4)聚乙烯薄膜：2张，尺寸为25mm×130mm，厚度约0.1mm。

5)刮刀。

6)无水乙醇。

3. 样品制备

1)试验环境。试验室标准试验条件：温度为23℃±2℃，相对湿度为50%±5%。

2)制样过程。用丙酮等溶剂清洗模框和玻璃板。将模框居中放置在玻璃板上，用在23℃±2℃下至少放置过24h的试样小心填满模框，勿混入空气。多组分试样在填充前应按生产厂的要求将各组分混合均匀。用刮刀刮平试样，使之厚度均匀。同时制备两个试件。

4. 试验步骤

1)方法A。将制备好的试件在标准条件下静置一定的时间，然后在试样表面纵向1/2处放置聚乙烯薄膜，薄膜上中心位置加放黄铜板。30s后移去黄铜板，将薄膜以90°角从试样表面在15s内匀速揭下。相隔适当时间在另外部位重复上述操作，直至无试样粘附在聚乙烯条上为止。记录试件成型后至试样不再黏附在聚乙烯条上所经历的时间。

2)方法B。将制备好的试件在标准条件下静置一定的时间，然后用无水乙醇擦净手指端部，轻轻接触试件上三个不同部位的试样。相隔适当时间重复上述操作，直至无试样粘附在手指上为止。记录试件成型后至试样不粘附在手指上所经历的时间。

5. 试验结果

表干时间的数值修约方法如下：

1)表干时间少于30min时，精确至5min；

2)表干时间在30min至1h之间时，精确至10min；

3)表干时间在1h至3h之间时，精确至30min；

4)表干时间超过3h时，精确至1h。

10.4.3　流动性试验

1. 概述

在规定条件下，将非下垂型密封材料填充到规定尺寸的模具中，在不同温度下以垂直或水平位置保持规定时间，报告试样流出模具端部的长度。

在规定条件下，将自流平型密封材料注入规定尺寸的模具中，以水平位置保持规定时间，报告试样表面流平情况。

本试验依据《建筑密封材料试验方法　第1部分：试验基材的规定》(GB/T 13477.1—

2002)、《建筑密封材料试验方法　第6部分:流动性的测定》(GB/T 13477.6—2002)等编制而成。

2. 仪器设备

1)下垂度模具:无气孔且光滑的槽形模具,宜用阳极氧化或非阳极氧化铝合金制成。长度为150mm±0.2mm,两端开口,其中一端底面延伸50mm±0.5mm,槽的横截面内部尺寸为宽20mm±0.2mm,深10mm±0.2mm。其他尺寸的模具也可使用,例如宽为10mm±0.2mm,深为10mm±0.2mm。

2)流平性模具:两端封闭的槽形模具,用1mm厚耐蚀金属制成。槽的内部尺寸为150mm×20mm×15mm。

3)鼓风干燥箱:温度能控制在50℃±2℃、70℃±2℃。

4)低温恒温箱:温度能控制在5℃±2℃。

5)钢板尺:刻度单位为0.5mm。

6)聚乙烯条:厚度不大于0.5mm,宽度能遮盖下垂度模具槽内侧底面的边缘。在试验条件下,长度变化不大于1mm。

3. 样品制备

1)下垂度。将下垂度模具用丙酮等溶剂清洗干净并干燥。把聚乙烯条衬在模具底部,使其盖住模具上部边缘,并固定在外侧,然后把已在23℃±2℃下放置24h的密封材料用刮刀填入模具内,制备试件时应注意:

(1)避免形成气泡;

(2)在模具内表面上将密封材料压实;

(3)修整密封材料的表面,使其与模具的表面和末端齐平;

(4)放松模具背面的聚乙烯条。

2)流垂性。将流平性模具用丙酮溶剂清洗干净并干燥,然后将试样和模具在23℃±2℃下放置至少24h。每组制备一个试件。

4. 试验步骤

1)下垂度。

(1)将制备好的试件立即垂直放置在已调节至70℃±2℃和/或50℃±2℃的干燥箱和/或5℃±2℃的低温箱内,模具的延伸端向下放置24h。然后从干燥箱或低温箱中取出试件。用钢板尺在垂直方向上测量每一试件中试样从底面往延伸端向下移动的距离。

(2)将制备好的试件立即水平放置在已调节至70℃±2℃和/或50℃±2℃的干燥箱和/或5℃±2℃的低温箱内,使试样的外露面与水平面垂直,放置24h。然后从干燥箱或低温箱中取出试件。用钢板尺在水平方向上测量每一试件中试样超出槽形模具前端的最大距离。

如果试验失败,允许重复一次试验,但只能重复一次,当试样从槽形模具中滑脱时,模具内表面可按生产方的建议进行处理,然后重复进行试验。

2)流平性。

(1)将试样和模具在5℃±2℃的低温箱中处理16～24h,然后沿水平放置的模具的一端到另一端注入约100g试样,在此温度下放置4h。观察试样表面是否光滑平整。

(2)多组分试样在低温处理后取出,按规定配比将各组分混合5min,然后放入低温箱内静置30min再按上述方法试验。

5. 试验结果

1)记录下垂度试验每一试件的下垂值,精确至1mm。

2)记录流平性试验试样自流平情况。

10.4.4 低温柔性试验

1. 概述

在规定条件下,用模框将密封材料试样粘附在基板上,经高温和低温循环处理后,在规定的低温条件下弯曲试样。报告密封材料开裂或粘结破坏情况。本试验依据《建筑密封材料试验方法 第1部分:试验基材的规定》(GB/T 13477.1—2002)、《建筑密封材料试验方法 第7部分:低温柔性的测定》(GB/T 13477.7—2002)等编制而成。

2. 仪器设备

1)铝片:尺寸为130mm×76mm,厚度为0.3mm。

2)刮刀:钢制、具薄刃。

3)模框:矩形,用钢或铜制成,内部尺寸为25mm×95mm,外形尺寸为50mm×120mm,厚度为3mm。

4)低温箱:温度可调至-10℃±3℃、-20℃±3℃或-30℃±3℃。

5)圆棒:直径6mm或25mm配有合适支架。

3. 样品制备

1)试验环境:试验室标准试验条件为温度23℃±2℃、相对湿度50%±5%。

2)试件制备。

(1)将试样在未开口的包装容器中于标准条件下至少放置5h。

(2)用丙酮等溶剂彻底清洗模框和铝片。将模框置于铝片中部,然后将试样填入模框内,防止出现气孔。将试样表面刮平,使其厚度均匀达3mm。

(3)沿试样外缘用薄刃刮刀切割一周,垂直提起模框,使成型的密封材料粘牢在铝片上。同时制备3个试件。

3)试件处理。

(1)将试件在标准试验条件下至少放置24h。其他类型密封材料试件在标准试验条件下放置的时间应与其固化时间相当。

(2)将试件按下面的温度周期处理3个循环:

于70℃±2℃处理16h,-10℃±3℃、-20℃±3℃或-30℃±3℃处理8h。

4. 试验步骤

在第3个循环处理周期结束时,使低温箱里的试件和圆棒同时处于规定的试验温度下,用手将试件绕规定直径的圆棒弯曲,弯曲时试件粘有试样的一面朝外,弯曲操作在1~2s内完成。弯曲之后立即检查试样开裂、部分分层及粘结损坏情况。微小的表面裂纹、毛细裂纹或边缘裂纹可忽略不计。

5. 试验结果

1)低温试验温度。

2)试件裂缝、分层及粘结破坏情况。

10.4.5 拉伸粘结性、拉伸模量试验

1. 概述

将待测密封材料粘结在两个平行基材的表面之间，制成试件。将试件拉伸至破坏，绘制力值-伸长值曲线，以计算的正割拉伸模量、最大拉伸强度、断裂伸长率表示密封材料的拉伸粘结性能。本试验依据《建筑密封材料试验方法　第1部分：试验基材的规定》(GB/T 13477.1—2002)、《建筑密封材料试验方法　第8部分：拉伸粘结性的测定》(GB/T 13477.8—2017)等编制而成。

2. 仪器设备

1)粘结基材：符合GB/T 13477.1规定的水泥砂浆板、玻璃板或铝板，用于制备试件。对每一个试件，应使用两块相同材料的基材。也可按各方商定选用其他材质和尺寸的基材。

2)隔离垫块：表面应防粘，用于制备密封材料截面为12mm×12mm的试件。

3)防粘材料：防粘薄膜或防粘纸，如聚乙烯(PE)薄膜等，宜按密封材料生产商的建议选用，用于制备试件。

4)拉力试验机：配有记录装置，能以5.5mm/min±0.7mm/min的速度拉伸试件。

5)低温试验箱：能容纳试件在－20℃±2℃温度下进行拉伸试验。

6)鼓风干燥箱：温度可调至70℃±2℃。

7)容器：用于盛蒸馏水，浸泡处理试件。

3. 样品制备

1)试验环境。试验室标准试验条件为温度23℃±2℃、相对湿度50%±5%。

2)样品制备。

(1)用脱脂纱布清除水泥砂浆板表面浮灰。用丙酮等溶剂清洗铝板和玻璃板，并干燥。按密封材料生产商的说明(如是否使用底涂料及多组分密封材料的混合程序)制备试件密封材料和基材保持在23℃±2℃，每种类型的基材和每种试验温度制备3块试件。

(2)在防材料上将块粘结基材与两块隔离垫块组装成空腔。然后将密封材料试样嵌填在空腔内，制成试件。嵌填试样时应注意下列事项：

① 避免形成气泡；

② 将试样挤压在基材的粘结面上，粘结密实；

③ 修整试样表面，使之与基材和垫块的上表面齐平。

(3)将试件侧放，尽早去除防粘材料，以使试样充分固化或完全干燥。在养护期内，应使隔离垫块保持原位。

(4)当选择的基材尺寸可能影响试件的固化速度时，宜尽早将隔离垫块与密封材料分离，但仍需保位状态。

3)样品处理。

方法A：将制备好的试件于标准试验条件下放置28d。

方法B：先按照方法A处理试件，然后将试件按下述程序处理3个循环：

(1)在70℃±2℃干燥箱内存放3d；

(2)在23℃±2℃蒸馏水中存放1d；

(3)在70℃±2℃干燥箱内存放2d；

(4)在23℃±2℃蒸馏水中存放1d。

上述程序也可以改为(3)→(4)→(1)→(2)。

方法B处理后的试件在试验之前，应于标准试验条件下放置至少24h。

方法B是利用热和水影响试件固化速度的一种常规处理程序，不适宜给出密封材料的耐久性信息。

4. 试验步骤

1)试验在23℃±2℃和－20℃±2℃两个温度下进行。每个测试温度测3个试件。

2)23℃±2℃时的拉伸粘结性：除去试件上的隔离垫块，将试件装入拉力试验机，在23℃±2℃下以5.5mm/min±0.7mm/min的速度将试件拉伸至破坏。记录力值-伸长值曲线和破坏形式。

3)－20℃±2℃时的拉伸粘结性：试验前，试件应在－20℃±2℃温度下放置4h。除去试件上的隔离垫块，将试件装入拉力试验机，在－20℃±2℃下以5.5mm/min±0.7mm/min的速度将试件拉伸至破坏。记录力值-伸长值曲线和破坏形式。

5. 试验结果

1)正割拉伸模量。每个试件选定伸长时的正割拉伸模量按式(10－17)计算，取3个试件的算术平均值，精确至0.01MPa。

$$\sigma=\frac{F}{S} \tag{10-17}$$

式中：σ——正割拉伸模量单位为兆帕(MPa)；

F——选定伸长时的力值(N)；

S——试件初始截面积(mm^2)。

2)最大拉伸强度。每个试件的最大拉伸强度按式(10－18)计算，取3个试件的算术平均值，精确至0.01MPa。

$$T_s=\frac{P}{S} \tag{10-18}$$

式中：T_s——最大拉伸强度(MPa)；

P——最大拉力值(N)；

S——试件初始截面积(mm^2)。

3)断裂伸长率。每个试件的断裂伸长率按式(10－19)计算，以百分数表示，取3个试件的算术平均值，精确至5%。

$$E=\frac{(W_1-W_0)}{W_0}\times 100\% \tag{10-19}$$

式中：E——断裂伸长率(%)；

W_0——试件的初始宽度(mm)；

W_1——试件破坏时的宽度(mm)。

10.4.6 浸水后拉伸粘结性试验

1. 概述

将密封材料试样粘结在两个平行基材的表面之间，制成试件。将试件在规定条件下浸水，然后将试件拉伸至破坏，报告试件的断裂伸长率，记录密封材料粘结或内聚的破坏形式。

本试验依据《建筑密封材料试验方法 第1部分：试验基材的规定》(GB/T 13477.1—2002)、《建筑密封材料试验方法 第11部分：浸水后定伸粘结性的测定》(GB/T 13477.11—2017)等编制而成。

2. 仪器设备

1)粘结基材：符合 GB/T 13477.1 规定的水泥砂浆板、玻璃板或铝板，用于制备试件。基材的形状及尺寸如图 10-26 和图 10-27 所示，对每一个试件，应使用两块相同材料的基材。也可按各方商定选用其他材质和尺寸的基材，但嵌填密封材料试样的粘结尺寸及面积应与图 10-26 和图 10-27 所示相同。

2)隔离垫块：表面应防粘，用于制备密封材料截面为 12mm×12mm 的试件。

3)防粘材料：防粘薄膜或防粘纸，如聚乙烯(PE)薄膜等，宜按密封材料生产商的建议选用。用于制备试件。

4)拉力试验机：配有记录装置，能以 5.5mm/min±0.7mm/min 的速度拉伸试件。

5)鼓风干燥箱：温度可调至 70℃±2℃。

6)容器 A：用于盛蒸馏水。

7)容器 B：用于盛 23℃±2℃的水，浸泡试件。

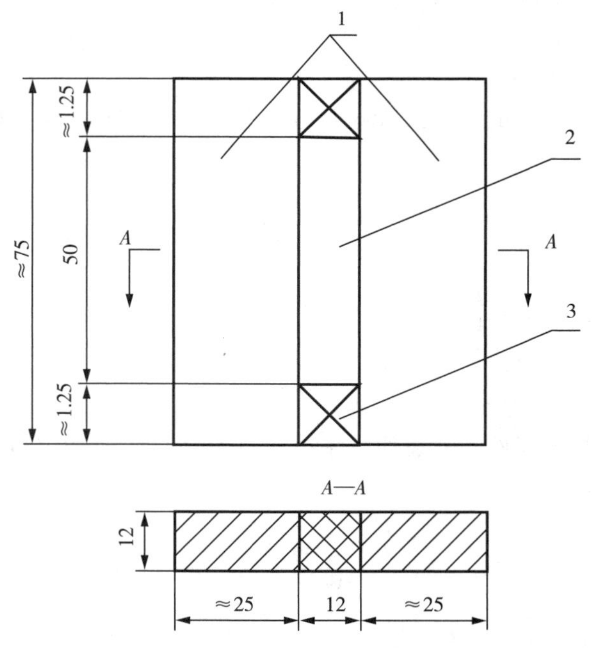

1—水泥砂浆板；2—密封材料；3—隔离垫块。

图 10-26 基材形状及尺寸(1)(单位：mm)

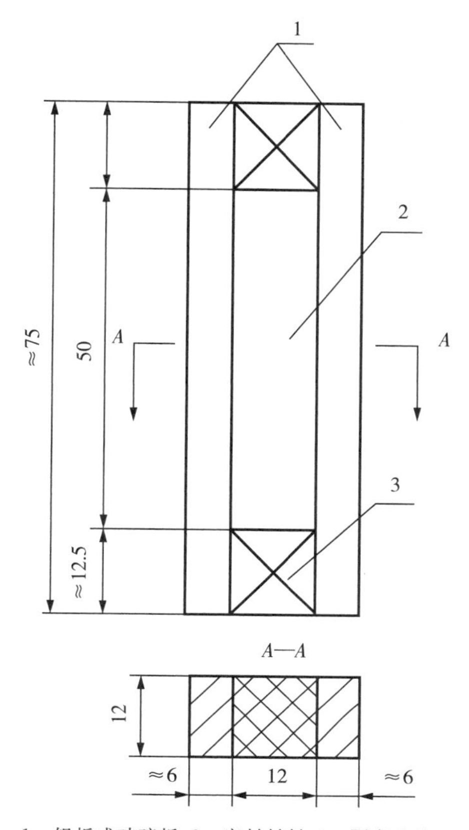

1—铝板或玻璃板；2—密封材料；3—隔离垫块。

图10-27　基材形状及尺寸(2)(单位：mm)

3. 样品制备

1)试验环境。试验室标准试验条件为温度23℃±2℃、相对湿度50%±5%。

2)试件处理。按各方商定可选用方法A或方法B处理试件。

方法A：将制备好的试件于标准试验条件下放置28d。

方法B：先按照方法A处理试件，然后将试件按下述程序处理3个循环：

(1)在70℃±2℃干燥箱内存放3d；

(2)在23℃±2℃蒸馏水中存放1d；

(3)在70℃±2℃干燥箱内存放2d；

(4)在23℃±2℃蒸馏水中存放1d。

上述程序也可以改为(3)→(4)→(1)→(2)。

方法B处理后的试件在试验之前，应于标准试验条件下放置至少24h。

注：方法B是利用热和水影响试件固化速度的一种常规处理程序，不适宜给出密封材料的耐久性信息。

4. 试验步骤

按方法A或方法B处理后，除去隔离垫块。将试件在温度为23℃±2℃的水中浸泡4d，然后将试件于标准试验条件下放置24h。将试件置入拉力机夹具内，以5.5mm/min±

0.7mm/min的速度拉伸试件，拉伸伸长率为初始宽度的60%或100%(分别拉伸至19.2mm或24mm)，或各方商定的宽度，然后用相应尺寸的定位垫块插入已拉伸至规定宽度的试件中并保持24h。

除去定位垫块，检查试件粘结或内聚破坏情况，并用分度值为0.5mm的量具测量粘结或内聚破坏的深度和区域。

5. 试验结果

计算浸水后定伸粘结性及伸长率。

10.4.7　定伸粘结性试验

1. 概述

将待测密封材料粘结在两个平行基材的表面之间，制成试件。将试件拉伸至规定宽度，并在规定条件下保持这一拉伸状态。记录密封材料粘结或内聚的破坏形式。

本试验依据《建筑密封材料试验方法　第1部分：试验基材的规定》(GB/T 13477.1—2002)、《建筑密封材料试验方法　第10部分：定伸粘结性的测定》(GB/T 13477.10—2017)等编制而成。

2. 仪器设备

1)粘结基材：符合GB/T 13477.1规定的水泥砂浆板、玻璃板或铝板，用于制备试件。应使用两块相同材料的基材，也可按各方商定选用其他材质和尺寸的基材。

2)隔离垫块：表面应防粘，用于制备密封材料截面为12mm×12mm的试件。

3)防粘材料：防粘薄膜或防粘纸，如聚乙烯(PE)薄膜等，宜按密封材料生产商的建议选用，用于制备试件。

4)定位垫块：用于控制被拉伸的试件宽度，能使试件保持伸长率为初始宽度的25%、60%、100%或各方商定的宽度。

5)拉力试验机：能以5.5mm/min±0.7mm/min的速度拉伸试件。

6)低温试验箱：能容纳试件在−20℃±2℃温度下进行拉伸试验。

7)鼓风干燥箱：温度可调至70℃±2℃。

8)容器：用于盛蒸馏水，浸泡处理试件。

9)量具：分度值为0.5mm。

3. 样品制备

1)用脱脂纱布清除水泥砂浆板表面浮灰。用丙酮等溶剂清洗铝板和玻璃板，并干燥。

2)按密封材料生产商的说明(如是否使用底涂料及多组分密封材料的混合程序)制备试件。将密封材料和基材保持在23℃±2℃，每种类型的基材和每种试验温度制备3块试件。

3)在防粘材料上将两块粘结基材与两块隔离垫块组装成空腔。然后将密封材料试样嵌填在空腔内，制成试件。嵌填试样时应注意下列事项：

(1)避免形成气泡；

(2)将试样挤压在基材的粘结面上，粘结密实；

(3)修整试样表面，使之与基材和隔离垫块的上表面齐平。

将试件侧放，尽早去除防粘材料，以使试样充分固化或完全干燥。在养护期内，应使隔离垫块保持原位。

4. 试验步骤

1)试验在 23℃±2℃和－20℃±2℃两个温度下进行。每个测试温度测 3 个试件。

2)23℃±2℃时的定伸粘结性。

(1)将试件除去隔离垫块,置入 23℃±2℃的拉力机夹具内,以 5.5mm/min±0.7mm/min 的速度拉伸试件,拉伸伸长率为初始宽度的 25%、60%或 150%(分别拉伸至 15mm、19.2mm 或 24mm)或各方商定的宽度,用定位垫块固定伸长并在 23℃±2℃下保持 24h。

(2)除去定位垫块,检查试件粘结或内聚破坏情况,并用分度值为 0.5mm 的量具测量粘结或内聚破坏的深度。

3)－20℃±2℃时的定伸粘结性。

(1)试验前,试件应在－20℃±2℃温度下放置 4h。

(2)将试件除去隔离垫块,置入－20℃±2℃的拉力机夹具内,以 5.5mm/min±0.7mm/min 的速度拉伸试件,拉伸伸长率为初始宽度的 25%、60%或 150%(分别拉伸至 15mm、192mm 或 24mm),或各方商定的宽度。用定位垫块固定伸长并在－20℃±2℃下保持 24h。

(3)除去定位垫块,使试件温度恢复至 23℃±2℃,检查试件粘结或内聚破坏情况,并用分度值为 0.5mm 的量具测量粘结或内聚破坏的深度。

5. 试验结果

测定定伸粘结性,计算定伸伸长率。

10.4.8　弹性恢复率试验

1. 概述

将试件拉伸至规定宽度,在规定时间内保持拉伸状态,然后释放。以试件在拉伸前后宽度的变化计算弹性恢复率(以伸长的百分比表示)。

本试验依据《建筑密封材料试验方法　第 1 部分:试验基材的规定》(GB/T 13477.1—2002)、《建筑密封材料试验方法　第 17 部分:弹性恢复率的测定》(GB/T 13477.17—2017)等编制而成。

2. 仪器设备

1)粘结基材:符合 GB/T 13477.1 规定的水泥砂浆板、玻璃板或铝板,用于制备试件。也可按各方商定选用其他材质和尺寸的基材。

2)隔离垫块:表面应防粘,用干制备密封材料截面为 12mm×12mm 的试件。

3)定位垫块:用于控制被拉伸的试件宽度,能使试件保持伸长率为初始宽度的 25%、60%、150%或各方商定的宽度。

4)防粘材料:防粘薄膜或防粘纸,如聚乙烯(PE)薄膜等,宜按密封材料生产商的建议选用。用于制备试件。

5)鼓风干燥箱:温度可调至 70℃±2℃。

6)拉力试验机:能以 5.5mm/min±0.7mm/min 的速度拉伸试件。

7)容器:用于盛蒸馏水。

8)游标卡尺:分度值为 0.1mm。

3. 样品制备

1)用脱脂纱布清除水泥砂浆板表面浮灰。用丙酮等溶剂清洗铝板和玻璃板,并干燥。

按密封材料生产商的说明(如是否使用底涂料及多组分密封材料的混合程序)制备试件。

2)将密封材料和基材保持在23℃±2℃,每种类型的基材制备6块试件,3块作为试验试件,另3块作为备用试件。

3)将试件侧放,尽早去除防粘材料,以使试样充分固化或完全干燥。在养护期内,应使隔离垫块保持原位。

4. 试验步骤

1)试验应在标准试验条件下进行。所有与弹性恢复率计算相关的测量均采用游标卡尺,测量既可以是接触密封材料的基材内侧表面之间的距离,也可以是未接触密封材料的基材外侧表面之间的距离。

2)除去隔离垫块,测量每一试件两端的初始宽度。将试件放入拉力试验机,以5.5mm/min±0.7mm/min的速度拉伸试件,拉伸伸长率为初始宽度的25%、60%或100%(分别拉伸至15mm、19.2mm或24mm),或各方商定的百分比。用合适的定位垫块使试件保持拉伸状态24h。

3)在试验过程中观察试件有无破坏现象。若无破坏,去掉定位热块,将试件以长轴向垂直放置在平滑的低摩擦表面上,如撒有滑石粉的玻璃板,静置1h,在每一试件两端同一位置测量恢复后的宽度,若有试件破坏,则取备用试件重复本部分试验。若3块重复试验试件中仍有试件破坏,则报告本部分的试验结果为试件破坏。

5. 试验结果

每个试件的弹性恢复率R按式(10-20)计算:

$$R=\frac{(W_e-W_r)}{(W_e-W_i)}\times 100\% \qquad (10-20)$$

式中:R——弹性恢复率(%);

W_i——试件的初始宽度(mm);

W_e——试件拉伸后的宽度(mm);

W_r——试件恢复后的宽度(mm)。

计算3个试件弹性恢复率的算术平均值,精确到1%。

10.4.9 剥离性能试验

1. 概述

将被测密封材料涂在粘结基材上,并埋入一布条,制得试件。于规定条件下将试件养护至规定时间,然后使用拉伸试验机将埋放的布条沿180°方向从粘结基材上剥下,测定剥下布条时的拉力值及密封材料与粘结基材剥离时的破坏状况。

本节内容主要依据《建筑密封材料试验方法 第1部分:试验基材的规定》(GB/T 13477.1—2002)、《建筑密封材料试验方法 第18部分:剥离粘结性的测定》(GB/T 13477.18—2002)等编制而成。

2. 仪器设备

1)拉力试验机:配有拉伸夹具和记录装置,拉伸速度可调至50mm/min。

2)铝合金板:尺寸为150mm×75mm×5mm。

3)水泥砂浆板:尺寸为150mm×75mm×10mm。

4)玻璃板:尺寸为150mm×75mm×5mm。

5)垫板:4只,用硬木、金属或玻璃制成。其中2只尺寸为150mm×75mm×5mm,用于在铝板或玻璃板上制备试件,另外2只尺寸为150mm×75mm×15mm,用于在水泥砂浆板上制备试件。

6)玻璃棒:直径为1.2mm,长为300mm。

7)不锈钢棒或黄铜棒:直径为1.5mm,长为300mm。

8)遮蔽条:成卷纸条,条宽为25mm。

9)布条/金属丝网:脱水处理的8×10或8×12帆布,尺寸为180mm×75mm,厚约0.8mm;或用30目(孔径约1.5mm)、厚度为0.5mm的金属丝网。

10)刮刀。

11)锋利小刀。

12)紫外线辐照箱:灯管功率为300W。灯管与箱底平行,并且距离可调节,箱内温度可调至65℃±3℃。

3. 样品制备

1)将被测密封材料在未打开的原包装中置于标准条件下处理24h,样品数量不少于250g。如果是多组分密封材料,还要同时处理相应的固化剂。

2)用刷子清理水泥砂浆板表面,用丙酮或二甲苯清洗玻璃和铝基材,干燥后备用。根据密封材料生产厂的说明或有关各方的商定在基材上涂刷底涂料。每种基材准备两块板,并在每块基材上制备两个试件。

3)在粘结基材上横向放置一条25mm宽的遮蔽条,条的下边距基材的下边至少75mm。然后将已在标准条件下处理过的试样涂抹在粘结基材上(多组分试样应按生产厂的配合比将各组分充分混合5min后再涂抹),涂抹面积为100mm×75mm(包括遮蔽条),涂抹厚度约2mm。

4)用刮刀将试样涂刮在布条一端,面积为100mm×75mm,布条两面均涂试样,直到试样渗透布条为止。

5)将涂好试样的布条/金属丝网放在已涂试样的基材上,基材两侧各放置一块厚度合适的垫板。在每块垫板上纵向放置一根金属棒。从有遮蔽条的一端开始,用玻璃棒沿金属棒滚动,挤压下面的布条/金属丝网和试样,直至试样的厚度均达到1.5mm,除去多余的试样。

6)将制得的试件在标准条件下养护28d。多组分试件养护14d。养护7d后应在布或金属丝网上复涂一层1.5mm厚试样。

7)养护结束后,用锋利的刀片沿试件纵向切割4条线,每次都要切透试料和布条/金属丝网至基材表面,留下2条25mm宽的、埋有布条/金属丝网的试料带,两条带的间距为10mm,除去其余部分。

8)如果剥离粘结性试件是玻璃基材,应将试件放入紫外线辐照箱,调节灯管与试件间的距离,使紫外线辐照强度为2000～3000μW/cm^2,温度为65℃±3℃。试件的试料表面应背朝光源,透过玻璃进行紫外线暴露试验。在无水条件下紫外线暴露200h。

9)将试件在蒸馏水中浸泡7d。水泥砂浆试件应与玻璃、铝试件分别浸泡。

4. 试验步骤

1)从水中取出试件后,立即擦干。将试料与遮蔽条分开,从下边切开 12mm 试料,仅在基材上留下 63mm 长的试料带。

2)将试件装入拉力试验机,以 50mm/min 的速度于 180°方向拉伸布条/金属丝网,使试料从基材上剥离。剥离时间约 1min。记录剥离时拉力峰值的平均值。若发现从试料上剥下的布条/金属丝网很干净,应舍齐记录的数据,用刀片沿试料与基材的粘结面上切开一个缝口,继续进行试验。

3)对每种基材应测试 2 块试件上的 4 条试验带。

4)计算并记录每种基材上 4 条试料带的剥离强度及其平均值和每条试料带粘结或内聚破坏。

5. 试验结果

1)每种基材上 4 条试料带的剥离强度及其平均值;

2)每条试料带粘结或内聚破坏面积的百分率(%);

3)布条的破坏情况。

10.4.10　施工度试验

1. 概述

本小节介绍建筑防水沥青嵌缝油膏的施工度。本试验依据《建筑防水沥青嵌缝油膏》(JC/T 207—2011)等编制而成。

2. 仪器设备

1)金属罐(见图 10－28)。

2)金属落锥(见图 10－28)。

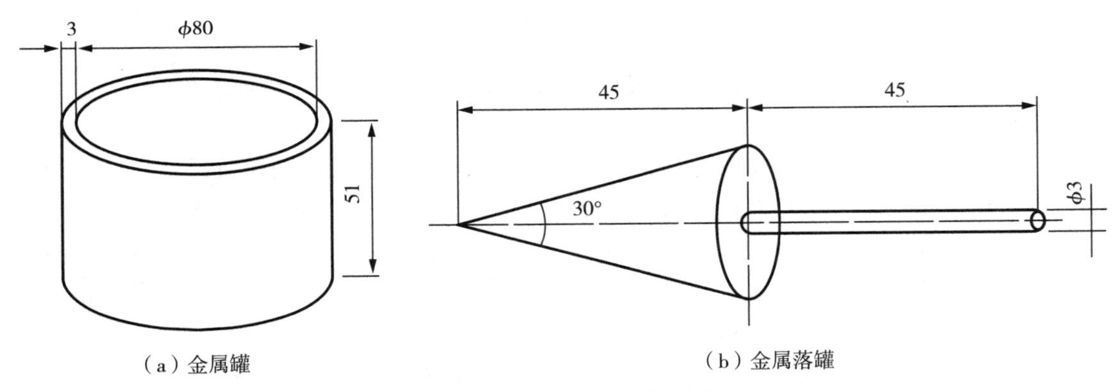

图 10－28　金属罐与金属落罐(单位:mm)

3. 样品制备

将油膏填入金属罐,装满压实刮平。

4. 试验步骤

将样品浸入 25℃±1℃的水中 45min,用装有金属落锥的针入度仪(锥和杆总质量为 156g),测定 5s 时的沉入量,每测一次,需用浸汽油或煤油的棉纱及干软布将落锥擦拭干净。共测三点,各点均匀分布在距离金属罐边缘约 20mm 处。

5. 试验结果

试验结果取3个数据的算术平均值。若3个数据中有与平均值相差大于2mm者，允许重测一次。若仍有与平均值相差大于2mm者，则应重新制样进行检测。

10.4.11　耐热性试验

1. 概述

本小节介绍建筑防水沥青嵌缝油膏的耐热性。本试验依据《建筑防水沥青嵌缝油膏》(JC/T 207—2011)等编制而成。

2. 仪器设备

1)金属槽(见图10-29)。

2)支架(见图10-29)。

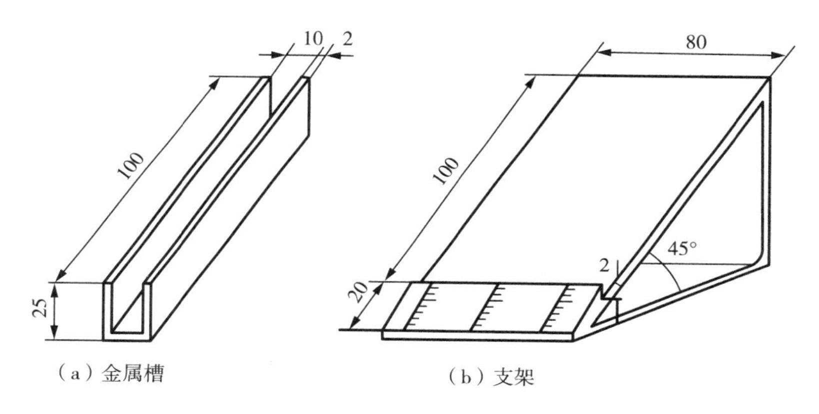

图10-29　金属槽与支架(单位:mm)

3. 样品制备

用丙酮将金属槽擦洗干净，用刮刀将油膏仔细密实地嵌入槽内，刮平表面及两端。同时制备3个试件。

4. 试验步骤

将试件放于45°支架上，按产品型号置于70℃±2℃或80℃±2℃烘箱中恒温5h，然后取出试件。

5. 试验结果

分别测量每个试件从金属槽下端到油膏下垂端点的长度，精确至0.1mm。

10.4.12　耐水性试验

1. 概述

本小节主要对防水卷材及防水涂料的耐水性进行试验。本试验依据《绿色产品评价 防水与密封材料》(GB/T 35609—2017)等编制而成。

2. 仪器设备

1)搅拌容器。

2)拉伸试验机。

3. 样品制备

根据防水材料拉伸试验制备相关样品。

4. 试验步骤

1)防水卷材:将防水卷材产品浸没在23℃±2℃的水(试验用水符合JGJ 63的规定)中,并应定期搅拌容器中的水,浸泡336h±2h后取出试件,用拧干的湿布擦去表面明水,然后按产品标准的规定分别测试材料浸水前后的拉伸强度。

2)水性防水涂料:按产品标准的规定制备并养护防水涂膜,将养护结束的防水涂膜浸没在23℃±2℃的水(试验用水符合JGJ 63规定)中,并应定期搅拌容器中的水,浸泡168h±2h后取出试件,用拧干的湿布擦去表面明水后,放入温度为23℃±2℃,相对湿度为50%±15%环境下24h后,按产品标准的规定分别测试材料浸水前后的拉伸性能、与基层的粘结强度。

5. 试验结果

1)防水卷材:以浸水后试验结果除以浸水前试验结果乘以100%计算拉伸强度的保持率,纵横向分别测试;保持率不小于80%则认为试验通过。

2)水性防水涂料:以浸水后试验结果除以浸水前试验结果乘以100%计算拉伸强度和与基层粘结强度的保持率,拉伸强度和粘结强度分别测试5组试样。对于地下工程用水性防水涂料,拉伸强度、粘结强度保持率均不小于80%认为试验通过;对于室内用水性防水涂料,拉伸强度、粘结强度保持率均不小于50%认为试验通过。

10.5 其他防水材料

10.5.1 单位面积质量测定

1. 概述

本小节介绍纳基膨润土防水毯的相关检测方法。根据产品类型分为以下三种:

1)针刺法钠基膨润土防水毯,是由两层土工布包裹钠基膨润土颗粒针刺而成的毯状材料;

2)针刺覆膜法钠基膨润土防水毯,是在针刺法钠基膨润土防水毯的非织造土工布外表面上复合一层高密度聚乙烯薄膜;

3)胶粘法钠基膨润土防水毯,是用胶粘剂把膨润土颗粒粘结到高密度聚乙烯板上,压缩生产的一种钠基膨润土防水毯。

按单位面积质量分类分为以下几种:膨润土防水毯单位面积质量有4000g/m^2、4500g/m^2、5000g/m^2、5500g/m^{2}等,分别用4000、4500、5000、5500等表示。

本方法依据《纳基膨润土防水毯》(JG/T 193—2006)编制而成。

2. 仪器设备

1)直尺:精度为1mm。

2)天平。

3. 样品制备

制取500mm×500mm样品5个。

4. 试验步骤

将膨润土防水毯喷洒少量水，以防止防水毯裁剪处的膨润土散落。沿长度方向距外层端部200mm、沿宽度方向距边缘10mm处裁取试样，于105℃±5℃下烘干至恒重。用精度为1mm的量具测量每块试样的尺寸，然后分别在天平上进行称量。

5. 试验结果

按式(10-21)计算单位面积质量，结果精确至1g，求5块试样的算术平均数。

$$m=\frac{m}{S} \tag{10-21}$$

式中：m——单位面积质量(g/m^2)；

m——试样烘干至恒重后的质量(g)；

S——试样初始面积(m^2)。

10.5.2 膨润土膨胀指数测定

1. 概述

本小节介绍纳基膨润土防水毯的膨润土膨胀指数相关检测方法。本方法依据《纳基膨润土防水毯》(JG/T 193—2006)编制而成。

2. 仪器设备

1)标准筛：200目。

2)烘箱。

3)精密天平：精度0.01g。

4)容量筒。

3. 样品制备

将膨润土试样轻微研磨，过200目标准筛，于105℃±5℃烘干至恒重，然后放在干燥器内冷却至室温。

4. 试验步骤

称取2.00g膨润土试样，将膨润土分多次放入已加有90mL去离子水的量筒内，每次在大约30s内缓慢加入不大于0.1g的膨润土，待膨润土沉至量筒底部后再次添加膨润土，相邻两次时间间隔不少于10min，直至2.00g膨润土完全加入量筒中。用玻璃棒使附着在量筒内壁上的土也沉淀至量筒底部，然后将量筒内的水加至100mL(2h后，如果发现量筒底部沉淀物中存在夹杂的空气，允许以45°角缓慢旋转量筒，直到沉淀物均匀)。

5. 试验结果

静置24h后，读取沉淀物界面的刻度值(沉淀物不包括低密度的膨润土絮凝物)，精确至0.5mL。

10.5.3 渗透系数测定

1. 概述

钠基膨润土防水毯在一定压差作用下会产生微小渗流，测定在规定水力压差下一定时间内通过试样的渗流量及试样厚度，即可计算求出渗透系数。本方法依据《纳基膨润土防水毯》(JG/T 193—2006)编制而成。

2. 仪器设备

渗透系数测定装置(见图 10-30)包括加压系统、流动测量系统和渗透室等。渗透室内放置试样和透水石，试样夹持部分应保证无侧漏。

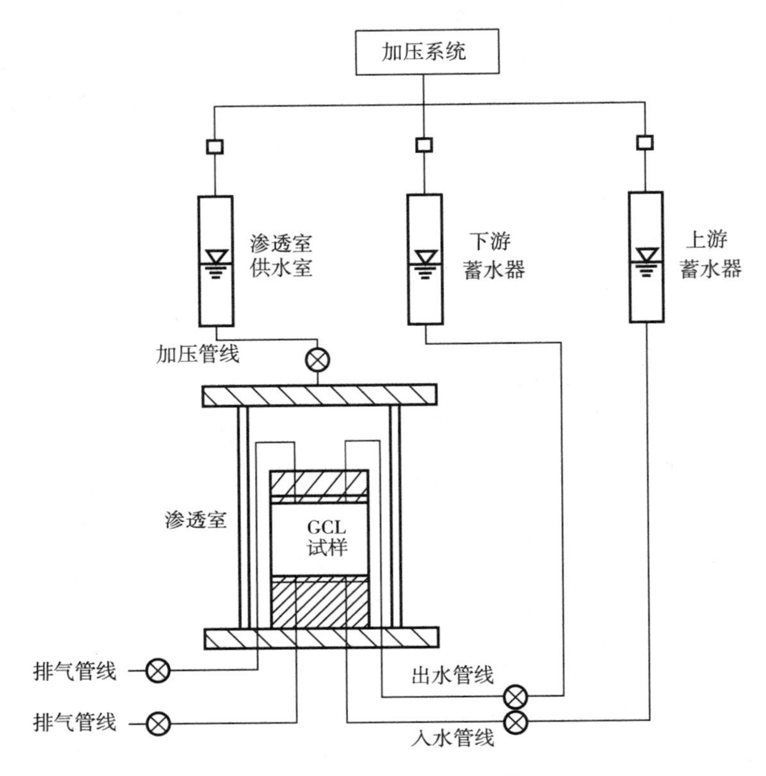

图 10-30 渗透系数测定装置

3. 样品制备

样品要求：直径为 70mm，3 个样品。

裁剪两张直径为 70mm±2mm 的滤纸，在一个装有去离子水或除气水的容器内浸渍两块透水石和滤纸。在底盖一侧涂上一层薄薄的高真空硅脂。在渗透室基座上安装一块透水石，在透水石上面依次铺上滤纸、试样和滤纸，然后再放一块透水石后安装上顶盖。围绕试样放置柔性薄膜(薄膜应能承受足够的液压)，然后用 O 形圈扩张器在试样两端安装 O 形圈。

4. 试验步骤

1)将渗透室充满水，连接供水室和渗透室的管路，同时接通整个水力系统。在渗透室上作用一个较小的指定压力(7～35kPa)，在试样上部和下部施加更小的压力，使整个水力系统的水都流动起来，然后打开排气管线上的阀门，排出入水管线、出水管线和排气管线中的可见气泡以及柔性薄膜内试样上部和下部的可见气泡。

注：在渗透室内可以注入除气水或其他适合的液体，而在流动测量系统内则只能使用除

气水作为渗透液。

2)调节渗透室初始压力为35kPa,调节试样上部和下部的初始反压为15kPa。给渗透室及试样上部和下部缓慢增压,保持此状态48h,使试样达到饱和状态。

3)进行渗透系数测量试验。增加试样下部的压力至30kPa,待压力稳定后开始测试渗透系数。每隔1h测试一次通过试样的流量及横跨试样的水压差,当符合下列几点规定时,可结束试验:(1)8h内测试的次数不得小于3次;(2)最后连续3次测试中,进口流量与出口流量的比率应该为0.75~1.25;(3)最后连续3次测得的流量值不应有明显的上升或下降的趋势;(4)最后连续3次测得的流量值为平均流量值的0.75~1.25倍。测试完毕后,缓慢降低作用于进水管线和出水管线的压力,仔细地拆开渗透仪取出试样,测量并记录试验结束时试样的高度和直径。

注:在试样饱和及测量试样渗透系数的过程中,施加的最大有效压力决不能超过使试样固化的压力。

5. 试验结果

按公式(10-22)计算渗透系数k,结果保留两位有效数字:

$$k=\frac{a_{in}-a_{out}L}{At(a_{in}+a_{out})}\times\ln\left(\frac{h_1}{h_2}\right) \tag{10-22}$$

式中:k——渗透系数(m/s);

a_{in}——流入管线的横截面积(m^2);

a_{out}——流出管线的横截面积(m^2);

L——试样厚度(m);

A——试样的横截面积(m^2);

h_1——t_1时刻横跨试样的水压差(m);

h_2——t_2时刻横跨试样的水压差(m);

t——t_1时刻至t_2时刻这段时间差(s)。

10.5.4 滤失量测定

1. 概述

滤失量是指在规定的试验条件下悬浮液滤出的滤液毫升数。本方法依据《纳基膨润土防水毯》(JG/T 193—2006)、《膨润土试验方法》(JC/T 593—1995)编制而成。

2. 仪器设备

1)滤失量测定仪:气压式,压力为700kPa;

2)计时器:测量精度为±0.1min,2个。

3. 样品制备

每350mL蒸馏水加22.5g(水分含量小于10%)膨润土样品,制备成悬浮体。在搅拌机上边搅拌边把膨润土撒到水中,5min后,取下高搅杯,把粘在壁上的膨润土刮下,再继续搅拌15min。在室温下把悬浮体放在密封的容器中存放16h,在搅拌机上将存放后的悬浮体搅拌5min。

4. 试验步骤

1)将悬浮体,测完黏度后搅拌1min。将一个计时器定在75min,另一个定在30min,将泥浆样品倒入滤失仪中，至液面到顶缘的距离在13mm以内，放上滤纸，把滤失仪装配好。计时，拧紧泄压阀，调整调压器，在30s内加上700kPa±35kPa的压力。

2)7.5min后，除去悬挂在排液嘴上的液体。用干燥量筒收集滤液，30min后，取下悬挂在排液嘴上的液体并拿开量筒，断开压力，记下从7.5min到30min所收集的液体体积。

5. 试验结果

滤失量按式(10-23)计算：

$$FL = 2V_2 \tag{10-23}$$

式中：FL——30min悬浮液滤出滤液(mL)；

V_2——滤液体积(mL)。

10.5.5 硬度试验

1. 概述

本小节主要介绍止水带的硬度性能试验方法。本试验依据《高分子防水材料 第2部分：止水带》(GB 18173.2—2014)、《硫化橡胶或热塑性橡胶压入硬度试验方法 第1部分：邵氏硬度计法(邵尔硬度)》(GB/T 531.1—2008)编制而成。

2. 仪器设备

邵氏硬度计。

3. 样品制备

1)厚度。使用邵氏A型、D型和AO型硬度计测定硬度时，试样的厚度至少6mm。使用邵氏AM型硬度计测定硬度时，试样的厚度至少1.5mm。对于厚度小于6mm和1.5mm的薄片，为得到足够的厚度，试样可以由不多于3层叠加而成。对于邵氏A型、D型和AO型硬度计，叠加后试样总厚度至少6mm；对于AM型，叠加后试样总厚度至少1.5mm。但由叠层试样测定的结果和单层试样测定的结果不一定一致。

用于比对目的，试样应该是相似的。

注：对于软橡胶采用薄试样进行测量，受支承台面的影响，将得出较高的硬度值。

2)表面。试样尺寸的另一要求是具有足够的面积，使邵氏A型、D型硬度计的测量位置距离任一边缘分别至少12mm，AO型至少15mm，AM型至少4.5mm。

试样的表面在一定范围内应平整，上下平行，以使压足能和试样在足够面积内进行接触。邵氏A型和D型硬度计接触面半径至少6mm，AO型至少9mm，AM型至少2.5mm。

采用邵氏硬度计一般不能在弯曲、不平和粗糙的表面获得满意的测量结果，然而它们也有特殊应用，比如ISO 7267-2适用于橡胶覆盖胶滚筒的表观硬度测定。对这些特殊应用的局限性应有清晰的认识。

4. 试验步骤

1)将试样放在平整、坚硬的表面上，尽可能快速地将压足压到试样上或反之把试样压到压足上。应没有震动，保持压足和试样表面平行以使压针垂直于橡胶表面，当使用支架操作时，最大速度为3.2mm/s。

2)弹簧试验力保持时间。按照规定加弹簧试验力使压足和试样表面紧密接触，当压足和试样紧密接触后，在规定的时刻读数。对于硫化橡胶标准弹簧试验力保持时间为3s，热塑性橡胶则为 15s。如果采用其他的试验时间，应在试验报告中说明。未知类型橡胶当作硫化橡胶处理。

3）在试样表面不同位置进行 5 次测量取中值。对于邵氏 A 型、D 型和 AO 型硬度计，不同测量位置两两相距至少 6mm；对于 AM 型，至少相距 0.8mm。

5. 试验结果

各个压入硬度数值以及在弹簧试验力保持时间不是 3s 时每次读数的时间间隔，测量中值、最大值、最小值和相关的标尺。邵氏 A 型、D 型、AO 型和 AM 型硬度计测量结果分别用 Shore A、Shore D、Shore AO 和 Shore AM 单位表示。

10.5.6　拉伸强度、拉断伸长率试验

1. 概述

本小节主要介绍止水带的拉伸强度试验方法。其原理是在动夹持器或滑轮恒速移动的拉力试验机上，将哑铃状或环状标准试样进行拉伸。按要求记录试样在不断拉伸过程中和当其断裂时所需的力和伸长率的值。

本试验依据《高分子防水材料　第 2 部分：止水带》（GB 18173.2—2014）、《硫化橡胶或热塑性橡胶拉伸应力应变性能的测定》（GB/T 528—2009）编制而成。

2. 仪器设备

1）裁刀。

2）拉力试验机：2 级测力精度。

3. 样品制备

不少于 3 个，制成 2 型哑铃型试样。

4. 试验步骤

1）将试样对称地夹在拉力试验机的上、下夹持器上，使拉力均匀地分布在横截面上。根据需要，装配一个伸长测量装置。启动试验机，在整个试验过程中连续监测试验长度和力的变化，精度在±2%之内。夹持器的移动速度应为 500mm/min±50mm/min。

2）如果试样在狭窄部分以外断裂则舍弃该试验结果，并另取一试样进行重复试验。

5. 试验结果

1）拉伸强度按式（10-24）计算：

$$TS=\frac{F_{\mathrm{m}}}{Wt} \tag{10-24}$$

式中：TS——拉伸强度（MPa）；

F_{m}——记录的最大力（N）；

W——裁刀狭窄部分的宽度（mm）；

t——试验长度部分厚度（mm）。

2）拉断伸长率按式（10-25）计算：

$$E_{\mathrm{b}}=\frac{100(L_{\mathrm{b}}-L_0)}{L_0} \tag{10-25}$$

式中：E_{b}——拉断伸长率（%）；

L_b——断裂时的试验长度(mm)；

L_0——初始试验长度(mm)。

10.5.7　压缩永久变形试验

1. 概述

本节主要介绍止水带的压缩永久变形性能试验方法。其原理是在标准实验室温度下，将已知高度的试样，按压缩率要求压缩到规定的高度，在标准实验室温度或高温条件下压缩一定时间，然后在一定温度条件下除去压缩，将试样在自由状态下，恢复规定时间，测量试样的高度。

本试验依据《高分子防水材料　第2部分：止水带》(GB 18173.2—2014)、《硫化橡胶或热塑性橡胶压缩永久变形的测定　第1部分：在常温及高温条件下》(GB/T 7759.1—2015)编制而成。

2. 仪器设备

1)压缩装置：包括压缩板、钢制限制器和紧固件。

2)老化箱：应符合GB/T 3512—2014中方法A或方法B的要求，能保持压缩装置和试样在试验温度的公差范围内。

3)镊子：用于装取试样。

4)厚度计：精确至±0.01mm。

5)计时装置：用于计算恢复时间，精度为±1s。

3. 样品制备

1)尺寸。B型：试样直径为13.0mm±0.5mm、高度为6.3mm±0.3mm的圆柱体。

B型适用于从成品中裁切的试样。这种情况下，除非另有规定，应尽可能从成品的中心部位裁取试样。如可能，在裁切时，试样的中轴应平行于成品在使用时的压缩方向。

2)试样制备。试样应尽可能通过模压法进行制备，也可以通过裁切法或薄片叠合(不超过三层)的方法进行制备。当使用薄片叠合法制备的试样来控制成品性能时，应征得各方的同意。

试样的裁切应符合GB/T 2941的规定。当发生裁切面变形(形成凹面)时，将裁切分为两步进行可以改善试样的形状：第一步先裁切一个大尺寸的试样；第二步用另一把裁刀将试样修整到规定尺寸。

由薄片叠合的试样应从薄胶片上裁切后叠合在一起，每个试样叠合不超过三层，不需粘接。将叠合好的试样略微压缩1min，使试样附着成一个整体。然后测量总的高度。

3)试样数量。至少测试3个试样，单个或者一起进行试验。

4. 试验步骤

1)压缩装置的准备。将装置置于标准试验室温度下，仔细清洁表面，在压缩板与试样接触的表面上涂一薄层润滑剂。

2)高度测量。在标准实验室温度下，测量每个试样中心部位的高度，精确到0.01mm。三个试样高度相差不超过0.05mm。

3)施加压缩。将试样与限制器置于两压缩板之间适当的位置，应避免试样与螺栓或限制器相接触，慢慢旋紧紧固件，使两压缩板均匀地靠近直到与限制器相接触。所施加的压缩应为试样初始高度的25%±2%，对于硬度较高的试样则应为15%±2%或15%±1%。

4)开始试验。对于在高温下进行的试验，将装好试样的压缩装置立即放入已达到试验温度的老化箱中间部位。对于在常温下进行的试验，将装好试样的压缩装置置于温度调节至标准实验室温度的房间。

5)结束试验。对于在常温下进行的试验，到达规定试验时间后，立即松开试样，将试样置于木板上。让试样在标准实验室温度下恢复30min±3min，然后测量试样高度。

在高温下，到达规定试验时间后，将试验装置从老化箱中取出，立即松开试样，并快速地将试样置于木板上，让试样在标准实验室温度下恢复30min±3min，然后测量试样高度。

6)内部检查。试验完成后，沿着直径方向将试样切成两部分。若有内部缺陷，如有气泡，应重新进行试验。

5. 试验结果

压缩永久变形以初始压缩的百分数来表示，按式(10-26)计算：

$$C=\frac{h_0-h_1}{h_0-h_s}\times 100\% \tag{10-26}$$

式中：h_0——试样初始高度(mm)；

h_1——试样恢复后的高度(mm)；

h_s——限制器高度(mm)。

计算结果精确到1%。

10.5.8　撕裂强度试验

1. 概述

本小节主要介绍止水带的撕裂强度性能试验方法。其原理是用拉力试验机，对有割口或无割口的试样在规定的速度下进行连续拉伸，直至试样撕断，以测定的力值按规定的计算方法求出撕裂强度。

本试验依据《高分子防水材料　第2部分：止水带》(GB 18173.2—2014)、《硫化橡胶或热塑性橡胶撕裂强度的测定(裤形、直角形和新月形试样)》(GB/T 529—2008)编制而成。

2. 仪器设备

1)裁刀、割口器。

2)拉力试验机：拉力试验机应符合ISO 5893的规定，其测力精度达到B级。作用力误差应控制在2%以内，试验过程中夹持器移动速度要保持规定的恒速：裤形试样的拉伸速度为100mm/min ± 10mm/min，直角形或新月形试样的拉伸速度为500mm/min ± 50mm/min。使用裤形试样时，应采用有自动记录力值装置的低惯性拉力试验机。

3)夹持器。

3. 样品制备

1)试样应从厚度均匀的试片上裁取。试片的厚度为2.0mm±0.2mm。试片可以模压或通过制品进行切割、打磨制得。

试片硫化或制备与试样裁取之间的时间间隔，应按GB/T 2941中的规定执行。在此期间，试片应完全避光。

2)裁切试样前,试片应按 GB/T 2941 中的规定,在标准温度下调节至少 3h。

试样是通过冲压机利用裁刀从试片上一次裁切而成,试片在裁切前可用水或皂液润湿,并置于一个起缓冲作用的薄板(例如皮革、橡胶带或硬纸板)上,裁切应在刚性平面上进行。

3)裁切试样时,撕裂割口的方向应与压延方向一致。如有要求,可在相互垂直的两个方向上裁切试样。断裂扩展的方向,直角形试样应垂直于试样的长度方向。

4. 试验步骤

1)按 GB/T 2941 中的规定,试样厚度的测量应在其撕裂区域内进行,厚度测量不少于三点,取中位数。任何一个试样的厚度值不应偏离该试样厚度中位数的 2%。如果多组试样进行比较,则每组试样厚度中位数应在所有组中试样厚度总的中位数的 75%范围内。

2)试样进行调节后,立即将试样安装在拉力试验机上,在夹持器移动速度下,对试样进行拉伸,直至试样断裂。记录直角形试样的最大力值。

5. 试验结果

撕裂强度按式(10-27)计算:

$$T_s=\frac{F}{d} \tag{10-27}$$

式中:T_s——撕裂强度(kN/m);

F——试样撕裂时所需的力(N),取力值 F 的最大值;

d——试样厚度的中位数(mm)。

试验结果以每个方向试样的中位数、最大值和最小值共同表示,数值准确到整数位。

10.5.9 体积膨胀倍率试验

1. 概述

本小节主要介绍遇水膨胀橡胶体积膨胀倍率性能试验方法。本试验依据《高分子防水材料　第 3 部分:遇水膨胀橡胶》(GB 18173.3—2014)编制而成。

2. 仪器设备

电子天平:精度为 0.001g。

3. 样品制备

试样尺寸:长、宽均为 20.0mm±0.2mm,厚度为 2.0mm±0.2mm,试样数量为 3 个。用成品制作试样时,应去掉表层。

4. 试验步骤

1)将制作好的试样先用天平称出在空气中的质量,然后再称出试样悬挂在蒸馏水中的质量。

2)将试样浸泡在 23℃±5℃的 300mL 蒸馏水中,试验过程中,应避免试样重叠及水分的挥发。

3)试样浸泡 72h 后,先用天平称出其在蒸馏水中的质量,然后用滤纸轻轻吸干试样表面的水分称出试样在空气中的质量。

4)如试样密度小于蒸馏水容度,试样应悬挂坠子使试样完全浸没于蒸馏水中。

5. 试验结果

体积膨胀倍率按式(10-28)计算:

$$\Delta V=\frac{m_3-m_4+m_5}{m_1-m_2+m_5}\times 100\% \tag{10-28}$$

式中：ΔV——体积膨胀倍率（%）；

m_1——浸泡前试样在空气中的质量（g）；

m_2——浸泡前试样在蒸馏水中的质量（g）；

m_3——浸泡后试样在空气中的质量（g）；

m_4——浸泡后试样在蒸馏水中的质量（g）；

m_5——坠子在蒸馏水中的质量（g）。

取 3 个试样的算术平均值。

10.5.10　剪切状态下的粘合性试验

1. 概述

本小节规定了高分子防水卷材胶粘剂剪切状态下的粘合性试验方法。本试验依据《高分子防水卷材胶粘剂》（JC/T 863—2011）编制而成，适用于以合成弹性体为基料冷粘结的高分子防水卷材胶粘剂。

2. 仪器设备

1）拉力试验机：测量范围为 0～2500N，示值精度为±1%，配有记录装置。

2）恒温干燥箱：温度可调至 80℃±2℃。

3）恒温水浴：控温精度为±0.5℃。

4）天平：最大称量为 500g，感量为 100mg。

5）压辊：符合 GB/T 4851 中的规定。

3. 试件制备

1）被粘材料表面处理和胶粘剂的使用方法均按生产厂产品说明书的要求进行。试样粘合时应用压辊反复滚压三次，排除气泡。注意滚压时，只能用产生于压辑质量的力，施加于试样上。

2）水泥砂浆试板的制备。用强度等级为 42.5 的硅酸盐水泥与标准砂按 1∶1.5 比例、水灰比 0.4～0.5 配制水泥砂浆，倒入内腔尺寸为 150mm×60mm×10mn 的模具中，表面抹平。将成型的试块在试验室条件下养护 24h 后拆模，放入约 20℃的水中继续养护至少 7d，取出将表面清洗干净，并在自然条件下干燥 7d 以上备用。出厂检验时允许采用厚度约 5mm、尺寸为 150mm×60mm 石棉水泥试板。

3）卷材试件的制备。

（1）标准试验条件养护：将试件在标准试验条件下放置 168h。

（2）热处理：将按上述要求制备并经过标准试验条件养护的试件按 GB/T 3512 的规定进行热处理试验。试验条件为 80℃、168h。

（3）碱处理：将按上述要求制备并经过标准试验条件养护的试件按 GB/T 1690 的规定进行碱处理试验。试验条件为在 23℃±2℃的 10%氢氧化钙[$Ca(OH)_2$]溶液中浸泡 168h。

4. 试验步骤

在标准试验条件下，将经过养护、处理的试件分别装夹在拉力试验机上，以 250mm/min±50mm/min 的速度进行拉伸剪切试验，夹距为 120～200mm，记录最大拉力 P。在测试卷材——基底试件时，应使卷材在拉伸过程中保持垂直。

5. 试验结果

拉伸剪切时，试件若有一个或一个以上在粘接面滑脱，则剪切状态下的粘合性以剪切强度表示，按式(10－29)计算，精确到0.1N/mm。计算每个试件及各组试件的测试结果，并计算热处理和碱处理后剪切状态下的粘合性的保持率。试验结果以五个试件的算术平均值表示。

拉伸剪切时，若试件都是卷材断裂，则报告为卷材破坏。

$$\sigma=\frac{P}{b} \tag{10-29}$$

式中：σ——剪切状态下的粘合性(N/mm)；

P——最大拉力(N)；

b——试件粘结面宽度(mm)。

10.5.11　剥离强度试验

1. 概述

本小节规定了高分子防水卷材胶粘剂剥离强度试验方法。本试验依据《高分子防水卷材胶粘剂》(JC/T 863—2011)编制而成，适用于以合成弹性体为基料冷粘结的高分子防水卷材胶粘剂。

2. 仪器设备

1)拉力试验机：测量范围为0～2500N，示值精度为±1%，配有记录装置。

2)恒温干燥箱：温度可调至80℃±2℃。

3)恒温水浴：控温精度为±0.5℃。

4)天平：最大称量为500g，感量为100mg。

5)压辊：符合GB/T 4851中的规定。

3. 试件制备

1)按要求裁取试片，用毛刷在每块试片上涂刷搭接胶样品，按图10－31所示进行粘合，并在标准试验条件下放置24h，然后按JC/T 863—2011中表2裁取试件。

2)浸水处理：将经过标准试验条件下养护的试件在23℃±2℃的水中放置168h，取出后在标准试验条件下放置4h。

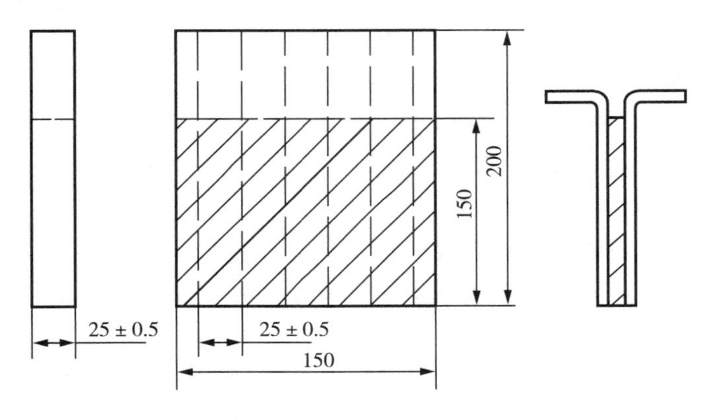

图10－31　试片粘合(单位：mm)

4. 试验步骤

在标准试验条件下，将经过养护，处理的试件分别装夹在拉力试验机上，按 GB/T 2791 的规定，以 100mm/min±10mm/min 的速度进行剥离试验。

5. 试验结果

按 GB/T 2791 的规定计算每个试件的平均剥离强度及每组试件的剥离强度平均值，并计算浸水后剥离强度的保持率。

10.5.12 固体含量测定

1. 概述

本小节主要介绍建筑表面用有机硅防水剂固体含量测定方法。本方法依据《建筑表面用有机硅防水剂》(JC/T 902—2002)编制而成。

2. 仪器设备

1)培养皿：直径为 75～80mm，边高为 8～15mm。

2)干燥器：内放变色硅胶或无水氯化钙。

3)天平：感量为 0.001g。

4)电热鼓风干燥箱：控温精度为±2℃。

5)坩埚钳。

6)玻璃棒：长约 150mm。

3. 样品制备

在 105℃±2℃(或其他商定温度)的烘箱内，干燥玻璃、马口铁或铝制的圆盘和玻璃棒，并在干燥器内使其冷却至室温。称量带有玻璃棒的圆盘，准确到 1mg，然后以同样的精确度在盘内称入受试产品 2g±0.2g(或其他双方认为合适的数量)。确保样品均匀地分散在盘面上。

4. 试验步骤

1)把盛玻璃棒和试样的盘一起放入预热到 105℃±2℃(或其他商定温度)的烘箱内，保持 3h(或其他商定的时间)。经短时间的加热后从烘箱内取出盘，用玻璃棒搅拌试样，把表面结皮加以破碎。再将棒、盘放回烘箱。

2)到规定的加热时间后，将盘、棒移入干燥器内，冷却到室温再称重，精确到 1mg。

3)试验平行测定至少两次，结果精确至 1%。

5. 试验结果

固体含量按式(10-30)计算：

$$X=\frac{m_2-m}{m_1-m}\times 100\% \tag{10-30}$$

式中：X——固体含量(%)；

m——培养皿质量(g)；

m_1——干燥前试样和培养皿质量(g)；

m_2——干燥后试样和培养皿质量(g)。

10.5.13 低温弯折试验

1. 概述

本小节主要介绍片材的低温弯折性能试验方法。本试验依据《高分子防水材料 第1

部分：片材》(GB 18173.1—2012)编制而成。

2. 仪器设备

低温弯折仪(见图 10－32)应由低温箱和弯折板两部分组成。低温箱应能在 0～－40℃自动调节，误差为±2℃，且能使试样在被操作过程中保持恒定温度；弯折板由金属平板、转轴和调距螺丝组成，平板间距可任意调节。

3. 样品制备

将规格尺寸检测合格的卷材展平后在标准状态下静置 24h，裁取试验所需的足够长度试样，裁取所需试样，试片距卷材边缘不得小于 100mm。裁切复合片时应顺着织物的纹路，尽量不破坏纤维并使工作部分保证最大的纤维根数。

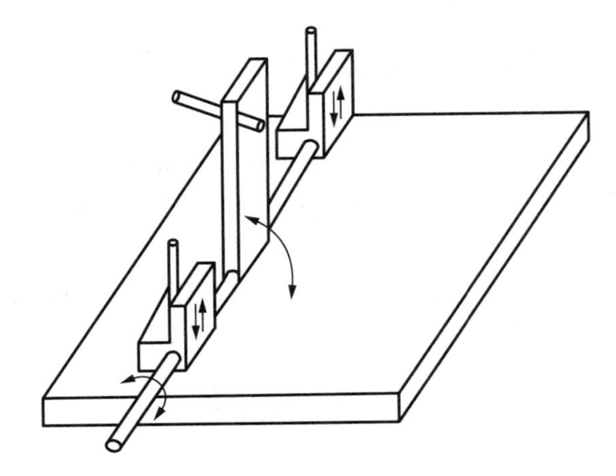

图 10－32　低温弯折仪

4. 试验步骤

1)试验室温度：23℃ ±2℃，试样在试验室温度下停放时间不少于 24h。

2)将试样弯曲 180°(自粘片时自粘层在外侧)，使 50mm 宽的试样边缘重合、齐平，并用定位夹或 10mm 宽的胶布将边缘固定，以保证其在试验中不发生错位，并将弯折仪的两平板间距调到片材厚度的三倍。

将弯折仪上平板打开，将厚度相同的两块试样平放在底板上，重合的一边朝向转轴，且距转轴 20mm；在规定温度下保持 1h 之后迅速压下上平板，达到所调间距位置，保持 1s 后将试样取出，观察试样弯折处是否断裂，并用放大镜观察试样弯折处受拉面有无裂纹。

5. 试验结果

用 8 倍放大镜观察试样表面，以纵横向试样均无裂纹为合格。

10.5.14　拉力、延伸率试验

1. 概述

本小节主要介绍坡屋面用防水材料聚合物改性沥青防水垫层的拉力与延伸率试验方法。本试验依据《坡屋面用防水材料聚合物改性沥青防水垫层》(JC/T 1067—2008)、《建筑防水卷材试验方法　第 8 部分：沥青防水卷材拉伸性能》(GB/T 328.8—2007)编制而成。

2. 仪器设备

拉伸试验机有连续记录力和对应距离的装置，能按下面规定的速度均匀地移动夹具。拉伸试验机有足够的量程(至少 2000N)和夹具移动速度 100mm/min±10mm/min，夹具宽度不小 50mm 拉伸试验机的夹具能随着试件拉力的增加而保持或增加夹具的夹持力，对于厚度不超 3mm 的产品能夹住试件使其在夹具中的滑移不超过 1mm，更厚的产品不超过 2mm。这种夹持方法不应在夹具内外产生过早的破坏。

为防止从夹具中的滑移超过极限值，允许用冷却的夹具，同时实际的试件伸长用引伸计测量。力值测量至少应符合 JJG 139 中的 2 级(±2%)要求。

3. 样品制备

整个拉伸试验应制备两组试件，一组纵向 5 个试件，一组横向 5 个试件。试件在试样上距边缘 150mm 以上任意裁取，用模板，或用裁刀，矩形试件宽为 50mm±0.5mm、长为(200mm+2×夹持长度)，长度方向为试验方向。表面的非持久层应去除。试件在试验前在 23℃±2℃和相对湿度 30%～70%的条件下至少放置 20h。

4. 试验步骤

1)将试件紧紧地夹在拉伸试验机的夹具中，注意试件长度方向的中线与试验机夹具中心在一条线上。夹具间距离为 200mm±2mm，为防止试件从夹具中滑移应作标记。当用引伸计时，试验前应设置标距间距离为 180mm±2mm。为防止试件产生任何松弛，推荐加载不超过 5N 的力。

2)试验在 23℃±2℃下进行，夹具移动的恒定速度为 100mm/min±10mm/min，连续记录拉力和对应的夹具(或引伸计)间距离。

5. 试验结果

1)记录得到的拉力和距离，或记录最大的拉力和对应的由夹具(或引伸计)间距离与起始距离的百分率计算的延伸率。

2)去除任何在夹具 10mm 以内断裂或在试验机夹具中滑移超过极限值的试件的试验结果，用备用件重测。

3)最大拉力单位为 N/50mm，对应的延伸率用百分率表示，作为试件同一方向结果。分别记录每个方向 5 个试件的拉力值和延伸率，计算平均值。拉力的平均值修约到 5N，延伸率的平均值修约到 1%。

4)同时对于复合增强的卷材在应力-应变图上有两个或更多的峰值，拉力和延伸率应记录两个最大值。

第 11 章　陶瓷砖

11.1　陶瓷砖吸水率试验

11.1.1　概述

陶瓷砖吸水率的原理是将干燥砖置于水中吸水至饱和，用砖的干燥质量和吸水饱和后质量及在水中的质量计算相关的特性参数。试验方法有煮沸法和真空法。

煮沸法适用于陶瓷砖分类和产品说明，真空法适用于显气孔率、表观相对密度和除分类以外吸水率的测定。

本试验依据《陶瓷砖试验方法　第 3 部分：吸水率、显气孔率、表观相对密度和容重的测定》(GB/T 3810.3—2016)编制而成

11.1.2　仪器设备

1)干燥箱：工作温度为 110℃±5℃，也可使用能获得相同检测结果的微波红外或其他干燥系统。

2)加热装置：用惰性材料制成的用于煮沸的加热装置。

3)热源。

4)天平：天平的称量精度为所测试样质量的 0.01%。

5)去离子水或蒸馏水。

6)干燥器。

7)麂皮。

8)吊环、绳索或篮子：能将试样放入水中悬吊称其质量。

9)玻璃烧杯，或者大小和形状与其类似的容器。

10)真空容器和真空系统：能容纳所要求数量试样的容积足够大的真空容器和抽真空能达到 10kPa±1kPa 并保持 30min 的真空系统。

11.1.3　试样准备

1)每种类型取 10 块整砖进行测试。

2)如每块砖的表面积不小于 0.04m^2 时只需用 5 块整砖进行测试。

3)如每块砖的质量小于 50g，则需足够数量的砖使每个试样质量达到 50～100g。

4)砖的边长大于 200mm 且小于 400mm 时，可切割成小块，但切下的每一块应计入测量值内，多边形和其他非矩形砖，其长和宽均按外接矩形计算。若砖的边长不小于 400mm 时，至少在 3 块整砖的中间部位切取最小边长为 100mm 的 5 块试样。

11.1.4 试验步骤

1)将砖放在110℃±5℃的干燥箱中干燥至恒重,即每隔24h的两次连续质量之差小于0.1%,砖放在有硅胶或其他干燥器剂的干燥器内冷却至室温,不能使用酸性干燥剂,每块砖按表11-1的测量精度称量和记录。

表11-1 砖的质量和测量精度

砖的质量/g	测量精度/g
$50 \leqslant m \leqslant 100$	0.02
$100 < m \leqslant 500$	0.05
$500 < m \leqslant 1000$	0.25
$1000 < m \leqslant 3000$	0.50
$m > 3000$	1.00

2)水的饱和。

(1)煮沸法。将砖竖直地放在盛有去离子水的加热装置中使砖互不接触。砖的上部和下部应保持有5cm深度的去离子水或蒸馏水。在整个试验中都应保持高于5m的水面。将水加热至沸腾并保持煮沸2h。然后切断热源,使砖完全浸泡在水中冷却至室温,并保持4h±0.25h。也可用常温下的水或制冷器将样品冷却至室温。将一块浸湿过的鹿皮用手拧干,并将鹿皮放在平台上轻轻地依次擦干每块砖的表面,对于凹凸或有浮雕的表面应用鹿皮轻快地擦去表面水分,然后称重,记录每块试样的称量结果。保持与干燥状态下的相同精度(见表11-1)。

(2)真空法。将砖竖直放入真空容器中,使砖互不接触,抽真空至10kPa±1kPa,并保持30min后停止抽真空,加入足够的水将砖覆盖并高出5cm,让砖浸泡15min后取出。将一块浸湿过的鹿皮用手拧干。将鹿皮放在平台上依次轻轻擦干每块砖的表面,对于凹凸或有浮雕的表面应用鹿皮轻快地擦去表面水分,然后立即称重并记录,与干砖的称量精度相同(见表11-1)。

11.1.5 结果处理

在下面的计算中假设1cm³水重1g,此假设室温下误差在0.3%以内。

计算每一块砖的吸水率$E_{(b,v)}$,用干砖的质量分数表示,按式(11-1)计算:

$$E_{(b,v)} = \frac{m_{2(b,v)} - m_1}{m_1} \times 100\% \tag{11-1}$$

式中:E_b——用m_{2b}测定的吸水率,E_b代表水仅注入容易进入的气孔;

E_v——用m_{2v}测定的吸水率,E_v代表水最大可能地注入所有气孔;

m_1——干砖的质量(g);

m_2——湿砖的质量(g);

m_{2b}——砖在沸水中吸水饱和的质量(g);

m_{2v}——砖在真空下吸水饱和的质量(g)。

11.2 陶瓷砖破坏强度与断裂模数试验

11.2.1 概述

本试验依据《陶瓷砖试验方法　第4部分：断裂模数和破坏强度的测定》(GB/T 3810.4—2016)编制而成，以适当的速率向砖的表面正中心部位施加压力，测定砖的破坏荷载、破坏强度、断裂模数。

11.2.2 仪器设备

1)干燥箱：能在110℃±5℃温度下工作，也可使用能获得相同检测结果的微波、红外或其他干燥系统。

2)压力表：精确到2.0%。

3)两根圆柱形支撑棒：用金属制成，与试样接触部分用硬度为50IRHD±5IRHD橡胶包裹，橡胶的硬度按ISO 48测定，一根棒能稍微摆动(见图11-1)，另一根棒能绕其轴稍作旋转，相应尺寸见表11-2所列。

4)圆柱形中心棒：一根与支撑棒直径相同且用橡胶包裹的圆柱形中心棒，此棒也可稍作摆动，用来传递荷载如图11-1所示，相应尺寸见表11-2所列。

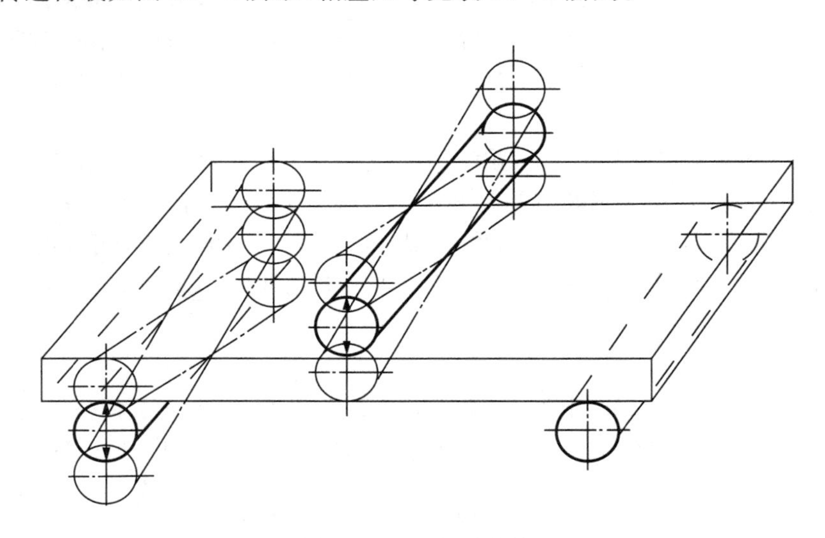

图11-1　可摆动的棒

表11-2　棒的直径、橡胶厚度和长度

砖的尺寸 L/mm	棒的直径 d/mm	橡胶厚度 T/mm	砖伸出支撑棒外的长度 l_1/mm
$18 \leqslant L < 48$	5±1	1±0.2	2
$48 \leqslant L < 95$	10±1	2.5±0.5	5
$L \geqslant 95$	20±1	5±1	10

11.2.3　试样准备

1)应用整砖检验，但是对超大的砖(即边长大于 600mm 的砖)和一些非矩形的砖，有必要时可进行切割，切割成可能最大尺寸的矩形试样，以便安装在仪器上检验。其中心应与切制前砖的中心一致。在有疑问时，用整砖比用切制过的砖测得的结果准确。试样经切制时，需在报告中予以说明。

注：边长大于 600mm 的砖需要切制时，应按比例进行切制。

2)每种样品的最小试样数量见表 11－3 所列。

表 11－3　最小试样量

砖的尺寸 L/mm	最小试样数量
$18<L\leqslant 48$	10
$48<L\leqslant 000$	7
$L>1000$	5

11.2.4　试验步骤

1)用硬刷刷去试样背面松散的粘结颗粒。将试样放入干燥箱中，温度高于 105℃，至少 24h，然后冷却至室温。应在试样达到室温后 3h 内进行试验。

2)将试样置于支撑棒上，使釉面或正面朝上，试样伸出每根支撑棒的长度为 l_1(见表 11－2和图 11－2)。

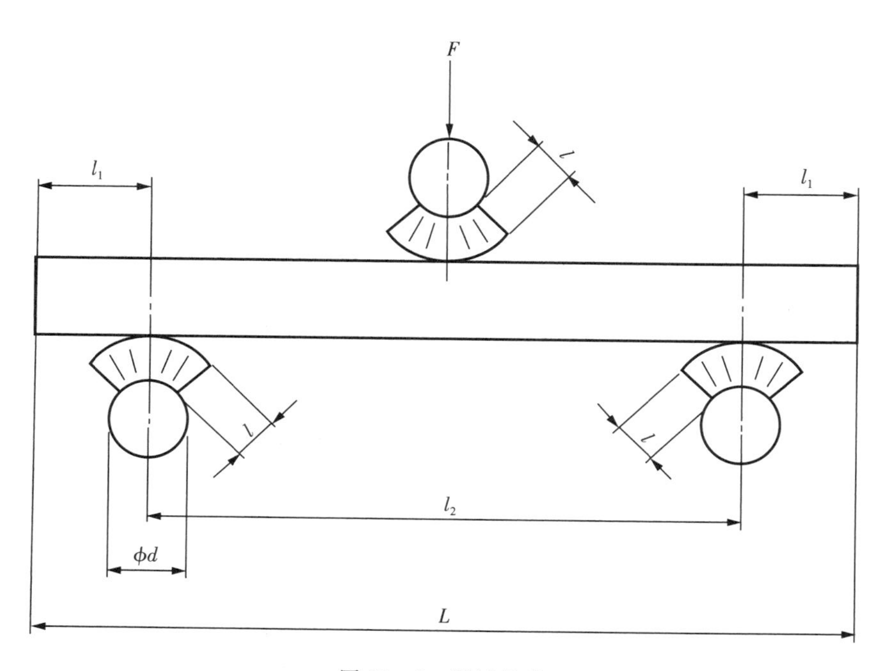

图 11－2　测试示意

3)对于两面相同的砖,例如无釉马赛克,以哪面向上都可以。对于挤压成型的砖,应将其背肋垂直于支撑棒放置,对于所有其他矩形砖,应以其长边 L 垂直于支撑棒放置。

4)对凸纹浮雕的砖,在与浮雕面接触的中心棒上再垫一层厚度与表 11-2 相对应的橡胶层。

5)中心棒应与两支撑棒等距,以 $1N/(mm^2 \cdot s) \pm 0.2N/(mm^2 \cdot s)$ 的速率均匀的增加荷载,每秒的实际增加率可按下文式(11-3)计算,记录断裂荷载 F。

11.2.5 结果处理

只有在宽度与中心棒直径相等的中间部位断试样,其结果才能用来计算平均破坏强度和均断裂模数,计算平均值至少需要 5 个有效的结果。

如果有效结果少于 5 个,应取加倍数量的砖再做第二组试验,此时至少需要 1 个有效结来计算平均值。

破坏强度 S 以牛顿(N)表示,按式(11-2)计算:

$$S=\frac{Fl_2}{b} \tag{11-2}$$

式中:F——破坏荷载(N);

l_2——根支撑棒之间的跨距(mm);

b——试样的宽度(mm)。

断裂模数 R 以"N/mm^2"表示,按式(11-3)计算:

$$R=\frac{3Fl_2}{2bh^2}=\frac{3S}{2h^2} \tag{11-3}$$

式中:F——破坏荷载(N);

l_2——两根支撑棒之间的跨距(mm);

b——试样的宽度(mm);

h——试验后沿断裂边测得的试样断裂面的最小厚度(mm)。

断裂模数的计算是根据矩形的横断面,如断面的厚度有变化,只能得到近似的结果,浮雕凸起越浅,近似值越准确。

记录所有结果,以有效结果计算试样的平均破坏强度和平均断裂模数。

11.3 陶瓷砖抗冻性能试验

11.3.1 概述

本试验依据《陶瓷砖试验方法　第 12 部分:抗冻性的测定》(GB/T 3810.12—2016)编制而成,将陶瓷砖浸水饱和后,在 5℃ 和 −5℃ 之间循环,砖的各表面应经受至少 100 次冻融循环。

11.3.2　仪器设备

1)干燥箱:能在110℃±5℃的温度下工作,也可使用能获得相同检测结果的微波、红外或其他干燥系统。

2)天平:精确到试样质量的0.01%。

3)抽真空装置,抽真空后注入水使砖吸水饱和的装置:通过真空泵抽真空能使该装置内压力至60kPa±4kPa。

4)冷冻机:能冷冻至少10块砖,其最小面积为0.25m²,并使砖互相不接触。

5)鹿皮。

6)水:温度保持在20℃±5℃。

7)热电偶或其他合适的测温装置。

11.3.3　试样准备

1. 样品

使用不少于10块整砖并且其最小面为0.25m²,对于大规格的砖,为能装入冷冻机,可进行切割,切割试样应尽可能大。砖应没有裂纹、釉裂、针孔、磕碰等缺陷。如果必须用有缺陷的砖进行检验,在试验前应用永久性的染色剂对缺陷做记号,试验后检查这些缺陷。

2. 试样制备

砖在110℃±5℃的干燥箱内烘干至恒重,即每隔24h的两次连续称量之差小于0.1%。记录每块干砖的质量m_1。

3. 浸水饱和

1)砖冷却至环境温度后,将砖垂直地放在抽真空装置内,使砖与砖、砖与该装置内壁互不接触。抽真空装置接通真空泵,抽真空至40kPa±2.6kPa。在该压力下将去离子水或蒸馏水引入装有砖的抽真空装置中浸没,并至少高出50mm。在相同压力下至少保持15min,然后恢复到大气压力。

用手把浸湿过的鹿皮拧干,然后将鹿皮放在一个平面上。依次将每块砖的各个面轻轻擦干,称量并记录每块湿砖的质量m_2。

2)初始吸水率E_1用质量分数表示,由式(11-4)求得:

$$E_1=\frac{m_2-m_1}{m_1}\times 100\% \tag{11-4}$$

式中:m_2——每块湿砖的质量(g);

m_1——每块干砖的质量(g)。

11.3.4　试验步骤

在试验时选择一块最厚的砖该砖,该砖应视为对试样具有代表性。在砖一边的中心钻一个直为3mm的孔,该孔边最大距离为40mm,在孔中插一支热电偶,并用一小片隔热材料(例如多孔聚苯乙烯)将该孔密封。如果用这种方法不能钻孔,可把一支热电偶放在一块砖的一个面的中心,用另一块砖附在这个面上。将冷冻机内欲测的砖垂直地放在支撑架上,用这一方法使得空气通过每块砖之间的空隙流过所有表面。把装有热电偶的砖放在试样中间，热电偶的温度定为试验时所有砖的温度，只有在用相同试样重复试验的情况下这点可省略。此外，应偶尔用砖中的热电偶作核对。每次测量温度应精确到±0.5℃。

以不超过20℃/h的速率使砖降温到－5℃。砖在该温度下保持15min。砖浸没于水中或喷水直到温度达到5℃。砖在该温度下保持15min。

重复上述循环至少100次。如果将砖保持浸没在5℃以上的水中，则此循环可中断。称量试验后的砖质量 m_3，再将其烘干至恒重，称量试验后砖的干质量 m_4。最终吸水率 E_2 用质量分数表示，由式(11－5)求得：

$$E_2=\frac{m_3-m_4}{m_4}\times100\% \tag{11-5}$$

式中：m_3——试验后每块湿砖的质量(g)；

m_4——试验后每块干砖的质量(g)。

100次循环后，在距离25～30cm处大约300lx的光照条下，用肉眼检查砖的釉面正面和边缘。对通常戴眼镜者，可以戴眼镜检查。在试验早期，如果有理由确信砖已遭到损坏，可在试验中间阶段检查并及时作记录。记录所有观察到砖的釉面、正面和边缘损坏的情况。

11.4　天然石材吸水率与体积密度试验

11.4.1　概述

本试验依据《天然石材试验方法　第3部分：吸水率、体积密度、真密度、真气孔率试验》(GB/T 9966.3—2020)编制而成。

11.4.2　仪器设备

1)鼓风干燥箱：温度可控制在65℃±5℃范围内。

2)天平：最大称量为1000g，精度为10mg；最大称量为200g，精度为1mg。

3)水箱：底面平整，且带有玻璃棒作为试样支撑。

4)金属网篮：可满足各种规格试样要求，具足够的刚性。

5)比重瓶：容积为25～30mL。

6)标准筛：63μm。

7)干燥器。

11.4.3　试样准备

1)试样为边长50mm的正方体或直径、高度均为50mm的圆柱体，尺寸偏差±0.5mm，每组5块。特殊要求时可选用其他规则形状的试样，外形几何体积应不小于60cm^3，其表面积与体积之比应为0.08～0.20mm^{-1}。

2)试样应从具有代表性部位截取，不应带有裂纹等缺陷。

3)试样表面应平滑，粗糙面应打磨平整。

11.4.4　试验步骤

1)将试样置于 65℃±5℃的鼓风干燥箱内干燥 48h 至恒重,在干燥 46h、47h,48h 时分别称量试样的质量,质量保持恒定时表明达到恒重,否则继续干燥,直至出现 3 次恒定的质量。放入干燥器中冷却至室温,然后称其质量(m_0),精确至 0.01g。

2)将试样置于水箱中的玻璃棒支撑上,试样间隔应不小于 15mm。加入去离子水或蒸馏水 20℃±2℃到试样高度的一半,静置 1h;然后继续加水到试样高度的四分之三,再静置 1h;继续加满水,水面应超过试样高度 25mm±5mm。试样在水中浸泡 48h±2h 后同时取出,包裹于湿毛巾内,用拧干的湿毛巾擦去试样表面水分,立即称其质量(m_1),精确至 0.01g。

3)立即将水饱和的试样置于金属网篮中并将网篮与试样一起浸入 20℃±2℃的去离子水或蒸馏水中,小心除去附着在网篮和试样上的气泡,称试样和网篮在水中总质量,精确至 0.01g。单独称量网篮在相同深度的水中质量,精确至 0.01g。当天平允许时可直接测量出这两次测量的差值(m_2),结果精确至 0.01g。称量装置如图 11-4 或图 11-5 所示。

注:称量采用电子天平时,如图 11-4 所示,在网篮处于相同深度的水中时将天平置零,可直接测量试样在水中质量(m_2)。

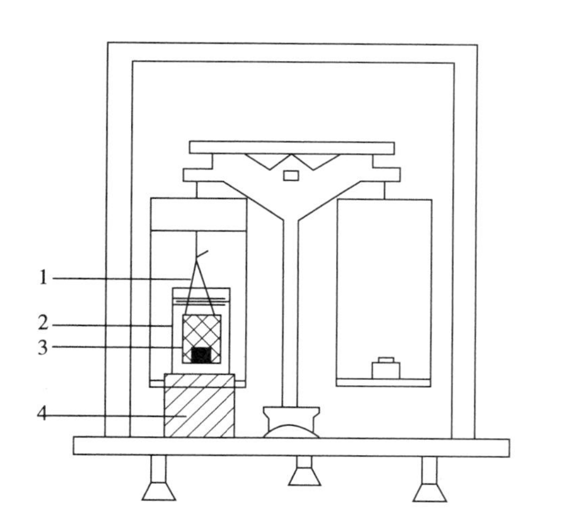

1—网篮;2—烧杯;3—试样;4—支架。

图 11-3　天平称量示意

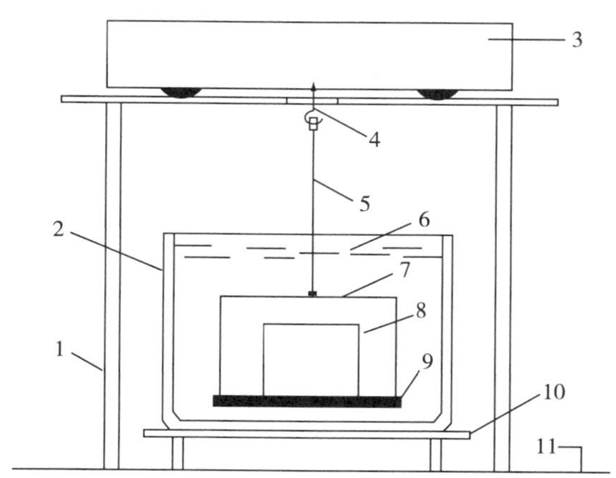

1—天平支架;2—水杯;3—电子天平;4—天平挂钩;5—悬挂线;6—水平面;7—栅栏;8—试样;9—网篮底;10—水杯支架;11—平台。

图 11-4　电子天平称量示意

11.4.5　结果处理

1)吸水率按式(11-6)计算:

$$w_a = \frac{m_1 - m_0}{m_0} \times 100\% \qquad (11-6)$$

式中:w_a——吸水率(%);

m_1——水饱和试样在空气中的质量(g)；

m_0——干燥试样在空气中的质量(g)。

2)体积密度按式(11－7)计算：

$$\rho_b=\frac{m_0}{m_1-m_2}\times\rho_w \tag{11-7}$$

式中：ρ_b——体积密度(g/cm²)；

m_2——水饱和试样在水中的质量(g)；

ρ_w——室温下去离子水或蒸馏水的密度(g/cm²)。

3)计算每组试样吸水率、体积密度的算术平均值作为试验结果。体积密度取三位有效数字；吸水率取两位有效数字。

11.5　天然石材干燥、水饱和、冻融循环后弯曲强度试验

11.5.1　概述

本试验依据《天然石材试验方法　第2部分：干燥、水饱和、冻融循环后弯曲强度试验》(GB/T 9966.2—2020)编制而成，适用于天然石材的干燥、水饱和、冻融循环后弯曲强度测定。固定力矩弯曲强度——方法A适用于建筑幕墙、室内墙地面用石材的固定力矩弯曲强度；集中荷载弯曲强度——方法B适用于室外广场、路面用石材的集中荷载弯曲强度。

11.5.2　仪器设备

1)试验机：配有相应的试样支架，如图11－5和图11－6所示，示值相对误差不超过±1%，试样破坏的载荷在设备示值的20%～90%范围内。

2)游标卡尺：读数值可精确到0.1mm。

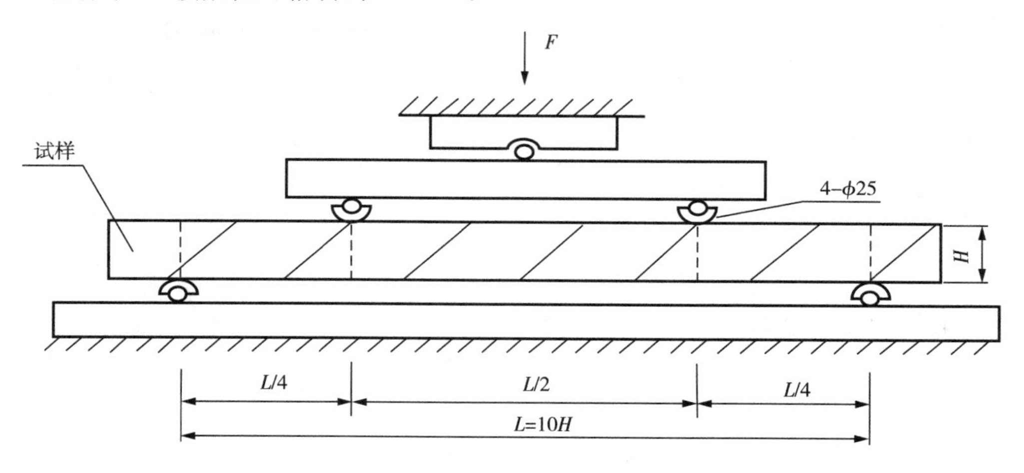

F—荷载；H—试样厚度；L—下部两个支撑轴间距离。

图11－5　固定力矩弯曲强度(方法A)示意(单位：mm)

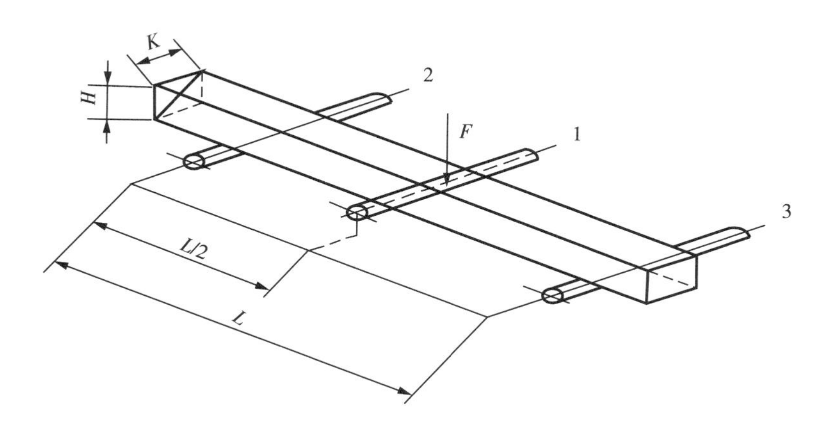

1—上支座，ϕ25mm；2、3—下支座，ϕ25mm；F—荷载；H—试样厚度；K—试样宽度；L—下部两个支撑轴间距离。

图 11－6 集中荷载弯曲强度(方法 B)示意

3)万能角度尺：精度为 2′。

4)鼓风干燥箱：温度可控制在 65℃±5℃。

5)冷冻箱：温度可控制在－20℃±2℃。

6)恒温水箱；可保持水温在 20℃±2℃，最大水深不低于 130mm 且至少容纳 2 组最大试验样品，底部垫不污染石材的圆柱状支撑物。

7)干燥器。

11.5.3 试样准备

1. 试样

1)方法 A：350mm×100mm×30mm，也可采用实际厚度(H)的样品，试样长度为 10H＋50mm，宽度为 100mm。

2)方法 B：250mm×50mm×50mm。

2. 偏差

试样长度尺寸偏差为±1mm，宽度、厚度尺寸偏差为±0.3mm。

3. 表面处理

试样上下受力面应经锯切、研磨或抛光，达到平整且平行。侧面可采用锯切面，正面与侧面夹角应为 90°±0.5°。

4. 层理标记

具有层理的试样应采用两条平行线在试样上标明层理方向，如图 11－7、图 11－8 和图 11－9 所示。

5. 表面质量

试样不应有裂纹、缺棱和缺角等影响试验的缺陷。

6. 支点标记

在试样上下两面及前后侧面分别标记出支点的位置(见图 11－5、图 11－6)。方法 A 的下支座跨距(L)为 10H，上支座间的距离为 5H，呈中心对称分布；方法 B 的下支座跨距(L)为 200mm，上支座在中心位置。

7. 试样数量

每种试验条件下每个层理方向的试样为一组，每组试样数量为 5 块。通常试样的受力方向应与实际应用一致，若石材应用方向未知，则应同时进行 3 个方向的试验，每种试验条件下试样应制备 15 块，每个方向 5 块。

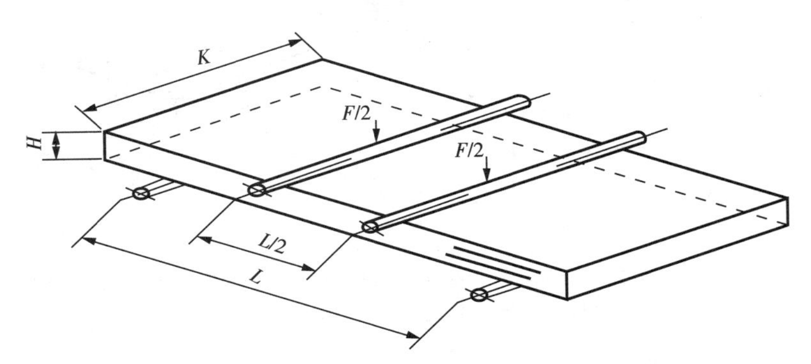

图 11-7　受力方向垂直层理示意(1)

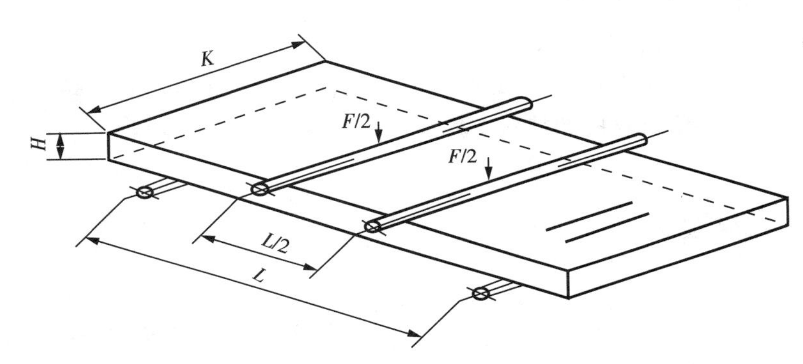

图 11-8　受力方向平行层理示意

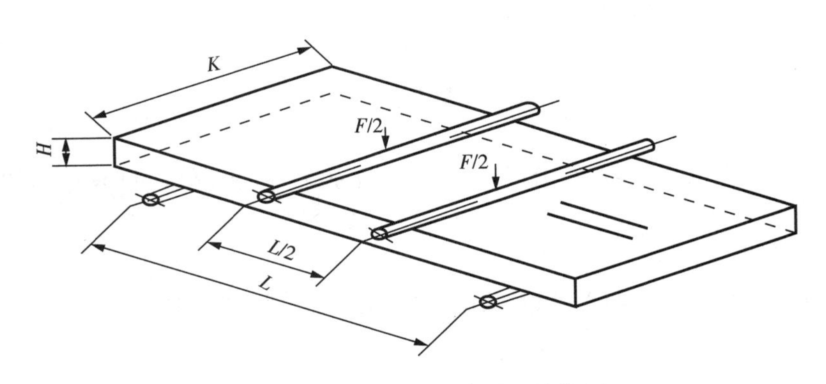

图 11-9　受力方向垂直层理示意(2)

11.5.4　试验步骤

1. 干燥弯曲强度

1)将试样在 65℃±5℃的鼓风干燥箱内干燥 48h，然后放入干器中冷却至室温。

2)按试验类型选择相应的试样支架,调节支座之间的距离到规定的跨距要求。按照试样上标记的支点位置将其放在上下支座之间,试样和支座受力表面应保持清洁。装饰面应朝下放在支架下座上,使加载过程中试样装饰面处于弯曲拉伸状态。

3)以 0.25MPa/s±0.05MPa/s 的速率对试样施加载荷至试样破坏记录试样破坏位置和形式及最大载荷值(F),读数精度不低于 10N。

4)用游标卡尺测量试样断裂面的宽度(K)和厚度(H),精确至 0.1mm。

2. 水饱和弯曲强度

1)将试样侧立置于恒温水箱中,试样间隔不小于 15mm,试样底部垫柱状支撑。加入自来水(20℃±10℃)到试样高度的一半,静置 1h;然后继续加水到试样高度的四分之三,静置 1h;继续加满水,水面应超过试样高度 25mm±5mm。

2)试样在清水中浸泡 48h±2h 后取出,用拧干的湿毛擦去试样表面水分,立即进行弯曲强度试验。

3. 冻融循环后弯曲强度

1)将试样侧立置于恒温水箱中,试样间隔不小于 15mm,试样底部垫圆柱状支撑。加入自来水(20℃±10℃)到试样高度的一半静置 1h:然后继续加水到试样高度的四分之三,静置 1h;继续加满水,水面应超过试样高度 25mm±5mm。试样在清水中浸泡 48h±2h 后取出。

2)将试样立即放入-20℃±2℃的冷冻箱内冷冻 6h,试样间距离不小于 10mm,试样与箱壁距离不小于 20mm。取出后再将其放入恒温水箱中融化 6h,恒温水箱温度应保持在 20℃±2℃。反复冻融 50 次后,用拧干的湿毛巾将试样表面水分擦去,观察并记录表面出现的外观变化,然后进行弯曲强度试验。

3)试验如采用自动化控制冻融试验机时,应每隔 14 个循环后将试样上下翻转一次。冻融试验过程中如遇到非正常中断时,试样应浸泡在 20℃±5℃的清水中。

11.5.5　结果处理

1. 方法 A

弯曲强度按式(11-8)计算:

$$P_A = \frac{3FL}{4KH^2} \tag{11-8}$$

式中:P_A——弯曲强度(MPa);

F——试样破坏荷载(N);

L——下支座间距离(mm);

K——试样宽度(mm);

H——试样厚度(mm)。

以一组试样弯曲强度的算术平均值作为试验结果,数值修约到 0.1MPa。

2. 方法 B

弯曲强度按式(11-9)计算:

$$P_B = \frac{3FL}{2KH^2} \tag{11-9}$$

式中：P_B——弯曲强度(MPa)；

F——试样破坏荷载(N)；

L——下支座间距离(mm)；

K——试样宽度(mm)；

H——试样厚度(mm)。

以一组试样弯曲强度的算术平均值作为试验结果，数值修约到0.1MPa。

11.6 天然石材干燥、水饱和、冻融循环后压缩强度试验

11.6.1 概述

本试验依据《天然石材试验方法 第1部分：干燥、水饱和、冻融循环后压缩强度试验》(GB/T 9966.1—2020)编制而成。

11.6.2 仪器设备

1)试验机：具有球形支座并能满足试验要求，示值相对误差不超过±1%。试样破坏载荷应为示值的20%～90%。

2)游标卡尺：读数值至少能精确到0.1mm。

3)万能角度尺：精度为2′。

4)鼓风干燥箱：温度可控制在65℃±5℃。

5)冷冻箱：温度可控制在－20℃±2℃。

6)恒温水箱：可保持水温在20℃±2℃，最大水深105mm且至少容纳2组试验样品，底部垫不污染石材的圆柱状支撑物。

7)干燥器。

11.6.3 试样准备

1)在同批料中制备具有典型特征的试样，每种试验条件下的试样为一组，每组5块。

2)试样规格通常为边长50mm的正方体或ϕ50mm×50mm的圆柱体，尺寸偏差为±1.0mm；若试样中最大颗粒粒径超过5mm试样规格应为边长70mm的正方体或ϕ70mm×70mm的圆柱体，尺寸偏差为±1.0mm；如试样中最大颗粒粒径超过7mm，每组试样的数量应增加一倍。若同时进行干燥、水饱和、冻融循环后压缩强度试验需制备3组试样。

3)有层理的试样应标明层理方向。通常沿着垂直层理的方向(见图11-10)进行试验，当石材应用方向是平行层理或使用在承重、承载水压等场合时，压缩强度选择最弱的方向进行试验，应进行平行层理方向的试验(见图11-11)，并且应按上述1)、2)试验条件制备相应数量的试样。

注：有些石材明显存在层理方向，其分裂方向可分为下列三种：裂理(rift)方向——最易分裂的方向；纹理(grain)方向——次易分裂的方向；源粒(head-grain)方向——最难分裂的方向。

4)试样两个受力面应平行、平整、光滑,必要时应进行机械研磨,其他4个侧面为金刚石锯片切制面。试样相邻面夹角应为90°±0.5°。

5)试样上不应有裂纹、缺棱和缺角等影响试验的缺陷。

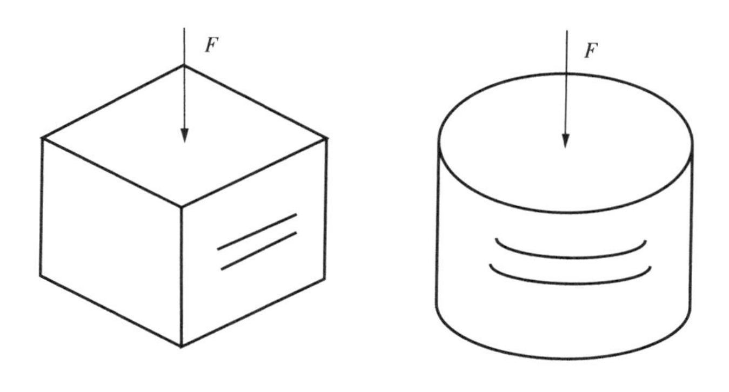

F—载荷。

图11-10 垂直层理试验示意

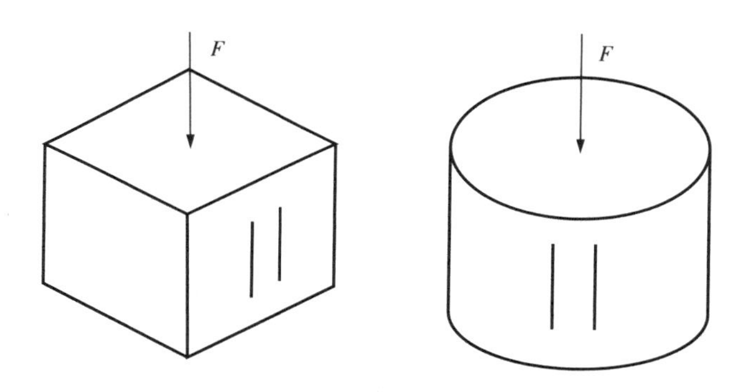

F—载荷。

图11-11 平行层理试验示意

11.6.4 试验步骤

1. 干燥压缩强度

1)将试样在65℃±5℃的风干燥箱内干燥,然后放入干燥器中冷却至室温。

2)用游标卡尺分别测量试样两受力面中线上的边长或相互垂直的直径,并计算每个受力面的面积,以两个受力面面积的平均值作为试样受力面面积,边长或直径测量值精度不低于0.1mm。

3)擦干净试验机上下压板表面,清除试样两个受力面上的尘粒。将试样放置于材料试验机下压板的中心部位,调整球形基座角度,使上压板均匀接触到试样上受力面。以1MPa/s±0.5MPa/s的加载速率恒定施加载荷至试样破坏。记录试样破坏时的最大载荷值和破坏状态。

2. 水饱和压缩强度

1)将试样置于恒温水箱中,试样间隔不小于15mm,试样底部垫圆状支撑。加入

2℃±10℃的自来水到试样高度的一半,静置1h;然后继续加水到试样高度的四分之三,静置1h;继续加满水,水面应超过试样高度25mm±5mm。试样在清水中浸泡48h±2h后取出,用拧干的湿毛巾擦去试样表面水分后,应立即进行试验。

2)测量尺寸和计算受力面面积按11.6.4小节中第1条中2)进行。

3)加载破坏试验按11.6.4小节中第1条中3)进行。

3. 冻融循环后压缩强度

1)将试样置于恒温水箱中,试样间隔不小于15mm试样底部垫状支撑。加入20℃±10℃的自来水到试样高度的一半,静置1h;然后继续加水到试样高度的四分之三,静置1h;继续加满水,水面应超过试样高度25mm±5mm。试样在清水中浸泡48h±2h后取出。

2)将试样立即放入-20℃±2℃的冷冻箱内冷冻6h,试样间距离不小于10mm,试样与箱壁距离不小于20mm。取出后再将其放入恒温水箱中融化6h,恒温水箱温度应保持在20℃±2℃。如此反复冻融50次后,用拧干的湿毛巾将试样表面水分擦去,观察并记录表面出现的外观变化,然后立即进行试验。

3)试验如采用自动化控制冻融试验机时,应每隔14个循环后将试样上下翻转一次。冻融试验过程中如遇到非正常中断时,试样应浸泡在20℃±5℃的清水中。

4)测量尺寸和计算受力面面积按11.6.4小节中第1条中2)进行。

5)加载破坏试验按11.6.4中第1条中3)进行。

11.6.5 结果处理

压缩强度按式(11-10)计算:

$$P=\frac{F}{S} \tag{11-10}$$

式中:P——压缩强度(MPa);

F——试样最大载荷(N);

S——试样受力面面积(mm^2);

以每组试样压缩强度的算术平均值作为该条件下的压缩强度,数值修约到1MPa。

第 12 章　塑料管材及金属管材

12.1　塑料管材静液压强度试验

12.1.1　概述

试样经状态调节后，在规定的恒定静液压（内水压）下保持一个规定的时间或直到试样破坏。在整个试验过程中，试样应保持在规定的恒温环境中，这个恒温环境可以是水（水-水试验）、空气（水-空气试验）或者其他液体（水-其他液体试验）。

本方法依据《流体输送用垫塑性塑料管道系统耐压性能的测定》（GB/T 6111—2018）编制而成。

12.1.2　仪器设备

1. 密封接头

密封接头安装于试样末端。通过适当的方法，密封接头应密封试样并与加压装置相连，且在试验开始之前应排尽试样中的空气。

密封接头应采用 A 型、B 型中的一种。

A 型：与试样刚性连接的密封接头，但两个密封接头彼此不相连接，因此静液压端部推力可以传递到试样中。对于大口径管材，可以根据实际情况在试样与密封接头之间连接法兰盘，当法兰、接头、堵头与法兰盘的材料与试样相匹配时，可以把它们焊接在一起。

B 型：金属承口，保证与试样外表面密封，且密封接头通过连接件与另一密封接头连接，因此静液压端部推力不会作用在试样上。这种密封接头可由一根或多根金属杆组成，允许试样两端纵向自由移动，以避免受热膨胀引起弯曲。若使用外部金属杆，试验过程中应避免金属杆与试样外表面接触。否则，试验视为无效。

除了密封接头的齿纹之外，其他任何与管材试样外表面接触的锐边都应修整。

应避免密封接头的组成材料对被测试样造成不良影响。

注：使用不同类型的密封接头，破坏时间也不同。仲裁试验采用 A 型密封接头。

2. 恒温箱

恒温箱内充满水或其他液体时，保持恒定的温度，其平均温差为±1℃；如果恒温箱为烘箱，保持恒定的温度，其平均温差为－1℃到＋2℃，最大偏差为－2℃到＋4℃。

当试验在水以外的介质中进行时，特别是涉及安全及液体与试样材料之间的相互作用时，应采取必要的防护措施。

当试验在水以外的介质中进行时，用于相互对比的试验应在相同环境下进行。

由于温度对试验结果影响很大，试验温度偏差应控制在规定范围内并尽可能小，如采用流体强制循环系统。

如试验在空气中进行时，除测量空气的温度外，还应测量试样外表面温度。

应使用经处理的水，且水中不得含有可能影响试验结果的杂质，如清洁剂、润滑剂等。

3. 支承或吊架

当试样置于恒温箱中时，支承或吊架能保持试样之间以及试样与恒温箱之间的任何部分不相接触，以免影响试验结果。

4. 加压装置

加压装置应能持续均匀地向试样施加所需的压力，在试验过程中，压力偏差应保持在要求值的－1％～＋2％。

由于压力对试验结果影响很大，压力偏差应尽可能控制在规定范围内的最小偏差值。

压力宜单独作用于每个试样上。但一个试样发生破坏不会对其他试样产生干扰时，允许使用装置将压力作用于多个试样(例如，使用隔离阀或在一个批次中根据第一个破坏而得出结果的测试)。

为保持压力在规定偏差范围内，应使用自动控制系统使压力处于规定范围内(如试样膨胀时)。

5. 压力测量装置

能检查试验压力与规定压力的一致性。选择压力测量装置时，应使压力的设定值处于压力测量装置的测量范围内。

压力测量装置不应污染试验液体。

有争议时，测压装置的参考水平面应与恒温箱中的水平面一致。

应用标准仪表来校准测量装置。

建议使用在破坏或渗漏时能自动停止计时的设备，且能同时关闭与试样有关的压力循环系统。

6. 温度测量装置

能够检查试验温度与规定温度的一致性。

7. 计时器

能记录试验加压后直至试样破坏或渗漏的时间，时间以分钟表示。

8. 尺寸测量装置

符合 GB/T 8806 的要求。

12.1.3 样品制备

1. 样品数量

除非在相关标准中另有规定，试验数量应不少于三个。

2. 挤出试样

当管材公称外径 $d_n \leqslant 315$mm 时，自由长度应不小于其公称外径 d_n 的 3 倍，且不应小于 250mm；当管材公称外径 $d_n > 315$mm 时，其自由长度应不小于 d_n 的 2 倍。

3. 注塑试样

试样的公称外径 d_n 应为 25～110mm。壁厚采用所用材料的相关管材标准。

当管材的公称外径 d_n<50mm 时，自由长度应为其公称外径 d_n 的 3 倍；当管材的公称外径 d_n≥50mm 时，其自由长度应不小于 140mm。

具有纵向熔合线和两端开口的注塑成型试样仅作为对比和研究。

注塑成型参数可能对注塑试样的应力产生明显影响。

4. 尺寸测量

如有必要根据测量壁厚计算试验压力，使用符合要求的仪器，按照 GB/T 8806 的规定在试样自由长度范围内寻找并测出最小壁厚和平均外径。这些测量应用于试验压力的计算，因此不应采用 GB/T 8806 的方法修约。

12.1.4 试验步骤

1. 状态调节

准备试样，清除试样表面的污渍、油渍、蜡或其他污染物，然后与规定的密封接头装配。

需要时，测量并记录管材试样的自由长度 l_0。

向试样中注水，可以将水预热但不超过试验温度。

将注满水的试样浸入水箱或者放入烘箱中，在规定的温度下，按照表 12-1 规定的时间进行状态调节。如果状态调节温度超过沸点，应施加一定的压力防止沸腾。

表 12-1 状态调节时间

壁厚 e_{min}/mm	状态调节时间
$e_{min}<3$	1h±5min
$3\leqslant e_{min}<8$	3h±15min
$8\leqslant e_{min}<16$	6h±30min
$16\leqslant e_{min}<32$	10h±1h
$e_{min}\geqslant 32$	16h±1h

注：状态调节时间超过规定时可能会影响试验结果。

除非在相关标准中另有规定，否则试样在生产后的 24h 内不应进行耐内压试验。

2. 具体步骤

1)按照相关标准的要求，选择试验类型，如“水-水试验”“水-空气试验”或者“水-其他液体试验”。将状态调节后的试样与加压设备连接，并排净试样内的空气。根据试验的材料、规格尺寸和加压设备的性能情况，在 30s 至 1h 之间用尽可能短的时间，均匀平稳地施加试验压力至计算出的压力值。测量并记录试样加压时间。

达到试验压力时开始计时，必要时重置计时器开始记录试样维持规定压力的时间。

2)将试样悬放在恒温控制的环境中，应保持试样之间以及试样与恒温箱之间的任何部分不相接触，保持恒温并观测温度偏差，直至试验结束。

3)当达到规定试验时间或者试样发生破坏、渗漏时，停止试验，记录时间，发生规定的情况时除外。

如果试样发生破坏，记录其破坏类型，如脆性破坏、韧性破坏或者其他。

注：在破坏区域内，不出现可见屈服变形破坏的为“脆性破坏”；在破坏区域内，出现目测

可见的屈服变形破坏的为“韧性破坏”。对于某些材料,“脆性破坏”表现为管材表面渗出液体。

如试验已经进行500～1000h,试验过程中设备出现故障,若设备在1d内能恢复,则试验可继续进行;如试验已超过1000h,设备在3d内能恢复,则试验可继续进行。设备发生故障的这段时间不应计入试验时间内。试验报告中应记录试验中断情况。

4)如果试样在距离密封接头小于$0.1l_0$处发生破坏,则试验结果无效,应另取试样重新试验(l_0为试样的自由长度)。

12.1.5 试验结果

当达到规定试验时间,停止试验,取出试样,观察试样表面,如试样均无破坏、无渗漏,则判定试验通过;如试样发生破坏、渗漏,立即停止试验,记录其破坏类型,视为试验不通过。

12.2 塑料管材落锤冲击试验

12.2.1 概述

以规定质量和尺寸的落锤从规定高度冲击试验样品规定的部位,即可测出该批(或连续挤出生产)产品的真实冲击率。

此试验方法可以通过改变落锤的质量和/或改变高度来满足不同产品的技术要求。

TIR最大允许值为10%。

本试验依据《热塑性塑料管材耐外冲击性能试验方法 时针旋转法》(GB/T 14152—2001)编制而成。

12.2.2 仪器设备

1)主机架和导轨:垂直固定,可以调节并垂直、自由释放落锤。校准时,落锤冲击管材的速度不能小于理论速度的95%。

2)落锤:落锤应符合图12-1、表12-2、表12-3的规定。锤头应为钢材质,最小壁厚为5mm,锤头的表面不应有凹痕、划伤等影响测试结果的可见缺陷。质量为0.5kg和0.8kg的落锤应具有d25型的锤头,质量大于或等于1kg的落锤应具有d90型的锤头。

3)试样支架:包括一个120°角的V型托板,其长度不应小于200mm,其固定位置应使落锤冲击点的垂直投影在距V型托板中心线的2.5mm以内。仲裁检验时,采用丝杠上顶式支架。

4)释放装置:可使落锤从至少2m高的任何高度落下,此高度指距离试样表面的高度,精确到±10mm。

5)应具有防止落锤二次冲击的装置:落锤回跳捕捉率应保证100%。

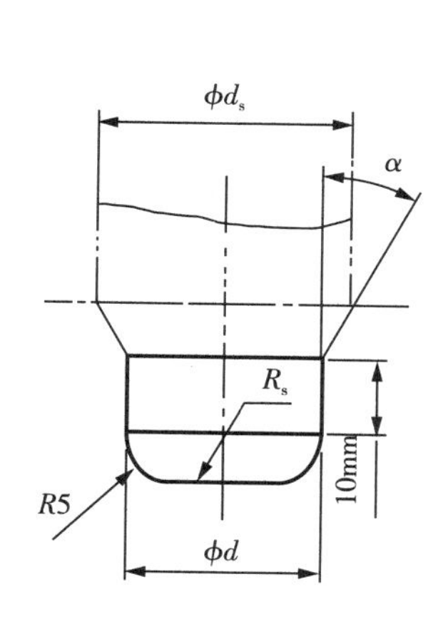

（a）d25型（质量为0.5kg和0.8kg的落锤）

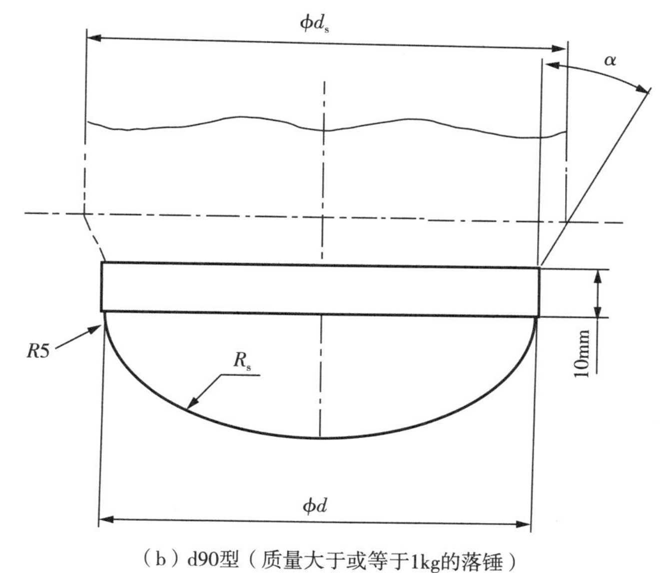

（b）d90型（质量大于或等于1kg的落锤）

图 12－1　落锤的锤头

表 12－2　落锤锤头的尺寸

型号	R_s/mm	$d\pm1$/mm	d_s/mm	αs/°
d25	50	25	任意	任意
d90	50	90	任意	任意

表 12－3　推荐落锤质量(单位:kg)

0.5	1.6	4.0	10.0
0.8	2.0	5.0	12.5
1.0	2.5	6.3	16.0
1.25	3.2	8.0	

注:落锤质量的允许公差为±0.5%。

12.2.3　样品制备

1. 试样制备

试样应从一批或连续生产的管材中随机抽取切割而成,其切割端面应与管材的轴线垂直,切割端应清洁、无损伤。

2. 试样长度

试样长度为 200mm±10mm。

3. 试样标线

外径大于 40mm 的试样应其长度方向画出等距离标线,并顺序编号。不同外径的管材试样画线的数量见表 12－4 所列。对于外径小于或等于 40mm 的管材,每个试样只进行一次冲击。

表 12-4　不同外径管材试样应画线数

公称外径/mm	应画线数	公称外径/mm	应画线数
≤40		160	8
50	3	180	8
63	3	200	12
75	4	225	12
90	4	250	12
110	6	280	16
125	6	≥315	16
140	8	—	—

4. 试样数量

试验所需试样数量可根据后文图 12-2(或表 12-6)确定。

12.2.4　试验步骤

1. 状态调节

试样应在 0℃±1℃或 20℃±2℃的水浴或空气浴中进行状态调节，最短调节时间见表 12-5 所列。仲裁检验时应使用水浴。

表 12-5　不同壁厚管材状态调节时间表

壁厚 δ/mm	调节时间/min	
	水浴	空气浴
$\delta \leqslant 8.6$	15	60
$8.6 < \delta \leqslant 14.1$	30	120
$\delta > 14.1$	60	240

状态调节后，壁厚小于或等于 8.6mm 的试样，应从空气浴中取出 10s 内或从水浴中取出 20s 内完成试验。壁厚大于 8.6mm 的试样，应从空气浴中取出 20s 内或从水浴中取出 30s 内完成试验。如果超过此时间间隔，应将试样立即放回预处理装置，最少进行 5min 的再处理。若试样状态调节温度为 20℃±2℃，试验环境温度为 20℃±5℃，则试样从取出至试验完毕的时间可放宽至 60s。

注：对于内外壁光滑的管材，应测量管材各部分壁厚，根据平均壁厚进行状态调节。对于波纹管或有加强筋的管材，根据管材截面最厚处壁厚进行状态调节。

2. 试验步骤

1)按照产品标准的规定确定落锤质量和冲击高度。

2)外径小于或等于 40mm 的试样，每个试样只承受一次冲击。

3)外径大于 40mm 的试样在进行冲击试时,首先使落锤冲击在 1 号标线上,若试样未破坏,再对 2 号标线进行冲击,直至试样破坏或全部标线都冲击一次。

注:当波纹管或加筋管的波纹间距或筋间距超过管材外径的 0.25 倍时,要保证被冲击点为波纹或筋顶部。

4)逐个对试样进行冲击,直至取得判定结果。

12.2.5　试验结果

1. 监督检验与出厂检验的判定

1)若试样冲击破坏数在图 12－2(表 12－6)的 A 区,则判定该批的 TIR 值小于或等于 10%。

2)若试样冲击破坏数在图 12－2(表 12－6)的 C 区,则判定该批的 TIR 值大于 10%。

3)若试样冲击破坏数在图 12－2(表 12－6)的 B 区,则应进一步取样试验,直至根据全部冲击试样的累计结果能够作出判定。

2. 验收检验的判定

1)若试样冲击破坏数在图 12－2(表 12－6)的 A 区,则判定该批的 TIR 值小于或等于 10%。

2)若试样冲击破坏数在图 12－2(表 12－6)的 C 区,则判定该批的 TIR 值大于 10%而不予接受。

3)若试样冲击破坏数在图 12－2(表 12－6)的 B 区,而生产方在出厂检验时已判定其 TIR 值小于或等于 10%,则可认为该批的 TIR 值不大于规定值。若验收方对批量的 TIR 值是否满足要求持怀疑时,则仍按上述要求继续进行冲击试验。

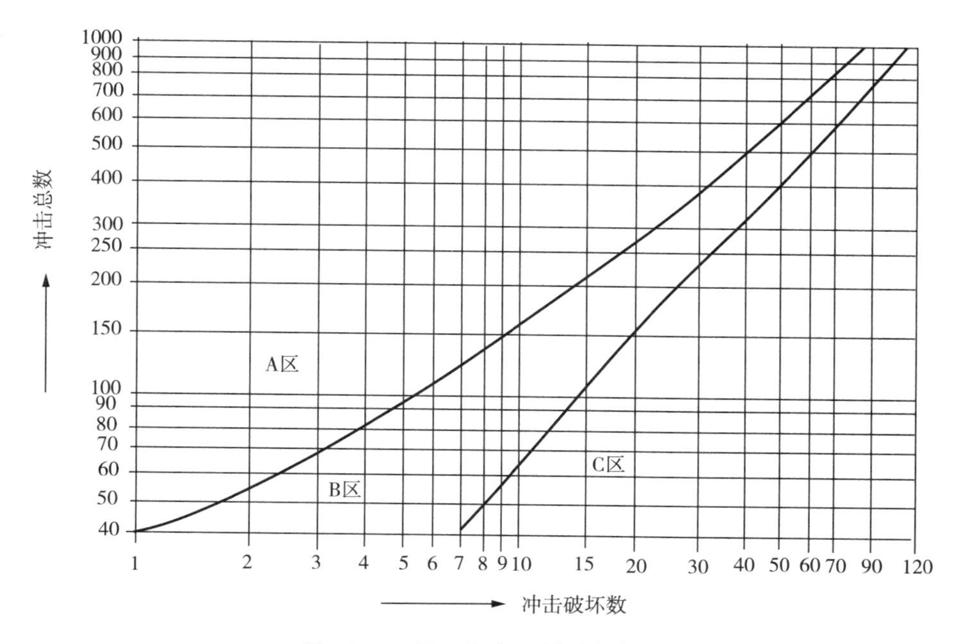

图 12－2　TIR 值为 10%时判定图

表 12-6 TIR 值为 10%时判定表

冲击总数	冲击破坏数			冲击总数	冲击破坏数		
	A 区	B 区	C 区		A 区	B 区	C 区
25	0	1～3	4	39	0	1～5	6
26	0	1～4	5	40	1	2～6	7
27	0	1～4	5	41	1	2～6	7
28	0	1～4	5	42	1	2～6	7
29	0	1～4	5	43	1	2～6	7
30	0	1～4	5	44	1	2～6	7
31	0	1～4	5	45	1	2～6	7
32	0	1～4	5	46	1	2～6	7
33	0	1～5	6	47	1	2～6	7
34	0	1～5	6	48	1	2～6	7
35	0	1～5	6	49	1	2～7	8
36	0	1～5	6	50	1	2～7	8
37	0	1～5	6	51	1	2～7	8
38	0	1～5	6	52	1	2～7	8
53	2	3～7	8	89	4	5～12	13
54	2	3～7	8	90	4	5～12	13
55	2	3～7	8	91	4	5～12	13
56	2	3～7	8	92	5	6～12	13
57	2	3～8	9	93	5	6～12	13
58	2	3～8	9	94	5	6～12	13
59	2	3～8	9	95	5	6～12	13
60	2	3～8	9	96	5	6～12	13
61	2	3～8	9	97	5	6～12	13
62	2	3～8	9	98	5	6～13	14
63	2	3～8	9	99	5	6～13	14
64	2	3～8	9	100	5	6～13	14
65	2	3～9	10	101	5	6～13	14
66	2	3～9	10	102	5	6～13	14
67	3	4～9	10	103	5	6～13	14
68	3	4～9	10	104	5	6～13	14
69	3	4～9	10	105	6	7～13	14
70	3	4～9	10	106	6	7～14	15
71	3	4～9	10	107	6	7～14	15
72	3	4～9	10	108	6	7～14	15

（续表）

冲击总数	冲击破坏数			冲击总数	冲击破坏数		
	A 区	B 区	C 区		A 区	B 区	C 区
73	3	4～10	11	109	6	7～14	15
74	3	4～10	11	110	6	7～14	15
75	3	4～10	11	111	6	7～14	15
76	3	4～10	11	112	6	7～14	15
77	3	4～10	11	113	6	7～14	15
78	3	4～10	11	114	6	7～15	16
79	3	4～10	11	115	6	7～15	16
80	4	5～10	11	116	6	7～15	16
81	4	5～11	12	117	7	8～15	16
82	4	5～11	12	118	7	8～15	16
83	4	5～11	12	119	7	8～15	16
84	4	5～11	12	120	7	8～15	16
85	4	5～11	12	121	7	8～15	16
86	4	5～11	12	122	7	8～15	16
87	4	5～11	12	123	7	8～16	17
88	4	5～11	12	124	7	8～16	17

根据试验结果，批量或连续生产管材的 TIR 值可表示为 A、B、C，其意义如下：

A——TIR 值小于或等于 10%；

B——根据现有冲击试样数不能作出判定；

C——TIR 值大于 10%。

12.3　塑料管材外观质量试验

12.3.1　概述

通过观察管材内外表面，判断管材是否有缺陷。

12.3.2　样品制备

整根管材。

12.3.3　试验步骤

目测观察管材内外表面。

12.3.4　试验结果

观察管材内外表面，判断管材是否有缺陷。

12.4 塑料管材截面尺寸测定

12.4.1 概述

本节规定了塑料管材和管件尺寸的测量或测定方法以及测量的准确度。

为检测产品几何尺寸的符合性，本试验规定了壁厚、直径、长度、角度和垂直度等的测量步骤。

本方法依据《塑料管道系统 塑料部件 尺寸的测定》(GB/T 8806—2008)编制而成。

12.4.2 仪器设备

1. 接触式仪器

1)在仪器的使用中，不应有可引起试样表面产生局部变形的作用力。

2)与试样的一个或多个表面相接触的测量量具，如管材千分尺，应符合下列要求：

(1)与部件内表面相接触的仪器的接触面，其半径应小于试样表面的半径；

(2)与部件外表面相接触的仪器的接触面应为平面或半圆形；

(3)按照 GB/T 4340.1 的要求，与试样接触的仪器的接触表面的硬度不应低于 500HV。

3)千分尺应符合 GB/T 1216 的要求，游标卡尺应符合 GB/T 21389 的要求，角度尺应符合 GB/T 6315 的要求。

4)指示表式测量仪应符合 GB/T 1219 的要求。

5)卷尺(π 尺)应根据试样的直径确定分度，以“mm”表示。当在卷尺的两端沿长度方向施加 2.5N 的作用力时，其伸长不应超过 0.05mm/m。

6)测量仪器可与已经校准过的厚度或长度标样相结合进行测量，也就是标样在和试样测量结果之间的差异较小时，标样作为测量基准器具使用。

注：建议用于测量大直径或厚壁的试样。

7)对特定标样限值符合性的检测可使用通规或止规。

8)也可以使用除上述规定之外的其他接触式仪器。

2. 非接触式仪器

非接触式量具或仪器，如光学或超声波测量仪，其测量的准确度应符合相关要求，或者其使用被限定在寻找到相关的测量位置而采用其他的方法进行测量，如最大或最小尺寸位置。

12.4.3 样品制备

检查试样表面是否有影响尺寸测量的现象，如标志、合模线、气泡或杂质。如果存在，在测量时记录这些现象和影响。

12.4.4 试验步骤

1. 壁厚

1)选择量具或仪器以及测量的相关步骤，使结果的准确度在表 12-7 要求的范围内，除非其他标准另有规定。

表 12 - 7　壁厚的测量

壁厚	单个结果要求的准确度/mm	算术平均值修约至/mm
≤10	0.03	0.05
>10 且≤30	0.05	0.1
>30	0.1	0.1

2)最大和最小壁厚。在选定的被测截面上移动测量量具直至找出最大和最小壁厚，并记录测量值。

3)平均壁厚。在每个选定的被测截面上，沿环向均匀间隔至少 6 点进行壁厚测量。由测量值计算算术平均值，按表 12 - 7 的规定修约并记录结果作为平均壁厚。

2. 直径

1)选择量具或仪器以及相关的步骤测量试样在选定截面处的直径(外径或内径)，使结果的准确度在表 12 - 8 要求的范围内，除非其他标准另有规定。

表 12 - 8　直径的测量

公称直径	单个结果要求的准确度/mm	算术平均值修约至/mm
≤600	0.1	0.1
>600 且≤1600	0.2	0.2
>1600	1	1

2)最大和最小直径的测量。在选定的每个被测截面上移动测量量具，直至找出直径的极值并记录测量值。

3)平均外径。平均外径可用以下任一方法测定：

(1)用 π 尺直接测量；

(2)按表 12 - 9 的要求对每个选定截面上沿环向均匀间隔测量的一系列单个值计算算术平均值，按表 12 - 8 的规定修约并记录结果作为平均外径。

表 12 - 9　给定公称尺寸的单个直径测量的数量

管材或管件的公称尺寸/mm	给定截面要求单个直径测量的数量/个
≤40	4
>40 且≤600	6
>600 且≤1600	8
>1600	12

4)平均内径。平均内径可用以下任一方法测定：

(1)按表 12 - 9 的规定间隔测量一系列的单个值，对单个测量值计算算术平均值，按表 12 - 8 的规定修约并记录结果作为平均内径；

(2)用内径 π 尺直接测量。

12.4.5　试验结果

按规定的测量结果为修约值，测定平均值时应在计算出算术平均值后再对其进行修约。

12.5 塑料管材纵向回缩率试验

12.5.1 概述

将规定长度的试样置于给定温度下的加热介质中保持一定的时间，测量加热前后试样标线间的距离，以相对原始长度的长度变化百分率来表示管材的纵向回缩率。

本方法依据《热塑性塑料管材纵向回缩率的测定》(GB/T 6671—2001)编制而成。

12.5.2 仪器设备

1. 方法A——液浴试验

1)热浴槽：除另有规定外，热浴槽应恒温控制在表12-10中规定的温度 T_R 内。

热浴槽的容积和搅拌装置应保证当试样浸入时，槽内介质温度变化保持在试验温度范围内。所选用的介质应在试验温度下性能稳定，并对塑料材料无不良影响。

注：甘油、乙二醇、无芳烃矿物油和氯化钙溶液均是适宜的加热介质，其他满足上述要求的介质也可使用。

2)夹持器：悬挂试样的装置，把试样固定在加热介质中。

3)划线器：保证两标线间距为100mm。

4)温度计：精度为0.5℃。

表12-10 液浴试验测定参数

<table>
<tr><th>热塑性材料</th><th>液浴温度 T_R/℃</th><th>浸入时间/min</th><th>试样长度/mm</th></tr>
<tr><td>硬质聚氯乙烯(PVC-U)</td><td>150±2</td><td>$e \leqslant 8$,15
$e > 8$,30</td><td rowspan="11">200±20</td></tr>
<tr><td>氯化聚氯乙烯(PVC-C)</td><td>150±2</td><td>15</td></tr>
<tr><td>聚乙烯(PE32/40)</td><td>100±2</td><td rowspan="8">30</td></tr>
<tr><td>聚乙烯(PE50/63)</td><td rowspan="2">110±2</td></tr>
<tr><td>聚乙烯(PE80/100)</td></tr>
<tr><td>交联聚乙烯(PE-X)</td><td>120±2</td></tr>
<tr><td>聚丁烯(PB)</td><td>110±2</td></tr>
<tr><td>聚丙烯的均聚物和嵌段共聚物
(PP-H、PP-B)</td><td>150±2</td></tr>
<tr><td>聚丙烯无规共聚物(PP-R)</td><td>135±2</td></tr>
<tr><td>丙烯腈-丁二烯-苯乙烯三元共聚物(ABS)
丙烯腈-苯乙烯-丙烯酸盐
三元共聚物(ASA)</td><td>150±2</td><td>$e \leqslant 8$,15
$8 < e \leqslant 16$,30
$e > 16$,60</td></tr>
</table>

注：e 指壁厚，单位为mm。

2. 方法 B——烘箱试验

1)烘箱:除另有规定外,烘箱应恒温控制在表 12-11 规定的温度 T_R 内,并保证当试样置入后,烘箱内温度应在 15min 内重新回升到试验温度范围。

2)划线器:保证两标线间距为 100mm。

3)温度计:精度为 0.5℃。

表 12-11　烘箱试验测定参数

热塑性材料	烘箱温度 T_R/℃	试样在烘箱中放置时间/min	试样长度/mm
硬质聚氯乙烯 (PVC-U)	150±2	$e \leqslant 8$,60 $8 < e \leqslant 16$,120 $e > 16$,240	200±20
氯化聚氯乙烯 (PVC-C)	150±2	$e \leqslant 8$,60 $8 < e \leqslant 16$,60 $e > 16$,120	
聚乙烯(PE32/40)	100±2	$e \leqslant 8$,60 $8 < e \leqslant 16$,120	
聚乙烯(PE50/63)	110±2		
聚乙烯(PE80/100)			
交联聚乙烯(PE-X)	120±2	$e \leqslant 8$,60 $8 < e \leqslant 16$,120 $e > 16$,240	
聚丁烯(PB)	110±2	$e \leqslant 8$,60 $8 < e \leqslant 16$,120 $e > 16$,240	
聚丙烯的均聚物和嵌段共聚物(PP-H、PP-B)	150±2	$e \leqslant 8$,60 $8 < e \leqslant 16$,120 $e > 16$,240	200±20
聚丙烯无规共聚物 (PP-R)	135±2		
丙烯腈-丁二烯-苯乙烯三元共聚物(ABS) 丙烯腈-苯乙烯-丙烯酸盐三元共聚物(ASA)	150±2	$e \leqslant 8$,60 $8 < e \leqslant 16$,120 $e > 16$,240	

注:e 指壁厚,单位为 mm。

12.5.3　样品制备

取 200mm±20mm 长的管段为试样,使用划线器,在试样上划两条相距 100mm 的圆周标线,并使其一标线距任一端至少 10mm。从一根管材上截取 3 个试样,对于公称直径大于或等于 400mm 的管材,可沿轴向均匀切成 4 片进行试验。

预处理：按照 GB/T 2918 规定，试样在 23℃±2℃下至少放置 2h。

12.5.4 试验步骤

1. 方法 A——液浴试验

1）在 23℃±2℃下，测量标线间距 L_0，精确到 0.25mm。

2）将液浴温度调节至表 12-10 中的规定值 T_R。

3）把试样完全浸入液浴槽中，使试样既不触槽壁也不碰槽底，保持试样的上端距液面至少 30mm。

4）试样浸入液浴保持表 12-10 中规定的时间。

5）从液浴槽中取出试样，将其垂直悬挂，待完全冷却至 23℃±2℃时，在试样表面沿母线测量标线间最大或最小距离 L_i，精确至 0.25mm。

注：切片试样，每一管段所切的 4 片应作为一个试样，测得 L_i，且切片在测量时，应避开切口边缘的影响。

2. 方法 B——烘箱试验

1）在 23℃±2℃下，测量标线间距 L_0，精确到 0.25mm。

2）将烘箱温度调节至表 12-11 中的规定值 T_R。

3）把试样放入烘箱，使样品不触及烘箱底和壁。若悬挂试样，则悬挂点应在距标线最远的一端。若把试样平放，则应放于垫有一层滑石粉的平板上。切片试样，应使凸面朝下放置。

4）把试样放入烘箱内保持表 12-11 所规定的时间，这个时间应从烘箱温度回升到规定温度时算起。

5）从烘箱中取出试样，平放于一光滑平面上，待完全冷却至 23℃±2℃时，在试样表面沿母线测量标线间最大或最小距离 L_i，精确至 0.25mm。

注：切片试样，每一管段所切的 4 片应作为一个试样，测得 L_i，且切片在测量时，应避开切口边缘的影响。

12.5.5 试验结果

1. 方法 A——液浴试验

按式（12-1）计算每一试样的纵向回缩率 R_{L_i}，以百分率表示：

$$R_{L_i}=\Delta L/L_0\times 100\% \tag{12-1}$$

其中：$\Delta L=|L_0-L_i|$；

L_0——浸入前两标线间距离（mm）；

L_i——试验后沿母线测定的两标线间距离（mm）。

选择 L_i 使 ΔL 的值最大。

计算出 3 个试样 R_{L_i} 的算术平均值，其结果作为管材的纵向回缩率 R_L。

2. 方法 B——烘箱试验

按式（12-2）计算每一试样的纵向回缩率 R_{L_i}，以百分率表示；

$$R_{L_i}=\Delta L/L_0\times 100\%; \quad (12-2)$$

其中：$\Delta L=|L_0-L_i|$

L_0——放入烘箱前试样两标线间距离(mm)；

L_i——试验后沿母线测定的两标线间距离(mm)。

选择 L_i 使 ΔL 的值最大。

计算出 3 个试样 R_{L_i} 的算术平均值，其结果作为管材的纵向回缩率 R_L。

12.6　塑料管材简支梁冲击试验

12.6.1　概述

本节规定了测定热塑性塑料管材简支梁冲击强度的通用试验方法。

方法 A：采用无缺口试样，以破坏试样数对试样总数的百分比表示结果。

方法 B：采用单缺口试样，以冲击强度表示结果。

方法 C：采用双缺口试样，以冲击强度表示结果。

摆锤升至固定高度，以恒定的速度单次冲击支撑成水平梁的试样，冲击线位于两支座间的中点。对于单缺口试样，冲击位置正对缺口处的背面。对于双缺口试样，冲击位置正对缺口处。

本方法依据《热塑性塑料管材　简支梁冲击强度的测定　第 1 部分：通用试验方法》(GB/T 18743.1—2022)编制而成。

12.6.2　仪器设备

1. 冲击试验机

1)试验机的原理、特性和检定方法应符合 GB/T 21189 中简支梁冲击试验机的要求。

2)对于方法 A，冲击能量应符合 GB/T 18743.2—2022 的规定；对于方法 B 和方法 C，冲击后试样吸收的能量应为摆锤标称能量的 10%～80%，如果多个摆锤提供的冲击能量符合要求，则应选用冲击能量最大的摆锤。

3)当采用方法 A 对弧形试样进行冲击时，试验机试样支座的固定位置可在冲击方向调整，确保冲击时弧形试样的最高点与试验机打击中心在同一直线上。

注：打击中心是指摆锤上的一点，该点在摆动平面内对试样进行垂直冲击且摆动轴不产生反作用力。

2. 量具

分度值不大于 0.02mm，测量单缺口试样剩余厚度 h_N 时，量具测量面应适合缺口的形状。

3. 双缺口制样机

刀具厚度为 0.23mm±0.03mm，宽度大于 15mm，刀刃角度为 14°±2°，两刀具共面且平行，可通过定位两刀刃之间的距离获得缺口剩余厚度。

4. 试样预处理设备

恒温控制箱或浴槽，能通过液浴或空气浴使试样达到规定的预处理温度 T_c。

12.6.3 样品制备

1. 总体要求

1)应按 GB/T 39812 的规定，采用机械加工的方法在管材上切割并加工试样。

2)在试样切割和加工过程中，尽量避免试样发热，试样表面不应出现裂痕、划伤等缺陷。

3)试样表面应光滑、平整、无毛刺，否则可采用粒径不大于 68μm(不小于 220 目)的细砂纸沿长度方向打磨。

2. 方法 A——无缺口试样

公称外径小于或者等于 25mm 的管材，试样尺寸应该符合表 12－12 中的试样类型 1 的规定，冲击示意如图 12－3 所示。

表 12－12 方法 A 试样类型、尺寸和跨距

试样类型	取样方向	试样尺寸/mm			跨距 L/mm
		长度 l	宽度 b	厚度 h	
1	轴向	100.0±2.0	整个管段		70.0±0.5
2	轴向	50.0±1.0	6.0±0.2	e^{b}	40.0±0.5
3	轴向	120.0±2.0	15.0±0.5	e^{b}	70.0±0.5
4	环向	50.0±1.0[a]	6.0±0.2	e^{b}	40.0±0.5
5	环向	120.0±2.0[a]	15.0±0.5	e^{b}	70.0±0.5

注：[a]环向取样时，试样长度为弧形试样的弦长。

[b]e 为管材壁厚。

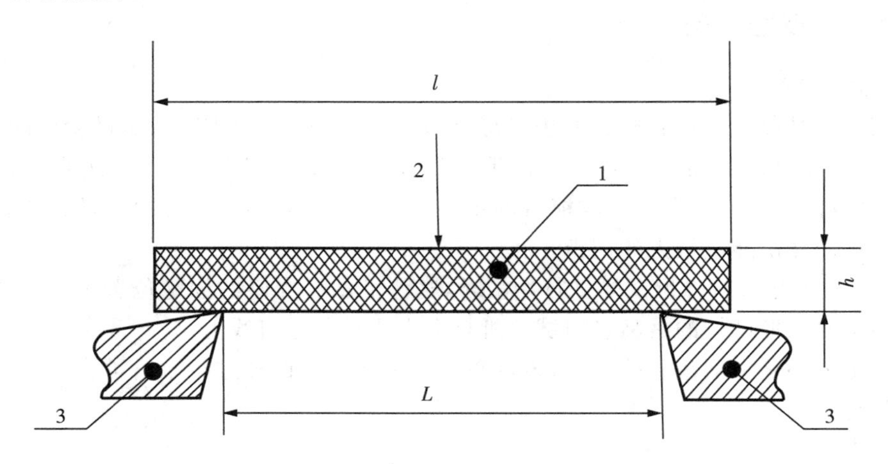

1—试样；2—冲击方向；3—试样支座；h—试样厚度，等于管材外径；

l—试样长度，100.0mm±2.0mm；L—跨距，70.0mm±0.5mm。

图 12－3 试样类型 1 冲击示意

公称外径大于 25mm 且小于 75mm 的管材，试样长度方向与管材轴向一致，试样尺寸应符合表 12－12 中试样类型 2 或试样类型 3 的规定，冲击示意如图 12－4 所示。

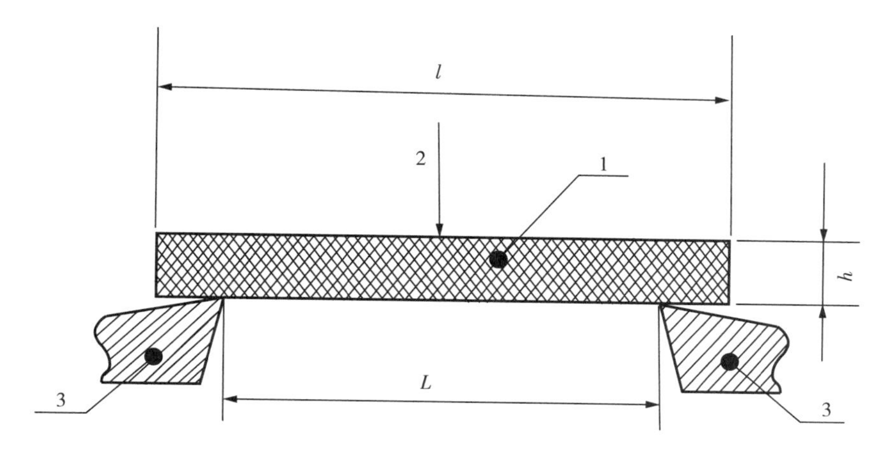

1—试样；2—冲击方向（管材外表面）；3—试样支座；h—试样厚度，等于管材壁厚 e；
l—试样长度，50.0mm±1.0mm 或 120.0mm±2.0mm；L—跨距，40.0mm±0.5mm 或 70.0mm±0.5mm。

图 12-4　试样类型 2 和试样类型 3 冲击示意

公称外径大于 75mm 且小于 160mm 的管材，切割两种试样，其中试样长度方向与管材轴向一致的试样尺寸应符合表 12-12 中试样类型 2 或试样类型 3 的规定，冲击示意如图 12-4所示；试样长度方向与管材环向一致的试样尺寸应符合表 12-12 中试样类型 4 的规定，冲击示意如图 12-5 所示。

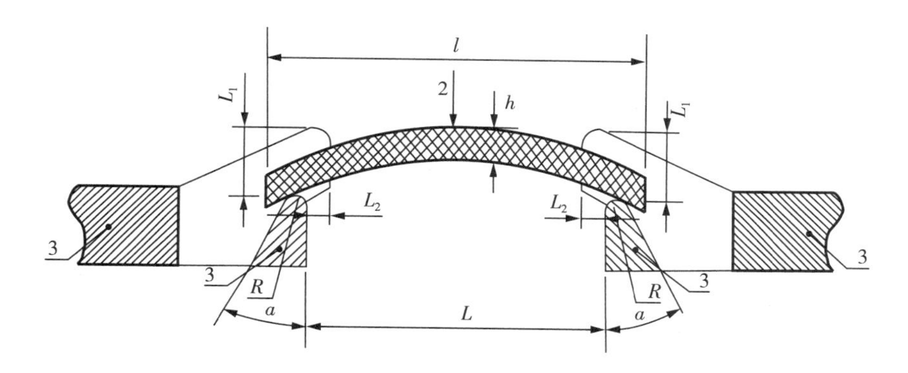

1—试样；2—冲击方向（管材外表面）；3—试样支座；a—支座角度，30°；h—试样厚度，等于管材壁厚 e；
l—试样长度，50.0mm±1.0mm 或 120.0mm±2.0mm；L—跨距，40.0mm±0.5mm 或 70.0mm±0.5mm；
L_1—试样支座延伸宽度，≥25.0mm；L_2—试样支座延伸长度，≥8.0mm；R—试样支座的曲率半径，2.0mm。

图 12-5　试样类型 4 和试样类型 5 冲击示意

公称外径大于或等于 160mm 的管材，切割两种试样，其中试样长度方向与管材轴向一致的试样尺寸应符合表 12-12 中试样类型 3 的规定，冲击示意如图 12-4 所示，试样长度方向与管材环向一致的试样尺寸应符合表 12-12 中试样类型 5 的规定，冲击示意如图 12-5 所示。

3. 方法 B——单缺口试样

1)方法 B.1：在管材内表面加工缺口的试样。

公称壁厚小于或等于 6mm 的管材，在管材上切割样条，样条长度方向与管材轴向一致，然后在样条上管材内表面加工缺口，缺口应符合 GB/T 1043.1—2008 中 A 型缺口的规定，加工后的试样尺寸应符合表 12-13 中试样类型 6 的规定，冲击示意如图 12-6 所示，试样示意如图 12－7 所示。

公称壁厚大于 6mm 的管材，在管材上切割样条，样条长度方向与管材轴向一致，沿样条内外表面起加工至薄片状，然后在样条上管材内表面加工缺口，缺口应符合 GB/T 1043.1—2008 中 A 型缺口的规定，加工后的试样尺寸应符合表 12－13 中试类型 7 的规定，冲击示意图见图 12－6，试样示意如图 12－8 所示。

2）方法 B.2：在管材纵切面加工缺口的试样。

公称壁厚小于或等于 6mm 的管材，在管材上切割样条，样条长度方向与管材轴向一致，然后在样条上平行于与管材轴线的切割面上加工缺口，缺口应符合 GB/T 1043.1—2008 中 A 型缺口的规定，加工后的试样尺寸应符合表 12－13 中试样类型 8 的规定，冲击示意如图 12－6 所示，试样示意如图 12－9 所示。

公称壁厚大于 6mm 的管材，在管材上切割样条，样条长度方向与管材轴向一致，沿样条内外表面起加工至薄片状，然后在样条上平行于管材轴线的切割面上加工缺口，缺口应符合 GB/T 1043.1—2008 中 A 型缺口的规定，加工后的试样尺寸应符合表 12－13 中试类型 9 的规定，冲击示意如图 12－6 所示，试样示意如图 12－10 所示。

3）刀具的更换。加工缺口的切削刀具出现磨损应立即更换。

因为试样在释放残余应力时会导致缺口加深，为使缺口处剩余厚度 h_N 在要求范围内，宜按上限控制。因为在加工过程中管壁会变化，为使缺口符合 GB/T 1043.1—2008 中 A 型缺口的规定，宜分为 3 次或 3 次以上加工，达到所需的剩余厚度 h_N。

表 12－13 方法 B 试样类型、尺寸和跨距

试样类型	试样尺寸/mm			剩余厚度 h_N/mm	跨距 L/mm
	长度 l	宽度 b	厚度 h		
6	50.0±1.0	6.0±0.2	e	(80%×e)±0.2	40.0±0.5
7	80.0±2.0	10.0±0.5	4.0±0.5	3.2±0.2	62.0±0.5
8	50.0±1.0	e	6.0±0.2	4.8±0.2	40.0±0.5
9	80.0±2.0	4.0±0.5	10.0±0.5	8.0±0.2	62.0±0.5

注：对于试样类型 8，冲击时应使试样弧面向上。e 为管材壁厚。

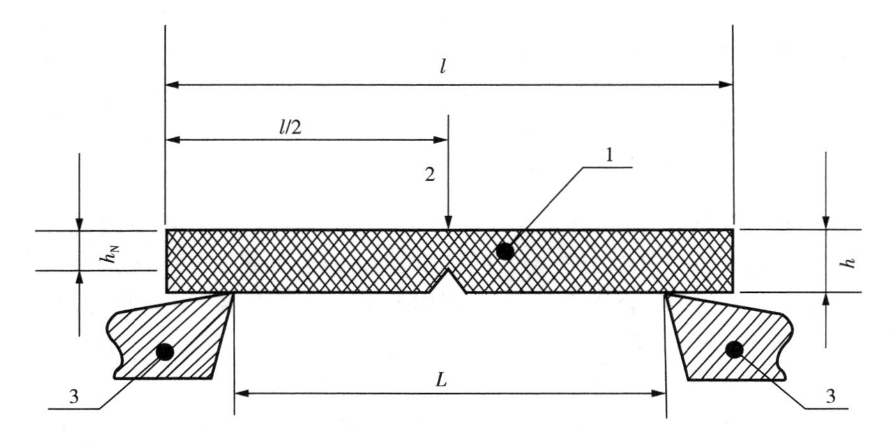

1—试样；2—冲击方向；b—试样支座；h—试样厚度；h_N—剩余厚度；l—试样长度；L—跨度。

图 12－6 方法 B 冲击示意

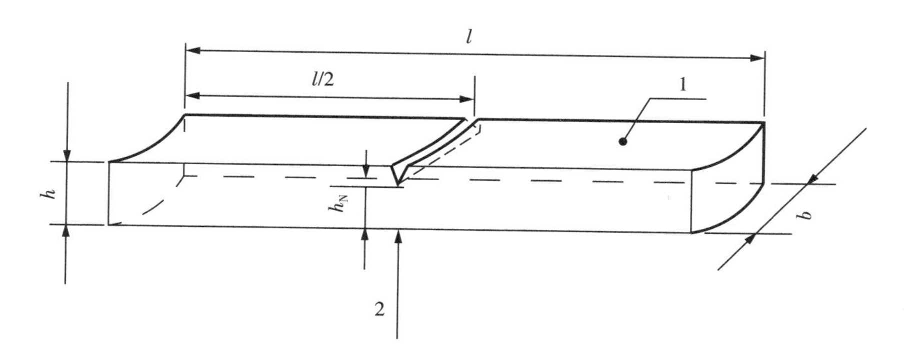

1—管材内表面；2—冲击方向；b—试样宽度；h—试样厚度；h_N—剩余厚度；l—试样长度。

图12-7　试样类型6示意

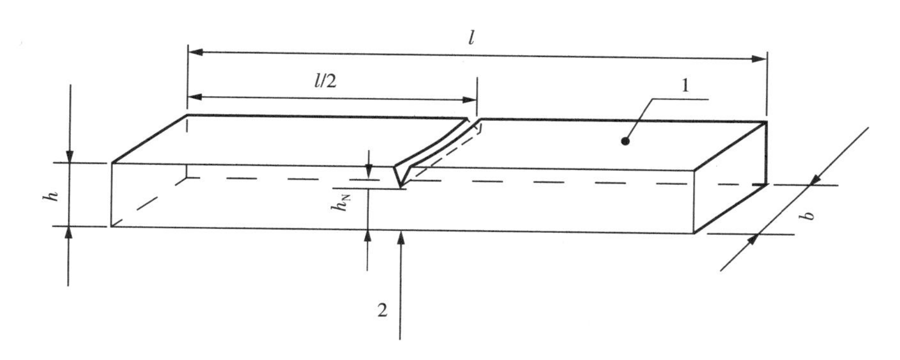

1—试样；2—冲击方向；b—试样宽度；h—试样厚度；h_N—剩余厚度；l—试样长度。

图12-8　试样类型7示意

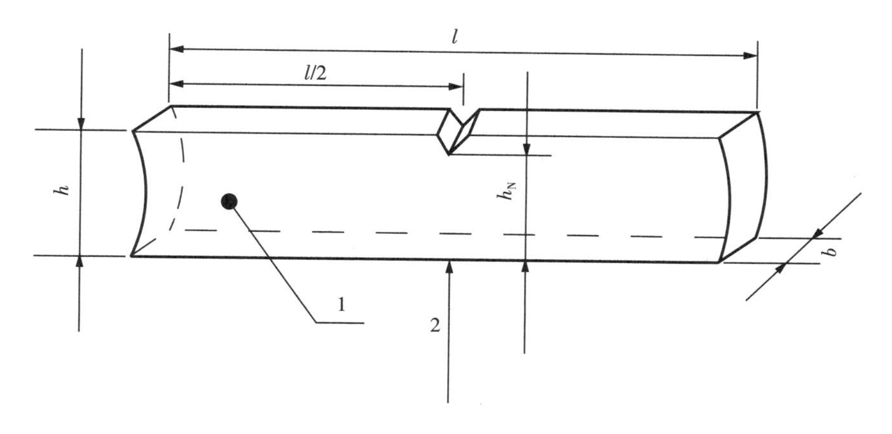

1—试样；2—冲击方向；b—试样宽度；h—试样厚度；h_N—剩余厚度；l—试样长度。

图12-9　试样类型8示意

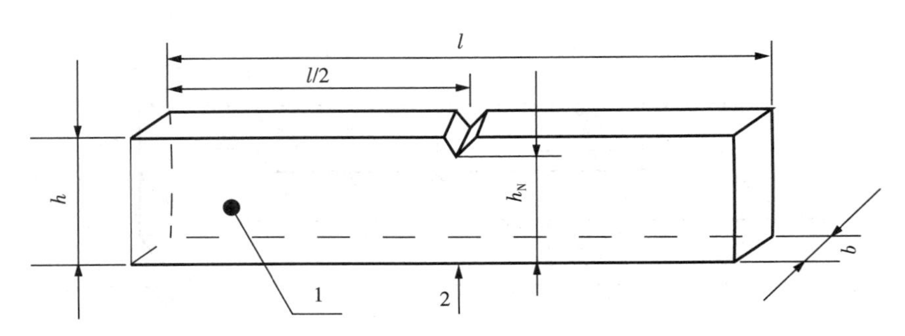

1—试样；2—冲击方向；b—试样宽度；h—试样厚度；h_N—剩余厚度；l—试样长度。

图 12－10 试样类型 9 示意

4. 方法 C——双缺口试样

1)方法 C. 1：在管材表面加工缺口的试样。

公称壁厚小于或等于 12mm 的管材，在管材上切割样条，样条长度方向与管材轴向一致，沿样条内外表面起加工至薄片状，然后用双缺口制样机在样条上管材内外表面加工缺口，加工后的试样尺寸应符合表 12－14 中试样类型 10 的规定，双缺口加工示意如图 12－11 所示，冲击示意如图 12－12 所示，试样示意如图 12－13 所示。

公称壁厚大于 12mm 的管材，在管材上切割样条，样条长度方向与管材轴向一致，沿样条内外表面起加工至薄片状，然后用双缺口制样机在样条上管材内外表面加工缺口，加工后的试样尺寸应符合表 12－14 中试样类型 11 的规定，双缺加工示意如图 12－11所示，冲击示意如图 12－12 所示，试样示意如图 12－13 所示。

2)方法 C. 2：在管材纵切面加工缺口的试样。

公称壁厚小于或等于 12mm 的管材，在管材上切割样条，样条长度方向与管材轴向一致，沿样条内外表面起加工至薄片状，然后用双缺口制样机在样条上平行于管材轴线的切割面上加工缺口，加工后的试样尺寸应符合表 12－14 中试样类型 12 的规定，双缺口加工示意如图 12－11 所示，冲击示意如图 12－12 所示，试样示意如图 12－14 所示。

公称壁厚大于 12mm 的管材，在管材上切割样条，样条长度方向与管材轴向一致，沿样条内外表面起加工至薄片状，然后用双缺口制样机在样条上平行于管材轴线的切割面上加工缺口，加工后的试样尺寸应符合表 12－14 中试样类型 13 的规定，双缺口加工示意如图 12－11所示，冲击示意如图 12－12 所示，试样示意如图 12－14 所示。

3)刀具的更换。

加工缺口的切削刀具出现磨损应立即更换。

注：双缺口试样剩余厚度难以采用量具测量，可通过定位制样机两刀刃之间的距离确定。

表 12－14 方法 C 试样类型、尺寸和跨距

试样类型	试样尺寸/mm			剩余厚度 h_N/mm	跨距 L/mm
	长度 l	宽度 b	厚度 h		
10	80.0±2.0	10.0±0.5	4.0±0.5	1.4±0.1	62.0±0.5
11	120.0±2.0	15.0±0.5	10.0±0.5	4.0±0.1	70.0±0.5
12	80.0±2.0	4.0±0.5	10.0±0.5	1.4±0.1	62.0±0.5
13	120.0±2.0	10.0±0.5	15.0±0.5	4.0±0.1	70.0±0.5

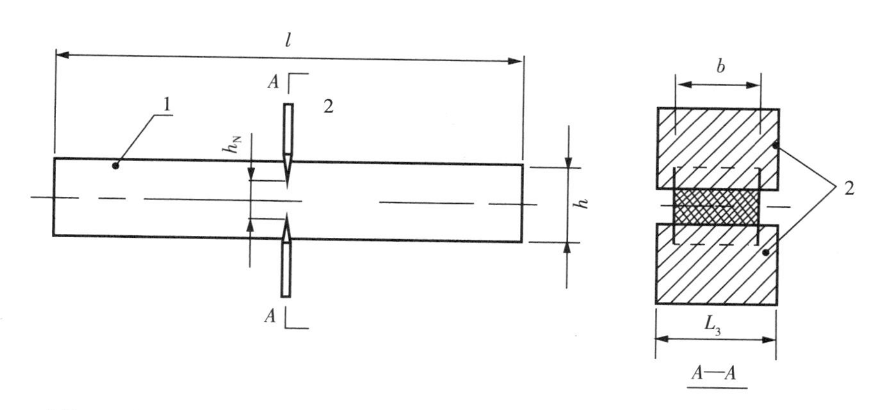

1—试样;2—冲击方向;b—试样宽度;h—试样厚度;h_N—剩余厚度;l—试样长度;L_3—刀具宽度。

图 12-11　方法 C 双缺口试样示意

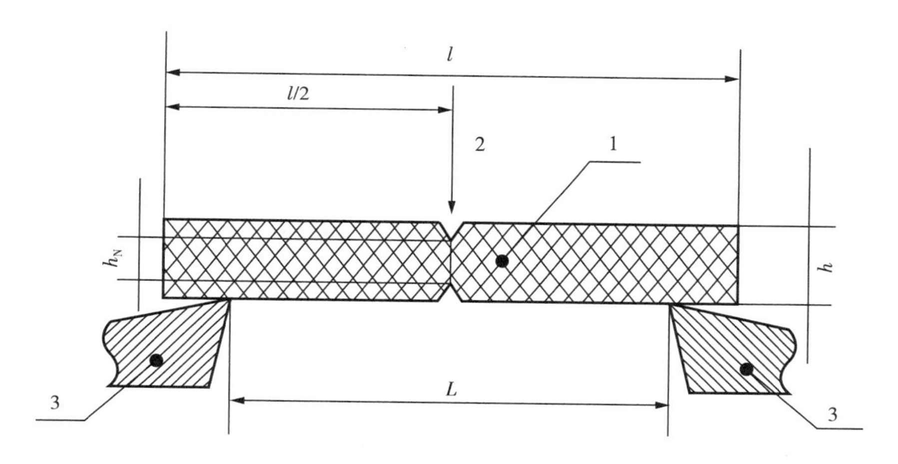

1—试样;2—冲击方向;3—试样支座;h—试样厚度;h_N—剩余厚度;l—试样长度;L—跨距。

图 12-12　方法 C 冲击示意

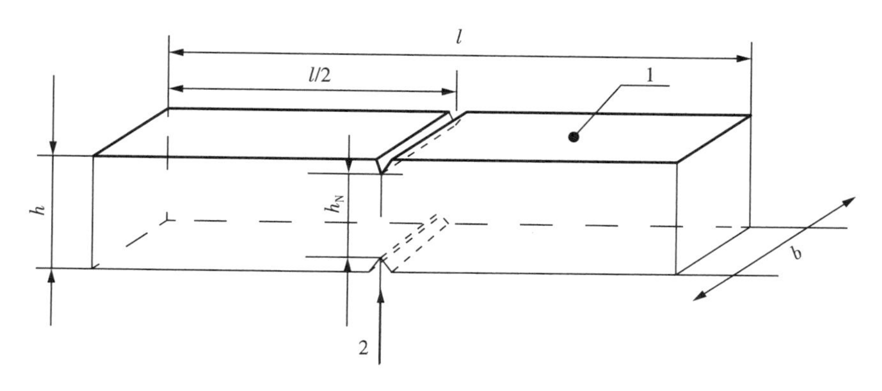

1—试样表面;2—冲击方向;b—试样宽度;h—试样厚度;h_N—剩余厚度;l—试样长度。

图 12-13　方法 C.1 双缺口试样示意

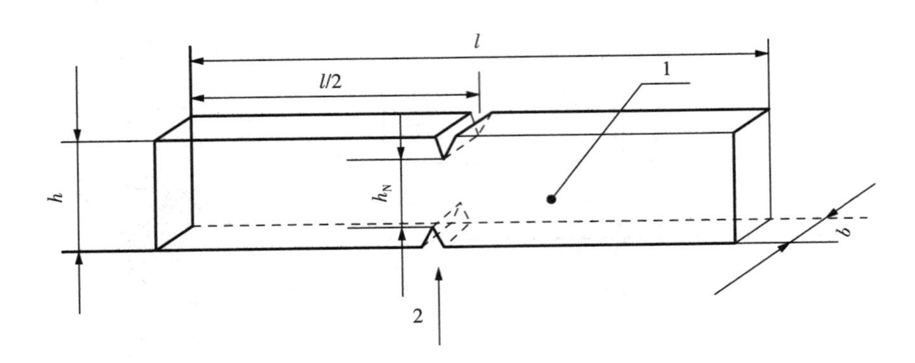

1—试样表面；2—冲击方向；b—试样宽度；h—试样厚度；h_N—剩余厚度；l—试样长度。

图 12－14 方法 C.2 双缺口试样示意

5. 试样数量

试样数量为 10 根。

12.6.4 试验步骤

1. 状态调节和预处理

1)试样应在管材生产 24h 后制备。除非相关标准另有规定，试样应符合 GB/T 2918 的规定，在温度为 23℃±2℃，相对湿度为 50%±10%条件下状态调节至少 24h，缺口试样的状态调节时间在缺口制备完成后开始计算。

2)将状态调节后的试样放置在符合规定预处理温度 T_c 的预处理设备中进行预处理，预处理时间应符合表 12－15 的规定。如有争议，应采用液浴。

3)试样应完全浸没在液浴或空气浴环境中，不应与其他试样或容器壁接触，若液浴采用冰水混合物对试样进行预处理时，应避免试样与冰接触。

表 12－15 预处理时间

试样类型	试样厚度 h/mm	试样宽度 b/mm	预处理时间	
			液浴	空气浴
1、2、3、4、5、6 和 7	$h<8.6$	—	1.5h±5min	6.0h±30min
	$8.6\leqslant h<14.1$	—	3.0h±15min	12.0h±60min
	$h\geqslant 14.1$	—	5.0h±30min	20.0h±60min
8、9、10、11、12 和 13	—	$b<8.6$	1.5h±5min	6.0h±30min
	—	$8.6\leqslant b<14.1$	3.0h±15min	12.0h±60min
	—	—	5.0h±30min	20.0h±60min

2. 总体要求

1)测量并记录试样尺寸：对于单缺口试样，测量并记录每个试样缺口处剩余厚度和试样宽度；对于双缺口试样，测量并记录每个试样宽度。

2)按要求对试样进行状态调节和预处理。

3)除非相关标准另有规定，应在环境温度为 23℃±2℃或与预处理相同温度下进行试验。

4)若试验温度与预处理温度不同，将试样从预处理环境中取出，置于相应的支座上，按规定的方式支撑，在规定时间内(时间取决于 T_c 和环境温度 T 之间的温差)，用规定能量对试样进行冲击。T_c 和环境温度 T 之间的温差与规定的冲击时间应符合下列要求：

(1)若温差小于或等于 5℃，试样从预处理环境中取出后，应在 60s 内完成冲击；

(2)若温差大于 5℃，试样从预处理环境取出后应在 10s 内完成冲击。

若超过上述规定时间，但超过的时间不大于 60s，则可立即在预处理温度下对试样进行再处理至少 5min，并重新测试。否则应放弃该试样或按规定对试样重新进行预处理。

5)若试验温度与调节温度相同，则从预处理环境中取出试样，置于冲击试验机支座上，按规定的方式支撑，用规定能量对试样进行冲击。

6)冲击完成后记录试样的破坏情况。

7)重复试验，直至完成规定数目的试样。

3. 方法 A

1)按上述规定进行试验。

2)冲击后检查并记录试样破坏情况，包括断裂或龟裂。

4. 方法 B 和方法 C

1)按上述规定进行试验。

2)冲击后检查试样破坏情况并计算试样的冲击强度。

5. 试样的破坏类型

冲击完成后，用以下代号字母命名 4 种形式的破坏：

C——完全破坏：试样断裂成两片或多片；

H——铰链破坏：试样未完全断裂成两部分，外部仅靠一薄层以铰链的形式连在一起；

P——部分破坏：不符合铰链断裂定义的不完全断裂；

N——不破坏：试样未断裂，仅弯曲并穿过支座，可能兼有应力发白。

12.6.5　试验结果

1. 方法 A

以试样破坏数对被测样品总数的百分比表示试验结果，保留到个位。

2. 方法 B 和方法 C

缺口试样简支梁冲击强度 α_{cN} 按公式(12－3)计算，保留 3 位有效数字，单位为 kJ/m^2：

$$\alpha_{cN}=\frac{W}{b\cdot h_N}\times 10^3 \tag{12-3}$$

式中：W——试样破坏时吸收的能量(J)；

b——试样宽度(mm)；

h_N——剩余厚度(mm)。

12.7　塑料管材拉伸屈服应力、拉伸断裂伸长率、拉伸强度试验

12.7.1　概述

沿热塑性塑料管材的纵向裁切或机械加工制取规定形状和尺寸的试样。通过拉力试验机在规定的条件下测得管材的拉伸性能。

本试验依据《热塑性塑料管材　拉伸性能测定　第1部分:试验方法总则》(GB/T 8804.1—2003)编制而成。

12.7.2　仪器设备

1. 拉力试验机

应符合GB/T 17200的规定。

2. 夹具

用于夹持试样的夹具连在试验机上,使试样的长轴与通过夹具中心线的拉力方向重合。试样应夹紧,使它相对于夹具尽可能不发生位移。

夹具装置系统不得引起试样在夹具处过早断裂。

3. 负载显示计

拉力显示仪应能显示被夹具固定的试样在试验的整个过程中所受拉力,它在一定速率下测定时不受惯性滞后的影响且其测定的准确度应控制在实际值的±1%范围内。注意事项应按照GB/T 17200的要求。

4. 引伸计

测定试样在试验过程中任一时刻的长度变化。

此仪表在一定试验速度时必须不受惯性滞后的影响且能测量误差范围在1%内的形变。试验时,此仪表应安置在使试样经受最小的伤害和变形的位置,且它与试样之间不发生相对滑移。

夹具应避免滑移,以防影响伸长率测量的精确性。

注:推荐使用自动记录试样的长度变化或任何其他变化的仪表。

5. 测量仪器

用于测量试样厚度和宽度的仪器,精度为0.01mm。

6. 裁刀

应可裁出符合GB/T 8804.2或GB/T 8804.3中的相应要求的试样。

7. 制样机和铣刀

应能制备符合GB/T 8804.2或GB/T 8804.3中相应要求的试样。

12.7.3　样品制备

1. 试样要求

试样应符合GB/T 8804.2或GB/T 8804.3中相应要求的试样类型。

2. 试样的制备

1)从管材上取样条：从管材上取样条时不应加热或压平，样条的纵向平行于管材的轴线，取样位置应符合下述要求。

(1)公称外径小于或等于 63mm 的管材：取长度约 150mm 的管段。以一条任意直线为参考线，沿圆周方向取样。除特殊情况外，每个样品应取 3 个样条，以便获得 3 个试样(见表 12－16)。

表 12－16　取样数量

公称外径 d_n/mm	$15 \leqslant d_n < 75$	$75 \leqslant d_n < 280$	$280 \leqslant d_n < 450$	$D_n \geqslant 450$
样条数	3	5	5	8

(2)公称外径大于 63mm 的管材：取长度约 150mm 的管段。如图 12－15 所示沿管段周边均匀取样条。除另有规定外，应按表 12－16 中的要求根据管材的公称外径把管段沿圆周边分成一系列样条，每块样条制取试样 1 个。

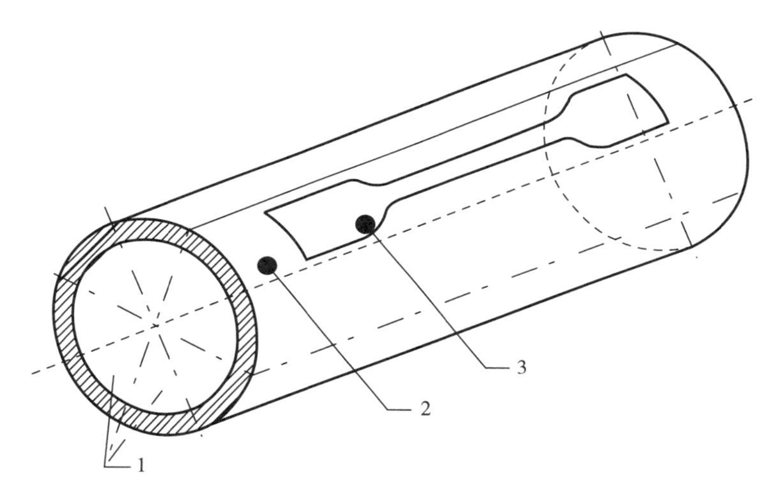

1—扇形块；2—样条；3—试样。

图 12－15　试样制备

2)试样的选择。

(1)选择：根据不同材料制品标准的要求，选择采用冲裁或机械加工方法从样条中间部位制取试样。

(2)冲裁方法：应按照 GB/T 8804.2 或 GB/T 8804.3 中所要求的外形，选择合适的、没有刻痕且刀口干净的裁刀。

(3)机械加工方法：用机械加工方法制取试样，需采用铣削。铣削时应尽量避免使试样发热，避免出现如裂痕、刮伤及其他使试样表面品质降低的可见缺陷。

3)标线：从中心点近似等距离划两条标线，标线间距离应精确到 1%。划标线时不得以任何方式刮伤、冲击或施压于试样。以避免试样受损伤。标线不应对被测试样产生不良影响，标注的线条应尽可能窄。

3. 试样数量

除相关标准另有规定外，试样应根据管材的公称外径按照表 12－16 中所列数目进行裁切。

12.7.4　试验步骤

1. 状态调节

除生产检验或相关标准另有规定外，试样应在管材生产 15h 之后测试。试验前根据试样厚度，应将试样置于 23℃±2℃的环境中进行状态调节，时间不少于表 12－17 规定。

表 12－17　状态调节时间

管材壁厚 e_{min}/mm	状态调节时间
$e_{min}<3$	1h±5min
$3\leqslant e_{min}<8$	3h±15min
$8\leqslant e_{min}<16$	6h±30min
$16\leqslant e_{min}<32$	10h±1h
$32\leqslant e_{min}$	16h±1h

2. 试验速度

试验速度和管材的材质和壁厚有关。按产品标准或 GB/T 8804.2 或 GB/T 8804.3 的要求确定试验速度。

3. 操作步骤

1)试验应在温度 23℃±2℃环境下按下列步骤进行。

2)测量试样标距间中部的宽度和最小厚度，精确到 0.01mm，计算最小截面积。

3)将试样安装在拉力试验机上并使其轴线与拉伸应力的方向一致，使夹具松紧适宜以防止试样滑脱。

4)使用引伸计，将其放置或调整在试样的标线上。

5)选定试验速度进行试验。

6)记录试样的应力/应变曲线直至试样断裂，并在此曲线上标出试样达到屈服点时的应力和断裂时标距间的长度；或直接记录屈服点处的应力值及断裂时标线间的长度。

如试样从夹具处滑脱或在平行部位之外渐宽处发生拉伸变形并断裂，应重新取相同数量的试样进行试验。

12.7.5　试验结果

1. 拉伸屈服应力

对于每个试样，拉伸屈服应力以试样的初始截面积为基础，按式(12－4)计算。

$$\sigma=F/A \tag{12-4}$$

式中：σ——拉伸屈服应力(MPa)；

F——屈服点的拉力(N)；

A——试样的原始截面积(mm^2)。

所得结果保留三位有效数字。

2. 拉伸断裂伸长率

对于每个试样，断裂伸长率按式(12-5)计算。

$$\varepsilon=(L-L_0)/L_0\times 100\% \tag{12-5}$$

式中：ε——断裂伸长率(%)；

L——断裂时标线间的长度(mm)；

L_0——标线间的原始长度(mm)。

所得结果保留三位有效数字。

3. 补做试验

如果所测的一个或多个试样的试验结果异常应取双倍试样重做试验，例如 5 个试样中的两个试样结果异常，则应再取 4 个试样补做试验。

12.8　塑料管材密度试验

12.8.1　概述

本试验主要用浸渍法来测量塑料管材的密度。

本试验依据《塑料　非泡沫塑料密度的测定　第 1 部分：浸渍法、液体比重瓶法和滴定法》(GB/T 1033.1—2008)编制而成。

12.8.2　仪器设备

1)分析天平，或为测密度而专门设计的仪器，精确到 0.1mg。

注：可以用自动化仪器，密度可以用电脑计算得出。

2)浸渍容器：烧杯或其他适于盛放浸渍液的大口径容器。

3)固定支架：如容器支架，可将浸渍容器支放在水平面板上。

4)温度计：最小分度值为 0.1℃、范围为 0～30℃。

5)金属丝：具有耐腐蚀性，直径不大于 0.5mm，用于浸渍液中悬挂试样。

6)重锤：具有适当的质量。当试样的密度小于浸渍液的密度时，可将重锤悬挂在试样托盘下端，使试样完全浸在浸渍液中。

7)比重瓶：带侧臂式溢流毛细管，当浸渍液不是水时，用来测定浸渍液的密度。比重瓶应配备分度值为 0.1℃、范围为 0～30℃的温度计。

8)液浴：在测定浸渍液的密度时，可以恒温在±0.5℃范围内。

9)浸渍液：用新鲜的蒸馏水或去离子水，或其他适宜的液体(含有不大于 0.1%的润湿剂以除去浸渍液中的气泡)。在测试过程中，试样与该液体或溶液接触时，对试样应无影响。

如果除蒸馏水以外的其他浸渍液来源可靠且附有检验证书，则不必再进行密度测试。

12.8.3　样品制备

试样为除粉料以外的任何无气孔材料，试样尺寸应适宜，从而在样品和浸渍液容器之间产生足够的间隙，质量应至少为1g。

当从较大的样品中切取试样时，应使用合适的设备以确保材料性能不发生变化。试样表面应光滑，无凹陷，以减少浸渍液中试样表面凹陷处可能存留的气泡，否则就会引入误差。

12.8.4　试验步骤

1. 状态调节

测试环境应符合GB/T 2918的规定。通常，不需要将样品调节到恒定的温度，因为测试本身是在恒定的温度下进行的。

如果测试过程中试样的密度发生变化，且变化范围超过了密度测量所要求的精密度，则在测试之前试样应按材料相关标准规定进行状态调节。如果测试的主要目的是密度随时间或大气环境条件的变化，试样应按材料相关标准规定进行状态调节。如果没有相关标准，则应按供需双方商定的方法对试样进行状态调节。

2. 操作步骤

1)在空气中称量由一直径不大于0.5mm的金属丝悬挂的试样的质量。试样质量不大于10g，精确到0.1mg；试样质量大于10g，精确到1mg，并记录试样的质量。

2)将用细金属丝悬挂的试样浸入放在固定支架上装满浸渍液的烧杯里，浸渍液的温度应为23℃±2℃(或27℃±2℃)。用细金属丝除去粘附在试样上的气泡。称量试样在浸渍液中的质量，精确到0.1mg。

如果在温度控制的环境中测试，整个仪器的温度，包括浸渍液的温度都应控制在23℃±2℃(或27℃±2℃)范围内。

3)如果浸渍液不是水，浸渍液的密度需要用下列方法进行测定：称量空比重瓶质量，然后，在温度23℃±0.5℃(或27℃±0.5℃)下，充满新鲜蒸馏水或去离子水后再称量。将比重瓶倒空并清洗干燥后，同样在23℃±0.5℃(或27℃±0.5℃)温度下充满浸渍液并称量。用液浴来调节水或浸渍液以达到合适的温度。

按式(12-6)计算23℃或27℃时浸渍液的密度：

$$\rho_{IL}=\frac{m_{IL}}{m_W}\times\rho_W \tag{12-6}$$

式中：ρ_{IL}——23℃或27℃时浸渍液的密度(g/cm³)；

m_{IL}——浸渍液的质量(g)；

m_W——水的质量(g)；

ρ_W——23℃或27℃时水的密度：(g/cm³)。

按式(12-7)计算23℃或27℃时试样的密度

$$\rho_S=\frac{m_{S,A}\times\rho_{IL}}{m_{S,A}-m_{S,IL}} \tag{12-7}$$

式中：ρ_S——23℃或27℃时试样的密度(g/cm³)；

$m_{S,A}$——试样在空气中的质量(g)；

ρ_{IL}——试样在浸渍液中的表观质量(g)；

$m_{S,IL}$——23℃或 27℃时浸渍液的密度(g/cm³)。

对于密度小于浸渍液密度的试样，除下述操作外，其他步骤与上述方法完全相同。

在浸渍期间，用重锤挂在细金属丝上，随试样一起沉在液面下。在浸渍时，重锤可以看作是悬挂金属丝的一部分。在这种情况下，浸渍液对重锤产生的向上的浮力是可以允许的。试样的密度用式(12-8)来计算：

$$\rho_S = \frac{m_{S,A} \times \rho_{IL}}{m_{S,A} + m_{K.IL} - m_{S+K,IL}} \tag{12-8}$$

式中：ρ_S—23℃或 27℃时试样的密度(g/cm³)；

$m_{K,IL}$——重锤在浸渍液中的表观质量(g)；

$m_{S+K,IL}$——试样加重锤在浸渍液中的表观质量(g)。

12.8.5　试验结果

对于每个试样的密度，至少进行三次测定，取平均值作为试验结果，结果保留到小数点后第三位。

12.9　塑料管材爆破压力试验

12.9.1　概述

瞬时爆破试验是指对给定的一段塑料管材试样，快速地、连续地对其内部施加液体压力作用，使试样在短时间内破裂。读取试样破裂时的压力值，计算其环向应力。

本试验依据《流体输送用塑料管材液压瞬时爆破和耐压试验方法》(GB/T 15560—1995)编制而成。

12.9.2　仪器设备

1. 恒温控制系统

恒温系统由恒温槽，流体循环或搅拌装置，加热和温度控制装置等组成。无论恒温槽内的加热介质是水、空气或其他流体，温度均保持在±2℃的偏差内。

2. 压力系统

1)要求施压装置能把压力逐渐地、平稳地升到规定的压力值。然后在整个试验过程中保持压力在±2%的偏差内。

2)对于瞬时爆破试验，要求施压装置有足够的加压能力，能够在 60～70s 内完成试样爆破。

3)压力系统可以单独对一个试样施加压力，也可以通过系统支路对多个试样同时施加压力。在有系统支路的情况下，要求每个压力支路都有可控制截止阀，并且每个试样支路都有自己的测量压力表。当一个试样破裂时，压力控制系统能够关闭该支路，以防止其他支路上的试样压力下降(建议采用电接点压力表控制方式或类似的压力控制系统)。

3. 压力表

1)试验测量压力表的精度不低于1.0级。

2)选择压力表的量程刻度，使得压力值读数在压力表刻度的60%附近。要求每个试样有一个测量压力表，并且压力表应带有压力缓冲保护装置。

4. 计时装置

计时器的精度在±2%以内。

12.9.3 样品制备

试验样品表面不应有可见的裂纹、划痕和其他影响试验结果的缺陷。试样两端应平整并与管的轴线垂直。

试样长度：除产品标准另有规定外，试样在两个密封接头之间有效长度L应符合表12-18规定。

表12-18 有效长度L的取值

公称外径D<160mm	$L=5D$，但不小于300mm
公称外径D≥60mm	$L=3D$，但不小于760mm

试样数量：在同一试验条件下，试样数量不少于5个。或根据产品标准的规定确定试样数量。

12.9.4 试验步骤

1. 预处理

试样在施加压力之前应进行预处理，预处理温度与试验温度相同，预处理时间应使试样达到试验温度为止。对于23℃条件下的试验，当将试样浸在液体中，预处理时间不少于1h。当将试样置于气体介质中，预处理时间不少于16h。

2. 操作步骤

1)将密封接头安装在试样上，将每个试样都充满试验温度下的液体，排除试样内的空气，然后进行预处理。

2)将试样连接到压力装置上，并把试样支撑好，以防止由于管子和接头的重量引起试样弯曲和偏移(支撑不能使试样纵向和径向受束缚力)。

3)连续均匀地、快速地对试样施加压力，并同时开始计时直至试样破裂为止。如果试样在小于60s内破裂，则降低施压速度，重复试验，直到试样在60～70s内破裂为止。记录试样破裂时的压力和时间及试样的破裂状态。

4)当破坏出现在距接头一个直径长度内时，如果有理由确认破坏是由样品本身存在某种缺陷造成的，该试样有效。否则另取试样重新试验。

12.9.5 试验结果

每个试样的试验结果对于瞬时爆破试验，应写出爆破压力、爆破时间和试样破裂状态。

12.10　塑料管材氧化诱导时间试验

12.10.1　概述

本试验依据《塑料　差示扫描量热法(DSC)仪器　第 6 部分:氧化诱导时间(等温 OIT)和氧化诱导温度(动态 OIT)的测定》(GB/T 19466.6—2009)编制而成,本试验适用于充分稳定混配的聚烯烃材料(原料或最终制品)。也适用于其他塑料。

12.10.2　仪器设备

1. 差示扫描量热仪(DSC)仪器

差示扫描量热仪(DSC)仪器的最高温度应至少能达到 500℃。对于氧化诱导时间的测试,应能在试验温度下,整个试验期间(通常为 60min),保持±0.3℃的恒温稳定性。

对于高精度测试,建议恒温稳定性为±0.1℃。

2. 坩埚

将试样置于开口或加盖密封但上部通气的坩埚内。最好使用铝坩埚,通过有关方面商定后,也可使用其他材质的坩埚。

注:坩埚的材质能显著影响氧化诱导时间和氧化诱导温度的测试结果(即具有相关的催化作用)。容器的类型决定于被测材料的用途。通常,用于电线电缆工业的聚烯烃可用铜坩埚或铝坩埚,而用于地膜和防雾滴膜的聚烯烃仅使用铝坩埚。

3. 流量计

流速测量装置用于校准气体流速,如带流量调节阀的转子流量计或皂膜流量计。质量流量计应用容积式测量装置进行校准。

4. 氧气

99.5%工业氧一等品(特别干燥)或更高纯度的氧气。

使用高压气体应进行安全、妥当的处理。另外,氧气是极强的氧化剂,能加速燃烧,应将油脂远离正在使用或载氧的设备。

5. 空气

干燥且无油脂的压缩空气。

6. 氮气

99.99%纯氮(特别干燥)或更高纯度的氮气。

7. 气体选择转换器及调节器

氮气和氧气或空气之间的切换装置,用于测量氧化诱导时间时气体的切换。为使切换体积最小,气体切换点和仪器样品室之间的距离应尽量短,滞后时间不能超过 1min。对于 50mL/min 的气体流速,此体积不应超过 50mL。

注:若滞后时间可知,则能获得更高的测试精度。测定滞后时间一种可行的方法是对一种在氧气中立即氧化的不稳定材料进行测试。用该测试所得的氧化诱导时间可对以后的等温 OIT 测定值进行修正。

12.10.3 样品制备

1. 概述

试样厚度为650μm±100μm,要求厚度均匀、表面平行、平整、无毛刺、无斑点。

注:样品和试样的制备方法取决于材料及其加工历史、尺寸和使用条件,它们对测试结果与其意义的一致性是非常关键的。另外,试样的比表面积、样品不均匀、残余应力以及试样与坩埚接触不良都会显著影响试验精度。

若要进行横穿样品厚度方向的OIT测试,可能需要厚度远小于650μm的试样。应在试验报告中注明。

2. 模压片材的试样

为获得形状和厚度一致的试样,应按照GB/T 9352或其他与聚烯烃制品相关的标准,如GB/T 1845.2、GB/T 2546.2,以及ISO 8986-2,将样品模压成厚度满足要求的片材,也可从较厚的模压片材上切取适当厚度的试样。如果相关产品标准没有规定加热时间,在模压温度下最多加热5min。用打孔器从片材上冲出一直径略小于样品坩埚内径的圆片。从片材上冲取的试样圆片应足够小,平铺在坩埚内,不应叠加试样来增加质量。

注:试样质量随直径变化而变化,根据材料的密度不同,通常对于直径为5.5mm从片材上切取的试样圆片,其质量应为12~17mg。

3. 注塑片材或熔体流动速率测定仪挤出料条的试样

从厚度满足上述要求的注塑试样上取样,注塑样品时按照GB/T 17037.3或其他与聚烯烃制品相关的标准,如GB/T 1845.2、GB/T 2546.2以及ISO 8986-2。最好用打孔器从片材上冲出一直径略小于样品坩埚内径的圆片。

也可从熔体流动速率测定仪挤出料条上切取试样,此时,应从垂直于料条长度方向上切取,并通过目测观察试样以确保其没有气泡。最好用切片机切取厚度为650μm±100μm的试样。

4. 制品部件的试样

按照相关标准从最终制品(如管材或管件)切取圆形片材,获得厚度为650μm±100μm的试样。

建议采用下述步骤从较厚的最终制品上取样:用取芯钻快速直接穿透管壁以获得一个管壁的横断面,芯的直径刚好小于样品坩埚的内径,注意在切取过程中防止试样过热。最好使用切片机,从芯上切取规定厚度的试样圆片。若期望得到表面效应的特性,则从内、外表面切取试样,然后将原始表面朝上进行试验。若期望得到原材料本身的特性,应切去内、外表面,从中间部分切取试样。

12.10.4 试验步骤

1. 仪器准备

试验前,接通仪器电源至少1h,使电器元件温度平衡。

将具有相同质量的两个空坩埚放置在样品支持器上,调节到实际测量的条件。在要求的温度范围内,DSC曲线应是一条直线。当得不到一条直线时,在确认重复性后记录DSC曲线。

2. 试样放置

用两个相同的样品皿,一个作试样皿,另一个作参比皿(可用空样品皿或不空的样品皿)。

若试样是切自管材或管件内、外表面，应将其关注的表面朝上放入坩埚内。由于此时不测定热流，称量试样时可精确至±0.5mg。将试样放到适当类型的坩埚内。必须加盖时，应将其刺破以使氧气或空气流至试样。除非坩埚是通气的，否则不能密封坩埚。

3. 坩埚放置

用镊子或其他合适的工具将坩埚放入样品支持器中，确保试样和坩埚之间、坩埚和支持器之间接触良好。盖上样品支持器的盖。

4. 氮气、空气和氧气流速设定

采用与校准仪器时相同的吹扫气流速。气体流速发生变化时需重新校准仪器。吹扫气流速通常是50mL/min±5mL/min。

5. 灵敏度调整

调整仪器的灵敏度以使DSC曲线突变的纵坐标高度差至少是记录仪满量程的50%以上。计算机控制的仪器无需此调整。

6. 测量

1)氧化诱导时间(等温OIT)。

在室温下放置试样及参比样坩埚，开始升温之前，通氮气5min。

在氮气气氛中以20℃/min的速率从室温开始程序升温试样至试验温度。恒温试验温度的选取尽量是10℃的倍数，而且每变化一次只改变10℃。可按照参考标准的规定或有关方面商定采用其他的试验温度。当试样的OIT小于10min时，应在较低温度下重新测试；当试样的OIT大于60min时，也应在较高温度下重新测试。

达到设定温度后，停止程序升温并使试样在该温度下恒定3min。

打开记录仪。

恒定时间结束后，立即将气体切换为同氮气流速相同的氧气或空气，该氧气或空气切换点记为试验的零点。

继续恒温，直到放热显著变化点出现之后至少2min(见图12-16)，也可按照产品技术指标要求或经有关方面商定的时间终止试验。

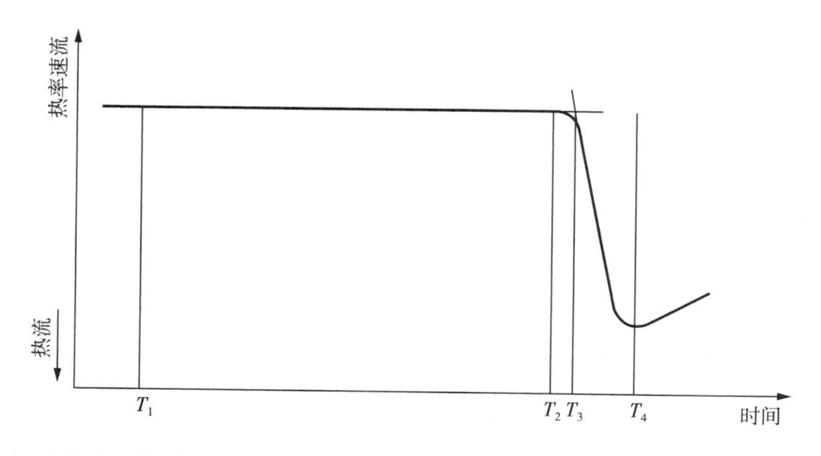

T_1—氧气或空气切换点(时间零点)；T_2—氧化起始点；T_3—切线法测的焦点(氧化诱导时间)；T_4—氧化出峰时间。

图12-16 氧化诱导时间曲线示意——切线分析方法

试验完毕，将气体转换器切回至氮气并将仪器冷却至室温。如需继续进行下一试验，应将仪器样品室冷却至60℃以下。

每个样品的试验次数可由有关方面商定。建议重复测试两次，报告其算术平均值、低值和高值。

注：由于氧化诱导时间与温度和聚合物中的添加剂有复杂的关系，因此外推或比较不同温度下得到的数据是无效的，除非有试验结果能证实。

2)氧化诱导温度(动态OIT)。

开始升温之前，在室温下用测试用吹扫气(即氧气或空气)，将载有试样及参比样坩埚的仪器吹扫5min。

在氧气或空气气氛中从室温开始程序升温试样至放热显著变化点出现后至少30℃(见图12-17)。尽量采用10℃/min或20℃/min的升温速率，也可按照产品技术指标要求或经有关方面商定的温度终止试验。

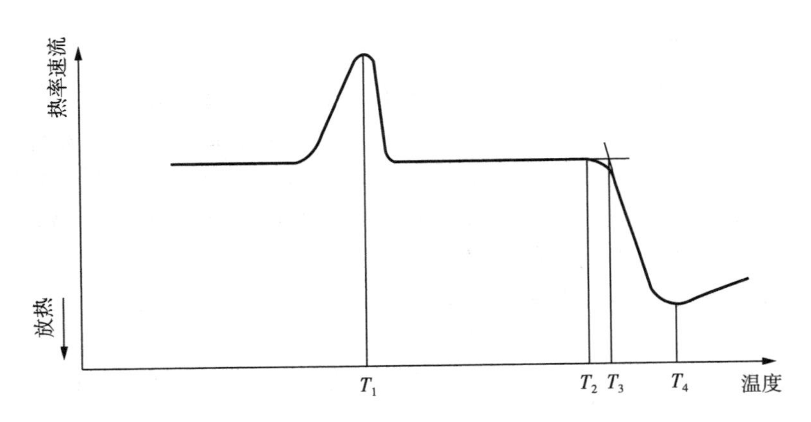

T_1—聚合物的熔融温度；T_2—氧化起始点；T_3—切线法测的交点(氧化诱导温度)；T_4—氧化出峰温度。

图12-17　氧化诱导温度曲线示意——切线分析方法

试验完毕后，将仪器冷却至室温。如需继续进行下一个试验，应将仪器样品室冷却至60℃以下。

每个样品的试验次数可由有关方面商定。建议重复测试两次，报告其算术平均值、低值和高值。

7. 清洗

在空气或氧气中至少升温至500℃并保持5min以清洗污染的DSC测量池，清洗频率可根据相关认可程序或结果偏离情况而定。作为预防措施，清洗频率应按照实验室的规程执行。

12.10.5　试验结果

将数据以热流速率为Y轴，以时间或温度为X轴进行绘图。采用手工分析时，为便于分析应尽量扩展X轴。

记录的基线应充分延长至氧化放热反应起始点之外，外推放热曲线上最大斜率处的切线与延长的基线相交(见图12-16、图12-17)。该交点对应的时间或温度即是氧化诱导时间或氧化诱导温度，保留三位有效数字。

上述切线分析法是确定交点的优选方法。但当氧化反应缓慢时，可能会产生逐步放热的峰，此时在放热曲线上选择合适的切线比较困难。若用切线分析法时选择的基线很不明显，可使用偏移法。在距离第一条基线 0.05W/g 处（见图 12－18、图 12－19）画一条与其平行的第二条基线。将第二条基线与放热曲线的交点定义为氧化起始点。

有逐步放热峰的热分析曲线也可能是由于试样制备欠佳，如试样厚度不均、不平或有毛刺、斑痕造成的。因此，在用偏移分析法对结果进行评价时，建议在确保试样满足要求后重复扫描，以确认有逐步放热峰的热分析曲线的存在。

经有关方面商定，也可采用其他处理手段或基线间距。

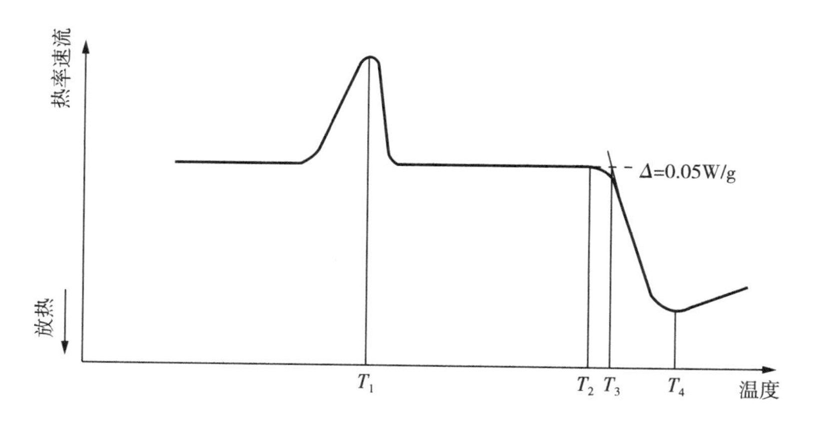

t_1—氧气或空气切换点（时间零点）；t_2—氧化起始点；t_3—偏移法测的交点（氧化诱导时间）；t_4—氧化出峰时间。

图 12－18 有逐步放热峰的氧化诱导时间曲线——偏移分析方法

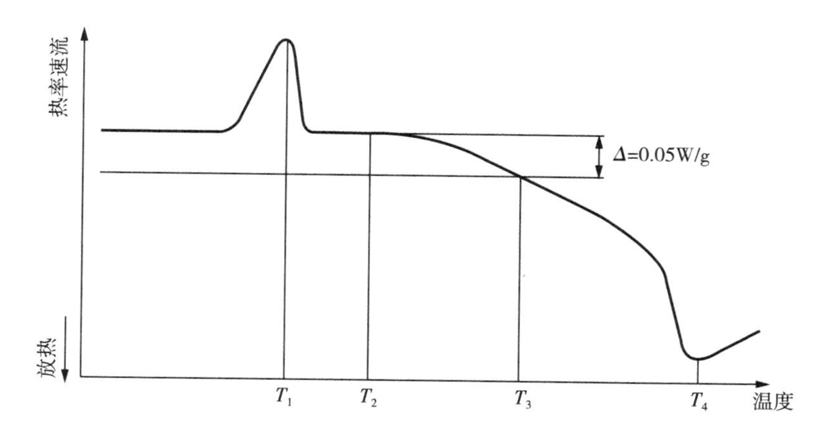

T_1—聚合物的熔融温度；T_2—氧化起始点；T_3—偏移法测的交点（氧化诱导温度）；T_4—氧化出峰温度。

图 12－19 有逐步放热峰的氧化诱导温度曲线——偏移分析方法

12.11 塑料管材维卡软化温度试验

12.11.1 概述

把试样放在液体介质或加热箱中，在等速升温条件下测定标准压针在50N±1N力的作用下，压入从管材或管件上切取的试样内1mm时的温度。

压入1mm时的温度即为试样的维卡软化温度(VST)，单位为℃。

本试验依据《热塑性塑料管材、管件维卡软化温度的测定》(GB/T 8802—2001)编制而成。

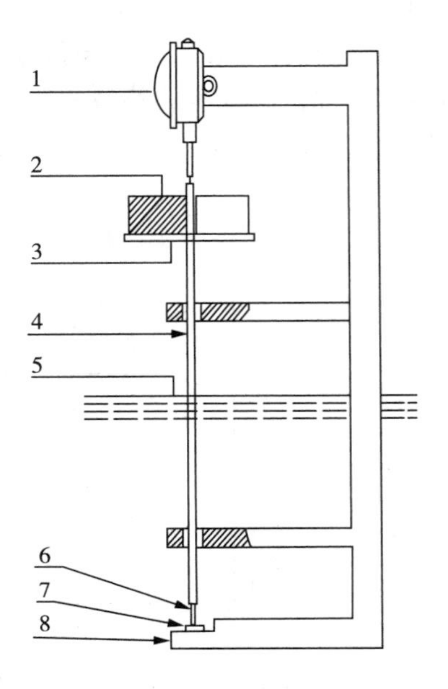

1—千分表；2—砝码；3—载荷盘；4—负载杆；5—液面；6—压针；7—试样；8—试样支架。

图12-20 维卡软化温度测定原理

12.11.2 仪器设备

验装置如图12-20所示。

1. 试样支架、负载杆

试样支架用于放置试样，并可方便地浸入保温浴槽中，支架和施加负荷的负载杆都应选用热膨胀系数小的材料组成(如果负载杆与支架部分线性膨胀系数不同，则它们在长度上的不同变形会导致读数偏差)。每台仪器都用一种低热膨胀系数的刚性材料进行校正，校正应包括整个工作温度范围，并且测定出每一温度的校正值。如果校正值大于等于0.02mm时，应对其进行标记，并且在其后的每次试验中均应考虑此校正值。

负载杆能自由垂直移动，支架底座用于放置试样，压针固定在负载杆的末端。

2. 压针

材料最好选用硬质钢，压针长3mm且横截面积为$1mm^2 \pm 0.015mm^2$，安装在负载杆底部。压针端应是平面并且与负载杆轴向成直角，压针不允许带有毛刺等缺陷。

3. 千分表(或其他测量仪器)

用来测量压针压入试样的深度，精度应小于等于0.01mm。作用于试样表面的压力应是可知的。

4. 载荷盘

安装在负载杆上，质量负载应在载荷盘的中心，以便使作用于试样上的总压力控制在50N±1N。由于向下的压力是由负载杆、压针及载荷盘综合作用的，因此千分表的弹力应不超过1N。

5. 砝码

试样承受的静负载$G=W+R+T=50N$，则应加砝码的质量由式(12-9)计算：

$$W=50-R-T \tag{12-9}$$

式中：W——砝码质量(N)；

R——压针、负载杆和载荷盘的质量(N)；

T——千分表或其他测量仪器附加的压力(N)。

6. 加热浴槽

放一种合适的液体在浴槽中，使试验装置浸入液体中，试样至少在介质表面35mm以下。浴槽中应具有搅拌器及加热装置，使液体可按每小时50℃±5℃等速升温。

试验过程中，每6min间隔内温度变化应在5℃±0.5℃范围内。

7. 水银温度计

局部浸入式水银温度计(或其他合适的测温装置)，分度值为0.5℃。

8. 加热箱

加热箱内需具有空气环流装置且温度应控制在标准规定的范围中。

12.11.3 样品制备

1. 取样

1)管材。试样应是从管材上沿轴向裁下的弧形管段，其尺寸如下：长度约50mm，宽度为10～20mm。

2)管件。试样应是从管件的承口、插口或柱面上裁下的弧形片段，其宽度为10～20mm，长度如下：

直径小于或等于90mm的管件，试样长度和承口长度相等；

直径大于90mm的管件，试样长度为50mm。

试样应从没有合模线或注射点的部位切取。

2. 试样制备

1)如果管材或管件壁厚大于6mm，则采用适宜的方法加工管材或管件外表面，使壁厚减至4mm。

如果管件承口带有螺纹，则应车掉螺纹部分，使其表面光滑。

2)壁厚为2.4～6mm(包括6mm)的试样，可直接进行测试。

3)如果管材或管件壁厚小于2.4mm，则可将两个弧形管段叠加在一起，使其总厚度不小于2.4mm。作为垫层的下层管段试样应首先压平，为此可将该试样加热到140℃并保持15min，再置于两块光滑平板之间压平。上层弧段应保持其原样不变。

3. 试样数量

每次试验用两个试样，但在裁制试样时，应多提供几个试样，以备试验结果相差太大时作补充试验用。

12.11.4 试验步骤

1. 预处理

1)将试样在低于预期维卡软化温度(VST)50℃的温度下预处理至少5min。

2)对于丙烯腈-丁二烯-苯乙烯(ABS)和丙烯腈-苯乙烯-丙烯酸(ASA)试样，应在烘箱中90℃±2℃的温度下干燥2h，取出后在23℃±2℃的温度和50%±5%的相对湿度下，冷却15min±1min。然后再进行预处理。

2. 操作步骤

1)将加热浴槽温度调至约低于试样软化温度50℃并保持恒温。

2)将试样凹面向上,水平放置在无负载金属杆的压针下面,试样和仪器底座的接触面应是平的。对于壁厚小于2.4mm的试样,压针端部应置于未压平试样的凹面上,下面放置压平的试样。

压针端部距试样边缘不小于3mm。

3)将试验装置放在加热浴槽中。温度计的水银球或测温装置的传感器与试样在同一水平面,并尽可能靠近试样。

4)压针定位5min后,在载荷盘上加所要求的质量。以使试样所承受的总轴向压力为50N±1N,记录下千分表(或其他测量仪器)的读数或将其调至零点。

5)以每小时50℃±5℃的速度等速升温,提高浴槽温度,在整个试验过程中应开动搅拌器。

6)当压针压入试样内1mm±0.01mm时,迅速记录下此时的温度,此温度即为该试样的维卡软化温度(VST)。

12.11.5 试验结果

两个试样的维卡软化温度的算术平均值,即为所测试管材或管件的维卡软化温度(VST),单位用"℃"表示。若两个试样结果相差大于2℃时,应重新取不少于两个的试样进行试验。

12.12 塑料管材烘箱试验

12.12.1 概述

根据试样壁厚将试样置于空气循环烘箱中经受不同时间、不同温度的加热,取出冷却后,检查试样出现的缺陷,测量所有开裂、气泡、脱层或熔接缝开裂等现象。

本试验依据塑料管材烘箱试验《注射成型硬质聚氯乙烯(PVC-U)、氯化聚氯乙烯(PVC-C)、丙烯腈-丁二烯-苯乙烯三元共聚物(ABS)和丙烯腈-苯乙烯-丙烯酸盐三元共聚物(ASA)管件热烘箱试验方法》(GB/T 8803—2001)、《埋地排水用硬聚氯乙烯(PVC-U)结构壁管道系统　第1部分:双壁波纹管材》(GB/T 18477.1—2007)、《埋地用聚乙烯(PE)结构壁管道系统　第1部分:聚乙烯双壁波纹管材》(GB/T 19472.1—2019)编制而成。

12.12.2 仪器设备

带温控器的温控空气循环烘箱,能使试验过程中工作温度保持在规定温度,并有足够的加热功率,试样放入烘箱后,能使温度在15min内重新达到设定的试验温度。

温度计精度为0.5℃。

12.12.3　样品制备

取 300mm±20mm 长的管材 3 段。公称尺寸不大于 400mm 的管材，沿轴向切成两个大小相同的试样；公称尺寸大于 400mm 的管材，沿轴向切成四个大小相同的试样。

12.12.4　试验步骤

将烘箱温度设定为 110℃±2℃，温度达到后，将试样放置在烘箱内，使其不相互接触且不与烘箱四壁相接触。当层压壁厚 $e \leqslant 8$mm 时，在 110℃±2℃下放置 30min；当层压壁厚 $e > 8$mm 时，在同样温度下放置 60min，取出时不可使其变形或损坏，冷却至室温后观察，试样出现分层、开裂或起泡为试样不合格。

12.12.5　试验结果

加热到规定时间后，从烘箱内取出试样，冷却至室温，并检查试样有无开裂、分层及其他缺陷。

12.13　塑料管材坠落试验

12.13.1　概述

本试验是将管件在 0℃±1℃下按规定时间进行预处理，在 10s 内从规定高度自由坠落到平坦的混凝土地面上，观察管件的破损情况。

本试验依据《硬聚乙烯（PVC－U）管件坠落试验方法》（GB/T 8801—2007）编制而成。

12.13.2　仪器设备

1）秒表：分度值为 0.1s。

2）温度计：分度值为 1℃

3）恒温水浴（内盛冰水混合物）或低温箱：温度为 0℃±1℃。

12.13.3　样品制备

试样为注射成型的完整管件，如管件带有弹性密封圈，试验前应去掉。如管件由一种以上注射成型部件组成，这些部件应彼此分开试验。

试样数量应按产品标准的规定，同一规格同批产品至少取 5 个试样。试样应无机械损伤。

12.13.4　试验步骤

1. 试验条件

1）坠落高度：

（1）公称直径小于或等于 75mm 的管件，从距地面 2.00m±0.05m 处坠落；

(2)公称直径大于 75mm 小于 200mm 的管件,从距地面 1.00m±0.05m 处坠落;

(3)公称直径等于 200mm 或大于 200mm 的管件,从距地面 0.50m±0.50m 处坠落。

注:异径管件以最大口径为准。

2)试验场地:平坦混凝土地面。

2. 操作步骤

1)将试样放入 0℃±1℃的恒温水浴或低温箱中进行预处理,最短时间见表 12-19 所列。异径管件按最大壁厚确定预处理时间。

表 12-19 试样最短预处理时间

壁厚 δ/mm	最短预处理时间/min	
	恒温水浴	低温箱
δ≤8.6	15	60
8.6<δ≤14.1	30	120
δ>14.1	60	240

2)恒温时间达到后,从恒温水浴或低温箱中取出试样,迅速从规定高度自由坠落于混凝土地面,坠落时应使 5 个试样在 5 个不同位置接触地面。

3)试样从离开恒温状态到完成坠落,应在 10s 之内进行完毕,检查试验后试样表面状况。

12.13.5 试验结果

检查试样破损情况,如其中一个或多个试样在任何部位产生裂纹或破裂,则该组试样为不合格。

12.14 金属管材截面尺寸试验

12.14.1 概述

《建设工程质量检测机构资质标准》(2023 年印发)关于检测专项及检测能力中规定,金属管材的截面尺寸为必检参数。钢管截面的直径通常用“mm”作单位,常见的截面规格有 6mm、8mm、10mm、12mm 等。对于应力较小的场合,可以选择外径较小的钢管,如 6mm、8mm 等可以节约成本。而在承受较大压力和荷载的工程中,会选择外径较大的钢管。

本试验依据《低压流体输送用焊接钢管》(GB/T 3091—2015)、《无缝钢管材尺寸、外形、重量及允许偏差》(GB/T 17395—2008)编制而成。

12.14.2 试验设备

钢卷尺、卡尺、千分尺。

12.14.3 试验方法

1)宜在试样平行长度区域以足够的点数测量试样的相关尺寸。

2)建议测量试样的横截面积时,在试样平行长度区域最少三个不同位置进行测量。

3)外径大于152mm的钢管宜采用测径卷尺测量其外径尺寸,外径不大于152mm的钢管宜采用卡尺或千分尺测量其外径尺寸。检测结果应符合GB/T 3091或GB/T 13793中的要求。

12.15 金属管材厚度偏差试验

12.15.1 概述

《建设工程质量检测机构资质标准》(2023年印发)关于检测专项及检测能力中规定,金属管材的厚度为必检参数。尺寸的允许偏差根据不同的偏差等级有不同的允许偏差,厚度偏差应当为0.1~0.6mm。

本试验依据《低压流体输送用焊接钢管》(GB/T 3091—2015)、《无缝钢管材尺寸、外形、重量及允许偏差》(GB/T 17395—2008)编制而成。

12.15.2 试验设备

游标卡尺,精度值为0.01mm。

12.15.3 试验方法

钢管的厚度偏差可采用符合精度要求的游标卡尺测量,检测结果应符合GB/T 3091或GB/T 13793中的要求。

12.16 金属管材屈服强度试验

12.16.1 概述

当金属材料呈现屈服现象时,在试验期间金属材料产生塑性变形而力不增加时的应力点,需区分上屈服强度和下屈服强度,通常所说的屈服强度为下屈服强度。《建设工程质量检测机构资质标准》(2023年印发)关于检测专项及检测能力中规定,金属管材的屈服强度为必检参数。

本试验依据《低压流体输送用焊接钢管》(GB/T 3091—2015)、《金属材料 拉伸试验 第1部分:室温试验方法》(GB/T 228.1—2021)编制而成。

12.16.2 试验设备

至少达到1级精度要求的万能试验机,根据金属管件规格选择相应量程的试验机、准确度1级或优于1级的电子引伸计(见图12-21)。

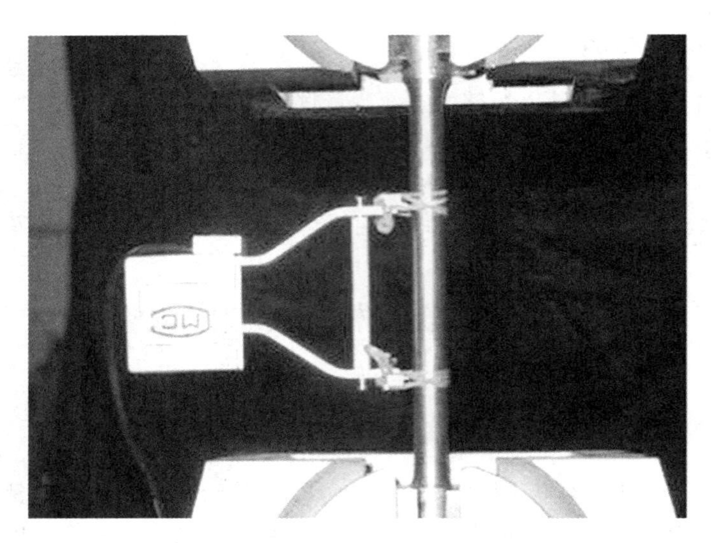

图 12-21　电子引伸计

12.16.3　试验方法

下屈服强度可以从力-延伸曲线图测得，定义为不计初始瞬时效应时屈服阶段中最小力所对应的应力，下屈服强度即由该力除以试样的原始横截面积计算得到。

对于上、下屈服强度位置判定的基本原则如下：

1）屈服前的第一个峰值应力判为上屈服强度，不管其后的峰值应力比它大还是比它小；

2）屈服阶段中如呈现两个或两个以上的谷值应力，舍去第 1 个谷值应力不计，取其余谷值应力中最小者判定为下屈服强度；如只呈现一个下降谷，此谷值应力判为下屈服强度；

3）屈服阶段中呈现屈服平台，平台应力判定为下屈服强度；如呈现多个而且后者高于前者的屈服平台，判第 1 个平台应力为下屈服强度；

4）正确的判定结果是下屈服强度低于上屈服强度。

12.17　金属管材抗拉强度试验

12.17.1　概述

金属管件拉伸时相应最大力对应的应力，符号为 R_m，单位为 MPa。《建设工程质量检测机构资质标准》（2023 年印发）关于检测专项及检测能力中规定，金属管材的抗拉强度为必检参数。

抗拉强度试验原理：金属材料通过万能试验机拉伸，可从力-延伸曲线图或峰值力显示器测得，应力由该力除以试样的原始横截面积计算得到。

本试验依据《低压流体输送用焊接钢管》（GB/T 3091—2015）、《金属材料　拉伸试验　第 1 部分：室温试验方法》（GB/T 228.1—2021）编制而成。

12.17.2　试验设备

至少达到 1 级精度要求的万能试验机，根据金属管件规格选择相应量程的试验机。

12.17.3　试验方法

1）对试样进行轴向拉伸试验时，加载应连续平稳，试验速率应符合国家标准 GB/T 228.1 中的有关规定，将试样拉至断裂（或出现颈缩），自动采集最大力或从测力盘上读取最大力，也可从拉伸曲线图上确定试验过程中的最大力。试验步骤如下：

（1）开机预热检查设备是否正常并记录使用记录，根据试样直径匹配对应夹头；

（2）选择加载速率、试验方案及输入参数；

（3）抽取相对应的试样；

（4）将试样加紧上夹头，调整横梁移动到合适的位置，负荷清零，加紧下夹头进行拉伸试验直至试样断裂破坏，试验将自动结束。

（5）取下试样机器卸压，保存并记录试验数据。

2）抗拉强度计算：

$$R_m = \frac{F_m}{S_0} \tag{12-10}$$

式中：R_m——抗拉强度（MPa）；

F_m——最大力（N）；

S_0——原始试样的钢筋公称横截面积（mm^2）。

12.18　金属管材断后伸长率试验

12.18.1　概述

金属管材拉伸试验中，伸长率是用以表示管材变形的重要参数。断后伸长率是指断后标距的残余伸长与原始标距之比，符号为 A，单位为％。《建设工程质量检测机构资质标准》（2023 年印发）关于检测专项及检测能力中规定，金属管材的断后伸长率为必检参数。

本试验依据《低压流体输送用焊接钢管》（GB/T 3091—2015）、《金属材料　拉伸试验　第 1 部分：室温试验方法》（GB/T 228.1—2021）编制而成。

12.18.2　试验设备

应使用分辨率足够的量具或测量装置测定断后伸长量（$L_u - L_0$），一般使用至少达到 1 级精度要求的万能试验机，准确度 2 级或优于 2 级的电子引伸计，精度值为 0.01mm 的游标卡尺。

12.18.3　试验方法

1）为了测定断后伸长率，应将试样断裂的部分仔细地配接在一起使其轴线处于同一直线上，并采取特别措施确保试样断裂部分适当接触后测量试样断后标距。这对小横截面试样和低伸长率试样尤为重要。测量出的断后标距的残余伸长 L_u-L_0 与原始标距 L_0 之比，以%表示。

2)断后伸长率计算：

$$A=\frac{L_u-L_0}{L_0}\times 100\% \tag{12-11}$$

式中：L_0——原始标距(mm)；

L_u——断后标距(mm)。

第 13 章　预制混凝土构件

13.1　外观质量检验

13.1.1　概述

预制构件的外观质量，是用户感官质量的一个重要方面。有时预制混凝土外观质量的严重缺陷会影响到其他物理力学性能，有必要加强对预制混凝土外观质量检验和控制。

本节内容主要依据《装配式混凝土建筑技术标准》(GB/T 51231—2016)编制而成。

13.1.2　检验内容

预制构件外观质量缺陷可分为一般缺陷和严重缺陷两类(见表 13－1)。预制构件的严重缺陷主要是指影响构件的结构性能或安装使用功能的缺陷。

表 13－1　构件外观质量缺陷分类

名称	现象	严重缺陷	一般缺陷
露筋	构件内钢筋未被混凝土包裹而外露	纵向受力钢筋有露筋	其他钢筋有少量露筋
蜂窝	混凝土表面缺少水泥砂浆而形成石子外露	构件主要受力部位有蜂窝	其他部位有少量蜂窝
孔洞	混凝土中孔穴深度和长度均超过保护层厚度	构件主要受力部位有孔洞	其他部位有少量孔洞
夹渣	混凝土中夹有杂物且深度超过保护层厚度	构件主要受力部位有夹渣	其他部位有少量夹渣
疏松	混凝土中局部不密实	构件主要受力部位有疏松	其他部位有少量疏松
裂缝	裂缝从混凝土表面延伸至混凝土内部	构件主要受力部位有影响结构性能或使用功能的裂缝	其他部位有少量不影响结构性能或使用功能的裂缝
连接部位缺陷	构件连接处混凝土缺陷及连接钢筋、连接件松动，插筋严重锈蚀、弯曲，灌浆套筒堵塞、偏位，灌浆孔洞堵塞、偏位、破损等缺陷	连接部位有影响结构传力性能的缺陷	连接部位有基本不影响结构传力性能的缺陷

（续表）

名称	现象	严重缺陷	一般缺陷
外形缺陷	缺棱掉角、棱角不直、翘曲不平、飞出凸肋等，装饰面砖粘结不牢、表面不平、砖缝不顺直等	清水或具有装饰的混凝土构件内有影响使用功能或装饰效果的外形缺陷	其他混凝土构件有不影响使用功能的外形缺陷
外表缺陷	构件表面麻面、掉皮、起砂、沾污等	具有重要装饰效果的清水混凝土构件有外表缺陷	其他混凝土构件有不影响使用功能的外表缺陷

预制构件的外观质量不应有严重缺陷，且不宜有一般缺陷。对已出现的一般缺陷，应按技术方案进行处理，并应重新检验。

13.2　构件尺寸检验

13.2.1　概述

预制构件不应有影响结构性能、安装和使用功能的尺寸偏差。对超过尺寸允许偏差且影响结构性能和安装、使用功能的部位应经原设计单位认可，制定技术处理方案进行处理，并重新检查验收。

本节内容主要依据《装配式混凝土建筑技术标准》(GB/T 51231—2016)等编制而成。

13.2.2　检验内容和方法

预制构件尺寸偏差及预留孔、预留洞、预埋件、预留插筋、键槽的位置和检验方法应符合表 13－2～表 13－5 的规定。预制构件有粗糙面时，与预制构件粗糙面相关的尺寸允许偏差可放宽 1.5 倍。

表 13－2　预制楼板类构件外形尺寸允许偏差及检验方法

项次	检查项目			允许偏差/mm	检验方法
1	规格尺寸	长度	<12m	±5	用尺量两端及中间部，取其中偏差绝对值较大值
			≥12m 且<18m	±10	
			≥18m	±20	
2		宽度		±5	用尺量两端及中间部，取其中偏差绝对值较大值
3		厚度		±5	用尺量板四角和四边中部位置共 8 处，取其中偏差绝对值较大值
4	对角线差			6	在构件表面，用尺量测两对角线的长度，取其绝对值的差值

（续表）

项次	检查项目			允许偏差/mm	检验方法
5	外形	表面平整度	内表面	4	用 2m 靠尺安放在构件表面上，用楔形塞尺量测靠尺与表面之间的最大缝隙
			外表面	3	
6		楼板侧向弯曲		$L/750$ 且 ≤20mm	拉线，钢尺量最大弯曲处
7		扭翘		$L/750$	四对角拉两条线，量测两线交点之间的距离，其值的 2 倍为扭翘值
8	预埋部件	预埋钢板	中心线位置偏差	5	用尺量测纵横两个方向的中心线位置，取其中较大值
			平面高差	0，−5	用尺紧靠在预埋件上，用楔形塞尺量测预埋件平面与混凝土面的最大缝隙
9		预埋螺栓	中心线位置偏移	2	用尺量测纵横两个方向的中心线位置，取其中较大值
			外露长度	+10，−5	用尺量
10		预埋线盒、电盒	在构件平面的水平方向中心位置偏差	10	用尺量
			与构件表面混凝土高差	0，−5	用尺量
11	预留孔	中心线位置偏移		5	用尺量测纵横两个方向的中心线位置，取其中较大值
		孔尺寸		±5	用尺量测纵横两个方向尺寸，取其最大值
12	预留洞	中心线位置偏移		5	用尺量测纵横两个方向的中心线位置，取其中较大值
		洞口尺寸、深度		±5	用尺量测纵横两个方向尺寸，取其最大值
13	预留插筋	中心线位置偏移		3	用尺量测纵横两个方向的中心线位置，取其中较大值
		外露长度		±5	用尺量
14	吊环、木砖	中心线位置偏移		10	用尺量测纵横两个方向的中心线位置，取其中较大值
		留出高度		0，−10	用尺量
15	桁架钢筋高度			+5，0	用尺量

表 13-3 预制墙板类构件外形尺寸允许偏差及检验方法

项次	检查项目			允许偏差/mm	检验方法
1	规格尺寸	高度		±4	用尺量两端及中间部,取其中偏差绝对值较大值
2		宽度		±4	用尺量两端及中间部,取其中偏差绝对值较大值
3		厚度		±3	用尺量板四角和四边中部位置共 8 处,取其中偏差绝对值较大值
4	对角线差			5	在构件表面,用尺量测两对角线的长度,取其绝对值的差值
5	外形	表面平整度	内表面	4	用 2m 靠尺安放在构件表面上,用楔形塞尺量测靠尺与表面之间的最大缝隙
			外表面	3	
6		侧向弯曲		$L/1000$ 且 $\leqslant$20mm	拉线,钢尺量最大弯曲处
7		扭翘		$L/1000$	四对角拉两条线,量测两线交点之间的距离,其值的 2 倍为扭翘值
8	预埋部件	预埋钢板	中心线位置偏移	5	用尺量测纵横两个方向的中心线位置,取其中较大值
			平面高差	0,-5	用尺紧靠在预埋件上,用楔形塞尺量测预埋件平面与混凝土面的最大缝隙
9		预埋螺栓	中心线位置偏移	2	用尺量测纵横两个方向的中心线位置,取其中较大值
			外露长度	+10,-5	用尺量
10		预埋套筒、螺母	中心线位置偏移	2	用尺量测纵横两个方向的中心线位置,取其中较大值
			平面高差	0,-5	用尺紧靠在预埋件上,用楔形塞尺量测预埋件平面与混凝土面的最大缝隙
11	预留孔	中心线位置偏移		5	用尺量测纵横两个方向的中心线位置,取其中较大值
		孔尺寸		±5	用尺量测纵横两个方向尺寸,取其最大值

（续表）

项次	检查项目		允许偏差/mm	检验方法
12	预留洞	中心线位置偏移	5	用尺量测纵横两个方向的中心线位置，取其中较大值
		洞口尺寸、深度	±5	用尺量测纵横两个方向尺寸，取其最大值
13	预留插筋	中心线位置偏移	3	用尺量测纵横两个方向的中心线位置，取其中较大值
		外露长度	±5	用尺量
14	吊环、木砖	中心线位置偏移	10	用尺量测纵横两个方向的中心线位置，取其中较大值
		与构件表面混凝土高差	0，−10	用尺量
15	键槽	中心线位置偏移	5	用尺量测纵横两个方向的中心线位置，取其中较大值
		长度、宽度	±5	用尺量
		深度	±5	用尺量
16	灌浆套筒及连接钢筋	灌浆套筒中心线位置	2	用尺量测纵横两个方向的中心线位置，取其中较大值
		连接钢筋中心线位置	2	用尺量测纵横两个方向的中心线位置，取其中较大值
		连接钢筋外露长度	+10，0	用尺量

表 13-4 预制梁柱桁架类构件外形尺寸允许偏差及检验方法

项次	检查项目			允许偏差/mm	检验方法
1	规格尺寸	长度	<12m	±5	用尺量两端及中间部，取其中偏差绝对值较大值
			≥12m 且<18m	±10	
			≥18m	±20	
2		宽度		±5	用尺量两端及中间部，取其中偏差绝对值较大值
3		厚度		±5	用尺量板四角和四边中部位置共 8 处，取其中偏差绝对值较大值
4	表面平整度			4	用 2m 靠尺安放在构件表面上，用楔形塞尺量测靠尺与表面之间的最大缝隙

（续表）

项次	检查项目			允许偏差/mm	检验方法
5	侧向弯曲	梁柱		$L/750$ 且 ≤20mm	拉线，钢尺量最大弯曲处
		桁架		$L/1000$ 且 ≤20mm	
6	预埋部件	预埋钢板	中心线位置偏移	5	用尺量测纵横两个方向的中心线位置，取其中较大值
			平面高差	0，−5	用尺紧靠在预埋件上，用楔形塞尺量测预埋件平面与混凝土面的最大缝隙
7		预埋螺栓	中心线位置偏移	2	用尺量测纵横两个方向的中心线位置，取其中较大值
			外露长度	+10，−5	用尺量
8	预留孔	中心线位置偏移		5	用尺量测纵横两个方向的中心线位置，取其中较大值
		孔尺寸		±5	用尺量测纵横两个方向尺寸，取其最大值
9	预留洞	中心线位置偏移		5	用尺量测纵横两个方向的中心线位置，取其中较大值
		洞口尺寸、深度		±5	用尺量测纵横两个方向尺寸，取其最大值
10	预留插筋	中心线位置偏移		3	用尺量测纵横两个方向的中心线位置，取其中较大值
		外露长度		±5	用尺量
11	吊环	中心线位置偏移		10	用尺量测纵横两个方向的中心线位置，取其中较大值
		留出高度		0，−10	用尺量
12	键槽	中心线位置偏移		5	用尺量测纵横两个方向的中心线位置，取其中较大值
		长度、宽度		±5	用尺量
		深度		±5	用尺量
13	灌浆套筒及连接钢筋	灌浆套筒中心线位置		2	用尺量测纵横两个方向的中心线位置，取其中较大值
		连接钢筋中心线位置		2	用尺量测纵横两个方向的中心线位置，取其中较大值
		连接钢筋外露长度		+10，0	用尺量测

表 13－5　装饰构件外观尺寸允许偏差及检验方法

项次	装饰种类	检查项目	允许偏差/mm	检验方法
1	通用	表面平整度	2	2m 靠尺和塞尺检查
2	面砖、石材	阳角方正	2	用托线板检查
3		上口平直	2	拉通线用钢尺检查
4		接缝平直	3	用钢尺或塞尺检查
5		接缝深度	±5	用钢尺或塞尺检查
6		接缝宽度	±2	用钢尺检查

13.3　保护层厚度检验

13.3.1　概述

混凝土中钢筋检测宜采用无损检测方法，可结合直接法对检测结果进行验证。电磁感应法钢筋探测仪可用于检测混凝土构件中混凝土保护层厚度和钢筋的间距；雷达法宜用于结构或构件中钢筋间距和位置的大面积扫描检测以及多层钢筋的扫描检测，当检测精度符合 JGJ/T 152 有关规定时，也可用于混凝土保护层厚度检测。

进行混凝土保护层厚度检测时，检测部位应无饰面层，有饰面层时应清除；当进行钢筋间距检测时，检测部位宜选择无饰面层或对饰面层影响较小的部位。

本节内容主要依据《混凝土中钢筋检测技术标准》(JGT/T 152—2019)编制而成。

13.3.2　仪器设备

用于混凝土保护层厚度检测的仪器，当混凝土保护层厚度为 10～50mm 时，保护层厚度检测的允许偏差应为±1mm；当混凝土保护层厚度大于 50mm 时，保护层厚度检测允许偏差应为±2mm。

用于钢筋间距检测的仪器，当混凝土保护层厚度为 10～50mm 时，钢筋间距的检测允许偏差应为±2mm。

13.3.3　检验方法

钢筋保护层厚度的检验，可采用非破损或局部破损的方法，也可采用非破损方法并用局部破损方法进行校准。当采用非破损方法检验时，所使用的检测仪器应经过计量检验，检测操作应符合相应规程的规定。

钢筋保护层厚度检验的检测误差不应大于 1mm。对选定的梁类构件，应对全部纵向受力钢筋的保护层厚度进行检验；对选定的板类构件，应抽取不少于 6 根纵向受力钢筋的保护层厚度进行检验。对每根钢筋，应选择有代表性的不同部位量测 3 次取平均值。

13.3.4　判定规则

1)当全部钢筋保护层厚度检验的合格率为90%及以上时,可判为合格。

2)当全部钢筋保护层厚度检验的合格率小于90%但不小于80%时,可再抽取相同数量的构件进行检验;当按两次抽样总和计算的合格率为90%及以上时,仍可判为合格。

3)每次抽样检验结果中不合格点的最大偏差均不应大于规定允许偏差的1.5倍。

13.4　结构性能检验

13.4.1　概述

结构性能检验包括承载力、挠度、抗裂或裂缝宽度检验。

1)梁板类受弯预制构件进场时应进行结构性能检验,并应符合下列规定:钢筋混凝土构件和允许出现裂缝的预应力混凝土构件应进行承载力、挠度和裂缝宽度检验;不允许出现裂缝的预应力混凝土构件应进行承载力、挠度和抗裂检验。

2)如对大型构件及有可靠应用经验的构件,可只进行裂缝宽度、抗裂和挠度检验。对使用数量较少的构件,当能提供可靠依据时,可不进行结构性能检验。

3)对多个工程共同使用的同类型预制构件,结构性能检验可共同委托,其结果对多个工程共同有效。

本节内容主要依据《混凝土结构工程施工质量验收规范》(GB 50204—2015)编制而成。

13.4.2　检验要求

1)预制构件承载力检验的要求应按照GB 50204—2015中附录B执行。

承载力检验时,荷载设计值为承载能力极限状态下,根据构件设计控制截面上的内力设计值与构件检验的加荷方式,经换算后确定的荷载值(包括自重);构件承载力检验修正系数取构件按实配钢筋计算的承载力设计值与按荷载设计值(均包括自重)计算的构件内力设计值之比。

在加载试验过程中,应取首先达到的标志所对应的检验系数允许值进行检验。

2)预制构件挠度检验的要求应按照GB 50204—2015中附录B执行。

检验用荷载标准组合值、荷载准永久组合值是指在正常使用极限状态下,采用构件设计控制截面上的荷载标准组合或准永久组合下的弯矩值,并根据构件检验加载方式换算后确定的组合值。考虑挠度检验的实际情况,荷载计算一般不包括构件自重。

3)预制构件抗裂或裂缝宽度检验的要求应按照GB 50204—2015中附录B执行。

预应力预制构件的抗裂检验要求按GB 50204—2015中附录B计算。计算公式根据预应力混凝土构件的受力原理,并按留有一定检验余量的原则而确定。

考虑GB 50010—2010中将允许出现裂缝的构件最大长期裂缝宽度限值$\omega_{\lim}$规定为0.1mm、0.2mm、0.3mm和0.4mm等四种,钢筋混凝土预制构件的裂缝宽度检验要求按GB 50204—2015中附录中的相关公式计算。在构件检验时,考虑标准荷载与长期荷载的关系，换算为最大裂缝宽度的检验允许值$[\omega_{max}]$。

13.4.3　检验方法

1)进行结构性能检验时的试验条件应符合下列规定：

(1)试验场地的温度应在0℃以上；

(2)蒸汽养护后的构件应在冷却至常温后进行试验；

(3)预制构件的混凝土强度应达到设计强度的100%以上；

(4)构件在试验前应量测其实际尺寸，并检查构件表面，所有的缺陷和裂缝应在构件上标出；

(5)试验用的加荷设备及量测仪表应预先进行标定或校准。

2)试验预制构件的支承方式应符合下列规定：

(1)对板、梁和桁架等简支构件，试验时应一端采用铰支承，另一端采用滚动支承；铰支承可采用角钢、半圆形钢或焊于钢板上的圆钢，滚动支承可采用圆钢；

(2)对四边简支或四角简支的双向板，其支承方式应保证支承处构件能自由转动，支承面可相对水平移动；

(3)当试验的构件承受较大集中力或支座反力时，应对支承部分进行局部受压承载力验算；

(4)构件与支承面应紧密接触；钢垫板与构件、钢垫板与支墩间，宜铺砂浆垫平；

(5)构件支承的中心线位置应符合设计的要求。

3)试验荷载布置应符合设计的要求：当荷载布置不能完全与设计的要求相符时，应按荷载效应等效的原则换算，并应计入荷载布置改变后对构件其他部位的不利影响。

4)加载方式应根据设计加载要求、构件类型及设备等条件选择。当按不同形式荷载组合进行加载试验时，各种荷载应按比例增加，并应符合下列规定：

(1)荷重块加载可用于均布加载试验。荷重块应按区格成垛堆放，垛与垛之间的间隙不宜小于100mm，荷重块的最大边长不宜大于500mm。

(2)千斤顶加载可用于集中加载试验。集中加载可采用分配梁系统实现多点加载。千斤顶的加载值宜采用荷载传感器量测，也可采用油压表量测。

(3)梁或桁架可采用水平对顶加荷方法，此时构件应垫平且不应妨碍构件在水平方向的位移。梁也可采用竖直对顶的加荷方法。

(4)当屋架仅作挠度、抗裂或裂缝宽度检验时，可将两榀屋架并列，安放屋面板后进行加载试验。

5)加载过程应符合下列规定。

(1)预制构件应分级加载。当荷载小于标准荷载时，每级荷载不应大于标准荷载值的20%；当荷载大于标准荷载时，每级荷载不应大于标准荷载值的10%；当荷载接近抗裂检验荷载值时，每级荷载不应大于标准荷载值的5%，当荷载接近承载力检验荷载值时，每级荷载不应大于荷载设计值的5%。

(2)对仅作挠度、抗裂或裂缝宽度检验的构件应分级卸载。

(3)试验设备重量及预制构件自重应作为第一次加载的一部分。

注：试验前宜对预制构件进行预压，以检查试验装置的工作是否正常，但应防止构件因

预压面开裂。

6)每级加载完成后，应持续 10～15min；在标准荷载作用下，应持续 30min。在持续时间内，应观察裂缝的出现和开展，以及钢筋有无滑移等；在持续时间结束时，应观察并记录各项读数。

7)进行承载力检验时，应加载至预制构件出现 GB 50204—2015 中附录中相关表格所列承载能力极限状态的检验标志之一后结束试验。

当在规定的荷载持续时间内出现上述检验标志之一时，应取本级荷载值与前一级荷载值的平均值作为其承载力检验荷载实测值；当在规定的荷载持续时间结束后出现上述检验标志之一时，应取本级荷载值作为其承载力检验荷载实测值。

8)挠度量测应符合下列规定。

(1)挠度可采用百分表、位移传感器、水平仪等进行观测，接近破坏阶段的挠度，可采用水平仪或拉线、直尺等测量。

(2)试验时，应量测构件跨中位移和支座沉陷。对宽度较大的构件，应在每一量测截面的两边或两肋布置测点，并取其量测结果的平均值作为该处的位移。

(3)当试验荷载竖直向下作用时，对水平放置的试件，在各级荷载下的跨中挠度实测值应按下列公式计算：

$$\alpha_t^0 = \alpha_q^0 + \alpha_g^0$$

$$a_q^0 = v_m^0 - \frac{1}{2}(v_l^0 + v_r^0)$$

$$a_g^0 = \frac{M_g}{M_b} a_b^0$$

式中：α_t^0——全部荷载作用下构件跨中的挠度实测值(mm)；

α_q^0——外加试验荷载作用下构件跨中的挠度实测值(mm)；

α_g^0——构件自重及加荷设备重产生的跨中挠度值(mm)；

v_m^0——外加试验荷载作用下构件跨中的位移实测值(mm)；

v_l^0、v_r^0——外加试验荷载作用下构件左、右端支座沉陷的实测值(mm)；

M_g——构件自重和加荷设备自重产生的跨中弯矩值(kN·m)；

M_b——从外加试验荷载开始至构件出现裂缝的前一级荷载为止的外加荷载产生的跨中弯矩值(kN·m)；

a_b^0——从外加试验荷载开始至构件出现裂缝的前一级荷载为止的外加荷载产生的跨中挠度实测值(mm)。

(4)当采用等效集中力加载模拟均布荷载进行试验时，挠度实测值应乘以修正系数 ψ。当采用三分点加载时 ψ 可取 0.98，当采用其他形式集中力加载时，ψ 应经计算确定。

9)裂缝观测应符合下列规定。

(1)观察裂缝出现可采用放大镜。试验中未能及时观察到正截面裂缝的出现时，可取荷载-挠度曲线上第一弯转段两端点切线的交点的荷载值作为构件的开裂荷载实测值。

(2)在对构件进行抗裂检验时，当在规定的荷载持续时间内出现裂缝时，应取本级荷载值与前一级荷载值的平均值作为其开裂荷载实测值；当在规定的荷载持续时间结束后出现裂缝时，应取本级荷载值作为其开裂荷载实测值。

(3)裂缝宽度宜采用精度为 0.05mm 的刻度放大镜等仪器进行观测，也可采用满足精度要求的裂缝检验卡进行观测。

(4)对正截面裂缝，应量测受拉主筋处的最大裂缝宽度；对斜截面裂缝，应量测腹部斜裂缝的最大裂缝宽度。当确定受弯构件受拉主筋处的裂缝宽度时，应在构件侧面量测。

10)试验时应采用安全防护措施，并应符合下列规定：

(1)试验的加荷设备、支架、支墩等，应有足够的承载力安全储备；

(2)试验屋架等大型构件时，应根据设计要求设置侧向支承，侧向支承应不妨碍构件在其平面内的位移；

(3)试验过程中应采取安全措施保护试验人员和试验设备安全。

13.4.4　判定规则

当预制构件结构性能的全部检验结果均满足 GB 50204—2015 中附录 B 的检验要求时，该批构件可判为合格。

当预制构件的检验结果不能全部符合上述要求，但又能符合第二次检验的要求时，可再抽两个预制构件进行二次检验。第二次检验的指标，对承载力及抗裂检验系数的允许值应取 GB 50204—2015 中附录 B 规定的允许值减 0.05；对挠度的允许值应取 GB 50204—2015 中附录 B 规定的允许值的 1.10 倍。当第二次抽取的两个试件的全部检验结果均符合第二次检验的要求时，该批构件可判为合格。

当第二次抽取的第一个构件的全部检验结果均符合 GB 50204—2015 中附录 B 的要求时，该批构件结构性能也可判为合格。

第 14 章　预应力钢绞线

14.1　整根钢绞线最大力试验

14.1.1　概述

《建设工程质量检测机构资质标准》(2023 年印发)关于检测专项及检测能力中规定,预应力钢绞线的整根钢绞线最大力为必检参数。整根钢绞线最大力指拉伸试验时,曲线走到最高点对应的力值,试验按 GB/T 21839 的规定进行。如试样在夹头内或距钳口两倍钢绞线公称直径内断裂,达不到 GB/T 5224 中钢绞线力学性能要求时,试验无效。

14.1.2　试验设备

1)至少达到 1 级精度要求的万能试验机,根据钢绞线规格选择相应夹具及量程的万能试验机。

2)整根钢绞线最大力试验设备应根据 GB/T 16825.1 进行校验和校准,至少为 1 级准确度。用于测定最大力总伸长率及 0.2%屈服力的引伸计可以为 2 级。

3)应使用合适的夹具,避免试样在夹具内或夹具附近断裂。常用的夹具:带齿标准 V 型夹具;带齿标准 V 型夹具并使用衬垫材料;带齿标准 V 型夹具对试样被夹持部分进行特殊处理;平滑的特殊夹具(半圆柱状凹槽);用于钢丝绳类型的标准铸头;耐张线夹;夹具装置。

14.1.3　试验方法

试样在引伸计外部断裂或在夹具中断裂,达到最小规定值时,认为产品符合标准要求。不论采取什么夹持方式,试样断在夹具中且未达到最小规定值时,建议重新进行试验。试样断在夹具和引伸计之间,未达到最小规定值时,需按相关标准规定确定是否进行重新试验。

14.2　预应力钢绞线最大力总伸长率试验

14.2.1　概述

《建设工程质量检测机构资质标准》(2023 年印发),关于检测专项及检测能力中规定,预应力钢绞线的最大力总伸长率为必检参数。最大力总伸长率指拉伸试验时，最大力时原始标距的伸长与原始标距之比的百分率，按 GB/T 21839 的规定进行。使用计算机采集数据或使用电子拉伸设备的，测量延伸率时预加负荷对试样产生的延伸率应加在总延伸率内。

14.2.2　试验设备

1)至少达到 1 级精度要求的万能试验机，根据钢绞线规格选择相应夹具及量程的试验机。

2)整根钢绞线最大力试验设备应根据 GB/T 16825.1 进行校验和校准，至少为 1 级准确度。用于测定最大力总伸长率及 0.2%屈服力的引伸计可以为 2 级。

3)应使用合适的夹具，避免试样在夹具内或夹具附近断裂。常用的夹具：带齿标准 V 型夹具；带齿标准 V 型夹具并使用衬垫材料；带齿标准 V 型夹具对试样被夹持部分进行特殊处理；平滑的特殊夹具(半圆柱状凹槽)；用于钢丝绳类型的标准铸头；耐张线夹；夹具装置。

14.2.3　试验方法

1)测定最大力总伸长率时，在试样自由长度上划等距离标记(见 GB/T 228.1)，标记间的距离根据样品的直径确定，可定为 20mm、10mm 或 5mm。

2)最大力总伸长率，引伸计标距至少 500mm，在试样上施加规定最小破断力 10%初始负荷，然后挂上引伸计，调整引伸计读数到 0 点，当超过最小伸长率，在试样断裂之前可摘下引伸计。无需测量最终的伸长率。

14.3　预应力钢绞线 0.2%屈服力试验

14.3.1　概述

《建设工程质量检测机构资质标准》(2023 年印发)关于检测专项及检测能力中规定，预应力钢绞线的 0.2%屈服力为必检参数。钢绞线屈服力采用引伸计标距(不小于一个捻距)的非比例延伸达到引伸计标距 0.2%时所受的力($F_{P0.2}$)，按 GB/T 21839 的规定进行。使用计算机采集数据或使用电子拉伸设备的，测量延伸率时预加负荷对试样产生的延伸率应加在总延伸率内。

14.3.2　试验设备

至少达到 1 级精度要求的万能试验机，根据钢绞线规格选择相应夹具及量程的试验机。

14.3.3　试验方法

0.2%屈服力，引伸计至少达到 1 级。在试样上加预期最小破断负荷(0.2 屈服力的值应为整根钢绞线实际最大力的 88%～95%)10%的初始负荷，然后挂上引伸计，调整引伸计读数 1‰标距，然后加载直到引伸计达到 0.2%，记录这时的伸长负荷为 0.2%屈服力。

14.4 预应力钢绞线弹性模量试验

14.4.1 概述

材料在弹性变形阶段，其应力和应变成正比例关系（即符合胡克定律），其比例系数称为弹性模量。弹性模量是工程材料重要的性能参数，从宏观角度来说，弹性模量是衡量物体抵抗弹性变形能力大小的尺度，从微观角度来说，则是原子、离子或分子之间键合强度的反映。凡影响键合强度的因素均能影响材料的弹性模量，如键合方式、晶体结构、化学成分、微观组织、温度等。因合金成分不同、热处理状态不同、冷塑性变形不同等，金属材料的杨氏模量值会有5%或者更大的波动。但是总体来说，金属材料的弹性模量是一个对组织不敏感的力学性能指标，合金化、热处理（纤维组织）、冷塑性变形等对弹性模量的影响较小，温度、加载速率等外在因素对其影响也不大，所以一般工程应用中都把弹性模量作为常数。

14.4.2 试验设备

至少达到1级精度要求的万能试验机，根据钢筋规格选择相应量程的试验机；游标卡尺，精度值为0.01mm。

14.4.3 试验方法

在力-伸长率曲线中，用$0.2F_m$和$0.7F_m$范围内的直线段的斜率除以试样的公称横截面积S_m测定弹性模量：

$$E=\frac{\frac{[(0.7F_m-0.2F_m)]}{(\varepsilon 0.7F_m-\varepsilon 0.2F_m)}}{S_m} \tag{14-1}$$

斜率可以通过对测定数据进行线性回归得出，也可以用最优拟合目测法得出。

测量弹性模量时，在力值范围内应力速率应保持不变。

14.5 预应力钢绞线松弛率试验

14.5.1 概述

松弛率即应力松弛性能，是在给定温度下（除非另有规定，通常为20℃），将试样保持一定长度$L_0+\Delta L_0$，从初始力F_0开始，测定试样上力的变化（见图14-1）。

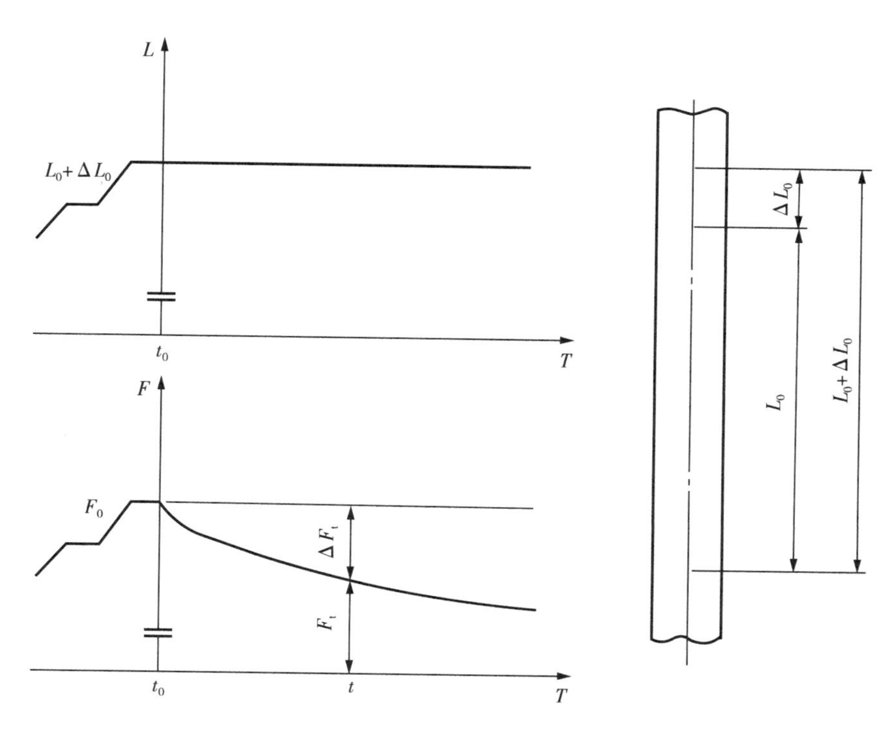

t—时间；L—试样长度；F—力；T—时间。

图 14-1　等温应力松弛试验原理

14.5.2　试验设备

1)测力装置:可以使用同轴测力传感器或其他合适的装置。测力传感器应按照 GB/T 16825.1 校准,其精度在不大于 1000kN 时为±1%,在大于 1000kN 时为±2%;力的测量装置的输出分辨率应不小于 $5\times10^{-4}F_0$。

2)长度的测量装置(引伸计):标距 L_0 不小于 200mm,尤其对钢绞线,当测量钢绞线中同一根钢丝的实际长度 $L_0+\Delta L_0$ 时,其标距宜为 1000mm 或为钢绞线捻距的整数倍。引伸计的精度范围应为±1%,并且分辨率为 $5\times10^{-6}L_0$。

3)夹持装置:应保证试样在试验期间不产生滑动和转动。

4)加载装置:应对试样平稳加载而不能有振荡。在试验过程中,随着试样上力的减少,加载装置应保证试样的长度 $L_0+\Delta L_0$ 保持在 5×10^{-5} 以内。

14.5.3　试验方法

1)试验前,试样应至少在松弛实验室内放置 24h。

2)在整个试验过程中,力的施加应平稳,无振荡。

3)前 20%F_0 可按需要加载。从 20%F_0～80%F_0 应连续加载或分为 3 个或多个均匀阶段,或以均匀的速率加载,并在 6min 内完成。当达到 80%F_0 后,应连续加载,并在 2min 内完成 F_0 加载速率为 200MPa · min^{-1}±50MPa · min^{-1}。

4)当达到初始负荷 F_0 时，力值应在 2min 内保持恒定，2min 后应立即建立并记录 t_0。其后对力的任何调整只能用于保证 $L_0+\Delta L_0$ 保持恒定。加载过程如图 14-2 所示。

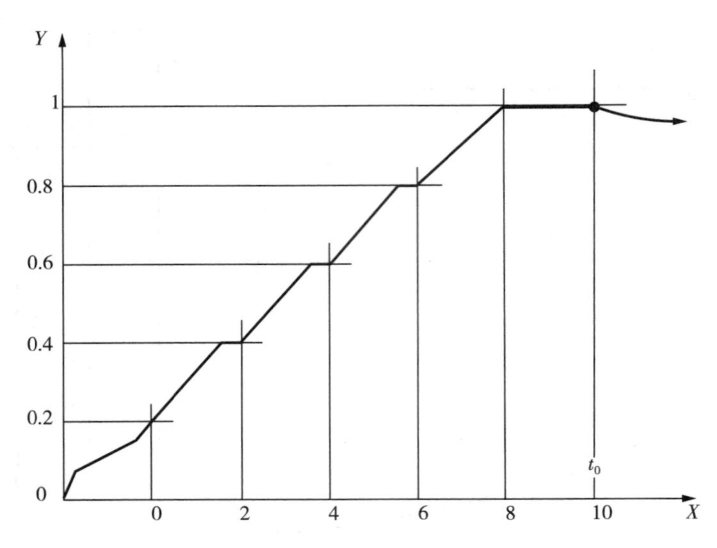

X—时间(min)；Y—施加力与初始力的比值。

图 14-2　力的施加

初始力按相关产品标准的规定。力值 F_0 的测定值应符合表 14-1 规定的允许偏差。

表 14-1　力值 F_0 的测定偏差

力值 F_0	力值 F_0 的允许偏差
$F_0 \leqslant 1000$kN	±1%
$F_0 > 1000$kN	±2%

5)试验过程中的力，在任何时间力值不允许超出表 14-1 中给出的初始力 F_0 偏差范围。

6)试验室温度及试样温度应保持在 20℃±2℃。

7)力值记录频率及试验时间。试验开始后，至少按表 14-2 给出的标准时间间隔连续记录或测量力的损失，然后至少每周测量或记录一次。

表 14-2　记录力的标准时间

分/min	1	2	4	8	15	30	60
小时/h	2	4	6	24	48	96	120

14.5.4　试验时间

试验时间应不少于 120h，通常试验时间为 120h 或 1000h。

1000h(大于 1000h)的应力松弛值可以用不少于 120h 的松弛试验值进行外推，但应提供充分证据证明外推1000h(大于1000h)的松弛值与实测1000h(大于1000h)的松弛值相当,在这种情况下,试验报告中应注明外推方法。目前的外推方法可以采用公式(14-2):

$$\lg\rho = m\lg t + n \quad (14-2)$$

式中:ρ——松弛率(%);

t——时间(h);

m和n——系数。

第 15 章　预应力混凝土用锚具、夹具及连接器

15.1　外观质量、尺寸试验

15.1.1　概述

用于工程中的预应力混凝土用锚具夹具及连接器必须是经外观质量、尺寸检查合格的产品，对试验的锚(夹)具应检查其产品合格证、出厂检验报告。使用前应进行外观检查，检查表面有无污物、锈蚀、机械损伤和裂纹，几何尺寸是否超过产品标准及设计图纸规定尺寸的允许偏差。锚具的尺寸如果达不到设计要求，超过设计误差范围后其组合和匹配将达不到最佳状态，其锚固性能会不符合标准要求，而表面有裂纹则可能导致出现险情。

15.1.2　试验设备

直尺、游标卡尺、螺旋千分尺、塞环规、放大镜等。

15.1.3　试验方法

外观、尺寸：抽样数量不应少于 5%且不应少于 10 件(套)。产品外观应用目测法检验，锚板和连接器体应按 GB/T 15822.1 的规定进行表面磁粉探伤。其他零件表面可用放大镜检验。产品尺寸应用直尺、游标卡尺、螺旋千分尺和塞环规等量具检验。

外观检验：如表面无裂缝，影响锚固能力的尺寸符合设计要求，应判为合格；如此项尺寸有一套超过允许偏差，则应另取双倍数量重做检验；如仍有一套不符合要求，则应逐套检查，合格者方可使用。如发现一套有裂纹，即应对全部产品进行逐件检验，合格者方可使用。

15.2　静载锚固性能试验

15.2.1　概述

锚具、夹具是保证预应力混凝土结构安全可靠的关键之一。因此锚具、夹具应具有可靠的锚固性能、足够的承载能力和良好的适用性，以保证充分发挥预应力筋的强度，并安全地实现预应力张拉作业。

锚具的静载锚固性能试验是检测锚具质量最重要的试验，它能综合反映出锚板的硬度、强度、锚固能力等方面的性能。

15.2.2　试验设备

试验机的测力系统应按照 GB/T 16825.1 的规定进行校准，并且其准确度不应低于 1 级。预应力筋总伸长率测量装置在测量范围内，示值相对误差不应超过±1%。静载锚固试验机如图 15－1 所示。

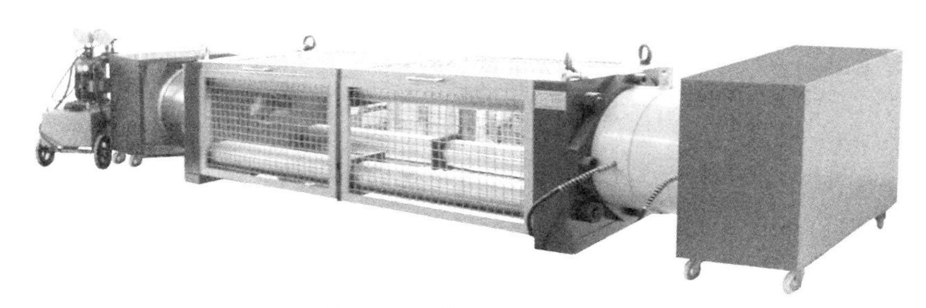

图 15-1　静载锚固试验机

15.2.3　试验方法

预应力筋-锚具或夹具组装件可按图 15-2 所示的装置进行静载锚固性能试验，受检锚具下方安装的环形支承垫板内径应与受检锚具配套使用的锚垫板上口直径一致。预应力筋-连接器组装件可按图 15-3 所示的装置进行静载锚固性能试验，被连接段预应力筋安装预紧时，可在试验连接器下临时加垫对开垫片，加载后可适时撤除。单根预应力筋的组装件还可在钢绞线拉伸试验机上按 GB/T 21839 的规定进行静载锚固性能试验。

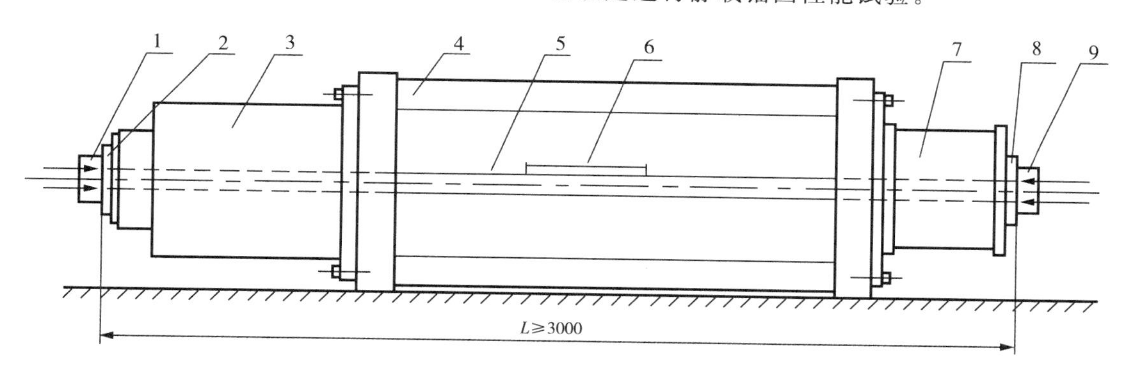

1、9—试验锚具或夹具；2、8—环形支撑垫板；3—加载用千斤顶；4—承立台座；5—预应力筋；6—总伸长率测量装置；7—荷载传感器。

图 15-2　预应力筋-锚具或夹具组装件静载锚固性能试验装置

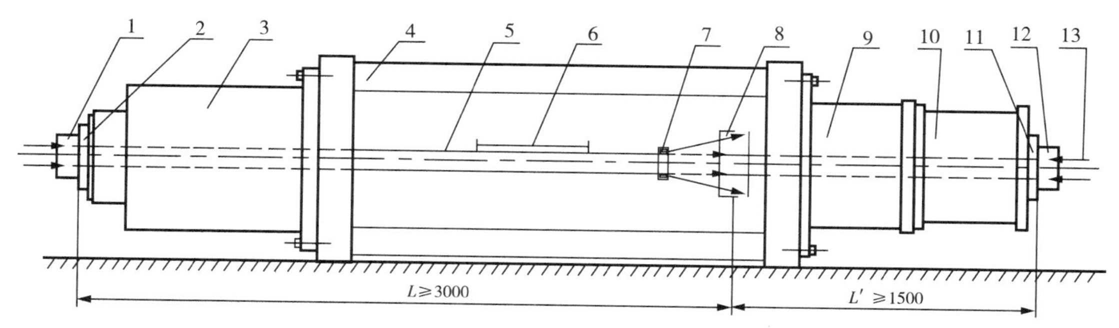

1、12—试验锚具；2、11—环形支撑垫板；3—加载用千斤顶；4—承力台座；5—续接段预应力筋；6—总伸长圆筒或穿心式千斤顶；7—转向约束钢环；8—试验连接器；9—附加承力圆筒或穿心式千斤顶；10—荷载传感器；13—被连接预应力筋。

图 15-3　预应力筋-连接器组装件静载锚固性能试验装置

受检预应力筋-锚具、夹具或连接器组装件应安装全部预应力筋。加载之前应先将各种测量仪表安装调试正确，将各根预应力筋的初应力调试均匀，初应力可取预应力筋公称抗拉强度 F_{ptk} 的5%～10%；总伸长率测量装置的标距不宜小于1m。

加载步骤应符合下列规定。

1）对预应力筋分级等速加载，加载步骤应符合表15-1的规定，加载速度不宜超过100MPa/min；加载到最高一级荷载后，持荷1h；然后缓慢加载至破坏。

表15-1　静载锚固性能试验的加载步骤

预应力筋类型	每级应施加的荷载
预应力钢材	$0.20F_{ptk} \rightarrow 0.40F_{ptk} \rightarrow 0.60F_{ptk} \rightarrow 0.80F_{ptk}$
纤维增强复合材料筋	$0.20F_{ptk} \rightarrow 0.40F_{ptk} \rightarrow 0.50F_{ptk}$

2）用试验机或承力台座进行单根预应力筋的组装件静载锚固性能试验时，加载速度可加快，但不宜超过200MPa/min；加载到最高一级荷载后，持荷时间可缩短，但不应少于10min，然后缓慢加载至破坏。

3）除采用夹片式锚具的钢绞线拉索以外，其他拉索的加载步骤应符合下列规定：由 $0.1F_{ptk}$ 开始，每级增加 $0.1F_{ptk}$，持荷5min，加载速度不大于100MPa/min，逐级加载至 $0.8F_{ptk}$；持荷30min，后继续加载，每级增加 $0.05F_{ptk}$，持荷5min，逐级加载直到破坏。

4）试验过程中应对下列内容进行测量、观察和记录。

（1）荷载为 $0.1F_{ptk}$ 时总伸长率测量装置的标距和预应力筋的受力长度。

（2）选取有代表性的若干根预应力筋，测量试验荷载从 $0.1F_{ptk}$ 增长到组装件的实测极限抗拉力 F_{Tu} 时，预应力筋与锚具、夹具或连接器之间的相对位移 Δa（见图15-4）。

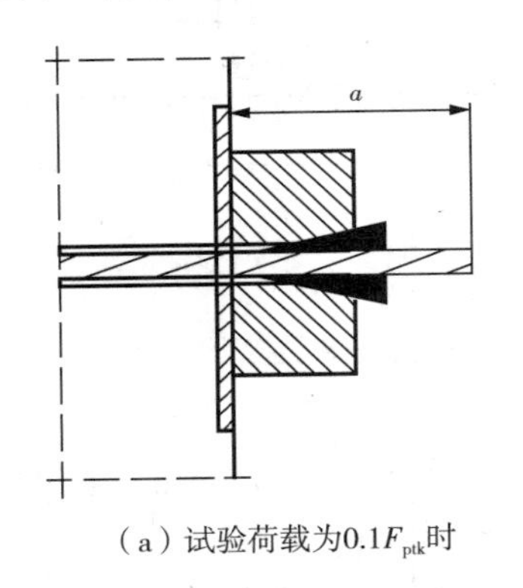

（a）试验荷载为$0.1F_{ptk}$时

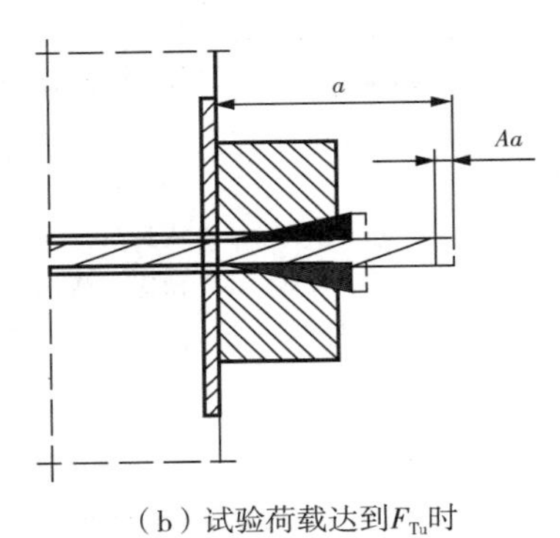

（b）试验荷载达到F_{Tu}时

图15-4　试验期间预应力筋与锚具、夹具或连接器之间的相对位移示意

（3）试验荷载从 $0.1F_{ptk}$ 增长到组装件的实测极限抗拉力 F_{Tu} 时总伸长率测量装置标距的增量 ΔL，并按式（15-1）计算预应力筋受力长度的总伸长率 ε_{Tu}：

$$\varepsilon_{Tu}=\frac{\Delta L_1+\Delta L_2}{L_1-\Delta L_2}\times 100\% \tag{15-1}$$

ΔL_1——试验荷载从 $0.1F_{ptk}$ 增长到 F_{Tu} 时，总伸长率测量装置标距的增量（mm）；

ΔL_2——试验荷载从0增长到 $0.1F_{ptk}$ 时，总伸长率测量装置标距增量的理论计算值（mm）；

L_1——总伸长率测量装置在试验荷载为$0.1F_{ptk}$时的标距(mm)。

(4)如采用测量加载用千斤顶活塞位移量计算预应力筋受力长度的总伸长率ε_{Tu}应按式(15-2)计算：

$$\varepsilon_{Tu}=\frac{\Delta L_1+\Delta L_2-\sum\Delta a}{L_2-\Delta L_2}\times 100\% \quad (15-2)$$

式中：ΔL_1——试验荷载从$0.1F_{ptk}$增长到F_{Tu}时，加载用千斤顶活塞的位移量(mm)；

ΔL_2——试验荷载从0增长到$0.1F_{ptk}$时，加载用千斤顶活塞位移量的理论计算值(mm)；

$\sum\Delta a$——试验荷载从$0.1F_{ptk}$增长到F_{Tu}时，预应力筋端部与锚具、夹具或连接器之间的相对位移之和(mm)；

L_2——试验荷载为$0.1F_{ptk}$时，预应力筋的受力长度(mm)。

5)组装件的破坏部位与形式应符合下列规定：夹片式锚具、夹具或连接器的夹片在加载到最高一级荷载时不允许出现裂纹或断裂。

6)应进行3个组装件的静载锚固性能试验，全部试验结果均应作出记录。3个组装件的试验结果均应符合要求，不应以平均值作为试验结果。预应力筋为钢绞线时，如果钢绞线在锚具、夹具或连接器以外非夹持部位破断，应更换钢绞线重新取样做试验。

15.3 疲劳荷载性能

15.3.1 概述

预应力筋-锚具组装件除必须满足静载锚固性能外，尚需满足循环次数为200万次的疲劳性能试验。

当锚固的预应力筋为钢丝、钢绞线或热处理钢筋时，试验应力上限取预应力钢材抗拉强度标准值的80%，疲劳应力幅度取80MPa。

试件经受200万次循环荷载后，锚具零件不应疲劳破坏。预应力筋在锚具夹持区域发生疲劳破坏的截面面积不应大于试件总截面面积的5%。

15.3.2 试验设备

试验机的测力系统应按照GB/T 16825.1的规定进行校准，并且其准确度不应低于1级；预应力筋总伸长率测量装置在测量范围内，示值相对误差不应超过±1%。

15.3.3 试验方法

1. 试验用预应力筋要求

1)试验用预应力钢材的力学性能应分别符合GB/T 5223、GB/T 5223.3、GB/T 5224和GB/T 20065等的规定，试验用纤维增强复合材料筋的力学性能应符合GB/T 26743或JG/T 351的规定，试验用其他预应力筋的力学性能应符合国家相关标准的规定。

2)试验用预应力筋的直径公差应在受检锚具、夹具或连接器设计的匹配范围之内。

3)应在预应力筋有代表性的部位取至少6根试件进行母材力学性能试验，试验结果应符合国家标准的规定，每根预应力筋的实测抗拉强度在相应的预应力筋标准中规定的等级划分均应与受检锚具、夹具或连接器的设计等级相同。

4)试验用索体试件应在成品索体上直接截取，试件数量不应少于3根。

5)已受损伤或者有接头的预应力筋不应用于组装件试验。

2. 试验用预应力筋-锚具、夹具或连接器组装件要求

1)试验用预应力筋-锚具、夹具或连接器组装件由产品零件和预应力筋组装而成。

2)试验用锚具、夹具或连接器应采用外观、尺寸和硬度检验合格的产品。组装时不应在锚固零件上添加或擦除影响锚固性能的介质。

3)多根预应力筋的组装件中各根预应力筋应等长、平行、初应力均匀，其受力长度不应小于3m。

4)单根钢绞线的组装件及钢绞线母材力学性能试验用的试件，钢绞线的受力长度不应小于0.8m;试验用其他单根预应力筋的组装件及母材力学性能试验用的试件，预应力筋的受力长度可按照试验设备及相关标准确定。

5)静载锚固性能试验用拉索试件应保证索体的受力长度符合表15-2的规定，疲劳荷载性能试验用拉索试件索体的受力长度不应小于3m。

表15-2 索体的受力长度

索体的公称直径 d/mm	索体的受力长度 l/mm
≤100	≥30d
>100	≥3000

6)对于预应力筋在被夹持部位不弯折的组装件(全部锚筋孔均与锚板底面垂直)，各根预应力筋应平行受拉，侧面不应设置有碍受拉或与预应力筋产生摩擦的接触点;如预应力筋的被夹持部位与组装件的轴线有转向角度(锚筋孔与锚板底面不垂直或连接器的挤压头需倾斜安装等)，应在设计转角处加装转向约束钢环，组装件受拉力时，该转向约束钢环与预应力筋之间不应发生相对滑动。

7)预应力筋-锚具或连接器组装件的疲劳荷载性能试验应在疲劳试验机上进行，受检组装件宜安装全部预应力筋;当疲劳试验机能力不够时，预应力筋根数可减少，但不应少于实际根数的1/2，且与预应力筋中心线偏角最大的预应力筋应包括在试验范围内。

8)以约100MPa/min的速度加载至试验应力上限值，在调节应力幅度达到规定值后，开始记录循环次数。

9)加载频率不应超过500次/min。

10)拉索的疲劳荷载性能试验应按国家相关标准执行。

11)应连续进行3个组装件的疲劳荷载性能试验，试验过程中应对下列内容进行观察和记录:

(1)试验锚具或连接器及预应力筋的疲劳损伤及变形情况;

(2)疲劳破坏的预应力筋的断裂位置、数量及相应的循环次数。

15.4 硬　度

15.4.1 概述

锚(夹)具的硬度应满足要求，其目的一方面是为了适当提高钢材的机械性能，另一方面是为了与钢绞线的硬度相互匹配。夹片硬度过低，很难锚住钢绞线；硬度过高，夹片容易开裂甚至碎掉。另外，如果锚夹具的硬度达不到设计要求，不仅会出现滑丝现象，还会引起夹片跟进不一和钢绞线剪坏现象。

15.4.2 试验设备

布洛维光学硬度计。

15.4.3 环境要求

试验一般在 10～35℃ 的室温下进行。对于精度要求较高的试验，室温应控制在 23℃±5℃。

15.4.4 试验方法

硬度检验应根据产品技术文件规定的表面位置、硬度值种类、硬度范围选用相应的硬度测量仪器，按 GB/T 230.1 或 GB/T 231.1 的规定执行。

1. 洛氏硬度试验要求

1)试验前，应使用与试样硬度值相近的标准洛氏硬度块对硬度计进行校验。硬度计应符合国家计量部的规定要求。

2)试样的试验面、支承面、试台表面和压头表面应清洁。试样应稳固地放置在试台上，以保证在试验过程中不产生位移及变形。在任何情况下，不允许压头与试验台及支座触碰。试样支承面、支座和试台工作面上均不得有压痕。

3)试验时，必须保证试验力方向与试样得试验面垂直。

4)施加初始试验力时，指针或指示线不得超过硬度计规定范围，否则应卸除初始试验力，在试样另一位置试验。

5)调整示值指示器至零点后，应在 2～8s 内施加全部主试验力。应均匀平稳地施加试验力，不得有冲击及震动。

6)施加主试验力后，总试验力的保持时间应以示值指示器指示基本不变为准。总试验力保持时间推荐如下：

(1)对于施加主试验力后不随时间继续变形的试样，保持时间为 1～3s；

(2)对于施加主试验力后随时间缓慢变形的试样，保持时间为 6～8s；

(3)对于施加主试验力后随时间明显变形的试样，保持时间为 20～25s。

达到要求的保持时间后，在 2s 内平稳地卸除主试验力，保持初始试验力，从相应的标尺刻度上读出硬度值。

7)两相邻压痕中心间距离至少应为压痕直径的4倍,但不得小于2mm,任一压痕中心距试样边缘距离至少为压痕直径的2.5倍,但不得小于1mm。

8)在每个试样上的试验点数应不少于四点(第一个点不算)。对大批量试样的检验,点数可适当减少。

2. 维氏硬度试验要求

1)应选用规定的试验力进行试验。

2)试样支承面应清洁且无其他污物。试样应稳固地放置于刚性支承台上以保证试验中试样不产生位移。使压头与试样表面接触,垂直于试验面施加试验力,加力过程中不应有冲击及震动,直至将试验力施加至规定值。

3)从加力开始至全部试验力施加完毕的时间应为2~10s。对于小负荷维氏硬度试验和显微维氏硬度试验,压头下降速度应不大于0.2mm/s。试验力保持时间为10~15s。对于特殊材料试验力保持时间可以延长,但误差应在±2s内。

在整个试验期间,硬度计应避免受到冲击和震动。

4)任一压痕中心距试样边缘距离,对于钢、钢及钢合金至少应为压痕对角线长度的2.5倍,对于轻金属、铅、锡及合金至少应为压痕对角线长度的3倍。

5)两相邻压痕中心之间距离,对于钢及钢合金至少应为压痕对角线长度的3倍;对于轻金属、铅、锡及合金至少应为压痕对角线长度的6倍。如果相邻两压痕大小不同,应以较大压痕确定压痕间距。

6)应测量压痕两条对角线的长度,用其算术平均值按表查出维氏硬度值,也可按相关公式计算硬度值。

7)在平面上压痕两对角线长度之差应不超过对角线平均值的5%,如果超过5%,则应在试验报告中注明。

8)在一般情况下,建议对每个试样报出3个点的硬度测试值。

3. 布氏硬度试验要求

1)应选择合适的试验力进行试验。

2)试验力-压头球直径平方的比率($0.102F/D^2$ 比值)应根据材料和硬度值选择。当试样尺寸允许时,应优先选用直径10mm的球压头进行试验。

3)试样应稳固地放置在刚性支承物上。试样背面和支承物之间应清洁和无外界污物(氧化皮、油、灰尘等)。

4)使压头与试样表面接触,无冲击和震动地垂直于试样表面施加试验力,直至达到规定试验力值。从施加力开始至施加力的时间应为2~8s。试验力保持时间为10~15s。对于要求试验力保持时间允许误差为±2s。

5)在整个试验期间,硬度计不应受到影响试验结果的冲击和震动。

6)任一压痕中心距离至少为压痕平均直径的2.5倍,两相邻压痕中心间距离至少为压痕平均直径的3倍。

7)应在两相互垂直方向测量压痕直径,用两个读数的平均值计算布氏硬度。

第 16 章　预应力混凝土用波纹管试验

16.1　概　述

管材的环刚度是指管材所能承受的压力，单位一般用 kN/m²，其检测方法依据《热塑性塑料管材　环刚度的测定》(GB/T 9647—2015)。目前，环刚度这一数值指标在国际上被广泛用于表示塑料埋地排水管的抗外压荷载能力。对于需要承受外部载荷的有压管道，为了保障其工作的可靠性，需要对其抗外压负载能力进行检测。在实际工程应用中，如果塑料波纹管材的环刚度指标不合格，会对管材的正常使用和使用寿命造成影响，严重的甚至可能引发工程事故，需要引起高度重视。

16.2　试验设备

塑料波纹管材的试验检测主要是在塑料波纹管环刚度试验机上进行(见图 16 - 1)，为了保证最终得到的试验数据准确可靠，需要根据试验的具体要求对试验机进行合理确定，并注意在整个试验过程中做到准确无误。

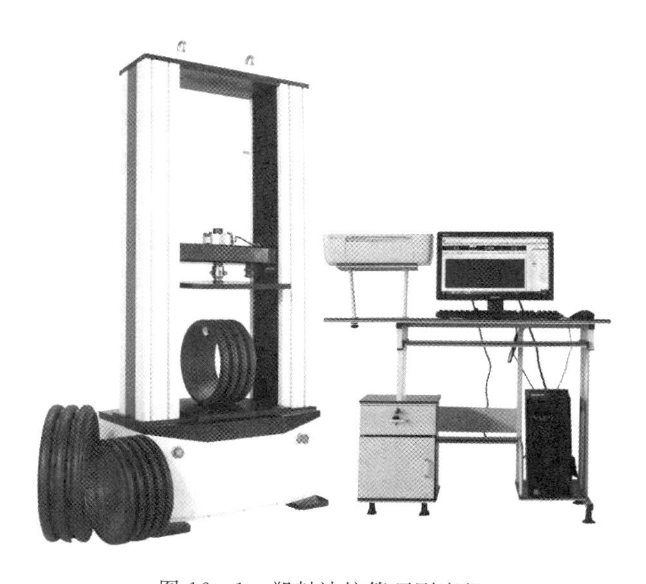

图 16 - 1　塑料波纹管环刚度机

此外，环刚度的试验检测还需要用到一对相互平行的挤压平板，挤压平板在选择时要注意保证其尺寸与试样尺寸间的协调性，同时必须具备足够的刚度和硬度。如针对具体试验，挤压平板的长度不能比试样的长度小，宽度必须比试样承受载荷时的接触表面宽，且留有一定余量。如果挤压平板的刚度和硬度不达标，试验检测时可能会导致平板本身发生变形，那么最终得到的管道变形数据自然就会不准确，进而影响最终的试验检测结果。

16.3 试样制备环境及试验方法

16.3.1 试样制备环境

试样试验前在23℃±2℃环境下放置24h以上。

16.3.2 试验方法

1)从5根管节上各取长300mm±10mm试样一段，两端应与管节轴线垂直切平。如果能确定试样在某个位置的环刚度最小，将第一个试样a的该位置与试验机的上平板相接触，否则放置第一个试样a时，将其标线与上平板相接触。在负荷装置中对另两个试样b、c的放置位置应相对于第一个试样依次旋转120°和240°放置。对于每一个试样，放置好变形测量仪并检查试样与上平板的角度位置。下降平板直至接触到试样的上部。上压板下降速度为5mm/min±1mm/min，当试样垂直方向内径变形量为原内径(或扁形管节短轴)的3%时，记录此时试样所受荷载。试验结果为5个试样算术平均值。

2)试验结果按式(16-1)计算。

$$S=\left(0.0186+0.025\times\frac{\Delta Y}{d_{\mathrm{i}}}\right)\times\frac{F_{\mathrm{i}}}{\Delta Y\cdot L} \tag{16-1}$$

式中：S——试样环刚度(kN/m^2)

ΔY——试样内径(或扁形管节短轴)垂直方向3%变化量(m)；

F_{i}——试样内径(或扁形管节短轴)垂直方向3%变形时荷载(kN)；

d_{i}——试样内径(或扁形管节长轴与短轴的算术平均值)(m)；

L——试样长度(m)。

第 17 章　材料中的有害物质

17.1　乙酰丙酮分光光度法测定游离甲醛含量

17.1.1　概述

建筑材料中游离甲醛含量主要来自涂料、水性胶粘剂、水性处理剂、壁纸等装饰装修材料。随着科技进步、新材料发展，装饰装修材料种类繁多，不同的种类材料的游离甲醛含量或游离甲醛释放量的测定方法略有区别。本方法依据《水性涂料中甲醛含量的测定　乙酰丙酮分光光度法》(GB/T 23993—2009)编制而成。

17.1.2　实验原理

采用蒸馏的方法将样品中的甲醛蒸出。在 pH＝6 的乙酸-乙酸铵缓冲溶液中，馏分中的甲醛与乙酰丙酮在加热的条件下反应生成稳定的黄色络合物，冷却后在波长 412nm 处进行吸光度测试。根据标准工作曲线，计算试样中甲醛的含量。

17.1.3　仪器设备

1)蒸馏装置：100mL 蒸馏瓶、蛇形冷凝管、馏分接受器。

2)具塞刻度管：50mL，与上述馏分接受器为同一容器。

3)移液管：1mL、5mL、10mL、20mL、25mL。

4)加热设备：电加热套、水浴锅；

5)天平：精度为 1mg。

6)紫外可见分光光度计。

17.1.4　试剂和材料

1)乙酸铵。

2)冰乙酸：ρ＝1.055g/mL。

3)乙酰丙酮：ρ＝0.975g/mL。

4)碘溶液：$c(1/2I_2)$＝0.1mol/L。

5)氢氧化钠溶液：1mol/L。

6)盐酸溶液：1mol/L。

7)硫代硫酸钠标准溶液：$c(Na_2S_2O_3)$＝0.1mol/L，并按照 GB/T 601 进行标定。

8)淀粉溶液：1g/100mL，称取 1g 淀粉，用少量水调成糊状，倒入 100mL 沸水中，呈透明溶液，临用时配制。

9)甲醛溶液:约37%(质量分数)。

10)甲醛标准溶液:1mg/mL,移取2.8mL甲醛溶液,置于1000mL容量瓶中,用水稀释至刻度。

11)乙酰丙酮溶液:0.25%(体积分数),称取25g乙酸铵,加适量水溶解,加3mL冰乙酸和0.25mL已蒸馏过的乙酰丙酮试剂,移入100mL容量瓶中,用水稀释至刻度,调整pH=6。此溶液于2~5℃贮存,可稳定一个月。

甲醛标准溶液的标定。移取20mL待标定的甲醛标准溶液于碘量瓶中,准确加入25mL碘溶液,再加入10mL氢氧化钠溶液,摇匀,于暗处静置15min后,加11mL盐酸溶液,用硫代硫酸钠标准溶液滴定至淡黄色,加1mL淀粉溶液,继续滴定至蓝色刚刚消失为终点,记录所耗硫代硫酸钠标准溶液体积V_2(mL)。同时做空白样,记录所耗硫代硫酸钠标准溶液体积V_1(mL)。按式(17-1)计算甲醛标准溶液的浓度:

$$\rho(\mathrm{HCHO})=\frac{(V_1-V_2)\times c(\mathrm{Na_2S_2O_3})\times 15}{20} \tag{17-1}$$

式中:$\rho(\mathrm{HCHO})$——甲醛标准溶液的质量浓度(g/L);

V_1——空白样滴定所耗的硫代硫酸钠标准溶液体积(mL);

V_2——甲醛溶液标定所耗硫代硫酸钠标准溶液体积(mL);

$c(\mathrm{Na_2S_2O_3})$——硫代硫酸钠标准溶液的浓度(mol/L);

15——甲醛摩尔质量的1/2;

20——标定时所移取的甲醛标准溶液体积(mL)。

12)甲醛标准稀释液:10μg/mL,移取10mL标定过的甲醛标准溶液,置于1000mL容量瓶中,用水稀释至刻度。

17.1.5 实验步骤

1. 标准工作曲线的绘制

取数支具塞刻度管,分别移入0.00mL、0.20mL、0.50mL、1.00mL、3.00mL、5.00mL、8.00mL甲醛标准稀释液,加水稀释至刻度,加入2.5mL乙酰丙酮溶液,摇匀。在60℃恒温水浴中加热30min,取出后冷却至室温,用10mm比色皿(以水为参比)在紫外可见分光光度计上于412nm波长处测试吸光度。

以具塞刻度管中的甲醛质量为横坐标,相应的吸光度为纵坐标,绘制标准工作曲线。标准工作曲线校正系数应不小于0.995,否则应重新制作新的标准工作曲线。

2. 甲醛含量的测试

称取搅拌均匀后的试样约2g(精确至1mg),置于50mL的容量瓶中,加水摇匀,稀释至刻度。再用移液管移取10mL容量瓶中的试样水溶液,置于已预先加入10mL水的蒸馏瓶中,并在蒸馏瓶中加入少量的沸石,在馏分接受器中预先加入适量的水,浸没馏分出口,馏分接收器的外部用冰水浴冷却(蒸馏装置见图17-1)。加热蒸馏,使试样蒸至近干,取下馏分接收器,用水稀释至刻度,待测。

若待测试样在水中不易分散,则直接称取搅拌均匀后的试样约0.4g(精确至1mg),置于已预先加入20mL水的蒸馏瓶中,轻轻摇匀,再进行蒸馏过程操作。

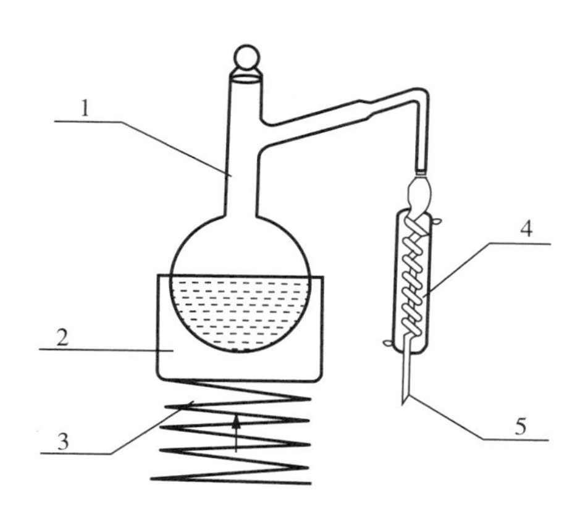

1—蒸馏瓶;2—加热装置;3—升降台;4—冷凝管;5—连接馏分接受装置。

图 17－1　蒸馏装置示意

在已定容的馏分接受器中加入 2.5mL 乙酰丙酮溶液,摇匀。在 60℃的恒温水浴中加热 30min,取出后冷却至室温,用 10mm 比色皿(以水为参比)在紫外可见分光光度计上于 412nm 波长处测试吸光度。同时在相同条件下做空白样(水),测得空白样的吸光度。

将试样的吸光度减去空白样的吸光度,在标准工作曲线上查得相应的甲醛质量。如果试验溶液中甲醛含量超过标准曲线最高点,需重新蒸馏试样,并适当稀释后再进行测试。进行一式两份试样的平行测定。

17.1.6　结果表示

1)按式(17－2)计算甲醛含量:

$$C=\frac{m}{W}f \tag{17-2}$$

式中:C——甲醛含量(mg/kg);

m——从标准工作曲线上查得的甲醛质量(μg);

W——样品质量(g);

f——稀释因子。

计算两次测试结果的平均值,以平均值报出结果。当测定值小于 1000mg/kg 时,以整数值报出结果;当测定值大于或等于 1000mg/kg 时,以三位有效数字乘以幂次方报出结果。

2)测试方法检出限:5mg/kg。

17.1.7　精密度

1. 重复性

在重复性条件下,当测试结果不大于 100mg/kg 时,同一操作者两次测试结果的差值不大于 10mg/kg;当测试结果大于 100mg/kg 时,同一操作者两次测试结果的相对偏差不大于 5%。

2. 再现性

当测试结果不大于 100mg/kg 时,不同实验室间测试结果的差值不大于 20mg/kg;当测试结果大于 100mg/kg 时,不同实验室间测试结果的相对偏差不大于 10%。

17.2　甲醛释放量测定（$1m^3$ 气候箱法）

17.2.1　概述

建筑材料中游离甲醛释放量主要是由纤维板、刨花板、胶合板、细木工板、重组装饰材、单板层积材、集成材、饰面人造板、木质地板、木质墙板、木质门窗等人造板材及其制品、地毯及地毯衬垫、软包等装饰装修材料产生。游离甲醛释放量的测定方法以 $1m^3$ 气候箱法为主，干燥器法、气体分析法、穿孔萃取法主要用于生产内部质量控制的检测方法。

本方法依据《人造板及饰面人造板理化性能实验方法》(GB/T 17657—2022)编制而成。

17.2.2　实验原理

将规定表面积的样品放入规定温度、相对湿度、空气流速和空气置换率的气候箱内，样品释放的甲醛与箱内空气混合。在规定的各个时间段，以水作为吸收液，吸收规定体积混合空气中甲醛，直至箱内混合空气中甲醛浓度达到稳定状态。测定吸收液中的甲醛量及抽取空气体积，计算出每立方米空气中的甲醛量，以“mg/m^3”表示。

17.2.3　设备仪器

1)$1m^3$ 气候箱：气候箱参数、技术要求应满足 LY/T 1612 的规定。甲醛背景浓度（含置换空气）不应超过 $0.006mg/m^3$。

2)空气抽样系统：包括抽样管（如硅胶管）、2 个 100mL 的吸收瓶、硅胶干燥器、大气采样器（含气泵、气体流量计、时间控制器）、温度计。

3)恒温恒湿室：室内保持相对湿度为 50%±5%、温度为 23℃±1℃，而且空气置换率至少 1 次/h。

4)水槽：可保持温度 60℃±1℃。

5)分光光度计：可在波长 412nm 处测量吸光度。推荐配 50mm 光程的比色皿。

6)天平：感量为 0.01g；感量为 0.0001g。

7)器皿与容器：

(1)碘价瓶，500mL；

(2)单标线移液管，0.1mL、2.0mL、25mL、50mL、100mL，或自动数字式移液管；

(3)棕色酸式滴定管，50mL；

(4)棕色碱式滴定管，50mL；

(5)量筒，10mL、50mL，100mL，250mL，500mL；

(6)干燥器，直径为 20～24cm；

(7)表面皿，直径为 12～15cm；

(8)白色容量瓶，100mL、1000mL、2000mL；

(9)棕色容量瓶，1000mL；

(10)带塞三角烧瓶，50mL、100mL；

(11)烧杯，100mL、250mL、500mL、1000mL；

(12)棕色细口瓶，1000mL；

(13)滴瓶，60mL；

(14)玻璃研钵，直径为 10～12cm；

(15)小口塑料瓶，500mL、1000mL。

17.2.4　试剂与溶液配制

1)水：至少为符合 GB/T 6682 规定的三级纯度蒸馏水或去离子水的要求。

2)有证碘标准溶液，$c(I_2)=0.05$mol/L。

3)有证硫代硫酸钠标准溶液，$c(Na_2S_2O_3)=0.1$mol/L。

4)氢氧化钠(NaOH)，分析纯。

5)氢氧化钠溶液(1mol/L)：称取 40g(精确至 0.001g)氢氧化钠，溶于 600mL 新煮沸而后冷却的蒸馏水中，待全部溶解后加蒸馏水定容至 1000mL，储于小口塑料瓶中。

6)硫酸(H_2SO_4)，$\rho=1.84$g/mL，分析纯。

7)硫酸溶液(1mol/L)：量取约 54mL 硫酸，在搅拌下缓缓倒入适量水中，搅匀，冷却后，以水稀释并完全转移至 1000mL 的容量瓶中，以水稀释到刻度，摇匀。

8)可溶性淀粉，分析纯。

9)淀粉指示剂(1%)：称取 1g 可溶性淀粉，加入 10mL 蒸馏水中，搅拌下注入 90mL 沸水中，再微沸 2min，放置待用，使用前配制。

10)乙酰丙酮($CH_3COCH_2COCH_3$)，分析纯。

11)乙酰丙酮溶液($CH_3COCH_2COCH_3$，体积分数为 0.4%)：用移液管吸取 4mL 乙酰丙酮置于 1000mL 棕色容量瓶中，再用水稀释至刻度，摇匀，避光保存。

12)乙酸铵(CH_3COONH_4)，分析纯。

13)乙酸铵溶液(CH_3COONH_4，质量分数为 20%)：称取 200g(精确至 0.01g)乙酸铵于 500mL 烧杯中，加水完全溶解后，完全转至 1000mL 棕色容量瓶中，再用水稀释至刻度，摇匀，避光保存。

14)甲醛溶液(HCHO)，质量分数为 35%～40%。

15)甲醛标准溶液：移取约 2mL 甲醛溶液于 1000mL 容量瓶中，再用水稀释至刻度，摇匀。准确移取 20mL 该溶液于 100mL 带塞三角烧瓶中，再加入 25mL 碘标准溶液、10mL 氢氧化钠标准溶液混匀，在暗处静置 15min，加入 15mL 硫酸溶液，以 0.1mol/L 硫代硫酸钠溶液滴定近终点，再加入几滴 1%淀粉指示剂，继续滴定无色，同时以 20mL 水代替甲醛溶液进行空白试验。平行标定 4 次，数据处理按 GB/T 601 规定。甲醛标准溶液浓度按式(17－3)计算：

$$C_1=(V_0-V)\times 15\times C_2\times 1000/20 \qquad (17-3)$$

式中：C_1——甲醛浓度(mg/L)；

V_0——滴定蒸馏水所用的硫代硫酸钠标准溶液的体积(mL)；

V——滴定甲醛溶液所用的硫代硫酸钠标准溶液的体积(mL)；

C_2——硫代硫酸钠溶液的浓度(mol/L)。

注：1mL 0.1mol/L 硫代硫酸钠相当于 1mL 0.05mol/L 的碘溶液和 1.5mg 的甲醛。

16)有证甲醛标准溶液。

17)甲醛标准工作溶液(3mg/L)：准确移取适量体积甲醛标准溶液于 1000mL 容量瓶中，用水稀释至刻度，摇匀，使该甲醛标准工作溶液的浓度为 3mg/L。

17.2.5 试件要求

1. 试件尺寸

试件表面积为 $1m^2$，通常为试件尺寸：长 l 为 500mm±5mm；宽 b 为 500mm±5mm。当试件长、宽小于所需尺寸，允许采用不影响测定结果的方法拼合。试件带榫舌的突出部分应去掉。

2. 试件平衡处理

试件在 23℃±1℃、相对湿度为 50%±5%条件下放置 15d±2d，试件之间距离至少 25mm，使空气在所有试件表面上自由循环。恒温恒湿室内空气置换率至少每小时 1 次，室内空气中甲醛质量浓度不应超过 $0.10mg/m^3$。

注：如果使用空气净化装置来保持背景浓度低于 $0.10mg/m^3$，也可以使用通风能力较低的恒温恒湿室。

3. 试件封边

试件平衡处理后，采用不含甲醛的铝胶带封边，未封边的长度与试件表面积的比例为 $l/A=1.5m/m^2$。对于试件尺寸为 0.5m×0.5m×板厚的试件，试验需 2 块试件，每个试件未封边长度为 $l=0.5m^2\times1.5m/m^2=0.75m$。

注：因为 $l/A=1.5m/m^2$ 为固定比例，未封边边部表面积相对于试件表面积的百分比取决于试件的厚度。

地板只测量暴露面。采用不含甲醛的铝箔胶带将 2 块试件背靠背封起来，或者用铝箔胶带将试件的一面密封起来，所有侧边均用铝箔胶带密封。

17.2.6 试验步骤

1. 试验条件

在试验过程中，气候箱内保持下列条件：

1)温度：23℃±0.5℃；

2)相对湿度：50%±3%；

3)承载率：$1.0m^2/m^3\pm0.02m^2/m^3$；

4)空气置换率：$1.0h^{-1}\pm0.05h^{-1}$；

5)试件表面空气流速：0.1～0.3m/s；

6)进入气候箱空气背景质量浓度不应超过 $0.006mg/m^3$。

2. 试件放置

试件完成平衡处理后，在 1h 内放入气候箱。试件应垂直放置于气候箱的中心位置，其表面与空气流动的方向平行，试件之间距离不小于 200mm。

3. 甲醛采集

先将空气抽样系统与气候箱的空气出口相连接，连接管线长度尽可能短(见图 17－2)，2

个串联吸收瓶中各加入 25mL 水，启动采样器，以 2L/min 速度采样，采样体积至少为 120L，记录采样时环境温度、大气压力。采样结束后将 2 个吸收瓶的溶液充分混合作为吸收液待测。

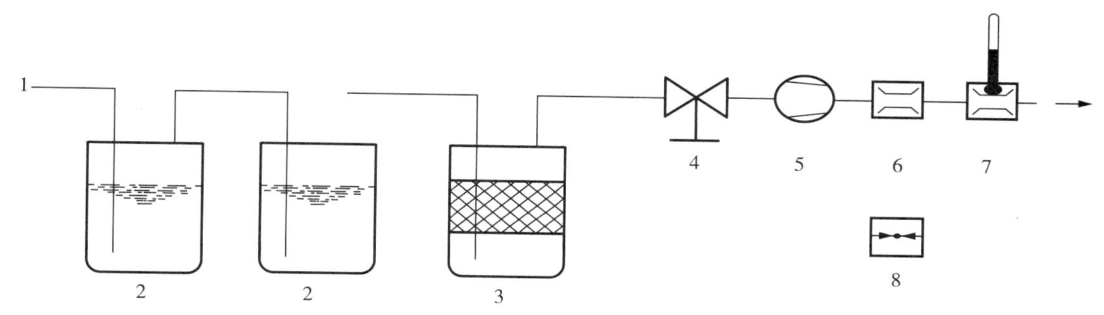

1—抽样管；2—气体洗瓶（吸收瓶）；3—硅胶干燥器；4—气阀；5—气体抽样泵；6—气体流量计；7—气体计量表，配有温度计；8—空气压力表。

图 17-2 取样装置示例

4. 甲醛浓度测定

1)测定原理。在乙酰丙酮和乙酸铵混合溶液中，甲醛和乙酰丙酮反应生成二乙酰基二氢二甲基吡啶（DDL），DDL 在 412nm 波长处吸光度最大。该反应对甲醛具有高度特异性。

2)测定程序。准确吸取 10mL 吸收液于 50mL 带塞三角烧瓶中，再吸取 10mL 乙酰丙酮溶液和 10mL 乙酸铵溶液到该烧瓶中。具塞，摇匀，放入 60℃±1℃的水槽中加热 10min，然后避光处室温下存放约 1h。以 50mm 光程的比色皿，在分光光度计上 412nm 处，以蒸馏水作为对比溶液，调零，然后测定吸收液的吸光度 A_s。同时用蒸馏水代替吸收液，采用相同方法作空白试验，确定空白值 A_s。如使用 10mm 光程比色皿，应证明其最小检出限（最低定量限）符合 $0.005mg/m^3$。

3)测试期限。在测试的第一天，不需要取样；从第 2 天至第 5 天，每天取样 2 次。每次取样时间间隔应超过 3h。如果前三天达到稳定状态，可停止取样。当最后 4 次测定的甲醛浓度平均值与最大值或最小值之间的偏差值低于 5%或低于 $0.005mg/m^3$，则达到稳定状态。具体如下：

(1)平均值：$c=(c_n+c_{n-1}+c_{n-2}+c_{n-3})/4$；

(2)偏差值：d=最大绝对值$[(c-c_n),(c-c_{n-1}),(c-c_{n-2}),(c-c_{n-3})]$；

(3)达到稳定状态：$d\times100/c<5\%$，或 $d<0.005mg/m^3$。

其中，c_n 是最后一次浓度测定值，c_{n-1} 是倒数第二次浓度测定值，依次类推。

在节假日（如周末），可取消取样，但是稳定状态的判定应往后推延，直至完成最后 4 次测定。如果在前 5 天没有达到稳定状态，自第 5 天开始，每天采样 1 次，直到达到稳定状态，如在 28d 内未达到稳定状态，则终止试验与采样。

注：实际操作中，由于甲醛释放具有不可逆性，真正的稳定状态难以达到，上述的稳定状态条件为基于试验目的相对稳定状态。

4)标准曲线绘制。甲醛标准工作溶液的浓度为 3mg/L。把 0mL，5mL，10mL，20mL，50mL 和 100mL 的甲醛标准工作溶液分别移加到 100mL 容量瓶中，并用蒸馏水稀释到刻度。然后分别取出 10mL 溶液，按上述规定方法测量吸光度。根据甲醛质量浓度

(0～3mg/L)和对应吸光度绘制标准曲线(见图 17－3)。标准曲线相关系数 $\gamma_2 \geqslant 0.9995$,斜率保留四位有效数字。标准曲线至少每月检查一次。

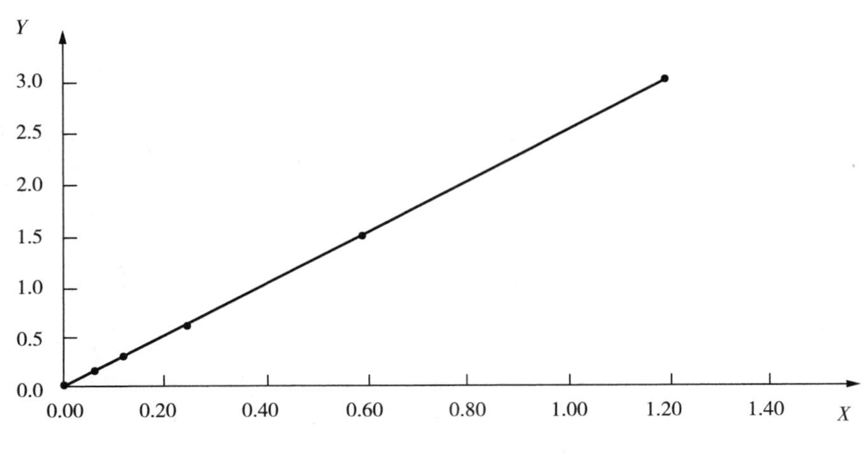

X—吸光度 $A_s - A_b$;Y—甲醛标准工作溶液稀释后的质量浓度(mg/L)。

图 17－3　标准曲线示例(光程 50mm 比色皿)

17.2.7　结果计算与表示

1. 吸收液中甲醛含量

吸收液中甲醛含量(G)按式(17－4)计算:

$$G = f \times (A_s - A_b) \times V_{sol} \tag{17-4}$$

式中:G——甲醛含量(mg);

f——标准曲线的斜率(mg/L);

A_s——吸收液的吸光度;

A_b——蒸馏水的吸光度;

V_{sol}——吸收液体积(L)。

2. 甲醛释放量计算

某特定采样时间,试件的甲醛释放量(c)按式(17－5)计算,精确至 0.001 mg/m³:

$$c = G/V_{air} \tag{17-5}$$

式中:c——甲醛释放量(mg/m³);

G——吸收液中甲醛含量(mg);

V_{air}——抽取的空气体积(校准到标准温度 23℃、标准大气压时的体积)(m³)。

3. 稳定状态下甲醛释放量

当达到稳定状态,甲醛释放量是最后四次测定的浓度的平均值。如果测试在 28d 内未达到稳定状态,最后四次测定的浓度的平均值可以记录为“临时甲醛释放量”,随附说明“未达到稳定状态”。

4. 结果表示

甲醛释放量以稳定状态下甲醛释放量结果表示,精确至 0.001mg/m³,并在测定值后用括号表示达到稳定状态释放量的测试时间(以小时为单位)。以最后一次测试时间为稳定状态释放量的测试时间。

17.3　气相色谱法测定挥发性有机化合物(VOC)含量

17.3.1　概述

挥发性有机化合物(VOC)含量即在规定的条件下,所测得的涂料中存在的挥发性有机化合物的含量。本节主要讲述建筑涂料中水性墙面涂料和水性装饰板涂料中挥发性有机化合物(VOC)含量的测定。本方法依据《建筑用墙面涂料中有害物质限量》(GB 18582—2020)和《色漆和清漆　挥发性有机化合物(VOC)和/或半挥发性有机化合物(SVOC)含量的测定　第 2 部分:气相色谱法》(GB/T 23986.2—2023)编制而成,主要适用于预期 VOC 含量大于 0.1%(质量分数)、小于 15%(质量分数)的样品。

17.3.2　实验原理

准备好样品后采用气相色谱技术分离 VOCs。根据样品的类型,选择热进样或冷柱进样方式,优先选用热进样方式,化合物经定性鉴定后,用内标法以峰面积值来定量。用这种方法也可以测定水分含量,这取决于所用的仪器。然后进行计算并得出样品的 VOC 含量。腻子样品不做水分含量和密度的测试。

17.3.3　主要仪器设备

气相色谱仪:配备火焰离子化检测器(FID)或已校准并调谐过的质谱仪或其他质量选择检测器或已校准过的傅立叶变换红外光谱仪(FT - IR 光谱仪);色谱柱;载气;校准化合物;稀释溶剂;标记物。

色谱柱采用中等极性色谱柱(6%氰丙苯基/94%聚二甲基硅氧烷毛细管柱),标记物为己二酸二乙酯。校准化合物包括但不限于甲醇、乙醇、正丙醇、异丙醇、正丁醇、异丁醇、三乙胺、二甲基乙醇胺、2 -氨基- 2 -甲基- 1 丙醇、乙二醇、1,2 -丙二醇、二乙二醇、2,2,4 -三甲基- 1,3 -戊二醇等,可购买有证 VOCs 标准物质。

注:根据配备的气相色谱仪选择适当的载气,依据检测样品选择合适的稀释溶剂,具体可依据 GB/T 23986.2 的规定选用。

17.3.4　样品制备

称取样品约 1g(精确至 0.1mg)以及与待测化合物相近质量的内标物到同一样品瓶中,用适量的稀释溶剂稀释样品,密封样品瓶,并摇匀。带颜料的或其他复杂的样品需通过离心净化。

17.3.5　试验步骤

1)采用比重瓶法测定样品密度:用比重瓶装满被测样品,用比重瓶内样品的质量和已知的比重瓶体积计算出被测样品的密度，密度测定要求是在23℃条件下进行。

2)水分的测定。

(1)利用气相色谱法(配备热导检测器)测定水分的含量，利用内标方法测试水的相对响应因子R：

$$R=\frac{m_i\times A_w}{m_w\times A_i} \tag{17-6}$$

式中：R—— 水的相对响应因子；

m_i—— 内标物的质量(g)；

A_w—— 水的峰面积；

m_w—— 水的质量(g)；

A_i—— 内标物的峰面积。

该计算公式是内标物及稀释溶剂无水的情况下的计算公式，若内标物和稀释溶剂不是无水试剂，则利用式(17-7)进行计算相对响应因子R：

$$R=\frac{m_i\times(A_w-A_0)}{m_w\times A_i} \tag{17-7}$$

式中：R—— 水的相对响应因子；

m_i—— 内标物的质量(g)；

A_w—— 水的峰面积；

m_w—— 水的质量(g)；

A_0—— 空白样中水的峰面积；

A_i—— 内标物的峰面积。

此处的空白样品是内标物和稀释溶剂的混合液。

(2)称取搅拌均匀后的试样约0.6g以及与水含量近似相等的内标物于配样瓶中，精确至0.1mg，记录试样的质量m_s和内标物的质量m_i，再加入5mL稀释溶剂(稀释溶剂体积可根据样品状态调整)，密封配样瓶并摇匀。同时准备一个不加试样的内标物和稀释溶剂混合液作为空白样。用力摇动或超声装有试样的配样瓶15min，放置5min，使其沉淀(为使试样尽快沉淀，可在装有试样的配样瓶内加入几粒小玻璃珠，然后用力摇动；也可使用低速离心机使其沉淀)。用微量注射器吸取配样瓶中的1μL上层清液，注入色谱仪中，记录色谱图。

按式(17-8)计算试样中的水分含量w_W：

$$w_W=\frac{m_i\times(A_w-A_0)}{m_s\times A_i\times R}\times100\% \tag{17-8}$$

式中：w_W—— 试样中的水分含量，以质量分数计；

m_i—— 内标物的质量(g)；

A_w—— 试样中水的峰面积；

A_0—— 空白样中水的峰面积；

m_s—— 试样的质量(g)；

A_i—— 内标物的峰面积；

R—— 水的相对响应因子。

平行测试两次，取两次测试结果的平均值，保留至小数点后两位。

3）化合物含量的定量测定。测定校准化合物相对校正因子前应优化条件设定仪器参数，不同的仪器设备可设置优化后的仪器设备参数，保证校准化合物能充分分离或出峰稳定。若校准中用到的化合物都可以购买到，则先测定校准化合物的相对校正因子，再按相同的仪器参数条件下，测定试样中的各组分化合物的相对校正因子，计算出化合物含量。

(1) 校准化合物的相对校正因子的测定。

在样品瓶中称入校准化合物中定性出的化合物，精确至 0.1mg，称取的质量与试验样品中各自组分的含量应在同一数量级。

再称取与待测化合物相近质量的内标物到同一样品瓶中，用稀释溶剂稀释混合物，在与测试样品时相同的色谱操作条件下进样测定。

将适量的校准混合物注入气相色谱仪中，分析图谱，按式(17－9)计算每种化合物的相对校正因子：

$$r_i = \frac{m_{ci} \times A_{is}}{m_{is} \times A_{ci}} \tag{17-9}$$

式中：r_i—— 化合物 i 的相对校正因子；

m_{is}—— 校准混合物中内标物的质量(g)；

m_{ci}—— 校准混合物中化合物 i 的质量(g)；

A_{is}—— 内标物的峰面积；

A_{ci}—— 化合物 i 的峰面积。

若出现未能定性的色谱峰或无法购买到校准用的化合物时，则应假定其相对校正因子为 1.0。

(2) 待测试样的化合物的质量测定。

从制备好的待测试样中，0.1～1μL 的试验样品注入气相色谱仪中，记录色谱图，并平行测定样品。测定每种化合物的峰面积，或者如果术语 VOC 是指已规定的最高沸点以下的化合物，测定保留时间低于标记物的所有化合物的峰面积，然后按式(17－10)计算 1g 试验样品中所含的每种化合物的质量：

$$m_i = \frac{r_i \times A_i \times m_{is}}{m_s \times A_{is}} \tag{17-10}$$

式中：m_i——1g 试验样品中化合物 i 的质量(g)；

r_i—— 化合物 i 的相对校正因子；

A_i—— 化合物 i 的峰面积；

A_{is}—— 内标物的峰面积；

m_{is}—— 试验样品中内标物的质量(g)；

m_s—— 试验样品的质量(g)。

17.3.6　结果计算

“待测”样品扣除水后的 VOC 含量，单位以“g/L”表示，按式(17－11)计算：

$$\rho(\mathrm{VOC})_{1\mathrm{w}}=\left(\frac{\sum_{i=1}^{n}m_i}{1-\rho_s\times\frac{m_w}{\rho_w}}\right)\times\rho_s\times1000 \tag{17-11}$$

式中：$\rho(\mathrm{VOC})_{1\mathrm{w}}$—— 待测样品扣除水后的 VOC 含量(g/L)；

m_i——1g 试验样品中化合物 i 的质量(g)；

m_w——1g 试验样品中水的质量(g)；

ρ_s—— 试验样品在 23℃ 时的密度(g/mL)；

ρ_w—— 水在 23℃ 时的密度(g/mL)(=0.997537g/mL)；

1000—— 换算系数。

腻子样品不做水分含量和密度的测试时，“待测”样品的 VOC 含量，以质量分数(%)表示，按式(17-12)计算：

$$w(\mathrm{VOC})=\sum_{i=1}^{n}m_i\times100 \tag{17-12}$$

式中：$w(\mathrm{VOC})$—— 待测样品的 VOC 含量，以质量分数(%)表示；

m_i——1g 试验样品中化合物 i 的质量(g)；

100—— 质量(克/克，g/g)换算成质量分数(%)的换算系数。

17.4　差值法测定挥发性有机化合物(VOC)含量

17.4.1　概述

对于溶剂型装饰板涂料中 VOC 含量测定，采用差值法计算，不测水分，水分含量设为零。通过测定待测样品的密度、不挥发物含量，计算得出 VOC 的含量。

本方法依据《色漆和清漆　挥发性有机化合物(VOC)含量的测定　差值法》(GB/T 23985—2009)等编制而成。

17.4.2　密度的测定

采用比重瓶法测定样品密度：用比重瓶装满被测样品，用比重瓶内样品的质量和已知的比重瓶体积计算出被测样品的密度，密度测定要求是在 23℃条件下进行。

注：具体比重瓶的选用及实验方法依据 GB/T 6750。

17.4.3　仪器设备

1)金属或者玻璃的平底皿：直径为 75mm±5mm，边缘高度至少 5mm；

2)烘箱；电子天平(精确至 1mg)等

17.4.4　不挥发物含量的测定

首先根据涂料的产品类别，依据国家标准 GB/T 1725—2007 规定，确定烘箱的温度及烘干的时间和试样质量，将样品铺匀，记录称量前平底皿和待测样品的质量与烘干后称量平底皿和待测试样的质量，要进行二次平行样的测定。

按式(17－13)计算不挥发物的质量分数 $w(\mathrm{NV})$，数值以%表示：

$$w(\mathrm{NV})=\frac{m_2-m_0}{m_1-m_0}\times 100 \tag{17－13}$$

式中：m_2——皿和剩余物的质量(g)；

m_1——皿和试样的质量(g)；

m_0——皿的质量(g)。

如果色漆、清漆或者漆基的两个结果之差大于 2%(相对平均值)或者是聚合物分散体的结果之差大于 0.5%，则需要重新实验。计算两个有效结果的平均值，作为实验最终结果，准确至 0.1%。

17.4.5　挥发物含量的计算

待测样品 VOC 含量的计算按式(17－14)计算：

$$\rho(\mathrm{VOC})=(100-w(\mathrm{NV})-w_{\mathrm{w}})\times\rho_{\mathrm{s}}\times 10 \tag{17－14}$$

式中：$\rho(\mathrm{VOC})$——待测样品 VOC 的含量(g/L)；

$w(\mathrm{NV})$——不挥发物含量，以质量分数(%)表示；

w_{w}——水分含量，以质量分数(%)表示，此处为 0；

ρ_{s}——实验样品在 23℃时的密度(g/mL)；

10——质量分数(%)换算成 g/L 的换算系数。

17.5　放射性测定

17.5.1　概述

本节规定了建造各类建筑物所使用的无机非金属类材料(如水泥与水泥制品、砖、瓦、混凝土、混凝土预制构件、砌块、墙体保温材料、工业废渣、掺工业废渣的建筑材料及各种新型墙体材料等)和建筑物室内外饰面用的建筑材料(如花岗石、建筑陶瓷、石膏制品、吊顶材料、粉刷材料及其他新型饰面材料等)放射性核素镭－226、钍－232、钾－40 放射性比活度的试验。

本方法依据《建筑材料放射性核素限量》(GB 6566—2010)编制而成。

17.5.2　仪器设备

1)低本底多道 γ 能谱仪。

2)天平(感量为 0.1g)。

3)研磨机。

4)筛子(100 目)。

17.5.3 样品制备

1)随机抽取样品两份,每份不少于2kg。一份封存,另一份作为检验样品。

2)将检验样品破碎研磨。过筛,使经过研磨过的样品粒径不大于0.16mm。

3)将样品放入与标准样品几何形态一致的样品盒中称重(精确至0.1g)、密封、待测。

17.5.4 试验步骤

1)用标准样品校准设备(需要时)。

2)检验样品中天然放射性衰变链基本达到平衡后,在与标准样品测量条件相同情况下,用低本底多道γ能谱仪对其进行镭-226、钍-232、钾-40比活度测量。

17.5.5 试验结果

1. 内照射指数

内照射指数计算公式:

$$I_{Ra}=C_{Ra}/200 \tag{17-15}$$

式中:I_{Ra}——内照射指数;

C_{Ra}——建筑材料中天然放射性核素镭-226的放射性比活度(Bq/kg);

200——仅考虑内照射情况下,建筑材料中放射性核素镭-226的放射性比活度限量(Bq/kg)。

2. 外照射指数

外照射指数计算公式:

$$I_r=C_{Ra}/370+C_{Th}/260+C_K/4200 \tag{17-16}$$

式中:I_r——外照射指数;

C_{Ra}——建筑料中天然放射性核素镭-226的放射性比活度(Bq/kg);

C_{Th}——建筑料中天然放射性核素钍-232的放射性比活度(Bq/kg);

C_k——建筑料中天然放射性核素钾-40的放射性比活度(Bq/kg);

370、260、4200——分别为仅考虑外照射情况下,建筑材料中天然放射性核素镭-226钍-232、钾-40在其各自单独存在时GB 6566—2010规定的限量(Bq/kg)。

17.6 氨的释放量测定

17.6.1 概述

外加剂是指在混凝土中添加的一些化学物质,如减水剂、增稠剂、防水剂等。混凝土外加剂中游离氨的指标一般不能超过300mg/kg(2.61%)。如果这一指标超标,可能会影响混凝土的强度和性能。

混凝土外加剂中释放氨从碱性溶液中蒸馏出氨,用过量硫酸标准溶液吸收,以甲基红-

亚甲基蓝混合指示剂为指示剂，用氢氧化钠标准滴定容。

本方法依据《混凝土外加剂中释放氨的限量》(GB 18588—2001)等编制而成，适用于民用建筑工程所用混凝外加剂，不适用于公路、桥梁及其他室外工程所用的混凝土外加剂。

17.6.2　试剂及仪器设备

1. 试剂

1)实验用水为蒸馏水或同等纯度的水。

2)化学试剂除特别注明外，均为分析纯化学试剂。

3)盐酸：1+1 溶液。

4)硫酸标准溶液：$c(1/2H_2SO_4)=0.1mol/L$。

配制：量取 3mL 浓硫酸，缓缓注入 1000mL 水中，冷却，摇匀。

标定：称取于 270～300℃高温炉中灼烧至恒量的工作基准试剂无水碳酸钠 0.2g，溶于 50mL 水中，加 10 滴溴甲酚绿-甲基红指示液，用配制的硫酸溶液滴定至溶液由绿色变为暗红色，煮沸 2min，加盖具钠石灰管的橡胶塞，冷却，继续滴定至溶液再呈暗红色。同时做空白试验。计算公式如下：

$$c(1/2H_2SO_4)=\frac{m\times1000}{V_1-V_2\times M} \tag{17-17}$$

式中：m——无水碳酸钠质量(g)；

V_1——硫酸溶液体积(mL)；

V_2——空白试验消耗硫酸溶液体积(mL)；

M——无水碳酸钠的摩尔质量(g/mol)[$M(1/2\ Na_2CO_3)=52.994$]。

5)氢氧化钠标准滴定溶液：$c(NaOH)=0.1mol/L$。

配制：称取 110g 氢氧化钠，溶于 100mL 无二氧化碳的水中，摇匀，注入聚乙烯容器中，密闭放置至溶液清亮。用塑料管量取 5.4mL 上层清液，用无二氧化碳的水稀释至 1000mL，摇匀。

标定：取邻苯二甲酸氢钾 0.75g，称取于 105～110℃电烘箱中干燥至恒量的工作基准试剂邻苯二甲酸氢钾，加无二氧化碳的水 50mL 溶解，加 2 滴酚酞指示液(1g/L)，用配制的氢氧化钠溶液滴定至溶液呈粉红色，并保持 30s。同时做空白试验。计算公式如下：

$$c(NaOH)=\frac{m\times1000}{(V_1-V_2)\times M} \tag{17-18}$$

式中：m——邻苯二甲酸氢钾质量(g)；

V_1——氢氧化钠溶液体积(mL)；

V_2——空白试验消耗氢氧化钠溶液体积(mL)；

M——邻苯二甲酸氢钾的摩尔质量(g/mol)[$M(KHC_8H_4O_4)=204.2$]。

6)甲基红-亚甲基蓝混合指示液：将 50mL 甲基红乙醇溶液(2g/L)和 50mL 亚甲基蓝乙醇溶液(1g/L)混合。

7)广泛 pH 试纸。

8)氢氧化钠。

2. 仪器设备

1)分析天平:精度为0.001g。

2)500mL玻璃蒸馏器。

3)300mL烧杯。

4)250mL量筒。

5)20mL移液管。

6)50mL碱式滴定管。

7)1000W电炉。

17.6.3 样品制备

1)将固体试样需在干燥器中放置24h后测定,液体试样可直接称量。

2)将试样搅拌均匀,分别称取两份各约5g的试料,精确至0.001g放入两个300mL烧杯中,加水溶解,在盛有试料的300mL烧杯中加入水,移入500mL玻璃蒸馏器中,控制总体积200mL,备蒸馏。

3)如试料中有不溶物,在盛有试料的300mL烧杯中加入20mL水和10mL盐酸溶液,搅拌均匀,放置20min后过滤,收集滤液至500mL玻璃蒸馏器中,控制总体积200mL,备蒸馏。

17.6.4 实验步骤

1)在备蒸馏的溶液中加入适量氢氧化钠,用广泛试纸调整溶液PH>12,加入几粒防爆玻璃珠,防止在煮沸过程中溶液爆沸。

2)准确移取20mL硫酸标准溶液于250mL量筒中,加入3~4滴混合指示剂,将蒸馏器馏出液出口玻璃管插入量筒底部硫酸溶液中。检查蒸馏器连接无误并确保密封后,加热蒸馏。收集蒸馏液达180mL后停止加热,卸下蒸馏瓶,用水冲洗冷凝管,并将洗涤液收集在量筒中。

3)将量筒中溶液移入300mL烧杯中,洗涤量筒,将洗涤液并入烧杯。用氢氧化钠标准滴定溶液回滴过量的硫酸标准溶液,直至指示剂由亮紫色变成灰绿色,消耗氢氧化钠标准滴定溶液的体积为V_1。

4)在测定的同时,按同样的分析步骤、试剂和用量,不加试料进行平行操作,测定空白试验氢氧化钠标准滴定溶液消耗体积V_2。

17.6.5 试验结果

混凝土外加剂样品中释放氨的量,以氨(NH_3)质量分数表示,计算公式如下:

$$X_{氨}=\frac{(V_2-V_1)c\times 0.01703}{m}\times 100\%$$

式中:$X_{氨}$——混凝土外加剂中释放氨的量(%);

c——氢氧化钠标准溶液浓度的准确数值(mol/L);

V_1——滴定试料溶液消耗氢氧化钠标准溶液体积的数值(mL);

V_2——空白试验消耗氢氧化钠标准溶液体积的数值(mL)；

0.01703——与 1.00mL 氢氧化钠标准溶液相当的以克表示的氨的质量；

m——试料质量的数值(g)。

取两次平行测定结果的算术平均值为测定结果，两次平行测定结果的绝对差值大于 0.01%时，需重新测定。

17.7　苯系物(苯、甲苯、二甲苯)的测定——气相色谱法(外标法)

17.7.1　概述

本方法主要用于测定建筑装饰装修材料聚氨酯胶粘剂中的苯、甲苯和二甲苯含量。本方法依据《室内装饰装修材料胶粘剂中有害物质限量》(GB 18583—2008)编制而成，适用于苯含量、甲苯含量和二甲苯含量在 0.02g/kg 以上的建筑装饰装修材料胶粘剂。

胶粘剂试样用适当的溶剂稀释后，直接用微量注射器将稀释后的试样溶液注入进样装置，并被载气带入色谱柱，在色谱柱内被分离成相应的组分，用氢火焰离子化检测器检测并记录色谱图，用外标法计算试样溶液中苯、甲苯、二甲苯的含量。

17.7.2　仪器设备

1)气相色谱仪：带氢火焰离子化检测器。

2)色谱柱：毛细管柱：固定液为二甲基聚硅氧烷。当有其他组分与被测组分的峰难以分开时，此时需换用不同极性柱子在合适条件下进行试验。

3)氮气：纯度>99.99%。

4)氢气：纯度>99.99%。

5)空气：硅胶除水。

6)记录装置：积分仪或色谱工作站。

7)进样器：微量注射器或自动进样器。

17.7.3　试剂

1)苯、甲苯、间二甲苯、对二甲苯、邻二甲苯：色谱纯或购买有证标准溶液。

2)乙酸乙酯：稀释溶剂，分析纯。

17.7.4　样品制备

称取 0.2～0.3g(精确至 0.1mg)的试样，置于 50mL 的容量瓶中，用乙酸乙酯溶解并稀释至刻度，摇匀待测。

17.7.5　试验步骤

1. 色谱分析条件

以下条件为标准推荐条件，可根据气相色谱仪性能进行优化：

1)进样口温度:200℃;

2)柱温:初始温度为35℃,保持25min,后以升温速率8℃/min升至150℃,保持10min;

3)检测器温度:250℃。

2. 标准溶液配制

分别称取0.1g(精确到0.1mg)苯、甲苯、间二甲苯、对二甲苯和邻二甲苯,置于100mL的容量瓶中,用乙酸乙酯稀释至刻度,摇匀。

3. 系列标准溶液配制

按表17-1所列的标准溶液的体积,分别加到6个25mL的容量瓶中,用乙酸乙酯稀释至刻度,摇匀。

表17-1 系列标准溶液的体积与相应苯的质量浓度

移取的体积/mL	相应苯、甲苯、间二甲苯、对二甲苯和邻二甲苯的质量浓度/(μg/mL)
15.00	600
10.00	400
5.00	200
2.50	100
1.00	40
0.50	20

4. 系列标准溶液峰面积的测定

开启气相色谱仪,对色谱条件进行设定,待基线稳定后,各取1μL进样标准系列溶液进样,测定峰面积,每一标准溶液进样五次,取其平均值。

5. 标准曲线绘制

以峰面积为纵坐标,相应质量浓度为横坐标,制作标准曲线。

6. 试样分析

用微量注射器或自动进样器取1μL制备好的样品进样,测其峰面积。若试样溶液的峰面积大于标准曲线中最高浓度的峰面积,用移液管准确移取适量体积试样溶液于50mL容量瓶中,用乙酸乙酯稀释至刻度,摇匀后再测。

17.7.6 结果计算

直接从标准曲线上读取试样溶液中苯、甲苯或二甲苯的质量浓度,计算公式如下:

$$w=\frac{\rho_t Vf}{1000m} \tag{17-19}$$

式中:w——试样中苯、甲苯或二甲苯含量(g/kg);

ρ_t——从标准曲线上读取的试样溶液中甲苯或二甲苯质量浓度(μg/mL);

V——试样溶液的体积(L);

m——试样的质量(g);

f——稀释因子。

17.8 苯系物(苯、甲苯、二甲苯、乙苯)的测定——气相色谱法(内标法)

17.8.1 概述

本方法依据《建筑用墙面涂料中有害物质限量》(GB 18582—2020)、《木器涂料中有害物质限量》(GB 18581—2020)和《涂料中苯、甲苯、乙苯和二甲苯含量的测定 气相色谱法》(GB/T 23990—2009),主要用于测定建筑用墙面涂料和木器涂料中苯、甲苯、二甲苯和乙苯的含量。涂料按其性质分为溶剂型涂料和水性涂料,苯系物的检测方法也分别对应(GB/T 23990—2009)中的A法和B法。

涂料样品经稀释后,直接注入气相色谱仪中,经色谱分离技术使得被测化合物分离,用氢火焰离子化检测器检测,以保留时间定性,峰面积(内标法)定量。

17.8.2 仪器设备

1)气相色谱仪,具有以下配置:

(1)分流装置的进样口;

(2)程序升温控制器;

(3)氢火焰离子化检测器(FID);

(4)色谱柱:应能使被测化合物足够分离。

2)进样器:容量至少为进样量的两倍。

3)样品瓶:约10mL的玻璃瓶,具可密封的瓶盖。

4)天平:精度为0.1mg。

17.8.3 试剂和材料

1)载气:氮气,纯度不小于99.995%。

2)燃气:氢气,纯度不小于99.995%。

3)助燃气:空气。

4)内标物:试样中不存在的化合物,且该化合物可与色谱图上其他成分完全分离,纯度至少为99%(质量分数),或有证标准物质。

5)校准化合物:苯,甲苯,乙苯,二甲苯。纯度至少为99%(质量分数),或有证标准物质。

6)稀释溶剂:用于稀释试样的有机溶剂,且与被测化合物无任何干扰。纯度至少为99%(质量分数),或有证标准物质。

17.8.4 样品制备

1)溶剂型涂料:称取约2g的试样(准确至0.1mg)及与被测物质量近似相同的内标物于样品瓶中,用适量乙酸乙酯稀释试样,密封试样并混匀。

2)水性涂料:称取约1g试样(准确至0.1mg)及与被测物质量近似相同的内标物于样品瓶中,用适量乙腈稀释试样,密封试样并混匀。

17.8.5　试验步骤

1)推荐条件如下：

(1)色谱柱：聚二甲基硅氧烷毛细管柱，30m×0.32mm×0.25μm；

(2)进样口温度：250℃；

(3)柱温：初始温度40℃保持5min，然后以10℃/min升至260℃保持5min；

(4)检测器温度：280℃；

(5)载气流速：1.0mL/min；

(6)分流比：分流进样，分流比可调。

2)被测化合物保留时间测定：注入0.2μL(溶剂型涂料)或1.0μL(水性涂料)含苯、甲苯、乙苯和二甲苯的标准溶液，记录各目标化合物的保留时间。

3)定性检验样品中的被测化合物：取约2g(溶剂型涂料)或1g(水性涂料)的样品用乙酸乙酯(溶剂型涂料)或乙腈(水性涂料)稀释，取0.2μL(溶剂型涂料)或1.0μL(水性涂料)注入色谱仪中，确定是否存在被测化合物。

4)校准：称取一定量的各种校准化合物(准确至0.1mg)于样品瓶中，称取的量与待测产品中各自的含量应相当。称取与待测化合物相近数量的内标物于同一样品瓶中使用稀释溶剂稀释混合，密封样品瓶并摇匀，然后在与测试试样的相同条件下进行分离和测定。

5)相对校正因子的测试：在与测试试样的相同条件下，将适当数量的校准化合物注入气相色谱仪中，记录色谱图。按式(17-20)计算相对校正因子：

$$R_i=\frac{m_{ci}\times A_{is}}{m_{is}\times A_{ci}} \tag{17-20}$$

式中：R_i——被测化合物 i 的相对校正因子；

m_{ci}——校准混合物中被测化合物 i 的质量(g)；

m_{is}——校准混合物中内标物的质量(g)；

A_{is}——内标物的峰面积；

A_{ci}——被测化合物 i 的峰面积。

结果保留三位有效数字。

6)试样分析：在与测试试样的相同条件下，将0.2μL(溶剂型涂料)或1.0μL(水性涂料)试样注入气相色谱仪中，记录被测物的峰面积。

7)所有试验进行二次平行测定。

17.8.6　结果计算

1)溶剂型涂料的计算公式如下：

$$w_i=\frac{m_{is}\times A_i\times R_i}{m_s\times A_{is}}\times 100 \tag{17-21}$$

式中：w_i——试样中苯、甲苯、乙苯和二甲苯的质量分数(%)；

R_i——被测化合物 i 的相对校正因子；

m_{is}——测试试样中内标物的质量(g)；

m_s——测试试样的质量(g)；
A_{is}——内标物的峰面积；
A_i——被测化合物 i 的峰面积。

2)水性涂料：

$$w_i=\frac{m_{is}\times A_i\times R_i}{m_s\times A_{is}}\times 10^6 \tag{17-22}$$

式中：w_i——试样中苯、甲苯、乙苯和二甲苯的质量分数(mg/kg)；
R_i——被测化合物 i 的相对校正因子；
m_{is}——测试试样中内标物的质量(g)；
m_s——测试试样的质量(g)；
A_{is}——内标物的峰面积；
A_i——被测化合物 i 的峰面积。

3)结果表示：以两次平行测定的算术平均值作为试验结果，结果保留三位有效数字；若两次平行测定结果相对偏差小于 5%(溶剂型涂料)或小于 10%(水性涂料)，应重新测定。

17.9　游离甲苯二异氰酸酯(TDI)的测定——气相色谱法(内标法)

17.9.1　概述

本方法主要用于测定建筑装饰装修材料聚氨酯胶粘剂中的游离甲苯二异氰酸酯(TDI)的含量。本方法依据《室内装饰装修材料胶粘剂中有害物质限量》(GB 18583—2008)编制而成，适用于游离甲苯二异氰酸酯含量在 0.1g/kg 以上的建筑装饰装修材料胶粘剂。

试样用适当的溶剂稀释后，加入正十四烷作为内标物。将稀释后的试样溶液注入进样装置，并被载气带入色谱柱，在色谱柱内被分离成相应的组分，用氢火焰离子化检测器检测并记录色谱图，用内标法计算试样溶液中甲苯二异氰酸酯的含量。

17.9.2　仪器设备

1)气相色谱仪具有以下配置：
(1)分流装置的进样口；
(2)程序升温控制器；
(3)氢火焰离子化检测器(FID)；
(4)色谱柱：固定液为二甲基聚硅氧烷。
2)进样器：微量注射器或自动进样器。
3)记录装置：积分仪或色谱工作站。
4)天平：精度为 0.1mg。

17.9.3　试剂及材料

1)载气：氮气，纯度不小于 99.99%。

2)燃气:氢气,纯度不小于99.99%。

3)助燃气:空气,硅胶除水。

4)内标物:正十四烷,色谱纯。

5)校准化合物:甲苯二异氰酸酯。

6)稀释溶剂:乙酸乙酯,加入100g 5A分子筛,放置24h后过滤。

7)5A分子筛:在500℃的高温炉中加热2h,置于干燥器中冷却备用。

17.9.4 样品制备

1)内标溶液制备:称取0.2g(精确至0.1mg)正十四烷于25mL容量瓶中,用除水的乙酸乙酯稀释至刻度,摇匀。

2)试样溶液制备:称取2.0～3.0g(精确至0.1mg)的试样,置于50mL的容量瓶中,加入5mL内标物,用适量乙酸乙酯稀释,摇匀待测。

17.9.5 试验步骤

1)色谱分析条件:可根据所用气相色谱仪性能及待测样实际情况选择最佳的色谱测试条件。推荐条件如下:

(1)色谱柱:二甲基硅氧烷毛细管柱;

(2)进样口温度:200℃;

(3)柱温:恒温160℃;

(4)检测器温度:250℃;

(5)分流比:分流进样,分流比可调。

2)相对质量校正因子的测试:称取0.2～0.3g(精确至0.1mg)甲苯二异氰酸酯于50mL的容量瓶中,加入5mL内标溶液,用适量的乙酸乙酯稀释,取1μL进样,测定甲苯二异氰酸酯和正十四烷的色谱峰面积。根据式(17-23)计算相对质量校正因子:

$$f'=\frac{m_i\times A_s}{m_s\times A_i} \tag{17-23}$$

式中:f'——甲苯二异氰酸酯的相对质量校正因子;

m_i——甲苯二异氰酸酯的质量(g);

m_s——所加内标物的质量(g);

A_i——甲苯二异氰酸酯的峰面积;

A_s——所加内标物的峰面积。

3)试样分析:取1μL试样溶液注入气相色谱仪中,测定甲苯二异氰酸酯和正十四烷的色谱峰面积。

17.9.6 结果计算

试样中游离甲苯二异氰酸酯含量w计算如下:

$$w=\frac{m_s\times A_i\times f'}{m_i\times A_s}\times 1000 \tag{17-24}$$

式中：w——试样中游离甲苯二异氰酸酯含量(g/kg)；

f'——相对质量校正因子；

m_i——待测试样的质量(g)；

m_s——所加内标物的质量(g)；

A_i——待测试样的峰面积；

A_s——所加内标物的峰面积。

第 18 章　建筑消能阻尼器力学性能

18.1　概　述

18.1.1　减震技术原理

建筑减震技术原理如图 18－1 所示，对建筑物地震反应有重要影响的因素主要有两个：一个是结构的周期，另一个是阻尼比。普通高层建筑结构刚度小、周期长，在地震作用下的位移相应比地面运动放大得多。设置减震装置，附加刚度会减小结构的位移响应。此外，附加阻尼比可减小因结构刚度变小而放大的加速度响应。

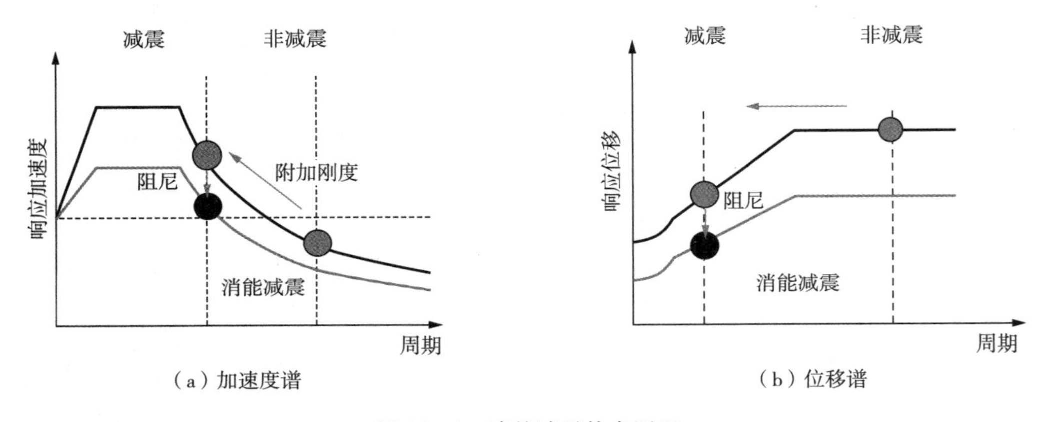

图 18－1　建筑减震技术原理

18.1.2　阻尼器分类

位移相关型阻尼器的工作原理是利用装置的滞回变形或构件的摩擦做功来耗散地震能量，其耗能能力与阻尼器两端的相对位移大小相关。位移相关型阻尼器由塑性变形性能好的金属材料或耐摩擦原件制成。常用的位移相关型阻尼器包括金属屈服型阻尼器和屈曲约束耗能支撑等。

速度相关型阻尼器的工作原理是利用材料的阻尼特性来耗散地震能量，其耗能能力与阻尼器两端的相对速度大小相关。速度相关型阻尼器由黏滞材料和黏弹性材料制成。常用的速度相关型阻尼器包括黏滞阻尼器和黏弹性阻尼器等。

本章依据《建筑消能阻尼器》(JG/T 209—2012)编制而成。

18.1.3　仪器设备

阻尼器力学性能试验应采用由电脑程序控制的电液伺服试验机加载，并应能通过计算机自动采集，采样频率应可调。试验机的力、位移和速度量程应能满足试验的要求。此外，试验机应定期计量校准。常见的阻尼器试验机有立式和卧式两类，如图18-2、图18-3所示。

图18-2　立式阻尼器试验机

图18-3　卧式阻尼器试验机

在阻尼器力学性能试验中，阻尼器与阻尼器试验机的连接应可靠，阻尼器在往复运动过程中不应有间隙，此外，阻尼器安装的初始位置应在其行程的中间位置。

18.2　位移相关型阻尼器

18.2.1　金属屈服型阻尼器

1. 性能指标

1)屈服承载力：实测值偏差应在产品设计值的±15%以内，实测值偏差的平均值应在产品设计值的±10%以内。

2)最大承载力：实测值偏差应在产品设计值的±15%以内，实测值偏差的平均值应在产品设计值的±10%以内。

3)屈服位移：实测值偏差应在产品设计值的±15%以内，实测值偏差的平均值应在产品设计值的±10%以内。

4)极限位移：实测值不应小于产品设计值的120%。

5)弹性刚度：实测值偏差应在产品设计值的±15%以内，实测值偏差的平均值应在产品设计值的±10%以内。

6)第2刚度：实测值偏差应在产品设计值的±15%以内，实测值偏差的平均值应在产品设计值的±10%以内。

7)滞回曲线：实测滞回曲线应光滑，无异常，在同一测试条件下，任一循环中滞回曲线包络面积实测值偏差应在产品设计值的±15%以内，实测值偏差的平均值应在产品设计值的±10%以内。

2. 试验方法

1)试验采用力-位移混合控制加载制度。

2)试件屈服前,采用力控制并分级加载,接近屈服荷载前宜减小级差加载,每级荷载反复一次。

3)试件屈服后采用位移控制,每级位移加载幅值取屈服位移的倍数为级差进行,每级加载可反复三次。

4)金属屈服型阻尼器的基本特性应通过滞回曲线的试验结果确定。

18.2.2 屈曲约束耗能支撑

1. 性能指标

1)屈服承载力:实测值偏差应在产品设计值的±15%以内,实测值偏差的平均值应在产品设计值的±10%以内。

2)最大承载力:实测值偏差应在产品设计值的±15%以内,实测值偏差的平均值应在产品设计值的±10%以内。

3)屈服位移:实测值偏差应在产品设计值的±15%以内,实测值偏差的平均值应在产品设计值的±10%以内。

4)极限位移:实测值不应小于产品设计值的 120%。

5)弹性刚度:实测值偏差应在产品设计值的±15%以内,实测值偏差的平均值应在产品设计值的±10%以内。

6)第 2 刚度:实测值偏差应在产品设计值的±15%以内,实测值偏差的平均值应在产品设计值的±10%以内。

7)滞回曲线:实测滞回曲线应光滑,无异常,在同一测试条件下,任一循环中滞回曲线包络面积实测值偏差应在产品设计值的±15%以内,实测值偏差的平均值应在产品设计值的±10%以内。

2. 试验方法

1)试验采用力-位移混合控制加载制度。

2)试件屈服前,采用力控制并分级加载,接近屈服荷载前宜减小级差加载,每级荷载反复一次。

3)试件屈服后采用位移控制,每级位移加载幅值取屈服位移的倍数为级差进行,每级加载可反复三次。

4)屈曲约束耗能支撑的基本特性应通过滞回曲线的试验结果确定。

18.3 速度相关型阻尼器

18.3.1 黏滞阻尼器

1. 性能指标

1)极限位移:实测值不应小于黏滞阻尼器设计容许位移的 150%,当最大位移大于或等于100mm时，实测值不应小于黏滞阻尼器设计容许位移的120%。

2)最大阻尼力：实测值偏差应在产品设计值的±15%以内，实测值偏差的平均值应在产品设计值的±10%以内。

3)阻尼系数：实测值偏差应在产品设计值的±15%以内，实测值偏差的平均值应在产品设计值的±10%以内。

4)阻尼指数：实测值偏差应在产品设计值的±15%以内，实测值偏差的平均值应在产品设计值的±10%以内。

5)滞回曲线：实测滞回曲线应光滑，无异常，在同一测试条件下，任一循环中滞回曲线包络面积实测值偏差应在产品设计值的±15%以内，实测值偏差的平均值应在产品设计值的±10%以内。

2. 试验方法

1)极限位移：采用静力加载试验，控制试验机的加载系统使阻尼器匀速缓慢运动，记录其伸缩运动的极限位移值。

2)最大阻尼力：采用正弦激励法，按照正弦波规律变化的输入位移 $u=u_0\sin(\omega t)$，对阻尼器施加频率为 f_1(结构基频)、位移幅值为 u_0(阻尼器设计位移)的正弦力，连续进行5个循环，记录第3个循环所对应的最大阻尼力作为实测值。

3)阻尼系数、阻尼指数、滞回曲线：

(1)采用正弦激励法，按照正弦波规律变化的输入位移 $u=u_0\sin(\omega t)$来控制试验机的加载系统；

(2)对阻尼器施加频率为 f_1，输入位移幅值分别为 $0.1u_0$、$0.2u_0$、$0.5u_0$、$0.7u_0$、$1.0u_0$、$1.2u_0$ 的正弦力，连续进行5个循环，每次均绘制阻尼力-位移滞回曲线，并计算各工况下第3个循环所对应的阻尼系数、阻尼指数作为实测值。

18.3.2 黏弹性阻尼器

1. 性能指标

1)表观剪应变极限值：实测值偏差应在产品设计值的±15%以内，实测值偏差的平均值应在产品设计值的±10%以内。

2)最大阻尼力：实测值偏差应在产品设计值的±15%以内，实测值偏差的平均值应在产品设计值的±10%以内。

3)表观剪切模量：实测值偏差应在产品设计值的±15%以内，实测值偏差的平均值应在产品设计值的±10%以内。

4)损耗因子：实测值偏差应在产品设计值的±15%以内，实测值偏差的平均值应在产品设计值的±10%以内。

5)滞回曲线：实测滞回曲线应光滑，无异常，在同一测试条件下，任一循环中滞回曲线包络面积实测值偏差应在产品设计值的±15%以内，实测值偏差的平均值应在产品设计值的±10%以内。

2. 试验方法

1)最大阻尼力表观剪切模量损耗因子：

(1)控制位移 $u=u_0\sin(\omega t)$，工作频率取 f_1，在同一加载条件下，进行5次具有稳定滞回曲线的循环，每次均绘制阻尼力-位移滞回曲线；

(2)取第3次循环时滞回曲线的最大阻尼力值作为最大阻尼力的实测值；

(3)取第3次循环时滞回曲线长轴的斜率作为表观剪切模量值的实测值；

(4)取第3次循环时滞回曲线的最大位移对应的恢复力与零位移对应的恢复力的比值，作为损耗因子的实测值。

2)表观剪应变极限值。工作频率取 f_1，控制位移 $u=u_1\sin(\omega t)$，u_1 依次按 $1.1u_0$、$1.2u_0$、$1.3u_0$、$1.4u_0$、$1.5u_0$。做试验的前提条件是黏弹性材料与约束钢板或约束钢管间不出现剥离现象，若有剥离现象，则认为阻尼器已破坏，试验停止，并取这时的 u_1 值作为确定表观剪应变极限值的依据。

注：$\omega=2\pi f_1$，ω 为圆频率，f_1 为结构基频，u_0 为阻尼器设计位移。

18.4　试验报告

试验报告应包括下列内容：

1)试验概况：试验设备、试验温度、试验装置规格、试验荷载等；

2)试验过程描述：试验中如有异常情况发生，应详细描述异常情况发生的过程；

3)记录荷载位移曲线，计算各项参数数据，得出试验结果；

4)拍摄试验现场照片。

第 19 章　建筑隔震装置力学性能

19.1　概　述

19.1.1　隔震技术原理

建筑隔震技术原理如图 19－1 所示，普通非隔震结构具有刚度大、周期短的特点，其基本周期正好在地震输入能量较大的频段上，因此其加速度响应比地面运动要大得多。实际工程中，可在结构底部设置隔震装置延长结构的周期，使结构的加速度响应大大降低。同时，相应放大的位移响应可通过隔震装置的附加阻尼来减小。隔震装置通过阻断地震能量向上部结构的传输，从而减轻上部结构的地震损伤。

常见的隔震装置有橡胶隔震支座和摩擦摆隔震支座等。

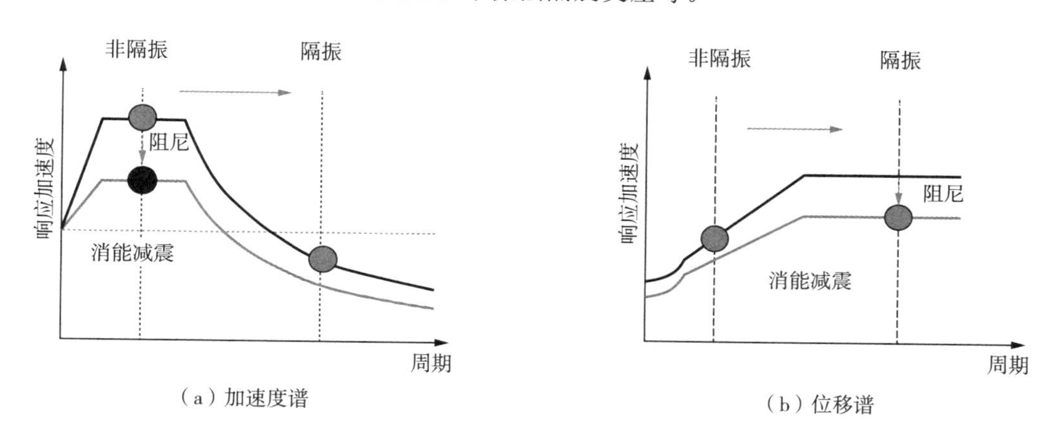

图 19－1　建筑隔震技术原理

本章的相关条文，未特别说明的均出自下列标准：

1)《橡胶支座　第 1 部分：隔震橡胶支座试验方法》(GB/T 20688.1—2007)；

2)《橡胶支座　第 4 部分：普通橡胶支座》(GB 20688.4—2023)；

3)《公路桥梁板式橡胶支座》(JT/T 4—2019)；

4)《建筑摩擦摆隔震支座》(GB/T 37358—2019)；

5)《建筑隔震橡胶支座》(JG/T 118—2018)。

19.1.2　仪器设备

隔震装置的性能试验应采用由电脑程序控制的电液伺服试验机加载，并应能通过计算机自动采集，采样频率应可调。试验机的力、位移和速度量程应能满足试验的要求。力和位移的测量误差应小于最大值的1%。试验装置应定期标定。常见的隔震装置试验设备为压剪试验机，如图19-2所示。在隔震装置的力学性能试验中，装置与试验设备的连接应可靠。

图19-2　压剪试验机

19.2　橡胶隔震支座

19.2.1　性能指标

1. 竖向性能（天然橡胶支座、铅芯橡胶支座、高阻尼橡胶支座）

1）竖向压缩刚度：实测值允许偏差为±30%，平均值允许偏差为±20%。

2）压缩变形性能：荷载-位移曲线应无异常。

3）竖向极限压应力：当$3 \leqslant S_2 \leqslant 4$时，应不小于60MPa；当$4 < S_2 \leqslant 5$时，应不小于75MPa；当$S_2 > 5$时，应不小于90MPa。

4）当水平位移为支座内部橡胶直径0.55倍状态时的极限压应力：当$3 \leqslant S_2 \leqslant 4$时，应不小于20MPa；当$4 < S_2 \leqslant 5$时，应不小于25MPa；当$S_2 > 5$时，应不小于30MPa。

5）竖向极限拉应力：应不小于1.5MPa。

6）竖向拉伸刚度：实测值允许偏差为±30%，平均值允许偏差为±20%。

7）侧向不均匀变形：直径或边长不大于600mm的支座，侧向不均匀变形不大于3mm；直径或边长不大于1000mm的支座，侧向不均匀变形不大于5mm；直径或边长不大于1500mm的支座，侧向不均匀变形不大于7mm。

2. 水平性能

1）天然橡胶支座。

水平等效刚度：水平滞回曲线在正、负向应具有对称性，正、负向最大变形和剪力的差异应不大于15%；实测值允许偏差为±15%；平均值允许偏差为±10%。

2)铅芯橡胶支座。

(1)水平等效刚度、屈服后水平刚度：水平滞回曲线在正、负向应具有对称性，正、负向最大变形和剪力的差异应不大于15%；实测值允许偏差为±15%；平均值允许偏差为±10%。

(2)等效阻尼比：实测值允许偏差为±15%；平均值允许偏差为±10%。

(3)屈服力：实测值允许偏差为±15%，平均值允许偏差为±10%。

3)高阻尼橡胶支座。

(1)水平等效刚度、屈服后水平刚度：水平滞回曲线在正、负向应具有对称性，正、负向最大变形和剪力的差异应不大于15%；实测值允许偏差为±15%，平均值允许偏差为±10%。

(2)等效阻尼比：实测值允许偏差为±20%，平均值允许偏差为±15%。

(3)屈服力：实测值允许偏差为±15%，平均值允许偏差为±10%。

3. 水平极限性能(天然橡胶支座、铅芯橡胶支座和高阻尼橡胶支座)

极限剪切变形不应小于橡胶总厚度的400%与0.55D的较大值。

19.2.2　试验方法

本方法依据《建筑隔震橡胶支座》(JG/T 118—2018)编制而成。

1. 竖向压缩刚度

取与轴压应力$(1\pm30\%)\sigma_0$相应的竖向荷载(σ_0为产品的设计轴压应力，MPa)，3次往复加载，绘出竖向荷载与竖向位移关系曲线。取第3次往复加载结果，按式(19-1)计算竖向刚度：

$$K_v=\frac{P_1-P_2}{\delta_1-\delta_2} \tag{19-1}$$

式中：K_v——建筑隔震橡胶支座竖向刚度(kN/m)；

P_1——平均压应力为$1.3\sigma_0$时的竖向荷载(kN)；

P_2——平均压应力为$0.7\sigma_0$时的竖向荷载(kN)；

δ_1——竖向荷载为P_1时的竖向位移(m)；

δ_2——竖向荷载为P_2时的竖向位移(m)。

2. 竖向压缩变形

取与轴压应力$(1\pm30\%)\sigma_0$相应的竖向荷载，3次往复加载，绘出竖向荷载与竖向位移关系曲线，荷载位移曲线应无异常。

3. 竖向极限压应力

向支座施加轴向压力，缓慢或分级加载，直至破坏。同时绘出竖向荷载和竖向位移曲线，根据曲线的变形趋势确定破坏时的荷载和压应力。

4. 水平位移为支座内部橡胶直径55%状态时的极限压应力

向支座施加设计轴压应力，然后施加水平荷载，使支座处于水平位移为支座内部橡胶直径55%的剪切变形状态，再继续缓慢或分级竖向加载，记录竖向荷载和水平刚度，往复循环加载各一次。当支座外观发生明显异常或水平刚度趋于0时，视为破坏。

5. 竖向拉伸刚度、竖向极限拉应力

对支座在剪应变为零的条件下，低速施加拉力直到试件发生破坏，绘出拉力和拉伸位移关系曲线。按下列方法求出屈服拉力和拉伸刚度：

1)通过原点和曲线上与剪切模量 G 对应的拉力作一条直线(G 为设计压应力、设计剪应变作用下的剪切模量)；

2)将上述直线水平偏移 1%的内部橡胶厚度；

3)偏移线和试验曲线相交点对应的力即为屈服拉力；

4)10%拉应变对应的割线刚度即为拉伸刚度；

5)破坏点对应的试件拉应力即为竖向极限拉应力。

6. 侧向不均匀变形

在设计竖向压应力下，采用直角尺和塞尺测量支座侧面最大鼓出位置的鼓出量。测量侧向不均匀变形时的竖向压应力，当 S_2 不小于 5 时，型式检验取 15MPa，出厂检验取设计压应力；当 S_2 不小于 4 且小于 5 时，竖向压应力降低 20%；当 S_2 不小于 3 且小于 4 时，竖向压应力降低 40%。

7. 水平等效刚度

对被试支座在产品的设计压应力作用下，进行剪应变 γ 为 100%和 250%，加载频率 f 不低于 0.02Hz，水平加载波形为正弦波的动力加载试验。以对应于正剪应变 γ 和负剪应变 γ 的水平位移作为最大水平正位移和负位移，连续作出 3 条滞回曲线。用第 3 条滞回曲线，按式(19－2)计算支座的水平等效刚度：

$$K_h=\frac{Q^+-Q^-}{U^+-U^-} \tag{19-2}$$

式中：K_h——水平等效刚度(kN/m)；

U^+——最大水平正位移(mm)；

U^-——最大水平负位移(mm)；

Q^+——与 U^+ 相应的水平剪力(kN)；

Q^-——与 U^- 相应的水平剪力(kN)。

8. 屈服后水平刚度

当试验滞回曲线比较理想，具有明显的最大位移和最大剪力特征点以及与剪力轴的交点，铅芯橡胶支座和高阻尼橡胶支座的屈服后水平刚度 K_d 可按下列方法一确定，否则按方法二确定。

1)方法一：对于铅芯橡胶支座和高阻尼橡胶支座，屈服后水平刚度应根据剪应变 γ=100%，加载频率 f 不低于 0.02Hz 试验的第 3 条滞回曲线按式(19－3)确定：

$$K_d=\frac{1}{2}\left(\frac{Q^+-Q_y^+}{U^+-U_y^+}+\left|\frac{Q^--Q_y^-}{U^--U_y^-}\right|\right) \tag{19-3}$$

式中：K_d——屈服后水平刚度(kN/m)；

U_y^+——正方向屈服位移(mm)；

U_y^-——负方向屈服位移(mm)；

Q_y^+——与 U_y^+ 相应的水平剪力(kN)；

Q_y^-——与 U_y^- 相应的水平剪力(kN)。

2)方法二:铅芯橡胶支座和高阻尼橡胶支座屈服后水平刚度可按式(19-4)确定:

$$K_d=\frac{1}{2}\left[\frac{Q_1-Q_4}{(X_1-X_4)/2}+\frac{Q_2-Q_3}{(X_2-X_3)/2}\right]\Big/2 \tag{19-4}$$

铅芯橡胶支座滞回曲线如图19-3所示。

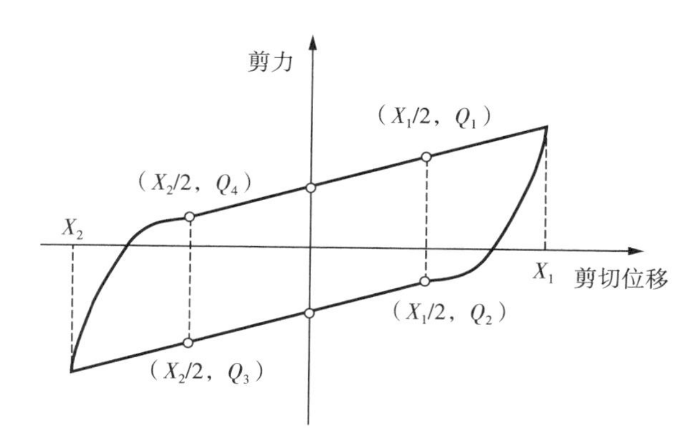

图19-3 铅芯橡胶支座滞回曲线

9. 屈服力

当试验滞回曲线比较理想,具有明显的最大位移和最大剪力特征点以及与剪力轴的交点,铅芯橡胶支座和高阻尼橡胶支座的屈服力 Q_d 可按下列方法一确定,否则按方法二确定。

1)方法一:对于铅芯橡胶支座和高阻尼橡胶支座,屈服力应根据 $\gamma=100\%$,加载频率 f 不低于0.02Hz试验的第3条滞回曲线按式(19-5)确定:

$$Q_d=\frac{Q_y^+-Q_y^-}{2} \tag{19-5}$$

式中:Q_d——屈服力(kN);

Q_y^+——与 U_y^+ 相应的水平剪力(kN);

Q_y^-——与 U_y^- 相应的水平剪力(kN)。

2)方法二:铅芯橡胶支座和高阻尼橡胶支座可按式(19-6)确定:

$$Q_d=\left[\frac{X_2Q_1-X_1Q_4}{X_2-X_1}-\frac{X_2Q_2-X_1Q_3}{X_2-X_1}\right]\Big/2 \tag{19-6}$$

10. 等效阻尼比

支座的等效阻尼比按式(19-7)或式(19-8)计算:

$$h_{eq}=\frac{W}{2\pi Q^+U^+} \tag{19-7}$$

$$h_{eq}=\frac{W}{2\pi K_h\ (U^+)^2} \tag{19-8}$$

式中:h_{eq}——建筑隔震橡胶支座等效阻尼比;

W——滞回曲线所围面积(kN·m)。

11. 水平极限变形能力

被试支座在一定竖向压应力作用下，水平向缓慢或分级加载，往复一次，绘出水平荷载和水平位移曲线，同时观察支座四周表现，当支座外观出现明显异常或试验曲线异常时（如内层橡胶与内层钢板明显撕开，并且试验曲线上力和位移没有同时上升），视为破坏。

测量水平极限变形能力的竖向压应力，当 S_2 不小于 5 时，型式检验取 15MPa，出厂检验取设计压应力；当 S 不小于 4 且小于 5 时，竖向压应力降低 20%；当 S_2 不小于 3 且小于 4 时，竖向压应力降低 40%。

19.3　摩擦摆隔震支座

19.3.1　性能指标

1. 压缩性能

1）竖向压缩变形：在基准竖向承载力作用下，竖向压缩变形不大于支座总高度的竖向压缩变形 1%或 2mm 两者中较大者。

2）竖向承载力：在竖向压力为 2 倍基准竖向承载力时支座不应出现破坏，无脱竖向承载力落、破裂、断裂等。

2. 剪切性能

1）静摩擦系数：不应大于动摩擦系数的上限的 1.5 倍。

2）动摩擦系数、屈服后刚度：静摩擦系数试验位移取极限位移的 1/3；当设计摩擦系数大于 0.03 时，检测值与设计值的偏差单个试件应在±25%以内，一批试件平均偏差应在±20%以内；当设计摩擦系数不大于 0.03 时，检测值与设计值的偏差单个试件应在±0.0075以内，一批试件平均偏差应在±0.006 以内。

3. 剪切性能相关性

1）反复加载次数相关性：取第 3 次，第 20 次摩擦系数进行对比，变化率不应大于 20%。

2）温度相关性：基准温度为 23℃，在－25～－40℃范围内摩擦系数变化率不应大于 45%。

4. 极限剪切变形

在基准竖向承载力作用下，反复加载一圈至极限位移的 0.85 倍时，支座不应出现破坏极限剪切变形

5. 试验准备

试验室标准温度为 23℃±5℃。试验前应将试件直接暴露在标准温度下，停放 24h。

19.3.2　试验方法

本方法依据《建筑摩擦摆隔震支座》（GB/T 37358—2019）编制而成。

1. 加载履历

1）静摩擦系数的测定。试验竖向荷载加载至基准竖向承载力后，预压 30min，然后以 $v \leqslant 0.1$mm/s 的速度施加 1min 的水平位移，然后反向加载，取两个方向峰值的绝对值平均

作为静摩擦力。

2)动摩擦系数的测定。试验荷载取基准竖向承载力,加载幅值 d 取极限位移的1/3;测定动摩擦系数下限值时,加载峰值速度取4mm/s;测定动摩擦系数上限值时,加载峰值速度取150mm/s。

3)反复加载次数相关性。试验荷载取基准竖向承载力,加载幅值 d 取极限位移的1/3,加载速度取150mm/s,做20个周期循环试验。

4)温度相关性。试验荷载按基准竖向承载力,加载幅值 d 取极限位移的1/3,加载速度取150mm/s。环境温度变化范围为−20～40℃,10℃为一档,根据需要可增加试验温度工况。

5)水平极限变形试验。试验荷载取基准竖向承载力,加载幅值 d、取极限位移的0.85倍。

2. 压缩性能

1)将试样置于试验机的承载板上,试样中心与承载板中心位置对准,偏差小于1%支座直径。检验荷载为支座基准竖向承载力的2.0倍。加载至基准竖向承载力的5%后,核对承载板四边的位移传感器,确认无误后进行预压。

2)预压。将支座基准竖向承载力以连续均匀的速度加满,反复3次。

3)正式加载。将检验荷载由零至试验最大荷载均匀分为10级。试验时以基准竖向承载力的5%作为初始荷载,然后逐级加载。每级荷载稳压2min后记录位移传感器数据,直至检验荷载,稳压3min后卸载。加载过程连续进行3次。

4)竖向压缩变形分别取4个位移传感器读数的算术平均值,绘制荷载-竖向压缩变形曲线。变形曲线应呈线性关系。

5)试验竖向压缩变形满足上述19.3.1小节的要求。

3. 水平剪切性能

1)试验时将支座置于试验机的下承载板上,支座中心与承载板中心位置对准,精度小于1%支座底板边长。

2)竖向连续均匀加载至试验荷载,在整个试验过程中保持不变。

3)水平位移按式(19-9)和式(19-10)的正弦波进行加载:

$$d(t)=d_x\sin(2\pi f_0 t) \tag{19-9}$$

$$f_0=\frac{v_0}{2\pi d_x} \tag{19-10}$$

式中:f_0——加载频率;

v——加载峰值速度;

d_x——加载幅值;

t——时间。

4)测定水平力的大小,记录荷载位移曲线。

5)按照加载幅值确定试验工况,除特殊说明外,每个工况做四个周期循环试验,取第三圈试验结果。

19.4　试验报告

试验报告应包括下列内容：

1)试验概况，包括试验设备、试验温度、试验支座规格、试验荷载等；

2)试验过程描述：试验中如有异常情况发生，应详细描述异常情况发生的过程；

3)记录荷载位移曲线，计算各项参数数据，得出试验结果；

4)试验现场照片。

第 20 章　铝塑板材料剥离强度试验

以普通塑料或经阻燃处理的塑料为芯材、两面为铝材的三层复合板材，并在产品表面覆以装饰性和保护性的涂层或薄膜作为产品的装饰面，制作而成的复合板材简称为铝塑复合板。GB/T 17748 中规定采用经阻燃处理的塑料为芯材，并用作建筑幕墙材料的铝塑复合板。

20.1　概　述

建筑幕墙用铝塑复合板的剥离强度试验方法应按照 GB/T 1457 的规定进行。其滚筒剥离强度是用带凸缘的筒体从夹层结构中剥离面板的方法来测定面板与芯子连接的抗剥离强度。被剥离面板一端连接筒体，一端连接上夹具，凸缘通过加载钢带连接下夹具，沿试样轴向匀速施加静态拉伸载荷，凸缘与滚筒筒体间产生力矩差，从而把面板从夹层结构中剥离开。

20.2　仪器设备

20.2.1　试验机

机械式和油压式试验机使用吨位的选择应使试样施加载荷落在满载的 10%～90% 范围内（尽量落在满载的一边），且不应小于试验机最大吨位的 4%。试验机能获得恒定的试验速度，当试验速度不大于 10mm/min 时，误差不应超过 20%，当试验速度大于 10mm/min 时，误差不应超过 10%。试验机载荷相对误差不应超过 ±1%，测量变形的仪器仪表相对误差均不应超过 ±1%。

20.2.2　滚筒剥离装置

滚筒直径为 100mm ± 0.10mm，滚筒凸缘直径为 125mm ± 0.10mm，采用铝合金材料制作，质量不超过 1.5kg。滚筒应沿轴平衡，用加工减轻孔或平衡块来平衡；加载带为柔韧的钢带或索。典型的上升式滚筒剥离装置如图 20-1 所示。

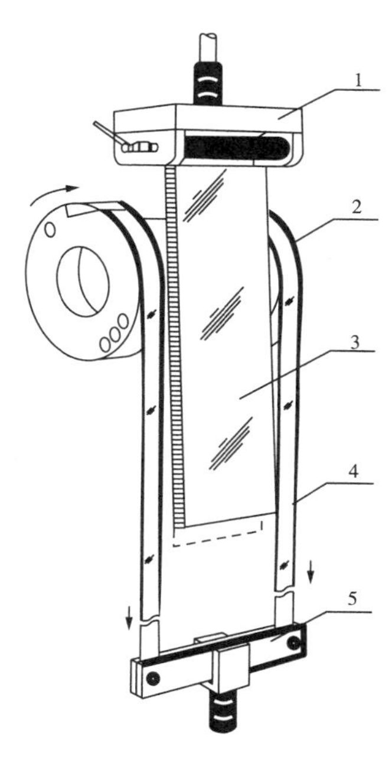

1—上夹具；2—滚筒凸缘；3—试样；
4—加载带；5—下夹具。
图 20-1　典型的上升式滚筒剥离装置

20.3 样品制备

试验前，试样应在温度为23℃±2℃、湿度为50%±10%的标准环境下放置24h。制备试件时应考虑到产品装饰面性能在纵、横方向上要求具有一致性，除装饰面性能外，产品在纵、横方向和正背面上的其他要求也具有一致性。制取试件时，试件边部距产品边部距离应大于50mm，试样形状及尺寸如图20－2所示。试样厚度与夹层结构制品厚度相同。试样宽度为25mm、长度为350mm。试样两端的非剥离面板及芯子应各切除30mm，留下被剥离面板，以便与滚筒及夹具连接。用作抗力试验的面板试样，其材料、厚度、宽度应与被剥离面板一致，或在剥离试验后，根据剥离状况确定。

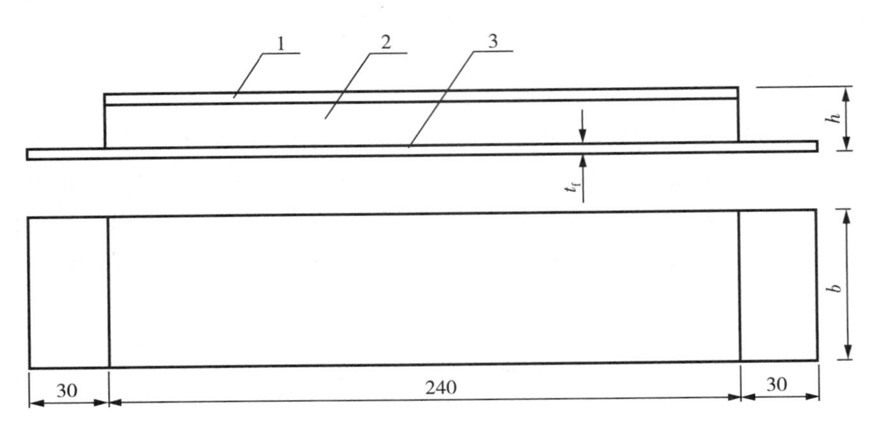

1—非剥离面板；2—芯子；3—被剥离面板；t_f—面板厚度；h—试样厚度；b—试样宽度。

图20－2 试样形状及尺寸

20.4 试验步骤

1)将外观检查合格试样编号，测量试样任意3处的宽度，取算术平均值；被剥离面板厚度取面板名义厚度，或测量同批试样被剥离面板10处的厚度，取算术平均值。测量精度精确到0.01mm。

2)将试样被剥离面板两端分别与上夹具和滚筒连接，使试样轴线与滚筒轴线垂直，然后将上夹具与试验机相连接，调整试验机载荷零点，再将下夹具与试验机连接。

3)按规定的加载速度进行试验，加载速度一般为20～30mm/min，仲裁试验时，加载速度为25mm/min。选用下列任一方法记录剥离载荷：

(1)使用自动记录装置记录载荷-剥离距离曲线；

(2)无自动记录装置时，应在开始施加载荷约5s后，按一定时间间隔读取并记录载荷，不应少于10个读数。

4)试样被剥离到150～180mm时，可卸载。

5)根据下列情况确定是否进行抗力试验：

(1)若剥离后面板未出现分层、断裂等损伤，则选用空白面板(或带有附着层的面板)，按上述步骤 2)～4)进行抗力试验；

(2)若剥离后面板出现分层、断裂等损伤，或不考虑面板补偿，无须进行抗力试验，结束试验。

6)记录破坏类型，典型破坏类型的表示方法见表 20－1 所列，表中未列出的破坏类型应以适当的文字描述记录。

表 20－1　典型破坏类型的表示方法

序号	破坏类型	破坏描述	表示方法
1	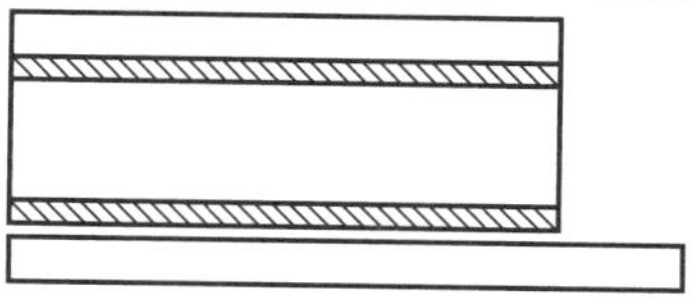	面板侧粘接破坏	FAF
2	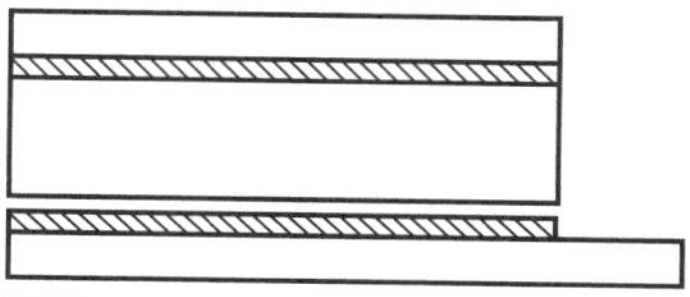	芯子侧粘接破坏	CAF
3	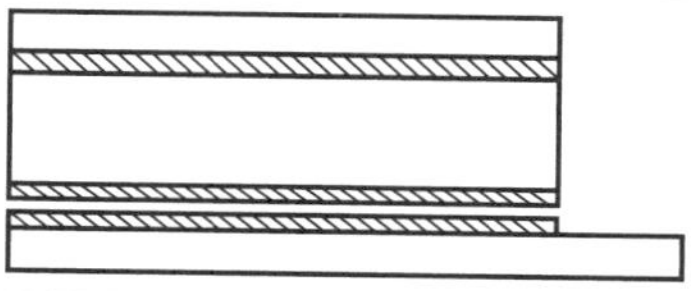	胶粘剂内聚破坏	ACF
4	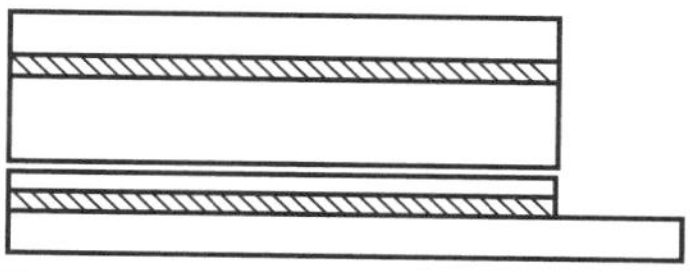	芯子破坏	CCF
5	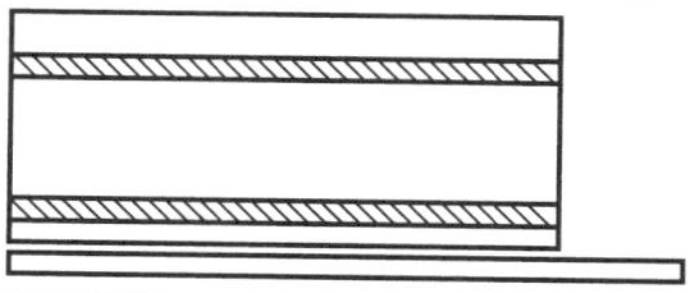	面板分层破坏	FDF

20.5　试验结果

1)按照下列任意一种方法求得平均剥离载荷和最小剥离载荷：

(1)从载荷-剥离距离曲线上找出最小剥离载荷，并用求积仪或作图法求得平均剥离载荷；

(2)从所记录的载荷读数中找出最小剥离载荷，并取载荷读数的算术平均值为平均剥离载荷。

2)如有抗力试验,按照上述平均剥离载荷的取值方法求得平均抗力载荷。

3)平均滚筒剥离强度按公式(20－1)计算:

$$M=\frac{(P_b-P_0)(D+t_b-d-t_f)}{2b} \tag{20－1}$$

式中:M——平均滚筒剥离强度[(N·mm)/mm];

P_b——平均剥离载荷(N);

P_0——抗力载荷(N);

D——滚筒凸缘直径(mm);

d——滚筒直径(mm);

t_f——被剥离面板厚度(mm);

t_b——加载带厚度(mm);

b——试样宽度(mm)。

4)最小滚筒剥离强度按公式(20－2)计算:

$$M_m=\frac{(P_m-P_0)(D+t_b-d-t_f)}{2b} \tag{20－2}$$

式中:M_m——最小滚筒剥离强度[(N·mm)/mm];

P_m——最小剥离载荷(N)。

5)如未进行抗力试验,按公式(20－3)计算平均名义剥离强度:

$$M_n=\frac{P_b(D+t_b-d-t_f)-W(D+t_b)}{2b} \tag{20－3}$$

式中:M_n——平均名义剥离强度[(N·mm)/mm];

W——滚筒自重(N)。

6)最小名义剥离强度按公式(20－4)计算:

$$M_{nm}=\frac{P_m(D+t_b-d-t_f)-W(D+t_b)}{2b} \tag{20－4}$$

式中:M_{nm}——最小名义剥离强度[(N·mm)/mm]。

以3个试件为一组,分别测量正面纵向、正面横向、背面纵向、背面横向各组试件中每个试件的平均剥离强度和最小剥离强度。分别以各组3个试件的平均剥离强度的算术平均值和最小剥离强度中的最小值作为该组的检验结果。

第21章　木材料

21.1　含水率测定

21.1.1　概述

通过称量干燥前后试样的质量，计算试样所包含的水分质量，用试样中所包含的水分质量与全干试样质量的百分比，表示试样中水分的含量。

本试验依据《无疵小试样木材物理力学性质试验方法　第4部分：含水率测定》(GB/T 1927.4—2021)编制而成。

21.1.2　仪器设备

1)天平，天平精度(最小读数)应根据含水率精度的要求而确定。绝干质量为10g试样的含水率水平与天平精度见表21-1所列。对于其他绝干质量的试样，天平的精度(最小读数)应按比例适当调整。

表21-1　绝干质量为10g试样的含水率水平与天平精度

报告含水率精度水平 W/%	天平的精度(最小读数)/mg
1.0	100
0.5	50
0.1	10
0.05	5
0.01	1

2)烘箱，宜有空气循环功能，温度应能保持在103℃±2℃。

3)玻璃干燥器和称量瓶。

21.1.3　样品制备

试样通常在需要测定含水率的试材、试条上或物理力学试验后的试样上，按照所对应标准试验方法规定的部位截取。试样最小尺寸为20mm×20mm×20mm。附在试样上的木屑、碎片、毛刺宜清除干净。

21.1.4　试验步骤

1)试样编号后尽快称量，记录结果，准确至含水率精度要求的水平。

2)将同批试验取得的含水率试样一并放入烘箱内,在103℃±2℃的温度下烘8h后,从中选定2个至3个试样进行一次试称,以后每隔8h称量所选试样一次,至最后两次称量之差不超过0.2%时,即认为试样达到全干。

3)将试件从烘箱中取出,立即放入装有干燥剂的玻璃干燥器中,盖好干燥器盖。

4)试样冷却至室温后,尽快称量,记录结果。

5)如试样为含有较多挥发物质(树脂、树胶等)的木材,为避免用烘干法测定的含水率产生过大误差,宜改用真空干燥法测定。

6)如报告含水率精度水平在0.1%及以上,应将试样放人称量瓶中称重。

21.1.5 试验结果

木材含水率按式(21-1)计算,准确至含水率精度要求的水平:

$$W=\frac{m_1-m_0}{m_0}\times 100\% \tag{21-1}$$

式中:W——木材含水率(%);

m_1——试样试验时的质量(g);

m_0——试样全干时的质量(g)。

21.2 顺纹抗拉强度试验

21.2.1 概述

木材抵抗拉伸变形的最大能力,称为抗拉强度。视外力作用于木材纹理的方向,木材抗拉强度分为顺纹抗拉强度和横纹抗拉强度。木材顺纹抗拉强度是指木材沿纹理方向承受拉力荷载的最大能力。木材的顺纹抗拉强度较大,为顺纹抗压强度的2~3倍。木材在使用中很少出现因被拉断而破坏。顾名思义,木材横纹抗拉强度,是指垂直于木材纹理方向承受拉力荷载的最大能力。木材的横纹拉力比顺纹拉力低得多,一般只有顺纹拉力的1/30~1/40。同时,木材横纹拉力试验时,应力不易均匀分布在整个受拉试件上,往往先在一侧被拉劈,然后扩展到整个断面而破坏。

本试验依据《无疵小试样木材物理力学性质试验方法 第14部分:顺纹抗拉强度测定》(GB/T 1927.14—2022)编制而成。

21.2.2 仪器设备

1)试验机,测定荷载的精度,应符合GB/T 1927.2的要求。试验机的十字头、卡头或其他夹具行程不小于400mm,夹钳的钳口尺寸为10~20mm,并具有球面活动接头,以保证试样沿纵轴受拉,防止纵向扭曲。

2)测量工具为游标卡尺或其他测量工具,测量尺寸应精确至0.1mm。

3)木材含水率测定设备,应符合 GB/T 1927.4 的规定。

4)木材密度测定设备,应符合 GB/T 1927.5 的规定。

21.2.3　样品制备

1)试材锯解和截取形状和尺寸,如图 21－1 所示。

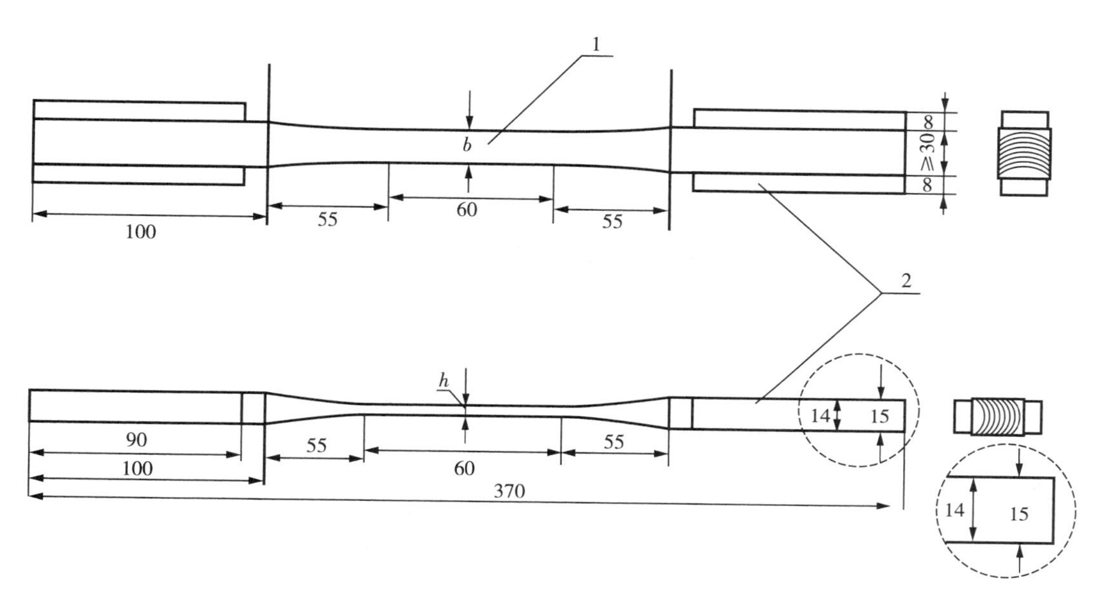

1—试样;2—木夹垫;b—试样有效部分宽度;h—试样有效部分厚度。

图 21－1　顺纹抗拉试样(单位:mm)

2)试样纹理应通直,生长轮的切线方向应垂直于试样有效部分(指中部 60mm 一段)的宽面。试样有效部分宽度 b(径向尺寸)为 10～30mm,厚度 h(弦向尺寸)为 4～10mm,与两端夹持部分之间的过渡弧表面应平滑,并与试样中心线相对称。

3)软质木材试样,应在夹持部分的窄面,附以 90mm×14mm×8mm 的硬木夹垫,用胶黏剂固定在试样上。硬质木材试样可不用木夹垫。

4)生长轮较宽树种,试样制作时至少有一个生长轮分界线位于试样有效部分宽面的中间部位。

21.2.4　试验步骤

1)在试样有效部分中央,测量厚度和宽度,精确至 0.1mm。

2)将试样两端夹紧在试验机的钳口中,使试样宽面与钳口相接触,两端靠近弧形部分露出不小于 25mm,竖直地安装在试验机上。

3)试验以均匀速度加荷,在 0.5～5.0min 内使试样破坏,破坏荷载精确至 100N。

4)如拉断处不在试样有效部分,试验结果应予舍弃。

5)试验测试后,立即在有效部分选取一段,分别按照 GB/T 1927.4、GB/T 1927.5 测定试样含水率、密度。

21.2.5 试验结果

试样含水率为 W 时的顺纹抗拉强度按式(21-2)计算:

$$\sigma_W=\frac{P_{max}}{bh} \tag{21-2}$$

式中:σ_W——试样含水率为 W 时的顺纹抗拉强度(MPa);

P_{max}——破坏荷载(N);

b——试样宽度(mm);

h——试样厚度(mm)。

21.3 顺纹抗压强度试验

21.3.1 概述

木材顺纹抗压强度是指木材沿纹理方向承受压力荷载的最大能力,主要用于诱导结构材和建筑材的榫接合类似用途的容许工作应力计算和柱材的选择等,如木结构支柱、矿柱和家具中的腿构件所承受的压力。木材顺纹抗压强度是重要的力学性质指标之一,它比较单纯而稳定,并且容易测定,常用以研究不同条件和处理对木材强度的影响。根据试样长度与直径之比值,木柱有长柱与短柱之分。当长度与最小断面的直径之比小于11或等于11时为短柱,大于11时为长柱,长柱亦称欧拉柱。长柱以材料刚度为主要因素,受压不稳定,其破坏不是单纯的压力所致,而是纵向上会发生弯曲、产生扭矩,最后导致破坏,它已不属于顺纹抗压的范畴。本节不讨论长柱受压,仅就短柱试样的抗压强度加以叙述。

本试验依据《无疵小试样木材物理力学性质试验方法　第11部分:顺纹抗压强度测定》(GB/T 1927.11—2022)编制而成。

21.3.2 仪器设备

1)试验机,测定荷载的精度,应符合GB/T 1927.2要求,即示值精度的1%,并具有球面滑动支座,或上、下支座均能单向转动。

2)测试量具测量尺寸应精确至0.1mm。

3)木材含水率测定和密度测定设备,应符合GB/T 1927.4和GB/T 1927.5的要求。

21.3.3 样品制备

1)试材锯解及试样截取按GB/T 1927.2规定进行。

2)试样横截面为正方形,边长至少为20mm,顺纹方向长度为边长1.5倍。当生长轮宽度大于4mm时,应增大边长,使试样至少包含5个生长轮。

21.3.4 试验步骤

1)在试样长度方向中央位置,测量宽度及厚度;称其质量,参照GB/T 1927.5测定气干密度。

2)将试样放在试验机球面活动支座的中心位置,以均匀速度加荷,在1.0～5.0min内使试样破坏,即试验机显示的荷载明显减少,记录破坏荷载。

3)试样破坏后,对整个试样参照GB/T 1927.4测定试样含水率。

21.3.5　试验结果

1)试样含水率为W时的顺纹抗压强度,按式(21-3)计算:

$$\sigma_W=\frac{P_{max}}{bt} \tag{21-3}$$

式中:σ_W——试样含水率为W时的顺纹抗压强度(MPa),精确至0.1MPa;

P_{max}——破坏荷载(N);

b——试样宽度(mm);

t——试样厚度(mm)。

2)对于气干材试样,可按式(21-4)换算成含水率为12%时的抗压强度,精确至0.1MPa:

$$\sigma_{12}=\sigma_W[1+0.05(W-12)] \tag{21-4}$$

式中:σ_{12}——试样含水率为12%时的顺纹抗压强度(MPa);

W——试样含水率用百分数表示时除去%部分的数值。

试样含水率为7%～17%时,按式(21-4)计算有效。

21.4　抗弯强度试验

21.4.1　概述

木材抗弯强度是指木材承受逐渐施加弯曲荷载的最大能力,亦称静曲强度或弯曲强度,是重要的木材力学性质之一,主要用于家具中各种柜体的横梁、建筑物的桁架、地板和桥梁等易于弯曲构件的设计。

本试验依据《无疵小试样木材物理力学性质试验方法　第9部分:抗弯强度测定》(GB/T 1927.9—2021)编制而成。

21.4.2　仪器设备

1)试验机,测定荷载应精确至1%。

2)试验装置中,支座、压头的端部曲率半径应为30mm,测试跨距应为240mm,如图21-2所示。

3)游标卡尺或其他尺寸测量工具,应精确至0.1mm。

4)木材含水率测定设备,应符合GB/T 1927.4的规定。

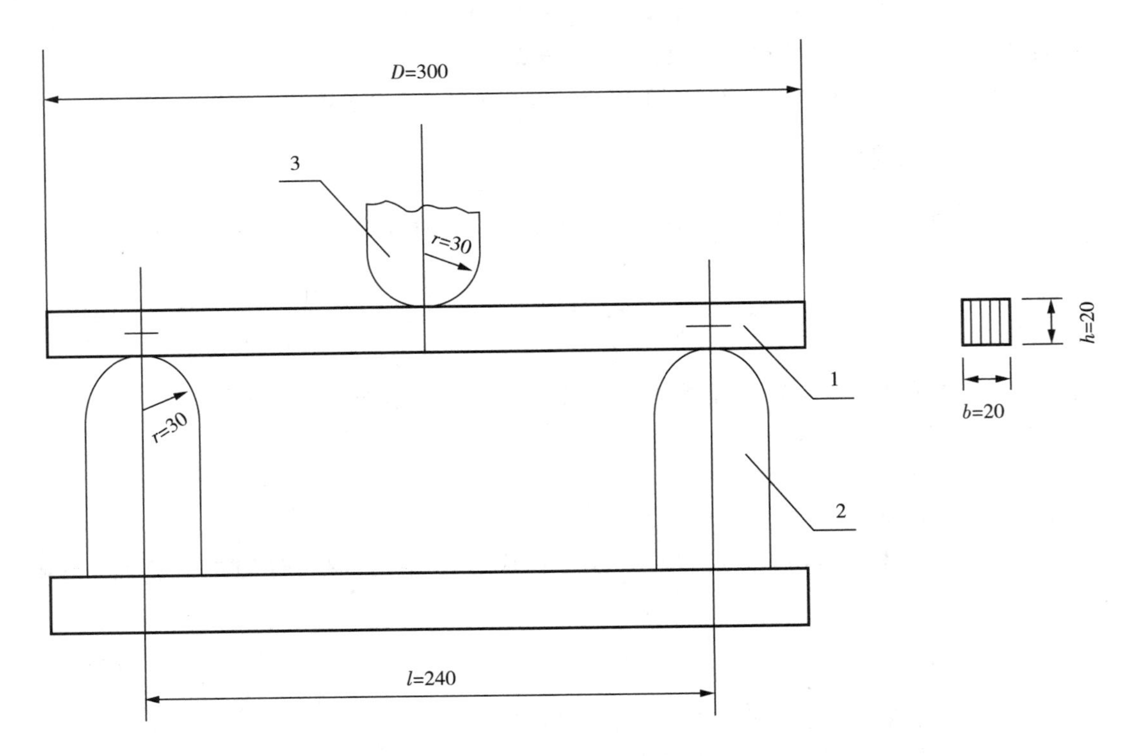

1—试样；2—支座；3—压头；

D—试样纵向尺寸；b—试样径向尺寸；h—试样弦向尺寸；L—测试跨距；r—支座、压头的端部曲率半径。

图 21-2 抗弯强度测试示意(单位：mm)

21.4.3 样品制备

1)试样制取应符合 GB/T 1927.2 的规定。

2)试样尺寸为 300mm(L)×20mm(R)×20mm(T)，L、R、T 分别为试样的纵向、径向和弦向。如与抗弯弹性模量的测定使用同一试样，应先测定抗弯弹性模量，后进行抗弯强度试验。

21.4.4 试验步骤

1)抗弯强度采用弦向加荷试验，在试样长度中央测量径向(R)尺寸作为宽度 b，弦向(T)尺寸作为高度 h，精确至 0.1mm。

2)采用三点弯曲中央加荷如图 21-2 所示，将试样放在试验装置的两支座上，试验装置的压头垂直于试样的径面以均匀速度加荷，在 1～2min 内(或将加荷速度设定为 5～10mm/min)使试样破坏。将试样破坏时的荷载作为最大荷载进行记录，精确至 10N。

3)试验后，立即在试样靠近破坏处，截取约 20mm 长的木块一个，按 GB/T 1927.4 测定试样含水率。

21.4.5 试验结果

试样含水率为 W 时的抗弯强度按式(21－4)计算：

$$\sigma_{b,w}=\frac{3P_{max}l}{2bh^2} \tag{21-5}$$

式中：$\sigma_{b,w}$——试样含水率为 W 时的顺纹抗压强度(MPa)，精确至 0.1MPa；

P_{max}——最大荷载(N)；

l——两支座间测试跨距(mm)；

b——试样宽度(mm)；

h——试样高度(mm)。

第 22 章　加固材料

22.1　抗拉强度试验(结构胶粘剂)

22.1.1　概述

抗拉强度试验是沿试样轴向匀速施加静态拉伸载荷，直到试样断裂或达到预定的伸长，在整个过程中，测量施加在试样上的载荷和试样的伸长，以测定拉伸应力(拉伸屈服应力、拉伸断裂应力或拉伸强度)、拉伸弹性模量、断裂伸长率和绘制应力-应变曲线。本试验依据《树脂浇铸体性能试验方法》(GB/T 2567—2021)编制而成。

22.1.2　仪器设备

1)试验设备载荷误差不应超过±1%，试验设备量程的选择应使试样破坏载荷在满量程的10%～90%(宜尽量落在满量程的一边)。

2)测量变形仪表误差不应超过±1%。

3)试验设备能获得试验方法标准规定的恒定的试验速度，当试验速度不大于10mm/min时，误差不应超过±20%；当试验速度大于10mm/min时，误差不应超过±10%。

4)测定弹性模量时，能自动记录应力-应变曲线。

22.1.3　样品制备

1. 试验标准环境

环境温度为23℃±2℃，相对湿度为50%±10%。

2. 配料、浇铸

1)按预定的固化系统配制，将各组分搅拌均匀，并排除树脂中的气泡。如气泡较多，可采用真空脱泡或超声脱泡。

2)浇铸在室温为15～30℃、相对湿度小于75%以下进行，沿浇铸口紧贴模板倒入树脂液，在整个操作过程中宜尽量避免产生气泡。

3. 固化

1)常温固化：浇铸后模子在室温下放置24～48h后脱模。然后敞开放在一个平面上，在室温或试验标准环境温度下建议放置504h以上(包括试样加工时间)。

2)常温和后固化：浇铸模在室温下放置24h，继续加热固化，从室温逐渐升至热固化温度，固化温度、时间、速率等参数由生产厂家提供。

3)热固化：固化温度和时间根据树脂固化剂或促进剂的类型和用量而定，固化参数由生产厂家提供。

4. 试样尺寸

试样形状如图22-1所示，拉伸试样尺寸见表22-1所列。

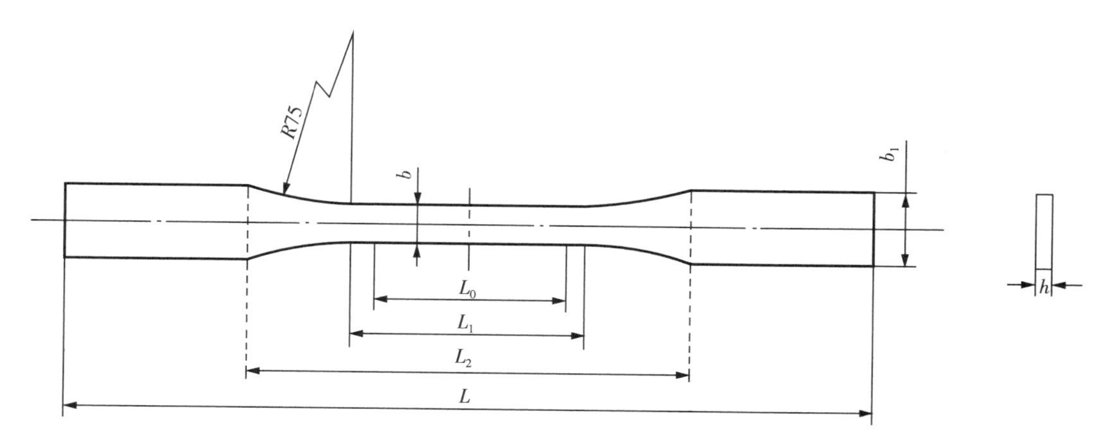

图22-1 试样形状

表22-1 拉伸试样尺寸

符号	名称	尺寸/mm
L_0	标距	50
L_1	中间平行段长度	60
L_2	夹具间距离	115
L	总长	200～220
b	中间平行段宽度	10±0.2
b_1	端头宽度	20±0.5
h	厚度	4.0±0.2

22.1.4 试验步骤

1)试验前，试样应在试验标准环境条件下，至少放置24h，状态调节后的试样应在与状态调节相同的试验标准环境条件下试验(另有规定时按相关规定)。试样应平整、光滑、无气泡、无裂纹、无明显杂质和加工损伤等缺陷。每组有效试样不少于5个。

2)将试样编号，测量试样标距[图22-1中L_0段]内任意3处的宽度和厚度，取算术平均值。测量精度准确至0.01mm。

3)测定拉伸强度时，夹持试样，使试样的中心轴线与上下夹具的对准中心线一致，按10mm/min试验速度均匀连续加载，直至破坏，读取破坏载荷值。

4)若试样断在夹具内或圆弧处，此试样作废，另取试样补充。同批有效试样不足5个时，应重做试验。

22.1.5 试验结果

拉伸强度(拉伸屈服应力或拉伸断裂应力)按公式(22-1)计算：

$$\sigma_t = \frac{P}{b \cdot h} \quad (22-1)$$

式中：σ_t——拉伸强度(拉伸屈服应力或拉伸断裂应力)(MPa)；

P——最大载荷(屈服载荷或破坏载荷)(N)；

b——试样宽度(mm)；

h——试样厚度(mm)。

每组有效试样不少于5个，计算结果取算术平均值。

22.2　不挥发物(结构胶粘剂)含量检测

22.2.1　概述

本试验依据《工程结构加固材料安全性鉴定技术规范》(GB 50728—2011)编制而成，适用于室温固化的改性环氧类和改性乙烯基酯类结构胶粘剂不挥发物含量的测定。其测定结果可用以判断被检测的胶粘剂中是否掺有影响结构胶粘剂性能和质量的挥发性成分。

22.2.2　仪器设备

1)电热鼓风干燥箱(烘箱)，其温度波动不应大于±2℃。

2)温度计应备有两种，其测温范围分别为0～150℃和0～250℃。

3)称量容器应采用铝制称量盒或耐温称量瓶，其直径宜为50mm，高度宜为30mm。

4)称量天平应为分析天平，其感量应为1mg，最大称量应为200g。

5)干燥器应为有密封盖的玻璃干燥器，数量应不少于4个，且均应盛有蓝变色硅胶。

6)胶皿，其制皿材料与胶粘剂原材料之间应不发生化学反应。

22.2.3　样品制备

应将所取的各组分样品连同取胶皿放进干燥器内，在试验室正常温湿度条件下静置一夜，调节其状态。

22.2.4　试验步骤

1. 测试前准备工作

1)仪器设备校正要求：对分析天平及烘箱温控系统，均应按国家计量部门的检定规程定期检定，不得使用已超过检定有效期的仪器设备。

2)烘干硅胶要求：将两个干燥器所需的硅胶量，置于200℃的烘箱中烘烤约8h，至完全蓝变色后取出，分成两份放入干燥器待用。

3)称量盒(瓶)的烘干要求：应在约105℃的烘箱中，置入所需数量的空称量盒(瓶)，揭开盖子烘至恒重，恒重以最后两次称量之差不超过0.002g为准。达到恒重时，记录其质量后再放进干燥器待用。

2. 测试步骤

1)应根据该胶粘剂使用说明书规定的配合比,按配制 30g 胶粘剂分别计算并称取每一组分的用量;经核对无误后,倒入调胶器皿中混合均匀。

2)应用两个称量盒(瓶)从混合均匀的胶液中,各称取一份试样,每份约 1g,分别记其净质量为 m_{01} 和 m_{02},称量应准确至 0.001g。

3)应将两份试样同时置于40_{0}^{+2}℃的环境中固化 24h。

4)应将已固化的两份试样移入已调节好温度的烘箱中,在 105℃ ± 2℃ 条件下烘烤 180min±5min。

5)取出两份试样,放入干燥器中冷却至室温。

6)分别称量两份试样,记其净质量为 m_{11} 和 m_{12},称量应精确至 0.001g。

22.2.5　试验结果

1)一次平行试验取得的两个结果,可按式(22 - 2)和式(22 - 3)分别计算试样 1 和试样 2 的不挥发物含量测值,取三位有效数字:

$$x_1 = \frac{m_{11}}{m_{01}} \times 100\% \tag{22-2}$$

$$x_2 = \frac{m_{12}}{m_{02}} \times 100\% \tag{22-3}$$

式中:x_1、x_2——分别为试样 1 和试样 2 的不挥发物含量测值(%);

m_{01}、m_{02}——分别为试样 1 和试样 2 加热前的净质量(g);

m_{11}、m_{12}——分别为试样 1 和试样 2 加热后的净质量(g)。

2)在完成第一次平行试验后,尚应按同样的步骤完成第二次平行试验,并得到相应的不挥发物含量测值 x_3 和 x_4。测试结果以两次平行试验的平均值表示。

22.3　钢-钢拉伸抗剪强度试验

22.3.1　概述

本试验依据《胶粘剂　拉伸剪切强度的测定(刚性材料对刚性材料)》(GB/T 7124—2008)编制而成。胶粘剂拉伸剪切强度是在平行于粘接面且在试样主轴方向上施加一拉伸力,测出的刚性材料单搭接粘接处的剪切应力。

22.3.2　仪器设备

选择使用的拉力试验机应使试样的破坏载荷为满标负荷的 10%～80%。试验机的响应时间应足够短以保证断裂时间判定的准确性。试验机力值示值误差不得大于 1%。试验机应保持 ISO 527 - 1 中所规定的恒定的速度。可选用具有载荷变化均匀的试验机,可将载荷变化维持为 8.3～9.7MPa/min。试验机应配置一副可自动调心的夹具。加载时,夹具及其附件与试样无相对移动，保证试样长轴与施力方向一致，并与夹具中心线保持一致。

注：应避免夹具与胶接件由螺栓固定产生附加的应力集中。

22.3.3　样品制备

1）试样应符合图 22-2 的形状和尺寸。粘接面长度为 12.5mm±0.25mm。试片主轴方向应与金属胶接件的切割方向相一致。

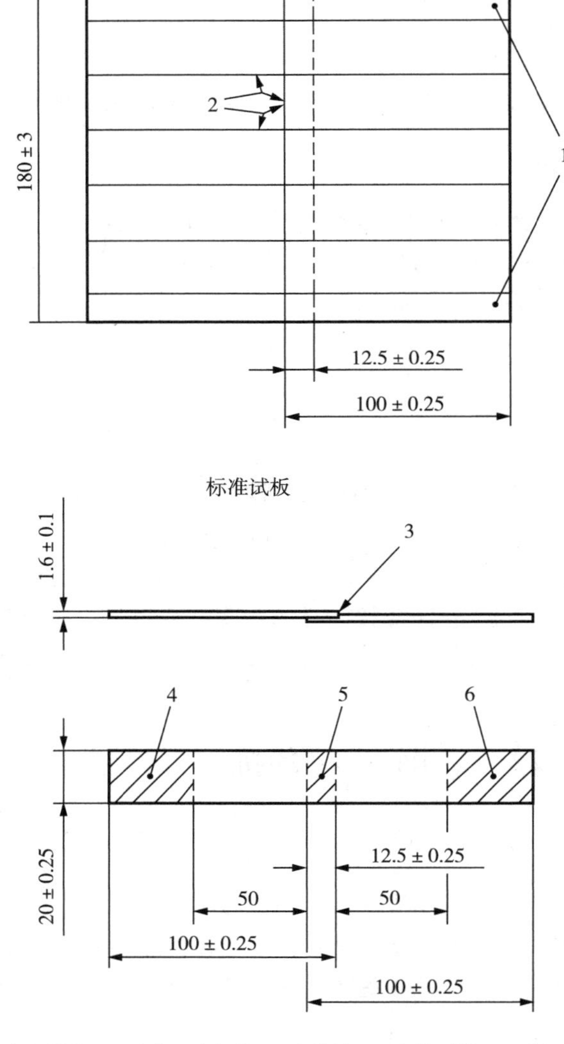

1—舍弃部分；2—夹角 90°±1°；3—胶粘剂；4—夹持区域；5—剪切区域。

图 22-2　试样及试板的形状和尺寸（单位：mm）

注意：选择不同于图 22-2 中试样尺寸可能会导致对试验的结果解释困难，因为不允许在此种情况下直接进行对比试验；强烈推荐在粘接过程中使用夹具对胶接件来进行准确定位。

2）试样可用平板制备，也可单片制备。在选择不同的制备方式时，应考虑到机加工中，试样是否会被机械破坏(包括加热过度)。在单片制备试样时应特别小心,确保两被粘接试片精确对齐,尽可能使胶层厚度均匀、一致。

典型的胶层厚度为0.2mm。胶层厚度可用插入间隔导线或小玻璃球来控制。如果使用间隔导线,则导线应该平行于施力方向,使导线对粘接部位的影响最小。

3)胶接件表面应适当处理以适宜粘接。表面处理方法可遵照制造说明或其他适用的标准(ISO 17212)。胶粘剂的应用和固化应按其制造厂商的要求或其他适当的材料标准进行。在胶接过程中压出来的溢胶需及时清理。

对于胶接件,其表面处理方法应在报告中说明。

4)试样的数量决定于精密度要求,为了结果可靠,原则上不少于5个。

5)试样的尺寸测量精确到±0.1mm。

22.3.4　试验步骤

1)将试样对称地夹在夹具上,夹持处至距离最近的粘接端的距离为50mm±1mm。夹具中可使用垫片,以保证作用力在粘接面内。

2)拉力试验机以恒定的测试速度进行试验,使一般破坏时间介于65s±20s。

3)若拉力机可以恒定速率加载,将剪切力变化速率定在每分钟8.3～9.8MPa。记录试样剪切破坏的最大负荷作为破坏载荷。

4)按GB/T 16997中的规定记录破坏类型(三种基材破坏类型及四种胶粘剂破坏类型)。

注:试样需在GB/T 2918中规定的标准调节环境中进行调节和试验。

22.3.5　试验结果

试验结果以有效试样的破坏载荷或拉伸剪切强度算术平均值表示。拉伸剪切强度由破坏载荷除以剪切面积来计算。

22.4　钢-混凝土正拉粘结强度试验

22.4.1　概述

本试验依据《工程结构加固材料安全性鉴定技术规范》(GB 50728—2011)编制而成,适用于以锚固型胶粘剂粘结带肋钢筋与基材混凝土,在约束拉拔条件下测定其粘结强度,也可用于以锚固型胶粘剂粘合全螺纹螺杆与基材粘结强度的测定。

22.4.2　仪器设备

1)由油压穿心千斤顶、力值传感器、钢制夹具、约束用的钢垫板等组成的约束拉拔式粘结强度检测仪(见图22-3)。宜配备300kN和60kN穿心千斤顶各一台,其力值传感器测量精度应达±1.0%,试件破坏荷载应处于拉拔装置标定满负荷的20%～80%。若需测定拉拔过程的位移,尚应配备位移传感器和力-位移数据同步采集仪及笔记本电脑和适用的绘图程序。拉拔仪应每年检定一次。

2)约束用的钢垫板应为中心开孔的圆形钢板,钢板直径不应小于 180mm,板中心应开有直径为 36mm 的圆孔,板厚为 15~20mm,上下板面应刨平。

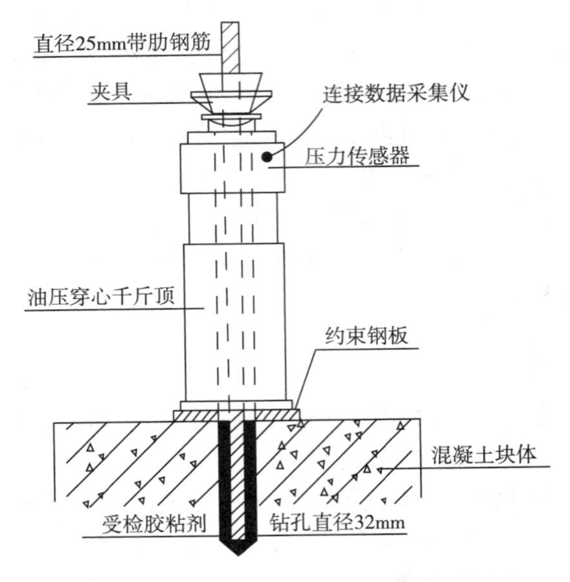

图 22-3 约束拉拔式粘结强度检测仪示意

3)植筋用的混凝土块体应按种植 15 根 ϕ25 带肋钢筋进行设计,并应符合下列规定。

(1)块体尺寸:其长度、宽度和高度应分别不小于 1260mm、1060mm 和 250mm。

(2)块体混凝土强度等级:一块应为 C30 级,另一块应为 C60 级。

(3)块体配筋:仅配置架立钢筋和箍筋(见图 22-4)。若需吊装,尚应设置吊坏。必要时,还可在块体底部配少量纵向钢筋,钢筋保护层厚度为 30mm。吊环预埋位置及底部配筋位置可根据实际情况确定。

(4)外观要求:混凝土表面应抹平整。

4)植筋用的钻孔机械,可根据试验设计的要求进行选择。当采用水钻机械时,钻孔后,应对孔壁进行糙化处理。

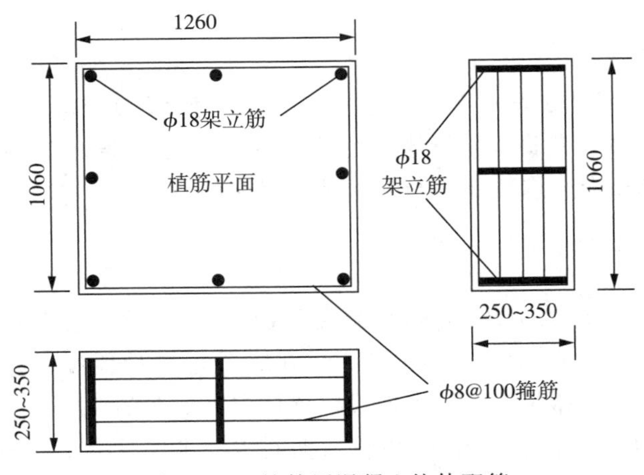

图 22-4 植筋用混凝土块体配筋

22.4.3　样品制备

1. 试件

1)本试验的试件由受检胶粘剂和植入混凝土块体的热轧带肋钢筋组成,每组试件不少于 5 个。

2)热轧带肋钢筋的公称直径应为 25mm;钢筋等级不宜低于 400 级;其表面应无锈迹、油污和尘土污染;外观应平直,无弯曲,其相对肋面积应在 0.055～0.065。钢筋的长度应根据其埋深及夹具尺寸和检测仪的千斤顶高度确定。钢筋的植入深度,对 C30 混凝土块体应为 150mm(6 倍钢筋直径),对 C60 混凝土块体应为 125mm(5 倍钢筋直径)。

3)受检的胶粘剂应由独立检验单位从成批供应的材料中通过随机抽样取得,其包装和标志应完好无损,不得采用过期的胶粘剂进行试验。

2. 植筋

1)植筋前应检测混凝土块材钻孔部位的含水率,其检测结果应符合试验设计的要求。

2)钻孔的直径及其实测的偏差应符合该胶粘剂使用说明书的规定。

3)植筋前的清孔,应采用专门的清孔设备,但清孔的吹和刷的次数应比该胶粘剂使用说明书规定的次数减少一半。若使用说明书的规定为两吹一刷,则实际操作时只吹一次而不再刷;若使用说明书未规定清孔的方法和次数,则试验时不得进行清孔。

4)植筋胶液的调制和注胶方法应严格按胶粘剂使用说明书的规定执行。

5)在注入胶液的孔中,应立即插入钢筋,并按顺时针方向边转边插,直至达到规定的深度。

6)植筋完毕应静置养护 7d,养护的条件应按使用说明书的规定执行。养护到期的当天应立即进行拉拔试验,若因故推迟不得超过 1d。

22.4.4　试验步骤

试验环境的温度应为 23℃±2℃,相对湿度应不大于 70%。若受检的胶粘剂对湿度敏感,相对湿度应控制在 45%～55%。

试验步骤应符合下列规定:

1)将粘结强度检测仪的空心千斤顶穿过钢筋安装在混凝土块体表面的钢垫板上,并通过其上部的夹具夹持植筋试件,并仔细对中、夹持牢固。

2)启动可控油门,均匀、连续地施荷,并控制在 2～3min 内破坏。

3)记录破坏时的荷载值及破坏形式。

22.4.5　试验结果

1)约束拉拔条件下的粘结强度 $f_{b,c}$,应按式(22-4)计算:

$$f_{b,c}=N_u/\pi d_0 l_b \tag{22-4}$$

式中:N_u——拉拔的破坏荷载(N);

d_0——钢筋公称直径(mm);

l_b——钢筋锚固深度(mm)。

2)破坏形式应符合下列情况,若遇到钢筋先屈服的情况,应检查其原因,并重新制作试件进行试验：

(1)胶粘剂与混凝土粘合面粘附破坏；

(2)胶粘剂与钢筋粘合面粘附破坏；

(3)混合破坏。

22.5　耐湿热老化性能试验

22.5.1　概述

本试验依据《工程结构加固材料安全性鉴定技术规范》(GB 50728—2011)编制而成，适用于结构胶粘剂耐热老化性能的验证性试验。采用本方法进行热老化试验的结构胶粘剂应已通过其他项目的安全性能检验。

22.5.2　仪器设备

1)试件的热老化应在可程式恒温试验箱中进行。该老化箱内的温度应能自动控制、连续记录，并保持稳定，箱内的空气流速应能保持在 0.5～1.0m/s。

2)试验机电源应为双电源，并应能在工作电源断电时自动切换。任何原因引起的短时间断电，均应记录在案备查。

22.5.3　样品制备

1)热老化性能的测定应采用钢对钢拉伸剪切试件，并应按 GB/T 7124 的规定和要求制备，粘结用的金属试片应为粘合面经过喷砂处理的 45 号钢。

对聚合物改性水泥砂浆的热老化性能测定应采用符合 GB 50550—2010 中附录 R 规定的钢套筒式试件。

2)试件的数量不应少于 15 个，且应随机均分为 3 组。其中一组为对照组，另两组为老化试验组。

3)试件胶粘后应静置固化 7d。

22.5.4　试验步骤

1. 试验条件

1)温度条件应符合下列规定：

(1)温度：对Ⅰ类胶应保持 $80℃^{+2}_{-1}℃$；对Ⅱ类胶应保持 $95℃^{+2}_{-1}℃$；对Ⅲ类胶应保持 $125℃^{+3}_{-2}℃$；

(2)恒温时间：自箱内温达到规定值算起，应为 90d。

2)升温、恒温及降温过程的控制应符合下列要求：

(1)升温制度要求：应在 1.5～2h 内，使老化箱内温度自 $25℃^{+3}_{-1}℃$ 连续、均匀地升至规定的高温；

(2)恒温制度要求：应使老化箱内有效工作区的温度保持均匀，不得有明显波动，且应按传感器的示值进行实时监控；

(3)降温制度要求：应在连续恒温达到 90d 时立即开始降温，且应在 1.5～2h 内连续、均匀地降至 25℃±2℃。

2. 热老化性能测定的步骤应符合的规定

1)试件经 7d(对聚合物改性水泥砂浆为 28d)固化后应立即先测定对照组试件同温度的初始抗剪强度。

2)将老化试验组的试件放入老化箱内，试件相互之间、试件与箱壁之间不得接触。对仲裁性试验，试样与箱壁、箱底和箱顶的距离均不应少于 150mm。

3)老化试验的温度控制应按规定和要求进行。

4)在试验过程中，若需取出或放入试样，开启箱门的时间应短暂，防止试样表面出现凝结水珠。

5)在恒温达到 30d 时，应取出一组试件在带有高温炉的试验机中进行抗剪试验。若试件抗剪强度降低百分率平均大于 10%，该老化试验便应中止，并直接判为不合格，不得继续进行试验。若抗剪强度降低百分率小于 10%，尚应继续进行至规定时间。

6)试验达到 90d，立即将试样逐个取出在带有高温炉的试验机中进行同温度抗剪破坏试验，且每组试验均应在 30min 内完成。

22.5.5　试验结果

老化试验完成后，应按式(22-5)计算抗剪强度降低百分率，取两位有效数字：

$$\rho_{R,i}=\frac{R_{0,i}-R_i}{R_{0,i}}\times 100\% \tag{22-5}$$

式中：$\rho_{R,i}$——第 i 组老化试验后抗剪强度降低百分率(%)；

$R_{0,i}$——对照组试样初始抗剪强度算术平均值；

R_i——经老化试验后第 i 组试样抗剪强度算术平均值。

22.6　纤维复合材料拉伸性能试验（抗拉强度标准值、弹性模量、极限伸长率）

22.6.1　概述

本试验依据《定向纤维增强聚合物基复合材料拉伸性能试验方法》(GB/T 3354—2014)编制而成，适用于连续纤维(包括织物)增强聚合物基复合材料对称均衡层合板面内拉伸性能的测定。纤维复合材料的拉伸试验是对薄板长直条试样，通过夹持端夹持，以摩擦力加载，在试样工作段形成均匀拉力场，测试材料拉伸性能。

22.6.2　仪器设备

试验机和测试仪器应符合 GB/T 1446 的规定。环境箱的控制精度应满足试验要求，经计量检定合格，并在有效期内使用。

22.6.3　样品制备

1. 样品加工

试样应具有对称均衡的铺层形式。试样的取位区，一般宜距板材边缘(已切除工艺毛边)30mm 以上，最小不得小于 20mm。若取位区有气泡、分层、树脂淤积、褶皱、翘曲、错误铺层等缺陷，则应避开。若对取位区有特殊要求或需从产品中取样时，则按有关技术要求确定，并在试验报告中注明。

纤维增强塑料一般为各向异性，应按各向异性材料的两个主方向或预先规定的方向(例如板的纵向和横向)切割试样，且严格保证纤维方向和铺层方向与试验要求相符。

纤维增强塑料试样应采用硬质合金刃具或砂轮片等加工。加工时要防止试样产生分层、刻痕和局部挤压等机械损伤。加工试样时，可采用水冷却(禁止用油)。加工后，应在适宜的条件下对试样及时进行干燥处理。对试样的成型表面不宜加工。当需要加工时，一般单面加工，并在试验报告中注明。

每组有效试样应不少于 5 个。

2. 试样形状和尺寸

拉伸试样形状与尺寸如图 22－5 所示和见表 22－2 所列。

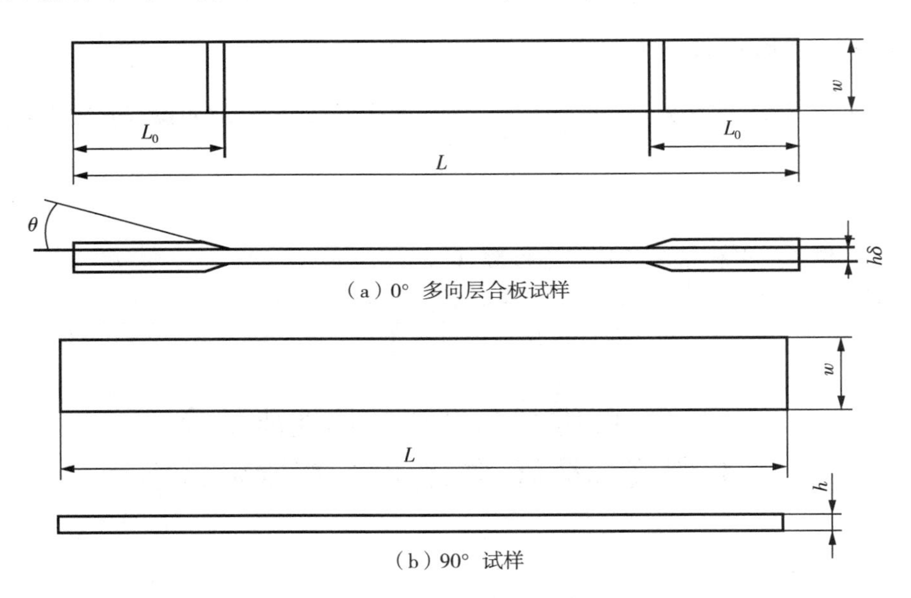

(a) 0° 多向层合板试样

(b) 90° 试样

图 22－5　拉伸试样示意

表 22－2　拉伸试样几何尺寸

试验铺层	几何尺寸/mm					
	L	ω	h	L_0	δ	θ
0°	230～250	12.5±0.1	1～3	50	1.5～2.5	15°～90°
90°	170～200	25±0.1	2～4	—	—	—
多向层合板	230～250	25±0.1	2～4	50	1.5～2.5	15°～90°

注：0°试样推荐厚度为 1mm；其他试样推荐厚度为 2mm。

3. 加强片

加强片宜采用织物或无纬布增强复合材料，也可采用铝合金板，除 90°单向板试样不使用加强片外，其他试样均应使用加强片，加强片的粘贴宜在切割试样前进行。

4. 胶粘剂

可采用任何满足环境要求的高伸长率的(韧性的)胶粘剂，胶粘剂固化温度不能高于层合板成型温度。

22.6.4　试验步骤

1. 试样状态调节

1)干态试样状态调节：试验前，试样在实验室标准环境条件下至少放置 24h。

2)湿态试样状态调节：试验前，应在规定的温度和湿度条件下使试样达到所要求的吸湿状态。推荐的温度和湿度条件如下：温度为 70℃±3℃；相对湿度为 85%±5%。

湿态试样状态调节结束后，应将试样用湿布包裹放入密封袋内，直到进行力学试验，试样在密封袋内的储存时间应不超过 14d。

2. 应变计和引伸计安装

每组试样中选择 1～2 个试样，在其工作段中心两个表面对称位置背对背地安装引伸计(见图 22-6)或粘贴应变计(见图 22-7)，并按式(22-6)计算试样的弯曲百分比：

$$B_y=\frac{|\varepsilon_f-\varepsilon_b|}{|\varepsilon_f+\varepsilon_b|}\times 100\% \tag{22-6}$$

式中：B_y——试样弯曲百分比，%；

ε_f——正面传感器显示的应变(mm/mm)；

ε_b——背面传感器显示的应变(mm/mm)。

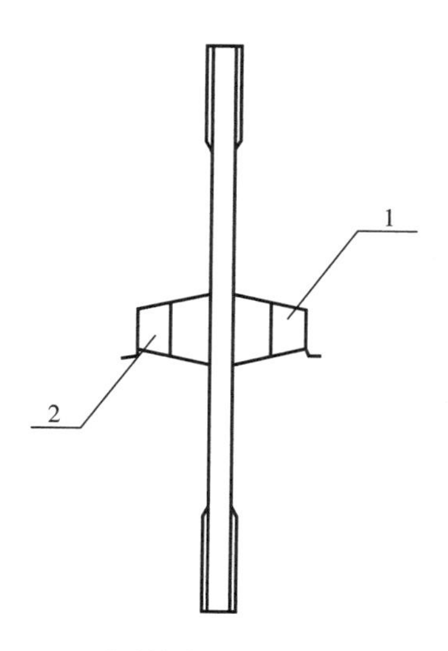

1—1# 引伸计；2—横向应变计。

图 22-6　引伸计安装示意

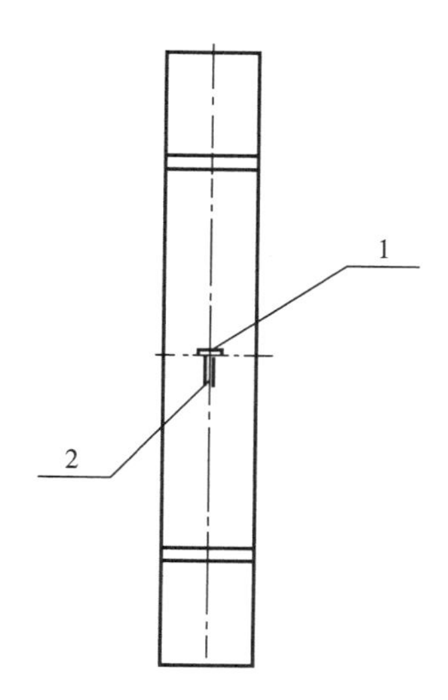

1—2# 引伸计；2—纵向应变计。

图 22-7　应变计粘贴示意

若弯曲百分比不超过3%，则同组的其他试样可使用单个传感器。若弯曲百分比大于3%，则同组所有试样均应背对背安装引伸计或粘贴应变计，试样的应变取两个背对背引伸计或对称应变计测得应变的算术平均值。

3. 试样安装

将试样对中夹持于试验机夹头中，试样的中心线应与试验机夹头的中心线保持一致。应采用合适的夹头夹持力，以保证试样在加载过程中不打滑并对试样不造成损伤。

4. 试验

1)检查试样外观，对每个试样编号。在状态调节后，测量并记录试样工作段3个不同截面的宽度和厚度，分别取算术平均值，宽度测量精确到0.02mm，厚度测量精确到0.01mm。

2)试样宜在实验室标准环境条件下进行试验；而对于在非实验室标准环境条件下进行的试验，则按相关产品规定进行。

3)按1～2mm/min加载速度对试样连续加载，连续记录试样的载荷-应变(或载荷-位移)曲线。若观测到过渡区或第一层破坏，则记录该点的载荷、应变和损伤模式。若试样破坏，则记录失效模式、最大载荷、破坏载荷以及破坏瞬间或尽可能接近破坏瞬间的应变。若采用引伸计测量变形，则由载荷-位移曲线通过拟合计算破坏应变。

22.6.5　试验结果

1. 拉伸强度

拉伸强度按式(22－7)计算，结果保留3位有效数字：

$$\sigma_t = \frac{P_{max}}{\omega h} \tag{22-7}$$

式中：σ_t——拉伸强度(MPa)；

P_{max}——破坏前试样承受的最大载荷(N)；

ω——试样宽度(mm)；

h——试样厚度(mm)。

2. 拉伸弹性模量

90°试样拉伸弹性模量在0.0005～0.0015的纵向应变范围内按式(22－8)或式(22－9)计算，其他试样拉伸弹性模量在0.001～0.003纵向应变范围内按式(22－8)或式(22－9)计算，结果保留3位有效数字。

$$E_t = \frac{\Delta P l}{\omega h \Delta l} \tag{22-8}$$

$$E_t = \frac{\Delta \sigma}{\Delta \varepsilon} \tag{22-9}$$

式中：E_t——拉伸弹性模量(MPa)；

l——试样工作段内的引伸计标距(mm)；

ΔP——载荷增量(N)；

Δl——与ΔP对应的引伸计标距长度内的变形增量(mm)；

$\Delta \sigma$——与ΔP对应的拉伸应力增量(MPa)；

$\Delta\varepsilon$——与 ΔP 对应的应变增量(mm/mm)。

3. 极限伸长率(拉伸破坏应变)

由引伸计测量的纵向拉伸破坏应变按式(22-10)计算,结果保留 3 位有效数字:

$$\varepsilon_{1t}=\frac{\Delta l_b}{l} \tag{22-10}$$

式中:ε_{1t}——纵向拉伸破坏应变(mm/mm);

Δl_b——试样破坏时引伸计标距长度内的纵向变形量(mm)。

每组有效试样应不少于 5 个,对于每一组试验,计算每一种测量性能的算术平均值,标准差和离散系数。

22.7 单位面积质量测定(纤维织物)

22.7.1 概述

纤维织物单位面积质量是规定尺寸的毡或织物的质量和它的面积之比。本方法依据《增强制品试验方法　第 3 部分:单位面积质量的测定》(GB/T 9914.3—2013)编制而成,适用于毡(短切原丝毡、连续原丝毡)和织物。

22.7.2 仪器设备

1)抛光金属模板,用于试样制备:面积为 100cm^2 的正方形用于毡,面积为 100cm^2 的正方形或圆形用于织物。裁取的试样面积的允许误差应小于 1%。

经利益相关方同意,也可使用更大的试样,在这种情况下应在试验报告中注明试样的形状和尺寸。金属模板的正反两面光滑且平整。

2)合适的裁切工具:如刀、剪刀、盘式刀或冲压装置。

3)试样皿:由耐热材料制成,能使试样表面空气流通良好,不会损失试样。可以是由不锈钢丝制成的网篮。

4)天平,具有表 22-3 所列的特性。

表 22-3　天平的特性

材料	测量范围	容许误差限	分辨率
织物,≥200g/m^2	0～150g	10mg	1mg
织物,<200g/m^2	0～150g	1mg	0.1mg

如果取更大尺寸的试样,应使用相当精度的天平。

5)通风烘箱:空气置换率为每小时 20～50 次,温度能控制在 105℃±3℃。

6)干燥器:内装合适的干燥剂(如硅胶、氯化钙或五氧化二磷)。

7)不锈钢钳:用于夹持试样和试样皿。

22.7.3 样品制备

对于织物，每 50cm 宽度取 1 个 $100cm^2$ 的试样。任何情况下，最少应取 2 个试样。

织物裁取试样的推荐方法如图 22－8 和图 22－9 所示。试样应分开取，最好包括不同的纬纱，应离开边/织边至少 5cm。

若需要，应给操作者提供特别的说明，以保证裁取的试样面积在方法允许的范围内。对于宽度小于 25cm 的机织物，试样的形状和尺寸由各方商定。

圆形试样可以由纱线与边或对角线平行的正方形试样代替。

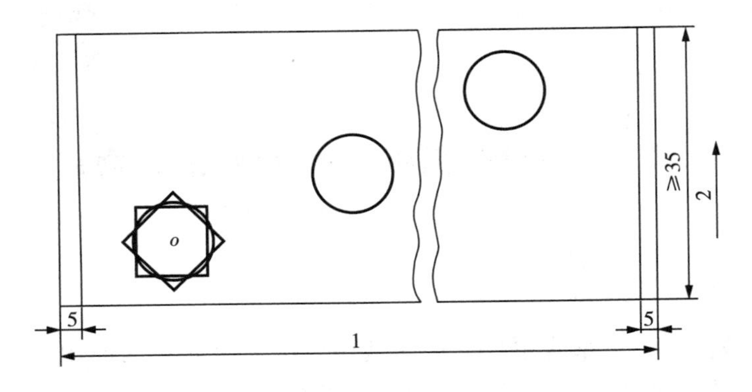

1—织物的宽度；2—经纱方向。

图 22－8 机织物试样建议方法（宽度大于 50cm 的织物）（单位：cm）

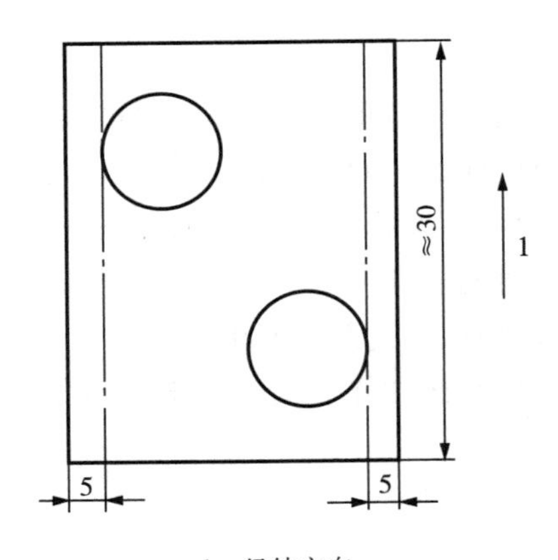

1—经纱方向。

图 22－9 裁取机织物试样建议方法（宽度为 25～50cm 的织物）（单位：cm）

22.7.4 试验步骤

除非利益相关方另有要求，当含水率超过 0.2%（或含水率未知）时，应将试样置于 105℃±3℃的通风烘箱中干燥 1h，然后放入干燥器中冷却至室温。从干燥器取出试样后，立即试验。称取每个试样的质量并记录结果。如果使用试样皿，则应扣除其质量。质量的数值应与天平的分辨率一致。

22.7.5　试验结果

1)按式(22－11)计算每个试样的单位面积质量 ρ_A,单位为 g/m^2:

$$\rho_A = \frac{m_s}{A} \times 10^4 \tag{22-11}$$

式中:m_s——试样质量(g);

A——试样面积(cm^2)。

2)以织物整个幅宽上所有试样的测试结果的平均值作为单位面积质量的报告值。

对于单位面积质量大于或等于 $200g/m^2$ 的织物,结果精确至 1g;对于单位面积质量小于 $200g/m^2$ 的织物,结果精确至 0.1g。

有时,产品规范或测试委托方要求报出每个测试单值时,这些数据可体现出材料在宽度方向上的质量分布情况。

22.8　纤维体积含量测定(预成型板)

22.8.1　概述

在碳纤维增强塑料上,通过图像分析仪或光学显微镜测定观测面内纤维所占面积与观测面积的百分比,即为该试样的纤维体积含量。本方法依据《碳纤维增强塑料孔隙含量和纤维体积含量试验方法》(GB/T 3365—2008)编制而成,适用于测定单向、正交及多向铺层的碳纤维增强塑料的孔隙含量、纤维体积含量。芳纶和玻璃纤维增强塑料也可参照采用,但不适用于织物增强塑料的纤维体积含量的测定。

22.8.2　仪器设备

1)图像分析仪,具有定量测量分析软件(颗粒面积、面积百分比)和数据处理系统。

2)金相显微镜,能放大到 1200 倍以上。

3)计数器。

4)求积仪。

5)磨片、抛光设备。

22.8.3　样品制备

1)单向铺层试样,沿垂直于纤维轴向的横截面取样,长为 20mm、宽为 10mm、高为试样厚度。每组试样不少于 3 个。正交及多向铺层试样,沿垂直于纤维轴向的横截面上至少各取 3 个横截面长为 20mm、宽为 10mm、高为试样厚度的试样。试样在切取过程中应防止产生分层、开裂等现象。

2)将试样用包埋材料包埋,将包埋好的试样在磨片机上依次用由粗到细的水磨砂纸在流动水下湿磨,然后在抛光机上用适当的抛光织物和抛光膏抛光,直至试样截面形貌在显微镜下清晰可见为止。

磨平、抛光过程中，每更换一次砂纸都应将试样彻底清洗干净。如有抛光膏堵塞孔隙现象，可用超声波清洗器清洗试样。

22.8.4　试验步骤

试验前，试样在实验室标准环境条件下至少放置 24h。纤维体积含量可用图像分析仪法和显微镜法操作。

1. 图像分析仪法

1)将制备好的试样置于图像分析仪的载物台上。

2)调节观测面亮度及聚焦平面以获得清晰的纤维截面形貌。观测面内不得有空隙。

3)调节图像分析仪的放大倍数到 500 倍以上，并能清晰区分单根纤维。

4)测定纤维所占面积与观测面积的百分比数值并记录试验结果。每个试样不少于 3 个视野。

2. 显微镜法

1)将制备好的试样置于金相显微镜的载物台上。

2)在 200 倍放大倍数下每个试样摄取 3 个观测面的照片各一张，用来测定各观测面积及其内的纤维根数。观测面内不得有孔隙。

3)在 1200 倍(或大于 1200 倍)放大倍数下摄取显微照片一张，用来测定纤维的平均截面积。

4)在摄得的照片上用求积仪或其他方法求得 25 根纤维的平均截面积。如纤维为圆形截面，可测量直径来计算截面积。

22.8.5　试验结果

1)图像分析仪法的纤维体积含量按式(22－12)计算：

$$V_f=\frac{\sum_{i=1}^{n}V_{fi}}{n}\qquad(22-12)$$

式中：V_f—— 纤维体积含量(%)；

V_{fi}—— 第 i 个观测面内纤维体积含量(%)；

n—— 试样观测面个数。

2) 显微镜法的纤维体积含量按式(22－13) 计算：

$$V_f=\frac{N\times A_f}{A}\times 100\qquad(22-13)$$

式中：V_f—— 每个观测面内的纤维体积含量(%)；

N—— 观测面内的纤维根数；

A_f—— 单根纤维的平均截面积(μm^2)；

A—— 观测面积(μm^2)。

计算纤维体积含量的算术平均值、标准差和离散系数。

22.9　K 数(碳纤维织物)测定

22.9.1　概述

碳纤维是一种含碳量在 95%以上的高强度、高模量纤维的新型纤维材料。K 代表碳纤维的规格,是指碳纤维丝束中单丝数量,$1K=1000$(根),$3K=3000$(根),$6K=6000$(根),$12K=12000$(根)。同时,$1K$、$3K$、$6K$、$12K$ 也称为小丝束,也叫宇航级碳纤维,而 $24K$ 以上大丝束则被称为工业级碳纤维。K 数的大小与碳纤维质量并无直接关系。不同的是线性密度,K 数越小,碳纤维编织布外观越细腻、有质感。本试验依据《建筑结构加固工程施工质量验收规范》(GB 50550—2010)编制而成。

22.9.2　仪器设备

织物密度镜或直尺。

22.9.3　试验步骤

1)检测应在室温条件下,将受检的碳纤维织物平铺在平整台面上。在不施加张力的状态下,把往复移动式织物密度镜或直尺按垂直于碳纤维纱线方向放置在碳纤维织物上,使织物密度镜或直尺的标线的左侧起点与纱线的同侧边缘相重合。

2)测量织物密度镜或直尺的起点至最终计数的纱线右侧边的精确长度。

3)样本量确定:每检验批织物取样 $1m^2$;每平方米织物测 10 个数据。

22.9.4　试验结果

1. 计算

用往复移动式织物密度镜或直尺,测量一定宽度 a_i(一般取 $a_i \geqslant 100mm$)内碳纤维经向纱线根数,并按式(22－14)计算其经纱密度(N_i);

$$N_i = n_i \times 10 / a_i \qquad (22-14)$$

式中:n_i——在 a_i 宽度内纱线的总根数。

计算得到的经纱密度,以平均值表示。

2. 判定规则

1)按给出的经纱密度与碳纤维纱线纤度(K 数)对照表(见 22－4),判定所检测碳纤维织物的 K 数。

2)当检测的经纱密度超出表 22－4 某一最接近的经纱密度范围,而又不落入另一经纱密度范围时,应加倍抽样复验该碳纤维织物的经纱密度。若复验结果合格,仍可判该织物的 K 数符合其产品说明书给定值;若复验结果不合格,则判定该织物说明书的给定值与实际不符,应予退货;不得用于工程上。

表 22-4 经纱密度与K数对照

碳纤维织物规格	经纱密度 N/(根/10mm)	碳纤维 K 数
200g/m²	2.50～2.70	12
	2.00～2.10	15
	1.67～1.80	18
	1.25～1.35	24
	0.63～0.68	48
300g/m²	3.75～3.85	12
	3.00～3.15	15
	2.50～2.70	18
	1.88～2.03	24
	0.95～1.02	48

第 23 章　焊接材料

23.1　熔敷金属拉伸试验

23.1.1　概述

熔敷金属拉伸试验是测定焊接材料力学性能的试验。

本试验依据《金属材料焊缝破坏性试验　熔化焊接头焊缝金属纵向拉伸试验》(GB/T 2652—2022)编制而成,适用于所有熔化焊方法制造且接头尺寸能按 ISO 6892-1 制成圆形横截面试样的各类金属材料产品。

23.1.2　仪器设备

量程相匹配的拉力试验机。

23.1.3　样品制备

1)取样位置。试样应从成品焊接接头或焊接试件纵向截取。加工完成后,试样的平行长度部分应全部由焊缝金属组成(见图 23-1、图 23-2)。为确保试样在接头中的正确定位,可对试样两端的接头横截面进行宏观侵蚀。

2)标记。每个试件应做标记,以便识别其从成品或接头中取出的准确位置。每个试样也应做标记,以便识别其在试件中的准确位置。当试样从试件中取出时,每个试样应做标记。

3)热处理和/或时效。焊接接头或试样不应进行热处理,但相关应用标准规定或允许试验焊接接头进行热处理的除外,此时应在试验报告中详细记录热处理的工艺参数。对于会产生自然时效的铝合金,应记录焊接至开始试验的间隔时间。

注:钢焊缝金属中氢的存在会对试验结果产生不利影响,可采取适当的去氢处理。

4)取样。取样所采用的机械加工方法或热加工方法不应对试样性能产生任何影响。钢材取样厚度超过 8mm 时,不应采用剪切方法。当采用热切割或可能影响切割面性能的其他切割方法从焊接试板或试件上截取试样时,应确保所有切割面距离试样最终平行长度部分的表面至少 8mm。对于平行于焊接试板或试件的原始表面的切割,不应采用热切割方法。其他金属材料取样,不应采用剪切方法和热切割方法,应采用机械加工方法(如锯削、车削等)。

5)试样加工。除非应用标准对试验接头另有规定,试样应截取自焊缝金属的中心(见图 23-1),其横截面位置如图 23-2 所示。未能在厚度中心截取试样的情况下,应记录其距离

表面的距离 t_1。在厚板或双面焊接头情况下，可沿厚度方向不同位置截取若干试样，应记录接头横截面中每个试样到表面的距离 t_1 和 t_2。

6)尺寸。每个试样应加工成圆形横截面，其平行长度范围内的直径 d_0 应符合 ISO 6892－1的规定。试样直径 d_0 应为 10mm。如无法满足，直径应尽可能大，且不应小于 4mm。实际尺寸应记录在试验报告中。试样的夹持端应满足所用拉伸试验机的要求。

7)表面质量。试样公差应符合 ISO 6892－1 的规定。试样应避免应变硬化或过热。

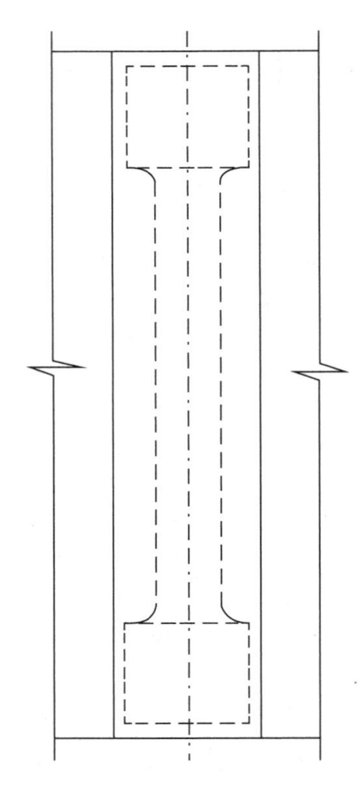

图 23－1　试样取样位置示例(纵剖截面)

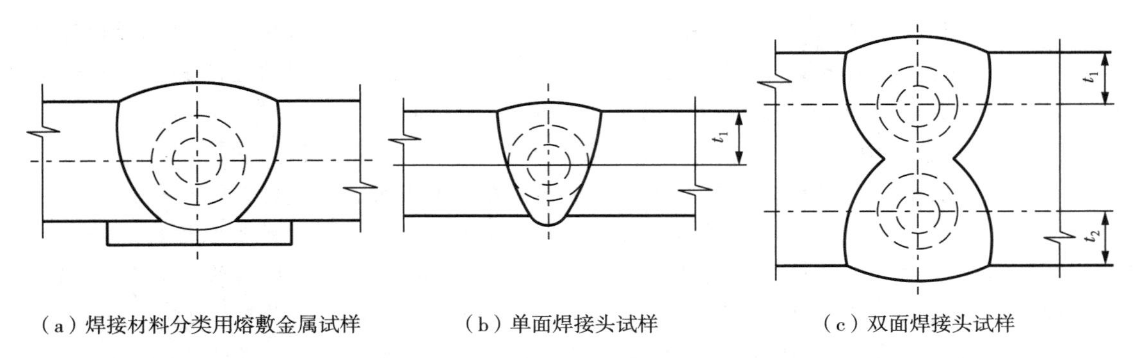

(a) 焊接材料分类用熔敷金属试样　(b) 单面焊接头试样　(c) 双面焊接头试样

图 23－2　试样取样位置示例(横截面)

23.1.4 试验步骤

应按 ISO 6892-1 的规定对试样以连续渐进方式施加试验力。

23.1.5 试验结果

应按 ISO 6892-1 的规定确定试验结果。

试样断裂后，应检验断口表面，断口上对试验可能产生不利影响的任何缺欠都应记录在报告中，记录内容包括缺欠类型、尺寸和数量。如果出现白点，应予以记录，并仅将白点的中心区域视为缺欠。

23.2 碳含量测定

23.2.1 概述

试料与助熔剂在高温(1200～1350℃)管式炉内通氧燃烧，碳被完全氧化成二氧化碳。除去二氧化硫后将混合气体收集于量气管中，测量其体积。然后以氢氧化钾溶液吸收二氧化碳，再测量剩余气体的体积。吸收前后气体体积之差即为二氧化碳的体积，以其计算碳含量。

本方法依据《钢铁及合金　碳含量的测定　管式炉内燃烧后气体容量法》(GB/T 223.69—2008)编制而成。

23.2.2 试剂材料与仪器设备

1. 试剂材料

1)氧，纯度不低于99.5%(体积分数)。若怀疑氧中含有机杂质，则必须在氧净化装置之前增加一只加热温度至450℃以上的氧化催化剂[氧化铜(Ⅱ)或铂]管予以处理。

2)溶剂，适于洗涤试样表面的油质或污垢，如丙酮等。

3)活性二氧化锰(或钒酸银)，粒状。当没有适宜的化学活性品级的二氧化锰时，可按下述方法进行制备。

为制备约50g的活性二氧化锰，在4L烧杯中将200g四合水硫酸锰($MnSO_4 \cdot 4H_2O$)溶解于2.5L水中，用氨水(ρ约0.90g/mL)调节成碱性后，加入1L新制备的过硫酸铵溶液(225g/L)，将溶液加热至沸，继续煮沸10min。加热煮沸期间，为保持溶液呈氨性要不断地加氨水，让沉淀沉降。如果澄清液不清亮或沉淀沉降不快，可再加入50～100mL过硫酸铵溶液(225g/L)，煮沸10min并保持溶液始终呈氨性。将溶液放置一些时间，让二氧化锰沉降完全，仔细虹吸出澄清液，用3L或4L温水，每次500～600mL以倾析法洗涤沉淀，在每次洗涤后和倾析之前，都要充分搅拌水中的二氧化锰，让其沉降。最后用很稀的硫酸溶液[每1000mL溶液中滴加2滴硫酸(ρ约1.84g/mL)]以同样的方法再洗涤两次。

在这期间，准备一只口径15cm漏斗，另取一只直径5cm的滤盘放置于漏斗上，并在滤盘上铺上一薄层净化过的石棉浆(也可用布氏瓷漏斗代替滤盘)。在最后一次洗涤后，将二氧化锰移到过滤器上，用温水洗涤至无硫酸根离子为止，然后将其放于瓷盘上，在105℃的烘箱中烘干。在研钵中将二氧化锰研细以便它通过孔径0.8mm的筛，再于105℃下充分烘干。

4)高锰酸钾-氢氧化钾溶液，称取30g氢氧化钾溶于70mL高锰酸钾饱和溶液中。

5)硫酸封闭溶液，1000mL水中加1mL硫酸(ρ约1.84g/mL)，滴加数滴的甲基橙溶液(1g/L)，至呈稳定的浅红色。

6)氯化钠封闭溶液，称取26g氯化钠溶于74mL水中，滴加数滴的甲基橙溶液(1g/L)，滴加硫酸(1+2)至呈稳定的浅红色。

7)助熔剂，锡粒、铜、氧化铜、五氧化二钒、铁粉。各助溶剂中碳的含量一般都不应超过0.0050%的质量分数。使用前应做空白试验，并从试料的测定值中扣去。

8)玻璃棉。

2. 仪器设备

分析中，除下列规定外，仅用通常的实验室仪器、设备。仪器与设备装置如图23-3所示。

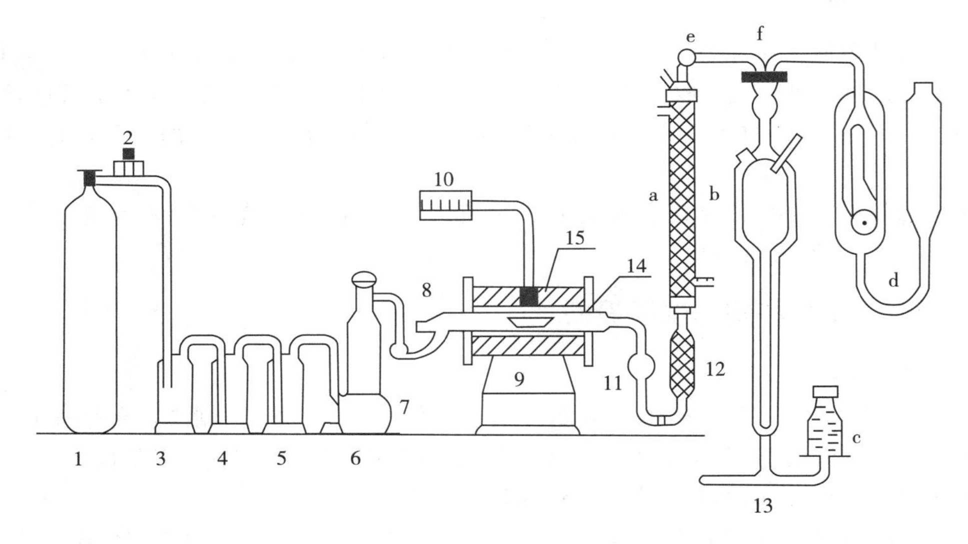

1—氧瓶；2—分压表(带流量计和缓冲阀)；3—缓冲瓶；4—洗气瓶Ⅰ；5—洗气瓶Ⅱ；6—干燥塔；7—供氧活塞；8—玻璃磨口塞；9—管式炉；10—温度控制器(或调压器)；11—球形干燥管；12—除硫管；13—容量定碳仪(包括a—蛇形管；b—量气臂；c—水准瓶；d—吸收器；e—小活塞；f—三通活塞)；14—瓷管；15—瓷舟。

图23-3　仪器与设备装置

1)氧净化装置：缓冲瓶；洗气瓶Ⅰ，内盛高锰酸钾-氢氧化钾溶液，溶液的装入量约为洗气瓶Ⅰ容积的三分之一；洗气瓶Ⅱ，内盛硫酸(ρ约1.84g/mL)，硫酸装入量约为洗气瓶Ⅱ容积的三分之一；干燥塔，上层装碱石棉(或碱石灰)、下层装无水氯化钙，中间隔以玻璃棉，底部及顶端也铺以玻璃棉。

2)管式炉附热电偶与温度控制器：高温加热设备也可用高频加热装置。

3)瓷管：瓷管长600mm、内径为23mm(亦可采用近似规格的瓷管)。瓷管的粗口端连接玻璃磨口塞，锥形端用橡皮管连接于球形干燥管。使用时先检查是否漏气，然后灼烧。瓷管与氧净化装置以及干燥管、除硫管连接用的橡皮塞多采用硅橡胶。

4)瓷舟:长为 88mm 或 97mm,使用前应在 1200℃的管式炉中通氧灼烧 2～4min,也可于 1000℃的高温炉中灼烧 1h 以上,冷却后贮于盛有碱石棉或碱石灰及无水氯化钙的未涂油脂的干燥器中备用。

5)球形干燥管:内装干燥的玻璃棉。

6)除硫管:长约 100mm、直径为 10～15mm,为玻璃管、内装 4g 颗粒活性二氧化锰(或粒状钒酸银),两端塞有脱脂棉。如试样硫含量质量分数在 0.20%以上,应增加除硫剂的用量,或多加一个除硫管。

7)定碳仪(气体体积测量仪):其部件及装置见定碳仪说明书。量气管中装硫酸封闭溶液或氯化钠封闭溶液。定碳仪应装置在距离管式炉 300～500mm 的地方并避免阳光直接照射。量气管必须保持清洁,有水滴附着在气管内壁时,需用铬酸洗液清洗。

8)长钩:用低碳镍铬丝或耐热合金丝制成,用以推进、拉出瓷舟。

23.2.3　样品制备

依据《钢和铁　化学成分测定用试样的取样和制样方法》(GB/T 20066—2006)或适当的国家标准取样。

23.2.4　试验步骤

1)装上瓷管,接通电源,升温。铁、碳钢和低合金钢试样,升温至 1200～1250℃,中高合金钢、高温合金等难熔试样,升温至 1350℃。

注:部分高温合金,如钴基合金、钛基合金,用管式炉难以熔融,可以采用高频炉内燃烧后红外吸收法测定。

2)通入氧,检查整个装置的管路及活塞是否漏气。调节并保持仪器装置在正常的工作状态。当更换水准瓶内的封闭溶液、玻璃棉、除硫剂和高锰酸钾-氢氧化钾溶液后,均应先燃烧几次高碳试样,以其二氧化碳饱和后才能开始分析操作。

3)空白试验。吸收瓶、水准瓶内的溶液与待测混合气体的温度应基本一致,不然,将会产生正、负空白值。在分析试样前应按下面步骤(但不加试样)反复做空白试验,直至得到稳定的空白试验值。由于室温的变化和分析中引起的冷凝管内水温的变动,在测量试料的过程中必须经常做空白试验。

4)选择适当的标准试样按分析步骤的规定测量,以检查仪器装置,在装置达到要求后才能开始试样分析。

5)以适当的溶剂洗涤试样表面的油质或污垢。加热蒸发除去残留的洗涤液。按表 23－1称取试料量。

表 23－1　称取试料量

碳含量(质量分数)/%	试料量/g
0.10～0.50	2.00±0.01,精确至 5mg
>0.50～1.00	1.00±0.01,精确至 1mg
>1.00～2.00	0.50±0.01,精确至 0.1mg

6)测定具体步骤如下。

(1)将试料置于瓷舟中,按表 23-2 规定取适量助熔剂覆盖于试料上。

表 23-2　助熔剂量

试样种类	加入量/g				
	锡粒	铜或氧化铜	锡粒+铁粉(1+1)	氧化铜+铁粉(1+1)	五氧化二钒+铁粉(1+1)
铁、碳钢和低合金钢	0.25～0.50	0.25～0.50	—	—	—
中高合金钢、高温合金等难熔试样	—	—	0.25～0.50	0.25～0.50	0.25～0.50

(2)启开玻璃磨口塞,将装好试料和助熔剂的瓷舟放入瓷管内,用长钩推至瓷管加热区的中部,立即塞紧磨口塞,预热 1min。按照定碳仪操作规程操作,记录读数(体积或含量),并从记录的读数中扣除所有的空白试验值。

注意:如分析高碳试样后要测低碳试样,应做空白试验,直至空白试验值稳定后,才能接着做低碳试样的分析。

(3)启开玻璃磨口塞,用长钩将瓷舟拉出。检查试料是否燃烧完全。如熔渣不平,熔渣断面有气孔,表明燃烧不完全,须重新称试料测定。

23.2.5　试验结果

1)当标尺的读数是体积时,碳含量以质量分数 w_c 计,按式(23-1)计算:

$$w_c=\frac{A\times V\times f}{m}\times 100\% \tag{23-1}$$

式:A——温度为 16℃、气压为 101.3kPa 时,封闭溶液液面上每毫升二氧化碳中含碳质量,用硫酸封闭溶液作封闭时,A 值为 0.0005000g,用氯化钠封闭溶液作封闭时,A 值为 0.0005022g;

V——吸收前与吸收后气体的体积差,即二氧化碳的体积的数值(mL);

f——温度、气压补正系数,采用不同封闭溶液时其值不同,参见 GB/T 223.69—2008 中附录 A;

m——试料质量的数值(g)。

2)采用水银气压计时,气压值按下式校正:

$$P=P'(1-0.000163t-0.0026\cos\varphi-0.0000002H)$$

式中:P——校正后气压的数值(kPa);

P'——水银气压计测得的气压的数值(kPa);

t——水银气压计所在处温度的数值(℃);

φ——水银气压计所在处纬度;

H——水银气压计所在处海拔高度的数值(m)。

3)当标尺的刻度是碳含量[例如有的定碳仪把 25mL 体积刻成碳含量的质量分数为 1.250%,有的把 30mL 体积刻成碳含量的质量分数为 1.500%]时,碳含量以质量分数 w_c 计,按式(23-2)计算:

$$w_c=\frac{A\times x\times 20\times f}{m}\times 100\% \tag{23-2}$$

式中:x——标尺读数(碳含量)换算成二氧化碳气体体积的系数(25/1.250 或 30/1.500)。

A——温度为 16℃、气压为 101.3kPa 时,封闭溶液液面上每毫升二氧化碳中含碳质量,用硫酸封闭溶液作封闭时,A 值为 0.0005000g。用氯化钠封闭溶液作封闭时,A 值为 0.0005022g;

f——温度、气压补正系数,采用不同封闭溶液时其值不同,参见 GB/T 223.69—2008 中附录 A;

m——试料质量的数值(g)。

23.3　硫含量测定

23.3.1　概述

试料与助熔剂在高温(1250～1350℃)管式炉中通氧燃烧,硫被完全氧化成二氧化硫,用酸性淀粉溶液吸收并以碘酸钾标准溶液滴定。根据消耗的碘酸钾溶液的体积,计算硫含量。

本方法依据《钢铁及合金化学分析方法　管式炉内燃烧后碘酸钾滴定法　测定硫含量》(GB/T 223.68—1997)编制而成。

23.3.2　试剂材料与仪器设备

1. 试剂材料

1)氧气:纯度不低于 99.5%(m/m)。若怀疑氧中含有机杂质,则必须在净化装置之前增加 1 只加热温度至 450℃以上的氧化催化剂[氧化铜(Ⅱ)或铂]管予以处理。

2)溶剂:适于洗涤试样表面的油质或污垢,如丙酮等。

3)无水氯化钙:固体。

4)碘化钾:固体。

5)碱石棉。

6)硫酸:ρ=1.84g/mL。

7)盐酸:ρ=1.19g/mL。

8)氢氧化钾:100g/L。

9)助熔剂:

(1)铁粉;

(2)五氧化二钒,预先置于 600℃高温炉中灼烧 2～3h,冷却后置于磨口瓶中备用;

(3)二氧化锡,筛选粒度为 0.125mm 的二氧化锡盛于大瓷舟中,于 1300℃管式炉中通氧灼烧 2min,冷却后置于磨口瓶内备用。

10)淀粉吸收液。称取 10g 可溶性淀粉(山芋粉),用少量水调成糊状,加入 500mL 沸水,搅拌,加热煮沸后取下,加 500mL 水及 2 滴盐酸(ρ=1.19g/mL)搅拌均匀后静置澄清,使用时取 25mL 上层澄清液,加 15mL 盐酸(ρ=1.19g/mL)用水稀释至 1000mL,混匀。

11)碘酸钾标准溶液:相关碘酸钾标准溶液的配制详见 GB/T 223.68—1997。

12)玻璃棉。

2. 仪器设备

分析中,除下列规定外,仅用通常的实验室仪器、设备。仪器与设备装置如图 23-4 所示。

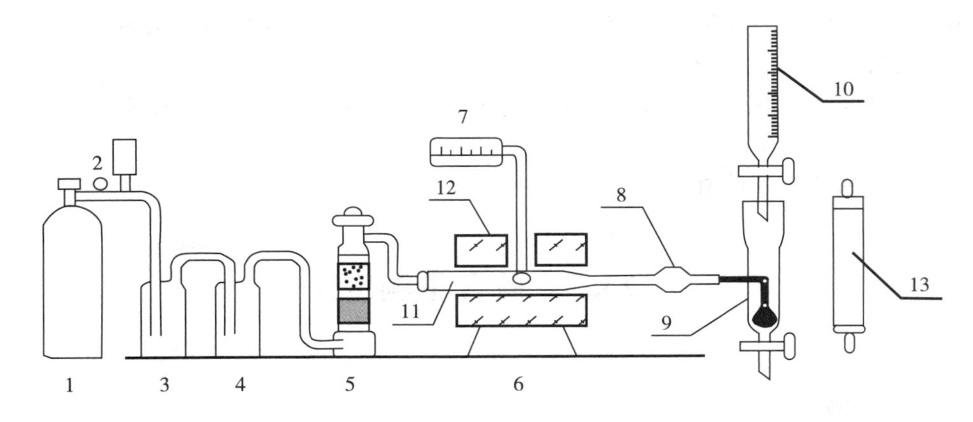

1—氧瓶;2—分压表(带流量计和缓冲阀);3—缓冲瓶;4—洗气瓶;5—干燥塔;6—管式炉;7—温度控制器;8—瓷管;9—带瓷盖的瓷舟;10—球形干燥管;11—吸收杯;12—滴定管(25mL);13—日光灯(8W)。

图 23-4 仪器与设备装置

1)氧净化装置:缓冲瓶;洗气瓶,内盛硫酸(ρ=1.84g/mL),其装入量约为洗气瓶容积的三分之一;干燥塔,上层装碱石棉(或碱石灰)、下层装无水氯化钙,中间隔以玻璃棉,底部及顶端亦铺以玻璃棉。

2)管式炉附热电偶与温度自动控制器。高温加热设备也可用高频加热装置。

3)瓷管(或高铝管):瓷管(或高铝管)长为 600mm,内径为 23mm(亦可用近似规格的瓷管)。用带玻璃管的硅橡胶塞联接瓷管和内装脱脂棉的球形干燥管,再用医用橡皮管将干燥管与吸收杯连接。使用时先检查是否漏气并灼烧。

4)瓷舟(带盖):长为 88mm 或 97mm,使用前应于 1200℃ 的管式炉中通氧灼烧 2~4min,也可于 1000℃高温炉中灼烧 1h 以上。冷却后贮于盛有碱石棉或碱石灰及无水氯化钙的未涂油脂的干燥器中备用。

5)球形干燥管:球形干燥管内装干燥的脱脂棉。

6)吸收杯。

7)滴定管:滴定管为背白蓝线 A 级滴定管,25.00mL。

8)长钩:用镍铬丝或耐热合金丝制成,用以推进、拉出瓷舟。

23.3.3 样品制备

分析试样在化学成分方面应具有良好的均匀性,其不均匀性应不对分析产生显著偏差。分析试样应去除表面涂层、除湿、除尘以及除去其他形式的污染。应尽可能避开孔隙、裂纹、疏松、毛刺折叠或其他表面缺陷。块状的原始样品的尺寸应足够大，以便进行复验或必要时使用其他的分析方法进行分析。制备的分析试样的质量应足够大，以便可能进行必要的复验。对屑状或粉末状样品，其质量一般为100g。

依据《钢和铁　化学成分测定用试样的取样和制样方法》(GB/T 20066—2006)或适当的国家标准取样。

23.3.4　试验步骤

1)装上瓷管，接通电源，升温。铁、碳钢及低合金钢试样，升温至1250～1300℃，中高合金钢及高温合金，精密合金升温至1300℃以上。

2)通入氧，其流量调节为1500～2000mL/min，检查整个装置的管路及其活塞是否漏气，调节并保持仪器装置在正常的工作状态。当更换洗气瓶内的硫酸、球形干燥管内的脱脂棉及换瓷管后均应先燃烧几个非标准试样，以其二氧化硫饱和系统后才能开始分析操作。

3)空白试验：在测定试样前应按规定步骤但不加试料反复做瓷舟、瓷盖和助熔剂的空白试验，直至空白试验数值稳定，而且，在测量试样的过程中仍须经常做空白试验并得到稳定的数值(V_0)。

4)选择适当的标准样品按规定测量，以检查仪器装置。在装置达到要求后才能开始试样分析。

5)以适量的溶剂洗涤试样表面的油质或污垢。加热蒸发除去残留的洗涤液。按表23-3称取试料量。

表23-3　试料量

硫含量(m/m)/%	试料量/g
0.0030～0.010	1.00±0.01，准确至1mg
>0.010～0.050	0.50±0.01，准确至1mg
>0.050～0.100	0.25±0.01，准确至0.1mg
>0.100～0.200	0.10±0.01，准确至0.1mg

注：高温合金试料量不超过0.50g±0.01g。

6)测定具体步骤如下。

(1)于吸收杯中加入25mL淀粉吸收液，通氧，用碘酸钾标准溶液。滴定至淀粉吸收液呈浅蓝色，此色为起始色泽。在分析过程中，每测一次试料，都要更换一次淀粉吸收液，并调节好起始色泽。将试料置于瓷舟中，按表23-4规定取适量助熔剂均匀覆盖于试料上。

表23-4　助熔剂量

试样分类	五氧化二钒加入量/g	五氧化二钒+铁粉(3+1)	二氧化锡+铁粉(3+4)
生铁、铁粉、碳钢和低合金钢	0.10～0.30	—	—
中高合金钢，高温合金等难熔试样	—	0.40～1.00	0.40～1.00

(2)启开硅橡胶塞,将装好试料和助熔剂的瓷舟盖上瓷盖,放入瓷管内,用长钩推至瓷管加热区的中部,立即塞紧硅橡胶塞,预热[铁、碳钢和低合金钢不超过30s,中高合金钢、高温合金及精密合金约1min],通氧燃烧。将燃烧后的气体导入吸收杯,待淀粉吸收液的蓝色开始消褪,立即用碘酸钾标准溶液滴定。滴定速度以使液面保持蓝色为佳(滴定生铁等高硫试样时,开始可适当多用一些碘酸钾标准溶液)。褪色速度变慢时,相应降低滴定速度至吸收液色泽与起始色泽一致。当间歇通氧三次色泽仍不改变时即为滴定终点。读取滴定所消耗的碘酸钾标准溶液的毫升数(V_0)。

注意:如分析高硫试料后,要测低硫试料,应做空白试验,直至空白试验结果稳定后,才能接着做低硫试料分析。

(3)关闭氧源,启开硅橡胶塞,用长钩拉出瓷舟。检查试料是否燃烧完全。如熔渣不平,熔渣断面有气孔,表明燃烧不完全,应重新称试料测定。

注意:在连续测定中应经常清除瓷管中的氧化物等粉尘,并更换球形干燥管中的脱脂棉。分析高锰钢、生铁时,瓷管和球形干燥管内粉尘积聚较为严重,更应经常清除,并将试料和标准样品交叉测定。

23.3.5　试验结果

以质量百分数表示的硫含量由式(23-3)计算:

$$S[\%(m/m)]=\frac{T\cdot(V-V_0)}{m}\times100\% \quad (23-3)$$

式中:T——碘酸钾标准溶液对硫的滴定度(g/mL);

V——滴定试料消耗碘酸钾标准溶液的体积(g/mL);

V_0——空白试验消耗碘酸钾标准溶液的体积(g/mL);

m——试料量(g)。

23.4　硅含量测定

23.4.1　概述

将试料以适宜比例的硫酸-硝酸或盐酸-硝酸溶解,用碳酸钠和硼酸混合熔剂熔融酸不溶残渣。在弱酸性溶液中,硅酸与钼酸盐生成氧化型硅钼酸盐(硅钼黄)。增加硫酸浓度,加入草酸消除磷、砷、钒的干扰,以抗坏血酸选择性还原,将硅钼酸盐还原成蓝色的还原型硅钼酸盐(硅钼蓝)。在波长810nm处,对蓝色的还原型硅钼酸盐进行分光光度测定。

本方法依据《钢铁　酸溶硅和全硅含量的测定　还原型硅钼酸盐分光光度法》(GB/T 223.5—2008)编制而成。

23.4.2　试剂材料与仪器设备

1. 试剂材料

除非另有说明,分析中仅使用认可的分析纯试剂和二级水或三级水。所有溶液应是现制备的，并储存于聚丙烯或聚四氟乙烯容器中。

1)纯铁：硅含量小于0.004%并已知其准确含量。

2)混合熔剂：两份碳酸钠和一份硼酸研磨至粒度小于0.2mm，混匀。

3)硫酸(1+3)：于600mL水中，边搅拌边小心加入250mL硫酸(ρ约1.84g/mL)，冷却后，用水稀释至1000mL，混匀。

4)硫酸(1+9)：于800mL水中，边搅拌边小心加入100mL硫酸(ρ约1.84g/mL)，冷却后，用水稀释至1000mL，混匀。

5)硫酸-硝酸混合酸：于500mL水中，边搅拌边小心加入35mL硫酸(ρ约1.84g/mL)和45mL硝酸(ρ约1.42g/mL)，冷却后，用水稀释至1000mL，混匀。

6)盐酸-硝酸混合酸：于500mL水中，加入180mL盐酸(ρ约1.19g/mL)和65mL硝酸(ρ约1.42g/mL)，冷却后，用水稀释至1000mL，混匀。

7)高锰酸钾溶液：22.5g/L。将2.25g高锰酸钾溶于50mL水中，用水稀释至100mL，混匀，用前过滤。

8)过氧化氢溶液(1+4)。

9)钼酸钠溶液：将2.5g二水合钼酸钠($Na_2MoO_4 \cdot 2H_2O$)溶于50mL水中，以中密度滤纸过滤。使用前加入15mL硫酸，用水稀释至100mL，混匀。

10)草酸溶液：50g/L。将5g二水合草酸($C_2H_2O_4 \cdot 2H_2O$)溶于水中，用水稀释至100mL，混匀。

11)抗坏血酸溶液：20g/L。将2g抗坏血酸溶于50mL水中，用水稀释至100mL，混匀。用前配制。

12)硅标准溶液的制备方法如下。

(1)硅储备液，0.50mg/mL。称取1.0697g经1100℃灼烧1h并冷却至室温的高纯二氧化硅(质量分数>99.9%)，置于铂坩埚中。加10g无水碳酸钠充分混匀，于1050℃熔融30min。在聚丙烯或聚四氟乙烯烧杯中，以100mL水浸取熔融物。将全部溶清的浸取液转移至1000mL单标线容量瓶中，用水稀释至刻度，混匀。立即转移至密封好的聚四氟乙烯瓶中储存。此储备液1mL含0.500mg硅。

注：熔融物浸取可能零要缓慢加热。

(2)硅标准溶液，10.0μg/mL。移取20.00mL硅储备液于1000mL单标线容量瓶中，用水稀释至刻度，混匀。立即转移至密封好的聚四氟乙烯瓶中储存，使用前配制。此标准溶液1mL含10.0μg硅。

(3)硅标准溶液，4.0μg/mL。移取100.0mL硅储备液于250mL单标线容量瓶中，用水稀释至刻度，混匀。立即转移至密封较好聚四氟乙烯瓶中储存，使用前配制。此标准溶液1mL含4.0μg硅。

2. 仪器设备

1)聚丙烯或聚四氟乙烯烧杯，容积为250mL。

2)铂坩埚，容积为30mL。

3)分光光度计应具备在波长810nm处测量吸光度时，光谱带宽小于或等于10nm。波长测量应精确到±2nm，可通过测量钕镨混合物滤光片的最大吸收值在803nm进行校正，或采用其他合适的校正方法。对于最大吸光度溶液的吸收测量应满足相对偏差为0.3%或更小。

23.4.3 样品制备

依据GB/T 20066或者适当的国家标准取制样。

23.4.4 试验步骤

1. 试料

硅含量为0.010%～0.050%时称取0.40g±0.01g试料(粉末或屑样),精确至0.0001g。

硅含量为0.050%～0.25%时称取0.20g±0.01g试料(粉末或屑样),精确至0.0001g。

硅含量为0.25%～1.00%时称取0.10g±0.01g试料(粉末或屑样),精确至0.0001g。

2. 铁基空白试验

称取与试料相同量的纯铁代替试料,用同样的试剂、按相同的分析步骤与试料平行操作,此铁基空白试验溶液作底液绘制校准曲线。

3. 试料分解和试液制备

1)酸溶性硅测定的试料分解和试液制备方法。

将试料置于250mL聚丙烯或聚四氟乙烯烧杯中,称量为0.20g和0.10g时加入25mL硫酸-硝酸混合酸;称量为0.40g时加入30mL硫酸-硝酸混合酸,盖上盖子,微热溶解试料,溶解过程中不断补加水,保持溶液体积无明显减少。或将试料置于250mL聚丙烯或聚四氟乙烯烧杯中,称量为0.20g和0.10g时加入15mL盐酸-硝酸混合酸;称量为0.40g时加入20mL盐酸-硝酸混合酸,盖上盖子,微热溶解试料,溶解过程中不断补加水,保持溶液体积无明显减少。

用水稀释至约60mL,小心将试液加热至沸,滴加高锰酸钾溶液至析出水合二氧化锰沉淀,保持微沸2min。滴加过氧化氢至二氧化锰沉淀恰好溶解,并加热微沸5min使过氧化氢分解。冷却,将试液转移至100mL单标线容量瓶中,用水稀释至刻度,混匀。

2)全硅测定的试料分解和试液制备方法。

将试料置于250mL聚丙烯或聚四氟乙烯烧杯中,称量为0.20g和0.10g时加入30mL硫酸-硝酸混合酸;测量为0.40g时加入35mL硫酸-硝酸混合酸,盖上盖子,微热溶解试料,溶解过程中不断补加水,以保持溶液体积无明显减少。或将试料置于250mL聚丙烯或聚四氟乙烯烧杯中,称量为0.20g和0.10g时加入20mL盐酸-硝酸混合酸;称量为0.40g时加入25mL盐酸-硝酸混合酸,盖上盖子,微热溶解试料,溶解过程中不断补加水,保持溶液体积无明显减少。

当溶液反应停止时,用低灰分慢速滤纸过滤溶液,滤液收集于250mL烧杯中。用30mL热水洗涤烧杯和滤纸,用带橡皮头的棒擦下粘附在杯壁上的颗粒并全部转移至滤纸上。

将滤纸及残渣置于铂坩埚中,干燥,灰化,在高温炉中于950℃灼烧。冷却后,加0.25g混合熔剂与残渣混合,再覆盖0.25g混合熔剂,在高温炉中于950℃熔融10min。冷却后,擦净坩埚外壁,将坩埚置于盛有滤液的250mL烧杯中,缓缓搅拌使熔融物溶解,用水洗净坩埚。小心将试液加热至沸,滴加高锰酸钾溶液至析出水合二氧化锰沉淀,保持微沸2min。滴加过氧化氢至二氧化锰沉淀恰好溶解,加热微沸5min使过氧化氢分解。冷却,将试液转移至100mL单标线容量瓶中,用水稀释至刻度,混匀。

4. 显色

分取 10.00mL 由上述步骤得到的试液两份于两个 50mL 硼硅酸盐玻璃单标线容量瓶中，加 10mL 水。一份溶液制备显色液，另一份溶液制备参比液。

在 15～25℃温度的条件下，按下述方法处理每一种试液和参比液，用移液管加入所有试剂溶液。

1)显色液按下列顺序加入试剂溶液，每次加入一种溶液后都要摇动：

(1)10.0mL 钼酸钠溶液，静置 20min；

(2)5.0mL 硫酸；

(3)5.0mL 草酸溶液；

(4)立即加入 5.0mL 抗坏血酸溶液。

2)参比液按下列顺序加入试剂溶液，每次加入一种溶液后都要摇动：

(1)5.0mL 硫酸；

(2)5.0mL 草酸溶液；

(3)10.0mL 钼酸钠溶液；

(4)立即加入 5.0mL 抗坏血酸。

用水稀释至刻度，混匀。每一种试液(试料溶液和空白液)及各自的参比液静置 30min。

注意：在稀释时，含有铌、钽试样溶液中会有细小的分散的沉淀。待沉淀下沉后，用密滤纸干过滤上层清液于干燥容器中，弃去开始的几毫升滤液。

5. 分光光度测定

用适合的吸收皿(见表 23－5)，于分光光度计波长 810nm 处，测量每份显色溶液对各自参比溶液的吸光度。

注意：除在 810nm 测量外，亦可在 680nm 或 760m 波长处测量吸光度(并选择适当的吸收皿)。

表 23－5　吸收皿选择依据

硅含量(质量分数)/%	硅标准溶液加入量(mL)	硅标准溶液	吸收皿厚度/cm
0.010～0.050	0、0、1.00、2.00、3.00、4.00、5.00	23.4.2(4.0μg/mL)	2
0.050～0.25	0、0、1.00、2.00、3.00、4.00、5.00	23.4.2(10.0μg/mL)	1
0.25～1.00	0、0、2.00、4.00、6.00、8.00、10.00	23.4.2(10.0μg/mL)	0.5

6. 校准曲线的建立

1)校准曲线溶液的制备。分取 10.00mL 铁基空白试验溶液 7 份于 7 个硼硅酸盐玻璃单标线 50mL 容量瓶中。按表 23－5 分别加入硅标准溶液，补加水至 20mL。

其中一份不加硅标准溶液的空白试验溶液按要求制备参比溶液，另 6 份试液按要求制备显色溶液。

2)分光光度测定。用适合的吸收皿，于分光光度计波长 810nm 处，测量各校准曲线显色溶液对参比溶液的吸光度。

3)校准曲线的绘制。以校准曲线溶液的吸光度为纵坐标，校准曲线溶液中加入的硅量与分取纯铁溶液中的硅量之和为横坐标，绘制校准曲线。

23.4.5　试验结果

硅的含量以质量分数 w_{Si} 计，按式(23－4)计算：

$$w_{Si}=\frac{m_1\times V}{m\times V_1\times 10^6}\times 100\% \qquad (23-4)$$

式中：m_1——从校准曲线上查得显色溶液中的硅量(μg)；

V——试料溶液总体积(mL)；

V_1——分取试液的体积(mL)；

m——试料量(g)。

23.5　磷含量测定

23.5.1　概述

试料经酸溶解后，冒高氯酸烟，使磷全部氧化为正磷酸并破坏碳化物。在硫酸介质中，磷与铋、钼酸铵形成黄色络合物，用抗坏血酸将铋磷钼黄还原为铋磷钼蓝，在分光光度计上于波长700nm处测量吸光度。计算磷的质量分数。

显色液中存在150μg钛、10mg锰、2mg钴、5mg铜、0.5mg钒、10mg镍、500μg铬(Ⅲ)、50μg铈、5mg锆、5μg铌、10μg钨，对测定无影响。砷对测定有严重干扰，可在处理试料时用氢溴酸除去。

本方法依据《钢铁及合金　磷含量的测定　铋磷钼蓝分光光度法和锑磷钼蓝分光光度法》(GB/T 223.59—2008)编制而成。

23.5.2　试剂材料与仪器设备

1. 试剂材料

除非另有说明，分析中仅使用认可的分析纯的试剂和蒸馏水或与其纯度相当的水。

1)氢氟酸：ρ约1.15g/mL。

2)高氯酸：ρ约1.67g/mL。

3)盐酸：ρ约1.19g/mL。

4)硝酸：ρ约1.42g/mL。

5)氢溴酸：ρ约1.49g/mL。

6)硫酸：ρ约1.84g/mL。

7)硫酸(1＋1)。将硫酸缓慢加入水中，边加入边搅动，稀释为1＋1。

8)盐酸-硝酸混合酸(2＋1)：将两份盐酸和一份硝酸混匀。

9)氢溴酸-盐酸混合酸(1＋2)：将一份氢溴酸和两份盐酸混匀。

10)抗坏血酸溶液，20g/L：称取2g抗坏血酸，置于100mL烧杯中，加入50mL水溶解，稀释至100mL，混匀。用时现配。

11)钼酸铵溶液,30g/L:称取 3g 钼酸铵[$(NH_4)_6Mo_7O_{24}\cdot 4H_2O$]溶于水中,稀释至 100mL,混匀。

12)亚硝酸钠溶液,100g/L:称取 10g 亚硝酸钠溶于水中,稀释至 100mL,混匀。

13)硝酸铋溶液,10g/L:称取 10g 硝酸泌[$Bt(NO_3)_3\cdot 5H_2O$],置于 200mL 烧杯中,加 25mL 硝酸,加水溶解后,煮沸驱尽氨氧化物,冷却至室温,移入 1000mL 容量瓶中,用水稀释至刻度,混匀。

14)铁溶液:铁溶液的制备详见 GB/T 223.59—2008。

15)磷标准溶液:磷标准溶液的制备详见 GB/T 223.59—2008。

2. 仪器设备

分光光度计。

23.5.3　样品制备

根据焊材的不同规格形态,具体取样制样方法依据 GB/T 20066。

23.5.4　试验步骤

1. 试料量

磷含量按表 23-6 称取试样,精确至 0.0001g。

表 23-6　适量称取

磷含量(质量分数)/%	试料量/g
0.005～0.050	0.50
>0.050～0.300	0.10

2. 空白试验

随同试料做空白试验。

3. 测定

1)试料处理。将试料置于 150mL 烧杯中,加 10～15mL 盐酸-硝酸混合酸,加热溶解,滴加氢氟酸,加入量视硅含量而定。待试样溶解后,加 10mL 高氯酸,加热至刚冒高氯酸烟,取下,稍冷。加 10mL 氢溴酸-盐酸混合酸除砷,加热至刚冒高氯酸烟,再加 5mL 氢溴酸-盐酸混合酸再次除砷,继续蒸发冒高氯酸烟[如试料中铬含量超过 5mg,则将铬氧化至六价后,分次滴加盐酸除铬],至烧杯内部透明后回流 3～4min(如试料中锰含量超过 4mg,回流时间保持 15～20min),蒸发至湿盐状,取下,冷却。

沿杯壁加入 20mL 硫酸,轻轻摇匀,加热至盐类全部溶解,滴加亚硝酸钠溶液,将铬还原至低价并过量 1～2 滴,煮沸驱除氮氧化物,取下,冷却。移入 100mL 容量瓶中,用水稀释至刻度,混匀。

移取 10.00mL 上述试液两份,分别置于 50mL 容量瓶中。

2)显色液的制备:加 2.5mL 硝酸铋溶液、5mL 铂酸铵溶液,每加一种试剂必须立即混匀;用水吹洗瓶口或瓶壁,使溶液体积约为 30mL,混匀;加 5mL 抗坏血酸溶液,用水稀释至刻度,混匀。

参比液的制备：与显色液同样操作，但不加钼酸铵溶液，用水稀释至刻度，混匀。

在室温下放置 20min。

3）吸光度测量：将部分溶液移入合适的吸收皿中，以参比液为参比，于分光光度计波长 700nm 处测量吸光度。减去随同试料所做空白试验的吸光度，从校准曲线上查出相应的磷含量。

4. 校准曲线的绘制

1）校准溶液的制备：磷的质量分数小于 0.050% 时，移取 0mL、0.50mL、1.00mL、2.00mL、3.00mL、5.00mL 磷标准溶液分别置于 6 个 50mL 容量瓶中，各加入 10.0mL 铁溶液 A，磷的质量分数大于 0.050% 时，移取 0mL、1.00mL、2.00mL、3.00mL、4.00ml、6.00mL 磷标准溶液，分别置于 6 个 50mL 容量瓶中，各加入 10.0mL 铁溶液 B。以下按显色液操作。

2）吸光度绘测：以零浓度校准溶液为参比，于分光光度计波长 700nm 处测量各校准溶液的吸光度。以磷的质量为横坐标，吸光度值为纵坐标，绘制校准曲线。

23.5.5 试验结果

磷含量以质量分数 w_P 计，按式（23-5）计算：

$$w_P = \frac{m_1 \times V \times 10^{-6}}{m \times V_1} \times 100\% \qquad (23-5)$$

式中：V_1——分取试液体积的数值（mL）；

V——试料总体积的数值（mL）；

m_1——从校准曲线上查得的磷含量的数值（μg）；

m——试料的质量（g）。

23.6 锰含量测定

23.6.1 概述

试料经酸溶解后，在硫酸磷酸介质中，用高碘酸钠（钾）将锰氧化至七价，于分光光度计波长 530nm 处进行吸光度测量。

本方法依据《钢铁及合金　锰含量的测定　高碘酸钠（钾）分光光度法》（GB 223.63—2022）编制而成。

23.6.2 试剂材料与仪器设备

1. 试剂材料

除非另有说明，在分析中仅使用确认为分析纯的试剂和蒸馏水或去离子水（或相当纯度的水）。

1）氢氟酸：ρ 约 1.15g/mL。

2）盐酸：ρ 约 1.19g/mL。

3）硝酸：ρ 约 1.42g/mL。

4）硝酸（1＋4）：以硝酸稀释。

5）硫酸（1＋1）：以 ρ 约 1.84g/mL 的硫酸稀释。

6）高氯酸（1＋499）：以 ρ 约 1.67g/mL 高氯酸稀释。

7）磷酸-高氯酸混合酸：三份磷酸（ρ 为 1.69g/mL）和一份高氯酸（ρ 为 1.67g/mL）混匀。

8）高碘酸钠（钾）溶液，50g/L：称取 5g 高碘酸钠或高碘酸钾，置于 250mL 烧杯中，加 60mL 水、20mL 硝酸，温热溶解后，冷却。用水稀释至 100mL，混匀。

9）亚硝酸钠溶液，10g/L：称取 1g 亚硝酸钠，置于 250mL 烧杯中，加 60mL 水溶解后，用水稀释至 100mL，混匀。

10）锰标准溶液：锰标准溶液的制备详见 GB/T 223.63—2022。

11）不含还原物质的水，将蒸馏水或去离子水加热煮沸，每升用 10mL 硫酸（1＋3）酸化，加几粒高碘酸钠（钾），继续煮沸 1～2min，冷却后使用。

2. 仪器设备

1）所有玻璃仪器均应符合 GB/T 12805、GB/T 12806 和 GB/T 12808 规定的 A 级。

2）常规的实验室设备及分光光度计。

3）分光光度计应符合 GB/T 7729 规定的要求，适合在 530nm 处，用 1cm、2cm、3cm 及 5cm 吸收皿测定溶液的吸光度。

23.6.3　样品制备

依据 GB/T 20066 或相应的国家标准取制样。

23.6.4　试验步骤

1. 试料量

根据样品中锰含量，按表 23-7 称取试样，精确至 0.0001g。

表 23-7　称样数量

锰含量（质量分数）/%	试料量/g
0.001～0.01	2.0
＞0.01～0.10	0.5
＞0.10～1.00	0.2
＞1.00～4.00	0.1

2. 测定

1）试液的制备方法如下。

（1）将试料置于 150mL 锥形瓶中。对铬含量不大于 5% 的试料，加 15mL 硝酸[高硅试料加 3～4 滴氢氟酸；高钨（5% 以上）试料或难溶试料，可加 15mL 磷酸-高氯酸混合酸]，低温加热至停止反应。加 1～2mL 盐酸，继续加热至完全分解。对高镍铬试料，加 10mL（3＋1）、（6＋1）或（10＋1）的盐酸和硝酸混合酸，低温加热溶解。

注意：当试料量为 2g 时，可视情况增加酸的用量，以便试料溶解完全。

(2)加入 10mL 磷酸-高氯酸混合酸[试料量为 2.0g 时，加入 15mL 磷酸-高氯酸混合酸；高钨试料用 15mL 磷酸-高氯酸混合酸溶解时，不必再加]，加热蒸发至冒高氯酸烟 2～5min(含铬高的试料需将铬氧化)，稍冷，加水溶解盐类。如有必要，过滤除去石墨碳并用热高氯酸洗涤。锰含量不大于 2.00%时，加 10mL 硫酸，用水稀释至约 40mL。锰含量大于 2.00%时，加 10mL 硫酸，用水稀释至约 40mL，冷却至室温，移入 100mL 容量瓶中，用水稀释至刻度，混匀。移取 50.0mL 试液于 150mL 锥形瓶，补加 5mL 硫酸。

2)显色液的制备方法。在上述制备的试液中，加 10mL 高碘酸钠(钾)溶液，加热至沸并保持 2～3min(防止试液溅出)，冷却至室温，移入 100mL 容量瓶中，用不含还原物质的水稀释至刻度，混匀。

3)参比溶液的制备方法。移取约 25mL 显色溶液于 100mL 锥形瓶中，边摇动边滴加亚硝酸钠溶液至紫红色刚好褪去，用此溶液为参比液。

注：含钴试料用亚硝酸钠溶液褪色时，钴的微红色不褪，可按下述方法处理：不断摇动容量瓶，慢慢滴加亚硝酸钠溶液，若试样微红色无变化时，将溶液置于吸收皿中，测其吸光度，向剩余试液中再加亚硝酸钠溶液，再次测吸光度，直至两次吸光度无变化即可。

4)分光光度测量方法。根据试料中的锰含量，选择合适的吸收皿，在波长 530nm 处，以参比溶液，调零后，测量显色溶液的吸光度。

3. 校准曲线的建立

1)校准溶液的制备。

按表 23-8 的规定，在 6 个 150mL 锥形瓶中加入一定量的标准溶液。加 10mL 磷酸-高氯酸，加热蒸发至冒高氯酸烟，稍冷，加 10mL 硫酸，用水稀释至约 40mL，加 10mL 高碘酸钠(钾)溶液，摇匀，加热至沸并保持 2～3min(防止试液溅出)，冷却至室温，移入 100mL 容量瓶中，用不含还原物质水稀释至刻度，混匀。

表 23-8　标准溶液加入要求

锰含量(质量分数)/%	0.001～0.01	>0.01～0.1	>0.1～0.5	>0.5～4.0
锰标准溶液浓度/(μg/mL)	20	100	100	500
移取锰标准溶液体积/mL	0[a]	0	0	0
	1.00	0.50	2.00	2.00
	3.00	1.00	4.00	2.50
	5.00	2.00	6.00	3.00
	8.00	3.00	8.00	3.50
	10.00	5.00	10.00	4.00
吸收皿/cm	5	3	2	1

[a]零校准溶液。

2)校准曲线的绘制方法。在波长 530nm 处，以零校准溶液调零后，以此溶液作为参比，依次测量各校准溶液的吸光度。以校准溶液中锰的质量为横坐标，吸光度为纵坐标，绘制校准曲线。

23.6.5　试验结果

利用校准曲线将吸光度转换为相应试液中锰的质量。

锰含量(w_{Mn})按式(23－6)计算：

$$w_{Mn}=\frac{m_1\times V}{m\times V_1\times 10^6}\times 100\% \tag{23-6}$$

式中：m_1——从校准曲线得到的锰的质量(μg)；

m——试料量(g)；

V——试液的总体积数(mL)；

V_1——分取试液的体积数(mL)。

图书在版编目(CIP)数据

建筑材料与构配件检测技术/陈慧,方剑,张玉箫主编.—合肥:合肥工业大学出版社,2024.—(建设工程质量检测人员岗位培训系列教材).—ISBN 978-7-5650-6867-6

Ⅰ.TU502;TU3

中国国家版本馆CIP数据核字第2024EU2506号

建筑材料与构配件检测技术

JIANZHU CAILIAO YU GOUPEIJIAN JIANCE JISHU

陈　慧　方　剑　张玉箫　主编　　　责任编辑　汪　钵

出　版	合肥工业大学出版社	版　次	2024年7月第1版
地　址	合肥市屯溪路193号	印　次	2024年7月第1次印刷
邮　编	230009	开　本	787毫米×1092毫米　1/16
电　话	理工图书出版中心:0551-62903004	印　张	29
	营销与储运管理中心:0551-62903198	字　数	706千字
网　址	press.hfut.edu.cn	印　刷	安徽联众印刷有限公司
E-mail	hfutpress@163.com	发　行	全国新华书店

ISBN 978-7-5650-6867-6　　　定价:98.00元